全国高职高专石油化工类专业“十三五”规划教材

石油化工生产技术

SHIYOU HUAGONG SHENGCHAN JISHU

何小荣　主编

化学工业出版社

·北京·

内容简介

《石油化工生产技术》全面贯彻党的教育方针，落实立德树人根本任务，在教材中有机融入党的二十大精神。本书主要介绍了石油烃裂解技术及其相关产品衍生物的生产过程及生产工艺。绪论部分主要对石油化工发展历史、生产特点、化工安全及环保等方面进行了较为详细的阐述；第一单元主要对石油化工生产原料、生产用催化剂、生产控制指标的计算、化工节能技术及生产运行管理做了简单的介绍；第二单元主要对石油烃热裂解技术及裂解气的分离技术及其生产运行操作进行了讲解；第三单元主要对典型石油化工产品的生产方法及生产工艺进行了较为详细的阐述；第四单元主要对石油芳烃及其衍生物的生产方法及生产工艺进行了介绍。

本书为高等职业学校石油化工生产技术专业的专业课教材和石油化工生产类专业的专业拓展课教材，也可作为相关专业的专业教师参考用书，还可作为石油化工生产、管理和企业人员的岗位培训参考用书。

图书在版编目（CIP）数据

石油化工生产技术/何小荣主编．—北京：化学工业出版社，2019.7（2024.2 重印）
全国高职高专石油化工类专业“十三五”规划教材
ISBN 978-7-122-34561-5

Ⅰ.①石… Ⅱ.①何… Ⅲ.①石油化工-生产技术-高等职业教育-教材 Ⅳ.①TE65

中国版本图书馆 CIP 数据核字（2019）第 101709 号

责任编辑：刘心怡 窦 臻　　文字编辑：向 东
责任校对：王素芹　　装帧设计：王晓宇

出版发行：化学工业出版社（北京市东城区青年湖南街 13 号 邮政编码 100011）
印 装：北京建宏印刷有限公司
787mm×1092mm 1/16 印张 23¼ 字数 606 千字 2024 年 2 月北京第 1 版第 6 次印刷

购书咨询：010-64518888　　售后服务：010-64518899
网 址：http://www.cip.com.cn
凡购买本书，如有缺损质量问题，本社销售中心负责调换。

定 价：59.80 元

前言

FOREWORD

随着职业教育的不断改革和发展，传统的教育模式和教育资源已不能满足现代职业教育的发展需求。为了适应现代职业教育发展和现代学徒制培养目标的实施，解决石油化工类职业院校石油化工工艺类专业教学的需求，编者组织相关老师编写了本书，作为石油化工类专业学生学习用书及教学参考用书。

本书是根据最新高等职业教育石油化工技术类专业人才培养目标和课程标准，按照以理论必需、够用为度，重视职业能力、应用能力培养，适当增加专业知识，供学生自学，以拓宽学生的专业知识面，适应不同企业的需求为原则而编写的。本书在编写过程中征求了来自企业专家和生产一线工程技术人员的意见，具有较强的实用性。遵照教育部对教材编写工作的相关要求，本教材在编写、进一步完善过程中，注重融入课程思政，体现党的二十大精神，以潜移默化、润物无声的方式适当渗透德育，适时跟进时政，让学生及时了解最新前沿信息，力图更好地达到新时代教材与时俱进、科学育人之效果。

本书编写过程中考虑到了石油化工生产企业对工艺类专业人员知识结构的具体要求，在编写时从石油化工生产基础知识入手，以石油化工的代表产品乙烯生产为主轴，以碳原子数从小到大的典型石油化工产品的生产为主线。在内容的选择上坚持“实践、实用”的基本原则，并且配套二维码资源，突出实用性。每个典型的石油化工产品的生产按照基本原理、工艺流程和主要典型设备、部分主要操作技术及典型故障分析与处理等做系统介绍，以适应培养高等技术应用型人才的需要。

本书的第一、二单元由笔者（兰州石化职业技术学院）编写；第三单元的第一至五章由兰州石化职业技术学院苏雪花老师编写；第三单元的第六至十一章由兰州石化职业技术学院马娅老师编写；第四单元由兰州石化职业技术学院赵立祥老师编写。本书由笔者统稿，由大庆职业技术学院的白术波教授和兰州石化职业技术学院李薇教授审稿。

本书在编写过程中得到了大庆职业技术学院、兰州石化职业技术学院和其他兄弟院校许多专业课教师和各级领导以及中国石油兰州石化公司许多专家与工程技术人员的大力支持，特别是大庆职业技术学院的白术波教授和兰州石化职业技术学院的李薇教授提出了许多宝贵的编写意见，在此表示感谢。

由于编者水平有限，在编写过程中可能会存在不足或不妥之处，还请各位专家和同行以及广大读者批评指正！

何小荣

目录
CONTENTS

第二单元　石油烃裂解技术

第三单元 典型石油化工产品生产技术

第二章　苯乙烯的生产　/299

第三章　苯酚的生产　/311

第四章　苯胺的生产　/320

第五章　对二甲苯氧化生产对苯二甲酸　/327

附　录　/336

绪论

石油化工是以石油、天然气、页岩气等为原料生产化学产品的工业。原料经油气加工处理，分离得到甲烷、乙烷、丙烷、丁烷、戊烷等轻质烷烃以及石脑油、煤油、柴油、重质油等馏分。轻质馏分经催化裂解、催化重整、蒸汽转化、部分氧化等加工方法制成石油化工的基础原料，如乙烯、丙烯、丁二烯、苯、甲苯、二甲苯、合成气等产品。这些基础原料又可进一步加工成多种中间产品，如苯乙烯、丙烯腈、环氧乙烷、苯酚、己内酰胺等产品。以中间产品为原料进一步生产合成橡胶、合成树脂、合成纤维、合成洗涤剂等其他石油化工产品。

一、石油化工发展简史

1. 世界石油化工发展历程

石油化工是20世纪20年代兴起的以石油为原料的化学工业，起源于美国。初期依附于石油炼制工业，后来逐步形成一个独立的工业体系。第二次世界大战前后，得以迅速发展。当前石油化工已成为各工业国家的重要工业。

初创期：随着石油炼制工业的兴起，产生了越来越多的炼厂气。1917年美国C.埃利斯用炼厂气中的丙烯合成了异丙醇。1920年，美国新泽西标准石油公司采用此法进行工业生产。这是第一个石油化学品，它标志着石油化工发展的开始。1919年联合碳化物公司研究了乙烷、丙烷裂解制乙烯的方法，随后林德空气产品公司实现了从裂解气中分离乙烯，并用乙烯加工成化学产品。1923年，联合碳化物公司在西弗吉尼亚州的查尔斯顿建立了第一套裂解法制乙烯的石油化工装置。在20世纪20～30年代，美国石油化学工业，主要利用单烯烃生产化学品。20世纪20年代H.施陶丁格创立了高分子化合物概念；W.H.卡罗瑟斯发现了缩聚法制聚酰胺后，杜邦公司于1940年开始将聚酰胺纤维（尼龙）投入市场。这些新产品的生产，大大刺激了石油化工的发展，同时为这些领域转向石油原料创造了新的技术条件。这时，石油炼制工业也有新的发展。1936年催化裂化技术的开发为石油化工提供了更多的低分子烯烃原料。

战时推动期：第二次世界大战前夕至20世纪40年代末，美国石油化工在芳烃产品生产及合成橡胶等高分子材料方面取得了很大进展。战争对橡胶的需要，促使丁苯、丁腈等合成橡胶生产技术迅速发展。1941年陶氏化学公司从烃类裂解产物中分离出丁二烯作为合成橡胶的单体；1943年，又建立了丁烯催化脱氢制丁二烯的大型生产装置。为了满足战时对梯恩梯炸药（即TNT）原料（甲苯）的大量需求，1941年美国成功研究由石油轻质馏分催化重整制取芳烃的新工艺，开辟了苯、甲苯和二甲苯等重要芳烃的新来源（在此以前，芳烃主要来自煤的焦化过程）。1943年，美国杜邦公司和联合碳化物公司应用英国卜内门化学工业公司的技术建设成聚乙烯厂；1946 年美国壳牌化学公司开始用高温氧化法生产氯丙烯系列产品；1948 年美国标准石油公司移植德国技术用氢甲酰化法羰基合成生产 C_8 醇；1949 年，乙烯直接法合成酒精投产。

蓬勃发展期：20 世纪 50 年代起，世界经济由战后恢复转入发展时期。合成橡胶、合成树脂、合成纤维等材料的迅速发展，使石油化工在欧洲、日本及世界其他地区受到广泛的重视，相继开发成功一些关键性的新技术，如 1953 年联邦德国化学家 K. 齐格勒研究成功了低压法生产聚乙烯的新型催化剂体系，并迅速投入了工业生产；1955 年卜内门化学工业公司建成了大型聚酯纤维生产厂；1954 年意大利化学家 G. 纳塔进一步发展了齐格勒催化剂，合成了立体等规聚丙烯，并于 1957 年投入工业生产。1957 年美国俄亥俄标准石油公司成功开发了丙烯氨化氧化生产丙烯腈的催化剂，并于 1960 年投入生产；1957 年乙烯直接氧化制乙醛的方法取得成功，并于 1960 年建成大型生产厂。进入 20 世纪 60 年代，先后投入生产的还有乙烯氧化制乙酸乙烯酯，乙烯氧氯化制氯乙烯等重要化工产品。石油化工新技术特别是合成材料方面的成就，使生产上对原料的需求量猛增，推动了烃类裂解和裂解气分离技术的迅速发展。为此，开发了多种管式裂解炉和多种裂解气分离流程，使产品乙烯收率大大提高、能耗下降。

新阶段：20 世纪 70 年代开始，是石油化工在世界范围内的普及时代。由于世界各地大油田的不断开发，石油产量迅速增长，加之石油化工技术不断取得许多重大突破，所以生产规模逐渐向大型化发展。进入 21 世纪，受国际经济发展速度及原油价格波动的影响，烯烃生产成本增加，石油化工面临巨大冲击。发达国家主要采取稳定生产规模、关闭部分高能耗生产装置、适当降低装置开工率、节约生产能耗、开展副产品综合利用、进行深度加工、发展精细化学品、加强替代石油原料研究等策略。而发展中国家则着重加强老旧装置的改造、进行技术革新、提升产能等，特别是现阶段，相继建成了许多大型炼化一体化装置，石油化工仍然处于高速发展期。

2. 我国石油化工发展历程

我国的石油化工起步于 20 世纪 60 年代。随着大庆油田的开发，石油和天然气产量有了明显增加，促进了炼油工业的兴起，推动了石油化工的发展。1961 年在兰州化学工业公司建成了以炼厂气为原料，年产 5000t 乙烯的固体热载体裂解装置，使我国石油化工迈出了第一步。随后，大连有机合成厂、上海高桥化工厂的管式炉裂解生产乙烯装置相继建成并投入生产，揭开了我国石油化工生产的序幕。

为了适应国民经济发展，满足人民生活的需要，我国的石油化工向大型化、连续化、自动化、精细化方向迈进。20 世纪 70 年代先后在北京、上海、辽阳、重庆、天津等地引进了三十万吨乙烯、合成纤维、合成树脂、合成氨、尿素等大型石油化工生产装置。这些引进装置的建成投产，标志着我国的石油化工逐步迈向现代化。1986～1990 年又先后在大庆石化总厂、齐鲁石化公司、扬子石化公司、上海石化总厂分别建成了年产三十万吨合成氨、五十二万吨尿素等化肥装置。至此，我国石油化工已具备了雄厚的基础，到 1990 年底，我国的石油加工能力已达 13690 万吨，居世界第五位。进入 21 世纪，为了提升我国的石油化工企业在国际上的竞争能力，对原有的炼化企业进行改制和改造，建成了多个炼化一体化石油化工联合企业，特别是现阶段，相继建成了多套 2000 万吨及以上常减压装置、100 万吨及以上乙烯生产装置，使我国成为世界石油化工生产强国。

二、石油化工在国民经济中的地位和作用

经过六十多年的发展，我国的石油化工在生产规模、技术水平、产品结构、数量、品种等方面都发生了巨大的变化，除了满足国内市场需求外，还有相当一部分产品出口国际市

场，既丰富了人民的生活，同时为国家创造了大量的外汇收入。石化产业是国民经济的重要支柱产业，不仅关系到农业丰产丰收和人们的衣食住行，更与高端制造业、战略新兴产业和航空航天、国防安全密切相关。石化产业不仅是资源型和能源型产业，更是一个技术含量高的产业，化学工业的技术水平是一个国家整体技术水平的重要体现，纵观发达国家，如果离开了石化强国作支撑，他们就不可能成为经济强国、尖端制造强国和军事强国。石油化工在国民经济中的作用主要表现在如下几方面。

1. 石油化工是能源的主要供应者

石油炼制生产的汽油、煤油、柴油、重油以及天然气是当前主要能源。我国 2016 年全年能源消费总量 43.6 亿吨标准煤，比 2015 年增长 1.4%，煤炭消费量下降 4.7%，原油消费量增长 5.5%，天然气消费量增长 8%，电力消费量增长 5%。

2. 石油化工是材料工业的支柱材料之一

全世界石油化工提供的高分子合成材料目前产量约 1.5 亿吨。目前，我国石油化工提供的三大合成材料产量已居世界第 2 位，合成纤维产量居世界第 1 位。除合成材料外，石油化工还提供了绝大多数的有机化工原料。

3. 石油化工促进农业的发展

农业是我国国民经济的基础产业。农、林、牧、渔业以消费柴油为主，其柴油消费量占柴油总消费量 1/5 左右。石化工业还为农业生产提供化肥、农药和农用塑料薄膜。

4. 各工业部门离不开石化产品

无论是现代交通运输业、国防工业，还是航天工业等的发展，都与石油化工产品息息相关，可以毫不夸张地说，没有石化产品，就不可能有现代交通运输业和现代航天工业的发展。建筑、金属加工、各类机械毫无例外需要各类燃料、润滑材料及其他配套材料，消耗了大量石化产品。

5. 石油化工产业的创新与发展促进了科学技术的发展与进步

小平同志讲“科学技术是第一生产力”，尤其是当今世界百年未有之大变局加速演进，国际环境错综复杂，新冠疫情持续肆虐，世界经济陷入低迷期，全球产业链供应链面临重塑，不稳定性、不确定性明显增加，新一轮科技革命和产业变革突飞猛进，科技创新成为国际战略博弈的主要战场。石化产业的创新、石化企业的创新、化学合成与化学工程的创新是一个国家创新战略的重要组成部分。目前，我国的石油化工已成为国内各工业部门中技术装备比较先进的行业。与此同时，靠我们自己的力量也开发、设计建设了一批大型生产装置，提高了我国石油化工的整体技术水平，并促进了下游关联工业的发展。所以石油化工的创新与发展，促进了整个国民经济各个领域的科技发展与技术进步。

6. 石油化工丰富人民的生活

石油化工为人民的衣、食、住、行、用等方面提供了多种多样的日常必需品，繁荣了城乡经济，丰富了人民生活。例如，1000t 塑料薄膜用于农业，可增产 1 万吨粮食，可使蔬菜增产 1～3 倍；用 1000t 合成橡胶代替天然橡胶可省人工 5000 多，节省耕地 3 万亩；用合成纤维织成的衣料价格便宜、色泽鲜艳、美观大方、花色品种多，并具有耐磨、耐酸、耐碱，质轻保暖、经洗耐穿、不易皱、不吸水等特殊的性能，均为天然纤维所不及，受到人们的普遍欢迎。石油化工产品已渗透到人们生活的各个方面，与人们的生活息息相关。

三、我国石油化工生产的基本特点

我国的石油化工起步晚、基础薄弱，但经过几十年的发展、技术开发、对引进装置的消化吸收和技术改造，现已形成了一个完整的、具有强大规模的工业体系。

① 新建的石油化工企业，已经形成合理的工业布局。石油化工生产装置尽可能建在接近原料产地、消费市场和交通便利的地方，就地生产、就地消费。

② 总体实力明显增强，主要产品产能跃居世界前列。建成了许多大型化工园区，实现了基地化、群体化、联合化的石油化工联合企业。石油化工联合企业是现代石油化工发展的根本方向，只有搞联合企业才能综合利用资源，提高经济效益，才能对下游配套装置和其他辅助设施提供十分有利的条件。计算表明组织炼油化工联合企业，化工生产部分所需的投资比单独建设化工厂减少30%～40%，生产成本降低20%～30%。这种集中力量建设大型综合性石油化工联合企业，除可以共同使用铁路、公路、码头、电站等公用工程及环保设施外，还可以优化原料，调节使用中间产品、副产品，开发新产品，提高开工率，增加经济效益。

③ 我国的石油化工是一个技术密集型行业，多采用新技术、新工艺，生产连续化、自动化控制水平较高。许多智能技术等现代技术已广泛用于生产控制与企业管理。且技术创新和大装备的自制供应能力大幅度提高。

④ 石油化工是多产品、高产量、高质量、要求各异的生产企业，其工艺条件苛刻，工艺过程复杂，生产控制难度大，生产设备结构复杂。

⑤ 市场对产品的需求旺盛，进口增幅减缓，部分产品出口份额增加，增长方式由速度型向集约型推进。

⑥ 重视节能、安全、环保，实现可持续发展。

四、石油化工产业链

所谓石油化工就是以石油为原料，生产人类必需品的生产加工过程，其产业分布如图0-1所示。

五、石油化工生产安全及环保

素质阅读

我国的安全生产方针

安全生产工作应当以人为本；

坚持人民至上、生命至上；

坚持安全第一、预防为主、综合治理；

坚持以“加强教育、预防为主，强化责任、细化措施，安全发展、重在落实”为核心。

石油化工是我国国民经济支柱产业，它的兴盛和发展刺激了经济的繁荣发展，为我国国民经济做出了巨大贡献。但由于石油化工生产过程客观上存在着高温高压、低温低压、易燃易爆、易腐蚀、有毒及放射性等不安全因素，且随着装置向大型化、联合化方向发展，使得处于工艺状态的物料及储存量非常庞大，一旦发生安全事故，都会严重影响人们的生活。搞好石油化工生产安全管理就显得非常关键与重要。因此，必须制订相应的安全操作规程，其主要内容如下：

① 原材料、中间体、产品助剂、催化剂等物质的理化性能、健康危害及管理。

② 装置开停车及正常运行操作规程。

③ 装置检修、维护操作规程。

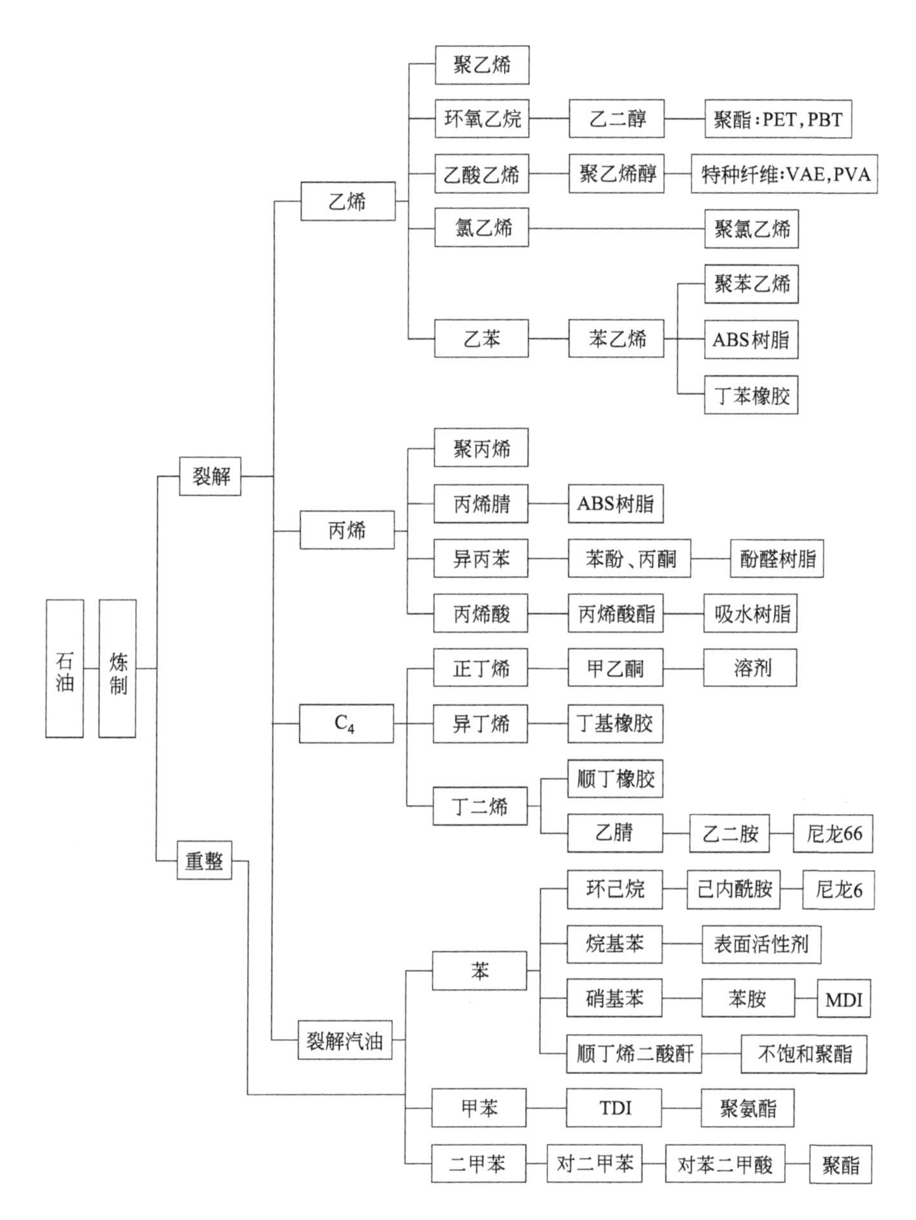

图 0-1　石油化工产业链

④ 突发事故处置规程。

⑤ 特殊设备使用与管理规程。

⑥ 公用工程系统运行管理规程。

⑦ 公共安全规程。

安全操作规程是石油化工装置运行的有力保证，是企业领导指挥生产的依据，是岗位员工操作的依据，是对员工进行安全教育的依据，也是调查、处置安全事故的依据。安全操作规程在制订时既要符合国家的相关安全法规，又要符合产品安全技术，更要吸收国内外安全管理经验和动态事故教训。

石化全行业和广大石化企业正在全力贯彻中央的部署，认真研究制定碳达峰实施方案及路线图和时间表，全力配合有关部委研究制定《石化行业单位产品碳排放限额编制导则》《碳足迹核算通则》《碳排放核算技术规范》等行业、企业和项目标准。但是当前有一种现象，在谈论“碳达峰、碳中和”时，只看到了石化产业资源型和能源型的属性，只看到了目前以石油天然气、煤炭等化石资源为原料，在生产石化产品的过程中伴有二氧化碳排放，而忽视了石化产业一直是国民经济的重要支柱产业，忽视了石化产业为制造强国、航空航天和国防强国提供着重要支撑和保障，更忽视了化工新材料和专用化学品在节能减碳方面一直发挥着极其重要的作用。同时，我们要清楚地认识到，由于石油化工生产过程不可避免的产生废气、废渣、废液、污水等污染物，这些污染物将会严重影响人们的生活环境与生存空间，面对这样的情形，如何落实国家碳达峰实施方案及路线图和时间表，提高资源能源的使用效率、提高环境质量，在资源作用开发的同时，确保环境不受污染，成为石油化工企业首要解决的问题。为此，必须遵守国家的相关环境保护法规，做到以下几点：

① 新建企业必须接受国家相关机构的环境影响评估。

② 尽量将装置建设到国家统一规划的化工园区。

③ 必须建设完善相关环保装置，并保证装置正常运行。

④ 随时监测污染物的排放情况。

⑤ 必须做到按国家标准达标排放。

⑥ 无条件接受相关职能部门的检查、监测。

⑦ 一旦发生安全环保事故，应立即上报并处置。

复习思考题

一、填空题

1. 世界石油化工发展经历了________、________、________、________四个阶段。

2. ________年________国由石油轻质馏分催化重整制取芳烃的新工艺研究成功，开辟了苯、甲苯和二甲苯等重要芳烃的新来源。

3. ________年，美国________公司和联合碳化物公司应用英国卜内门化学工业公司的技术建设成________厂。

4. ________年美国________公司开始用高温氧化法生产________系列产品。

5. ________年美国________公司移植________国技术用氢甲酰化法羰基合成生产________。

6. ________年，________直接法合成________投产。

7. ________年在________化学工业公司建成了以________为原料，年产5000t乙烯的________裂解装置，我国石油化工迈出了第一步。

二、判断题

1. 1953年苏联化学家K. 齐格勒研究成功了低压法生产聚乙烯的新型催化剂体系，并迅速投入了工业生产。（ ）

2. 1954年意大利化学家G. 纳塔进一步发展了齐格勒催化剂，合成了立体等规聚乙烯，并于1957年投入工业生产。（ ）

3. 1957年美国俄亥俄杜邦公司成功开发了丙烯氨化氧化生产丙烯腈的催化剂，并于1960年投入生产。（ ）

4. 1957年乙烯直接氧化制乙醛的方法取得成功，并于1960年建成大型生产厂。（ ）

5. 我国的一套裂解装置用管式炉热裂解法生产乙烯。（ ）

6. 1961年在齐鲁石化公司建成了以炼厂气为原料，年产5000t乙烯的固体热载体裂解

装置。（　　）

7.我国第一套裂解装置以天然气为原料生产乙烯。（　　）

三、简答题

1.第一种石油化工产品于哪一年、在哪儿生产成功?

2.第一套裂解装置是那一年、由哪个公司建造的?

3.丁二烯是那一年、由哪个公司从烃类裂解产物中分离得到的?

4.催化重整法制芳烃是哪一年、由哪个公司研发成功的?

5.哪位科学家创立了高分子化合物概念?

6.哪个公司建设了第一套聚乙烯装置?

7.我国的石油烃裂解装置是哪一年、在哪个公司建设成功的?

8.简述石油化工在国民经济中的地位。

9.简述我国的石油化工生产特点。

10.试述石油化工生产安全及环保的意义。

第一单元

石油化工生产基础知识

第一章　石油化工生产原料

学习目标

1. 了解炼厂气、油田气的组成及特性。
2. 掌握天然气、页岩气的组成及特性。
3. 掌握石脑油、柴油、重油的组成及特性。

课程导入

石油化工生产需要大量的原始原料和基础原料，其中原始原料的开采和加工已经在《石化原料生产技术》中为大家做了详细的介绍，那么石油化工生产常用的基础原料有哪些，这些原料的特性和组成如何？

石油化工生产以石油、天然气、页岩气、煤等矿物质为原始原料，这些原始原料经加工后的产物作为石油化工的基础原料，以基础原料为原料进一步生产人类生活必需品。因此，石油化工生产用原料非常广泛，其原料费用在产品总成本中占60%左右，原料的性能对于工艺过程的技术经济指标起决定性作用，同时对生产的正常运转很关键。因此，生产石油化工产品选用哪种原料，具有十分重要的意义。石油化工生产对原料的基本要求主要有以下三点：

① 具有稳定的组成、价廉、易得；

② 具有较高的纯度；

③ 能够通过技术手段把原料中沸点相近或沸点很低的组分加以分离，以达到规定的指标要求。

石油化工生产用原料，在常温常压下按其聚集状态可简单分为气态烃、液态烃、固态烃，其中以气态烃和液态烃为主要原料。

第一节　气态烃原料

气态烃原料包括天然气、油田气、炼厂气、页岩气和合成气等。

一、天然气组成及其特性

天然气是以甲烷为主要组分的气态烃混合物。天然气中除含有甲烷外，还含有乙烷、丙烷、丁烷以及少量硫化氢、氦、氮、二氧化碳、二氧化硫等气体。天然气的组成随产地的不同而不同。按天然气中甲烷含量的多少分为干天然气（又称贫气）和湿天然气（又称富气）。

干天然气主要成分为甲烷（含甲烷80%～99%），一般不含可凝性烃类。湿天然气除含甲烷外，主要是乙烷到戊烷的烃类。典型的各种天然气组成如表1-1所示。

天然气的化学性质较为稳定，高温时才能发生分解。干天然气在常温常压下不液化，而湿天然气在常温常压下可部分液化。C_3以上可液化部分气体称为液化轻烃。湿天然气可采用冷凝或吸收方法把丁烷以上的高级烃类分离出来，得到气体汽油馏分（主要含丁烷、戊烷与己烷等），剩余的气体可进一步分离为丙烷和丁烷（纯度可达97%～98%）以及含90%的甲烷（内含各5%的乙烷和丙烷）馏分。天然气除以管道作远程输送外，也可在低温下液化后，以液化轻烃状态作远程输送，供远距离用户使用。

表1-1　我国主要天然气的组成　　单位：%（摩尔）

组分＼地区	陕甘宁	塔里木	广东南海	四川	忠武线	东海	山东	昌邑	渤海	南海东方
CH_4	94.62	92.27	80.38	96.15	97.00	88.48	95.56	98.06	85.57	78.02
C_2H_6	0.55	1.97	12.48	0.25	1.50	6.68	1.34	0.22	8.08	1.45
C_3H_8	0.08	1.55	1.80	0.01	0.50	0.35	0.35	0.12	0.08	0.24
n-C_4H_{10}	1.00	0.06	0.09	0	0	0	—	—	—	0.07
i-C_4H_{10}	0.01	0.08	0.11	0	0	0	0.13	0.10	—	0.03
C_5H_{12}	0	0.13	0.06	0	0	0	0.17	0	4.13	—
N_2	3.74	3.84	5.08	3.59	1.00	4.49	2.45	1.50	2.14	20.19

干天然气因富含甲烷，是制造合成气及甲醇等的好原料，也是很好的燃料。湿天然气可作为裂解原料，生产烯烃。天然气是石油化工生产的主要原料之一，可以直接作为石油化工原料，用来生产炭黑、甲醇、甲醛、高级醇、尿素、乙炔、氯甲烷等重要化工产品。

天然气中含有少量有害杂质，如二氧化碳、硫化氢以及各种形态的硫化物与水。这些有害物质的存在，对天然气的储存、输送以及作为石油化工生产原料时，都是十分有害的。例如，水在输送过程中，当温度降到一定时，会冷凝冻结而阻塞管道，同时水在一定温度和压力下，还会与烃类形成水合物而造成管道阻塞；二氧化碳在有水存在时可腐蚀管道；硫化氢对管道与设备都具有腐蚀性。因此，天然气在输送之前应进行净化处理。天然气的净化处理包括脱除酸性气体、脱水与分离重烃等。

1. 酸性气体的脱除

天然气脱除酸性气体的方法有化学吸收法、物理吸收法、吸附法与转化法等。目前应用较多的是化学吸收法和物理吸收法。

（1）化学吸收法　化学吸收法指的是加入一种吸收剂，让溶解在溶剂中的组分与吸收剂中的活性组分发生化学反应的过程。常用的吸收剂有醇胺液（如乙醇胺、二乙醇胺）、碱液［如含有NaOH 18%～20%（质量分数）的水溶液］。化学吸收法脱除天然气酸性气体的一般工艺流程如图1-1所示。

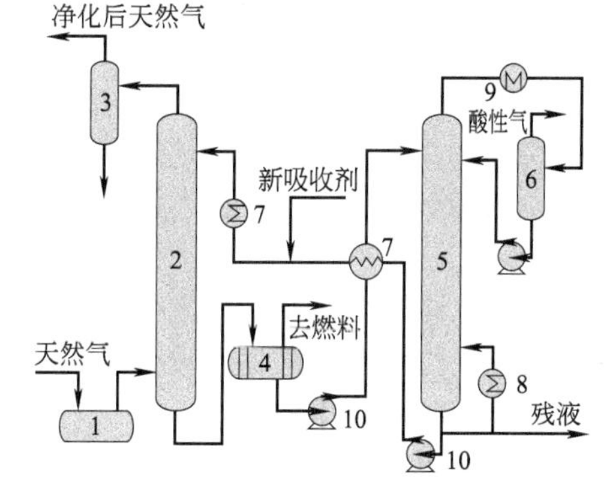

图1-1　化学吸收法流程图

1—缓冲器；2—吸收塔；3—气液分离器；4—闪蒸槽；5—再生塔；6—回流罐；7—换热器；8—蒸发器；9—冷凝器；10—泵

（2）物理吸收法　物理吸收法指的是在吸收过程中，气体组分在吸收剂中只发生单纯的物理溶解过程。常用的吸收剂有聚乙二醇二甲醚、碳酸丙烯酯、甲醇等。物理吸收法脱除天然气中酸性气体的一般工艺流程如图 1-2 所示。

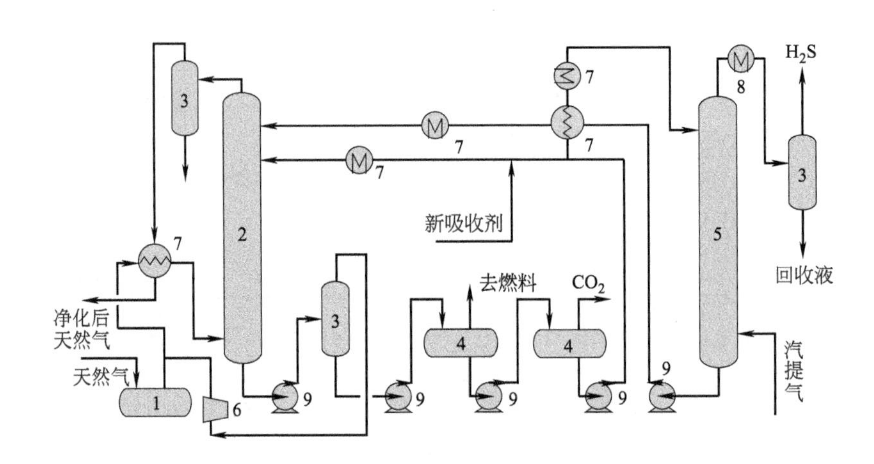

图 1-2　物理吸收法流程图

1—缓冲罐；2—吸收塔；3—气液分离器；4—闪蒸槽；5—再生塔；6—压缩机；7—换热器；8—冷凝器；9—泵

2. 脱水

脱除天然气中水分的方法有甘醇吸收脱水法、吸附脱水法、固体氯化钙脱水法与节流冷脱水法等。其中甘醇吸收脱水法是应用最早、最广泛的方法，所以至今所用的脱水装置仍以甘醇吸收法为主。甘醇吸收法是甘醇在吸收塔中吸收天然气中的水分。吸收了水分的甘醇经闪蒸、再生和汽提而提浓，提浓后的甘醇再循环到吸收塔使用。

3. 重烃分离

分离天然气中的重烃（C_4 以上烃类），主要是为了满足天然气管道输送的要求，同时也是为了综合利用天然气，以提高天然气资源的经济效益。分离天然气中重烃的方法基本是物理分离法，常用的分离方法有吸附法、油吸收法、冷凝分离法等。

二、油田气组成及其特性

油田气是一种与原油伴生而产生的天然气，又称油田伴生气。油田气几乎全是低级正构烷烃，主要含甲烷、乙烷、丙烷和丁烷以及少量轻汽油。根据油田气中甲烷含量的多少，油田气也分为干气（主要含甲烷）和湿气（除含甲烷外还含有乙烷、丙烷、丁烷等）。

油田气多为湿气，它与气井产生出的一般湿天然气无多大区别，主要成分仍是甲烷、乙烷等低分子烷烃，只是含有较多的较大分子烷烃——丙烷、丁烷和汽油。油田气可用作裂解原料或用于制取液化轻烃。

我国油田气产量很丰富，如大庆、胜利油田开采 1t 原油可同时得到 40～60m^3 的油田气，大港、盘锦等油田则高达 160～200m^3。油田气的产量随油田开采的时间而递减，但气体中大分子烷烃的含量则随之增加。油田气的组成因产地和开采季节不同而异。表 1-2 是几种油田气的代表性组成。

表 1-2　几种油田气的组成　　　　单位：%（体积）

类型＼组分	CH_4	C_2H_6	C_3H_8 以上	N_2	H_2	CO_2
Ⅰ	90～93	3～4	2	1～2	0.04	0.1
Ⅱ	77～90	6～9	2～5	0.8～8	0.03～0.12	0.02
Ⅲ	74～84	2～4	1～4	1～3	0.06～0.8	—

油田气中的乙烷、丙烷、丁烷组分分离出来，即液化石油气，是重要的裂解原料，也可作燃料。油田气中 C_5 以上的烷烃凝析也称为凝析汽油，主要用作石油化工原料，用于烃类裂解制乙烯或蒸汽转化制合成气，也可作为工业、民用燃料。油田气和天然气一样，其中也含有少量有害杂质，如水、二氧化碳、硫化氢以及各种形态的硫化物等，其净化处理方法也相同。

三、炼厂气组成及其特性

在石油炼制过程中，会产生一定量的气体，其组成为 H_2、C_1～C_4 的烷烃和烯烃以及 C_5 烃类，人们称其为炼厂气。产生炼厂气的石油加工过程有原油常压蒸馏、催化裂化、催化重整、加氢裂化，以及焦化、热裂解等。这些加工过程产生的气体，其典型组成如表 1-3 所示。从炼厂气中可获得大量丙烯、丙烷、丁烯和丁烷，还可得到少量乙烯和 C_5 烃类。炼厂气是石油化工基础原料的重要来源之一。炼厂气包括如下几种气体。

1. 常压蒸馏拔顶气

原油经脱盐、脱水后进入常压蒸馏装置，按沸点不同将原油分馏成汽油、煤油、轻柴油、常压重油等馏分。常压蒸馏塔顶可蒸出少量的轻烃，通常称为拔顶气，拔顶气为 C_1～C_4 的烷烃（不含烯烃）。拔顶气的组成和数量与原油的性质有关，一般组成见表 1-3。

表 1-3　常压蒸馏拔顶气的一般组成　　　　单位：%（质量）

组分	C_2H_6	C_3 馏分	C_4 馏分	C_5 馏分	C_5 以上馏分
组成	2～4	30	50	16～18	少量

常压蒸馏拔顶气是裂解的优质原料。

2. 裂化气

将高沸点大分子量的烃类转变成为低沸点小分子量的轻质烃类的加工方法，称为裂化。在石油炼制生产中，主要对减压柴油或重油进行裂化，生产轻质油以改善重质油的质量。在裂化过程中，重质油裂化为轻质油，并副产相当数量的轻烃（其中含有大量烯烃）。轻烃的组成与收率，除与原料性质有关外，还与裂化过程的操作条件有关。裂化气包括热裂化气、减黏裂化气、催化裂化气、加氢裂化气等。裂化过程框图如图 1-3 所示。

3. 焦化气

焦化是重质油加热裂化并伴有聚合反应而生成轻质油、中间馏分油与焦炭，同时也生成大量气体产品的过程。所以，焦化过程实质上也是热裂化过程的一种。焦化过程的原料可以是常压渣油、减压渣油，也可以是沥青。

焦化过程生成的气体一般占进料的 5%～12%（质量），其中含有大量的甲烷、乙烷、

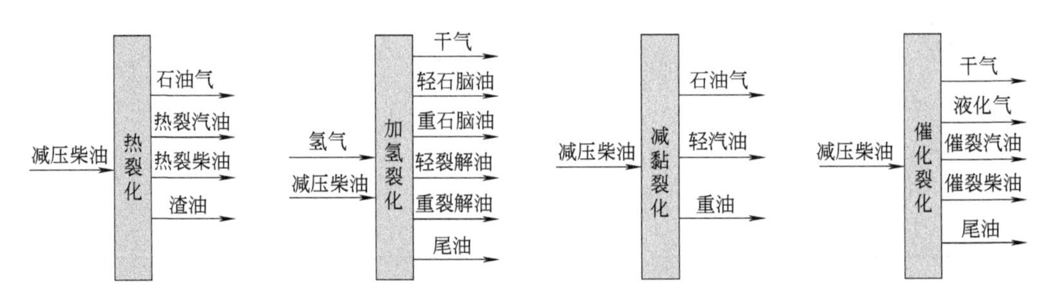

图 1-3 裂化过程框图

乙烯、丙烯和丁烯，是石油化工的宝贵原料。焦化气包括延迟焦化的焦化气、流化焦化的焦化气与灵活焦化的焦化气。

4. 重整气

重整是石脑油经重整反应转化为芳烃的过程。目前，重整反应均采用催化重整，催化剂有铂催化剂、双金属催化剂和多金属催化剂等。在重整过程中，生产高辛烷值汽油的同时，也生成一定量的富氢气体及轻质烷烃（甲烷至丁烷）。由于重整气体被氢气所饱和，故在重整气中不含烯烃。

在各种炼厂气中，比较容易加压液化的组分称为液化气。液化气的组成主要是 C_3、C_4 及 C_4 以上的烃类。液化气分离可得到丙烷-丙烯馏分、丁烷-丁烯馏分、戊烷-戊烯馏分等。剩余气体主要含甲烷、乙烷及少量乙烯、丙烯，这些气体称为炼厂干气（又叫富气）。从上可知，炼厂气中的饱和烃与不饱和烃，经加工处理后，都是很好的石油化工生产原料。

四、页岩气的组成及其特性

页岩气是一种特殊的非常规天然气，存于泥岩或页岩中，具有自生自储、无气水界面、大面积连续成藏、低孔、低渗等特征，一般无自然产能，需要大型水力压裂和水平井技术才能进行经济开采，单井生产周期长。其基本特征如下：

① 岩性多为沥青质或富含有机质的暗色、黑色泥页岩（高碳泥页岩类），岩石组成一般为30%～50%的黏土矿物、15%～25%的粉砂质（石英颗粒）和1%～20%的有机质，多为暗色泥岩与浅色粉砂岩的薄互层。

② 页岩气主要来源于生物作用或热成熟作用，有机碳含量（TOC）介于0～25%，镜质体反射率介于0.4%～2%。

③ 页岩本身既是气源岩又是储集层，目前可采的工业性页岩气藏埋深最浅为182m。页岩总孔隙度一般小于10%，而含气的有效孔隙度一般只有1%～5%，渗透率则随裂缝发育程度的不同而有较大的变化。

④ 页岩具有广泛的含气性，天然气的储存状态多变，吸附态天然气的含量变化于20%～85%之间。

⑤ 页岩气成藏具有隐蔽性特点，不以常规圈闭的形成存在，但当页岩中裂缝发育时，有助于游离相天然气的富集和自然产能的提高。当页岩中发育的裂隙达到一定数量和规模时，就成为天然气勘探的有利目标。

⑥ 在成藏机理上具有递变过渡的特点，盆地内构造较深部位是页岩气成藏的有利区，页岩气成藏和分布的最大范围与有效气源岩的面积相当。

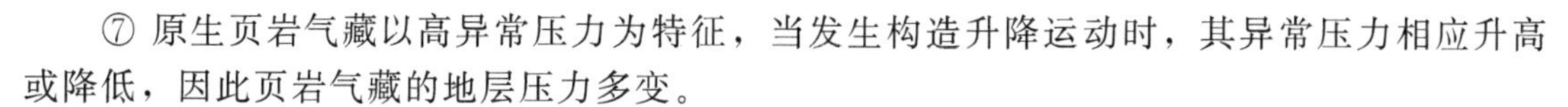

⑦ 原生页岩气藏以高异常压力为特征，当发生构造升降运动时，其异常压力相应升高或降低，因此页岩气藏的地层压力多变。

我国页岩气储量丰富。经初步评价，其陆域页岩气地质资源潜力为134.42万亿立方米，可采资源潜力25.08万亿立方米（不含青藏）。已获工业气流或有页岩气发现的评价单元面积约88万平方千米，地质资源93.01万亿立方米，可采资源15.95万亿立方米。主要分布在四川省、新疆维吾尔自治区、重庆市、贵州省、湖北省、湖南省、陕西省等，这些地区占全国页岩气总资源的68.87%。

页岩气的组成与常规天然气相仿，主要成分是甲烷，并含有少量的乙烷、丙烷、丁烷、戊烷、二氧化碳、氮气。页岩气不仅能够替代常规天然气在能源领域的应用，而且在化工行业的应用较常规天然气更为广泛。

第二节　液态烃原料

石油是由分子量大小不同的各种烷烃、芳烃组成的复杂混合物。产地不同的原油，其烃类的结构有所不同。当原油中所含烷烃以直链结构为主时，称为石油基原油。当所含烷烃以环烷烃为主时，称为环烷基原油。介于两者之间的称为中间基原油。原油不同，所得各种直馏馏分油的性质也有很大差异。

原油一般不直接利用，而是采用各种加工方法，将原油按沸点范围切割成不同的馏分，称为石油馏分，如石脑油、柴油、煤油、轻质油、重质油等。表1-4为各类组分的沸点范围和主要用途。

表1-4　原油中各类组分的沸点范围及用途

产品	沸点范围	大致组成	用途
石油气	40℃以下	C_1～C_4	燃料、化工原料
石油醚	40～60℃	C_5～C_6	溶剂
汽油	60～205℃	C_7～C_9	内燃机燃料、溶剂
溶剂油	150～200℃	C_9～C_{11}	溶剂(可溶解橡胶等)
喷气燃料	145～245℃	C_{10}～C_{15}	航空机械燃料
煤油	160～310℃	C_{11}～C_{16}	燃料、工业洗涤油
柴油	180～350℃	C_{15}～C_{18}	柴油机燃料
机械油	350℃以上	C_{16}～C_{20}	机械润滑
凡士林	350℃以上	C_{18}～C_{22}	制药、防锈涂料
石蜡	350℃以上	C_{20}～C_{24}	制皂、蜡用、造型等
燃料油	350℃以上	—	船用燃料、锅炉燃料
沥青	350℃以上	—	防腐材料、建筑
石油焦	—	—	生产电石、冶金等

石油加工处理首先是常减压蒸馏。常减压蒸馏是根据原油中所含组分沸点不同，在常压和减压下进行分馏的过程。通常，常减压蒸馏可将原油分割为汽油、煤油、柴油馏分以及催化裂化、润滑油原料和渣油等。原油常减压蒸馏工艺流程图如图 1-4 所示。

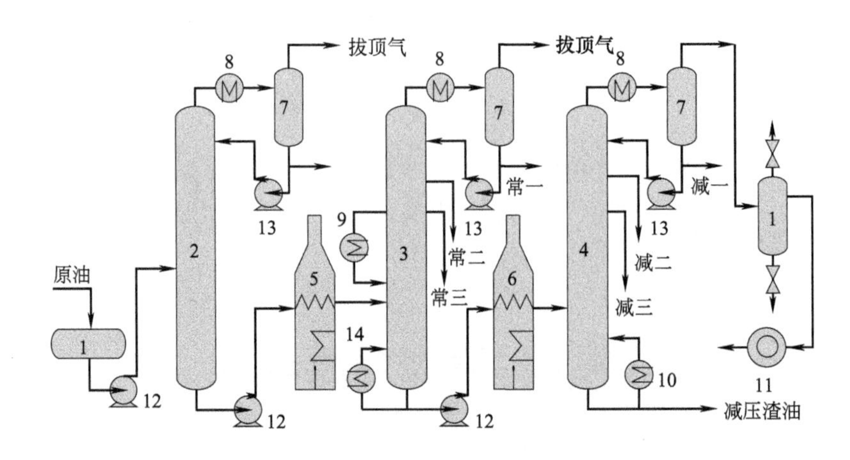

图 1-4　原油常减压蒸馏工艺流程

1—缓冲罐；2—初馏塔；3—常压塔；4—减压塔；5—常压加热炉；6—减压加热炉；7—回流罐；8—冷凝器；9—中间换热器；10—减压再沸器；11—真空泵；12—输送泵；13—回流泵；14—常压再沸器

原油加热到 220～240℃进入初馏塔，塔顶控制 140℃，蒸出物经冷凝分离得到原油拔顶气和轻汽油。初馏塔底油送常压加热炉，加热至 360～370℃后送常压塔，塔顶得重汽油。轻汽油和重汽油的馏程为 38～140℃，又称直馏汽油。直馏汽油一般占原油的 10%左右，常压塔一线产品为煤油，煤油占原油的 25%左右。二线产品为轻柴油，三、四线产品为重柴油。

常压塔底重组分经减压加热炉加热到 380～410℃后，进入减压塔，塔顶为 93.3kPa 的真空度，由侧线分出柴油、变压器油、含蜡油等减压馏分油，塔底为减压渣油。

根据组成不同及沸点范围的差别，液态烃分为轻质油和重质油。轻质油含小分子烃类较多，沸点较低，如石脑油、直馏汽油、煤油、柴油等。重质油含大分子烃类较多，沸点较高，如重油、渣油等。

用作石油化工生产原料的液体石油馏分主要有石脑油馏分、汽油馏分、柴油馏分和重油馏分等。

一、石脑油组成及其特性

原油经常减压蒸馏或加氢裂化后，分馏出的初馏点到 180℃之间的馏分称为石脑油。石脑油的组成如表 1-5 所示。

表 1-5　石脑油的组成

编号 \ 项目	原油中石脑油含量/%(体积)	烷烃/%(体积)	环烷烃/%(体积)	芳烃/%(体积)	硫/(μL/L)
1	24	78	13	9	200
2	27	67	21	12	400
3	28	50	36	14	1900

续表

编号＼项目	原油中石脑油含量/%(体积)	烷烃/%(体积)	环烷烃/%(体积)	芳烃/%(体积)	硫/(μL/L)
4	28	52	34	14	960
5	30	67	20	13	320
6	36	64	28	8	660

石脑油是催化重整生产芳烃的原料，也是裂解生产烯烃的原料。一般，石脑油中烷烃含量较高，为40%～80%，芳烃含量较少，为5%～15%。

二、直馏汽油组成及其特性

将原油直接蒸馏时得到的汽油称为直馏汽油。

直馏汽油可以作为合成氨、芳烃、乙烯等的原料。以直馏汽油作为合成氨原料时，要求干点不超过180℃，芳烃含量低于20%（体积），环烷烃和芳烃总量低于50%（体积）。为防止催化剂中毒，原料油中杂质含量要求为：

$S<0.5\times10^{-6}$；　　$Pb<3.0\times10^{-6}$；

$Cl<1.0\times10^{-6}$；　　$As<5.0\times10^{-6}$。

直馏汽油作为生产乙烯原料时，一般无特别要求，但当砷含量高时，则需要进行脱砷。原料油中的含氢量或直链烷烃含量越高，所得乙烯收率就越高。

三、柴油组成及其特性

轻质柴油可作为生产乙烯的原料。当柴油裂解时，同时可得到大量富含芳烃的裂解汽油。加氢后的裂解汽油可抽提出大量芳烃，抽余油含大量环烷烃，是很好的重整原料。

四、重油组成及其特性

目前，在石油化工生产中，直接用重油来生产的产品主要是合成氨与制氢。从经济合理性考虑，以重油作为石油化工原料，通常要采用轻质化手段，如加氢或脱碳，使重油转化为各种轻质馏分油（如加氢裂化、焦化、脱沥青、重油催化裂化等）。轻质馏分油再作为烯烃生产或芳烃生产的原料。

1. 焦化馏分油

焦化是将重质油加热、裂解、聚合变成轻质油、中间馏分油和焦炭的加工过程。

减压渣油、柴油、蜡油经延迟焦化法或流化焦化法处理，可得到焦化汽油、焦化柴油、焦化蜡油等轻质油品，再经加氢处理后，可得到适合于重整和生产乙烯的原料馏分油。

2. 蒸汽热裂解馏分油

减压渣油经蒸汽热裂解可得到裂化轻油和裂化重油。

由于所得裂化油的烯烃含量较高，所以不管是用于生产乙烯还是用于生产芳烃，均需进行加氢处理。加氢后的烯烃全部饱和，脱硫率可达95%。

3. 脱沥青油

渣油脱沥青工艺是利用溶剂（如丙烷、丁烷、戊烷、己烷等）脱除渣油中的胶质、沥青和金属等杂质。脱沥青油与原油料相比，其碳氢比，硫、氮、金属、残碳的含量均有降低。脱沥青油再经催化裂化或加氢裂化可获得用作石油化工原料的轻质油。渣油脱沥青工艺如图1-5所示。

4. 重油催化裂化

重油催化裂化是将常减压渣油中重馏分油，在硅酸铝或分子筛催化剂存在下，转化为轻质馏分油的过程。重油催化裂化工艺如图 1-6 所示。重油催化裂化反应是在常压、460～490℃下进行。其产品组成见表 1-6。催化裂化得到的轻质汽油、柴油等，均是石油化工生产的良好原材料。

图 1-5　渣油脱沥青工艺　　图 1-6　重油催化裂化工艺

表 1-6　重油催化裂化产品组成

组分	干气	气态烃	液态烃	汽油	轻柴油	重柴油	渣油	焦炭
组成/%(质量)	1.54	2.76	11.5	43.1	24.7	9.2	0	7.2

5. 裂解汽油

馏分油裂解制乙烯时，副产大量富含芳烃的裂解汽油。随着馏分油裂解装置的发展，裂解汽油已成为芳烃生产的重要原料。裂解汽油抽提芳烃后的抽余油，含有大量环烷烃，是较好的重整原料，并可进一步生产芳烃。

裂解原料芳烃含量越高，裂解原料越重，裂解汽油的收率就越高。同样的裂解原料，裂解深度越高，裂解汽油中的芳烃含量也越高。

裂解汽油经一段加氢处理，可作为高辛烷值汽油的调和组分，二段加氢脱硫后的产品，可进行芳烃抽提。裂解汽油加氢后所得产品组成见表 1-7。

表 1-7　裂解汽油加氢后产品组成及性质

组成及性质＼类别	原料 A			原料 B		
	原料油	一段加氢	二段加氢	原料油	一段加氢	二段加氢
烷烃+环烷烃/%(体积)	27	30	47	14.3	18.5	38
单烯烃/%(体积)	8.6	12	0	13.2	14.5	—
二烯烃/%(体积)	10.4	4	0	9.5	4	—
芳烃/%(体积)	54	54	53	63	63	62
相对密度	0.793	0.789	0.70	0.803	0.798	0.79
流程/℃	40～207	42～200	43～198	35～183	37～185	36～183

为了降低能耗，充分有效合理利用石油资源，目前，国内外大型石化企业采用炼化一体化生产工艺来生产石油化工产品。由于原油的种类不同和采用的炼化组合形式不同，其工艺路线也不相同。为了使原油为裂解提供更多的馏分油，采用重油轻质化的方法越来越多。图 1-7 为联合装置的一种方案。

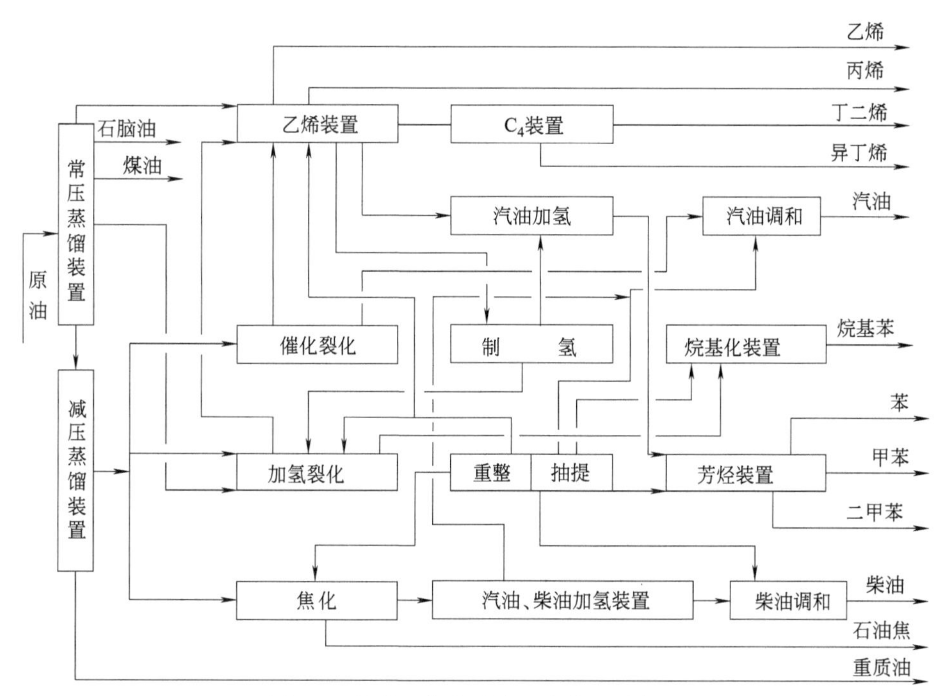

图 1-7　炼化一体化联合生产装置示意图

复习思考题

一、填空题

1. 石油化工生产用原料，在常温常压下按其聚集状态可简单分为________、________、________，其中以________和________为主要原料。

2. 气态烃烃原料包括________、________、________、________和________等。

3. 天然气脱除酸性气体的方法有________、________、________与________等。目前应用较多的是________和________法。

4. 裂化气包括________、________、________和________等。

5. 用作石油化工生产原料的液体石油馏分主要有________、________、________和重油馏分等。

6. 根据天然气的组成可将天然气分为________和________。

7. 馏分油裂解制乙烯时，副产大量富含________的裂解汽油。

二、判断题

1. 天然气只能作为民用燃料。　(　　)

2. 天然气的主要成分是甲烷。　(　　)

3. 常压蒸馏拔顶气的组成中不含烯烃。　(　　)

4. 裂化气的组成中不含烯烃。　(　　)

5. 焦化气的组成中含有一定量的烯烃。　(　　)

6. 重整气的组成中含有一定量的烯烃。　(　　)

7. 重质馏分油可以直接作为生产烯烃和芳烃的原料。　(　　)

三、选择题

1. 初馏塔顶和常压塔顶得到的轻汽油和重汽油称为（　　）。

A. 拔顶气　B. 石脑油　C. 航空煤油　D. 裂解汽油

2. 天然气中除了含有甲烷外，还含有（　　）。

A. 乙烷　B. 丙烷　C. 丁烷　D. 丁烯

3. 在各种炼厂气中，比较容易加压液化的组分称为（　　）。

A. 拔顶气　B. 瓦斯气　C. 液化气　D. 裂解气

4. 石油是由分子量大小不同的各种（　　）和芳烃等组成的复杂混合物。

A. 烷烃　B. 烯烃　C. 碳　D. 氢

四、简答题

1. 石油化工生产对原料有什么要求？
2. 试述天然气的主要成分，并说明干气和湿气的区别及有哪些用途。
3. 天然气与油田伴生气、炼厂气有什么区别？炼厂气的主要成分是什么？
4. 说明脱除天然气中酸性气体的方法，为什么要对天然气进行净化处理？
5. 油田气需要净化处理吗？为什么？
6. 什么是裂化？裂化气的主要成分是什么？
7. 什么是重整？重整气的主要成分是什么？
8. 什么是焦化？焦化气的主要成分是什么？
9. 什么是页岩气？页岩气的主要成分是什么？
10. 试简述常减压蒸馏装置中有哪些主要设备。
11. 石脑油、直馏汽油、柴油的主要成分是什么？其各自的特性有哪些？
12. 试简述炼化一体化装置的工艺过程。

第二章　石油化工催化剂

学习目标

1. 了解催化剂的分类及组成。
2. 了解催化剂的制备方法。
3. 掌握催化剂的性质、中毒与再生。
4. 掌握催化剂的使用技术。

课程导入

石油化工生产过程大部分是催化反应过程，需要用到大量的不同类型的催化剂，这些催化剂有何特性、如何选择、使用及制备？

现代石油化工生产已广泛使用催化剂，在石油化工生产过程中，催化过程约占85%以上，这一比例还在不断增长。采用催化方法生产，可以大幅度降低产品成本，并提高产品质量和收率，同时还能合成用其他方法不能制得的产品。例如，苯与氯、溴一般情况下不发生取代反应，但在铁盐等催化剂作用下加热，苯环上的氢可被氯或溴原子取代，生成相应的卤代苯，并放出卤化氢。

$$C_6H_6 + Br_2 \xrightarrow[\triangle]{Fe或FeBr_3} C_6H_5Br + HBr$$

丙烯聚合时，用氯化镁、三氯化钛和烷基铝作催化剂，便可得到等规结构的聚丙烯。石油化工许多重要产品的技术突破都与催化技术的发展有关，因此可以这样说，没有现代催化科学的发展和催化剂的广泛应用，就没有现代石油化工。

每当发现一个新的催化剂，常常可以使某一产品的生产成本大幅度降低，或者得到具有新性能的产物。例如，羰基合成用的铑铬催化剂，由于其活性比早期使用的钴催化剂活性高1000倍，所以反应温度由300℃降至100℃，反应压力由30.4MPa降到1.5MPa，转化为醛的转化率为99%，可节约生产费用35%左右。催化剂的开发和应用，可促进技术革新和生产发展，并能改造老装置的面貌。例如，催化裂化采用结晶分子筛催化剂后，使催化裂化进入了一个新阶段，改变了裂化产物的分布，实现了“择形催化”，提高了催化效率，取得了良好的经济效果。

第一节　石油化工催化剂概述

催化剂是一种在化学反应过程中能改变化学反应速率，而自身的组成和性质保持不变的物质。它具有一定的选择性，能使某一反应朝着一定方向加速或延缓（又叫负催化剂）进行。催化剂在参与化学反应过程时，虽然能影响化学反应的速率，但不能改变反应物间的平衡状态。在高分子聚合反应中，催化剂又称为引发剂。

一、催化剂的分类

石油化工生产用催化剂的种类繁多，依据组成、来源、反应类型分类和状态如下：

① 按催化剂的元素及化合态分为：金属催化剂，大部分为过渡金属元素，如 Fe、Ni、Pt、Pd 等催化剂；氧化物或硫化物催化剂，如用于催化氧化的 Mo-O、V-O、Cu-O 等催化剂，用于催化脱氢的 Cr-O 等催化剂，用于催化加氢的 Mo-S、Ni-S、W-S 等催化剂；酸、碱、盐催化剂，主族元素氧化物、氢氧化物、卤化物、含氧酸、氢化物等，如 H_2SO_4、HF、KOH、$CuSO_4$、H_3PO_4 等；金属有机化合物，多为配合催化机理反应所用催化剂，如用于烯烃聚合的 $Al(C_2H_5)_3$，用于羰基合成的 $Co(CO)_8$ 等催化剂。

② 按催化剂的来源分为：非生物催化剂和生物催化剂，如酸性白土、合成酶等。

③ 按照反应类型分为：均相反应催化剂和多相反应催化剂。前者是催化剂和反应物处于同一相态，后者是催化剂与反应物处于不同相态。按化学反应类型可分为加氢催化剂、脱氢催化剂、氧化催化剂、氧化脱氢催化剂、芳烃转化催化剂、化肥工业催化剂等。

④ 按催化剂存在的状态分为：气体、液体和固体三种，其中固体催化剂是目前应用最多、最广，也是最重要的催化剂。

素质阅读

我国著名催化剂专家——闵恩泽

闵恩泽（1924—2016 年），四川成都人，石油化工催化专家，中国炼油催化应用科学的奠基人，中国绿色化学的开拓者。1980 年当选中国科学院学部委员（院士），1993 年当选原第三世界科学院院士，1994 年当选中国工程院院士。

作为石油化工领域著名的催化剂专家，闵恩泽用自己的科学创新思维催化着石油化工的突飞猛进，用自己的智慧催生着艳丽的科技之花。

他的人生格言：为国家的建设作贡献，是我最大的幸福。

二、石油化工优质催化剂的基本条件

为了在生产中得到目的产物、减少副产物、提高质量，并具有合适的工艺操作条件，要求催化剂必须具备以下条件：

① 具有良好的活性，特别是在低温下的活性；

② 对反应过程具有良好的选择性，尽量减少或不发生不需要的副反应；

③ 具有良好的耐热性能和抗毒性能；

④ 具有较长的使用寿命；

⑤ 具有较高的机械强度，能够经受开停车和事故的冲击；

⑥ 制造催化剂所需要的原材料价格便宜，并容易获得。

催化剂要达到上述要求，首先取决于催化剂的化学和物理性能、制造方法。同时在使用过程中，也必须采用合适的工艺条件和操作方法。

三、催化剂的化学组成

金属、金属氧化物、硫化物、碳化物、氮化物、硼化物以及盐类，都可用作催化剂。适用的催化剂常常包括一种以上金属盐类。固体催化剂一般都由活性组分、助催化剂与载体等三部分组成。

（1）活性组分（主催化部分）　活性组分指的是对一定化学反应具有催化活性的主要物质，一般称为该催化剂的活性组分或活性物质。例如，加氢用的镍系催化剂，其镍为活性组分。

（2）助催化剂　助催化剂在催化剂中含量少，本身没有催化性，但它能提高催化剂活性组分的活性、选择性、稳定性和抗毒能力，又称添加剂。例如，脱氢催化剂中的 CaO、MgO 或 ZnO 就是助催化剂。

在镍催化剂中加入 Al_2O_3 和 MgO 可以提高加氢活性。当加入钡、钙、铁的氧化物时，则使苯加氢的活性下降。单独的铜对甲醇的合成无活性，当它与氧化锌、氧化铬组合时，就成为合成甲醇的良好助催化剂。在催化裂化中，单独使用 SiO_2 或 Al_2O_3 催化剂时，汽油的生成率较低，两者混合作催化剂时，汽油的生成率可提高。

（3）载体　载体是把催化剂活性组分和其他物质载于其上的物质。载体是催化剂的支架，又叫催化剂活性物质的分散剂。它是催化剂组分中含量最多的一种组分，也是催化剂不可缺少的组成部分。载体能提高催化剂的机械强度和热传导性，增大催化剂的活性、稳定性和选择性，降低催化剂成本。特别是对于贵重金属催化剂，降低成本作用更为显著。

当在镍基氧化剂上进行烃类蒸气转化制合成气时，反应如下所示。

$$C_nH_m \rightarrow 表面基团 \rightarrow \begin{cases} \xrightarrow{\text{I}} 聚合物 \rightarrow 炭 \\ \xrightarrow[\text{II}]{} 氢化 \rightarrow nCO+\left(u+\dfrac{m}{2}\right)H \end{cases}$$

当催化剂以酸性氧化物作载体时，酸性中心有利于催化裂化，反应容易向析炭反应Ⅰ进行；用碱性氧化物（K_2O）作载体时，不仅可中和酸性中心，而且有利于向反应Ⅱ的方向进行；用氧化镁作载体，反应向气化方向进行。

石油化工所用的催化剂，多数属于固体载体催化剂。最常用的载体有 Al_2O_3、SiO_2、MgO、天然浮石、硅藻土以及各种黏土等。载体有的是微粒子，是比表面积大的细孔物质；有的是粗粒子，是比表面积小的物质。根据构成粒子的状况，可大致分为微粒载体、粗载体和支持物三种。在工业生产中由于反应器形式不同，所以载体具有各种形状和大小。

① 固定床反应器，用直径 4～10mm 的圆柱形载体。

② 流化床反应器，用 20～150μm 或更大直径的微球颗粒载体。

③ 移动床反应器，用 3～4mm 的粒状或微球载体。

④ 液相悬浮床反应器，用 1μm 的粉状或 1～2mm 粒子的载体。

载体与催化剂活性组分组合的方法很多，工业上常采用的组合方法有混合法、浸渍法、离子交换法、沉淀法、共沉淀法、液相吸附法、喷雾法、蒸汽相吸附法等。具体选取何种方法，取决于载体的性质，催化剂组分的物理、化学性质，以及工业催化剂的经济效果等。

当确定催化剂组分时，必须考虑原料的来源与经济性，如许多贵重金属元素具有良好的催化性能，但是其来源困难、价格昂贵、成本太高，所以大多采用一般金属盐类。采用最多的是硝酸盐类，其次是硫酸盐类、草酸盐类，少部分用氯化物。

第二节　催化剂性质

催化剂的性质包括活性、稳定性（特别是热稳定性）、选择性、抗毒性以及机械强度等。这些性质不但与催化剂的化学组成有关，而且与催化剂的物理状态有关。

一、催化剂物理性质

催化剂的物理性质，如机械强度、形状、直径、密度、比表面积、孔容积、孔隙率等都是十分重要的。它不仅影响催化剂的使用寿命，而且还与催化剂的催化活性密切相关，所以一个良好的催化剂，也应该具有良好的物理性质。

1. 催化剂的机械强度

催化剂的机械强度是催化剂的一个重要性质。石油化工工艺的发展对催化剂的机械强度提出了更高的要求。如果在使用过程中，催化剂的机械强度不好，催化剂将破碎或粉化，导致催化剂床层压降增加，催化效能也会随之显著下降。催化剂的机械强度大小与下列因素有关。

（1）组成催化剂的物质性质　如烃类蒸气转化制合成气的二段炉催化剂，当采用以水泥作载体的镍催化剂时，温度为 1200～1300℃，这样的高温不仅容易引起催化剂的收缩与熔结，而且水泥容易破裂，使催化剂机械强度下降。因此，通常采用耐高温的铝镁尖晶石作载体。

（2）制备催化剂的方法　对于载体催化剂，采用不同的成型方法和成型设备，其催化剂的机械强度也不一样。例如，用挤压成型制得的催化剂，其机械强度一般不如压片成型的催化剂。环状催化剂的机械强度不如柱状催化剂。

（3）使用温度、还原操作条件、气流组成等　例如，粒状催化剂在升温脱除物理水时，遇到剧烈升温，表面水分将迅速蒸发，造成催化剂表面局部存在过高的水蒸气分压，使催化剂表面破裂。

2. 催化剂比表面积

当以 1g 催化剂为标准，计算其表面积时，称为催化剂的比表面积，以符号 S_g 表示，单位为 m^2/g。催化剂的比表面积可用下式计算。

$$S_g=\frac{V_m N_\sigma \sigma}{22.4\times 1000W}$$

式中　V_m——单分子层覆盖所需气体的体积（单分子层饱和吸附量），mL；

N_σ——阿伏伽德罗常数（为 6.023×10^{23}）；

W——催化剂样品质量，g；

σ——吸附分子的截面积，m^2。

不同的催化剂具有不同的比表面积，如熔铁催化剂的比表面积 $S_g=8\sim16m^2/g$，裂化用催化剂的比表面积 $S_g=200\sim600m^2/g$。用不同的制备方法制备同一种催化剂，其比表面积也相差很大，如 ZnO-Cr_2O_3（高压法甲醇合成）催化剂，用湿法制备时，$S_g=5\sim6m^2/g$（未还原前），用共沉淀法制备时，$S_g=70\sim80m^2/g$。催化剂比表面积的大小与催化剂的活性有关，但不成正比例关系，因此催化剂的比表面积只是作为表示各种处理对催化剂总表面积改变程度的一个参数。

3. 孔容积

为了比较催化剂的孔容积，以单位质量催化剂所具有的孔体积来表示。通常以每克催化剂中，颗粒内部微孔所占据的体积作为孔容积，以符号 V_B 表示，单位为 mL/g。催化剂的孔容积实际上是催化剂内部许多微孔容积的总和。

各种催化剂均具有不同的孔容积。测定催化剂的孔容积，是为了帮助人们选定合适的孔结构，以便提高催化反应速率。

4. 催化剂的形状和粒度

在石油化工生产中，所用的固体催化剂有各种形状，常用的有球状、环状、条状、片状、粒状、柱状和不规则形状等。催化剂的形状取决于催化剂的操作条件和反应器类型。例如，烃类蒸气转化反应是将催化剂装在一直径为 100mm 左右、高 9000mm 左右的管式反应器中，为了减少床层的阻力降，将催化剂制成环状有利。当反应为内扩散控制的气-固相催化反应时，一般将催化剂制成小圆柱状或小球状。

催化剂粒度大小的选择，一般由催化反应的特征与反应器的结构以及催化剂的原料来决定。例如，固定床反应器常用片状、柱状或球状等直径在 4mm 以上的颗粒，移动床反应器常用 3～4mm 或更大粒径的球状催化剂，流化床常用直径为 20～150μm 或更大的微球颗粒催化剂，悬浮床常用直径为 1～2mm 的球形颗粒。总之，选择何种粒度的催化剂，既要考虑反应的特征，又要从工业生产实际出发。

5. 催化剂密度

表示催化剂密度的方式有三种，即堆积密度、假密度与真密度。

（1）堆积密度　堆积密度是指单位堆积体积内催化剂的质量，用符号 P_a 表示，计算公式 $P_a=m/V_{堆}$，单位为 kg/L。所谓堆积体积是指催化剂本身的颗粒体积（包括颗粒内的气孔）以及颗粒间的空隙。催化剂的堆积密度通常都是指催化剂活化还原前的堆积密度。催化剂堆积密度的大小与催化剂的颗粒形状、大小、粒度分布、装填方式有关。

工业生产中常采用的测定方法是用一定容器按自由落体方式，放入 1L 催化剂，然后称取催化剂质量，经计算即得其堆积密度。

（2）假密度　按（1）中方法取 1L 催化剂，将对催化剂不浸润的液体（如汞），注入催化剂颗粒间的空隙，由注入的不浸润液体的体积，即可算出催化剂不含颗粒空隙的体积。1L 催化剂的质量与不含颗粒空隙的体积之比，则为该催化剂的假密度，用符号 P_ϕ 表示。计算公式为

$$P_\phi=\frac{m}{V_{堆}-V_{隙}}$$

测定催化剂的假密度，其目的是计算催化剂孔容积和孔隙率。

（3）真密度　将催化剂（1L）颗粒之间的空隙及颗粒内部的微孔，用某种气体（如氮）或液体（如苯）充满，用 1L 减去所充满的气体或液体的体积，即为催化剂的真实体积。以此体积除以质量，即为真密度，以符号 P_τ 表示，单位 kg/L。计算公式为

$$P_\tau=\frac{m}{V_{真}}$$

6. 催化剂空隙率

催化剂的空隙率指的是在催化剂颗粒之间没有空隙，在一定体积催化剂内所有孔体积的百分数，以符号 θ 表示，计算公式为

$$\theta=\frac{\frac{1}{P_\phi}-\frac{1}{P_\tau}}{\frac{1}{P_\phi}}$$

7. 催化剂的寿命

催化剂从开始使用到经过再生也不能恢复其活性的时间，即为催化剂的寿命。

每种催化剂都有其随时间而变化的活性曲线（也叫生命曲线），通常分成熟期、不变活性期、累进衰化期等三个阶段，如图 1-8 所示 。

（1）成熟期（诱导期）　一般情况下，催化剂开始使用时，其活性都会有所升高，这种现象可以看成是活性过程的延续。到一定时间即可达到稳定的活性，即催化剂成熟了，这一时期一般并不太长，如图 1-8 中线段Ⅰ所示。

（2）不变活性期（稳定期）　只要遵循最合适的操作条件，催化剂活性在一段时间内将基本上稳定，即催化反应将按着基本不变的速率进行。催化剂的不变活性期是比较长的，催化剂的寿命就是指这一时期，如图 1-8 中线段Ⅱ所示。

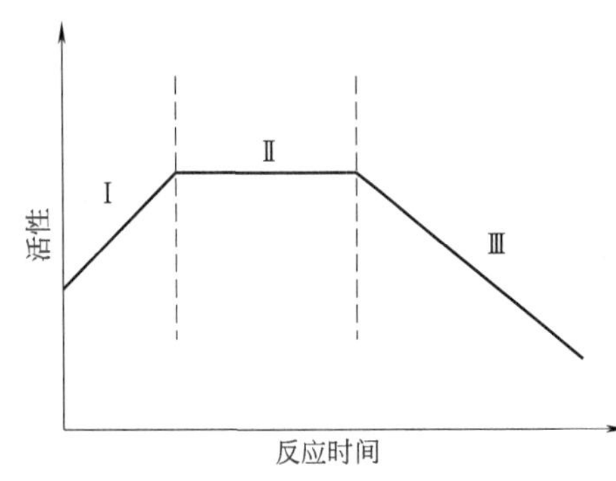

图 1-8　催化剂活性与反应时间的关系

催化剂不变活性期的长短与使用催化剂的种类有关，可以从很短的几分钟到几年，催化剂的不变活性期越长越好。催化剂的寿命既取决于催化剂本身的特性（抗毒性、耐热性等），又取决于操作条件，要求在运转操作中选择最适宜的操作条件。

（3）累进衰化期　催化剂随着使用时间的增长，催化剂的活性将逐渐下降，即开始衰老。当催化剂的活性降低到不能再使用时，必须再生使其活化。如果再生无效就要更换新的催化剂，如图 1-8 中线段Ⅲ所示。

不同的催化剂，对于这三个时期，其性质和时间长短都是各不相同的。催化剂的寿命愈长，生产运转周期就愈长，它的使用价值就愈大。但是，对催化剂寿命的要求不是绝对的，如长直链烷烃脱氢的铅催化剂，在活性极高状态下，寿命只有 40 天。对容易再生或回收的催化剂，与其长时间在低活性下操作，不如短时间内在高活性下操作，这样从经济角度来衡量是合理的。

二、催化剂活性、选择性与生产能力

1. 活性

催化剂的活性是衡量催化剂催化效能高低的标准，根据使用目的的不同，催化剂活性的表示方法也不一样。活性的表示方法可大致分为两类，一类是在工业上衡量催化剂生产能力的大小，一类是供实验室筛选催化活性物质或进行理论研究。工业催化剂的活性，通常是以单位质量催化剂在一定条件下、单位时间内所得的生成物的质量来表示，其单位为 kg/(kg・h)。例如，在 500 ℃、30MPa、4000h^{-1} 空速、原料 N_2 与 H_2 的摩尔比为 1∶3 的条件下，每千克铁系催化剂 24h 内可生产氨 9kg，则该催化剂的活性为 0.375kg/(kg・h)。工业催化剂的活性，也可用在一定条件下（温度、压力、反应物浓度、空速等）

反应物转化的百分数（转化率）表示活性的高低。转化率愈高，表示催化剂活性愈高。转化率的计算将在下一章中介绍。

2. 选择性

当化学反应在理论上可能有几个反应方向（如平行反应）时，在一定条件下，通常催化剂只对其中一个反应方向起加速作用。这种性能称为催化剂的选择性。选择性的计算将在下一章介绍。

由于在工业生产过程中除主反应外，常伴有副反应发生，因此选择性总是小于 100%。

3. 生产能力

催化剂的生产能力即单位时间、单位体积催化剂生产产品的质量。如下式所示：

$$催化剂的生产能力=\frac{目的产物的质量}{催化剂的装填体积}$$

【例 1-1】 在一套乙烯液相氧化生产乙醛的装置中，氧化反应器中装有 $25m^3$ 的氯化钯-氯化铜催化剂溶液，通入反应器的乙烯量为 6945.7kg/h，在 393～403K 的温度和 290～340kPa 压力下进行反应，反应后得到产品乙醛的量为 3747kg/h，尾气中乙烯含量为 4522.5kg/h，该催化剂的生产能力为多少？

解：

$$催化剂生产能力=\frac{3747}{25\times1}=149.88[kg/(m^3\cdot h)]$$

三、催化剂中毒与再生

1. 催化剂中毒

催化剂在使用过程中，活性与选择性可能由于外来微量物质（如硫化物）的存在而下降，这种现象叫作催化剂中毒，外来的微量物质叫作催化剂毒物。催化剂毒物主要来自原料及介质气体，也可能在催化剂制备过程中混入，或者来自其他方面的污染。由于中毒作用通常仅发生在催化剂表面上，所以微量毒物可引起催化剂活性显著下降，如 0.16%的砷能使铂催化剂的活性下降一半，0.01%氢氰酸能使镍催化剂完全失去活性。对于不同类型的反应和不同的催化剂，催化剂毒物也可能不同，各种催化剂毒物如表 1-8 所示。

表 1-8　各种催化剂毒物

催化剂	反应	毒物
Ni、Pt、Pd、Cu	加氢、脱氢	S、Se、Te、As、Sb、Bi、Zn、卤化物、Pb、吡咯、Hg、吡啶、CO
	氧化	铁的氧化物、银化物、砷化物、H_2S、PH_3、乙炔
Co	加氢裂化	NH_3、S、Te、Se、P 的化合物
Ag	氧化	氯、硫
V_2O_3、V_2O_5	氧化	砷化物
Fe	合成氨	硫化物、PH_3、O_2、H_2O、CO、乙炔
	加氢	Bi、Se、Te、P 的化合物、水
	氧化	Bi
	费托合成	硫化物
SiO_2-Al_2O_3	催化裂化	吡啶、喹啉、碱性有机物、水、重金属化合物

催化剂中毒可分为可逆中毒和不可逆中毒两类。当毒物在活性表面上的吸附或化合较弱时，可用简单的方法使催化剂活性恢复，这类中毒叫作可逆中毒，或叫暂时中毒。当毒物与表面结合很强，不能用一般方法将毒物除去时，这类中毒叫作不可逆中毒，或叫永久中毒。可逆中毒和不可逆中毒，可用催化剂的活性与操作时间之间的关系来说明。图 1-9（a）表示可逆中毒，图 1-9（b）表示不可逆中毒。

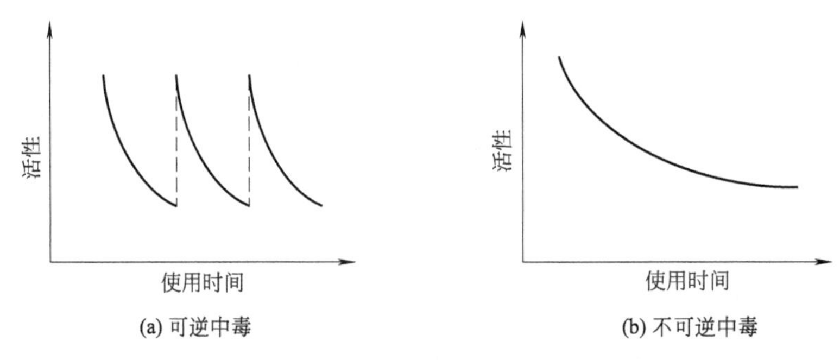

图 1-9 催化剂的可逆中毒和不可逆中毒

在工业生产中，预防催化剂中毒和使已中毒的催化剂恢复活性是人们十分关注的问题。在一个新型催化剂投入工业生产以前，需给出哪些是毒物和允许的最高含量。毒物一般允许含量为百万分之几（10^{-6}），甚至十亿分之几（10^{-9}）。

对于可逆中毒的催化剂，通常可以用氢气、空气或水蒸气再生。当反应产物在催化剂表面沉淀时，可造成催化剂活性下降，这对于催化剂的活性表面来说只是一种简单的物质遮盖，并不破坏活性表面的结构，因此只要将沉淀物燃烧掉，就可以使催化剂活性恢复。

2. 催化剂再生

催化剂再生指的是催化剂在生产运行中，暂时中毒而失去大部分活性时，可采用适当的方法（如解吸或分解）和工艺操作条件进行处理，使催化剂恢复或接近原来的活性。工业上常用的再生方法有如下几种 。

（1）蒸汽处理 如镍基催化剂处理积炭时，可用加大蒸汽量或停止加油方法，用蒸汽吹洗催化剂床层，可使所有的积炭全部转化为氢和一氧化碳。反应式为

$$C + H_2O(气) \longrightarrow CO + H_2$$

因此，工业上常采用加大原料中的水蒸气含量的方法再生催化剂，这一方法对清除积炭、脱除硫化物等均可收到较好的效果。

（2）空气处理 当炭或烃类吸附在催化剂的表面，把催化剂的微孔结构堵塞时，可通入空气进行燃烧，使催化剂表面上的积炭及其焦油状化合物与氧反应。例如，原油加氢脱硫的反应，当铁钼催化剂表面吸附一定量的炭或焦油状物时，活性显著下降。采用通入空气的办法，使吸附物与空气发生完全氧化反应，生成二氧化碳和水，以恢复催化剂的活性。

$$2C_nH_{2n+2} + (3n+1)O_2 \longrightarrow 2nCO_2 + 2(n+1)H_2O$$

（3）氢或不含毒物的还原性气体处理 当原料气体中氧气或含氧化合物浓度过高时，使催化剂受到毒害，通入氢气、氮气对催化剂进行再生。用加氢办法，也是除去催化剂中含焦油状物质的一个有效途径。

（4）酸或碱溶液处理 加氢用的骨架镍催化剂被毒化，通常采用酸或碱溶液恢复活性。

催化剂的再生操作可以在固定床、流化床或移动床内进行，再生操作的方式取决于许多

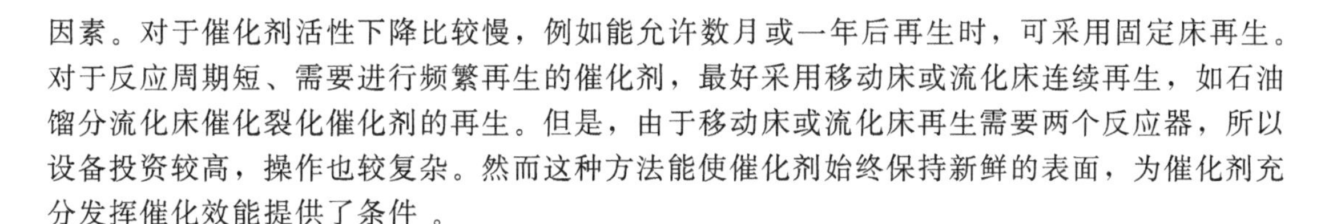

因素。对于催化剂活性下降比较慢，例如能允许数月或一年后再生时，可采用固定床再生。对于反应周期短、需要进行频繁再生的催化剂，最好采用移动床或流化床连续再生，如石油馏分流化床催化裂化催化剂的再生。但是，由于移动床或流化床再生需要两个反应器，所以设备投资较高，操作也较复杂。然而这种方法能使催化剂始终保持新鲜的表面，为催化剂充分发挥催化效能提供了条件 。

第三节　催化剂的制备方法

催化剂的每一种制造方法，实际上都由一系列的操作单元组合而成。为了方便，人们把其中关键而具特色的操作单元的名称定为制造方法的名称。传统的方法有机械混合法、沉淀法、浸渍法、喷雾蒸干法、热熔融法、浸溶法（沥滤法）、离子交换法等，现代发展的新方法有化学键合法、纤维化法等。

一、机械混合法

将两种以上的物质加入混合设备内混合。此法简单易行，例如转化-吸收型脱硫剂的制造，是将活性组分（如二氧化锰、氧化锌、碳酸锌）与少量黏结剂（如氧化镁、氧化钙）的粉料计量连续加入一个可调节转速和倾斜度的转盘中，同时喷入计量的水、粉料滚动混合黏结，形成均匀直径的球体，此球体再经干燥、焙烧即为成品。

二、沉淀法

此法用于制造要求分散度高并含有一种或多种金属氧化物的催化剂。在制造多组分催化剂时，适宜的沉淀条件对于保证产物组成的均匀性和制造优质催化剂非常重要。常用的方法是在一种或多种金属盐溶液中加入沉淀剂（如碳酸钠、氢氧化钙），经沉淀、洗涤、过滤、干燥、成型、焙烧（或活化），得到最终产品。

三、浸渍法

将具有高孔隙率的载体（如硅藻土、氧化铝、活性炭等）浸入含有一种或多种金属离子的溶液中，保持一定的温度，溶液进入载体的孔隙中。将载体沥干，经干燥、煅烧，载体内表面上即附着一层所需的固态金属氧化物或其盐类。

四、喷雾蒸干法

喷雾蒸干法用于制造颗粒直径为数十微米至数百微米的流化床用催化剂。如间二甲苯流化床氨化氧化制备间苯二甲腈催化剂，先将给定浓度和体积的偏钒酸盐和铬盐水溶液充分混合，再与定量新制的硅凝胶混合，泵入喷雾干燥器内，经喷头雾化后，水分在热气流作用下蒸干，物料形成微球催化剂，从喷雾干燥器底部连续引出。

五、热熔融法

热熔融法是制备某些催化剂的特殊方法，适用于少数不得不经过熔炼过程的催化剂，为的是借助高温条件将各个组分熔炼成为均匀分布的混合物，配合必要的后续加工，可制得性能优异的催化剂。

六、浸溶法

浸溶法是从多组分体系中，用适当的液态药剂（或水）抽去部分物质，制成具有多孔结构的催化剂。例如骨架镍催化剂的制造，将定量的镍和铝在电炉内熔融，熔料冷却后成为合金，将合金破碎成小颗粒，用氢氧化钠水溶液浸泡，大部分铝被溶出（生成偏铝酸钠），即形成多孔的高活性骨架镍。

七、离子交换法

某些晶体物质（如合成沸石分子筛）的金属阳离子（如 Na^+）可与其他阳离子交换。将其投入含有其他金属（如稀土族元素和某些贵金属）离子的溶液中，在控制的浓度、温度、pH 条件下，使其他金属离子与 Na^+ 进行交换。

八、现代制备新方法

（1）化学键合法　此法大量用于制造聚合催化剂。其目的是使均相催化剂固态化。能与过渡金属络合物化学键合的载体，表面有某些官能团（或经化学处理后接上官能团），如—X、—CH_2X、—OH 基团。将这类载体与膦、胂或胺反应，使之膦化、胂化或胺化，然后利用表面上磷、砷或氮原子的孤电子对与过渡金属络合物中心金属离子进行配位络合，即可制得化学键合的固相催化剂，如丙烯本体液相聚合用的载体——齐格勒-纳塔催化剂的制造。

（2）纤维化法　用于含贵金属的载体催化剂的制造。如将硼硅酸盐拉制成玻璃纤维丝，用浓盐酸溶液腐蚀，变成多孔玻璃纤维载体，再用氯铂酸溶液浸渍，使其载以铂组分。根据使用情况，将纤维催化剂压制成各种形状和所需的紧密程度，如用于汽车排气氧化的催化剂，可压紧在一个短的圆管内。如果不是氧化过程，也可用碳纤维。纤维催化剂的制造工艺较复杂，成本高。

第四节　催化剂的使用技术

为了更好地发挥催化剂的作用，除了正确地选取合适的催化剂、严格地制备成型外，在使用过程中还需要按其基本规律使用。

一、催化剂装填技术

催化剂的装填方法取决于催化剂的形状与床层的结构形式，对于条状、球状、环状催化剂，其强度较差、容易破碎，装填时要特别小心。

对于管状床层，装填前必须将催化剂过筛，在反应管最下端先铺一层耐火球和耐温丝网，防止高速气流将催化剂移动。在装填过程中催化剂应均匀撒开然后耙平，使催化剂均匀分布。为了避免催化剂从高处落下造成破碎，通常采用装有加料斗的布袋，加料斗架于人孔外面。当布袋装满催化剂时缓慢提起，并不断移动布袋，直到最后将催化剂装满为止。不管用什么方法装填催化剂，最后都要对每根装有催化剂的管子进行阻力降测定，以保证在生产运行时每根管子的气流量分布均匀。

二、催化剂升温与还原

催化剂的升温与还原，实际上是催化剂制备过程的继续，升温与还原将使催化剂表面发生不同的变化，如结晶体的大小、细孔结构等，其变化直接影响催化剂的使用性能。用于加氢或脱氢等反应的催化剂，常常是先制作成金属盐或金属氧化物，然后在还原性气体（还原气）下活化。

衡量催化剂还原的程度，用还原度 R 表示。还原度表示催化剂中已除去的氧量 W 与可除去的氧量理论计算值 W_0 之比，如下式：

$$R=\frac{W}{W_0}\times100\%$$

催化剂的还原，必须达到一定温度后才能进行。例如，铁、钴、镍、铜等催化剂一般在200～300℃下用氢气或其他还原性气体，将其氧化物还原为金属或低价金属氧化物。因此，从室温到还原完成，都要对催化剂床层逐渐提升温度。催化剂从室温到还原开始，是完全在外热供应下进行稳定、缓慢的升温，以便不断脱除催化剂表面所吸附的水分（即表面水），这段时间的升温速率一般控制在30～50℃/h。为了使催化剂床层径向温度均匀分布，升温到一定温度时要恒温一段时间，特别是在接近还原温度时，恒温更显得重要。还原开始后，大多数催化剂放出热量，对于放热量不大的催化剂，一般采用原料气作为还原气，在还原的同时也进行了催化过程。

催化剂升温所用的还原气因催化剂不同而不同，如氢、一氧化碳等均可作为还原气。催化剂的还原温度也各不一样，每一种金属催化剂都有一个合适的还原温度与还原时间。不管哪种催化剂，在升温还原过程中，温度必须均匀地升降，为了防止温度急剧升降，可采用惰性气体（氮气、水蒸气）稀释还原介质，以便控制还原速率。还原时一般要求催化剂层要薄，采用较大的空速，在合适的较低的温度下还原，并尽可能在较短的时间内得到足够的还原度。

催化剂经还原后，在使用前不应再暴露于空气中，以免剧烈氧化引起着火或失活。因此，还原活化通常就在催化反应的反应器中进行，还原以后即在该反应器中进行催化反应。已还原的催化剂，在冷却时常常会吸附一定量的活性状态的氢，这种氢碰到空气中的氧就能产生剧烈的氧化作用，引起燃烧。因此，当停车检修时，常用纯氮气充满反应器床层，以保护催化剂不与空气接触。

三、温度控制

在催化反应中，温度不但对反应物的产率和反应速率影响最大，而且还能影响催化剂的性能与寿命。对于不可逆反应，在其他工艺条件不变时，大多数情况下升高温度，反应速率增大，所以无论是放热或吸热反应，都应该在尽可能高的温度下进行，以加快反应速率，获得较高的反应产率。但是，任何一种催化剂都有一个温度控制的上限和下限，温度过高会加快催化剂表面结晶长大而使活性下降。因此，要严格控制温度在催化剂活性温度范围内。

对可逆吸热反应，如烃类蒸气转化，提高温度可提高反应产率，又可增大反应速率，因此，尽可能在反应温度较高的条件下进行反应。由于反应器材质及催化剂的强度、积炭、床层阻力降等因素，反应温度不能无限度提高。对可逆放热反应，催化反应开始时，提高温度有利于反应速率增大，但到一定数值后，再提高温度时，受催化剂性能的影响反应速率反而下降。因此，对于一定的反应混合物，在一定的温度条件下能达到最大反应速率，催化剂的活性能力又发挥得最大（不影响其老化与使用寿命），则该温度条件是催化剂的最佳温度条件。

四、催化剂储存

石油化工生产用的许多催化剂都有毒、易燃，并且具有吸水性，一旦受潮，其活性将会降低。因此，对未使用的催化剂一定要妥善保管，要做到密封良好、远离火源、且放在干燥处。在搬运、装填、使用催化剂时也要加强防护，并轻装轻卸，防止破碎。例如，$AlCl_3$ 催化剂，决不允许与水直接接触，要严格防湿潮。

由于催化剂活化后在空气中常容易失活，有些甚至容易燃烧，所以催化剂常以尚未活化的状态包装作为成品。如加氢用的 $Ni\text{-}A1_2O_3$ 催化剂、加氢精制用的 $Co\text{-}Mo\text{-}S\text{-}Al_2O_3$ 催化剂均以氧化态作为成品。

催化剂成品多装于圆形容器中，包装量为 10～100kg，要注意防潮，且保证在 80℃以下不会自燃。

复习思考题

一、填空题

1.催化剂是一种在化学反应过程中能改变________，而自身的________和________保持不变的物质。

2.固体催化剂由________、________和________三部分组成。

3.催化剂的性质包括________、________、________、________和机械强度等。

4.表示催化剂密度的方式有________、________和________三种。

5.催化剂在使用过程随时间而变化的活性曲线由________、________和________等三个阶段组成。

二、判断题

1.催化剂从开始装填到完成催化反应的时间，即为催化剂的寿命。（　　）

2.催化剂的空隙率是指催化剂颗粒之间的空隙。（　　）

3.催化剂的还原，必须达到一定温度后才能进行。（　　）

4.由于催化剂大多是固体，所以可以露天储存。（　　）

三、简答题

1.催化剂分几类？催化剂应具备哪些条件？

2.催化剂由几部分组成，各部分在催化过程中起什么作用？

3.催化剂的物理性质包括哪几部分？

4.催化剂的比表面积如何计算？

5.催化剂的密度分为哪几种？

6.什么是催化剂的活性和选择性？如何表示？

7.什么是催化剂的寿命？

8.为什么催化剂会中毒？中毒分几种？中毒后如何处理？

9.载体分几类？如何选用？

10.什么是催化剂的还原度，如何计算？

11.催化剂在升温还原中，升降温度为什么要缓慢进行，还原介质如何选用？

12. 装填催化剂应注意什么，为什么？

四、计算题

在某乙苯脱氢生产苯乙烯装置中，乙苯脱氢反应器的催化剂填充量为 $25m^3$，反应器乙苯的进料量为 5000kg/h，在 650℃、0.2MPa 下进行脱氢反应，反应混合物中的苯乙烯流量为 2500kg/h、乙苯为 800kg/h，试计算该催化剂的活性和选择性。

第三章　石油化工工艺计算

学习目标

1. 掌握生产能力、转化率、产率、收率以及消耗定额的计算方法。

2. 了解产气率的计算方法。

课程导入

石油化工生产过程需要经常核算消耗定额、生产成本等生产控制指标，那么如何处理这些生产物料之间的数量关系呢？

由于石油化工生产都是在一定条件下进行的，所以原料预处理、化学反应、分离、干燥等过程，都会碰到物料的数量关系与热量传递问题，即物料计算、热量计算以及其他有关计算。

为了说明石油化工生产中化学反应进行的情况，反映某一反应系统中，原料的变化情况和消耗情况，需要引用一些常用的指标，用于工艺过程的研究开发及指导生产。

一、生产能力

在石油化工生产过程中，通常以单位时间内生产的产品量或单位时间内处理的原料量来表示生产能力。其单位为 kg/h、t/d、kt/a、Mt/a 等。石油化工装置在最佳生产条件下可以达到的最大生产能力称为设计能力。

二、转化率

转化率表示进入反应器内的原料与参加反应原料的数量关系。转化率越大，表示参加反应的原料越多，转化的程度越高。由于进入反应器的原料一般是不会全部参加反应的，所以转化率的数值小于 1。工业生产中有单程转化率和总转化率之分。

1. 单程转化率

单位时间内参加反应的原料量与进入反应器的原料量之比，用 X_A 表示。计算式如下：

$$X_A=\frac{\text{反应时消耗的 A 物质的量}}{\text{进入反应器的 A 物质的量}}\times 100\%$$

$$=\frac{\text{进入反应器的 A 物质的量}-\text{反应后剩余的 A 物质的量}}{\text{进入反应器的 A 物质的量}}\times 100\%$$

【例 1-2】 以乙烷为原料生产乙烯，在一定的生产条件下，进入裂解炉的乙烷量为

1500kg/h，其中乙烷含量为95%（质量）。反应后，尾气中含乙烷（纯度为100%）为136kg/h，求乙烷的转化率。

解：乙烷的单程转化率 $X_{乙烷}$ 为

$$X_{乙烷}=\frac{通入反应器的乙烷量-尾气中的乙烷含量}{通入反应器的乙烷量}\times 100\%$$

$$=\frac{1500\times 95\%-136}{1500\times 95\%}\times 100\%=90.46\%$$

2. 总转化率

对于有循环和旁路的生产过程，常用总转化率。总转化率指的是进入反应器的某种原料的总量与参加反应的该原料的比值，用 $X_{A,总}$ 表示。如下式：

$$X_{A,总}=\frac{参加反应的原料 A 物质的量}{通入反应器的新鲜原料 A 物质的量}\times 100\%$$

【例 1-3】 以丙烷为原料生产乙烯，在一定的生产条件下，进入裂解炉的新鲜丙烷量为5000kg/h，裂解气分离后，没有反应的丙烷1800kg/h又返回到裂解炉继续反应，最终分析分离尾气中仍含有丙烷1200kg/h，求丙烷的总转化率。

解：丙烷的总转化率为

$$X_{丙烷,总}=\frac{参加反应的原料丙烷物质的量}{通入反应器的新鲜丙烷的物质的量}\times 100\%$$

$$=\frac{5000-1200}{5000}\times 100\%=76.00\%$$

三、产率（选择性）

表示在化学反应中，参加主反应的原料量（生成目的产物所消耗的原料量）与参加反应的原料量之间的关系，表明反应进行的方向，用 S_A 表示。其计算式如下：

$$S_A=\frac{生成目的产物所消耗 A 物质的量}{参加反应 A 物质的量}\times 100\%$$

【例 1-4】 用乙烷作为原料裂解制乙烯，进入裂解炉的乙烷量为6000kg/h，参加反应的乙烷量为5400kg/h，每小时得到乙烯4700kg，试计算乙烯产率为多少？

解：乙烯的产率为（或乙烷裂解反应的选择性）：

$$S_{乙烷}=\frac{生成乙烯所消耗乙烷的物质的量}{参加反应乙烷的物质的量}\times 100\%$$

$$=\frac{4700\times \frac{30}{28}}{5400}\times 100\%=93.25\%$$

转化率和产率都是表示化学反应进行的情况，转化率高表示参加化学反应的原料较多，但并不说明反应生成目的产物多。有时转化率很高、消耗的原料大多变成了副产物，目的产物并不多。产率高表示转化的原料生成目的产物多，但并不能说明有多少原料参加了反应。有时产率很高，转化率较低，未反应的原料很多，而实际得到的目的产物数量并不多。工业生产中总是希望获得高转化率的同时，又有高的产率。

四、收率

表示进入反应器的原料与生成目的产物所消耗的原料之间的数量关系，收率越高，说明进入反应器的原料中，消耗在生产目的产物上的数量越多。工业生产上收率有单程收率和总收率之分。

1. 单程收率

单程收率是指单位时间生成目的产物所消耗的原料量与进入反应器的原料量之比，用Y表示。其计算式如下：

$$Y=\frac{\text{生成目的产物所消耗原料 A 物质的量}}{\text{通入反应器原料 A 物质的量}}\times 100\%=X_A S_A$$

【例 1-5】 由乙烯馏分制二氯乙烯，反应式为$CH_2=CH_2+Cl_2 \longrightarrow CH_2Cl-CH_2Cl$。进入反应器的乙烯馏分为500kg/h，其中乙烯含量为90%（质量），反应后得到二氯乙烷1350kg/h，求1,2-二氯乙烷的收率。其中乙烯摩尔质量为28g/mol，二氯乙烷摩尔质量为99g/mol。

$$Y=\frac{\text{生成二氯乙烷所消耗乙烯的物质的量}}{\text{通入反应器乙烯的物质的量}}\times 100\%$$

$$=\frac{1350\times\frac{28}{99}}{500\times 90\%}\times 100\%=84.85\%$$

2. 总收率

总收率是指生成目的产物所消耗的原料量与进入反应器的原料总量之比，用$Y_{总}$表示，计算式如下：

$$Y_{总}=\frac{\text{生成目的产物所消耗原料 A 物质的量}}{\text{通入反应器新鲜原料 A 物质的量}}\times 100\%=X_{A,总} S_A$$

【例 1-6】 在裂解炉中通入的新鲜乙烷量为3000kg/h，未反应乙烷1200kg/h循环回裂解炉继续反应，裂解过程中乙烷的损失量为200kg/h，最终得到的裂解产物中含乙烷750kg/h、乙烯1722kg/h，试求（1）乙烷的单程转化率；（2）乙烷的总转化率；（3）乙烯的总收率。

解：题目分析

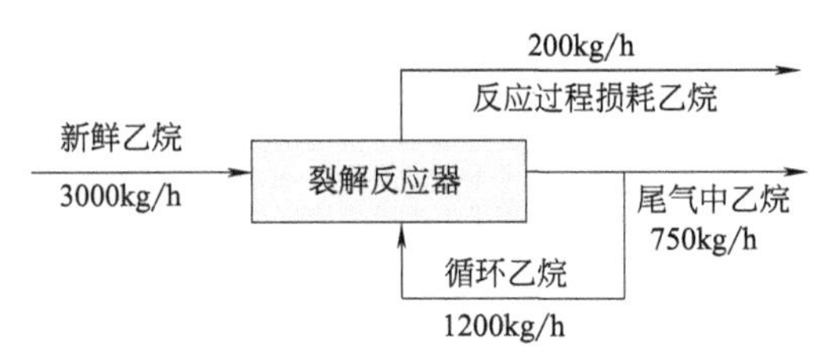

（1）乙烷的单程转化率

$$X_{乙烷}=\frac{\text{通入反应器的乙烷量}-\text{未反应的乙烷量}}{\text{通入反应器的乙烷量}}\times 100\%$$

$$=\frac{(3000+1200+200)-(1200+200+750)}{3000+1200+200}\times 100\%=51.14\%$$

（2）乙烷的总转化率

$$X_{乙烷,总}=\frac{\text{反应时消耗掉的乙烷量}}{\text{通入反应器的新鲜乙烷量}}\times 100\%$$

$$=\frac{3000-750-200}{3000}\times 100\%=68.33\%$$

（3）乙烯的总收率

$$Y_{总}=\frac{\text{生成乙烯所消耗的乙烷量}}{\text{通入反应器的新鲜乙烷量}}\times 100\%$$

$$=\frac{1722\times\frac{30}{28}}{3000}\times100\%=61.50\%$$

五、产气率

用石油馏分作为裂解原料时，需要进行产气率的计算。产气率指的是液体油品作裂解原料时，得到的气体总量与原料量之比。其计算式如下：

$$产气率=\frac{裂解反应得到的气体产物总量}{加入裂解反应器的液体原料量}\times100\%$$

【例 1-7】 以石脑油为裂解原料，已知通入反应器的石脑油的量为 8000kg/h，反应后得到的气体产物的总量为 5531kg/h，此裂解过程的产气率为多少？

解：

$$产气率=\frac{生产的气体总量}{加入裂解炉的石脑油量}\times100\%$$

$$=\frac{5531}{8000}\times100\%=69.14\%$$

六、消耗定额

消耗定额是指生产单位产品所消耗的单位原料量，即每生产 1t 100%的产品所需要的原料数量。用 q 表示，计算式如下：

$$q=\frac{单位时间生产目的产物消耗原料量}{单位时间生产的目的产品量}$$

【例 1-8】 以乙烷为原料裂解生产乙烯，通入反应器的乙烷为 7000 kg/h，参加反应的乙烷量为 4550 kg/h，没有参加反应的乙烷的 5%损失掉，其余都循环回裂解炉。得到乙烯 3332kg/h，求乙烯的原料消耗定额。

解： 生产乙烯原料的消耗定额为

$$q=\frac{单位时间生产乙烯所消耗乙烷量}{单位时间生产的乙烯量}$$

$$=\frac{4550+(7000-4550)\times5\%}{3332}=1.402$$

复习思考题

一、填空题

1. 工业生产中转化率分为________和________。

2. 工业生产中收率分为________和________。

3. 消耗定额是指生产单位________所消耗的单位________量。

二、判断题

1. 转化率是指进入反应器的原料与生成目的产物所消耗的原料之间的数量关系。（　　）

2. 收率是指进入反应器的原料与参加反应的原料之间的数量关系。（　　）

3. 转化率越高，说明生成的产品一定越多。（　　）

4. 产率越高，说明原料参加反应的原料越多。（　　）

三、简答题

1. 什么是生产能力？

2. 什么是转化率，转化率包括哪两种，如何计算？

3. 什么是产率，如何计算？

4. 什么是收率，收率包括哪两种，如何计算？

5. 试简述转化率、产率、收率之间的关系。

6. 什么是消耗定额，如何计算？

四、计算题

1. 某裂解装置以乙烷为原料生产乙烯，每小时有4500kg乙烷参加裂解反应，乙烷的转化率为90%，乙烯收率为40%，问该裂解炉每小时能得到多少乙烯？

2. 某厂用原料油生产乙烯，每小时投入原料油45t，其裂解气中含乙烯12t，经分离每小时得到乙烯产品10t，求各工序的阶段收率与乙烯总收率。

3. 乙烯氧化生产环氧乙烷，主、副反应为：

$$2C_2H_4+O_2 \longrightarrow 2C_2H_4O \qquad C_2H_4+3O_2 \longrightarrow 2CO_2+2H_2O$$

进料中含C_2H_4：10%，乙烯转化率为25%，环氧乙烷收率为80%，试计算反应产物的组成。

第四章　石油化工生产节能技术

学习目标

1. 了解石油化工生产节能的意义及化工节能基础知识。
2. 掌握石油化工生产节能减排途径。

课程导入

石油化工生产属于高耗能产业，那么在生产过程中如何实现能源综合利用，降低能量消耗呢？

石油化工生产原料种类多，产品品种多，生产设备结构复杂而庞大，生产工艺烦琐，生产装置的运行操作控制难度大；在石油化工生产过程中，除了原料消耗外，还要消耗大量的水电气等资源，因而，石油化工属于高耗能大户。所以，学习和掌握石油化工装置的操作技术和节能技术就非常重要。

能源是发展国民经济和保障人民生活的物质基础，是石油化工生产的重要组成部分，是能量的主要提供者。石油化工企业是能量消耗大户，如何做好能量的综合利用，降低生产过程的能量消耗，是现代化石油化工企业发展的关键。因此，研究和使用节能技术是现代石油化工生产企业首要解决的问题。

一、石油化工生产节能的意义

石油化工生产过程是高耗能过程，随着石油化工企业向大型化、联合化方向发展，对能源需求和能量的消耗越来越大，做好生产节能工作意义重大。

① 提高我国石油化工企业在国际上的竞争能力。我国矿物质资源严重不足，每年需要进口70%左右的油气，企业的生产受制于国际油气价格的影响。做好能源综合利用，降低能量消耗，有利于提高企业的经济效益。

② 降低生产成本，提高生产效率。石油化工生产过程中能量的消耗占总消耗量的25%～40%，甚至于更高。因此，降低能量消耗，就意味着降低生产成本，提高生产效益。例如石油烃裂解过程中燃料燃烧产生的热量仅有30%左右用于裂解反应，60%左右的热量将会被高温烟道气带出，如何利用好被烟道气带出的这部分热量，提高裂解炉的效率，一直以来是研究裂解技术的关键因素之一。

③ 减少废能排放，改善环境质量。减少石油化工生产过程的废热排放，除了降低生产成本外，还能减轻温室效应，改善大气质量。

④ 减少能源消耗，保证国民经济可持续发展。我国既是能源短缺国，又是能源消耗大国，如何做好能源的综合利用，降低能源消耗，关系到国民经济的可持续发展战略和后辈子孙的生存基础。

二、石油化工生产节能基础知识

(1) 能量的基本概念　能量是物质的基本性质，通常指物体做功的本领。对于不同的运动形式，能量可分为内能、机械能、化学能、核能、风能、水力学能和地热能等。能量有数量和质量双重含义，数量是指能量的多少，质量则是指能量的可用性。能量的质量不同，其使用价值也就不同，在生产过程中，要尽量将不同质量的能量加以充分利用。

(2) 能量守恒定律（热力学第一定律）　能量不能被创造，也不能被消灭，只能相互转化。即：进入体系的能量－离开体系的能量＝体系储藏的能量。因此，化工节能不是想法创造能量，而是利用好离开体系的这部分能量。

(3) 能量降级原理　能量在使用过程中虽然其数量是守恒的，但其质量却是下降的。能量在使用过程中不断地贬值、变废是目前能源危机的真正原因。因此，要解决节能问题，就要从能量降级的角度研究热力学第二定律，来解决能量传递和转化过程中有关传递方向、转化条件和限度问题，讨论能量的利用效率，以解决石油化工生产过程中的节能问题。

(4) 有效能和无效能　能量由有效能和无效能组成，有效能是指能够用来做有用功的能量。对于没有核、磁、电与表面张力效应的过程，有效能包括动能有效能、位能有效能、物理有效能、化学有效能。而剩余部分不能用于做有用功的能量则称为无效能。所以，有效能是有用的能量，无效能是无用的能量，化工节能实质上是节约和利用有效能。

(5) 能量的有效利用和综合利用　所谓能量的有效利用，就是指生产过程中，采用最合理的过程推动力，以力求过程的最小能量降级损失，即在技术及经济条件许可的前提条件下，采用各种措施，尽量减少过程的可逆损失，真正做到“能”尽其用。这就必然涉及如何按照所提供的能量的品质使其最大限度地得以利用，对其供能系统如何供给最合理的能源。

能量的综合利用是指生产过程中将各种不同形式的能源按照合理匹配的原则予以合适的方式加以利用。在石油化工生产企业中，不同的用能场合需要提供不同的形式能源。有的需要功，如流体的输送、压缩等。有的需要热，如反应、精馏、干燥等。功是能级为 1 的高级能量，而热的能级小于 1，属低级能量。另外，石油化工本身的特点决定了很多过程本身也可以作为能源向外界提供能量，如放热反应放出的热量，高温流体降温过程放出的热量等，热能能级的高低随温度的不同而不同。因此，在生产中，如何在能量的“供”与“需”之间进行合理的匹配非常重要。当前许多企业采用电热联产综合用能系统。

三、石油化工生产节能的途径

石油化工生产节能的途径包括结构性节能、技术性节能和管理性节能三个方面。

1. 结构性节能

结构性节能包括产业结构、产品结构、企业结构和地区结构等的优化配置。

(1) 调整产业结构，淘汰落后产能　使产业结构内各部分资源和能量能够相互应用，避免各自为尊的产业格局，形成比较完整的产业链。做到互供互用，减少重复配置、运输环节和能源浪费，以降低能量消耗。

(2) 调整产品结构　对那些生产过程中能耗高、产能过剩的产品，要改造生产工艺，停止生产或降低产能，以降低能量消耗。

(3) 调整企业结构，构建合理的企业布局　一个企业内部上下游原料产品、副产品、试剂、助剂等要互通互用，减少输送能耗和三废处理能耗；同时要优化企业管理结构，坚决撤裁不必要和重复设置的机构，以降低能量消耗。

（4）调整地区结构　石油化工装置应建立在交通运输方便、原料资源丰富、产品销路广的地区，以减少产品生产过程中的运输、销售能耗，同时要坚决淘汰产能落后、污染严重、距离城市中心较近的生产装置，以降低能量消耗。

2. 技术性节能

技术性节能包括研发新工艺、新设备、新型催化剂，优化装置结构，改善操作控制模式，合理利用新能源，开发三废产物的新用途等。

① 开发研究石油化工新工艺、新设备，缩短生产流程，简化设备结构，从而减少耗能时间及耗能设备的台套数，以达到节能的目的。

② 开发研究新型催化剂，缩短反应时间，降低反应温度、操作难度、原料消耗率，提高产率，以达到节能的目的。

③ 研究高效分离能力，缩短分离流程和分离时间，减少分离设备、分离循环量，从而降低分离过程能耗，以达到节能的目的。

④ 设法提高设备的传热效率，降低能量损耗，以达到节能的目的。

⑤ 充分利用化学能、反应热、各种余热生产高压蒸汽，用于其他部分加热、推动蒸汽透平机或汽轮机，实现能量综合利用，以达到节能的目的。

⑥ 优化装置操作参数，降低系统操作温度、操作压力、系统循环量等，从而减少热量消耗和动力消耗，以达到节能的目的。

⑦ 使用高效能源，节省燃料和其他能源，降低烟道气排放量，或充分回收烟道气、废气携带的热能，以达到节能的目的。

⑧ 改善控制操作模式，提高控制精度，降低事故发生率，提高生产效率，减少能量消耗，以达到节能的目的。

3. 管理性节能

管理性节能包括宏观调控和企业经营管理两个方面的节能途径。

（1）宏观调控节能就是企业管理者对生产装置各部分的用能情况进行综合测评，均衡调配各部分的用能，使能源和能量均衡分配，合理利用，减少能源浪费，以达到节能的目的。

（2）企业经营管理节能就是通过对装置运行过程的严格管理，降低能耗、防止或减少安全事故发生，以达到节能的目的。

① 制订装置生产运行能耗标准，并对实施情况进行监督检查。

② 制订装置生产消耗定额，并对实施情况进行监督检查。

③ 制订装置操作规程，并对执行情况进行监督检查。

④ 制订员工管理、操作守则，并落实实施。

⑤ 制订装置、设备检查、维护规程，减少泡沫滴漏，并对执行情况进行监督检查。

⑥ 遵守国家法律法规，制订装置“三废”排放标准，减少“三废”排放。

总之，现代石油化工企业要把安全生产和节能减排作为首要任务，企业才能不断发展壮大，才能有效提升企业在国际上的竞争能力。

复习思考题

一、填空题

1.石油化工生产节能的途径包括________、________和________三个方面。

2.能量有________和________双重含义。

3.化工节能不是想法________能量，而是利用好________的这部分能量。

4.能量由________能和________能组成。

二、判断题

1.能量在使用过程中其数量不是永远不变的。（　　）

2.能量的综合利用是指生产过程中将各种不同形式的能源按照合理匹配的原则以合适的方式加以利用。（　　）

3.能量在使用过程中其质量是下降的。（　　）

4.化工节能实质上是节约和利用无效能。（　　）

三、简答题

1.什么是能量，能量有何特点?

2.什么是有效能和无效能?

3.如何做好能量的有效利用和综合利用?

4.简述化工节能的途径有哪些。

第五章 石油化工工艺流程组织原则与生产管理

学习目标

1. 掌握石油化工工艺流程的组织原则。
2. 掌握石油化工生产过程的组织与管理。

课程导入

石油化工装置在建设和技术改造过程中需要对大量的设备和管线进行规划和布置，需要对已投入运行的生产装置进行生产管理，那么如何设计合理的工艺流程，对生产过程进行组织与管理呢？

石油化工生产装置都是由若干个生产工序组合而成的，工艺流程复杂，生产工序多。要充分发挥生产装置的作用，达到安全、稳定、长周期、满负荷、优化生产操作，就必须合理组织生产工艺流程、科学管理生产过程。

第一节 石油化工工艺流程组织原则

石油化工生产工艺流程由若干个单元过程（反应过程和分离过程、动量和热量的传递过程等）组成，并按一定顺序组合起来，完成从原料变成目的产品的生产过程。化工工艺流程的组织是确定各单元过程的具体内容、顺序和组合方式，并以工艺流程图解的形式表示出整个生产过程。

一、石油化工工艺流程的组织

每一种石油化工产品都有自己特有的工艺流程。对同一个产品，由于选定的工艺路线不同，则工艺流程中各个单元过程的具体内容和相关联的方式也不同。此外，工艺流程的组成也与其实施工业化的时间、地点、资源条件、技术条件等有密切关联。按一般化工产品生产过程的划分和它们在流程中所起的作用，概括为以下几个过程：

（1）生产准备过程——原料工序　包括反应所需的主要原料、氧化剂、溶剂、水等各种辅助原料的储存、净化、干燥以及配制等。为了使原料符合进行化学反应所要求的状态和规格，不同的原料需要进行净化、提浓、混合、乳化或粉碎（对固体原料）等多种不同的预处理过程。

（2）催化剂准备过程——催化剂工序　包括反应使用的催化剂和各种助剂的制备、溶解、储存、调制等。

（3）反应过程——反应工序　全流程的核心。原料在一定的温度、压力等条件下进行反应，以达到所要求的反应转化率和收率。反应类型主要有氧化、脱氢、加氢、还原、复分解、磺化、异构化、聚合、焙烧等。通过化学反应得到目的产物或其混合物。反应过程还要附设必要的加热、冷却、反应产物输送以及反应控制等操作。

（4）分离过程——分离工序　将反应生成物进行精制、提纯、得到目的产品。并将未反应的原料、溶剂以及随反应物带出的催化剂等分离出来实现原料、溶剂等物料的循环使用。常用的分离精制的方法有冷凝、吸收、吸附、冷冻、蒸馏、精馏、萃取、膜分离、结晶、过滤和干燥等，对于不同生产过程可采用不同的分离精制方法。

（5）回收过程——回收工序　对反应过程生成的副产物，或一些少量的未反应原料、溶剂，以及助剂、催化剂等物料都应有必要的精制处理以回收使用，因此要设置一系列分离、提纯操作，如精馏、吸收等。

（6）后加工过程——后处理工序　将分离过程获得的目的产物按成品质量要求的规格、形状进行必要的加工制作，以及储存和包装出厂。

（7）辅助过程　为回收能量而设的过程（如废热利用），为稳定生产而设的过程（如缓冲、稳压、中间储存），为治理三废而设的过程（如废气焚烧）以及产品储运过程等。这些虽属于辅助过程，但也不可忽视。

二、石油化工工艺流程的组织原则与评价方法

根据工艺流程的组织原则来衡量所组织的工艺流程是否达到最佳效果。对新设计的工艺流程，可以通过评价，不断改进，不断完善，使之成为一个优化组合的流程；对于既有的化工产品生产工艺流程，通过评价可以知道该工艺流程有哪些特点，还存在哪些不合理或可以改进的地方，与国内外相似工艺过程相比，又有哪些技术值得借鉴，等等，由此找到改进工艺流程的措施和方案，使其得到不断优化。

1. 生产工艺、生产方法与技术经济指标的先进性原则

要采用先进的工艺路线、先进的生产技术和工艺设备，取得较高的劳动生产率，较低的原材料、能源消耗和投资费用，较大的资金利税率、产值利税率，较长的主要技术装备的更新周期，尽可能使用先进的国产设备等。

2. 物料及能量的充分利用原则

① 尽量提高原料的转化率和主反应的选择性。根据现有的先进技术和生产设备选用最适宜的工艺条件和高效催化剂。

② 充分利用原料。对未转化的原料应循环使用。副反应产物加工成副产品，对溶剂、助剂等建立回收系统。对废气、废液（包括废水）、废渣应综合利用。

③ 最大限度地回收热量。尽可能采用交叉换热、逆流换热，利用废热、余热，注意安排好换热顺序，提高传热效率等。

④ 注意设备位置的相对布局，充分利用位能输送物料。高压设备的物料可自动进入低压设备，减压设备可以靠负压自动抽进物料等。

3. 工艺流程的连续化自动化原则

对大批量生产的产品，工艺流程宜采用连续操作、设备大型化和仪表自动化控制，以提高产品产量、降低生产成本；对精细化工产品以及小批量多品种产品的生产，工艺流程应有一定的灵活性、多功能性，以便于改变产量和更换产品品种。

4. 对易燃易爆因素采取安全措施原则

对一些因原料组成或反应特性等因素而潜在的易燃、易爆炸等危险性，在组织流程时要采取必要的安全措施。如在设备结构上或适当的管路上考虑安装防爆装置，增设阻火器、保护氮气等。另外，工艺条件也要做相应的严格规定，可能条件下还应安装自动报警及联锁装置以确保安全生产。

5. 适宜的单元操作及设备形式

要正确选择合适的单元操作，确定每一单元操作中的流程方案及所需设备的形式，合理安排各单元操作与设备的先后顺序。要统筹计划全流程的操作弹性和各个设备的利用率，并通过调查研究和生产实践来确定弹性的适应幅度，尽可能使各台设备的生产能力相匹配，以免造成浪费。

6. “三废”处理及综合利用

要建立健全环保设施，采用先进的“三废”处理工艺，并对照国家环保排放标准，对照检查处理结果，实现达标排放。对于生产中不能解决的“三废”问题，要设法开发新的用途，化害为利，变废为宝，做到综合利用。

总之，石油化工工艺流程的选择应全面分析各种影响因素，满足技术上先进、经济上合理、操作运行简单、劳动生产率高等特点。

第二节 石油化工生产管理

石油化工企业生产管理是企业所有生产管理活动的总和，包括生产技术准备管理、生产作业管理、工艺技术管理、生产计划管理、安全环保管理、物资供应管理、设备管理、产品销售管理、质量管理、技术经济指标核算管理等。

一、生产管理的相关知识

(1) 生产管理概念　生产管理是对生产过程的计划、组织与控制。目的在于高效、低耗、灵活地生产出合格产品及提供顾客满意的服务。也可以称为生产运行管理或生产运营管理，或直接称为运作管理或运营管理。

(2) 生产管理地位　生产是企业一切活动的基础，生产管理是企业管理中的一项重要职能，生产管理同财务、技术开发、市场营销、组织人事等一样，是企业管理的一项重要职能。

(3) 生产管理内容　生产计划（对生产产品的计划和计划任务的分配工作）；生产准备和组织（生产的物质准备和组织准备）；生产控制（围绕完成计划任务进行管理工作）。

(4) 生产管理任务　运用组织、计划、控制的职能，把投入生产过程的各种要素有效地组织起来，形成有机整体，按最经济的方式生产出满足社会需要的廉价、优质的产品。

(5) 生产过程管理　生产过程管理是在生产技术准备完成后，对原料投入生产过程和产品出装置的具体作业环节的管理；生产过程的基本内容有生产准备过程、基本生产过程、辅助生产过程、生产服务过程；企业的生产性质、生产结构、生产规模、设备工艺条件、专业化协作和生产类型等都会影响企业的生产过程组织，其中影响最大的是生产类型。

二、生产过程的组织与管理

石油化工生产过程是指从原材料到生产出产品所经过的各个生产阶段或工序，如准备、加工以及检验等有规律地依次交替的过程。生产过程同时又是劳动者使用劳动工具，作用于劳动对象以引起其性质和形态变化来获得所需要的产品的劳动过程。其生产过程是劳动过程（包括工艺过程和非工艺过程）和自然过程（如冷却、存放等）的总和。石油化工的生产过程，可按其在企业生产任务中所起的作用分类。

（1）基本生产过程　基本生产过程是指直接把原材料、半成品加工成为本企业主要产品的互相关联的过程，在企业中居于首要地位。

（2）辅助生产过程　辅助生产过程是指为完成基本生产过程所必需的辅助性工作的过程。如：

① 水、电、蒸汽、压缩空气等的生产及供应过程。

② 仪表、电器等的供应及维修过程。

③ 机器设备、建筑物等的维护及修理过程。

（3）附属生产过程　附属生产过程虽然在整个生产中不是主要的过程，但它为主要生产过程服务，而且是不可缺少的，如包装材料的制造、废料的加工利用等生产过程。

石油化工产品的生产过程比较复杂，其产品生产可由若干阶段组成，每个阶段又可分为若干工序。工序是生产过程的基本组成单元，对较复杂的工序还可分若干岗位 。

合理而先进的生产过程组织形式，是完成生产任务的有力保证。合理组织生产过程应具备的特点：各基本生产过程能有机配合与协调一致，随时克服生产中出现的薄弱环节，保证生产连续而均衡地进行。

虽然在现代化石油化工生产中，生产技术越来越先进，但是劳动者仍占最主要的地位，因为任何完善的先进技术，只有当它掌握在具有高度责任心、积极性，以及技术熟练程度较高的劳动者手中时，才能发挥其最大作用。因此，在组织生产过程时，必须不断地对劳动者进行培养和培训，以提高劳动者的技术素质和操作技能。

三、石油化工工艺管理

企业的日常生产活动，要进行大量的工艺管理工作，以达到高产、优质、低消耗、安全等目的。工艺管理按工作分，主要是组织制订、执行各种石油化工产品的生产工艺技术规程及其他以此为中心的各种规章制度；督促检查以生产工艺技术规程为中心的各种技术规程的执行情况，并不断总结经验教训，使各项规程更加完善，以指导生产的运行。

1. 工艺操作规程

工艺管理的重点是对工艺操作规程的管理与实施。它是企业各类管理人员和生产操作人员开展工作的依据，具有技术法规的作用。它对生产过程的各种物料、工艺过程、工艺设备、工艺指标、安全技术等项目给以具体规定及说明。工艺操作规程包括以下具体项目。

① 各种生产物料的名称、理化性质、技术规格、健康危害及用途。

② 生产能力及消耗定额。

③ 生产原理及反应式。

④ 生产工艺过程及工艺流程（一般工艺流程、带控制点的工艺流程）简介。

⑤ 主要设备的结构、生产能力及所用设备一览表。

⑥ 安全生产要点、设施及措施。

⑦ 装置运行操作规程、装置运行操作法及异常事故的分析与处理。

工艺操作规程的内容应翔实、可实施，并要根据实施情况不断地进行修订和完善。它是制订其他技术规程的依据。

2. 安全操作规程

由于石油化工具有高温、高压、易燃易爆等特点，因此安全在石油化工生产中占有相当重要的地位，制订企业生产安全操作规程是安全管理的重要内容。分析生产过程的各种不安全因素，从技术上、设施上、操作上采取有力措施，防止和消除各种不安全因素，确保生产过程平稳安全运行和职工的人身安全。安全操作规程包括以下内容。

① 各种生产物料的理化性质、健康危害及防护措施。

② 生产运行过程的各种不安全因素及防控措施。

③ 各种突发事故（停水、停电等）应急处置措施。

④ 各种自然灾害（地震、暴雨等）突发应急处置措施。

⑤ 各种生产物料的包装、储存、运输安全规定。

⑥“三废”处理及排放规程。

3. 技术管理规程

技术管理是指石油化工企业对其生产过程全部技术活动进行科学化管理。它包括现有技术策略、新技术的使用、技术改造及开发、技术归档及保密。企业在生产过程中，应不断提高技术水平，以提高劳动生产率和企业的经济效益。技术管理规程包括以下内容。

① 正常生产技术规程（各种技术参数的执行）。

② 技术革新、新技术使用及技术开发规程。

③ 技术引进及技术转让规程。

④ 技术保密及技术资料归档要求。

⑤ 企业员工技术水平提升培训计划。

技术管理直接影响企业的生存与发展，企业只有不断地进行技术革新，才能降低技术成本，提高经济效益。

四、设备与资产管理

现代意义上设备管理涵盖了资产管理和设备管理双重概念，称为设备与资产的全生命周期管理，它包含了资产和设备管理的全过程，从设计、选型、采购、安装、运行、维护、检修、更新、改造、报废等一系列过程，既包括设备管理，也渗透着其全过程的价值变动过程。通过实现设备与资产的全过程、精益化管理，既是企业转变管理方式、提升管理水平的必然选择，也是提高运营效率的重要基础。

设备与资产生命周期管理方法。以生产经营为目标，通过一系列的技术、经济、组织措施，对设备的规划、设计、选型、采购、安装、运行、维护、检修、更新、改造直至报废的全过程进行管理，已获得设备寿命周期费用最经济、设备综合产能最高的理想目标。设备的全生命周期管理包括三个方面：

① 前期管理。包括规划决策、计划、调研、购置、库存，直至安装调试、试运装的全部过程。

② 运行维修管理。包括防止设备性能劣化而进行的日常维护保养、检查、监测、诊断以及修理、更新等管理。

③ 轮换及报废管理。包括轮换和报废两个时期。轮换期是对部分修复设备定期进行轮

换和离线修复保养，然后继续更换服役；报废期是设备整体已到使用寿命，故障频发，影响到设备的可靠性，其维修成本已超出设备购置费用，必须对设备进行更换。更换后的设备资产进行变卖或转让或处置，相应的费用进入企业营业收入或支出，按照完善的报废流程和资产账务管理要求进行处置。

五、全面质量管理

1. 标准计量管理

标准计量管理是质量管理的基础工作，也是企业管理的基础工作。

标准是对事物的数量、质量、方法、人的活动方式，信息的传递方式、手续、术语等的规定，是事物判断的基础。在各类标准中，产品技术标准最为重要。随着全球经济一体化进程的加快，标准化在国际贸易乃至各个经济领域中具有重要的作用。在某些场所选用标准和选择技术同等重要。所以企业要重视标准化管理。标准计量管理的具体内容如下。

（1）产品标准　对产品必须达到的全部要求做出明确的规定，作为产品生产、检验、验收、使用、维护以及贸易洽谈等方面的技术依据。

（2）产品标准的分类　按标准使用范围划分，标准分为国际标准、国家标准、行业标准和企业标准。根据产品属性又分为完整产品标准和单项产品标准。如果在技术和生产方面都比较成熟，一般制定完整产品标准，对企业而言，一般情况下制定完整产品标准。

（3）编写产品标准的基本要求和方法

① 编写产品标准的基本要求。所编写的标准：应符合国家的法律法规和方针政策；技术先进、经济合理；切实可行、适用性强；内容协调统一；格式和表述规范。

② 编写标准应遵循可行性、完整性、准确性原则。

③ 产品标准编写方法。企业编写产品标准时应当遵循国家标准（GB/T 1.1—2009《标准化工作导则　第1部分：标准的结构和编写》）的要求。主要编写方法如下：

a. 封面和首页。企业产品标准封面可按 GB/T 1.1—2009 中图 1.1～图 1.3 格式编制；首页可参照 GB/T 1.1—2009 中图 1.6 格式编制。

b. 目次，产品目次可参照 GB/T 1.1—2009 中图 1.4 格式编制。

c. 前言。可参照 GB/T 1.1—2009 中图 1.5 格式编制，前言由专用部分和基本部分组成。专用部分主要说明采用国际标准和国内先进标准的情况，标准产生的基础及制定、修订的基本情况、与其他标准的关系等；基本部分主要包括标准提出的部门、归口部门、起草单位、主要起草人、首次发布和历次修订年月等内容；如果企业产品标准采用或等同其他标准，还要保留其他标准的前言。

d. 产品标准的名称和适用范围。

e. 技术要求、试验方法及检验规则。三者内容应分别描述，但要相互对应。

f. 标志、使用说明书、包装、运输和储存标准的编制。

（4）企业标准的制定程序　它包括：编制计划，调查研究和试验验证，起草标准草案（征求意见稿），征求意见，编写标准草案（送审稿），产品标准草案审查（报批稿），报批、发布和备案等程序。

（5）企业产品标准的修改与复审　修订程序与制定程序相同。复审结果有：确认、修改、修订、废止几种情况。复审结果要报当地专管部门备案。

（6）计量管理　计量管理是保证产品质量的重要手段，是贯彻执行技术标准的重要依据。

2. 全面质量管理

产品质量是指产品的适用性，即产品的使用价值，也就是产品适合一定的用途，能满足国民经济一定需要所具备的特性。提高产品质量是企业的一项根本任务，是提高社会经济效益的基础，是增强产品的竞争能力、企业生存和发展的前提条件。因此，各企业都应把加强产品质量管理、把不断提高质量放在头等重要的地位。产品质量受企业生产经营管理的多种因素的影响，是企业各项工作的综合反映。对产品进行全面质量管理，是企业为了保证和提高产品质量，综合运用一套质量管理体系、手段和方法而进行的系统管理活动。

全面质量管理，就是在企业全体员工参与下，以数量统计方法为基本手段，充分发挥专业技术和组织管理的作用，确保产品质量满足用户需求，而进行研制、生产、销售和服务的一整套质量管理工作体系。它的特点是：把工作重点从事后把关转到预防为主，实行全过程管理、全体人员参与质量管理、全面方法质量管理、全部指标质量管理的管理措施。

企业应按照 ISO 9000 系列标准的要求，建立自身有效运转的质量保证体系，作为保证产品质量和提供优质服务的基本规程。

素质阅读

西气东输工程

西气东输工程是将中国塔里木和长庆气田的天然气通过管道输往中国上海的输气工程。管道全长 4000 公里左右，设计年输气量 120 亿立方米。该管道起点在塔里木轮南，由西向东经新疆、甘肃、宁夏、陕西、山西、河南、安徽、江苏，终点到上海市。

这一项目的实施，为西部大开发、将西部地区的资源优势变为经济优势创造了条件，对推动和加快新疆及西部地区的经济发展具有重大的战略意义。

复习思考题

一、填空题

1. 石油化工生产工艺流程由若干个________（反应过程和分离过程、动量和热量的传递过程等）组成，并按一定________组合起来，完成从________变成为________的生产过程。

2. 石油化工企业生产管理包括________、________、________、________、________、________和设备管理、产品销售管理、________、________等。

3. 基本生产过程是指直接把________、________加工成为企业主要________的互相关联的过程，在企业中居于首要地位。

4. 标准是对事物的________、________、________和人的________，信息的传递方式、手续、术语等的规定，是事物判断的基础。

5. 标准按使用范围分为________、________、________和________标准。

二、判断题

1. 对同一个石化产品，虽然选定的工艺路线不同，但工艺流程中各个单元过程的具体内容和相关联的方式相同。（　　）

2. 辅助生产过程是指为完成基本生产过程所必需的辅助性工作的过程。（　　）

3. 标准的编写只遵循国际通用原则。（　　）

4. 全面质量管理是企业全体员工参与下进行的产品质量管理过程。（　　）

三、简答题

1. 石油化工生产分为哪几个基本过程？

2. 简述工艺流程的组织原则和评价方法。

3. 石油化工生产，按其在企业生产任务中所起的作用分为哪几类？

4. 生产管理的内容是什么？

5. 生产管理的任务是什么？

6. 试简述生产过程的组织与管理。

7. 工艺操作规程包括哪些项目？

8. 安全操作规程包括哪些内容？

9. 简述编写产品标准的要求和方法。

10. 什么是全面质量管理？

11. 全面质量管理有何特点？

12. 企业为什么要进行全面质量管理？

13. 什么是产品标准？为什么要制定产品计量标准？

14. 为什么要进行计量管理？

第二单元

石油烃裂解技术

第一章　石油烃裂解

学习目标

1. 了解烯烃的性质、用途及生产方法。
2. 掌握裂解过程反应原理及热力学、动力学分析方法。
3. 掌握裂解过程的影响因素及裂解工艺条件。
4. 掌握石油烃裂解主要设备的结构、作用及热裂解工艺流程。
5. 了解装置操作方法及烯烃的其他生产技术。

课程导入

石油烃热裂解技术目前仍然是烯烃的主要生产技术，那么如何利用热裂解方法生产烯烃、影响热裂解的因素有哪些、生产过程要用到哪些主要设备、生产工艺过程如何、如何组织生产和处理生产异常情况呢？

乙烯是世界上产量最大的化学产品之一，乙烯工业是石油化工产业的核心，乙烯产品占石化产品的75%以上，在国民经济中占有重要的地位。世界上已将乙烯产量作为衡量一个国家石油化工发展水平的重要标志之一。因此如何生产乙烯和提高乙烯的生产能力是现代石油化工生产研究和发展的主要方向。目前，石油烃裂解技术是烯烃生产的主流方向，大约95%以上的乙烯来自石油烃裂解装置。

素质阅读

我国著名乙烯专家——王松汉

王松汉是国际著名乙烯专家，我国乙烯工业领域首席专家，教授级高级工程师，原中国石化工程建设公司（SEI）总设计师。王教授是我国改造乙烯装置提高经济效益的倡议者，为乙烯工业和石化装置节能改造提供了新思想和具体技术措施，倡导并执行了我国第一套年产 30 万吨的乙烯装置改造为年产 45 万吨的改造工作。

他发明的分馏分凝塔（CFT）技术，分别获得了中国和美国专利。

成绩和荣誉不是一蹴而就的，成绩的背后是汗水，是不懈的努力，是超人的毅力，更要有甘于奉献的精神。

第一节　石油烃裂解概述

一、烯烃的性质及用途

乙烯（ethylene，$CH_2=CH_2$）常温下为无色、无臭、稍带有甜味的气体。分子量28.05，密度0.5674g/cm³（20/4℃），冰点−169.2℃，沸点−103.7℃。易燃，爆炸极限为2.7%～36%。几乎不溶于水，溶于乙醇、乙醚等有机溶剂。乙烯在低浓度时，有刺激作用，高浓度时具有较强的麻醉作用，突然吸入80%～90%高浓度乙烯，可立刻引起意识丧失；吸入25%～45%乙烯，痛觉消失和记忆力减退，但无明显兴奋阶段，麻醉快，苏醒也快，对皮肤黏膜没有刺激作用。主要中毒途径是呼吸道吸入，其次为皮肤接触。

丙烯常温下为无色、稍带有甜味的气体。分子量42.08，液态密度0.5139g/cm³（20/4℃），气体相对密度1.905（0℃，101325Pa），冰点−185.3℃，沸点−47.4℃。它稍有麻醉性，在815℃、101.325kPa下全部分解。易燃，与空气混合能形成爆炸性混合物，爆炸极限为2%～11%，与二氧化氮、四氧化二氮、氧化二氮等激烈化合，与其他氧化剂接触剧烈反应。气体比空气重，能在较低处扩散到相当远的地方，遇火源会着火自燃。不溶于水，溶于有机溶剂，是一种低毒类物质。丙烯是三大合成材料的基本原料，主要用于生产聚丙烯、丙烯腈、异丙醇、丙酮和环氧丙烷等。健康危害：本品为单纯窒息剂及轻度麻醉剂。急性中毒：人吸入丙烯可引起意识丧失，并引起呕吐。慢性影响：长期接触可引起头昏、乏力、全身不适、思维不集中，个别人胃肠道功能发生紊乱。

乙烯并不存在于自然界。在石油化工起步前，乙烯主要由粮食酒精脱水、电石乙炔部分加氢或用焦炉气分离进行生产。20世纪20年代起，随着乙烯需求量的增加，乙烯来源开始转向天然气或石油馏分裂解。1940年，以炼厂气为裂解原料建成了世界上第一个乙烯生产装置，从而建立起现代乙烯工业。近年来，随着经济的快速发展，中国乙烯工业发展很快，产能迅速增长，2017年，我国乙烯产量达到1821.8万吨，成为仅次于美国的世界第二大乙烯生产国。

二、烯烃的生产方法

目前，世界乙烯的生产方法主要有石油烃裂解法（管式炉裂解法）、催化裂解法、合成气生产法（MTO）和生物发酵法等生产方法。

1. 管式炉裂解技术

反应器与加热炉融为一体，称为裂解炉。原料在辐射炉管内流过，管外通过燃料燃烧的高温火焰、产生的烟道气、炉墙辐射加热将热量经辐射管管壁传给管内物料，裂解反应在管内高温下进行，管内无催化剂，也称为石油烃热裂解。同时为降低烃分压，目前大多采用加入稀释蒸汽，故也称为蒸汽裂解技术。

2. 催化裂解技术

催化裂解即烃类裂解反应在有催化剂存在下进行，可以降低反应温度，提高选择性和产品收率。

据俄罗斯有机合成研究院对催化裂解和蒸汽裂解的技术经济比较，认为催化裂解单位乙烯和丙烯生产成本比蒸汽裂解低10%左右，单位建设费用低13%～15%，原料消耗降低

10%～20%，能耗降低 30%。

催化裂解技术具有的优点，使其成为改进裂解过程最有前途的工艺技术之一。

3. 合成气生产法（MTO）

MTO 合成路线，是以天然气或煤为主要原料，先生产合成气，合成气再转化为甲醇，然后由甲醇生产烯烃的路线，完全不依赖于石油。在石油日益短缺的 21 世纪有望成为生产烯烃的重要路线。

采用 MTO 工艺可对现有的石脑油裂解制乙烯装置进行扩能改造。由于 MTO 工艺对低级烯烃具有极高的选择性，烷烃的生成量极低，可以非常地容易分离出化学级乙烯和丙烯，因此可在现有乙烯工厂的基础上提高乙烯生产能力 30%左右。

4. 生物发酵法

生物发酵法制乙烯就是利用许多植物含有丰富的糖分，为制取燃料乙醇提供了得天独厚的原料。采用固体连续发酵、连续蒸酒生产乙醇工艺，主要经粉碎、进料、发酵、出料、蒸酒、脱水等工序，最终制得燃料乙醇。生物质乙烯是利用植物生产乙醇，然后通过脱水制造乙烯，工业上采用的催化剂为 γ-Al_2O_3 或 ZSM 分子筛，反应温度为 360～420℃，一般采用外加热多管式固定床反应器，乙醇可接近全部转化，乙烯收率为 95%左右，从而达到节省原油的目的。

新疆农科院研制成功甜高粱制备生物质乙烯的新技术。据测算，$6.7\times10^9m^3$ 甜高粱可产 95%乙醇 280 万吨，可转化成乙烯 200 万吨，如果 200 万吨乙烯用原油来生产，需原油 600 万吨。因此该项目被誉为“再造一个地上绿色塔里木的油田”。2005 年 8 月，中国石化集团公司对新疆发展生物质乙烯产业前期工作进行了调研，中国石化集团公司经济技术研究院在完成该项目的经济技术评估后，认为中国石化集团公司与新疆合作开发以甜高粱生产生物质乙烯是必要的。目前，新疆与中国石化集团公司达成了共同推进生物质乙烯产业化的合作意向。

到目前为止，世界乙烯 95%仍然是由管式炉蒸汽热裂解技术生产的，其他工艺路线由于经济性或者存在技术“瓶颈”等问题，至今仍处于技术开发或工业化实验的水平，没有或很少有常年运行的工业化生产装置。

石油烃裂解指的是以石油烃为原料，利用烃类在高温下不稳定，易分解、断链的原理，在隔绝空气和高温条件下（600℃以上），使原料发生深度分解等多种化学转化的过程。

石油烃裂解的主要任务是最大可能地生产乙烯，联产丙烯、丁二烯以及苯、甲苯、二甲苯等产品。裂解后的产物，不论是气态或液态产物都是多组分的混合物，为制得单一组分的主要产品，尚需净化与分离。

三烯（乙烯、丙烯、丁二烯）和三苯（苯、甲苯、二甲苯）是石油化工生产的两大支柱原料。目前，乙烯几乎全部来自乙烯装置；丙烯除在炼厂经二次加工过程生产小部分外，大部分也来自乙烯装置；至于三苯，除重整和芳烃装置生产外，有相当一部分也来自乙烯装置。所以乙烯装置是石油化工的基础原料装置，在石油化工中具有举足轻重的地位。

第二节　裂解过程的反应原理

一、裂解过程的化学变化

石油烃裂解原料一般都是各族烃的混合物，主要含有烷烃、环烷烃和芳烃，有的还含有极少量烯烃。裂解原料不同，各族烃的相对含量也不同。烃类在高温下进行裂解，不仅原料发生多种反应，生成物也能继续反应，其中既有平行反应又有连串反应，包括脱氢、断链、异构化、脱氢环化、脱烷基、聚合、缩合、结焦等反应过程。因此，烃类裂解过程的化学变化十分错综复杂，产物达上百种，如图 2-1 所示。

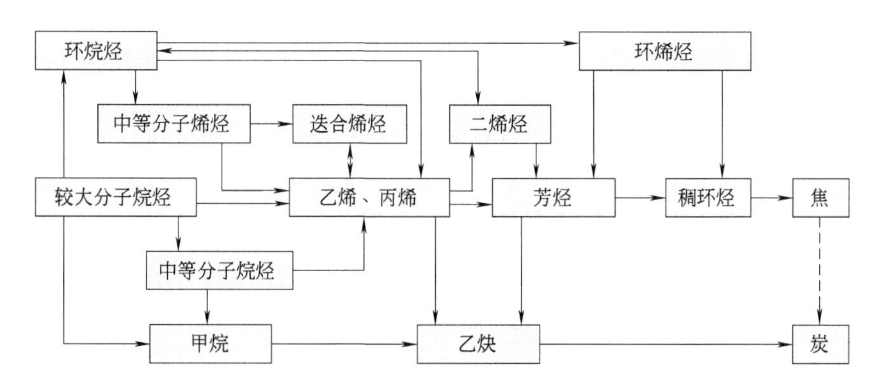

图 2-1　裂解过程的化学变化

将以上复杂的化学反应体系可简化为两个阶段，第一个阶段称为一次反应，第二个阶段称为二次反应。

1. 裂解过程的一次反应

所谓裂解过程的一次反应指生成目的产物以乙烯、丙烯等低级烯烃为主的反应。

（1）烷烃裂解反应　包括脱氢反应和断链反应。

① 烷烃脱氢反应。脱氢反应是 C—H 链断裂的反应，生成的产物是碳原子数与原料烷烃相同的烯烃和氢气。其反应通式为：

$$C_nH_{2n+2} \longrightarrow C_nH_{2n} + H_2$$

② 烷烃断链反应。断链反应是 C—C 链断裂反应，产物有两个，一个是烷烃，一个是烯烃，其碳原子数都比原料烷烃少。其反应通式为：

$$C_{m+n}H_{2(m+n)+2} \longrightarrow C_nH_{2n} + C_mH_{2m+2}$$

（2）环烷烃断链反应（开环反应）　环烷烃的热稳定性比相应的烷烃好。环烷烃热裂解时，可以发生 C—C 链的断裂（开环）与脱氢反应，生成乙烯、丁烯和丁二烯等烃类。

以环己烷为例：

$$\text{环己烷} \longrightarrow \begin{cases} 2C_3H_6 \\ C_2H_4 + C_4H_6 + H_2 \\ C_2H_4 + C_4H_8 \\ \frac{3}{2}C_4H_6 + \frac{3}{2}H_2 \end{cases}$$

环烷烃的脱氢反应生成的是芳烃，芳烃缩合最后生成焦炭，所以不能生成低级烯烃，即不属于一次反应。

（3）烯烃断链反应　大分子烯烃断链生产小分子烯烃，其反应通式为：

$$C_{m+n}H_{2(m+n)} \longrightarrow C_nH_{2n} + C_mH_{2m}$$

（4）芳烃的断侧链反应　芳烃的热稳定性很高，一般情况下，不易发生断裂。所以由苯裂解生成乙烯的可能性极小。但烷基芳烃可以断侧链生成低级烷烃、烯烃和苯。

例如，乙苯的断链和脱氢反应：

$$C_6H_5-CH_2CH_3 \rightarrow C_6H_5-CH=CH_2 + H_2$$
$$C_6H_5-CH_2CH_3 \rightarrow C_6H_6 + C_2H_4$$

2. 裂解过程的二次反应

所谓裂解过程的二次反应则指消耗乙烯、丙烯，使其继续反应并转化为炔烃、二烯烃、芳烃乃至生炭或结焦的反应。

烃类热裂解的二次反应比较复杂。原料经过一次反应后，生成氢气、甲烷和一些低分子量的烯烃如乙烯、丙烯、丁二烯、异丁烯、戊烯等。氢和甲烷在裂解温度下很稳定，而烯烃则可以继续反应。因此，裂解过程的主要的二次反应有：

（1）低分子烯烃脱氢生成炔烃或二烯烃。例如：

$$C_2H_4 \longrightarrow C_2H_2 + H_2$$
$$C_3H_6 \longrightarrow C_3H_4 + H_2$$
$$C_4H_8 \longrightarrow C_4H_6 + H_2$$

（2）二烯烃合成或大分子单烯烃芳构化反应生成芳烃。例如：

$$2CH_2=CH_2 \longrightarrow CH_2=CH-CH=CH_2 + H_2$$
$$CH_2=CH-CH_2-CH_2-CH_2-CH_2-R \longrightarrow C_6H_5-R + 3H_2$$

（3）环烷烃脱氢芳构化反应。例如：

$$C_6H_{12} \longrightarrow C_6H_6 + 3H_2$$

（4）结焦反应　反应生成的芳烃和来自原料的芳烃，在高温下发生脱氢缩合反应生成多环芳烃，它们继续发生多阶段的脱氢缩合反应，生成稠环芳烃，最终生成焦炭。例如：

$$\text{苯} \xrightarrow{-H_2} \text{萘} \xrightarrow{-H_2} \text{蒽} \xrightarrow{-H_2} \text{并四苯}$$

（5）生炭反应　各种烃类在高温下，若有较长的停留时间，都有可能分解成氢和炭，这一过程是随着温度升高而分步进行的。例如：

$$CH_2=CH_2 \xrightarrow{-H_2} CH\equiv CH \xrightarrow{-H_2} 2C + H_2$$

由此可知，一次反应是生成目的产物的反应，而二次反应既造成烯烃的损失，浪费原料，又会生炭或结焦，致使设备或管道堵塞，影响正常生产，所以是不希望发生的。因此，无论在选取工艺条件或进行设计，都要尽力促进一次反应，抑制二次反应。

二、裂解过程的热力学分析

由于裂解反应是在高温、低压条件下进行的气相反应，所以假设反应气体为理想气体，根据热力学规律，反应平衡常数 K_P 和反应的标准自由能 $\Delta G^{\ominus}$ 的关系为：

$$\Delta G^{\ominus} = -RT\ln K_P$$

由上式可知：$\Delta G^{\ominus}$ 越小，反应越容易达到平衡，反应向正方向进行的可能性越大。由于理想气体的 $\Delta G^{\ominus}$ 仅是温度 T 的函数，所以下面来分析 $T=1000K$ 时，各种裂解原料的 $\Delta H^{\ominus}$ 值。

1. 烷烃裂解

无论是正构烷烃还是异构烷烃，均以脱氢和断链反应为主，其他副反应相对较少。表 2-1 列出了 $C_1 \sim C_6$ 在 1000K 时脱氢与断链反应的 $\Delta G^{\ominus}$ 值。

表 2-1 烷烃在 1000K 时的 $\Delta G^{\ominus}$ 和 $\Delta H^{\ominus}$ 值

反应方式	反应方程式	$\Delta G^{\ominus}$/(kJ/mol)	$\Delta H^{\ominus}$/(kJ/mol)
脱氢反应	$2CH_4 \rightleftharpoons C_2H_4 + 2H_2$	39.94	108.8
	$C_2H_6 \rightleftharpoons C_2H_4 + H_2$	8.87	144.4
	$C_3H_8 \rightleftharpoons C_3H_6 + H_2$	−9.54	129.5
	$C_4H_{10} \rightleftharpoons C_4H_8 + H_2$	−5.94	131.0
	$C_5H_{12} \rightleftharpoons C_5H_{10} + H_2$	−8.07	130.9
	$C_6H_{14} \rightleftharpoons C_6H_{12} + H_2$	−7.41	130.8
断链反应	$C_3H_8 \rightleftharpoons C_2H_4 + CH_4$	−53.92	78.3
	$C_4H_{10} \rightleftharpoons C_3H_6 + CH_4$	−69.03	66.5
	$C_4H_{10} \rightleftharpoons C_2H_4 + C_2H_6$	−42.36	88.6
	$C_5H_{12} \rightleftharpoons C_4H_8 + CH_4$	−69.11	65.4
	$C_5H_{12} \rightleftharpoons C_3H_6 + C_2H_6$	−61.15	75.2
	$C_5H_{12} \rightleftharpoons C_2H_4 + C_3H_8$	−42.7	90.1
	$C_6H_{14} \rightleftharpoons C_5H_{10} + CH_4$	−70.12	66.6
	$C_6H_{14} \rightleftharpoons C_4H_8 + C_2H_6$	−60.11	75.5
	$C_6H_{14} \rightleftharpoons C_3H_6 + C_3H_8$	−60.40	77.0
	$C_6H_{14} \rightleftharpoons C_2H_4 + C_4H_{10}$	−45.29	58.8

通过分析表 2-1 的数据可知：

① 脱氢反应和断链反应都是热效应很大的吸热反应，高温对反应有利。所以反应时需要供给系统大量的热量。

② 从脱氢反应和断链反应的 $\Delta G^{\ominus}$ 来看，断链反应的趋势大于脱氢反应的趋势，且随烷烃碳原子数的增大，趋势越明显。所以裂解反应以断链反应为主。

③ 乙烷并不发生断链反应，而是脱氢生成乙烯；甲烷不易生成乙烯，因而，无论是原料中的甲烷还是裂解生成的甲烷，大部分不再发生反应。

④ 烷烃在分子两端发生断链反应的概率大于在分子中央断链的概率，但随烷烃碳原子数的增加，发生中央断链反应的趋势增大。

2. 烯烃裂解

烯烃主要来源于裂解产物，表 2-2 列出了烯烃在 1000K 时脱氢与断链反应的 $\Delta G^{\ominus}$ 值。

表 2-2 烯烃在 1000K 时主要反应的 $\Delta G^{\ominus}$ 值

反应方式	反应方程式	$\Delta G^{\ominus}$/(kJ/mol)
断链反应	$C_5H_{10} \rightleftharpoons C_2H_4 + C_3H_6$	−44.19
	$C_5H_{10} \rightleftharpoons C_4H_6 + CH_4$	−64.02
脱氢反应	$C_4H_8 \rightleftharpoons C_4H_6 + H_2$	−3.01
	$C_2H_4 \rightleftharpoons C_2H_2 + H_2$	51.72
二烯合成	$C_4H_8 + C_2H_4 \rightleftharpoons$ (苯环) $+ 3H_2$	−118.53
芳构化反应	$C_6H_{12} \rightleftharpoons$ (苯环) $+3H_2$	−165.40

通过分析表 2-2 的数据可知：

① 大部分烯烃裂解反应的热力学趋势较大，直至生成小分子烯烃，所以裂解产物以小分子烯烃为主。

② 烯烃脱氢反应的热力学趋势比烷烃小得多，通过相应的热力学计算可知，只有当反应温度大于 1000℃时，乙烷脱氢生成乙炔的趋势才会增大。

③ 烯烃的消耗反应主要是二烯合成和芳构化反应。

因此，烯烃裂解的总特征是：大分子烯烃裂解生成小分子烯烃，烯烃进一步发生二次反应而消失。

3. 环烷烃裂解

以环己烷为例，表 2-3 列出了环己烷在 1000K 时脱氢与断链反应的 $\Delta G^{\ominus}$ 值。

表 2-3　环己烷在 1000K 时脱氢与断链反应的 $\Delta G^{\ominus}$ 值

反应方式	反应方程式	$\Delta G^{\ominus}$/(kJ/mol)
断链反应	$C_6H_{12} \rightleftharpoons C_2H_4 + C_4H_8$	−54.23
	$C_6H_{12} \rightleftharpoons C_2H_4 + C_4H_6 + H_2$	−57.24
	$C_6H_{12} \rightleftharpoons C_4H_6 + C_2H_6$	−66.11
	$2C_6H_{12} \rightleftharpoons 3C_4H_6 + 3H_2$	−44.98
	$C_6H_{12} \rightleftharpoons 2C_3H_6$	−72.93
脱氢反应	$C_6H_{12} \rightleftharpoons$ ⌬ $+ 3H_2$	−175.82

通过分析表 2-3 的数据可知：环烷烃的裂解趋势都很大，尤其是脱氢反应趋势更大。环烷烃裂解产物既有小分子烯烃，也有芳烃。含环烷烃较高的裂解原料，裂解产物中丁二烯和芳烃的含量较高。带有支链的环烷烃，容易发生侧链断裂反应，生成小分子烯烃和烷烃。

4. 芳烃裂解

芳烃分子中苯环的热稳定性高，不易使芳环断裂。其裂解反应主要有两类，一是断侧链和侧链的脱氢反应，生成烯烃、烯基芳烃和芳烃；二是脱氢缩合为多环芳烃，再脱氢缩合成大分子的稠环芳烃，进而结焦。

5. 生炭和结焦反应

裂解时各种原料中所含的或由裂解反应生成的烷烃、烯烃、环烷烃、芳烃，在 1000K 时发生生炭反应的 $\Delta G^{\ominus}$ 值见表 2-4。

表 2-4　烃类在 1000K 时发生完全分解反应的 $\Delta G^{\ominus}$ 值

烃类	反应方程式	$\Delta G^{\ominus}$/(kJ/mol)
烷烃	$CH_4 \longrightarrow C + 2H_2$	−19.80
	$C_2H_6 \longrightarrow 2C + 3H_2$	−109.33
	$C_3H_8 \longrightarrow 3C + 4H_2$	−196.26
烯烃	$C_2H_4 \longrightarrow 2C + 2H_2$	−118.20
	$C_3H_6 \longrightarrow 3C + 3H_2$	−181.72
环烷烃	$C_6H_{12} \longrightarrow 6C + 6H_2$	−436.37
芳烃	⌬ $\longrightarrow 6C + 3H_2$	−260.55

原料烃在惰性介质中经高温（一般在 1000℃以下）裂解，释放出氢气时生成稠碳化合物，此过程一般称为“生炭”，即碳化过程。当生成的产物含碳量约为 95 %以上，并含有少量氢时，一般称为“结焦”，即焦化过程。

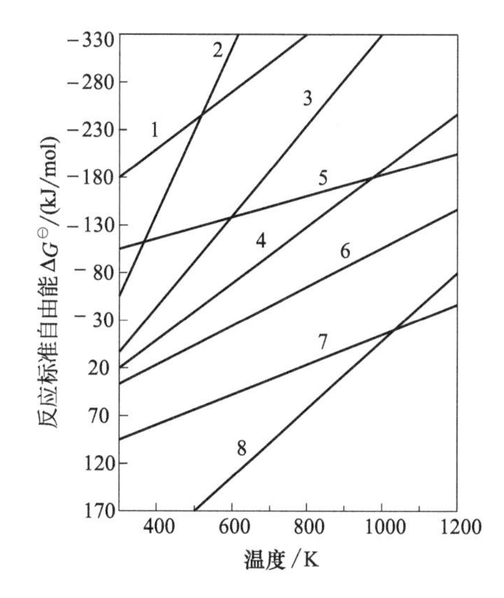

图 2-2　标准自由能与温度的关系

1—$C_6H_6 \longrightarrow 6C+3H_2$；

2—$C_6H_{12} \longrightarrow 6C+6H_2$；

3—$C_3H_8 \longrightarrow 3C+4H_2$；

4—$C_2H_6 \longrightarrow 2C+3H_2$；

5—$C_2H_4 \longrightarrow 2C+2H_2$；

6—$C_3H_8 \longrightarrow C_2H_4+CH_4$；

7—$C_2H_6 \longrightarrow C_2H_4+H_2$；

8—$C_6H_{12} \longrightarrow C_2H_4+C_4H_6+H_2$

烃类的生炭或结焦过程并不是一步生成的，随反应温度不同，经过的途径也不同。当反应温度在 900℃以上时，烃类经过乙炔中间物而生炭。烃类在 900℃以下，主要通过生成芳烃中间物而结焦。

所以，裂解过程中的结焦或生炭反应是二次反应的总趋势。

以上只讨论了各类烃在 727℃时进行裂解反应的程度和可能性大小。但各类烃反应的 $\Delta G^\ominus$ 值是与温度有关的。图 2-2 表示了这种关系。图中仅列出了典型烃在裂解时发生的主要一次反应和二次反应，略去了中间产物。由图 2-2 可知：

① 烃类裂解生成乙烯的反应，在低温下其 $\Delta G^\ominus$ 值很大，所以在低温下进行裂解反应，生成乙烯极少；随温度升高，其值不断减小。所以在高温条件下，降低反应的 $\Delta G^\ominus$ 值，有利于一次反应的进行。

② 许多烃类在低温时，分解成炭和氢的 $\Delta G^\ominus$ 值已为负值，随温度升高其 $\Delta G^\ominus$ 值继续减小，因而，温度越高，越有利于二次反应的进行。

③ 对同一类烃来说，在相同温度时（图中温度范围下），其分解为炭和氢的可能性远远大于裂解为乙烯的可能性。

综上所述，从热力学因素来看，烃类裂解反应的规律和特点如下：

① 正构烷烃（除甲烷）在各族烃中最有利于乙烯、丙烯的生成，是裂解反应的最理想原料。烷烃的碳原子数越少，烯烃收率越高。

② 异构烷烃更有利于生成丙烯，裂解产物中丙烯与乙烯的质量比会较高，但烯烃的总收率低于同碳原子数的正构烷烃。随着碳原子数的增加，两者差别缩小。

③ 环烷烃生成单烯烃的收率较小，但比相应的异构烷烃生成单烯烃的收率要大。作为生产丁二烯和芳烃的裂解原料时收率较高。

④ 芳烃基本不能作为裂解原料。

各类烃在裂解反应时，一次反应的难易程度为：正构烷烃＞异构烷烃＞环烷烃＞芳烃。裂解反应要在高温下进行，需外界供给大量的热量。在高温下，一次反应容易进行，但二次反应进行的可能性更大，因此，单从热力学方面还不能确定反应的最适宜温度。

三、裂解过程的反应机理和动力学分析

（一）裂解过程的反应机理

裂解过程的反应机理，就是在高温条件下原料烃进行裂解反应的具体历程。烃类裂解反应机理目前公认的是自由基链反应机理。

所谓自由基就是一种具有未成对电子的原子或原子基团，它有很高的化学活泼性。在通常条件下，自由基都是反应的中间产物，不能稳定存在，很容易与其他自由基或分子进行反应，下面以乙烷裂解为例说明裂解反应的机理。

$$C_2H_6 \longrightarrow C_2H_4 + H_2$$

该反应不是一步完成的，而是一个非基元反应。其反应机理可由表 2-5 表示，表中数据为表观动力学数据，H·、CH_3·、C_2H_5·分别表示氢自由基（即氢原子）、甲基自由基和乙基自由基。任何一个自由基链反应，都由下列三个基本阶段构成，乙烷裂解反应也是如此。

表 2-5　乙烷裂解反应的自由基链反应机理

反应阶段	基元反应	$K_i=A_i\exp(E_i/RT)$		
		A_i /(L/s)或 L/(mol·s)	E_i /(kJ/mol)	K_i /(L/s)或 L/(mol·s)
链引发	$C_2H_6 \xrightarrow{K_1} 2CH_3\cdot$	6.3×10^{16}	359.8	0.98×10^{-2}
链增长	$CH_3\cdot + C_2H_6 \xrightarrow{K_2} CH_4 + C_2H_5\cdot$	2.5×10^{11}	45.2	1.08×10^{8}
	$C_2H_5\cdot \xrightarrow{K_3} C_2H_4 + H\cdot$	5.3×10^{14}	170.7	6.36×10^{8}
	$H\cdot + C_2H_6 \xrightarrow{K_4} H_2 + C_2H_5\cdot$	3.8×10^{12}	29.3	1.12×10^{11}
链终止	$H\cdot + C_2H_5\cdot \xrightarrow{K_5} C_2H_6$	7.0×10^{12}	0.1	7.0×10^{13}

1. 自由基反应原理

（1）链引发　反应物分子在热能的作用下形成自由基。例如，乙烷分子在热能的作用下形成甲基自由基。

（2）链增长　自由基与反应物分子作用生成产物和新的自由基；新的自由基在热能的作用下分解生成产物和新的自由基；新的自由基再与原料分子作用生成产物和新的自由基，如此循环往复，原料就会连续不断地变成产物。例如，乙烷分子与甲基自由基作用生成甲烷和乙基自由基，乙基自由基分解成乙烯和氢基自由基，氢基自由基与乙烷分子作用生成氢气和乙基自由基。

（3）链终止　自由基与自由基作用生成正常分子，自由基消失。

表 2-5 中仅列出了乙烷裂解时一次反应中的一部分基元反应。如果把可能发生的基元反应都加以表示是相当复杂的。

2. 裂解反应部分产物分布的解释

（1）为什么烷烃裂解时，产物中乙烯总是占相当的比例，而丙烷以上的大分子饱和烃较少？

根据自由基链反应机理，这是由于大分子自由基比起小分子自由基更不稳定、更活泼。例如：

$$C_5H_{11}\cdot + RH \longrightarrow C_5H_{12} + R\cdot$$

$$C_5H_{11}\cdot \longrightarrow C_2H_4 + C_3H_7\cdot$$

$$C_3H_7\cdot \longrightarrow C_2H_4 + CH_3\cdot$$

这两个反应都属于链增长反应，前者称为自由基夺氢反应，后者称为自由基分解反应。似乎这两种反应都可能发生，但一般来说自由基中碳原子数大于3的烃基较不稳定、寿命更短，常在与原料或产物分子碰撞前已自行分解，而生成碳原子数较少的烯烃。所以，上述反应主要发生自由基分解反应。$C_5H_{11}\cdot$ 自由基有以下几种断链分解方式：

$$C_5H_{11}\cdot \longrightarrow \begin{cases} C_2H_4 + C_3H_7\cdot \\ C_3H_6 + C_2H_5\cdot \\ C_4H_8 + CH_3\cdot \\ C_5H_{10} + H\cdot \end{cases}$$

断键结果总是生成乙烯和 $C_3H_7\cdot$ 自由基，$C_3H_7\cdot$ 自由基进一步分解成乙烯和 $CH_3\cdot$。所以，烷烃裂解时，产物中乙烯总是占相当的比例，而丙烷以上的大分子饱和烃较少。

(2) 丙烷裂解时，为什么其产物并不是纯的丙烯，而是以乙烯与丙烯为主的混合物。

根据自由基反应机理，丙烷裂解反应过程如下：

① 第一类反应形式。

$$C_3H_8 \longrightarrow C_2H_5\cdot + CH_3\cdot$$
$$CH_3\cdot + C_3H_8 \longrightarrow CH_4 + C_3H_7\cdot$$
$$C_3H_7\cdot \longrightarrow C_2H_4 + CH_3\cdot$$
$$C_2H_5\cdot \longrightarrow C_2H_4 + H\cdot$$

从上述反应结果可知：$C_3H_8 \longrightarrow CH_4 + C_2H_4$。

② 第二类反应形式。

$$C_3H_8 + H\cdot \longrightarrow H_2 + CH_3-\underset{}{\overset{CH_3}{\overset{|}{C}}}H\cdot \longrightarrow C_3H_6 + H\cdot$$

从上述反应结果可知：$C_3H_8 \longrightarrow H_2 + C_3H_6$。

通过分析丙烷裂解的反应历程可知，丙烷裂解时，其产物并不是单纯的丙烯，而是以乙烯与丙烯为主的混合物。

运用自由基链反应机理还可以确定裂解反应的总反应级数，从而进行动力学计算，预测裂解产物的分布，并解决裂解工艺的最优化等问题。由于裂解反应的复杂性，自由基链反应理论还在不断发展与完善。

(二) 裂解反应过程的动力学分析

裂解反应过程的动力学较为复杂，下面采用简化方法，近似地进行动力学分析与描述，其结果与实际较为接近。

1. 从裂解反应速率判断原料烃类的裂解反应

从反应动力学出发，烃类的裂解反应性可由其裂解反应速率进行比较。因为各种烃的反应速率常数 k 值的大小表示其参加裂解反应速率的大小。所以反应速率常数 k 在裂解反应动力学上是一个重要的物理量，其值服从阿伦尼乌斯公式：$k=A\exp(-E/RT)$

式中，k 为反应速率常数，单位：一级反应为 s^{-1}，二级反应为 L/(mol·s)；A 为频率因子，单位同 k 相同；E 是反应活化能，单位为 J/mol；R 为气体常数，单位为 J/(mol·K)；T 是热力学温度，单位为 K。则：$\ln k = \ln A + \frac{-E}{RT}$。

由于 A 和 E 随温度变化不大，ln$k$ 仅是温度（$1/T$）的函数，且呈线性关系。图 2-3 和图 2-4 表示常见轻质烃参加裂解总反应的反应速率常数 k 对 $1/T$ 作图所成的直线图。

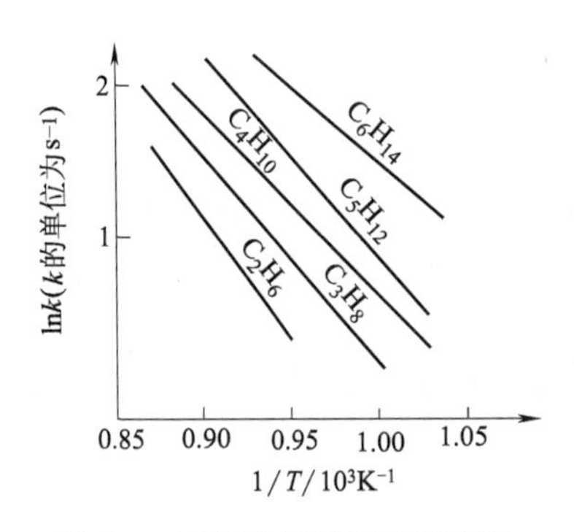

图 2-3　正构烷烃裂解反应速率常数与温度的关系

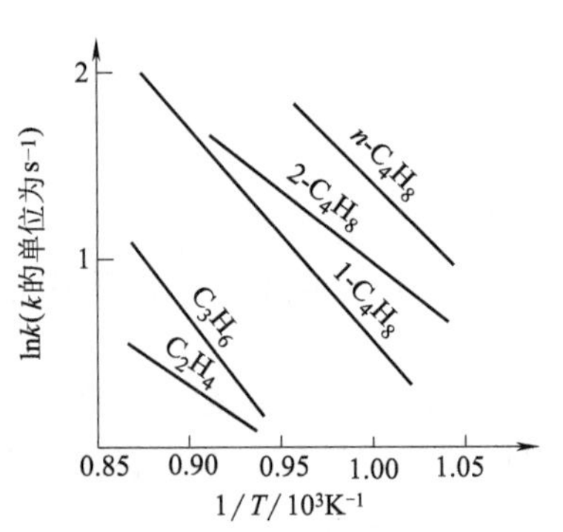

图 2-4　烯烃裂解反应速率常数与温度的关系

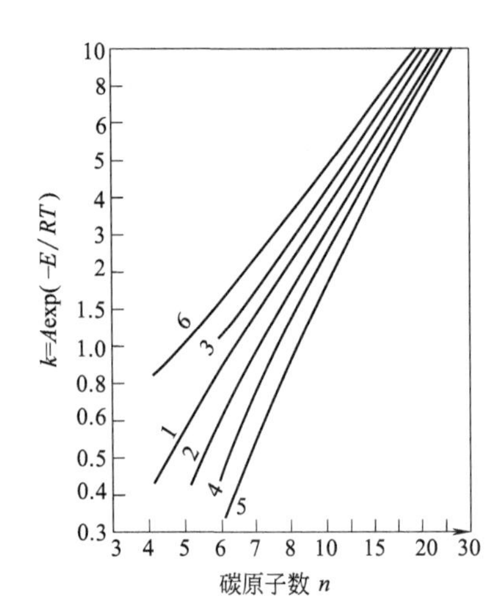

图 2-5　各种烃对于正戊烷的相对反应速率常数

1—正构烷烃；2—2-甲基烷烃；3—二甲基支链烷烃；4—烷基环己烷；5—烷基环戊烷；6—正构烯烃

由于正戊烷在裂解原料中普遍存在，且它不是其他组分原料的裂解产物，所以可以正戊烷作为比较基准。结构和碳原子数不同的烃类，其反应速率常数与正戊烷裂解反应速率常数比值如图 2-5 所示。据热力学分析，由于芳烃对生成烯烃贡献甚微，所以图中未予表示。

由图 2-3～图 2-5 可以得到裂解反应的一些动力学规律。

（1）正构烷烃、异构烷烃、环烷烃和烯烃各类烃随其分子中碳原子数的增加，k 值越大，反应性能越强，而结构不同引起的差异逐渐减小。

（2）异构烷烃和环烷烃的反应速率不仅与其分子中碳原子数有关，且与支链位置或环的大小有关，可分别参看图 2-5 中曲线 2、3 和 4、5。

（3）烷烃裂解反应性比环烷烃强，与热力学结论一致。

2. 二次反应的动力学特点

烃类裂解的一次反应，大致符合一级反应规律或可按准一级反应进行动力学处理，而二次反应中大多是高于一级的反应。

从动力学分析，二次反应主要有以下特点。

（1）二次反应的活化能比一次反应的活化能小　反应动力学指出，对两个活化能不同的反应，当温度升高时，活化能较高的反应，其反应速率增加的倍数比活化能较低的反应速率增加的倍数大（k_1、k_2 值参考表 2-6）。即温度升高有利于活化能较大的反应。所以，对烃类裂解来说，升高温度有利于提高一次反应对二次反应的相对速率。因而，为获得较多的乙烯，必须充分发挥在高温下烃类裂解生成乙烯的动力学优势去克服其在热力学上的劣势。

表 2-6　乙烷在不同温度下的最佳反应时间和乙烯的峰值产率

温度		k_1/s^{-1}	k_2/s^{-1}	峰值产率	τ/s
℃	K				
800	1073	0.881	1.828	0.245	0.771
900	1173	13.90	9.05	0.449	0.088
1000	1273	142.24	34.84	0.634	0.0131
1100	1373	1037.0	110.24	0.766	0.00242

应当注意，虽然温度升高提高了一次反应对二次反应的相对速率，但同时也提高了二次反应的反应速率。为此，在高温的同时，还必须控制适宜的反应时间。

（2）二次反应为连串反应　从动力学观点来看，尽管乙烯的二次反应有两种不同类型，但从原始反应物乙烷出发，均属连串反应，乙烯是中间产物。对于连串反应，存在着一个最佳反应时间，与最佳反应时间对应的最高产率，称为峰值产率。

由此可知，石油烃裂解过程应当在最佳反应温度和最佳反应时间下进行，才能获得最大产率，但最佳反应温度和最佳反应时间是相互依赖又相互制约的。

3. 石油烃裂解过程的动力学规律

① 作为裂解原料，烷烃含量越高越好，芳烃含量越低越好。

② 生成乙烯的反应是吸热反应，其平衡常数随温度升高而增大，高温对反应有利。

③ 升高温度又有利于提高一次反应对二次反应的相对反应速率，所以裂解反应需要在高温下进行。

④ 在高温下，各种烃完全分解为炭和氢的反应在热力学上比一次反应更占优势。如反应时间过长，将得不到足够的乙烯、丙烯，并造成生炭与结焦。从动力学看，二次反应为连串副反应，所以应采取较短的反应时间，使一次反应生成的烯烃来不及进一步发生二次反应，以抑制二次反应的进行，从而提高乙烯、丙烯的收率，并抑制生炭和结焦。

第三节　裂解过程的影响因素及工艺条件

裂解过程是十分复杂的化学反应过程，影响因素很多，其中主要影响因素有原料组成、裂解温度、停留时间及裂解压力等。在本节中，通过分析这些影响因素及前面的热力学、动力学分析，总结出裂解过程的工艺条件。

素质阅读

乙烯追梦人，一线铸匠魂——中华技能大奖获得者薛魁

薛魁作为新疆第一代生产乙烯的技术人员，先后参与了多项重点乙烯工程建设，发现并解决生产问题百余项，组织或参与创新创效项目 20 余项。

曾获得“全国五一劳动奖章”、全国技术能手、中国能源化学地质工会全国委员会“大国工匠”、新疆维吾尔自治区有突出贡献高技能人才等荣誉等称号。

薛魁始终把解决生产实际问题作为学技术的出发点和落脚点。正是精益求精、爱岗敬业、追求突破、追求革新的工匠精神，使薛魁从普通员工到行业领军人物，从金牌选手到金牌教练，从新员工到青年导师，一次次的成长蜕变，让他成为名副其实的乙烯行业技术“大牛”。

一、裂解原料对裂解过程的影响

1. 裂解原料的来源及种类

裂解原料的来源主要有两个方面，一是天然气加工厂的轻烃，如乙烷、丙烷、丁烷等，二是炼油厂的加工产品，如炼厂气、石脑油、柴油、重油等，以及炼油厂二次加工油，如加氢焦化汽油、加氢裂化尾油等。

2. 裂解原料对裂解反应和裂解产物分布的影响

裂解原料不同，其组成也不相同，物理和化学性质不同，裂解后的乙烯收率和产品分布情况（即裂解各产物的产率或收率的分配）也各不相同。乙烯收率和产品分布受许多因素的影响，这些因素是相互联系又互相制约的。但是，影响因素首先是裂解原料的组成和性质。

目前，绝大多数乙烯的生产是用管式裂解炉裂解法。就管式炉而言，裂解原料的反应主要有两大要求。一是获得高收率的乙烯；二是要求原料在高温条件下结焦量尽可能少，以确保裂解炉运转周期尽可能长。一般采用以下三个原料物性参数对裂解原料的性能进行评价，并据此来预测乙烯收率和裂解产物的分布。

（1）族组成（PONA 值） 族组成是指某裂解原料中烷烃族（P）、烯烃族（O）、环烷烃族（N）和芳烃族（A）各自的质量分数，故称 PONA 值。烯烃族（O）的 PONA 值通常为零。烷烃族最易裂解，其含量越高则乙烯收率越高，结焦量越少；环烷烃族次之；烯烃族裂解容易结焦；芳烃族含量越高不仅对乙烯收率提高无作用，相反结焦趋势更甚。所以，分析裂解原料的 PONA 值，可以评价原料的裂解反应。表 2-7 列出了三种不同石脑油的 PONA 值，图 2-6 表明：高含量的烷烃、低含量的芳烃是理想的裂解原料。

表 2-7 三种石脑油的族组成分析数据

PONA 值 \ 油品类别	石脑油 1	石脑油 2	石脑油 3
P	80.8	72.1	61.7
O	0	0	0
N	13.0	13.7	18.2
A	6.2	14.2	20.1

（2）氢含量（H_F） 氢含量是指原料烃分子中氢的质量分数。表 2-8 列出了不同烃的氢含量值。由表可以看出，各类烃中烷烃氢含量最高，环烷烃次之，芳烃最低。氢含量排列顺序是小分子烷烃＞大分子烷烃＞环烷烃＞单环芳烃＞多环芳烃。因此，原料中各族烃组成不同，可以集中表现在氢含量的大小上。

随原料氢含量增加，乙烯产率（收率）增加，液体产品产率（收率）减少，裂解时越不易结焦，所以，原料氢含量是衡量原料乙烯潜在能力的重要尺度，也是预计乙烯收率的主要物性参数。

（3）关联指数 BMCI 值（也称芳烃指数） 对轻柴油及减压柴油一类较重的原料油，其组成分析比较困难，氢含量分析也较麻烦，为了简便地评价重质原料的组成，采用关联指数参数。所谓关联指数是由原料密度与沸点相结合的一个参数，定义如下：

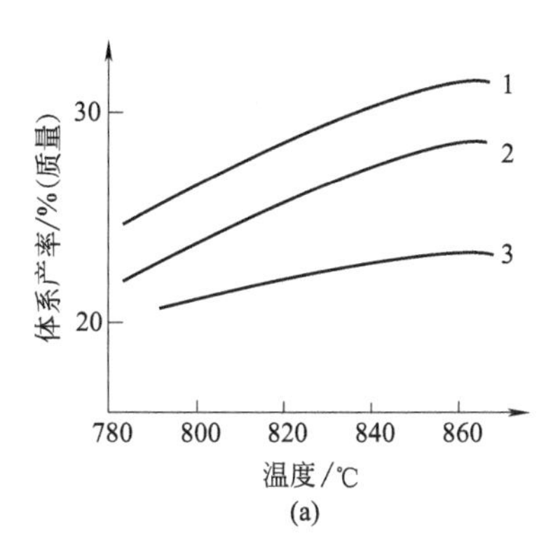

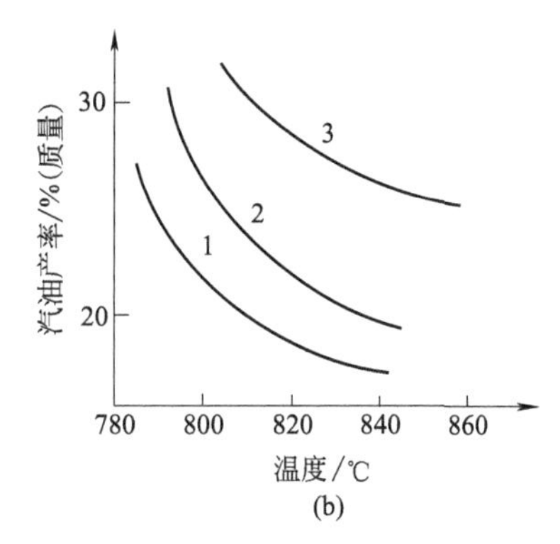

图 2-6　三种石脑油裂解结果

表 2-8　各种烃分子中的氢含量

烃	分子式	氢含量/%(质量)	烃	分子式	氢含量/%(质量)
烷烃	C_nH_{2n+2}	$\frac{n+1}{7n+1}\times100$	甲基环己烷	C_7H_{14}	14.3
甲烷	CH_4	25	双环环烷烃	C_nH_{2n-2}	$\frac{n-1}{7n-1}\times100$
乙烷	C_2H_6	20	十氢萘	$C_{10}H_{18}$	13.1
丙烷	C_3H_8	18.2	单环芳烃	C_nH_{2n-6}	$\frac{n-3}{7n-1}\times100$
丁烷	C_4H_{10}	17.6	苯	C_6H_6	7.7
戊烷	C_5H_{12}	16.6	甲苯	C_7H_8	8.7
己烷	C_6H_{14}	16.3	双环芳烃	C_nH_{2n-12}	$\frac{n-6}{7n-6}\times100$
辛烷	C_8H_{18}	15.8	萘	$C_{10}H_8$	6.25
十六烷	$C_{16}H_{34}$	15.0	三环芳烃	C_nH_{2n-18}	$\frac{n-9}{7n-9}\times100$
单环环烷烃	C_nH_{2n}	14.29	蒽	$C_{14}H_{10}$	5.62
环己烷	C_6H_{12}	14.29			

$$\text{BMCI}=\frac{48640}{V_{\text{ABP}}}+473.7+d_{15.6}-456.8$$

式中，V_{ABP} 表示原料的体积平均沸点，K；$d_{15.6}$ 表示原料在 15.6℃的相对密度。

由于原料的体积平均沸点和密度易测，所以 BMCI 参数在应用上更方便。

图 2-7 表示某裂解原料的 BMCI 值与相对应的乙烯收率的关系图。原料 BMCI 值越小，表示其脂肪性越高，直链烷烃含量高；反之芳香性越强，芳烃含量越高，故 BMCI 值又称为芳烃指数值。随原料 BMCI 值增大，乙烯收率降低，结焦现象趋严重，裂解性能越差。一般认为，BMCI 值低于 40 的原料可直接进行管式炉裂解；高于 40 时使用管式炉裂解，其烯烃收率甚低，结焦现象严重。

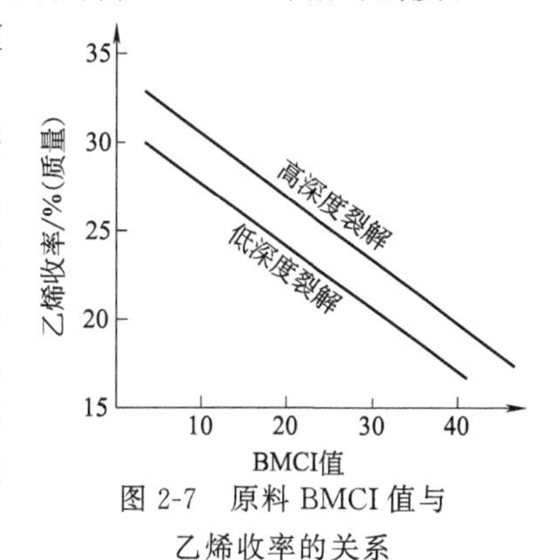

图 2-7　原料 BMCI 值与乙烯收率的关系

3. 裂解原料对乙烯生产技术经济指标的影响

表 2-9 列出了年产 45 万吨乙烯的某裂解装置，使用不同裂解原料所对应的技术经济指标。

表 2-9　不同裂解原料的乙烯装置技术经济指标比较（45 万吨/年乙烯装置）

指　　标	原　　料					
	乙烷	丙烷	正丁烷	石脑油	常压柴油	减压柴油
乙烯总收率/%(质量)	77	42	42	32.6	26	20.78
裂解温度/℃	850～900	800～850	800～900	750～800	750～800	700～800
水蒸气添加/%(质量)	20～25	20～25	20～25	60	100 以下	100 以下
原料消耗/(t/t 乙烯)	1.23	2.38	2.85	3.08	3.84	4.82
相对投资	100	114	120	123	143	148
燃料消耗/(MJ/h)	900	1300	1380	1380	1550	1840
电耗/(kW/h)	1500	2000	2500	3000	4000	5000
冷却水消耗/(m^3/h)	31000	31500	32000	32500	34000	41000

由表可知：

① 随裂解原料由轻至重，乙烯收率降低，每生产 1t 乙烯所需原料量大幅度提高。

② 随原料变重，裂解温度降低，水蒸气稀释用量加大。

③ 随原料变重，水、电和燃料的耗量都增大。

④ 随原料变重，产气率减小，液体产物收率增高，联产物和副产物增多；从能量平衡来说，过剩热量增大。

⑤ 随原料变重，乙烯装置工艺流程由简变繁，设备投资增加，总投资增加。

原料对乙烯生产的技术经济影响，综合反映在乙烯的生产成本上，而副产物、联产物的综合利用，可在很大程度上改变乙烯生产成本。各个企业应根据本国的资源状况及原料供应的稳定程度，选择相应的乙烯生产原料路线。目前，许多企业选择多样化的裂解原料，以增加乙烯装置的灵活性。

二、裂解温度和停留时间对裂解过程的影响

裂解温度是影响乙烯收率的一个十分重要的因素，它与反应时间（即停留时间）密切相关，常把裂解温度和停留时间一并综合考虑。

1. 裂解温度

（1）裂解温度　由于裂解过程是非等温过程，反应器进口处物料温度最低，出口处温度最高，因出口处的温度便于测定，一般均以裂解炉反应管出口处物料温度表示裂解温度。

（2）最适宜的裂解温度　裂解温度主要影响原料的转化率和乙烯的产率。从热力学和动力学分析可知，只有在最适宜的温度下进行裂解反应，才能得到较高的转化率和较高的乙烯产率。如以乙烷为裂解原料时，由热力学分析可知，当温度低于 800℃时，生成乙烯的可能性较小，或者说乙烯的产率较低，当温度高于 1100℃时，生成的乙烯将大部分经历乙炔中间阶段而生成炭，此时原料转化率将增大，而乙烯的产率却大大下降。烃类裂解生产乙烯的最适宜温度一般控制在 700～900℃。在此温度条件下，二次反应则主要表现为结焦。

（3）裂解温度的选择　裂解温度虽影响原料的转化率和乙烯产率，而本身却受到停留时

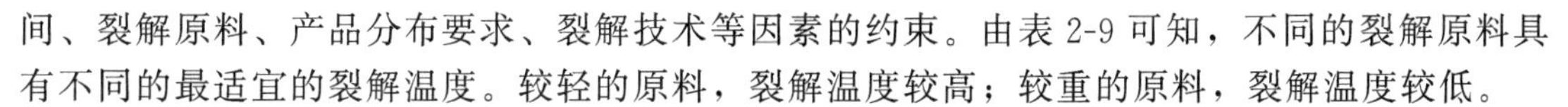

间、裂解原料、产品分布要求、裂解技术等因素的约束。由表2-9可知，不同的裂解原料具有不同的最适宜的裂解温度。较轻的原料，裂解温度较高；较重的原料，裂解温度较低。

需要的目的产物不同，可以选择不同的裂解温度。如果生产时的目的产物主要是乙烯，裂解温度可以适当提高；如果生产时的目的产物是乙烯与丙烯，裂解温度可以适当降低。

不能无原则地调节裂解温度，因为它受到裂解装置性能与技术水平制约。例如，反应管外壁温度不能超过反应管材质临界温度的限制。

2. 停留时间

裂解反应原料从进入反应空间到离开反应空间所需时间称为反应时间，工艺上称为停留时间或接触时间。停留时间一般用“τ”表示，单位为s。

停留时间的长短直接影响一次反应产物与二次反应产物的比例，在一定的反应条件下，对于各种裂解原料，都有最适宜的停留时间。如果停留时间较短，则连一次反应都来不及进行，大部分原料就离开了反应区，原料转化率和乙烯收率均很低；停留时间过长，容易发生二次反应，使一次反应生成的烯烃消耗，不仅烯烃收率低且造成大量结焦，影响生产正常进行。适宜的停留时间既可使一次反应充分进行，又能有效地抑制并减少二次反应的发生。

3. 裂解温度与停留时间关系

裂解温度与停留时间两者是互相依赖又相互制约的。作为裂解反应工艺影响因素，总的要求是使生成乙烯的一次反应占主导地位，消耗乙烯的二次反应为从属地位，而且尽可能削弱，使整个裂解反应有利于乙烯的生成。

由图2-8、图2-9可知，没有适当的高温，停留时间无论怎样变动也得不到高收率的乙烯；无一定的停留时间，即使是在高温条件下裂解也得不到高收率的乙烯。

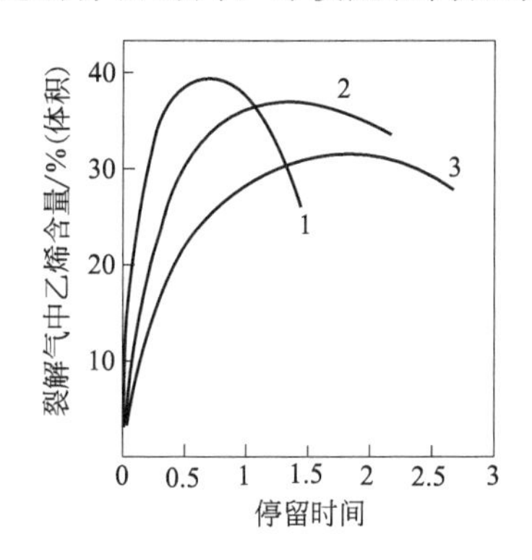

图2-8　温度和停留时间对乙烷裂解的影响

1—843℃；2—816℃；3—782℃

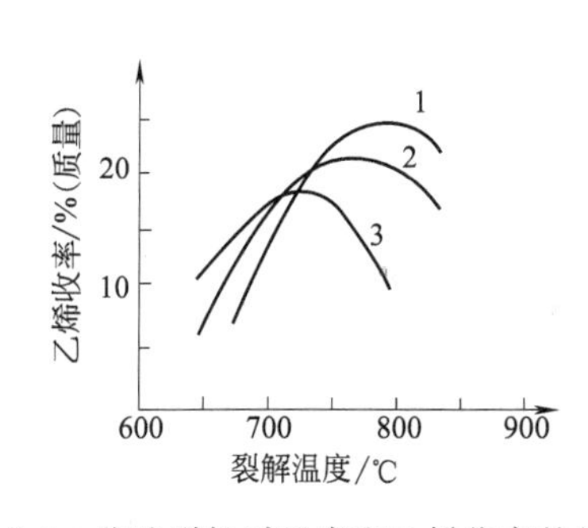

图2-9　柴油裂解时温度和乙烯收率的关系

1—0.4s；2—1.0s；3—5.0s

由表2-6可得到一个重要的结论，温度越高，乙烯峰值产率也越高，但停留时间必须相应缩短，反之停留时间可以相对长一些。所以，温度和停留时间，二者中温度是主导因素，但又必须与停留时间相配合。

缩短反应时间，不仅要求供热快，裂解时物料在反应区停留时间短，而且要使裂解后生成物降温也快，及时终止二次反应，以免其化学组成继续发生变化。这个工艺过程称为急冷或骤冷。

停留时间对产物的收率影响较大，其具体影响如图2-8、图2-9所示。停留时间的选择主要取决于裂解温度，同时也要受到裂解装置性能和技术水平限制。

4. 裂解深度

由于裂解温度和停留时间是两个密切相关、不可分割的因素。为了便于研究问题，将这两个因素综合表示为一个新的参数，即裂解深度。

裂解深度表示裂解反应进行的程度。裂解深度越高，意味着裂解反应进行得越深，原料转化率越高。度量裂解深度的指标较多，其中动力学裂解深度函数（KSF）是目前用来表示裂解深度较好的指标。其定义为：

$$\mathrm{KSF}=\int k\,\mathrm{d}\tau$$

式中，k 为关键组分的反应速率常数，通常以正戊烷作为关键组分；τ 为停留时间。因为 k 与原料性质、温度有关，所以 KSF 是原料性质、停留时间和裂解温度综合效应的函数。

由定义式可知，提高 KSF 主要途径是延长停留时间和加大反应速率常数。延长停留时间烯烃收率低，有利于二次反应，势必结焦严重；而提高反应速率常数的直接手段是提高裂解温度。由此，可以进一步说明温度在裂解过程中的主导地位。

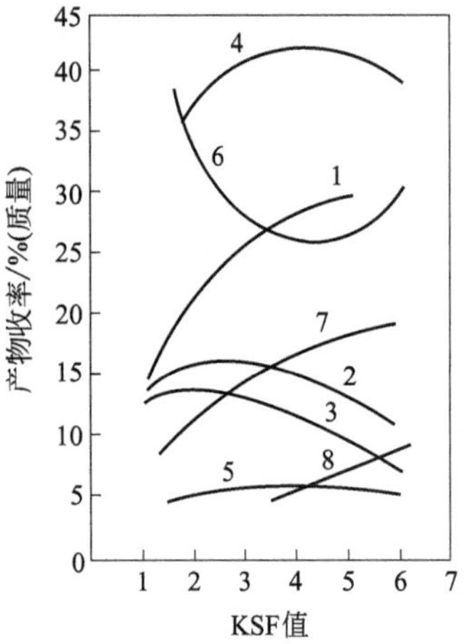

控制裂解深度可以调整产物分布情况。由图 2-10 可以看到如下规律：

图 2-10　汽油裂解深度 KSF 值与产物收率的关系

1—乙烯；2—ΣC_3；3—ΣC_4；4—乙烯＋丙烯；5—丁二烯；6—裂解汽油；7—甲烷；8—裂解燃料油

① 随着裂解深度加深，即 KSF 增大，乙烯收率提高，但达到一定值后，变化较小；

② 随着裂解深度加深，丙烯、丁二烯等产物收率提高，但有一个最高点；

③ 随着裂解深度加深，乙烯与丙烯收率之和提高，也有一个最高点；

④ 随着裂解深度加深，丙烯、乙烯收率之比降低；

⑤ 随着裂解深度加深，裂解汽油收率先下降，经最低点后上升，说明裂解深度到一定程度后，二次反应开始占优势。

综上所述，在乙烯生产中，裂解深度过低，乙烯收率低；裂解深度过高，乙烯收率不仅不能明显提高，反而由于芳烃增多结焦严重。选择裂解深度时要综合考虑原料性质、产物分布及裂解炉运行周期。例如，含氢量越大的原料因不易结焦，裂解深度可以深一些，并可获得高的乙烯收率及较长的裂解炉运行周期。反之，则采用较浅深度裂解。

三、裂解压力对裂解过程的影响

1. 压力对平衡转化率的影响

烃类裂解的一次反应是分子数增加的反应，降低压力对反应平衡向正反应方向移动是有利的，但是高温条件下，断链反应的平衡常数很大，几乎接近全部转化，反应是不可逆的，因此改变压力对断链反应的平衡转化率影响不大。对于脱氢反应，它是一可逆过程，降低压力有利于提高转化率。二次反应中的聚合、脱氢缩合、结焦等二次反应，都是分子数减少的反应，因此降低压力不利于平衡向产物方向移动，可抑制此类反应的发生。所以从热力学分析可知，降低压力对一次反应有利，而对二次反应不利。

2. 压力对反应速率的影响

烃类裂解的一次反应，是准一级反应，其反应速率可表示为：$V_{裂}=k_{裂}C$；烃类二次反应为二级或二级以上的反应，其反应速率为：$V_{分}=k_{分}C^n$ 或 $V_{聚}=k_{聚}C^AC^B$，压力不能改变速率常数 k 的大小，但能通过改变浓度 C 的大小来改变反应速率 V 的大小。降低压力会使气相的反应分子的浓度减小，也就减慢了反应速率。由以上三式可见，浓度的改变虽对三个反应速率都有影响，但降低的程度不一样，浓度的降低使双分子和多分子反应速率的降低比单分子反应速率要大得多。

所以从动力学分析得出：降低压力可增大一次反应对于二次反应的相对速率。

故无论从热力学还是动力学分析，降低裂解压力对增产烯烃的一次反应有利，可抑制二次反应，从而减轻结焦的程度。表 2-10 说明了压力对裂解反应的影响。

表 2-10　压力对一次反应和二次反应的影响

影响因素 \ 反应类型	反应	一次反应	二次反应
热力学因素	反应后体积的变化	增大	减少
	降低压力对平衡的影响	有利于提高平衡转化率	不利于提高平衡转化率
动力学因素	反应分子数	单分子反应	双分子或多分子反应
	降低压力对反应速率的影响	不利提高	更不利提高
	降低压力对反应速率的相对变化的影响	有利	不利

3. 稀释剂的降压作用

裂解反应是在高温下进行的，如果采用直接减压的方法来降低反应系统的压力，当某些管件连接不严密时，有可能漏入空气，不仅会使裂解原料和产物部分氧化而造成损失，更严重的是空气与裂解气能形成爆炸性混合物而导致爆炸。此外，减压操作对后续分离部分的裂解气压缩操作就会增加负荷，使能耗增大。所以，工业生产中对裂解过程采用间接减压法，即常通过添加稀释剂以降低烃的分压。因为在理想气体系统中，系统的总压等于各组分的分压之和，即氢气、烃类和稀释剂形成的混合气体压力之和称为总压，混合气体中烃的压力简称为烃分压。加入稀释剂后，设备仍可在常压或正压下操作，但烃分压有所降低。

稀释剂不仅能降低烃分压，而且可以提高炉管内裂解气体流动速度，减少结焦的发生，有利于炉管传热，并可延长炉管寿命。一般来说，氢气、水蒸气、氮气、甲烷等惰性气体都可以作为稀释剂，但目前广泛采用的稀释剂为水蒸气。其主要优点有：

① 有利于裂解气的分离。由于水蒸气易冷凝而便于从裂解气中分离，水蒸气在急冷时可以冷凝，很容易就实现了稀释剂与裂解气的分离。

② 保护炉管。由于水蒸气具有部分氧化作用，可以和原料中的硫发生氧化作用，以抑制硫对炉管的腐蚀。同时，水蒸气能与炉管中的铁和镍发生氧化作用，在炉管表面形成一层金属氧化物保护膜，可抑制这些金属对烃类气体分解生炭反应的催化作用，以保护炉管。

③ 减轻炉管内结焦，并有脱焦和清焦作用。由于水蒸气在高温下能与裂解气中的焦和炭发生半水煤气反应：$C + H_2O \longrightarrow H_2 + CO$，使固体焦炭生成气体随裂解气离开，起到清焦和脱焦作用，延长了炉管运转周期。

④ 稳定裂解温度。由于水蒸气的比热容大，在 800℃时为 1.46kJ/(kg·K)，而氮气为 1.17kJ/(kg·K)。所以，当操作不稳定时，可利用水蒸气吸收多余的热量，或放出其储存的热量，起到稳定裂解温度的作用。

⑤ 降低烃分压的作用明显。稀释蒸汽可降低炉管内的烃分压，这是由于水的摩尔质量小，同样质量的蒸汽其分压较大，在总压相同时，烃分压可降低较多。

加入水蒸气的量，不是越多越好，增加稀释水蒸气量，将增大裂解炉的热负荷，增加燃料的消耗量，增加水蒸气的冷凝量，从而增加能量消耗，同时会降低裂解炉和后部系统设备的生产能力。加入水蒸气的量可用稀释度 q 表示：

q=稀释剂的质量/原料烃的质量，表 2-11 列出了各种裂解原料在管式炉中裂解的稀释度。

表 2-11　各种裂解原料在管式炉中裂解的稀释度

裂解原料	原料氢含量	结焦程度	稀释度/(kg 水蒸气/kg 烃)
乙烷	20	较不易	0.26～0.40
丙烷	18.5	较不易	0.3～0.5
正丁烷	17.24	中等	0.4～0.5
石脑油	14.16	较易	0.5～0.8
粗柴油	约 13.6	较易	0.75～1.0
原油	约 13	很易	3.5～5.0

显而易见，水蒸气的加入量随裂解原料而异，一般地说，轻质原料裂解时，所需稀释蒸汽量可以降低，随着裂解原料变重，为减少结焦，所需稀释水蒸气量增大。

四、裂解过程的工艺条件

1. 裂解反应工艺条件

根据对裂解反应的热力学因素和动力学因素分析，以及对裂解过程的各种影响因素的讨论可得出裂解过程的工艺条件为：

① 反应温度。采用高温反应，但反应温度受裂解原料、二次反应等因素的制约，一般为 700～900℃。

② 停留时间。采用短的停留时间。不同的裂解技术，停留时间各不相同，一般要求停留时间以裂解原料充分发生一次反应，来不及发生二次反应就离开反应区的时间段为宜。目前工业生产多采用“毫秒”级停留时间。

③ 裂解压力。在总压不变的情况下，采用较低的烃分压。

2. 工业生产措施

为了满足高温、低烃分压、短停留这样的工艺条件，工业生产上通常采取以下措施，来保证提高产物烯烃的收率。

① 选用合适的裂解原料。一般选取轻质裂解原料。

② 对裂解原料进行预热。一般采取回收裂解气急冷系统余热和回收高温烟道气的热量（对流技术）的方法来预热原料。

③ 短时间内向系统提供大量的热量，使反应物料迅速达到反应温度。

④ 使反应物料短时间内离开反应器，并迅速降温。

⑤ 原料中配加一定量的稀释水蒸气。

第四节　石油烃热裂解工艺流程及设备

烃类热裂解的方法很多，依照传热方式不同，可分为管式裂解炉裂解法、固体热载体裂解法、液体热载体裂解法、气体热载体裂解法和部分氧化裂解法等。在各种裂解法中，以管式裂解炉裂解法技术最为成熟，应用最广泛，并处于不断改进中。据统计，用管式裂解炉裂解法生产的乙烯占世界乙烯产量的99%以上。本节主要介绍管式裂解炉裂解工艺。

素质阅读

解决裂解炉疑难杂症的技能大师——孙青先

孙青先是兰州石化公司石化厂乙烯联合车间高级技师，中国石油技能专家，曾获评第二届“陇原工匠”，甘肃省和“全国五一劳动奖章”获得者、全国技术能手、中华技能大奖、中央企业百名杰出工匠。享受国务院政府特殊津贴。在解决裂解炉的疑难杂症方面，他被业内誉为“炉王”。

一、裂解反应设备——管式裂解炉

由于裂解过程需要高温、低烃分压、短停留时间，所以裂解反应的设备必须是一个能够获得相当高温度的裂解炉，裂解原料在裂解管内迅速升温并在高温下进行裂解，产生裂解气。管式裂解炉裂解工艺是目前较成熟的生产乙烯工艺技术，我国近年来引进的裂解装置都是管式裂解炉。管式裂解炉炉型结构简单，操作容易，便于控制和能连续生产，乙烯、丙烯收率较高，动力消耗少，热效率高，裂解气和烟道气的余热大部分可以回收。

管式裂解炉裂解技术的反应设备是裂解炉，它既是乙烯装置的核心，又是挖掘节能潜力的关键设备。

1. 管式裂解炉的基本结构（图2-11）

为了提高乙烯收率和降低原料和能量消耗，多年来管式裂解炉制造技术取得了较大进展，并不断开发出各种新炉型。尽管管式炉有不同型式，但从结构上看，总是包括对流段（或称对流室）、辐射段（或称辐射室）的组成炉体和急冷锅炉系统构成。炉体内适当布置的由耐高温合金钢制成的炉管、燃料燃烧器等三个主要部分，以及管架、炉架、炉墙等附设构件。其基本流程如下：

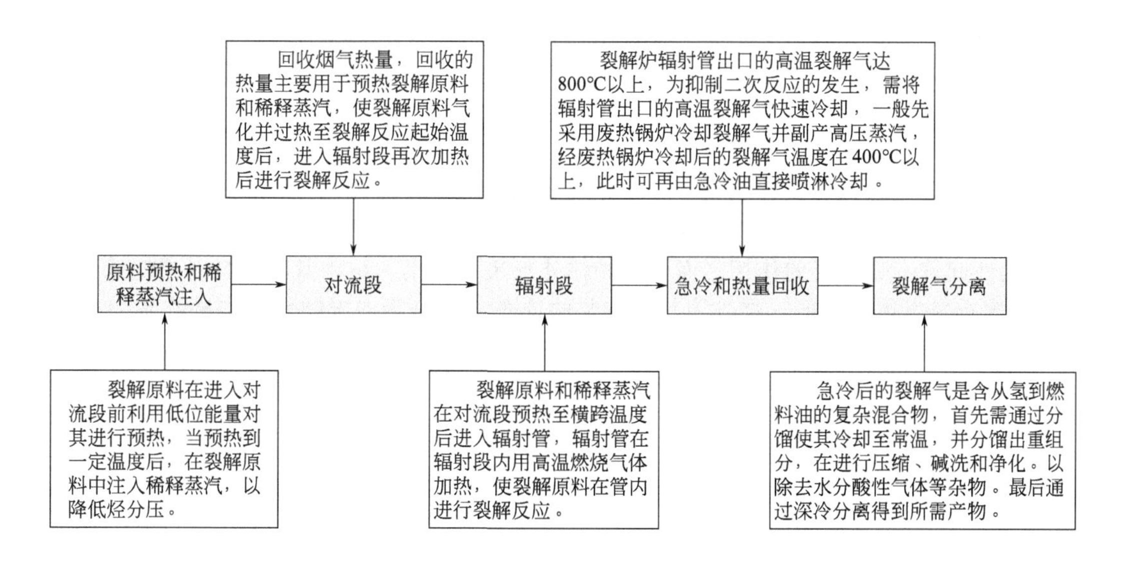

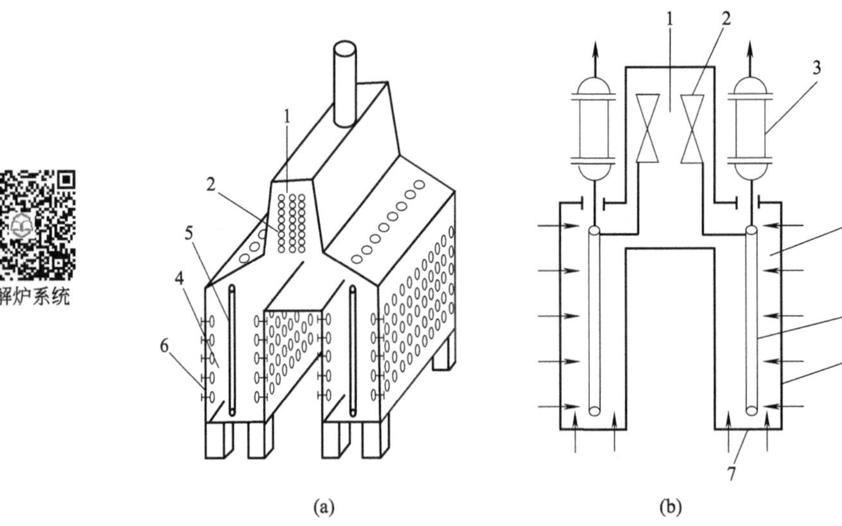

图 2-11　管式裂解炉的基本结构（SRT 型炉）

1—对流段；2—对流管；3—急冷锅炉；4—辐射段；5—辐射管；6—侧壁燃烧器；7—底部燃烧器

（1）炉体　由两部分组成，即对流段和辐射段。对流段内设有数组水平放置的换热管用来预热原料、工艺稀释蒸汽、急冷锅炉进水和过热的高压蒸汽等；辐射段由耐火砖（里层）和隔热砖（外层）砌成，在辐射段炉墙或底部的一定部位安装有一定数量的燃烧器，所以辐射段又称燃烧室或炉膛，裂解炉管垂直放置在辐射室中央。为放置炉管，还有一些附件，如管架、吊钩等。

（2）炉管　前一部分安置在对流段的称为对流管，对流管内物料被管外的高温烟道气以对流方式进行加热并汽化，达到裂解反应温度后进入辐射管，故对流管又称预热管。炉管后一部分安置在辐射段的称为辐射管，通过燃料燃烧的高温火焰、产生的烟道气、炉墙辐射加热将热量经辐射管管壁传给物料，裂解反应在该管内进行，故辐射管又称反应管。

在管式裂解炉运行时，裂解原料的流向是先进入对流管，再进入辐射管，反应后的裂解产物离开裂解炉经急冷段给予急冷。燃料在燃烧器燃烧后，则先在辐射段生成高温烟道气并向辐射管提供大部分反应所需热量。然后，烟道气再进入对流段，把余热提供给刚进入对流管内的物料，然后经烟道从烟囱排放。烟道气和物料是逆向流动的，这样热量利用更为合理。

（3）燃烧器　燃烧器又称烧嘴，它是管式裂解炉的重要部件之一。管式裂解炉所需的热量是通过燃料在燃烧器中燃烧得到的。性能优良的烧嘴不仅对炉子的热效率、炉管热强度和加热均匀性起着十分重要的作用，而且使炉体外形尺寸缩小、结构紧凑、燃料消耗低，烟气中 NO_x 等有害气体含量低。烧嘴因其所安装的位置不同分为底部烧嘴和侧壁烧嘴。管式裂解炉的烧嘴设置方式可分为三种：一是全部由底部烧嘴供热；二是全部由侧壁烧嘴供热；三是由底部和侧壁烧嘴联合供热。按所用燃料不同，又分为气体燃烧器、液体（油）燃烧器和气油联合燃烧器。

2. 裂解炉的分类

乙烯裂解炉的种类从技术上可分为双辐射室、单辐射室及毫秒炉。

从炉型上可分为 SRT 型裂解炉、USRT 型裂解炉、USC 型裂解炉、KTI GK 型裂解炉、CBL 型裂解炉等，现列举一些有代表性的炉型。

(1) 鲁姆斯裂解炉（SRT 型裂解炉）　SRT 型裂解炉即短停留时间炉，是美国鲁姆斯（Lummus）公司于 1963 年开发，1965 年工业化，后又不断地改进了炉管的炉型及炉子的结构，先后推出了 SRT-Ⅰ～Ⅵ型裂解炉。该炉型的不断改进，是为了进一步缩短停留时间，改善裂解选择性，提高乙烯的收率，对不同的裂解原料有较大的灵活性。SRT 型裂解炉是目前世界上大型乙烯装置中应用最多的炉型。结构如图 2-12 所示。

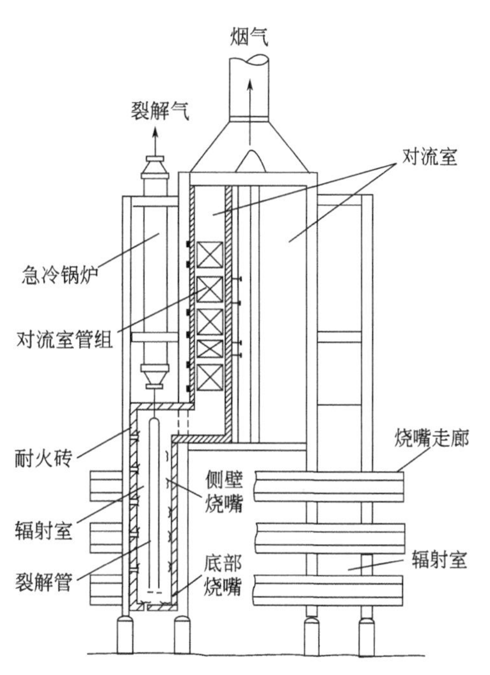

图 2-12　SRT 型裂解炉结构示意图

SRT 型裂解炉的对流段设置在辐射室上部的一侧，对流段顶部设置烟道和引风机。对流段内设置进料、稀释蒸汽和锅炉给水的预热。

从 SRT-Ⅵ型炉开始，对流段还设置高压蒸汽过热，由此取消了高压蒸汽过热炉。在对流段预热原料和稀释蒸汽过程中，一般采用一次注入蒸汽的方式，当裂解重质原料时，也采用二次注汽。

早期 SRT 型裂解炉多采用侧壁无焰烧嘴烧燃料气，为适应裂解炉烧油的需要，目前多采用侧壁烧嘴和底部烧嘴联合的布置方案。底部烧嘴最大供热量可占总热负荷的 70%。SRT-Ⅲ型炉的热效率达 93.5%。

(2) 凯洛格折叠毫秒裂解炉（USRT 型裂解炉）　凯洛格公司的毫秒炉为立管式裂解炉，其辐射盘管为单程直管。对流段在辐射室上侧，原料和稀释蒸汽在对流段预热至横跨温度后，通过横跨管和猪尾管由裂解炉底部送入辐射管，物料由下向上流动，由辐射室顶部出辐射管而进入第一废热锅炉。裂解轻烃时，常设三级废热锅炉；裂解馏分油时，只设两级废热锅炉。对流段还预热锅炉给水和过热高压蒸汽，热效率为 93%。

毫秒炉采用了同径小口径管。小口径管具有较大的比表面，故小管径比大管径具有更大的热通量。毫秒炉选用了内径为 25～35mm，壁厚约 6mm，管长 10m 左右的炉管。为防止小管径引起流体压力降的增大，采用单程并列安装，不设弯头，且炉管单排布置，火焰双面辐射。毫秒炉的所有烧嘴都布置在炉子底层的烃类气体入口处，使辐射室入口处产生了较高的热强度，同时炉膛顶部向内倾斜，倾斜角小于 30°，采用了斜墙结构。这种结构使烟气在炉膛下半部产生回流和返混，保证了在较高热强度下也能均匀传热，而在炉膛上部正是炉管出口较热部分，其返混现象很少，从而降低了炉管出口处温度，使整个炉管温度分布合理。热原料烃和稀释蒸汽混合物在对流段预热至物料横跨温度后，通过横跨管和猪尾管（猪尾管的作用是使裂解原料均匀地分 程到每根炉管中去）由裂解炉底部送入辐射管，物料由下向上流动，由辐射室顶部出辐射管，然后进入第一急冷锅炉。

毫秒炉管径较小，所需炉管数量多，致使裂解炉结构复杂，投资相对较高。因裂解管是一程，没有弯头，阻力降小，烃分压低，因此乙烯收率比其他炉型高，其结构图和炉管排列如图 2-13 所示。

(3) 折叠 USC 型裂解炉（SW 裂解炉）　SW 裂解炉又称为超选择性裂解炉，简称 USC 炉。它是美国斯通-韦伯斯特（Stone & Webster）公司在 20 世纪 70 年代开发的一种炉型，USC 裂解技术是根据停留时间、裂解温度和烃分压条件的选择，使生成的产品中乙烷等副产品较少，乙烯收率较高而命名的。

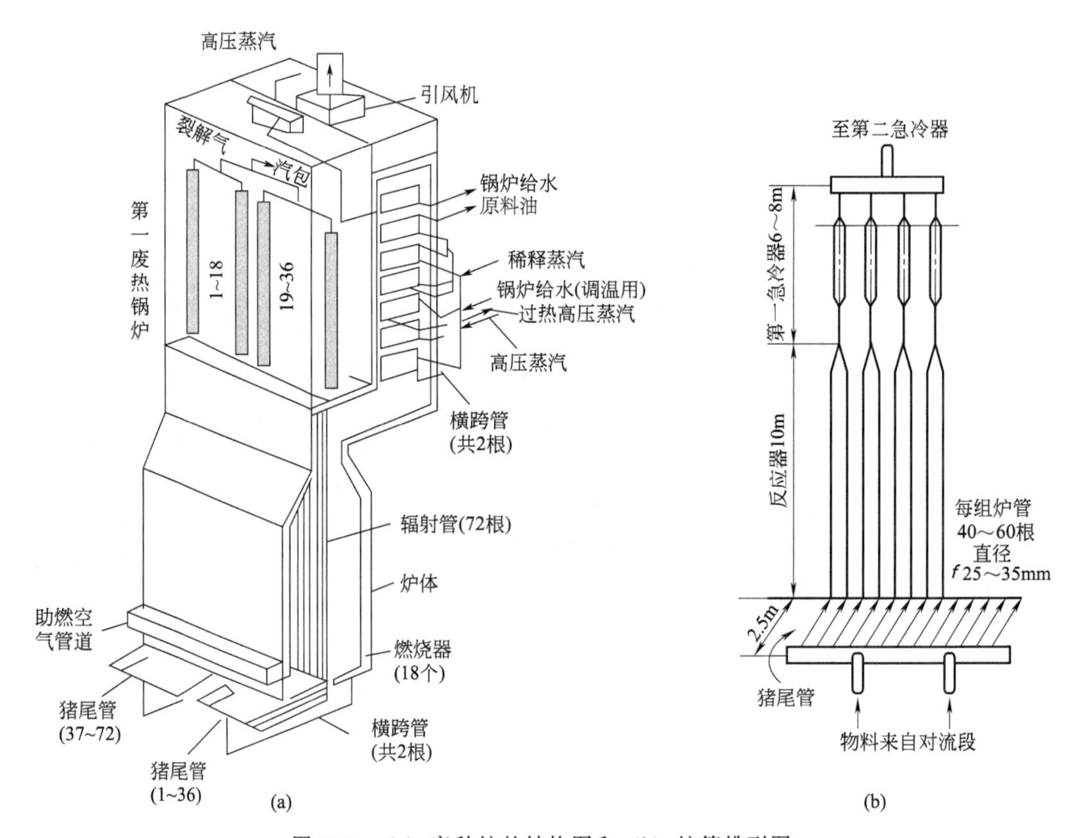

图 2-13 (a) 毫秒炉的结构图和 (b) 炉管排列图

如图 2-14 所示，USC 型裂解炉对流段设置在辐射室上部一侧，对流段顶部设置烟道和引风机。对流段内设有原料和稀释蒸汽预热、锅炉给水预热及高压蒸汽过热等热量回收段。大多数 USC 型裂解炉为一个对流段对应一个辐射室，也有两个辐射室共用一个对流段的情况。如图 2-15 所示，USC 裂解炉辐射段炉管总长 23.9m，停留时间短（仅为 0.15s），裂解温度高（1094～1100℃），沿辐射段炉管温升时间快，裂解石脑油时横跨温度为 580℃，裂解炉出口温度（COT）为 860℃；采用变径炉管，第一程管径小，比表面积大，能迅速提高炉管温度，缩小炉管温差，使反应快速建立。第二程管径增加，有利于降低烃分压，抑制二次反应发生，使选择性和双烯（乙烯、丙烯）收率提高，运转周期延长；单排炉管双面辐射，炉管受热均匀；在各炉管入口处设置文丘里喷嘴，进料分布均匀。

短的停留时间和低的烃分压使裂解反应具有良好的选择性。中国大庆石油化工总厂以及世界上很多石油化工厂都采用它来生产乙烯及其联产品。

(4) 折叠 KTI GK 型裂解炉　GK 型裂解炉是荷兰国际动力学技术（KTI）公司 20 世纪 70 年代开发而成的。早期的 GK-I 型裂解炉为双排立管式裂解炉，20 世纪 70 年代开发的 GK-Ⅱ型裂解炉为混排（入口段为双排，出口段为单排）分支变径管。如图 2-16 所示。在此基础上，相继开发了 GK-Ⅲ型、GK-Ⅳ型、GK-Ⅴ型和 GK-Ⅵ裂解炉。

GK-Ⅵ裂解炉对流段采用 2 级注汽技术，避免重质原料在对流段汽化过程中结垢；对流段设置超高压蒸汽过热段，充分回收烟气中的热量，提高热效率；辐射段炉管入口采用文丘里喉管，均匀分配各支管间的进料流量；辐射段炉管采用双程高选择性管，压降低，反应停留时间短；废热锅炉采用新型线性双套管结垢，快速冷却裂解气，压降低，降低二次反应，提高乙烯收率，延长运行周期；采用先进控制系统，工艺操作条件稳定。

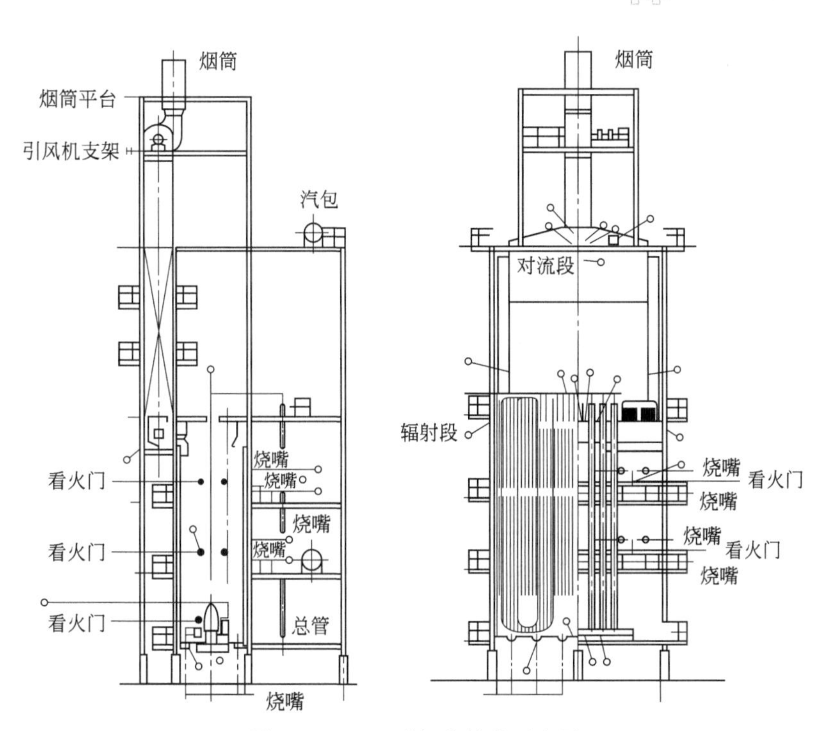

图 2-14 USC 裂解炉结构示意图

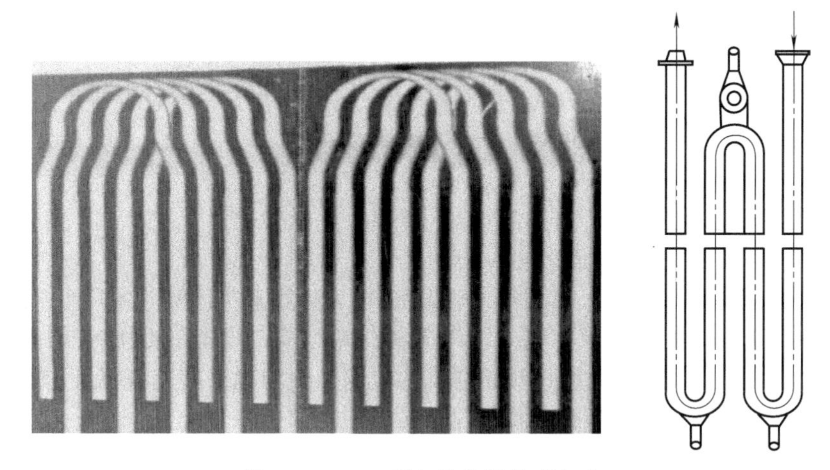

图 2-15 USC 裂解炉炉管排列方式

GK 型裂解炉采用侧壁烧嘴和底部烧嘴联合布置的方案。底部烧嘴可烧油也可烧气，其最大供热量可占总热负荷的 70%。侧壁烧嘴为烧气的无焰烧嘴。对不同的裂解原料采用不同的炉管构形，对原料的灵活性较大。新型辐射段炉管的停留时间短，热效率高。

（5）CBL 型裂解炉　CBL 炉是我国在 20 世纪 90 年代，由北京化工研究院、中国石化工程建设公司、兰州化工机械研究院等多家单位，相继开发的高选择性裂解炉。

CBL 裂解炉的对流段设置在辐射室上部的一侧，对流段顶部设置烟道和引风机。对流段内设置原料、稀释蒸汽、锅炉给水预热、原料过热、稀释蒸汽过热、高压蒸汽过热段。稀释蒸汽的注入：二次注汽的为Ⅰ、Ⅱ型，一次注汽的为Ⅲ型和 CBLⅣ裂解炉。主要特点是将对流段中稀释蒸汽与烃类传统方式的一次混合改为二次混合新工艺。一次蒸汽与二次蒸汽比例应控制在适当范围内。采用二次混合新工艺后，物料进入辐射段的温度可提高 50℃以上。

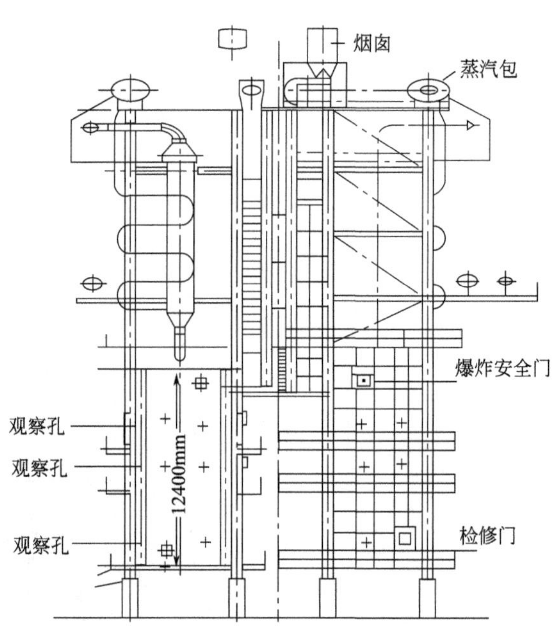

图 2-16　GK 裂解炉结构示意图

这样，当裂解深度不变时，裂解温度可降低 5～6℃，辐射段烟气温度可相应降低 20～25℃，最高管壁温度下降 14～20℃，全炉供热量可降低约 10%。供热采用侧壁烧嘴与底部烧嘴联合布置方案，侧壁烧嘴为无焰烧嘴，底部烧嘴为油气联合烧嘴。

该炉具有裂解选择性高、调节灵活、运转周期长等特点。

近年来，中国石化与 Lummus 公司合作开发了 SL-Ⅰ和 SL-Ⅱ型两种大型裂解炉技术，并已投产，目前正在合作开发 SL-Ⅲ型裂解炉技术。

3. 裂解过程对管式炉的要求

从裂解原料组成的变化、裂解反应过程的特征、裂解炉传热角度考虑，对一个性能良好的管式炉来说，主要有以下几方面的要求：

① 适应多种原料的灵活性。所谓灵活性是指同一台裂解炉可以裂解多种石油烃原料。

② 炉管热强度高，炉子热效率高。对于管式炉应当有一个合理的炉管结构与排列，同时炉膛大小适量，并具有足够数量、布置得当的烧嘴，使炉膛具有较高温度和性能良好的传热方式，从而实现裂解反应的高温与短暂停留时间的操作条件。此外，必须充分回收进入对流段烟气的废热。

由于原料升温，转化率增长快，需要大量吸热，所以要求热强度大、管径小可使比表面积增大，可满足要求；燃料燃烧除提供裂解反应所需的有效总热负荷外，还有散热损失、燃料燃烧不完全热损失、排烟热损失等，损失越少，则炉子热效率越高。

③ 炉膛温度分布均匀。其目的是消除炉管局部过热所导致的局部结焦，达到操作可靠、运转连续、延长炉管寿命。

④ 生产能力大。裂解炉的生产能力一般以每台裂解炉每年生产的乙烯量来表示。为了适应乙烯装置向大型化发展的趋势，各乙烯技术专利商纷纷推出大型裂解炉。裂解炉大型化减少了各裂解装置所需的炉子数量，一方面降低了单位乙烯投资费用，减少了占地面积；另一方面，裂解炉台数减少，使散热损失下降，节约了能量，方便了设备操作、管理，降低了乙烯的生产成本、维修等费用。目前运行的单台气体裂解炉最大生产能力已达到 21 万吨，单台液体裂解炉最大生产能力达到 18～20 万吨。

⑤ 灵活的操作弹性。与其他化工设备相同，裂解炉的操作弹性有一定范围，上、下限之间的幅度不能过宽。一般来说，炉子设计常常采用在50％～120％范围内操作，炉子的运转安全可靠。操作上限是增产挖潜的依据。灵活的操作弹性使炉子可以在不同的裂解深度下进行操作，使各种低级烯烃和联产物的理想分布有充分的选择性，并最大限度降低不需要的副产品。此外，还可调节炉子的热负荷。

⑥ 运转周期长。裂解反应不可避免地总有一定数量的焦炭沉积在炉管管壁和急冷设备管壁上。当炉内管壁温度和压力降达到允许的极限范围值时，必须停炉进行清焦。裂解炉投料后，其连续运转操作时间，称为运转周期，一般以天数表示。所以，减缓结焦速率，延长炉子运转周期，同样是考核一台裂解炉性能的主要指标。

不同的乙烯生产技术对裂解炉要求不同，因而有各种不同炉型的裂解炉以适应并满足其要求。

4. 裂解炉的发展趋势

裂解炉是乙烯装置的核心，裂解炉的改进对整个乙烯装置运行的经济性有直接的影响，今后裂解炉的发展趋势为裂解炉的大型化、新型炉管的应用、新高温材料的应用、不同类型急冷锅炉应用、新型燃烧器的应用、抑制结焦等方面。

（1）裂解炉的大型化　随着石化工业的发展，乙烯装置的规模不断扩大。目前最大规模已达110万吨/年以上，单炉生产能力扩大到6万吨/年以上，最大达到12～14万吨/年。大型乙烯装置及裂解炉大型化给乙烯装置带来的好处十分显著。

① 裂解炉的台数减少。以年产60.0万吨/年乙烯装置为例，采用11.0万吨/年容量的裂解炉装置只需6台裂解炉，如采用中等容量的炉子则需11台裂解炉。裂解炉台数减少使散热损失下降，节约能量，方便了设备操作、管理，使操作费用降低。

② 炉子大型化降低了单位乙烯投资费用。由于设备台数减少，带来的基础施工、设备材料、施工安装建设费用下降，可以使总建设投资节省14％～18％。

③ 有利于裂解炉的优化控制。

（2）改进辐射炉管的结构　烃类裂解选择性的提高主要归功于辐射段反应炉管构型的改进。为了提高裂解选择性，多年来，各国推出了一代又一代的高温、短停留时间、低烃分压的辐射段炉管构型，其总的趋势是：

① 提高反应温度。现代裂解温度已提高到840～860℃，单程小直径炉管裂解温度达到900℃左右。

② 缩短烃类裂解时间。现代裂解炉的烃类裂解反应停留时间已由20世纪60年代初的0.5～0.7s缩短至0.3～0.4s和0.15～0.25s，单程小直径炉管达0.1s以下。这可以通过减少炉管程数，即缩短炉管的长度来解决。

③ 降低裂解烃分压。烃分压降低可通过降低炉管阻力降和降低炉管出口压力来解决。

（3）采用新型炉管材料及内表面机械构件　改进高辐射盘管金属材料是适应高温、短停留时间的有效措施之一。目前广泛采用25Cr35Ni系列合金钢代替25Cr25Ni系列合金钢，其耐热温度从1050～1080℃提高到1100～1150℃，对提高裂解温度、缩短停留时间起到了一定的作用。

陶瓷裂解炉管、MA956合金炉管和复合型炉管等新材料炉管能够抑制或降低乙烯生产过程的结焦，降低炭在炉管内壁的沉积，具有良好的热稳定性、抗冲击性和很高的耐蠕变强度。

（4）裂解炉原料适应性增强　现代化的乙烯装置要求现代化的裂解炉系统的设计应具有高度的原料灵活性，完全灵活的裂解炉能裂解从乙烷、液化石油气、石脑油、柴油、加氢裂化减压尾油等多种原料。原料变化必将引起工艺设计参数改变，因此在设计中必须考虑对流段、辐射段、急冷锅炉、油急冷器、急冷油黏度带来的影响，并采取相应措施解决。因此原料的种类越多，裂解炉系统及分离系统的设计就越复杂，副产品的数量就差别越大，不能保证每一种原料都能在最佳的工艺条件下操作，因此单位乙烯所需的能量和投资也较多。然而，原料灵活性不但可以减轻市场原料供应的冲击，而且增加了选择价格相对便宜原料的余地，从而用降低原料费用创造的利润来抵消投资费用的增加，缩短投资回收期。

（5）开发新型燃烧器　我国采用先进技术开发设计的底部燃烧器，火焰扁平刚直，燃烧稳定，NO_x 和噪声值均优于国家环保标准的规定值，燃烧性能优于国外同类产品，这一技术已在天津应用，改变了我国大型裂解炉用底部燃烧系统长期依赖进口的局面。

各国都在不断地制订和公布更加严格的环境保护标准，要求所有企业都要实行节能减排，所以裂解炉技术的发展必须适应环保标准、节能技术等的要求。

二、裂解气急冷

裂解技术是由裂解炉技术和急冷技术组成的，因此急冷是组成整个裂解技术不可分离的部分。急冷处理担负着两大任务，一是迅速终止裂解气的二次反应，使裂解气处于一个稳定的温度，实践表明，只要将裂解气温度高达 400℃，就可以有效地防止二次反应的发生；二是从裂解炉出来的高温裂解气温度高达 800～900℃，带出大量热量，为此可以采用急冷锅炉发生蒸汽，回收其高位能热量。

在选择急冷技术时应着重考虑裂解炉使用的裂解原料范围及裂解炉技术的特点，才能更好地完成急冷技术所担负的任务。

1. 裂解气的急冷方法

对裂解炉出口的高温裂解气急冷可采用直接急冷法和间接急冷法。目前，乙烯生产中都采用先间接急冷法、后用直接急冷法对裂解气进行洗涤。

① 间接急冷法。间接急冷法利用急冷锅炉，这种锅炉是间接传热的热交换器，高温裂解气将显热传给高压水，自身被冷却，同时产生超高压蒸汽，作为发电或动力用。这种急冷方式，可以显著改善总能量平衡，降低乙烯成本，是裂解技术发展中的重大改进。图 2-17 为管式炉裂解急冷系统示意图。

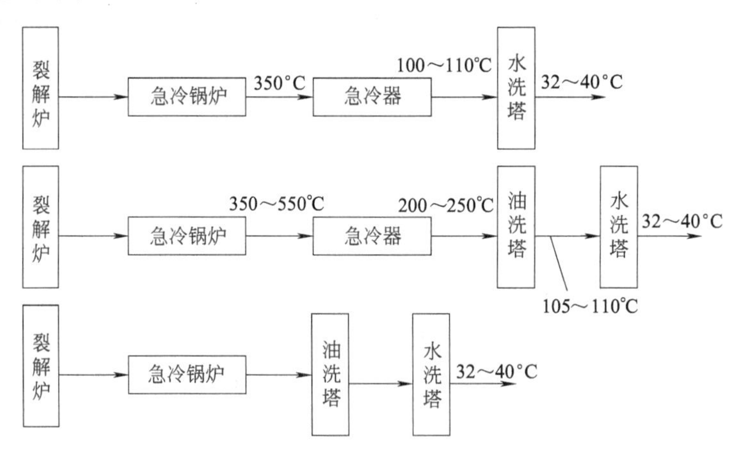

图 2-17　管式炉裂解急冷系统示意图

油急冷塔系统

水急冷塔及稀释蒸汽发生系统

② 直接急冷法。直接急冷是在高温裂解气中直接喷入急冷剂，急冷剂被高温裂解气加热而部分汽化，由此吸收裂解气的热量，使高温裂解气迅速冷却。直接急冷产生大量的含油废水，油水分离难度大，同时热量的综合利用效率较低。

为减少分离系统的负荷，应尽可能降低裂解气的温度，同时分馏出其中的水分及重质馏分。为此，可通过汽油分馏塔和急冷水塔，即以油和水作为冷却介质对裂解气进行直接冷却和分馏。在汽油分馏塔中可以分馏出重质及轻质燃料油馏分，在急冷水塔中则可以分馏出水及部分裂解汽油。

一般的裂解气高位热能回收均采用单级急冷锅炉（如 SRT 裂解技术）。单级急冷固然有其优越性，但要在一台急冷锅炉中同时完成两个任务——快速终止二次反应和尽可能多地回收高位热能，既有矛盾又有一定难度。因而，为了回收更多的高位热能，近年来有些裂解技术（如毫秒火炉裂解技术）相继采用了二级急冷技术。二级急冷技术是把裂解气在第一急冷锅炉内的温度降至 600～650℃，然后在第二急冷锅炉内，回收裂解气热量，裂解气急冷到 300～400℃后进入汽油分馏塔。这样，即使至操作后期，换热管处有较厚的焦也不会使急冷锅炉系统的阻力降上升过高、过快，从而可以延长操作周期。当裂解减压柴油等重质原料时，由于结焦物浓度较大、结焦速率较快，所以一般不使用第二急冷锅炉。

裂解原料的不同，急冷方式有所不同，如裂解原料为气体，则适合的急冷方式为“水急冷”，而裂解原料为液体时，适合的急冷方式为“先油后水”。

由以上分析可知，急冷系统的作用如下：

① 裂解气经急冷处理，降低了裂解气的温度，确保压缩系统顺利运行，同时降低了后续压缩机的功耗。

② 裂解气经急冷处理，尽可能分离出裂解气中的轻、重组分，占裂解气质量分数 3.5% 左右，降低进入压缩系统的进料负荷。

③ 在裂解气急冷过程中，将裂解气中的水蒸气以冷凝水的形式分离回收，用以再发生稀释水蒸气，从而大大减少污水排放量。

④ 在裂解气急冷过程中通过间接急冷回收了相当一部分高位热能，在间接急冷中回收低位热能。通常由间接急冷器产生高压蒸汽，由直接急冷系统发生稀释蒸汽。

2. 急冷设备

急冷锅炉是急冷技术处理中的关键设备，它由急冷换热器与汽包所构成（常以 TLE 或 TLX 表示），对乙烯装置的稳定运转、降低操作费用以及乙烯生产的经济性具有重要意义。

（1）乙烯裂解装置急冷锅炉的特点　乙烯装置的急冷锅炉主要有两个特点。一是由于急冷换热器管内走高温裂解气，裂解气的压力约低于 0.1MPa，温度高达 800～900℃，进入急冷换热器后要在极短的时间（一般在 0.1s 以下）下降到 350～600℃，传热强度约达 418.7MJ/(m^2·h)。管外走高压热水，压力为 11～12MPa，在此产生高压水蒸气，出口温度为 320～326℃。因此急冷换热器具有热强度高，操作条件极为苛刻，管内外必须同时承受高温、高温差、高压、高压差和高热流速的特点。二是在运转过程中伴随着结焦过程，因此需要考虑如何减少管壁的结焦以及如何清焦。所以，较为理想的急冷锅炉应满足以下几点要求。

① 结焦少，清焦方便，连续运转周期长；

② 可回收超高压蒸汽，热回收效率高；

③ 运转稳定、安全、可靠；

④ 建设投资和操作费用低。

（2）急冷锅炉的结焦　急冷锅炉经常遇到的问题是结焦，结焦到一定程度后，必须进行清焦，所以直接影响裂解装置的操作周期。高温裂解气在急冷锅炉中的结焦可以归结为两个原因。一是高温裂解气在急冷锅炉停留时间过长，二次反应析出的焦炭附着于管壁积存为焦垢，即高温气相结焦。二是由于急冷锅炉炉内管壁温度较低，造成裂解气露点较高的重质馏分将冷凝于管壁，这层液膜不仅恶化传热，当停留时间延长也易发生二次反应，导致一部分在管壁上结焦而形成焦垢，称为冷凝结焦。

为了减少裂解气在急冷锅炉内结焦倾向，实现长周期运转，应采取如下措施。

① 增大裂解气在急冷锅炉中的线速度，即控制适当的急冷时间（裂解气在急冷锅炉的停留时间，一般低于 0.03s），以避免因返混而使停留时间拉长造成二次反应。高温气相结焦对急冷锅炉影响甚微。

② 使裂解气出急冷锅炉的温度应高于其露点。若低于露点温度，则裂解气中较重组分有一部分冷凝，造成上述冷凝结焦。

裂解原料不同，裂解深度不同，则裂解气的组成不同，其露点温度也不相同。在一般情况下，裂解原料越重，裂解气的露点温度越高，出口锅炉温度也应控制得较高。通常乙烷裂解气露点为 300～350℃，则要求出口温度为 350～400℃；石脑油裂解气的露点为 350℃，出口温度为 360～450℃；轻质柴油裂解气露点为 420～450℃，要求出口温度为 450～550℃。但是，急冷锅炉出口温度太高，换热效果较差，显热回收不理想。所以生产过程中使用的不同类型的急冷锅炉都是考虑这些特点来研究和开发的。

（3）急冷锅炉的研发趋势　根据上述特点，研究开发了不同类型的急冷锅炉。新型急冷锅炉的研究开发主要集中在对其构型的改进上，目的是缩短绝热段停留时间，改善流体分布，迅速急冷，抑制二次反应，减少结焦。国内外开发的各种线性急冷锅炉就具有上述特点，所采用的最直接的手段之一是增大急冷锅炉换热管的直径。此外，研究者还针对改善裂解气流量分布开发了一些具有专门设计的裂解气分布器的新型急冷锅炉。Knightthawk Engineering 公司开发了一种在急冷锅炉入口封头内装有一“鼻状”结构的锥体和转向环的急冷锅炉，改善了换热管内裂解气流动分布的均匀性，因而减缓了急冷锅炉结焦；中国石油化工集团公司与天华化工机械及自动化研究设计院合作开发了一种具有新型结构的急冷锅炉，其分布器为一带有倒锥形过渡段的圆柱体，内部有多分支均匀分布的裂解气输送通道。具有这种结构的急冷锅炉，裂解气停留时间短，冷却迅速，有效抑制了裂解气的二次反应，从而减缓了急冷锅炉结焦。总之，国内外对抑制急冷锅炉结焦的研究主要集中于新型急冷锅炉的研究开发，并取得了较好效果。

三、裂解装置的能量回收

乙烯装置的能耗仍然是目前衡量乙烯生产技术是否先进、经济上是否合理的主要标志，也是人们进行技术经济指标比较的一个关键指标。

裂解炉是整个乙烯装置消耗能量最大的部分。一套 30～40 万吨/年的乙烯装置，其裂解炉热负荷相当于一座 20 万千瓦的热电厂，是一个大型的能量装置。裂解部分的能耗主要用于原料及稀释水蒸气的预热、蒸发及反应热，而这部分热量是由裂解炉中燃料燃烧提供的。生产实际表明，燃料燃烧产生的热量，仅有 37%用于裂解反应，而大量的热量由高温裂解气带出。因此，为了节约能源，降低乙烯成本，必须对燃料燃烧产生的热量加以回收利用。裂解装置能量回收的主要途径是高温裂解气显热的回收、裂解炉烟道气热量的回收以及急冷介质（包括油和水）与过剩低压蒸汽热量的回收 。

不同裂解原料裂解时，各部分回收热量的比例不尽相同 。原料越重，所能回收的高位热能比例越小，如石脑油裂解时，回收高位热能占总回收热量的 43%，轻柴油裂解时则降

至 28 %，减压柴油裂解时只能达到 20%以下。

1. 裂解气高位热能的回收

急冷锅炉对高温裂解气高位热能的回收，具有重大意义。急冷锅炉产生的超高压蒸汽用于蒸汽透平机的动力代替电源，从而省去了变电、电机等供电设备。目前大部分裂解技术都是用急冷锅炉回收高位热能的，以石脑油为原料的裂解装置，所回收的超高压蒸汽不仅能满足装置本身的需要，甚至自给有余。

当前，人们力图尽量多回收一些超高压蒸汽，并尽量提高蒸汽的压力参数。压力参数越高，能量效率也高，压力参数取决于裂解原料、工艺过程和急冷条件。高压蒸汽的过热是提高蒸汽能量效率的重要措施。SRT 裂解技术设计的乙烯装置可发生 12.2MPa、326℃的超高压蒸汽，并过热到 510～520℃。高压蒸汽的过热方式，一般是将急冷锅炉出来的高压饱和蒸汽直接送入裂解炉对流段，一直过热到 530℃，此方案有较好的经济效果。此外，毫秒炉等裂解技术采用的二级急冷技术，均是回收高温裂解气显热的改进措施。

2. 裂解炉烟道气热量的回收

裂解炉辐射室内燃料燃烧后的烟气离开辐射室的温度一般至少为 1000～1200℃。利用烟道气显热是提高裂解炉热效率的重要措施。这部分热量通常是通过对流段设置的原料和稀释蒸汽的预热、锅炉给水的预热、高压蒸汽的过热等进行回收的。所以，在过剩空气量及炉体表面温度一定时，裂解炉的热效率取决于烟气排烟温度。

降低烟气排烟温度，回收的热量增多，提高了裂解炉的热效率。但排烟温度的降低常受到燃料含硫量的限制，硫化物在燃烧过程中生成 SO_2，并有部分 SO_2 转化为 SO_3。如果排烟温度过低，SO_3 进而生成硫酸，将腐蚀对流段炉管。因此，排烟温度应高于烟道气中硫酸的露点。生产表明，燃料中硫含量越高，烟道气中硫酸露点越高，排烟温度也就越高。所以排烟温度降到多少，完全取决于炉子所用燃料的品质。当烟气中硫含量小于 1.3μL/L 时，排烟温度可下降到 100～110℃，炉子热效率则可提高到 94%以上。当前，由于环保要求越来越高，燃料中硫含量极低，所以裂解炉的热效大大提高。

3. 急冷介质与过剩低压蒸汽热量的回收

急冷油、急冷水及过剩低压蒸汽热量的回收与利用虽属于低位热能，但这种低位热能的利用越来越引起人们广泛重视和注意。

急冷油的温度随裂解原料的变化有一定的差别，大体在 170～220℃，由此可副产 0.6MPa 左右的低压蒸汽。通常以此发生裂解用稀释蒸汽或预热裂解原料，这就是回收急冷油热量的传统利用方法。当裂解原料变重，裂解深度增加时，急冷油热量利用质量必然下降。

急冷水的温度为 80～90℃，这种更低位热能利用较急冷油困难得多。现在主要用于预热裂解原料，预热乙烷裂解炉乙烷进料，也可用于裂解气分离系统工艺加热用。例如，作为丙烯塔再沸器的热源、乙烯绿油塔再沸器的热源、丙二烯转化进料蒸发器的热源以及脱乙烷塔再沸器的热源等。此外，还可以与透平冷凝水（50～55℃）换热等。乙烯装置过剩的大量低压蒸汽，有的用来预热燃烧用空气，也有的用于预热锅炉给水、预热裂解原料或返回高压蒸汽透平等 。

总之，合理进行裂解装置的热量回收利用，努力提高装置能量效率，以获取更大的经济效益，正日益广泛地受到人们的重视。

四、管式裂解炉与急冷锅炉的结焦与清焦

1. 裂解炉和急冷锅炉的结焦

引起管式炉结焦的原因主要是在裂解过程中，虽然采用了高温、短停留时间，并在水蒸

气稀释下进行反应，但二次反应总是不能绝对避免的，最终还要生成一些焦炭。

裂解过程的结焦表现在裂解炉炉管内壁，而急冷过程中的结焦则表现在急冷锅炉炉管内壁。结焦的状况和程度，根据原料的性质、裂解反应条件、裂解炉和急冷锅炉的结构以及清焦状况的不同有很大的变化。

裂解炉炉管的焦炭层主要引起两方面的后果，一是由于焦层热导率比合金钢低，有焦层的地方局部热阻大，炉管径向温度梯度变大，导致反应管外壁温度升高，既增加燃料消耗，又影响反应管寿命，同时炉管内部还达不到要求的裂解温度。二是随管内壁焦层厚度增加，实际管内径减小，流体流动阻力增大，反应管压力降增大，物料压力升高，裂解选择性变差，生产能力降低。所以，对管式炉结焦来说，当管径较大时，允许管壁温度是运转周期的控制因素；当管径较小时，压力降就成为控制因素，如图 2-18 所示。

当急冷锅炉出现结焦时，除阻力较大外，还引起急冷锅炉出口裂解气温度上升，以致减少副产蒸汽量的回收，并加大急冷油系统的热负荷。

一般轻质原料的裂解常常是裂解炉管的结焦先达到不允许的程度，而重质原料的裂解常是急冷锅炉的结焦先达到不允许的程度。对于同一种原料，如果裂解深度不同，影响也不同。由图 2-19 可知，在低裂解深度时，裂解炉管的结焦是装置运转周期的限制因素；反之，在高裂解深度时，急冷锅炉的结焦则是装置运转周期的限制因素。综上可知，当原料变重或裂解深度较深时，急冷锅炉的结焦决定了裂解装置的运转周期。

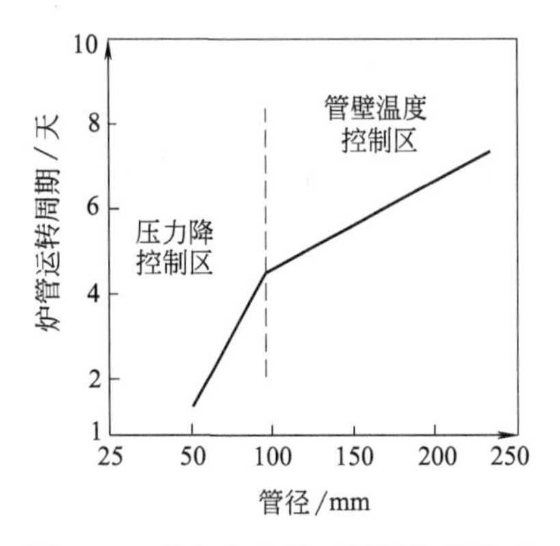

图 2-18　管径与炉管运转周期的关系

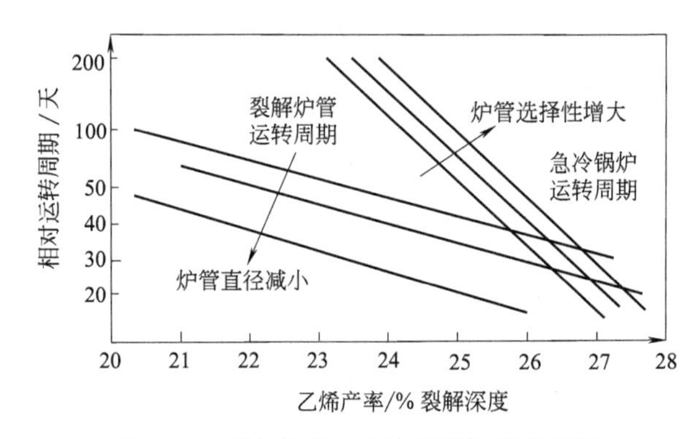

图 2-19　裂解炉管和急冷锅炉炉管的运转周期和乙烯产率的关系

当结焦到某一程度，达到如下任一指标时，则需停炉进行清焦。

① 辐射管管壁温度达到所用材质的允许温度。例如，当用 HK-40 材料时，极限温度为 1040～1050℃，使用 HP-40 材料时，则可达 1080～1100℃。

② 裂解炉和急冷锅炉总压力降增加 0.07～0.1MPa。

③ 急冷锅炉出口温度超过设计规定值。

裂解炉从开始运转到清焦为止的连续运转周期，随原料重质化和裂解深度的提高而缩短。因此，裂解过程应尽量抑制结焦，延长两次清焦间的运转周期。为减少裂解炉的备用量，降低装置投资，减少生产中的频繁切换操作，清焦周期应维持较长的时间。目前，石脑油裂解的清焦周期可达 60～90 天，柴油裂解可达 40～60 天。

影响结焦速率的因素虽然是多方面的，但在很大程度上，是受裂解原料及其性质所制约的。原料越重，结焦越快；同一种原料，温度越高，停留时间越长，烃分压越高，结焦速率也越快。所以，对一定的裂解原料，在相同裂解深度下，延长清焦周期的主要措施是缩短停留时间与降低烃分压。急冷锅炉的结焦速率主要与裂解气出急冷锅炉的温度有关。当原料一定时，出口温度越低，结焦越快，压力降也越大。

此外，结焦速率的大小与裂解炉炉型也有很大关系。例如对毫秒炉而言，由于采用小管径，高温裂解，所以比 SRT 型等常规裂解炉清焦周期短得多。

2. 清焦技术

为维持管式炉的正常操作生产，必须定期清除焦炭。清焦技术有多种，目前工业上主要应用以下方法清焦。

（1）停炉清焦法　所谓停炉清焦法是在需清焦时，首先切断裂解炉原料，经氮气或水蒸气吹扫，逐渐降温，断开裂解炉与急冷锅炉的连接，然后分别对两者进行清焦。

裂解炉通常用空气-蒸汽烧焦法，即在 600～800℃高温下，通入一定量的水蒸气，并逐渐配入空气进行燃烧，使焦炭烧成 CO_2 逸出除去。

$$C + H_2O \longrightarrow CO + H_2 \qquad C + 2H_2O \longrightarrow CO_2 + 2H_2$$
$$2CO + O_2 \longrightarrow 2CO_2 \qquad 2C + O_2 \longrightarrow 2CO$$

燃烧反应为强烈的放热反应，水蒸气主要起稀释作用，用以降低空气中氧含量，减慢烧焦速率，避免因烧焦速率过猛，温度上升过快而损坏护管。且水蒸气本身也能起除焦作用。分析出口尾气中 CO_2 含量，当 CO_2 含量低于 0.2%时，可认为烧焦完毕。

一般的急冷锅炉因其材质不能承受高温烧焦条件，故采用 39.2MPa 的高压水喷射进行人工水力清焦或用专门工具进行人工机械清焦。

空气-蒸汽混合烧焦法的特点是工艺简单，操作方便，但清焦过程要停止投料 2～3 天，减少了全年运转日期。此外，劳动条件差，开停频繁易使炉管因温度变化较大而损坏等都是不足之处。

（2）不停炉清焦法（也称在线清焦法）　近年来，由于急冷锅炉的结构与材质不断改进，使之可以承受 700℃以上的高温烧焦条件，所以相继开发了在操作状态下，进行联合烧焦的不停炉清焦法。在线清焦法是用空气和蒸汽将裂解炉管和急冷锅炉换热管内的焦层逐渐烧掉，整个清焦时间可在 24h 左右完成。清焦时由于急冷锅炉出口温度较低，约为 500℃，不能完全燃烧除焦，故一般在三次清焦中，必须有一次停炉进行水力或机械清焦。

由于在线清焦不需要停车，也不必拆卸裂解炉与急冷锅炉连接处，清焦时间仅需一天，所以全年可使装置运转工作日增加 3%。近年来，在线清焦采用计算机控制技术后，实现了清焦操作自动化，进一步缩短了清焦时间，提高了清焦操作安全性。

在裂解原料中加入清焦抑制剂是一种减缓结焦速率、降低裂解过程结焦量的方法，这种结焦抑制剂包括含硫化合物、聚硅氧烷等。由于裂解过程的结焦情况比较复杂，采用抑制剂减少结焦的技术目前工业上应用还比较少。所以该法还在不断地研发中。

五、石油烃裂解工艺流程

目前，管式炉裂解技术已多达几十种，不同的管式炉炉型，不同的裂解原料，其裂解条件和工艺过程各有差异。尽管这些裂解技术不尽相同，但其基本工艺过程都包括原料供给和预热系统、裂解和高压水蒸气系统、急冷油和燃料油系统、急冷水和稀释水蒸气系统。其工艺流程如图 2-20 所示。

（1）原料油供给和预热系统　来自原料预处理系统的原料油经过热急冷油换热器（13）和过热急冷水换热器（14）预热后和稀释水蒸气一起送入裂解炉（1）的对流段。原料油供给必须保持连续、稳定，否则直接影响裂解操作的稳定性，甚至有损毁炉管的危险。因此原料油泵须有备用泵及自动切换装置。

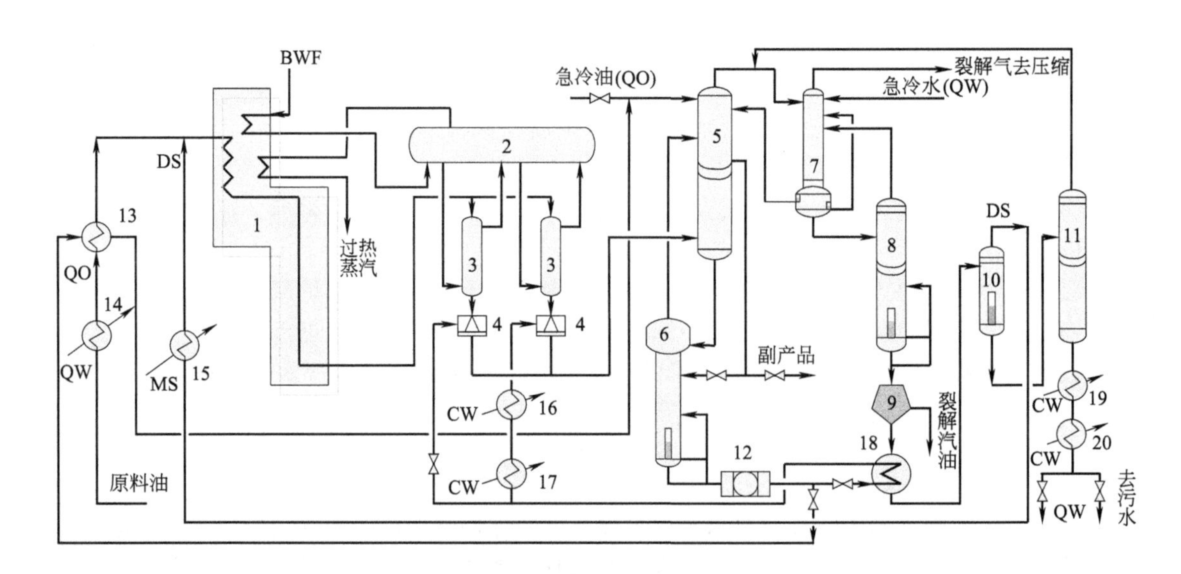

图 2-20　石油烃裂解工艺流程图

1—裂解炉；2—汽包；3—急冷锅炉；4—油急冷器；5—油气分馏塔；6—燃料油汽提塔；7—水急冷塔；8—重裂解汽油汽提塔；9—油水分离器；10—稀释蒸汽分离罐；11—工艺水凝液汽提塔；12—过滤器；13—过热急冷油换热器；14—过热急冷水换热器；15～20—换热器；
QW—急冷水；DS—稀释蒸汽；CW—冷却水；BWF—锅炉给水；QO—急冷油；MS—中压蒸汽

（2）裂解反应和高压蒸汽系统　预热后的原料油与稀释蒸汽混合送入裂解炉（1）对流段，经裂解炉烟道气加热到裂解温度，然后进入裂解炉辐射段，在辐射段，管内物料被管外燃料火焰及炉墙辐射加热至规定的裂解温度进行裂解反应。炉管出口的高温裂解气迅速进入急冷锅炉（3）中，使裂解反应很快终止。

急冷锅炉的给水 BWF 先在对流段预热并局部汽化后送入高压汽包（2），靠自然对流流入急冷锅炉（3）中，产生 11MPa 的高压水蒸气，从汽包送出的高压水蒸气进入裂解炉对流段过热，过热至 470℃后供压缩机的蒸汽透平使用。

（3）急冷油和燃料油系统　从急冷锅炉（3）出来的裂解气再去油急冷器（4）中用急冷油直接喷淋冷却，然后与急冷油一起进入油气分馏塔（5），塔顶出来的气体为氢、气态烃和裂解汽油以及稀释水蒸气和酸性气体。

从油气分馏塔（5）底部采出的重质馏分油和从侧线采出的绝大部分轻质馏分油进入燃料油汽提塔（6），经汽提塔（6）汽提其中的轻组分，另一部分从油洗塔侧线采出的轻质馏分油作为副产品，可用作燃料油。燃料油汽提塔塔顶流出轻质组分再次进入油气分馏塔分馏。汽提塔塔釜流出的重质油分为两路，一路用来预热裂解原料后，作为油气分馏塔的急冷油循环使用，另外一路与稀释蒸汽发生器换热器换热（换热后的工艺水则被部分汽化产生稀释蒸汽）后，一部分与冷却水换热器换热后作为油急冷器的急冷介质循环使用，另一部分直接作为油急冷器的急冷油循环使用。

急冷油系统常会出现结焦堵塞而危及装置的稳定运转，结焦产生原因有二：一是急冷油与裂解气接触后超过 300℃时不稳定，会逐步缩聚成易于结焦的聚合物，二是不可避免地由裂解管、急冷换热器带来焦粒。因此在急冷油系统内设置 6mm 滤网的过滤器（12），并在急冷器油喷嘴前设较大孔径的滤网和燃料油过滤器。

(4) 急冷水和稀释水蒸气系统 裂解气在油气分馏塔（5）中脱除重质燃料油和轻质燃料油后，由塔顶采出进入水急冷塔（7），此塔的塔顶用急冷水喷淋，使裂解气冷却，其中一部分的稀释水蒸气和裂解汽油就冷凝下来。冷凝下来的油水混合物由塔釜引至重裂解汽油汽提塔（8），进一步分馏轻烃组分，汽提塔塔顶组分继续进入水急冷塔冷却分馏，塔釜液则进入油水分离器（9）分离，分离出的油相组分作为产品裂解汽油采出，而工艺水在稀释蒸汽发生器换热器中与急冷油换热后产生稀释水蒸气，稀释水蒸气送裂解炉作为裂解反应的稀释剂。未汽化的液相组分（工艺水）进入工艺水凝液汽提塔（11）中进一步汽提出轻烃组分，返回水洗塔继续冷却分馏。工艺水凝液汽提塔塔釜工艺水经冷却水换热器（19、20）降低温度后送水洗塔作为急冷水循环使用。要求工艺水凝液汽提塔塔釜工艺水中的油含量应小于 100×10^{-6}。

水洗塔塔顶组分，温度在 40℃以下，送往裂解气压缩系统。

六、石油烃裂解过程节能措施

裂解系统作为乙烯装置的核心，大约占整个装置能耗的 70%～80%。裂解系统能耗的多少决定了装置的能耗水平。那么如何降低裂解过程的能量消耗呢？

1. 裂解系统的优化操作

(1) 优化裂解炉的运行 降低裂解炉的裂解深度，强化裂解炉的优化操作管理，实时关注裂解原料变化，并进行分析及调整，实现最优产品分布。

(2) 优化裂解原料 严控原料品质，根据入厂原料日报分析，及时调整注硫量。轻、重石脑油分别送进不同的裂解炉，分储分炼投用。

(3) 优化工艺操作及现场管理，提高裂解炉的热效率

① 裂解炉正常运行过程中，加强检查炉膛内火嘴燃烧状况是否良好，根据火嘴燃烧情况调整风门的开度。若是火嘴烧坏或堵塞，要及时更换和清理疏通，防止因局部过热造成炉管结焦和保温变形。

② 控制烟气氧含量。

③ 关注炉子密闭性，降低热量损失。日常操作中要检查观火孔、点火孔是否关闭或者损坏，一定要及时处理，减少冷空气漏入。

(4) 优化烧焦方案，缩短烧焦时间 裂解炉烧焦是完全地耗能工况。通过调整稀释蒸汽和空气的配比，及时分析烧焦气中 CO、CO_2 含量，并在纯空气烧焦阶段切换侧壁火嘴，使炉子充分受热，这可有效减少烧焦时间。

另外，烧焦时间过长和过短都是不好的。烧焦时，炉子温度高，对流段温度比正常运行高，辐射段易出现超过炉管最高允许值的热点，若烧焦时间过长，必然会对炉管造成损害，缩短其使用寿命，增加维护费用；若烧焦时间短，烧焦不彻底，会造成下次清焦周期短，影响生产。

2. 实施新型节能技术

① 在裂解炉底部燃烧器加入空气预热器，可以节约燃气用量，同时改善燃烧条件，减少烟气排放，进而提高裂解炉的热效率。

② 回收炼厂干气，增加装置效益。

③ 焦炉罐改造。烧焦时易将焦粉从罐顶带出，污染环境，且烧焦冷却水用量大。通过对烧焦罐进行改造，使得焦粉的中小粒径颗粒分布增加，可有效改善焦粉溢出的问题。

④ 乏气回收项目。以脱盐水为工作水源，经动力头抽吸的作用，将乏气冷凝成水，回收蒸汽。

⑤ 费油回收改造。

第五节　裂解装置操作指南

素质阅读

从乙烯“小白”到技能专家——姜大为

姜大为是大庆石化化工一厂裂解车间值班长。他参与了大庆乙烯 30 万吨/年装置原始开工以及 48 万吨/年、60 万吨/年装置扩建。他见证了乙烯装置从进口工艺、设备到全部实现国产化的历程，也从一名徒工变成值班长，从车间先进成长为 2021 年“全国五一劳动奖章”获得者。

一、装置开工统筹

1. 公用工程启用

① 氮气接入系统具备使用条件。

② 仪表风、工艺空气、烧焦空气引入并投用。

③ 循环水、过滤水、消防水、生活水、脱盐水接入并投用。

④ 高、中、低压蒸汽引入系统并具备使用条件。

2. 装置各区域置换

①原料罐区置换。②初分馏系统置换。③燃料系统氮气置换。④火炬系统氮气置换。

3. 启用火炬气系统

4. 启用燃料气系统

①燃料气罐区流程准备。②接天然气进入装置，并具备外送条件。③燃料气送炉区。

5. 裂解炉点火烘炉

①裂解炉开车前的准备工作。②汽包冲水。③炉膛置换。④用烧焦空气置换盘管及炉管内的残留水。⑤裂解炉点火。⑥裂解炉升温。⑦超高压汽包（急冷锅炉汽包）升压步骤。⑧裂解炉蒸汽开车。

6. 急冷水系统充水、充油

① 急冷水（水洗塔）系统充水、充油建立油、水液位。

② 急冷水（重裂解汽油汽提塔）系统充水、充油建立油、水液位。

③ 工艺水凝液汽提塔充水建立水液位。

7. 急冷油系统充油、循环、倒加热

①重急冷油（燃料油汽提塔）系统充油建立油液位。②重急冷油系统油循环。③轻急冷油（油洗塔）系统充油建立油液位。④轻急冷油系统油循环。

8. 急冷水系统循环

①急冷水（水洗塔）系统循环。②裂解重汽油（水汽提塔）系统循环。③工艺冷凝液泵

循环。④工艺水凝液汽提塔循环。

9. 裂解炉投油

①检查裂解炉投油所具备的条件。②单台裂解炉投油。③裂解炉投油后初馏系统的调整。④初馏系统调整到正常工艺指标。⑤稀释蒸汽系统开车自产蒸汽供给裂解炉。⑥燃料油汽提塔开车。

二、装置开工指南

1. 汽包（废热锅炉）液面控制

控制范围：45％～55％；控制目标：50％±5％。

相关参数：高压锅炉给水调节阀，汽包压力，超高压蒸汽发生量。

控制方式：手动调节或DCS自动串级控制。

(1) 正常调节

①根据三冲量控制方法自动调节；②控制排污量；③控制超高压蒸汽管网压力；④控制高压锅炉给水调节阀的副线；⑤认真校对各仪表指示，防止仪表失灵或控制阀失灵；⑥控制升、降温过程中的放空量；⑦控制裂解炉的炉顶温度。

(2) 异常处理　异常现象、原因及处理方法见表2-12。

处理注意事项：①高压汽包的液面控制正常为三冲量控制，液面调节正常后要平稳地切至正常控制状态；②高压汽包的压力等级为超高压，在切换排污时要防止连续排放罐超压现象。

表2-12　高压汽包异常现象、原因、处理方法

现象	原　因	处　理
汽包液面波动	高压锅炉给水补充量过大或过小	调整高压锅炉给水补充量
	超高压蒸汽管网压力波动	与后岗位联系，调整超高压管网压力至正常值
	排污量突然变化	调节排污量时要缓慢进行
	锅炉给水泵出口流量发生大幅度变化	将锅炉给水泵出口压力控制在正常范围内
	仪表失灵或控制阀失灵	及时联系仪表工处理

2. 裂解炉炉顶温度控制方法

控制范围：常温～工艺参数值。控制目标：常温～工艺参数规定值。

相关参数：炉膛负压；燃料气压力；现场风门开度；炉管内的物料介质及流量；燃料的密度及热值；炉膛内点燃的烧嘴数量及烧嘴燃烧的质量。

控制方式：现场手动控制或DCS控制。

(1) 正常调节

①用排风机控制炉膛负压。②通过控制燃料气进气量控制燃料气压力。③控制炉膛内烧嘴的点燃数量。④控制燃料气的密度及热值。⑤认真校对各仪表指示，防止仪表失灵或控制阀失灵。⑥控制排放火炬阀位的开度。

(2) 异常处理　异常现象、原因及处理方法见表2-13。

处理注意事项：①调节燃料的压力时动作要缓慢，以免炉膛负压联锁动作；②调节燃料的压力结束后要防止火焰扑炉管。

表 2-13　裂解炉炉顶温度异常现象、原因及处理方法

现象	原　　因	处　　理
炉顶温度波动	燃料气压力波动	调整燃料气压力至正常范围
	炉膛负压波动	调节引风机转速
	燃料气的组成发生改变	调节燃料气压力
	烧嘴的数量及质量发生改变	调节烧嘴的数量及质量
	仪表失灵或控制阀失灵	及时联系仪表工处理
	炉管内的物料量或介质发生改变	调节燃料的压力

3. 燃料气压力控制

控制范围：工艺参数规定值范围。控制目的：工艺参数规定值。

相关参数：副线阀流量；燃料气压力；燃料气温度；燃料气值控制器；点燃烧嘴的数量；排放火炬手动阀阀位的开度。

（1）正常调节

①用副线控制燃料气流量。②用副线控制燃料气压力。③控制炉膛内烧嘴的点燃数量。④控制燃料气的密度及热值。⑤认真校对各仪表指示，防止仪表失灵或控制阀失灵。⑥控制排放火炬阀位的开度。

（2）异常处理　异常现象、原因及处理方法见表 2-14。

处理注意事项：①调节燃料的压力时动作要缓慢，以免炉膛负压联锁动作；②调节燃料的压力结束后要防止火焰扑炉管。

表 2-14　燃料气压力控制时的异常现象、原因及处理方法

现象	原　　因	处　　理
压力大幅度波动	燃料气罐燃料气压力波动	调整燃料气罐燃料气压力至正常范围
	烧嘴点燃的数量突然变化	调节烧嘴数量时要缓慢
	燃料气的组成发生改变	手动调节燃料气压力
	烧嘴的考克阀开度发生改变	调节烧嘴的考克阀时要缓慢
	仪表失灵或控制阀失灵	及时联系仪表工处理
	排放火炬阀位开度发生变化	调节排放火炬阀位开度时要缓慢

4. 液态烃进料控制

控制范围：工艺参数规定值范围。控制目的：工艺参数规定值。

相关参数：石脑油泵出口压力；加氢尾油泵出口压力；炉管内壁的结焦程度。

控制方式：现场控制或 DCS 控制。

（1）正常调节

①现场用手轮控制。②DCS 用手动控制。③控制炉管内的压力。④用总流量控制器控制。⑤认真校对各仪表指示，防止仪表失灵或控制阀失灵。

（2）异常处理　异常现象、原因及处理方法见表 2-15。

处理注意事项：①处理调节阀时要防止联锁动作；②清理调节阀阀道时要防止因原料烃大量外泄而着火。

表 2-15　液态烃进料时的异常现象、原因及处理方法

现象	原　　因	处　　理
流量大幅度波动	石脑油泵和加氢尾油泵出口压力波动	调整石脑油泵和加氢尾油泵的出口压力至正常范围
	炉管内的压力突然变化	调节炉管内的压力至正常范围
	调节阀阀道堵塞	清理阀道
	仪表失灵或控制阀失灵	及时联系仪表工处理

5. 气态烃进料控制

控制范围：工艺参数规定值范围。控制目的：工艺参数规定值。

相关参数：丙烷进料泵出口压力；LPG 进料泵出口压力；炉管内壁的结焦程度。

控制方式：现场控制或 DCS 控制。

（1） 正常调节

①现场用手轮控制。②DCS 用手动控制。③控制炉管内的压力。④用总流量控制器控制。⑤认真校对各仪表指示，防止仪表失灵或控制阀失灵。⑥调节后系统返回的物料压力至正常值。

（2） 异常处理　异常现象、原因及处理方法见表 2-16。

处理注意事项：①处理调节阀时要防止联锁动作；②清理调节阀阀道时要防止因原料烃大量外泄而着火。

表 2-16　气态烃进料时的异常现象、原因及处理方法

现象	原　　因	处　　理
流量大幅度波动	丙烷进料泵和 LPG 进料泵出口压力波动	调整丙烷进料泵和 LPG 进料泵的出口压力至正常范围
	炉管内的压力突然变化	调节炉管内的压力至正常范围
	调节阀阀道堵塞	清理阀道
	仪表失灵或控制阀失灵	及时联系仪表工处理
	调节后系统返回的物料压力突然波动	调节后系统返回的物料压力至正常值

6. 稀释蒸汽的流量调节阀控制

控制范围：工艺参数规定值范围。控制目的：工艺参数规定值。

相关参数：稀释蒸汽压力；中压蒸汽的压力；炉管内的压力；稀释蒸汽罐的液面；原料烃的流量。

控制方式：现场控制或 DCS 控制。

（1） 正常调节

①现场用手轮控制。②DCS 用手动控制。③控制炉管内的压力。④用总流量控制器控制。⑤认真校对各仪表指示，防止仪表失灵或控制阀失灵。⑥调节稀释蒸汽压力至正常值。

（2） 异常处理　异常现象、原因及处理方法见表 2-17。

处理注意事项：①处理调节阀时要防止联锁动作；②清理调节阀阀道时要防止因蒸汽外泄而伤人。

表 2-17　稀释蒸汽流量控制时的异常现象、原因及处理方法

现象	原　因	处　理
流量大幅度波动	原料烃流量发生变化	调整原料烃流量至正常范围
	炉管内的压力突然变化	调节炉管内的压力至正常范围
	调节阀阀道堵塞	清理阀道
	仪表失灵或控制阀失灵	及时联系仪表工处理
	稀释蒸汽管路压力突然波动	调节稀释蒸汽管路压力至正常值
	中压蒸汽压力发生波动	调节中压蒸汽压力至正常值
	稀释蒸汽罐的液面突然变化	调节稀释蒸汽罐的液面至正常值

7. 超高压蒸汽温度控制

控制范围：490～515℃。控制目的：(510±5)℃。

控制参数：降温调节阀流量；裂解炉炉顶温度；超高压蒸汽发生量；超高压锅炉（废热锅炉）给水泵出口压力。

控制方式：现场控制或 DCS 控制。

(1) 正常调节

①现场用手轮控制。②DCS 用手动控制。③用降温调节阀控制放空量。④用温度调节阀控制。⑤认真校对各仪表指示，防止仪表失灵或控制阀失灵。⑥调节超高压蒸汽管网压力至正常值。

(2) 异常处理　异常现象、原因及处理方法见表 2-18。

处理注意事项：①处理调节阀时要防止联锁动作；②清理调节阀阀道时要防止因蒸汽外泄而伤人。

表 2-18　超高压蒸汽温度控制时的异常现象、原因及处理方法

现象	原　因	处　理
温度大幅度波动	高压锅炉给水泵出口压力及流量发生变化	调整高压锅炉给水泵出口压力及流量至正常范围
	炉顶温度发生变化	调节炉顶温度时要缓慢
	调节阀流量发生变化	调节调节阀的出口流量至正常值
	仪表失灵或控制阀失灵	及时联系仪表工处理
	超高压蒸汽管网压力发生变化	调节超高压管网压力至正常值

8. 急冷油塔塔顶温度控制

控制范围：(104.5±5)℃。控制目标：(104.5±5)℃。

相关参数：急冷油塔塔顶温度；急冷水塔返回急冷油塔流量。

控制方式：手动控制或 DCS 控制。

(1) 正常操作　通过急冷水塔返回急冷油塔的重汽油泵的流量，来控制急冷油塔塔顶温度。

(2) 异常处理　异常现象、原因及处理方法见表 2-19。

表 2-19　急冷油塔塔顶温度控制时的异常现象、原因及处理方法

现象	原　因	处　理
急冷油塔塔顶温度过高或过低	裂解气进塔温度变化	联系炉区岗位调整进塔温度
	急冷油循环返塔温度变化	调整急冷油循环返塔温度
	急冷水塔返急冷油塔循环泵故障	启动备用泵

9. 急冷油塔重急冷油段温度控制

控制范围：(205±5)℃。控制目标：(205±5)℃。

相关参数：急冷油返塔温度；急冷油返塔循环量。

控制方式：手动控制或 DCS 控制。

(1) 正常调节 通过控制急冷油返塔循环量，来控制急冷油返塔温度。

(2) 异常处理 异常现象、原因及处理方法见表 2-20。

表 2-20 急冷油塔重急冷油段温度控制时的异常现象、原因及处理方法

现象	原 因	处 理
急冷油塔重急冷油段温度过高或过低	裂解气进塔温度变化	联系炉区岗位调整进塔温度
	重急冷油返塔循环量	调整重急冷油返塔循环量
	各换热器取热量变化	调整换热器取热量
	重急冷油返塔循环泵故障	启动备用泵

10. 急冷油塔轻急冷油段温度控制

控制范围：(160±5)℃。控制目标：(160±5)℃。

相关参数：轻急冷油返塔温度；轻急冷油返塔循环量。

控制方式：手动控制或 DCS 控制。

(1) 正常操作 通过控制轻急冷油返塔循环量，来控制急冷油返塔温度。

(2) 异常处理 异常现象、原因及处理方法见表 2-21。

表 2-21 急冷油塔轻急冷油段温度控制时的异常现象、原因及处理方法

现象	原 因	处 理
急冷油塔轻急冷油段温度过高或过低	裂解气进塔温度变化	联系炉区岗位调整进塔温度
	轻急冷油返塔循环量	调整轻急冷油返塔循环量
	各换热器取热量变化	调整换热器取热量
	轻急冷油返塔循环泵故障	启动备用泵

11. 急冷油塔轻急冷油循环量控制

控制范围：工艺参数规定值范围。控制目标：工艺参数规定值。

相关参数：急冷油返塔循环量。

控制方式：手动控制或 DCS 控制。

(1) 正常操作 根据轻急冷油段温度来调整急冷油返塔循环量

(2) 异常处理 异常现象、原因及处理方法见表 2-22。

表 2-22 急冷油塔轻急冷油循环量控制时的异常现象、原因及处理方法

现象	原 因	处 理
循环量降低	急冷油段液面过低	调整操作，必要时补充轻质油
	急冷油塔顶温度过低造成急冷油带水	调整急冷油返塔循环泵流量来控制塔顶温度
	急冷油返塔循环泵故障	启动备用泵

12. 燃料油汽提塔顶温控制

控制范围：(127±5)℃。控制目标：(127±5)℃。

相关参数：燃料油抽出温度；汽提蒸汽的流量。

控制方式：手动控制或DCS控制。

(1) 正常调节　通过控制燃料油汽提塔顶温，进一步控制油急冷塔塔顶温度、通过蒸汽流量调节阀控制进汽提塔的蒸汽流量。

(2) 异常处理　异常现象、原因及处理方法见表2-23。

表2-23　燃料油汽提塔顶温控制时的异常现象、原因及处理方法

现象	原　因	处　理
燃料油汽提塔塔顶部温度过高或过低	进汽提塔蒸汽流量变化	调整汽提蒸汽流量
	重汽油回流泵故障	启动备用泵
	油急冷塔塔顶温变化	调整油急冷塔塔顶温度
	裂解气进塔温度变化	联系炉区岗位调整进塔温度

13. 水急冷塔塔顶温度控制

控制范围：(35±3)℃。控制目标：(35±3)℃。

相关参数：急冷水返塔（循环工艺冷凝水）温度、循环急冷水流量。

控制方式：手动控制或DCS控制。

(1) 正常操作　通过调节循环工艺水流量来控制水急冷塔的塔顶温度。当然也要调节好工艺水换热器的操作运行。

(2) 异常处理　异常现象、原因及处理方法见表2-24。

表2-24　水急冷塔塔顶温度控制时的异常现象、原因及处理方法

现象	原　因	处　理
水急冷塔塔顶温度过高或过低	各换热器取热量变化	调整换热器取热量
	急冷水冷却器冷却效果差	调整急冷水冷却器的操作参数
	急冷水循环泵故障	启动备用泵

14. 水急冷塔塔釜温度控制

控制范围：(82±5)℃。控制目标：(82±5)℃。

相关参数：急冷水返塔温度；急冷水循环量。

控制方式：手动控制或DCS控制。

(1) 正常控制　通过控制急冷水返塔循环量，来控制急冷水返塔温度。

(2) 异常处理　异常现象、原因及处理方法见表2-25。

表2-25　水急冷塔塔釜温控制时的异常现象、原因及处理方法

现象	原　因	处　理
水急冷塔塔釜温度过高或过低	各换热器取热量变化	调整换热器取热量
	急冷水冷却器冷却效果差	调整急冷水冷却器冷却效果
	急冷水循环泵故障	启动备用泵
	循环水流量计故障	联系仪表工处理

15. 油急冷塔焦油段温度控制

控制范围：(260±1)℃。控制目标：(260±1)℃。

相关参数：急冷器出口的各段温度；急冷油进入急冷器的流量（包括循环量）。

控制方式：手动控制或DCS控制。

（1）正常操作　通过急冷油进入急冷器的流量（包括循环量），来控制急冷器各段出口温度。

（2）异常处理　异常现象、原因及处理方法见表2-26。

表2-26　油急冷塔焦油段温度控制时的异常现象、原因及处理方法

现象	原　　因	处　　理
焦油段液面过高或过低	进入急冷器的急冷油温度变化	调整进入急冷器的急冷油温度
	进入急冷器的急冷油流量变化	调整进入急冷器的急冷油流量
	炉出口温度变化	调整炉出口温度
	重急冷油循环泵故障	启用备用泵

16. 稀释蒸汽发生器压力控制

控制范围：(0.72±0.05)MPa。控制目标：(0.72±0.05)MPa。

相关参数：中压蒸汽加热流量；中压蒸汽补充稀释蒸汽流量；急冷油循环量。

控制方式：手动控制或DCS控制。

（1）正常操作　通过急冷油循环量、稀释蒸汽发生器液位、中压蒸汽补充稀释蒸汽流量，来控制稀释蒸汽发生器的出口压力在正常范围。

（2）异常处理　异常现象、原因及处理方法见表2-27。

表2-27　稀释蒸汽发生器压力控制时的异常现象、原因及处理方法

现象	原　　因	处　　理
稀释蒸汽发生器出口压力过高或过低	急冷油循环量变化	调整急冷油循环量
	稀释蒸汽发生器液位变化	控制稀释蒸汽发生器液位在正常范围
	急冷油循环量变化	调整急冷油循环泵流量
	中压蒸汽补充稀释蒸汽流量变化	用中压蒸汽补充稀释蒸汽流量控制到正常范围

三、装置岗位操作规定

1. 裂解岗位工艺定期操作规定

① 每天白班负责对石脑油、加氢尾油、LPG、丙烷原料储罐（101F、102F、103F、104F）进行排水，并作为交班内容。

② 定时对炉管进行检查，根据炉管状况、运行时间以及ΔT-ΔP（温度-压力变化）指示，每35天左右对炉子进行一次蒸汽空气清焦。

③ 每天负责对聚结器检查和排水。发现水量较大时要及时向上汇报。

④ 每班检查各温度点温度的变化，特别要控制好炉管的出口温度COT在工艺要求范围内，各盘管出口温度不超过设计值。

⑤ 每班检查和调整进料量、稀释蒸汽量，并与外操人员联系，及时调整。

⑥ 每班检查炉膛内氧含量和有机物含量，并与外操人员联系，及时调整。

⑦ 每班检查各联锁的动作状况，发现报警，立即向值班长汇报，并及时处理。

⑧ 每班检查原料油罐的液位，使其保持正常。

⑨ 每班严格控制各项工艺指标，工艺违反率不大于2%。

⑩ 每班检查各运转机泵的运行情况和润滑情况、超高压锅炉供水泵润滑油系统的温度和压力，备用泵要正常备用。

⑪ 每班至少四次检查炉管是否正常，若有发红亮点或破裂要及时上报。检查燃烧器运行情况，及时整理堵塞的喷嘴喷头，调整各烧嘴火焰正常及温度分布均匀。

⑫ 每班根据火焰情况和炉膛内氧含量，调整二次风门，使氧含量保持正常。

⑬ 每班在生产过程中，根据炉膛温度的变化，随时调整炉膛的燃料状况，使横向温度保持一致，纵向温度符合设计要求。

⑭ 每班检查汽包排污是否正常，根据排污的电导率和 pH 值，调整化学品注入量。

⑮ 定期清理过滤网。

2. 裂解炉岗位操作规定

（1）裂解炉岗位操作任务

① 将来自界区的石脑油、加氢尾油、LPG、丙烷、循环乙烷/丙烷预热。

② 预热后的原料与稀释蒸汽混合，制备成具有一定温度、压力和比例的原料气，将混合原料气送入辐射段的炉管，控制适当反应温度，使其发生热裂解反应，生成富含乙烯的裂解气，经废热锅炉冷却后送初分馏系统。

③ 经废热锅炉系统将高温裂解气进行迅速冷却以终止裂解反应，同过利用温度较高的废热、副产超高压蒸汽作为裂解气压缩机的动力。

（2）裂解炉岗位职责

① 严格执行岗位操作规程、工艺技术规程及安全技术规程。

② 按作业计划完成产量、质量指标，正确操作，维护好本岗位所属一切设备、仪表及消防器材，为下班生产创造良好的工作条件。

③ 按时、准确、用仿宋体填写岗位原始记录和各种图表，并保持清洁、完整。

④ 按规定进行停车、切换设备，当发生异常或火灾爆炸、中毒事故时，必须采取抢救措施，不得擅离职守，要及时报告班长并通知消防队或气防站。

⑤ 辖区内原材料摆放整齐，地面清洁无垃圾，及时消除跑、冒、滴、漏。

⑥ 负责本岗位设备检修前的倒空、置换及分析合格后的交出工作。

⑦ 未经车间允许不得任意改变工艺条件或进行试验性操作。

⑧ 对新员工和实习生进行耐心、细致的技术培训和包教工作，使在培训期满后，技术上真正达到相应的技能工水平。

⑨ 严格执行岗位各项制度，精心操作。

（3）裂解炉岗位管辖范围

① 所有管式裂解炉及其所附属设备的仪表、电气等。

② 原料罐区。包括丙烷储罐，LPG 储罐，石脑油储罐，加氢尾油储罐，硫剂储罐，硫剂注入罐，丙烷泵，LPG 泵，石脑油泵，加氢尾油泵，硫注射输送泵，硫注射泵，丙烷进料聚结器，LPG 进料聚结器，石脑油进料聚结器及其附属的仪表、电气等。

③ 原料预热系统。丙烷进料蒸发器，丙烷进料/急冷油加热器，LPG 进料蒸发器，LPG 进料过热器，石脑油进料/急冷水换热器，石脑油进料/急冷油换热器，加氢尾油进料/急冷油换热器及其附属的仪表、电气等。

④ 锅炉给水系统。超高压锅炉给水泵，脱氧器，低压锅炉给水泵，所附属仪表、电气等。

⑤ 裂解炉高压汽包排污系统。连续排放罐，排放冷却器及其所附属的仪表、电气等。

⑥ 燃料气系统。燃料气罐及其所附属的仪表、电气等。

第六节　烯烃的其他生产技术

尽管热裂解法生产乙烯，副产丙烯、丁二烯的工艺目前仍占烯烃生产的主要地位，但其生产工艺受裂解原料、烯烃产物分布等因素的限制，所以世界各国都在研发新的烯烃生产工艺，特别是富产丙烯的烯烃生产装置。丙烯是仅次于乙烯的重要化工原料，目前全球对丙烯的需求快速增长，甚至超过了对乙烯需求的增长速度。作为蒸汽裂解副产物的丙烯已经不能满足市场需求，因而石油化工行业正积极研发增产丙烯的方法。本节将主要探讨富产丙烯的生产方法。

一、催化裂解法生产烯烃技术

催化裂解是在催化剂存在的条件下，对石油烃类进行高温裂解来生产乙烯、丙烯、丁二烯等低碳烯烃，并同时兼产轻质芳烃的过程。由于催化剂的存在，催化裂解可以降低反应温度，增加低碳烯烃和轻质芳香烃产率，提高裂解产品分布的灵活性。

1. 催化裂解的一般特点

① 催化裂解是碳正离子反应机理和自由基反应机理共同作用的结果，其裂解气体产物中乙烯所占的比例要大于催化裂化气体产物中乙烯的比例。

② 在一定程度上，催化裂解可以看作是高深度的催化裂化，其气体产率远大于催化裂化，液体产物中芳烃含量很高。

③ 催化裂解的反应温度很高，分子量较大的气体产物会发生二次裂解反应，另外，低碳烯烃会发生氢转移反应生成烷烃，也会发生聚合反应或者芳构化反应生成汽柴油。

2. 催化裂解的反应机理

一般来说，催化裂解过程既发生催化裂化反应，也发生热裂化反应，但是具体的裂解反应机理随催化剂的不同和裂解工艺的不同而有所差别。

催化裂解的催化剂主要是金属氧化物催化剂和沸石分子筛催化剂。在 Ca-Al 系列催化剂上的高温裂解过程中，自由基反应机理占主导地位；在酸性沸石分子筛催化剂上的低温裂解过程中，碳正离子反应机理占主导地位；而在具有双酸性中心的沸石催化剂上的中温裂解过程中，碳正离子机理和自由基机理均发挥着重要的作用。

3. 催化裂解的影响因素

同催化裂化类似，影响催化裂解的因素也主要包括以下四个方面：原料组成、催化剂性质、操作条件和反应装置。

（1）原料油性质的影响　一般来说，原料油的 H/C 值和特性因数 K 越大，饱和组分含量越高，BMCI 值越低，则裂解得到的低碳烯烃（乙烯、丙烯、丁烯等）产率越高；原料的残碳值越大，硫、氮以及重金属含量越高，则低碳烯烃产率越低。各族烃类作裂解原料时，低碳烯烃产率的大小次序一般是：烷烃＞环烷烃＞异构烷烃＞芳香烃。

（2）催化剂的性质　催化剂是影响催化裂解工艺中产品分布的重要因素。裂解催化剂应具有高的活性和选择性，既要保证裂解过程中生成较多的低碳烯烃，又要使氢气和甲烷以及液体产物的收率尽可能低，同时还应具有高的稳定性和机械强度。对于沸石分子筛型裂解催化剂，分子筛的孔结构、酸性及晶粒大小是影响催化作用的三个最重要因素；而对于金属氧化物型裂解催化剂，催化剂的活性组分、载体和助剂是影响催化作用的最重要因素。

（3）操作条件的影响　操作条件对催化裂解的影响与其对催化裂化的影响类似。

原料的雾化效果和气化效果越好，原料油的转换率越高，低碳烯烃产率也越高；反应温度越高，剂油比越大，则原料油转化率和低碳烯烃产率越高，但是焦炭的产率也变高；由于催化裂解的反应温度较高，为防止过度的二次反应，因此油气停留时间不宜过长；而反应压力的影响相对较小。从理论上分析，催化裂解应尽量采用高温、短停留时间、大蒸汽量和大剂油比的操作方式，才能达到最大的低碳烯烃产率。

（4）反应器是催化裂解产品分布的重要因素　反应器型式主要有固定床、移动床、流化床、提升管和下行输送床反应器等。针对催化热裂解工艺，采用纯提升管反应器有利于多产乙烯，采用提升管加流化床反应器有利于多产丙烯。

（5）催化裂解原料　石蜡基原料的裂解效果优于环烷基原料。因此，绝大多数催化裂解工艺都采用石蜡基的馏分油或者重油作为裂解原料。对于环烷基的原料，特别针对加拿大油砂沥青得到的馏分油和加氢馏分油，重质油国家重点实验室的申宝剑教授开发了专门的裂解催化剂，初步评价结果表明，乙烯和丙烯总产率接近30%（质量）。

4. 催化裂解工艺技术简介

烃类催化裂解技术的研究已有半个世纪的历史了，其研究范围包括轻烃、馏分油和重油，并开发出了多种裂解工艺，下面对其进行简要的介绍。

（1）催化裂解工艺（DCC工艺）　DCC工艺是由中国石化石油化工科学研究院开发的，以重质油为原料，使用固体酸分子筛催化剂，在较缓和的反应条件下进行裂解反应，生产低碳烯烃或异构烯烃和高辛烷值汽油的工艺技术。该工艺借鉴流化床催化裂化技术，采用催化剂的流化、连续反应和再生技术，已经实现了工业化。

DCC工艺具有两种操作方式——DCC-Ⅰ和DCC-Ⅱ。DCC-Ⅰ选用较为苛刻的操作条件，在提升管加密相流化床反应器内进行反应，最大量地生产以丙烯为主的气体烯烃；DCC-Ⅱ选用较缓和的操作条件，在提升管反应器内进行反应，最大量地生产丙烯、异丁烯和异戊烯等小分子烯烃，并同时兼产高辛烷值优质汽油。

（2）催化热裂解工艺（CPP工艺）　该工艺是中国石化石油化工科学研究院开发的制取乙烯和丙烯的专利技术，在传统的催化裂解技术的基础上，以蜡油、蜡油掺渣油或常压渣油等重油为原料，采用提升管反应器和专门研制的催化剂以及催化剂流化输送的连续反应-再生循环操作方式，在比蒸汽裂解缓和的操作条件下生产乙烯和丙烯。CPP工艺是在催化裂解DCC工艺的基础上开发的，其关键技术是通过对工艺和催化剂的进一步改进，使其目的产品由丙烯转变为乙烯和丙烯。

（3）重油直接裂解制乙烯工艺（HCC工艺）　该工艺是由洛阳石化工程公司炼制研究所开发的，以重油直接裂解制乙烯并兼产丙烯、丁烯和轻芳烃的催化裂解工艺。它借鉴成熟的重油催化裂解工艺，采用流态化“反应-再生”技术，利用提升管反应器或下行式反应器来实现高温短接触的工艺要求。

（4）其他催化裂解工艺　如催化-蒸汽热裂解工艺（反应温度一般都很高，在800℃左右）、THR工艺（日本东洋工程公司开发的重质油催化转化和催化裂解工艺）、快速裂解技术（Stone & Webster公司和Chevron公司联合开发的一套催化裂解制烯烃工艺）、ACO（韩国SK能源和KBR联合开发）技术、PetroRsier（Axens/Shaw公司开发）技术等。

5. 催化裂解工艺过程

（1）主要设备　催化裂解装置核心设备为反应器及再生器，常见形式为同轴式和并列式。同轴式是指反应器（沉降器）和再生器设备中心在一个竖直轴线上，两个设备连接为一个整体，其优点是节能、节省空间及制造材料，缺点是设备过于集中、施工安装及检维修不便；并列式是指反应器和再生器在空间上并列布置，相对独立，占用空间大，配套的钢结构成本相应高，优点是设备交叉少，内部空间较大，安装及检维修方便，工艺介质在其内部受设备形状影响较小，流体相对规律，在大型装置中应用相对较多。

（2）反应部分主要流程　典型裂解反应流程如图 2-21 所示。

① 反应部分。原料经对称分布物料喷嘴进入提升管，并喷入燃油加热，上升过程中开始在高温和催化剂的作用下反应分解，进入反应器下段的汽提段，经汽提蒸汽提升进入反应器上段反应分解后，反应油气和催化剂的混合物进入反应器顶部的旋风分离器（一般为多组），经两级分离后，油气进入集气室，并经油气管道输送至分馏塔底部进行分馏，分离出的催化剂则从旋风分离器底部的翼阀排出，到达反应器底部经待生斜管进入再生器底部的烧焦罐。

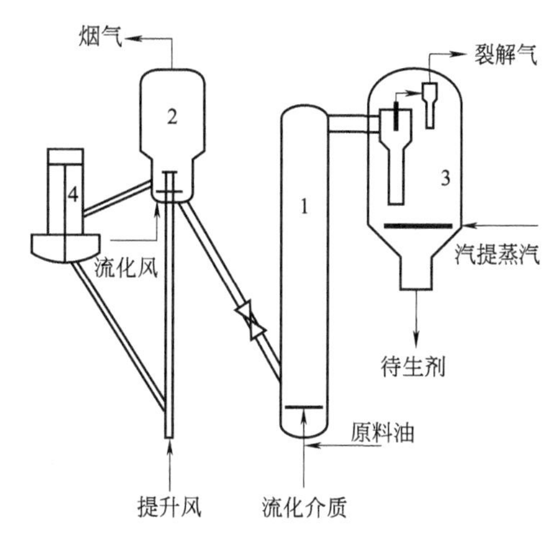

图 2-21　DCC 技术催化裂解反应流程

1—流化床反应器；2—催化剂再生器；3—沉降器；4—取热器

② 再生部分。再生器阶段，催化剂因在反应过程中表面会附着油焦而活性降低，所以必须进行再生处理，首先主风机将压缩空气送入辅助燃烧室进行高温加热，经辅助烟道通过主风分布管进入再生器烧焦罐底部，从反应器过来的催化剂在高温大流量主风的作用下被加热上升，同时通过器壁分布的燃油喷嘴喷入燃油调节反应温度，这样催化剂表面附着的油焦在高温下燃烧分解为烟气，烟气和催化剂的混合物继续上升进入再生器继续反应，油焦未能充分反应的催化剂经循环斜管会重新进入烧焦罐再次处理。最后烟气及处理后的催化剂进入再生器顶部的旋风分离器进行气固分离，烟气进入集气室汇合后排入烟道，催化剂进入再生斜管送至提升管。

③ 烟气利用部分。再生器排出的烟气一般还要经三级旋风分离器再次分离回收催化剂，高温高速的烟气主要有两种路径，一种是进入烟机，推动烟机旋转带动发电机或鼓风机；另一种是进入余热锅炉进行余热回收，最后废气经工业烟囱排放。

6. 催化裂解与催化裂化工艺的区别

① 生产目的不同。催化裂化以生产汽油、煤油和柴油等轻质油品为目的，而催化裂解旨在生产乙烯、丙烯、丁烯、丁二烯等基本化工原料。

② 所用原料不同。催化裂化的原料一般是减压馏分油、焦化蜡油、常压渣油以及减压馏分油掺减压渣油；而催化裂解的原料范围比较宽，可以是催化裂化的原料，还可以是石脑油、柴油以及 C_4、C_5 轻烃等。

③ 所用催化剂不同。催化裂化的催化剂一般是沸石分子筛催化剂和硅酸铝催化剂，而催化裂解的催化剂一般是沸石分子筛催化剂和金属氧化物催化剂。

④ 操作条件不同。与催化裂化相比，催化裂解的反应温度较高、剂油比较大、蒸汽用量较多、油气停留时间较短、二次反应较为严重。

⑤ 反应机理不同。催化裂化的反应机理一般认为是碳正离子机理，而催化裂解的反应机理既包括碳正离子机理，又涉及自由基机理。

总之，石油烃催化裂解技术弥补了低碳烯烃生产技术在原料利用、生产工艺、产品分布等方面的不足，为石油化工生产的后续发展提供了重要的基础原料保证。

二、MTO 法生产烯烃技术

由于我国石油资源相对比较短缺，如何找到一种可替代石油原料来生产烯烃的技术，是石油化工可持续发展的重要战略方针。MTO 技术的研发成功满足了上述战略的要求。我国的煤炭资源相对比较丰富，页岩气、可燃冰的相继勘探成功，为我国 MTO 技术的实施提供了相对丰富的原料保证。

MTO 制烯烃技术是以煤、天然气、页岩气等为原料生产合成气，合成气生产甲醇，再以甲醇为原料生产低碳烯烃的化工技术。

素质阅读

大国科学家——刘中民

刘中民，男，1964 年 9 月生，汉族，河南周口市人，民盟盟员。中国科学院大连化学物理研究所所长、中国科学院大学博士生导师、研究员。

他是我国甲醇制烯烃（DMTO）、煤基乙醇（DMTE）技术的总负责人，在煤经甲醇制烯烃以及煤基乙醇技术上取得了多项世界级创新成果并实现产业化，为保障我国能源安全和粮食安全、煤炭清洁化利用以及缓解大气污染等方面做出了突出贡献。

他是我国煤制烯烃新兴产业的开创者，是现代煤化工技术创新和工业化的重要引领者。

1. MTO 技术简介

甲醇制烯烃（methanol to olefins，MTO）和甲醇制丙烯（methanol to propylene）是两个重要的 C_1 化工新工艺，是指以煤或天然气合成的甲醇为原料，借助类似催化裂化装置的流化床反应形式，生产低碳烯烃的化工技术。

20 世纪 70 年代美国 Mobil 公司在研究甲醇使用 ZSM-5 催化剂转化为其他含氧化合物时，发现了甲醇制汽油（methanol to gasoline，MTG）反应。1979 年，新西兰政府利用天然气建成了全球首套 MTG 装置。

从 MTG 反应机理分析，低碳烯烃是 MTG 反应的中间产物，因而 MTG 工艺的开发成功促进了 MTO 工艺的开发。国际上的一些知名石化公司，如 Mobil、BASF、UOP、Norsk Hydro 等公司都投入巨资进行技术开发。

Mobil 公司以该公司开发的 ZSM-5 催化剂为基础，最早研究甲醇转化为乙烯和其他低碳烯烃的工艺，然而，取得突破性进展的是 UOP 和 Norsk Hydro 两公司合作开发的以 UOP MTO-100 为催化剂的 UOP/Hydro 的 MTO 工艺。

国内科研机构，如中科院大连化物所、石油大学、中国石化石油化工科学研究院等亦开展了类似工作。其中大连化物所开发的合成气经二甲醚制低碳烯烃的工艺路线（SDTO）具有独创性，与传统合成气经甲醇制低碳烯烃的 MTO 相比较，CO 转化率高达 90%以上，建设投资和操作费用节省 50%～80%。当采用 D0123 催化剂时产品以乙烯为主，当使用 D0300 催化剂时产品以丙烯为主。

中原石化（中原乙烯）MTO 项目为我国首套国产化 MTO 项目，该项目的建成投产标志着中国石化在煤化工领域实现了重大突破。项目按期建成并顺利投产，设备运行良好，投产后取得了良好的经济效益和社会效益。目前我国各地新上 MTO 项目的积极性极高。

2. 反应机理

$$CH_4+H_2O \longrightarrow CO+3H_2 \qquad CO+2H_2 \longrightarrow CH_3OH$$

MTO 及 MTG 的反应历程主反应为：

$$2CH_3OH \longrightarrow C_2H_4 + 2H_2O$$
$$3CH_3OH \longrightarrow C_3H_6 + 3H_2O$$

甲醇首先脱水为二甲醚（DME），形成的平衡混合物包括甲醇、二甲醚和水，然后转化为低碳烯烃，低碳烯烃通过氢转移、烷基化和缩聚反应生成烷烃、芳烃、环烷烃和较高级烯烃。甲醇在固体酸催化剂作用下脱水生成二甲醚，其中间体是质子化的表面甲氧基；低碳烯烃转化为烷烃、芳烃、环烷烃和较高级烯烃，其历程为带有氢转移反应的典型的碳正离子机理；二甲醚转化为低碳烯烃有多种机理论述，一直还没有统一认识。

Mobil公司最初开发的MTO催化剂为ZSM-5，其乙烯收率仅为5%。改进后的工艺名称为MTE，即甲醇转化为乙烯，最初为固定床反应器，后改为流化床反应器，乙烯和丙烯的选择性分别为45%和25%。

UOP开发的以SAPO-34为活性组分的MTO-100催化剂，其乙烯选择性明显优于ZSM-5，使MTO工艺取得突破性进展。其乙烯和丙烯的选择性分别为43%～61.1%和27.4%～41.8%。

从国外发表的专利看，MTO研究开发的重点仍是催化剂的改进，以提高低碳烯烃的选择性。将各种金属元素引入SAPO-34骨架上，得到称为MAPSO或ELPSO的分子筛，这是催化剂改型的重要手段之一。金属离子的引入会引起分子筛酸性及孔口大小的变化，孔口变小限制了大分子的扩散，有利于小分子烯烃选择性的提高，形成中等强度的酸中心，也将有利于烯烃的生成。

3. MTO生产工艺技术简介

国外具有代表性的MTO工艺技术主要是UOP/Hydro、ExxonMobil的技术，以及鲁奇（Lurgi）的MTP技术。

ExxonMobil和UOP/Hydro的工艺流程区别不大，均采用流化床反应器，甲醇在反应器中反应，生成的产物经分离和提纯后得到乙烯、丙烯和轻质燃料等。UOP/Hydro工艺已在挪威国家石油公司的甲醇装置上进行运行，效果达到甲醇转化率99.8%、丙烯产率45%、乙烯产率34%、丁烯产率13%。

鲁奇公司则专注于由甲醇制单一丙烯新工艺的开发，采用中间冷却的绝热固定床反应器，使用南方化学公司提供的专用沸石催化剂，丙烯的选择率很高。据鲁奇公司称，日产1600t丙烯生产装置的投资费用为1.8亿美元。有消息称，鲁奇公司的年百万吨甲醇和50万吨丙烯生产技术已于2012年实现工业化生产。

从国外发表的专利看，MTO又做了一些新的改进。

（1）以二甲醚（DME）作MTO中间步骤　水或水蒸气对催化剂有一定危害性，减少水还可节省投资和生产成本，生产相同量的轻质烯烃产生的水，甲醇是二甲醚的两倍，所以装置设备尺寸可以减小，生产成本也可下降。

（2）通过烯烃歧化途径灵活生产烯烃　通过改变反应的温度可以调节乙烯与丙烯的比例，但是温度提高会影响催化剂的寿命，而通过歧化反应可用乙烯和丁烯歧化来生产丙烯，也可以使丙烯歧化为乙烯和丁烯，不会影响催化剂的寿命，从而使产品分布更灵活。

（3）以甲烷作反应稀释剂　使用甲烷作稀释剂比用水或水蒸气作稀释剂可减少对催化剂的危害。

总之，MTO工艺的工业发展，实现以乙烯、丙烯为代表的低碳烯烃生产原料多元化，不失为解决我国石油资源紧张、促进我国低碳烯烃工业快速发展之最有效途径，也有利于我国内地产煤大省实现煤炭资源优势转化。

复习思考题

一、填空题

1. 目前，世界乙烯的生产方法主要________、________和________等生产方法。

2. 石油化工生产的三烯是指____________、____________、____________，三苯是指________、________、________。

3. 烃类在高温下进行的裂解反应包括________、________、________、________、________、________、________缩合、结焦等反应过程。

4. 自由基链反应机理都由________、________、________三个基本阶段构成。

5. 石油烃热裂解的主要任务是最大可能地生产________，联产________、________以及________、________、________等产品。

6. 影响裂解过程的主要因素有________、________、________、________等。

7. 评价裂解原料的性能的主要物性参数有________、________、________等。

8. 所谓关联指数是由原料________与________相结合的一个参数。

9. 从热力学和动力学两方面总结得到的石油烃裂解工艺条件是______、______、________。

10. 烃类热裂解的方法很多，依照传热方式不同，可分为__________、__________、________、气体热载体裂解法和________等。

11. 从结构上看，管式炉由________、________、________三部分组成。

12. 裂解技术由________和________组成。

13. 目前，乙烯生产中都采用先________，后用________对裂解气进行洗涤的急冷技术。

14. 裂解过程激冷器的作用是：一是________；二是________。

15. 清焦方法有________清焦法和________清焦法。

16. 石油烃热裂解工艺过程都包括________、________、________、________。

二、判断题

1. 裂解的主要目的是将大分子烷烃转变为小分子烷烃。（　　）

2. 脱氢反应和断链反应都是热效应很大的吸热反应，低温对反应有利。（　　）

3. 烷烃的碳原子数越少，烯烃收率越高。（　　）

4. 芳烃是很好的裂解原料。（　　）

5. 裂解反应温度升高，只能提高一次反应的反应速率。（　　）

6. 原料 BMCI 值越大，表示其脂肪性越高，直链烷烃含量高。（　　）

7. 裂解的操作条件随原料变重，水、电和燃料的耗量都减少。（　　）

8. 一般均以裂解炉反应管出口处物料温度表示裂解温度。（　　）

9. 管式炉的炉体由精馏段和提馏段组成。（　　）

10. 间接急冷法是在高温裂解气中直接喷入急冷剂来降低裂解气温度的急冷方法。（　　）

11. 直接急冷法是利用急冷锅炉来降低裂解气温度的急冷方法。（　　）

12. 裂解过程主要是采用真空泵直接降低烃分压。（　　）

三、选择题

1. （　　）的产量往往标志一个国家化学工业的发展水平。

A. 天然气　　B. 石油　　C. 煤　　D. 乙烯

2. 石油烃热裂解的操作条件可以概括为（　　）。

A. 高温、低烃分压、短停留时间　　B. 高温、高压、短停留时间

C. 低温、低压、短停留时间　　D. 高温、低压、长停留时间

3. 下列哪种方式不属于裂解气的急冷方式？（　　）

A. 直接急冷　　B. 间接急冷

C. 丙烯制冷　　D. A 和 B 选项都正确

4. 选择短的停留时间可以（　　）二次反应的发生，（　　）乙烯收率。

A. 提高、提高　　B. 提高、降低　　C. 降低、降低　　D. 减少、提高

5. 原料的 BMCI 值越（　　），乙烯收率（　　）。

A. 小、高　　B. 大、不变　　C. 大、高　　D. 小、低

6. 理想的裂解原料是（　　）

A. 高含量的烷烃、高含量的芳烃和烯烃

B. 低含量的烷烃、高含量的芳烃和烯烃

C. 低含量的烷烃、低含量的芳烃和烯烃

D. 高含量的烷烃、低含量的芳烃和烯烃

7. 不同的裂解原料具有不同适宜的裂解温度，较轻的裂解原料，裂解温度（　　），较重的裂解原料，裂解温度（　　）。

A. 较低、较高　　B. 较高、较低　　C. 较高、较高　　D. 较低、较低

8. 工业中常用那种物质作为裂解原料中的稀释剂？（　　）

A. 氮气　　B. 氩气　　C. 蒸汽　　D. 氖气

9.（　　）是生成目的产物以乙烯、丙烯等低级烯烃为主的反应。

A. 二次反应　　B. 一次反应　　C. 主反应　　D. 副反应

10. 裂解装置能量回收的主要途径是（　　）。

A. 高温裂解气显热回收　　B. 裂解炉烟道气热量回收

C. 急冷介质和过剩低压蒸汽热量回收　　D. 以上都是

四、简答题

1. 为什么说“乙烯装置”是石油化工的基础原料装置？

2. 什么叫石油烃热裂解？

3. 什么是裂解过程中一次反应？什么是裂解过程的二次反应？各指哪些反应？为何在生产中要尽力促进一次反应，抑制二次反应？

4. 衡量裂解原料的技术指标有哪些，根据这些指标得出的最理想裂解原料是什么？

5. 裂解温度与停留时间有什么关系？试分析并选择裂解温度和停留时间。

6. 裂解温度以什么温度表示？什么是停留时间？

7. 裂解压力对裂解反应有何影响？为什么不采用直接减压的方法降低裂解压力？

8. 何为裂解深度？裂解时裂解深度是否越高越好？为什么？

9. 烃类裂解在高温下生炭或结焦与什么因素有关？具体经过什么途径？如何减少生产过程中的结焦？

10. 烃类裂解反应的特点是什么？在工艺上是采用哪些措施来实现的？

11. 管式裂解炉裂解工艺过程主要由哪几部分组成？各部分主要作用是什么？

12. 一种性能良好的管式炉，必须符合哪些要求？

13. 为什么要进行裂解气的急冷？急冷有几种方式？各具有什么特点？

14. 为什么要对裂解装置能量进行回收？有哪些回收途径？各是如何进行的？

15. 管式炉和急冷锅炉结焦原因是什么？有哪些危害？如何抑制及判断结焦？怎样进行清焦？

16. 什么是高温气相结焦？什么是冷凝结焦？如何减少这两种结焦？
17. 根据热力学和动力学得出的裂解反应工艺条件是什么？
18. 裂解技术由什么组成？急冷处理的任务是什么？
19. 急冷锅炉应具备哪些条件？
20. 水蒸气作为稀释剂有哪些优点？
21 请写出蒸汽-空气烧焦法的反应原理。
22. 裂解岗位工艺定期操作规定有哪些？
23. 裂解炉岗位的操作任务是什么？
24. 裂解炉岗位的岗位职责是什么？
25. 裂解炉岗位的管理范围包括哪些？
26. 急冷油塔轻急冷油段温度过高或过低是由什么原因引起的？如何处置？
27. 裂解炉炉顶温度如何控制？
28. 废热锅炉的汽包液位如何控制？
29. 供给裂解炉的燃料压力如何控制？
30. 水急冷塔的塔顶和塔釜温度如何控制？
31. 什么是催化裂解技术？它和催化裂化有何不同？
32. 石油烃热裂解工艺过程由哪几部分组成？石油烃催化裂解工艺由哪几部分组成？
33. 什么是 MTO 生产烯烃技术？试写出 MTO 生产烯烃反应原理。

第二章　石油烃裂解气分离

学习目标

1. 了解裂解气的组成与分离方法。
2. 掌握裂解气的压缩目的及压缩工艺流程。
3. 掌握裂解气中有害组分的脱除原理及各种有害组分脱除工艺流程。
4. 掌握制冷工作原理及乙烯、丙烯制冷工艺流程。
5. 掌握裂解气深冷分离技术及三种深冷分离工艺流程。
6. 掌握裂解气的主要分离工艺过程。
7. 了解深冷分离节能方法和分离装置操作技术。

课程导入

石油烃裂解气的组成比较复杂，其组成在常温常压下又是气态介质，在后续加工过程中又需要纯度很高的单一组分，那么如何将这些混合组分的气体分离成单一的高纯度组分，分离装置的工艺流程有哪些，这些分离装置如何操作？

石油烃裂解气分离工序是乙烯装置的一个重要组成部分。裂解气的组成是很复杂的，其中绝大多数属于有用组分，也含有一些有害杂质。裂解气分离的主要任务是除去其中的有害杂质，并对有用的多组分裂解混合物进行分离，得到高纯度的乙烯、丙烯产品。

第一节　石油烃裂解气的组成与分离方法

素质阅读

乙烯分离技术国产化的拓荒者——王振维

王振维，1964年出生，中共党员，石油化工专业高级专家，现就职于中国石化工程建设有限公司（SEI），从事乙烯生产技术开发与设计工作。

他负责及参加国家和集团公司开发课题31项，主持和参加了23套次烯烃生产装置的设计及开车指导，获得国家科学技术进步奖一等奖2项，省部级科学技术进步奖特等奖3项、一等奖1项，省部级技术发明奖一等奖1项，授权国内外专利34项。

他的人生格言是“回首来路，人生最大的幸运，就是个人奋斗方向与乙烯成套技术国产化的历史发展进程不谋而合”，“如果我们对自己的技术都没有信心，始终不敢迈出实践的第一步，就永远不会取得突破。”

一、石油烃裂解气的组成

以石油馏分油、天然气、油田气、炼厂气等为原料进行裂解，其裂解气是很多组分的混合气体。石油烃裂解气的组成取决于原料组成、裂解方法、裂解条件。不同的原料组成，不同的裂解方法，不同的裂解条件，得到的裂解气组成是不一样的。即使是同一种原料组成，同一种裂解方法，裂解条件变化，得到的裂解气组成也是不同的。几种常用裂解原料所得的裂解气组成如表 2-28 所示。

表 2-28 几种常用裂解原料所得的裂解气组成

组分 / 裂解气组成/%(体积)	裂解原料			
	乙烷	石脑油	轻柴油	减压柴油
H_2	34	14.09	13.18	12.75
$CO+CO_2+H_2S$	0.19	0.32	0.27	0.36
CH_4	4.39	26.78	21.24	20.89
C_2H_2	0.17	0.41	0.37	0.46
C_2H_4	31.51	26.10	29.34	29.62
C_2H_6	24.35	5.78	7.58	7.03
C_3H_4	—	0.48	0.54	0.48
C_3H_6	0.76	10.30	11.42	10.34
C_3H_8	—	0.34	0.36	0.22
C_4	0.18	4.85	5.21	5.36
C_5	0.09	1.04	0.51	1.29
$\geqslant C_6$	—	4.53	4.58	5.05
H_2O	4.36	4.98	5.4	6.15
平均分子量	18.89	26.83	28.01	28.38

要得到高纯度的单一的烃，如重要的石油化工生产所需的基本原料乙烯、丙烯等，就需要将它们与其他烃类和杂质等分离开来，并根据工业上的需要，使之达到一定的纯度，这一操作过程称为裂解气的分离。裂解、分离、合成是石油化工生产中的三大加工过程。分离是裂解气提纯的必然过程，为其下一步合成提供原料，所以起到举足轻重的作用。

各种石化产品的合成，对于原料纯度的要求是不同的。有的产品对原料纯度要求不高，例如用乙烯与苯烷基化生产乙苯时，对乙烯纯度要求不太高。对于聚合用的乙烯和丙烯的质量要求则很严，生产聚乙烯、聚丙烯要求乙烯、丙烯纯度在 99.9%或 99.5%以上，其中有机杂质不允许超过 $(5\sim10)\times10^{-6}$。这就要求对裂解气进行精细的分离和提纯，所以分离的程度可根据后续产品合成的要求来确定。

二、裂解气的分离方法

石油烃裂解气的分离程度决定于产品加工的要求，其中以聚合用的乙烯和丙烯的质量要求最为严格，其规格见表 2-29、表 2-30。

表 2-29　聚合级乙烯一般规格

组分名称	规格	组分名称	规格
乙烯	99.95%	氧	$<5\times10^{-6}$
乙炔	$<10\times10^{-6}$	一氧化碳	$<10\times10^{-6}$
水分	$<10\times10^{-6}$	二氧化碳	$<10\times10^{-6}$
硫	$<5\times10^{-6}$	氢	$<10\times10^{-6}$

表 2-30　聚合级丙烯一般规格

组分名称	规格	组分名称	规格
丙烯	99.50%	氧	$<5\times10^{-6}$
丙烷	<0.5%	一氧化碳	$<10\times10^{-6}$
乙炔	$<5\times10^{-6}$	二氧化碳	$<10\times10^{-6}$
乙烯	$<10\times10^{-6}$	氢	$<10\times10^{-6}$
乙烷	$<10\times10^{-6}$	水	$<10\times10^{-6}$
丙炔	$<10\times10^{-6}$	硫	$<5\times10^{-6}$
丙二烯	$<10\times10^{-6}$		

目前，工业上常采用的裂解气分离方法有浅冷分离法（只能得到纯度为40%的乙烯和60%的丙烯）、油吸收分离法（技术经济指标与产品纯度均不如深冷分离法）和深冷分离法三种分离方法。其中只有深冷分离法，裂解气分离后才可得到聚合级乙烯、丙烯产品。

深冷分离法的原理是在－100℃左右的低温下将裂解气中除甲烷和氢以外的其他烃全部冷凝下来，然后利用裂解气中各种烃类的不同相对挥发度（裂解气中低级烃与其他气体的主要物理常数见表2-31），用精馏方法在适当的条件下将各组分逐一分离开来。由于深冷分离法技术经济指标先进、产品收率高、质量好，尽管投资大，流程较复杂，工艺条件苛刻，需大量耐低温合金钢材，但仍被石油化工企业广泛采用。

表 2-31　裂解气中组分的主要物理常数

组分	分子量	沸点/℃	临界温度/℃	临界压力/MPa
H_2	2.016	－252.5	－239.8	1.34
N_2	28.016	－195.8	－147.1	3.39
CO	18.01	－191.5	－140.2	3.50
CH_4	16.04	－161.5	－82.3	4.64
C_2H_4	28.05	－103.71	9.9	4.95
C_2H_6	30.05	－88.63	33.0	4.92
C_2H_2	26.04	－83.60	35.7	6.24
C_3H_6	42.08	－47.7	91.89	4.15
C_3H_8	44.06	－42.07	95.8	4.22
i-C_4H_{10}	58.08	－11.7	138.8	3.06
i-C_4H_8	56.06	－6.0	144.1	3.97
n-C_4H_8	56.06	－6.26	144.1	—
C_4H_6	54.09	－4.4	163.0	4.35

三、深冷分离工艺流程简介

深冷分离工艺流程包括裂解气的预处理、制冷和深冷分离等，如图 2-22 所示。

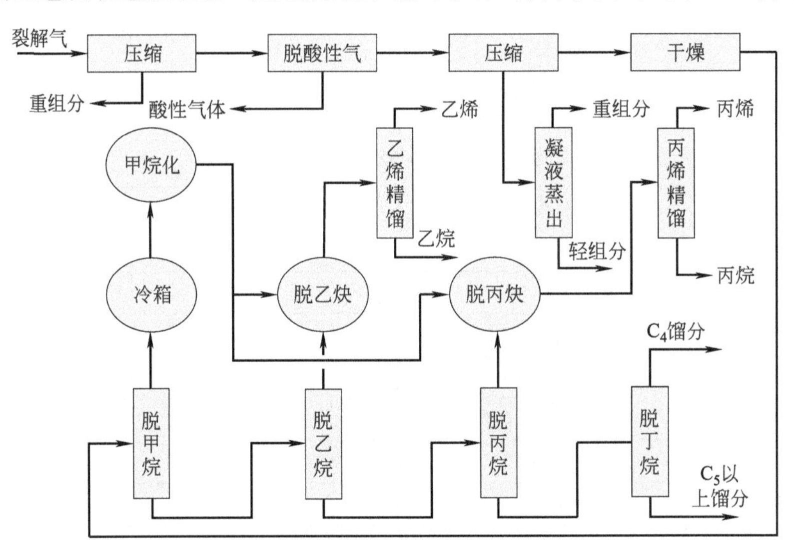

图 2-22　深冷分离一般分离方案示意图

① 压缩和脱除重组分。深冷分离法分高压法（2940～3920kPa）、中压法（530～640kPa）和低压法（177～245kPa），现多采用高压法。为了将裂解气增压到 2940～3920kPa，需要进行压缩，同时进行重质组分（焦油）的脱除。

② 脱酸性气体。在压缩机段间，单独用碱溶液或用乙醇胺和碱溶液分级洗涤，脱除无机硫、有机硫。采用碱洗时，可用冷碱、热碱或冷热碱兼用。

③ 脱水（深度干燥）。用活性氧化铝和分子筛等对裂解气进行深度干燥和脱水。

④ 脱除炔烃。裂解气和氢通过催化剂，将裂解气中的炔烃加氢成为烯烃或烷烃。当乙烯装置规模较大时，也有采用溶剂吸收法回收乙炔，以便作为化工原料。

⑤ 脱甲烷及氢。脱甲烷及氢可同时提取富氢，并为分离各种低级烃创造条件。由于该工序是在－100℃以下深度冷冻，消耗的冷能量较多，其操作好坏直接影响乙烯的收率，是决定深冷分离流程经济的一个重要环节。

⑥ 制冷。向裂解气提供低于环境温度的冷冻剂和冷量，使裂解气的温度降到－100℃以下，其过程为制冷过程。

⑦ 精馏分离系统。本系统包括一系列精馏塔，利用精馏方法分离出乙烷馏分、乙烯、丙烷馏分、丙烯、C_4 馏分以及 C_5 馏分等，得到聚合级乙烯、丙烯产品。

第二节　裂解气的压缩

裂解气在分离之前都要进行预处理，其内容包括裂解气的压缩、酸性气体脱除、脱水、脱炔烃和脱一氧化碳等。裂解气压缩是预处理的一个重要工序，也是首先要进行的工序。

素质阅读

中国乙烯压缩机研制第一人——姜妍

姜妍，1973年出生，中共党员，辽宁省沈阳鼓风机集团股份有限公司设计院副总工程师。

姜妍是我国百万吨级乙烯压缩机设计研制的“第一人”，面对国外严密的技术，她带领团队刻苦攻关、敬业奉献，累计研制压缩机千余台，终结我国乙烯压缩机长期依赖进口的局面，用10年时间走完西方国家100年的路，奏响了“大国重器”绝不假手于人的科技强音。

一、裂解气压缩的目的与特点

（1）裂解气压缩的目的　裂解气压缩的目的是对裂解气通过压缩机的压缩做功，提高压力使裂解气各组分的沸点相应升高（不同压力下某些轻烃组分的沸点如表2-32所示），从而提高了深冷分离的操作温度，节约了低温能量和低温钢材。裂解气经压缩冷却后，会产生部分凝液，凝液主要是水分和重质烃。因此，裂解气压缩能除去相当数量的水分和重质烃，减少了后续干燥和分离过程的负担。

表2-32　不同压力下常见轻烃组分的沸点

沸点/℃ \ 压力/kPa	98.1	981	1471.5	1962	2452.5	2943
氢气	−263	−244	−239	−238	−237	−235
甲烷	−162	−129	−114	−107	−101	−95
乙烯	−104	−55	−39	−29	−20	−13
乙烷	−88	−33	−18	−7	3	11
丙烯	−47.7	9	29	37.1	44	47

裂解气的压力升高后，虽然有利于烃类的精馏分离，但加压后对设备材料强度要求增高，动力消耗增加；加压后低温分离系统精馏塔的釜温亦会升高，容易引起一些不饱和烃类的聚合；同时加压后，使烃类的相对挥发度降低，增加了各组分分离的困难。因此，工业生产上深冷分离法常采用的操作压力由经济、技术综合平衡而定，既要合理，又要可行，一般为2943～3924kPa。

（2）裂解气压缩的特点　其特点主要表现在如下几个方面。

① 裂解气中的一些组分在压缩过程中易聚合、结焦。裂解气被压缩后，压力增高，温度也相应升高，裂解气中的烯烃和二烯烃等，在压缩升温后容易聚合、结焦。这些聚合物和结焦物积聚在压缩机的零部件上，造成压缩机的阀片堵塞、气缸磨损，使压缩机润滑油的黏度下降，从而破坏压缩机的正常运行。因此，裂解气压缩后的气体温度必须有一定限制。例如，在压缩过程中采取增加压缩级数、减少压缩比、降低各级进气温度等，以控制排气温度在100℃以下，并进行段间冷却分凝，及时分离各级冷凝下来的重组分，保证压缩机的正常运行。

② 裂解气是易燃易爆的混合气体。裂解气与空气混合达到一定浓度范围时，遇火种或高温将引起爆炸。因此，裂解气压缩机必须非常严密，且采取正压操作，以防止出现泄漏而进入空气，同时还要采取严格的防爆措施。

③ 对润滑油有稀释作用。裂解气对压缩机润滑油有一定的稀释能力，使润滑油的黏度和闪点下降，导致压缩机运转不正常和不安全。在生产操作过程中，要定期对润滑油进行严格检查，对不合格的润滑油要及时更换。

(3) 压缩机的选用　压缩机是深冷分离过程中重要的动力设备。常用的压缩机有往复式压缩机和离心式压缩机两大类。生产中选用哪一种压缩机需要综合考虑各种因素而定，如装置的工艺模型、工艺要求、制造安装、运转、维修、材质价格等。

随着石油化工大型化、联合化，乙烯生产规模不断扩大，离心式压缩机已越来越多地应用在裂解气、乙烯和丙烯的压缩制冷过程中。

二、裂解气压缩工艺流程

如果裂解气由40℃、134kPa中间不经冷却，压缩到3560kPa，则裂解气离开压缩机时的温度可高达300℃，在这样高的温度下，会导致二烯烃聚合。因此，裂解气压缩采用多级压缩，且设段间冷却，以维持入口温度低，出口温度也不超过90～100℃。

裂解气压缩工艺过程随裂解气组成的不同而不同。在石油化工企业中，裂解气压缩工艺过程常有两种流程，即含重组分较少的工艺流程和含重组分较多的工艺流程。

1. 含重组分较少的裂解气压缩工艺流程

含重组分较少的裂解气压缩工艺流程如图2-23所示。

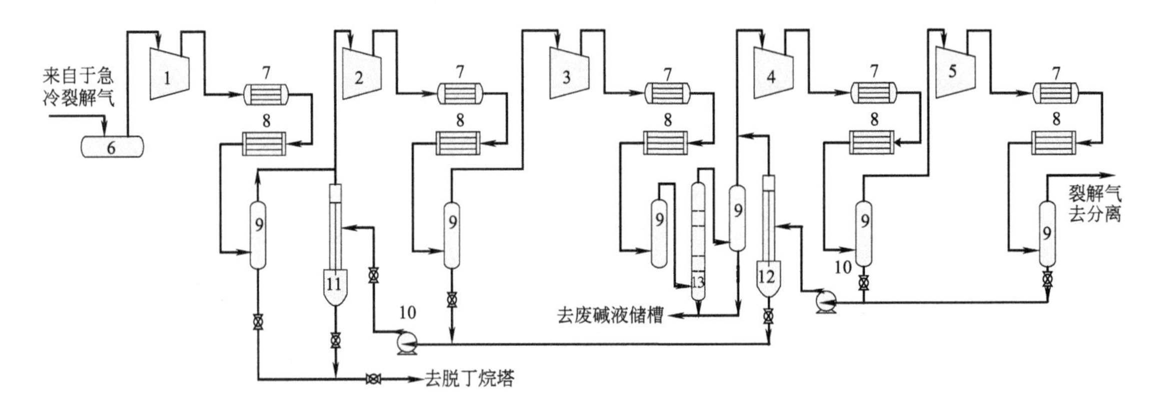

图2-23　含重组分较少的裂解气压缩工艺流程图

1—一段压缩机；2—二段压缩机；3—三段压缩机；4—四段压缩机；5—五段压缩机；6—缓冲罐；7—水冷凝器；8—丙烯冷凝器；9—气液分离器；10—流体输送泵；11—低压蒸出塔；12—高压蒸出塔；13—脱硫塔

从裂解工序送来的裂解气经缓冲罐(6)去一段压缩机入口，裂解气经一段压缩机压缩后，去水冷凝器和丙烯冷凝器冷凝，然后进入气液分离器(9)分去冷凝液。未凝裂解气体与低压蒸出塔(11)塔顶来的气体一同进入二段压缩机入口，经二段压缩机压缩后，去水冷凝器和丙烯冷凝器冷凝，然后进入气液分离器(9)分去冷凝液。未凝裂解气体去三段压缩机入口，经三段压缩机压缩后，去水冷凝器和丙烯冷凝器冷凝，然后进入气液分离器(9)分去冷凝液，未冷凝的裂解气从脱硫塔(13)下部进入脱硫塔，用碱液脱除硫化物及二氧化碳。压缩机二、三段分离罐出来的冷凝液与高压蒸出塔塔釜液一起由流体输送泵(10)送入低压蒸出塔(11)。

脱硫后的裂解气再进入气液分离器(9)除去夹带雾沫后，与来自高压蒸出塔(12)塔顶气体一同进入四段压缩机入口，经四段压缩机压缩后，去水冷凝器和丙烯冷凝器冷凝，然后进入气液分离器(9)分去冷凝液，未凝气体去五段压缩机入口，经五段压缩机压缩后的裂解气体，去水冷凝器和丙烯冷凝器冷凝，然后进入气液分离器（9）分去冷凝液后送后续分离工段。五段分离器出来的冷凝液进入高压蒸出塔。高压蒸出塔塔顶气体返回压缩机四段入口，塔釜液体送低压蒸出塔。低压蒸出塔塔釜液体与压缩机一段吸入罐不凝液一起送往脱丁烷塔。该流程的主要工艺条件如表 2-33 所示。本流程由于重组分较少，裂解气压缩机采用五段压缩。

表 2-33　五段压缩主要工艺条件

工艺条件＼压缩机	一段压缩机	二段压缩机	三段压缩机	四段压缩机	五段压缩机
吸入压力/kPa	103	177	383	834	1768
排除压力/kPa	216	422	873	1864	3562
吸入温度/℃	35	25	25	25	25
排出温度/℃	95	90	92	93	93

2. 含重组分较多的裂解气压缩工艺过程

含重组分较多的裂解气压缩工艺流程如图 2-24 所示。

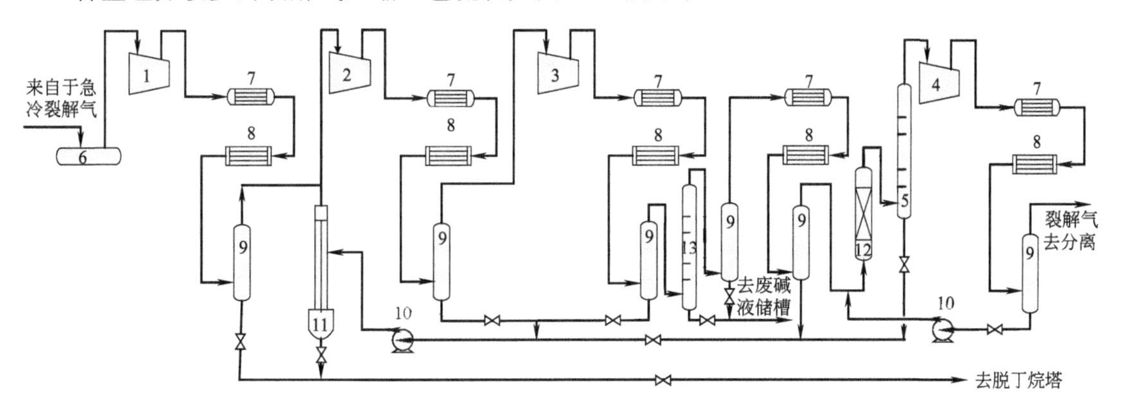

图 2-24　含重组分较多的裂解气压缩工艺流程图

1—一段压缩机；2—二段压缩机；3—三段压缩机；4—四段压缩机；5—脱丙烷塔；6—缓冲罐；7—水冷凝器；8—丙烯冷凝器；9—气液分离器；10—流体输送泵；11—低压蒸出塔；12—干燥塔；13—脱硫塔

四段压缩工艺流程

裂解工序送来的裂解气经缓冲罐（6）去压缩机一段入口，经一段压缩机压缩后，去水冷凝器和丙烯冷凝器冷凝，然后进入气液分离器（9）分去冷凝液。未凝裂解气体与低压蒸出塔（11）塔顶气体一同进入压缩机二段入口，经二段压缩机压缩后，去水冷凝器和丙烯冷凝器冷凝，然后进入气液分离器（9）分去冷凝液。未凝裂解气体去压缩机三段入口，经三段压缩机压缩后，去水冷凝器和丙烯冷凝器冷凝，然后进入气液分离器（9）分去冷凝液。未冷凝的裂解气体，从脱硫塔下部进入脱硫塔（13），用碱液脱硫。经过脱硫塔脱除硫化物及二氧化碳的裂解气经气液分离器（9）除去夹带雾沫，再经水冷凝器和丙烯冷凝器冷凝，进入气液分离器（9）除去冷凝液。气体经干燥塔（12）干燥后，与来自压缩机四段气液分离器（9）的凝液一起进入脱丙烷塔（5）。高压蒸出塔塔顶气体去压缩机四段入口，经四段压缩机压缩后，去水冷凝器和丙烯冷凝器冷凝，然后进入气液分离器（9）分去冷凝液后送后续分离工段。

来自压缩机二、三段各分离罐的冷凝液和高压蒸出塔塔釜液一起由流体输送泵（10）送入低压蒸出塔（11），低压蒸出塔塔顶气体去二段压缩机入口，塔釜液体与来自压缩机一段吸入罐的不凝液一起送往脱丁烷塔。该流程的主要工艺条件如表 2-34 所示。

表 2-34　四段压缩主要工艺条件

工艺条件＼压缩机	一段压缩机	二段压缩机	三段压缩机	四段压缩机
吸入压力/kPa	103	186.39	392.4	853.47
排出压力/kPa	215.82	421.83	941.76	3590.46
吸入温度/℃	35	25	25	25
排出温度/℃	93	90	94	106

本流程由于重组分较多，故可将冷凝液分离出来的重组分汇集在低压蒸出塔进行蒸出回收，所以裂解气压缩机采用四段压缩为宜。

第三节　裂解气的净化

裂解气的净化就是将裂解气中含量比较少的气相杂质除去的操作过程。它包括酸性气体的脱除、裂解气深度干燥以及脱炔烃与一氧化碳等。裂解气净化处理的目的是为裂解气的深冷分离创造条件。

素质阅读

工业废气处理

工业废气，是指企业厂区内燃料燃烧和生产工艺过程中产生的各种排入空气的含有污染物气体的总称。这些废气可能含有二氧化碳、二硫化碳、硫化氢、氟化物、氮氧化物、氯、氯化氢、一氧化碳、硫酸（雾）铅汞、铍化物、烟尘及生产性粉尘。工业废气排入大气，会污染空气；通过不同的途径进入人体，会危害人的健康。

工业废气处理的原理有活性炭吸附法、催化燃烧法、催化氧化法、酸碱中和法、生物洗涤、生物滴滤法、等离子法等多种方法。

一、酸性气体的脱除

1. 酸性气体存在的危害

裂解气中的酸性气体主要指的是 CO_2、H_2S 等。裂解气中的硫化物（如 H_2S），一部分是由裂解原料带入，另一部分是在高温裂解过程中，裂解原料中有机硫化物（如二硫化碳）与水蒸气发生反应而生成的。裂解气中的 CO_2，一部分来自裂解炉管上的积炭与水蒸气的作用，另一部分来自烃在高温下与水蒸气的反应，还有一些是窜入反应系统内的氧气与烃的反应，以及裂解原料带入的。

裂解气中酸性气体的存在，不仅对各单一烃类的加工过程危害很大，而且对裂解气的分离过程也十分不利。例如，H_2S 能腐蚀设备管道，缩短干燥用的分子筛寿命，使加氢脱炔用的钯系催化剂中毒失效。CO_2 在低温操作设备中可结成干冰，堵塞管道和设备，影响正常生产，同时对后续的合成和聚合存在危害。例如，生产低压聚乙烯时，CO_2 和硫化物会破坏催化剂的活性；生产高压聚乙烯时，CO_2 在循环乙烯中积累，会降低乙烯的压力，影响聚合速率和聚乙烯分子量。因此，在裂解气分离之前，必须将这些酸性气体进行脱除。

2. 酸性气体的脱除方法

工业生产脱除酸性气体有多种方法，具体选用哪种方法需按硫化物含量的多少、硫化物存在的形式、所净化气体的要求、硫是否回收以及具体的经济条件来选定。脱除酸性气体的方法一般分为两大类，即干法和湿法。在乙烯生产装置中，裂解气脱酸性气体以湿法为主。

裂解气中如果含有大量硫化物时，单用碱洗方法来脱硫既不经济，处理浓废碱又比较困难。因此，需先用乙醇胺法洗涤脱除酸性气体的主要部分，并回收硫，再用碱液进行精脱硫。这样在经济上比较合理，同时对环境保护也有利。用乙醇胺脱硫应特别注意丁二烯和其他二烯烃在塔盘（再生系统的）和再沸器中聚合结垢，以便保证脱硫生产顺利进行。

（1）乙醇胺法脱除酸性气体　乙醇胺水溶液脱除酸性气体是典型的化学吸收过程。在乙醇胺脱硫的同时，还可脱除二氧化碳。以乙醇胺溶液为吸收剂，在吸收过程中，乙醇胺与 H_2S 及 CO_2 分别发生下列反应。

$$2HOC_2H_4NH_2+H_2S \xrightleftharpoons{35\sim45℃} (C_2H_4NH_2)_2S+2H_2O$$

$$(C_2H_4NH_2)_2S+H_2S \xrightleftharpoons{127℃} 2C_2H_4NH_2HS$$

$$2HOC_2H_4NH_2+CO_2 \rightleftharpoons (C_2H_4NH_2)_2CO_3+H_2O$$

$$(C_2H_4NH_2)_2CO_3+CO_2+H_2O \rightleftharpoons 2(C_2H_4NH_2)HCO_3$$

影响乙醇胺脱硫的主要因素有如下几方面。

① 溶剂浓度。溶剂的浓度大小是根据对设备的腐蚀性、装置的操作费用及净化气的质量要求综合考虑的。对裂解气的脱硫，乙醇胺的浓度可以低一些，一般为 5%～10%。溶剂浓度低了，酸性气体的脱除效果差，保证不了净化气体的质量；采用过高的溶剂浓度（如>15%）在脱除酸性气体过程中又容易引起“发泡”现象，溶剂损失增加，操作费用加大。

② 溶剂负荷。溶剂负荷指酸性气体在溶剂中的含量，用酸性气体/胺摩尔比值表示。溶剂负荷一般控制不超过 0.5mol 酸性气体/mol 胺，否则溶剂中会生成过多的碳酸氢盐，从而产生游离的CO_2、降低溶液的pH 值，加速对设备的腐蚀。对碳钢设备溶剂负荷以 0.33～0.35mol 酸性气体/mol 胺为最宜。溶剂负荷大小用改变溶剂的浓度和溶剂循环量的多少来调整。

③ 操作温度。一般采用常温（30～45℃）操作。溶剂再生时，提高温度可使反应逆方向进行。裂解气中 H_2S/CO_2 较高时，再生温度为 110～116℃。当裂解气中 CO_2 增多时，再生温度可适当提高，但最高不得超过 127℃。过高的再生温度不但不能使溶剂继续再生，反而增加设备的腐蚀和溶剂的损失，使裂解气的净化度降低。

④ 操作压力。乙醇胺法脱酸性气体是化学吸收过程，提高操作压力，可提高裂解气中酸性气体的分压，对吸收有利。但是，在实际生产中，吸收塔的操作压力是由系统压力来决定的，一般不进行调节。溶剂再生时，再生塔的压力一般控制在 137～140kPa（表）为宜。

⑤ 溶剂消耗量。乙醇胺损耗主要是由于生产中气体携带、蒸发、泄漏、化学降解、氧化降解、热降解等引起的。降解是乙醇胺与杂质、硫化物、二氧化碳等反应生成不能再生利用的化合物，而使乙醇胺失去吸收酸性气体的能力。裂解气中有机硫含量较高时，溶剂损失高达 $500g/1000m^3$ 裂解气。为了减少溶剂损失，要严格控制塔的气速，阻止溶剂“发泡”。溶剂的喷淋量一般为 $6\sim18m^3/m^2$，气体的适宜流速为 0.25～0.5m/s。

（2）碱洗法脱酸性气体　碱洗法脱酸性气体是以碱溶液为吸收剂，其基本原理是无机硫和有机硫均与碱溶液发生化学反应生成溶于水的硫化物。氢氧化钠与酸性气体发生下列反应：

$$2NaOH+H_2S \rightleftharpoons Na_2S+2H_2O$$

$$2NaOH+CO_2 \rightleftharpoons Na_2CO_3+H_2O$$
$$2NaOH+CH_3SH \rightleftharpoons CH_3OH+Na_2S+H_2O$$
$$4NaOH+COS \rightleftharpoons Na_2CO_3+Na_2S+2H_2O$$
$$6NaOH+CS_2 \rightleftharpoons Na_2CO_3+2Na_2S+3H_2O$$

反应生成的Na_2CO_3、Na_2S、CH_3OH溶于废碱液中，从而自裂解气中脱除硫化物。影响碱洗法脱硫的主要因素有以下几点。

① 碱液浓度。碱液中氢氧化钠浓度愈高，脱硫的能力就愈强，如表2-35所示。碱液浓度过高，碱液的黏度会增大，从而造成输送困难和气体带液以及硫化钠析出等问题，影响生产过程正常进行。

表2-35　碱液浓度对裂解气净化的影响

碱液浓度/%(质量) \ 脱除组分	CO_2/(μL/L)		有机硫化物/(μL/L)		H_2S/(μL/L)	
	脱除前	脱除后	脱除前	脱除后	脱除前	脱除后
8.7	180	40	4	2	2.1	0
10.2	180	30	2	1	2.1	0
10.5	190	20	1	0	1.1	0
11.6	360	0	2	0	1.6	0
12.6	260	0	1	0	1.7	0
13.2	250	0	6	0	1.6	0
13.3	430	0	2	0	9.9	0
13.5	130	0	2	0	12.9	0
14.6	110	0	1	0	1.1	0

在工业生产中碱液的浓度控制在2%～15%范围内，对于裂解气碱洗脱硫操作，碱液浓度控制偏高一些，一般为10%～15%。

② 操作温度。由于硫化物与碱液反应均为可逆反应，提高温度能加速反应向右进行，尤其对有机硫的脱除更为有利。无机硫脱除的反应属放热反应，温度升高对反应不利。为此，工业生产上用冷碱脱无机硫，热碱脱有机硫，乙烯生产装置裂解气碱洗脱硫操作多采用常温两段碱洗法，碱液温度为30～40℃。

③ 操作压力。由于酸性气体在碱液中的溶解度随液体压力的升高而增加，加压下进行碱洗，有利于脱硫。但加压后会对设备等提出相应的要求，操作中也会有重质烃冷凝下来，从而影响操作过程的正常进行。所以，工业生产中常采用在980kPa左右的中压条件，乙烯生产装置裂解气碱洗脱硫压力控制在1.37～1.76MPa。

④ 在操作压力、碱液温度和浓度一定的条件下，为了保证脱硫效果，操作中还要注意控制碱液的喷淋量。当进入的裂解气量一定时，增大碱液喷淋量，能增加脱硫效果，对吸收有利，但动力消耗也增加；若碱液喷淋量太小，则裂解气净化达不到要求。

(3) 乙醇胺法与碱洗法的比较与选用　乙醇胺法与碱洗法相比，各有其优缺点。乙醇胺法的吸收剂可以回收再用，吸收剂用量较少，脱除酸性杂质的能力大，缺点是对气体中少量的酸性杂质不能脱除。碱洗法的最大优点是对气体中少量酸性杂质吸收彻底，缺点是碱液不能再生，碱消耗量大，并且废碱不易处理。

目前，工业生产中为了达到较好的脱除酸性气体效果，大部分采用先用乙醇胺溶液脱除大量酸性气体，再用碱液脱除残余的酸性气体。其工艺流程如图2-25所示。

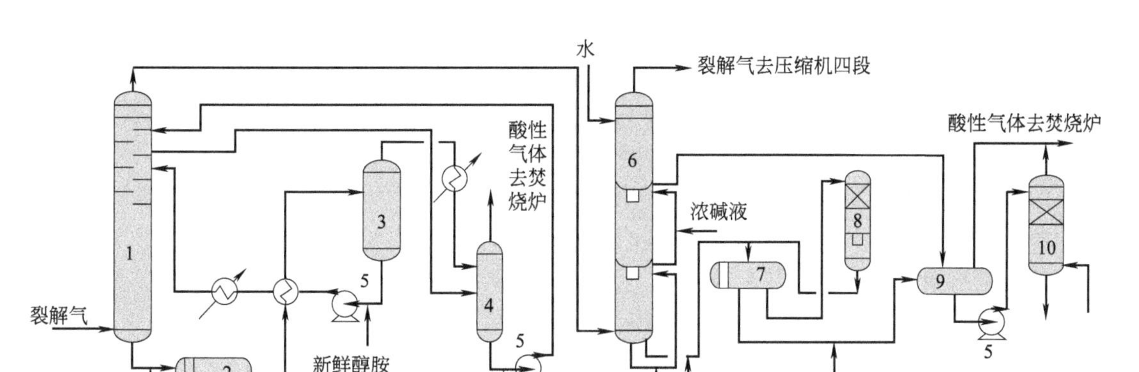

图 2-25　用乙醇胺法和碱洗法联合脱除裂解气中的酸性气体工艺流程

1—乙醇胺吸收塔；2—汽油-乙醇胺分离罐；3—醇胺汽提塔；4—气液分离器；5—碱液脱硫塔；6—碱洗塔；7—废碱沉降分离器；8—废汽油沉降分离器；9—废碱液中和罐；10—废碱液汽提塔

用乙醇胺法和碱洗法联合脱除裂解气中的酸性气体工艺流程

由裂解气压缩三段分离罐来的裂解气，经预热后送入乙醇胺吸收塔(1)的底部。在吸收塔中，裂解气与5%的乙醇胺溶液逆流接触，在45℃的恒温下吸收脱除大部分酸性气体。在吸收塔顶部设有一水洗段，防止裂解气夹带乙醇胺进入后面的碱洗塔。

从吸收塔底出来的乙醇胺溶液（因含酸性气体而称为富溶液），与来自裂解工段急冷水沉降槽的汽油相混合，混合后的物料进入汽油-乙醇胺分离罐(2)进行分层分离。分离出的汽油返回沉降槽，富乙醇胺去醇胺汽提塔(3)，用低压蒸汽间断加热，把乙醇胺液吸收的酸性气体解吸出来，使乙醇胺液获得再生。

汽提塔的气体经冷却进入气液分离器(4)，进行气水分离，气体去焚烧炉烧掉，冷凝液送回胺吸收塔顶部洗涤段。从胺汽提塔底部出来的贫乙醇胺溶液经换热冷却后，送往胺吸收塔的第四块板上。

由于乙醇胺吸收塔顶排出的裂解气，仍含有0.1%（体积）的CO_2和微量的H_2S。为将二者脱至含量为10^{-6}级，裂解气进入碱洗塔(6)的底部，该塔分三段，下部为二段碱洗，顶部为一段水洗。裂解气首先与弱碱液逆流接触（即一段碱洗），然后与强碱液逆流接触（即二段碱洗），以确保酸性气体全部脱除。碱洗后用水洗掉裂解气中夹带的碱液，以免污染压缩机系统，裂解气经碱洗、水洗后进入压缩机四段吸入罐。

在碱洗过程中，碱液与裂解气中的烃会生成一些称之为“黄油”的聚合物。为了脱除这些聚合物，从碱洗塔底排出的废碱液与来自裂解工段的裂解汽油混合，用汽油萃取出聚合物。该混合物进入废碱沉降分离器(7)，裂解汽油从废碱液中分出，去废汽油沉降分离器(8)，脱除残余的废碱后循环使用。

从浓废碱沉降分离器排出的废碱液放入压力较低的废碱储罐，使溶解在废碱液中的气体解析出来，然后去废碱液中和罐(9)与硫酸中和。

被中和的碱液送到废碱液汽提塔(10)的顶部，下部吹入燃料气，使废碱液中溶解的H_2S、CO_2汽提出来。汽提塔顶的气体和中和罐排放出的气体一同送去焚烧炉燃烧，汽提塔釜液经冷却后送污水处理场做进一步处理。

二、深度干燥脱水

由于在裂解时加入了一定量的稀释蒸汽，同时裂解气又通过了水急冷、碱洗脱酸性气体以及水洗等操作过程，所以不同程度地使裂解气带入了一些水分。裂解气一般含水为400～700μL/L。在后工序冷分离时，这些水分将会结成冰。裂解气经过加压后，在一定温度和压力下，这些水分还会和烃类生成白色的结晶水合物，如 $CH_4 \cdot 6H_2O$、$CH_4 \cdot 7H_2O$、$C_4H_{10} \cdot 7H_2O$ 等。结晶会堵塞管道和设备，使分离过程不能顺利进行。

为了防止结冰和生成烃类水合物晶体，必须除去裂解气中的水分，因此对裂解气进行干燥脱水是十分有必要的。在深冷分离中，要求裂解气的露点为－70℃，含水量在2μL/L左右，为此要对裂解气进行深度干燥脱水。工业生产中裂解气深度干燥脱水的方法很多，常用的方法有冷冻脱水法和固体吸附脱水法。

冷冻脱水法是将裂解气体通过一系列温度越来越低的冷却器，用冷冻剂逐步将裂解气冷却到低温，使水分凝结析出。当温度降到－45℃时，裂解气中的含水量可降到0.04mL/L。

固体吸附脱水法是将气体通过装有固体吸附剂的干燥剂，气体通过干燥剂而除去水分。工业上常采用的干燥剂有硅胶、活性氧化铝、分子筛等。分子筛是工业生产中采用得比较多的一种新型高效干燥剂。分子筛是一种合成泡沸石、多水含硅铝酸盐晶体，具有高效能、高选择性等特点。

工业上用的分子筛是用20%黏土或惰性白土等黏合剂黏结而制成的片状、球状或圆柱状。分子筛吸附选择性由被吸附分子的大小、极性大小、不饱和程度与沸点高低决定。分子筛的吸附选择性具有如下特性。

① 分子筛只吸附小于其孔径的分子，3A分子筛孔径为0.3～0.33nm，故比它孔径小的分子如He、Ne、H_2、O_2、H_2O 才能进入分子筛孔穴，才有被吸附的可能，而 C_2H_4、C_2H_6 或更大的分子则不能进入分子筛孔穴，即不能被吸附。

② 分子筛是一种极性吸附剂，对极性分子有较大的亲和力。5A分子筛，首先吸附极性大的水分子，H_2、CH_4 等为非极性分子，不被吸附。

③ 分子的不饱和程度越大，越容易被分子筛吸附，乙炔、乙烯和乙烷都能进入分子筛孔穴，吸附的难易顺序是：乙炔→乙烯→乙烷。

④ 对两种同样能被分子筛吸附的组分，其中沸点越低的组分，越不易被分子筛吸附，如氢的沸点比水低，所以氢不易被分子筛吸附。

对裂解气干燥，分子筛是比较理想、也是较广泛采用的一种干燥剂。分子筛作为干燥剂，其优点如下。

① 内表面的孔穴大，吸附分子多，在深度干燥时，湿容量大（可达20%左右），能将裂解气干燥至露点－65℃。

② 分子筛对低浓度物质仍具有相当的吸附能力。

③ 分子筛对于高速气流，也有良好的干燥性能。

④ 选择性好、能重复使用、寿命长、机械强度高，但分子筛的价格较高。为了节省操作费用，常与其他干燥剂联合使用。如先用活性氧化铝干燥，或先用冷却冷凝脱水法，然后再用分子筛进行深度干燥，这样既经济，效果又好。

裂解气干燥过程分两步，即先冷却脱水，再深度干燥。裂解气的深度干燥工艺流程如图2-26所示。

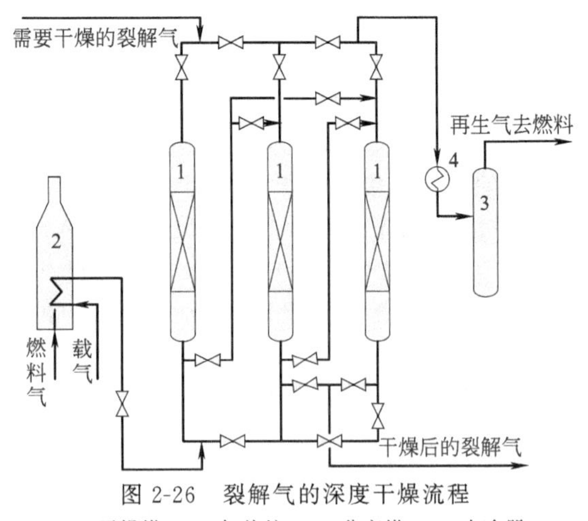

图2-26　裂解气的深度干燥流程

1—干燥塔；2—加热炉；3—分离塔；4—水冷器

裂解气干燥流程

裂解气干燥剂再生流程

来自碱洗后的裂解气压力为3.53MPa，温度约为25℃，从分子筛干燥塔顶部进入干燥塔脱水，一般装置设有三台分子筛干燥塔，其中两台串联使用，一台再生备用。在干燥塔操作中主要控制裂解气出塔露点，以保证裂解气的干燥要求。

干燥剂再生是用 H_2、CH_4 作为再生气，由于 H_2、CH_4 都是极性分子，不易被分子筛吸附，且均系本装置副产物，所以既经济，又做到了综合利用。H_2、CH_4 经加热后通入到已吸附较多水分子的分子筛床层中，分子筛温度升高，吸附在分子筛表面的水分子不断脱附而向气相扩散，随再生气一起流出分子筛床层，完成分子筛的再生过程。

氢气、C_2 馏分、C_3 馏分的干燥都可采用分子筛干燥剂，其型号为3A或4A分子筛。分子筛干燥器采用中空的圆柱形设备，一般由碳钢制成，外面加热保温。干燥器底部装有格栅，分子筛干燥剂放在格栅上，干燥器上部装有栅栏作分布气体用，避免在干燥器再生逆流操作时，分子筛粉末带入物料系统中去。

气体进行干燥时，需要进行必要的有关计算。如，应该除去的水分数量多少等。

【例2-1】 当压力为3039kPa、温度为25℃时，含有饱和水蒸气的乙烯，求每立方米乙烯中含有多少水，每千克乙烯中含有多少水？

解： 查相化工关手册可知，25℃时水的饱和蒸气压为3.3kPa，乙烯中水的物质的量分率（体积分率）为：

$$y=\frac{p_i}{p}=\frac{3.3}{3039}=0.00109$$

每标准立方米气体含水量为：

$$0.00109\times\frac{18}{22.4}=0.00087(\mathrm{kg/m^3})$$

每千克乙烯含水量为：

$$\frac{3.3}{3039-3.3}\times\frac{18}{28}=0.00070(\mathrm{kg/kg}\ 干气体)$$

【例2-2】 某气体在压力为3039kPa下，含水量为0.087%，计算该气体的露点。

解： 气体中水蒸气的分压为：

$$3039\times0.087\%=2.64(\mathrm{kPa})$$

当蒸气的气体分压等于其饱和蒸气压时，即开始冷凝，此时的温度称为该气体的露点。由水蒸气分压为2.64KPa，查表可得出露点温度，即为21.9℃。

三、炔烃的脱除

裂解气中常含有2000～5000μL/L的乙炔、1000～1500μL/L的丙炔和600～1000μL/L的丙二烯等杂质。这些杂质的存在将严重影响乙烯、丙烯的质量和用途。例如，乙烯中有较多乙炔存在会使乙烯的聚合过程复杂化，聚合物性能变差。当用高压法生产聚乙烯时，由于乙炔的积累，使乙烯分压降低，而乙烯分压过高，有引起爆炸的危险。因此，裂解气必须脱除其中少量的炔烃。乙炔主要集中在 C_1 馏分，丙炔及丙二烯主要集中在 C_3 馏分。

在工业生产中脱除炔烃的方法主要有两种，一种是选择性催化加氢法，另一种是溶剂吸收法，二者各有优点。其中选择性催化加氢法应用较为普遍。在乙烯生产装置中，对裂解气中炔烃的脱除均采用此法。对丙烯中的丙炔和丙二烯也可采用精馏法脱除。

选择性催化加氢脱除炔烃，关键是选择一个具有活性高、选择性好、稳定性好、强度高、能长期再生以及生成聚合物（绿油）少的加氢催化剂。

用于炔烃选择加氢的催化剂，目前较好的有含金属钯和不含金属钯两大类，但大多采用钯型催化剂。含钯催化剂还具有制备比较简单、机械强度高、寿命长的特点。

1. 乙炔脱除

催化加氢脱乙炔的基本原理是裂解气通过加氢反应器的催化剂颗粒填充层，其中乙炔被选择加氢而生成乙烯。其反应式如下。

$$HC\equiv CH+H_2 \xrightarrow[\triangle]{\text{选择性加氢催化剂}} H_2C=CH_2$$

当催化剂选择性好时，乙炔只发生上述反应，这样既脱除了乙炔，又增加了乙烯收率。如果催化剂选择性不好，还可能发生下列副反应。

$$n\,HC\equiv CH+H_2 \longrightarrow \text{聚合物}$$

$$CH_2=CH_2+H_2 \longrightarrow C_2H_6$$

当发生第一个副反应时，将生成二聚物、三聚物，统称为绿油。如发生第二个副反应时，产品乙烯被加氢而损失。

脱除乙炔的工艺过程，按其位置在脱甲烷塔的前后，分为前加氢和后加氢。

（1）前加氢法　前加氢是在裂解气进入脱甲烷塔之前进行加氢脱除炔烃，也就是在脱甲烷之前进行加氢脱除炔烃。加氢所需的氢气由裂解气中的氢补给。此工艺冷量利用好、流程简单，但对催化剂要求较高。为了有效地除去炔烃，并尽可能地减少炔烃损失，催化剂的选择性很重要。一般采用载于 α-Al_2O_3 载体上的钯催化剂，乙炔对它的吸附能力比乙烯强，所以加氢时选择性较好。

前加氢法对加氢反应器的原料气组成要求苛刻，即需将丁二烯先行脱除，否则丁二烯也要被加氢，使加氢反应温度不好控制，还要损失一定量的丁二烯，故目前在顺序流程中未被广泛采用。

乙炔后加氢工艺流程

（2）后加氢法　后加氢法是在脱甲烷塔之后进行加氢除炔。所加氢气由系统外按比例加入。此工艺因原料气中杂质少，不含重质烃，因此催化剂达到脱除要求，但反应温度较高，有副产绿油生成，冷量利用不合理，流程也较烦琐。尽管如此，目前，后加氢法仍被广泛应用，其工艺流程如图2-27所示。

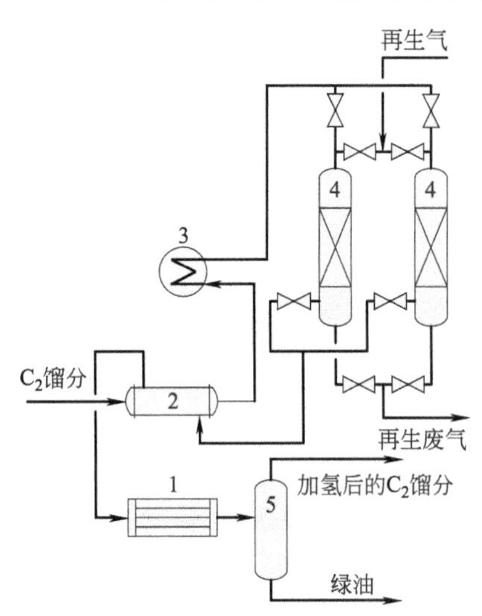

图2-27　脱除乙炔后加氢工艺流程

1—丙烯换热器；2—换热器；3—蒸汽预热器；4—加氢反应器；5—绿油分离器

富氢首先与经脱甲烷塔、脱乙烷塔后获得的 C_2 馏分按一定比例混合，然后进入换热器（2）与加氢后的物料换热，用蒸汽预热器（3）预热进入乙炔加氢反应器（4）。反应后气体经换热器（2）降低温度，再经丙烯换热器（1）冷却后进入绿油分离器（5）除去绿油，再去 C_2 馏分干燥塔干燥。

催化加氢的主要操作条件是预热温度为80～160℃，$H_2/C_2H_2=2\sim2.5$（摩尔比），反应温度为80～220℃，反应压力为1～3.5MPa，空速为 $6000h^{-1}$。影响加氢的因素有加氢温度、空速、氢烃比、乙炔分压、硫和CO的浓度等。其中对催化剂活性有直接影响的是反应温度、CO浓度和氢烃比。

① 反应温度的影响。C_2 馏分加氢后的残余乙炔量，又称为“乙炔泄漏量”，它与反应温度的关系如图2-28所示。图中区域A，随着反应温度的升

高，催化剂乙炔加氢活性升高。由于该区活性不够高，因而 C_2 馏分加氢后仍有残余乙炔量。但是随着温度上升残余乙炔量不断减少，该区域为“活性不足区”。在区域 B 中，反应温度继续上升到一定阶段，乙炔选择加氢活性最高，C_2 馏分加氢后无残余乙炔量。该区称为“最佳选择区”。在区域 C 中，温度继续上升，催化活性过高，除乙炔加氢外，其他不饱和烃也进行加氢反应，致使乙炔所需的加氢量不足，又出现残余乙炔量，该区域称为“超活性区”。

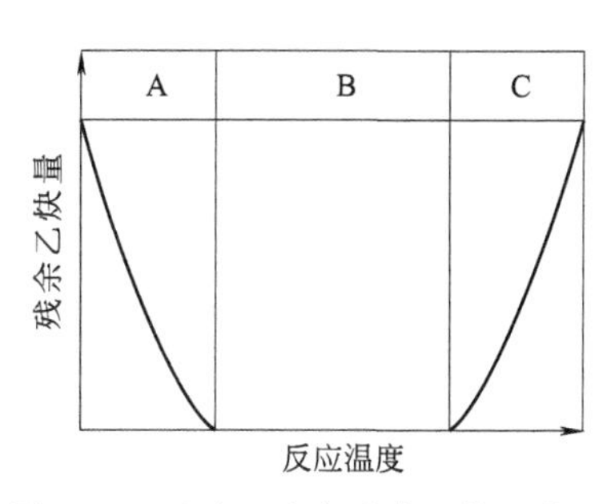

图 2-28　反应温度与残余乙炔量关系

从以上分析可知，催化剂活性随温度的上升而增高，但乙炔选择加氢存在一个最佳温度范围。在实际生产中，要尽量在区域 B 中进行操作。反应温度是控制选择性的最有效的手段，为了获取较好的选择性，反应温度一般控制为 65～93℃。

② CO 浓度的影响。在加氢过程中所用的氢气一般都配有一定量的 CO，这是因为 CO 在催化剂上的吸附能力比乙烯强，可以抑制乙烯在催化剂上的吸附，从而提高加氢反应的选择性。但是 CO 会使催化剂中毒，使活性下降，因此 CO 的添加量是有限度的，一般不超过 $100\mu L/L$。

③ 氢炔比的影响。氢炔比适量，可使乙炔加氢气生成乙烯，增加乙烯产量，如果氢气过量，则会使乙烯加氢气生成乙烷，损失乙烯产品，同时增加绿油生成量，降低催化剂活性。如果氢气量少了，就不能保证加氢产品合格，所以在生产中常采用略过量的氢气。

(3) 两种加氢方法技术经济比较　前加氢法和后加氢法都有各自的优缺点，表 2-36 是这两种加氢方法比较。

表 2-36　前加氢和后加氢脱乙炔技术经济比较

项目	前加氢法	后加氢法
氢气来源	系统自给，不需要外加	需要系统外供给氢气，加氢后剩余氢还需脱除
工艺流程	比较简单，不需要第二脱甲烷塔	比较复杂，需要设置第二脱甲烷塔
反应器体积	反应器体积相对较大	反应器体积相对较小
能量消耗	能量消耗相对较少	能量消耗相对较多
操作控制难度	操作控制相对比较容易	操作控制相对比较难
催化剂用量	催化剂用量相对较多，再生周期相对较长	催化剂用量相对较少，再生周期相对较短
乙烯损失量	乙烯损失量相对较多	乙烯损失量相对较少

当以乙烷、丙烷为裂解原料时，宜选前加氢脱炔工艺流程；以石脑油、柴油为裂解原料时，宜选后加氢脱炔工艺流程。

由于在乙炔加氢过程中发生乙炔聚合和脱氢副反应，催化剂逐渐被产生的绿油和积在表面的焦炭颗粒所污染，使其活性下降，必要时需对催化剂进行再生。再生的方法有高温空气法和高压蒸汽空气法等。

2. 丙炔和丙二烯的脱除

丙炔和丙二烯分子中各有碳碳三键及碳碳双键等不饱和键，在一定温度、压力和选择性加氢催化剂的条件下，可与氢气发生化学反应，其反应式如下。

$$CH_3-C\equiv CH+H_2 \longrightarrow CH_3-CH=CH_2$$
$$CH_2=C=CH_2+H_2 \longrightarrow CH_3-CH=CH_2$$

$$CH_3—CH═CH_2+H_2 \longrightarrow CH_3—CH_2—CH_3$$

在丙炔、丙二烯加氢反应过程中，当催化剂的选择性不好或反应过程控制不严时，将会导致丙炔加氢生成丙烷，造成产品丙烯的损失。

脱除丙炔、丙二烯的方法有两种，一种是催化加氢法，另一种是精馏分离法。

（1）催化加氢法　C_3 馏分选择性催化加氢脱除丙炔、丙二烯分为气相加氢和液相加氢两种，其技术经济指标如表 2-37 所示。从表 2-37 可看出，液相加氢法具有加氢负荷量高、催化剂用量少、反应器体积小、反应温度较低、绿油生成量少、催化剂寿命长、节省能量等特点，明显优于气相加氢法，所以在乙烯生产中多采用液相加氢法。其工艺流程如图 2-29 所示。

表 2-37　C_3 馏分液相加氢技术经济比较

序号	项目	气相加氢	液相加氢
1	反应温度/℃	120～200	10～20
2	反应压力/kPa	680～2000	980～1500
3	处理 C_3 能力/(kg/L 催化剂)	0.5～3	10～20
4	丙炔残留量/(μL/L)	5～10	5～10
5	丙二烯残留量/(μL/L)	20～40	10～20
6	催化剂再生周期	1500～4000h	一年以上
7	催化剂用量	相对较多	相对较少
8	反应器体积	相对较大	相对较小
9	反应程度	相对激烈	相对较缓和
10	反应安全性	相对较差	相对较好
11	节能效果	相对较差	相对较好
12	处理进料中的炔烃含量	相对较低	相对较高

从脱丙烷塔顶来的 C_3 馏分，经进料缓冲罐（1）由泵（7）送到预热器（2）预热，预热后的 C_3 馏分进入分子筛干燥器（3）进一步干燥后，将温度调至 15℃，定量进入加氢反应器（4），通入富氢保持一定的反应压力与反应温度。进氢液冷却器（5）冷却，然后进入气液分离罐（6）分离，尾气（主要为甲烷-氢）定量返回裂解气压缩机，以保证反应管内氢气有一定速度的流动。反应液或返回加氢反应器继续反应，或采出送往后续工序进一步处理。

为使反应顺利进行，必须保证进料和尾气的流量稳定，进料与反应的温度稳定，以及操作压力和气液分离罐液面的稳定。

影响丙炔和丙二烯加氢的主要因素，基本上与乙炔加氢的影响因素相同。由于液相加氢所用原料允许杂质浓度低，同时丙炔和丙二烯在液相中向催化剂内孔的扩散速率慢，所以催化剂需要较多的金属含量。为使催化剂有良好的选择性，尽量减少聚合物的生成，最好采用表面酸度低、大孔径的催化剂。工业生产中采用以氧化铝作载体的钯系催化剂，通过热水处理及高温熔烧来降低表面酸度和增大孔径。

在液相加氢过程中，由于催化剂表面有一层液膜，所以在加氢操作时还原速率很慢，一般在通入物料前用纯氢或甲烷进行还原。还原温度为 50～100℃，空速为 $300h^{-1}$。液相加氢采用滴流床反应器，气液相均从反应器顶部向下流，气相为连续相，液相以滴流方式通过床层。所以，滴流床操作时液体分布很重要，故在反应器的入口设液体分布装置，如图 2-30 所示。液体由喷头洒落在磁球上，再以液滴形式落入催化剂床层。

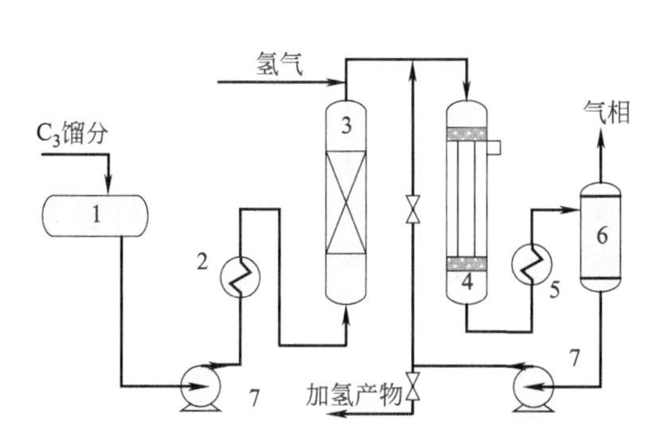

图 2-29　液相加氢工艺流程

1—进料缓冲罐；2—预热器；3—分子筛干燥器；

4—加氢反应器；5—氢液冷却器；6—气液分离罐；7—泵

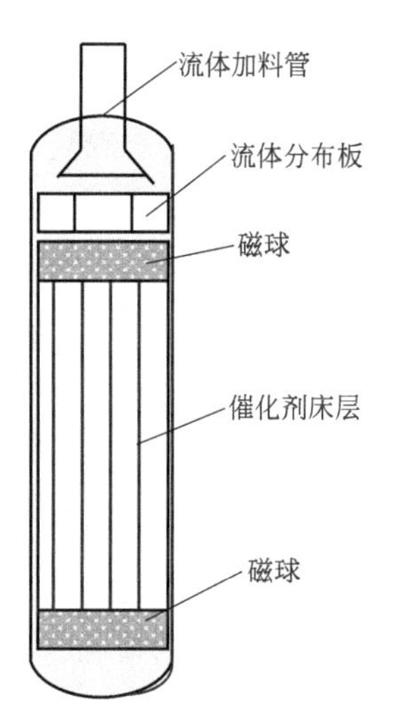

图 2-30　液相加氢反应器

催化剂的粒径也影响液体分布，如 $D/d_p=13\sim25$、$L/d_p=350$、$L/D=6\sim8$ 比较合适（L 为反应器催化剂床层高度，D 为反应器内径，d_p 为催化剂颗粒直径）。对滴流床反应器只有催化剂全部湿润，才能充分发挥其作用。催化剂不能有效湿润的原因，首先是出现床层短路、内流及液体分布不均，其次是由于液体流速偏低造成。所以，C_3 加氢装置开车时，为了消除以上不良影响，采用预润湿办法是十分必要的。

液相加氢工艺流程

（2）精馏分离法　当原料气脱乙炔时，也脱掉了大部分丙炔、丙二烯。对余下的少部分丙炔、丙二烯采用精馏分离法脱除，对节省催化剂和生产费用等都是有利的。

C_3 馏分中，在除了主要组分丙烯、丙烷外，还含有少量丙炔和丙二烯等时，则形成一个比较特殊的物系。如果以丙烷为基准来表示各组分的相对挥发度，则随着丙烷和丙烯浓度的改变，其他各组分的相对挥发度会有明显的改变，特别是丙炔对丙烷的相对挥发度的改变尤为突出，如表 2-38 所示。

表 2-38　不同浓度 C_3 馏分所对应的相对挥发度

组分＼位置	塔顶		进料		塔釜	
	浓度	相对挥发度	浓度	相对挥发度	浓度	相对挥发度
丙烷	0.5%	1	49%	1	97.5%	1
丙烯	99.5%	1.103	50%	1.168	0.5%	1.226
丙炔	5×10^{-6}	0.8341	0.5%	1.024	1%	1.228
丙二烯	5×10^{-6}	0.8174	0.5%	0.9954	1%	1.054

从表 2-38 中可看出，各组分相对挥发度的大小随丙烷、丙烯浓度而变化。当丙烷质量分数为 0.5%、丙烯质量分数为 99.5%（塔顶）时，相对挥发度依下列顺序递减：丙烯>丙烷>丙炔>丙二烯。

当丙烷质量分数为 49%、丙烯质量分数为 50%（进料）时，相对挥发度依下列顺序递减：丙烯>丙炔>丙烷>丙二烯。

当丙烷浓度为 97.5%、丙烯浓度为 0.5%（塔釜）时，相对挥发度依下列顺序递减：丙炔＞丙烯＞丙二烯＞丙烷。

由表 2-38 可知，丙炔、丙二烯在塔顶比丙烷难挥发，因而塔顶引出的是纯度较高的丙烯馏分，基本上不含丙炔和丙二烯；在塔釜丙炔比丙烷易挥发得多。当进料中不断带入丙炔、丙二烯时，在接近塔底的区域则形成一个高浓度丙炔区。当丙烷浓度很高，丙烯浓度很低时，丙炔比丙烯还易挥发。所以为了使丙炔从塔釜分离出去，必然要有一定量的丙烯被丙炔带出而损失。图 2-31 和图 2-32 表示了丙烯精馏塔的逐板液相组成。从以上两图可以看到丙烯在塔顶的浓度已达到很高的纯度，而丙炔、丙二烯含量极微。丙炔液相组成曲线有反向弯曲区，在此区中（图 2-31 为从塔底到约几块板之间，图 2-11 为从塔底到 37 块板之间），丙炔浓度比塔底浓度还高。从图 2-32 看到，塔底丙烯浓度比丙炔、丙二烯浓度大，此时丙烯从塔釜有损失，其收率只有 94%。如果进料中丙炔、丙二烯浓度低到一定程度，就有可能不出现反向弯曲的情况。当进料位置向上移或加大回流比，就有可能使塔底丙烯浓度减小到比丙炔、丙二烯还低。将图 2-31 和图 2-32 对照，可以看出进料位置上移了，回流比从 31.2 增加到 125，此时塔釜丙烯浓度就低于丙炔和丙二烯。由于采用了大回流比，丙烯收率才维持在 99.5%水平。这样大的回流比，生产上是无意义的，增加塔板数则是可行的。图 2-33 是丙烯不同收率需要的理论塔板数和回流比。由图可知，为了使回流比在 31 左右，丙烯收率可达 99.5%，需要塔板 124 块。由以上分析可见，只要采用较多塔板数是可以用精馏法脱除丙炔、丙二烯的。当 C_3 馏分中丙烯浓度高，丙炔、丙二烯含量较低时，采用精馏法脱除丙炔、丙二烯既省去了加氢装置，又节省了催化剂和生产费用，是经济合理的。

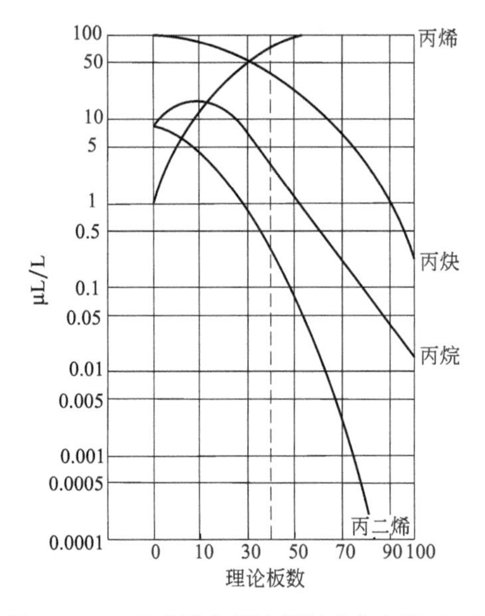

图 2-31　C_3 馏分沿各板液相组成分布图（一）

C_3 馏分进料组成为：丙烯 70%，丙炔 26%，丙二烯 2%，丙烷 2%，收率 94%，回流比 31.2，操作温度 32℃，丙烯 99.8%

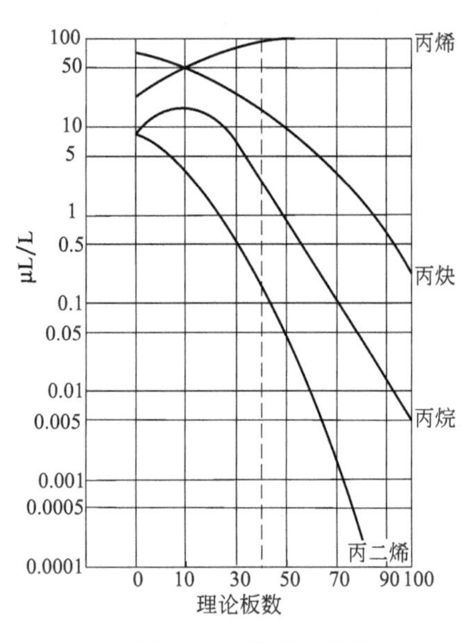

图 2-32　C_3 馏分沿各板液相组成分布图（二）

C_3 馏分进料组成为：丙烯 70%，丙炔 26%，丙二烯 2%，丙烷 2%，收率 99.5%，回流比 125，操作温度 32℃，丙烯 99.8%

四、一氧化碳的脱除

裂解过程中，在高温下稀释水蒸气与积炭发生水煤气反应而生成 CO，反应式如下。

$$H_2O+C \longrightarrow CO+H_2$$

因此，在裂解气中带有5000μL/L左右的CO，少量的CO会严重地影响乙烯、丙烯的质量和用途。CO带入富氢馏分中，会使加氢催化剂中毒。聚合级乙烯的CO含量要求在10μL/L以下。在乙烯生产中常用甲烷化的方法来脱除CO。甲烷化是将CO催化加氢生成甲烷和水。反应式如下。

$$CO+3H_2 \longrightarrow CH_4+H_2O$$
$$CO_2+4H_2 \longrightarrow CH_4+2H_2O$$
$$O_2+2H_2 \longrightarrow 2H_2O$$

甲烷化反应是放热、体积减小的反应，加压、低温对反应有利。在甲烷化反应中常采用镍系催化剂，在2.95MPa、300℃左右温度下进行反应，富氢经过甲烷化后，CO含量可小于10μL/L。甲烷化的工艺流程如图2-34所示。由冷箱来的富氢，经换热器（5）与反应器出口气体换热后去蒸汽加热器（4）用高压蒸汽加热，然后进入甲烷化反应器（6）。反应后气体经冷凝器（3）冷却至40℃，进入气液分离器（2）除去反应生成的水分。分离器顶部出来的气体根据反应情况，要么去循环压缩机（7）压缩后去甲烷化反应器（6）继续反应，要么去装填4A分子筛的干燥塔（1）干燥脱水后供加氢脱炔用。（为防止加氢催化剂失活，甲烷化后的富氢需要干燥处理。）

甲烷化
反应流程

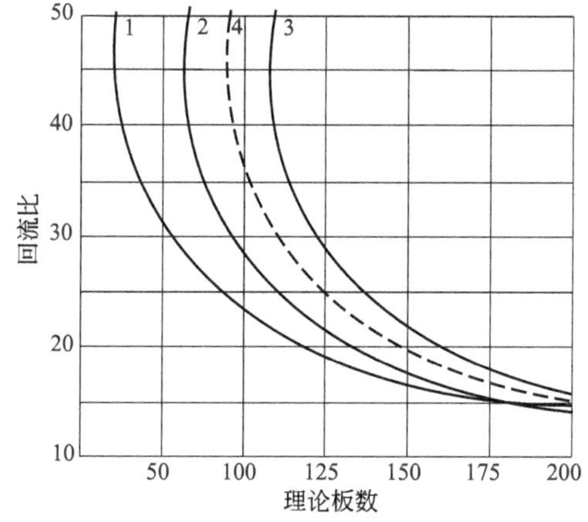

图2-33　丙烯不同收率所需理论板数与回流比

C_3馏分进料组成为：丙烯70%，丙炔<10μL/L，丙二烯<10μL/L，丙烷2%

1—塔顶几乎不出料；2—丙烯收率94%；3,4—丙烯99.8%

图2-34　甲烷化反应流程

1—干燥塔；2—气液分离器；3—冷凝器；4—蒸汽加热器；5—换热器；6—反应器；7—循环压缩机

甲烷化的实质是催化加氢脱乙炔以前，使富氢馏分中的微量CO转化为CH_4，净化富氢。当原料气中的硫含量>70μL/m^3，将会严重影响催化剂的寿命。

第四节　制冷过程

在乙烯生产中，为了分离产品，需要人工制冷来维持低于环境温度，这种操作称为冷冻。若使温度保持在－173～73℃，则称为深度冷冻。在裂解气分离过程中，通常都需要采用深度冷冻的分离方法来完成裂解气中各组分的分离任务。

在烯烃深度冷冻分离中常采用的制冷方法有冷冻循环制冷、节流膨胀制冷以及膨胀机膨胀制冷等。其中以前两种方法使用最多。

制冷的任务就是提供低温冷却剂，并对分离装置各部位供给不同温度级位的冷却剂，使能量得到有效利用。裂解气分离装置中大部分设备都在低温下工作，要求有多种制冷温度等级，而且冷量很大，所以制冷系统是分离装置的一个重要组成部分。

素质阅读

低温热管技术

青藏铁路是我国建设的世界上海拔最高且跨度最长的高原冻土铁路，为了解决青藏铁路建设过程中冻土层在夏天融沉和冬天冻胀的问题，我国科学家创造性地开发出了神奇的低温热管技术，利用低温热管的单向导热作用，不仅在冬天强化了冻土层的冷冻过程，而且在夏天不会增加冻土层的融化过程，从而保证了冻土路基的长期稳定，这使得青藏铁路在冻土地区的运行速度始终保持在100km/h，远远超过世界同类铁路40km/h的平均速度。如今，我国的低温热管技术已经成功推广到了俄罗斯和加拿大等“一带一路”沿线国家。

一、制冷工作原理

最常用的氨冷冻机是用氨作为工质（即工作物质），其沸点（即冷凝点）随压力改变而改变，如表2-39所示。利用氨的性质，可以组成氨蒸气压缩制冷系统，如图2-35所示。制冷系统包括蒸发、压缩、冷凝和膨胀四个过程。

表2-39　氨的沸点与压力的关系

压力/kPa	沸点/℃	压力/kPa	沸点/℃	压力/kPa	沸点/℃
2033.6	50	429.7	0	71.8	−40
1544.9	40	291.4	−10	40.9	−50
1069.3	30	190.3	−20	21.9	−60
857.4	20	119.7	−30	10.9	−70
615.1	10	98.1	−33.4		

(1) 蒸发　液氨在120kPa、−30℃下进入换热器沸腾蒸发，从通入换热器的物料（温度高于氨的沸点，如−28℃）吸收热量，以产生制冷效果。换热器是低温设备，可以作为进料预冷器和精馏塔回流冷凝器。

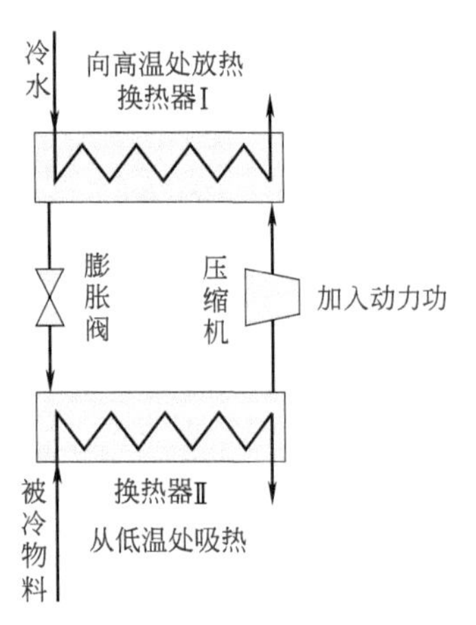

图2-35　氨压缩系统制冷流程图

(2) 压缩　由蒸发过程蒸发的氨蒸气此时处于低压低温状态，利用氨蒸气的冷凝点随压力增大而升高的特性，将氨蒸气引入压缩机压缩到1.55MPa。

(3) 冷凝　氨蒸气在高压下（压力在1.55MPa时，冷凝点为40℃），与换热器中的冷水（温度低于氨的冷凝点，如25℃）换热，氨蒸气给出热量而冷凝成液体。

(4) 膨胀　由冷凝过程来的液氨，通过膨胀阀节流成为低压气液混合物。压力降到120kPa，温度降到−30℃，又得到低温低压液氨，至此又重新开始下一次的低温蒸发吸热。

制冷系统中的工质依次进行上述四个基本过程，构成一个循环。在这个循环过程中，由于外界对系统做了功，系统从外界的低温处吸了热，同时又向外界的高温处放出了热。

在整个循环过程中，外界给系统输入了机械功，系统向外界输出了“冷量”，结果就使热量从低温处（制冷对象）传递到高温处（冷却机）。

制冷循环能使热量从低温处传递到高温处，关键在于制冷循环中冷凝过程和蒸发过程的两个换热器，在这两个换热器的换热过程中，其传热方向仍然是热量从高温处向低温处传递，只有当其构成一个循环以后，才能起到从低温处吸热向高温处放热的效果。

从表 2-39 可知，一个制冷循环能降低的温度，完全决定于工质的性质。用氨作工质，则无论压缩到多高压力，膨胀到多低压力，也达不到－170℃的低温。当节流膨胀到 10.9kPa 的低压时，蒸发温度也只能降低到－70℃。如果把压力再降低，由于受氨凝固点（－77.7℃）的限制，低于此温度时，氨在制冷设备中将变成固体而堵塞设备。所以，要形成－100℃的低温，用氨作制冷工质就不行了，必须用沸点更低的物质。在乙烯生产中，深冷分离常用的制冷工质是丙烯、乙烯、甲烷，其优点是沸点低，并可以就地取材。

二、制冷剂

在制冷过程中完成热量转移的物质称为制冷剂，如氨蒸气压缩制冷系统中的氨。常用的制冷剂有氨、氟利昂和丁烷以下的烃类以及氢气等。在乙烯生产装置中，应用较多的制冷剂是氨、丙烯、乙烯、甲烷，其基本性质如表 2-40 所示。

表 2-40 常用制冷剂的性质

参数 成分	沸点 /℃	凝固点 /℃	蒸发潜热 /(kJ/kg)	临界温度 /℃	临界压力 /MPa	与空气混合的爆炸极限/%	
						上限	下限
氨	－33.4	－77.7	1371	132.4	10.94	15.5	27
氟利昂-12	－29.8	－155	167	111.5	4.01	—	—
丙烷	－42.07	－187.7	428	98.8	4.12	2.1	9.5
丙烯	－47.7	－185.3	438	91.9	4.46	2.0	11.1
乙烷	－88.6	－183.3	490	32.3	4.73	3.22	12.45
乙烯	－103.7	－169.1	482	9.5	4.95	3.05	28.8
甲烷	－161.5	－182.4	510	－82.5	4.49	5.0	15.0
氢气	－252.8	－259.2	454	－239.9	1.28	4.1	74.2

制冷剂在整个冷冻循环过程中具有十分重要的作用，制冷剂应具备以下条件。

① 制冷剂的蒸发潜热要大，即在一定的制冷量下，制冷剂的循环量要小。

② 制冷剂在固定的蒸发温度下，冷凝压力应较高；在固定的冷凝温度下，冷凝压力应较低，以减少制冷循环的能量消耗；同时在蒸发压力下蒸发的比热容应较小，这样可减少压缩机的尺寸。

③ 制冷剂应无毒，对设备无腐蚀，稳定性好。

④ 价格便宜，易得。

由于乙烯、丙烯、甲烷是深冷分离系统的产品，用它们作为制冷剂十分方便。尤其是采用乙烯、甲烷作为制冷剂，可获得较低的制冷温度，是较理想的深冷制冷剂。

三、乙烯制冷系统

用乙烯作为制冷剂（工质）的制冷系统，称为乙烯制冷系统，它是利用乙烯在高压下可在较高温度下冷凝，在低压下可在低温蒸发的性质，与氨的不同之处在于沸点（冷凝点）较低。乙烯的沸点（冷凝点）与压力的关系如表 2-41 所示。乙烯在 98.1kPa 的压力下，沸点为－102.8℃，用乙烯作为工质，从加压、节流膨胀到 98.1kPa 压力时，可达到低于－100℃的温度。乙烯制冷系统也是由蒸发、压缩、冷凝、膨胀四个基本过程组成的，其原理与氨蒸气压缩制冷系统基本一样。

表 2-41　乙烯的沸点与压力的关系

压力/kPa	沸点/℃	压力/kPa	沸点/℃	压力/kPa	沸点/℃
2943	－25	286	－83	54	－113
651	－63	102	－102.8	27	－123
442	－73	98.1	－103		

四、乙烯-丙烯复叠制冷系统

乙烯在 98.1kPa 压力下进行蒸发，温度为－103℃，能解决脱甲烷塔所需的低温。由表 2-41 可知，将气态乙烯压缩到 2.94MPa，其冷凝温度为－25℃，比冷水温度低，所以不可能向冷水排热，而且乙烯的临界温度为 9.5℃。冷水温度较高，不能使乙烯冷凝，如果在图 2-36 的换热器中通入冷水，那么加压的乙烯在过程中不可能发生冷凝，因为需要有温度比－25℃更低的制冷剂才能使乙烯冷凝。因此，在乙烯生产中采用乙烯作工质时，需要有另一种工质，构成复叠制冷。另一种工质可选用氨或丙烯，由于丙烯在 98.1kPa 下可在－47.7℃的低温下蒸发，所以可以作为乙烯的冷剂，同时丙烯也是深冷分离装置的产品，选其作为第二制冷工质是经济合理的。乙烯-丙烯复叠制冷循环流程示意图如图 2-37 所示。

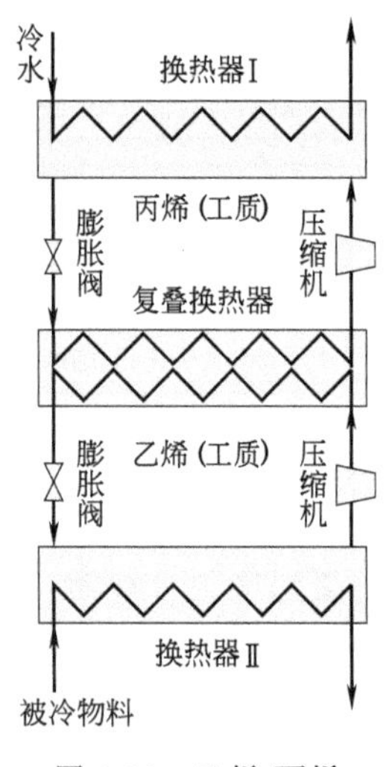

图 2-36　乙烯-丙烯复叠制冷示意图

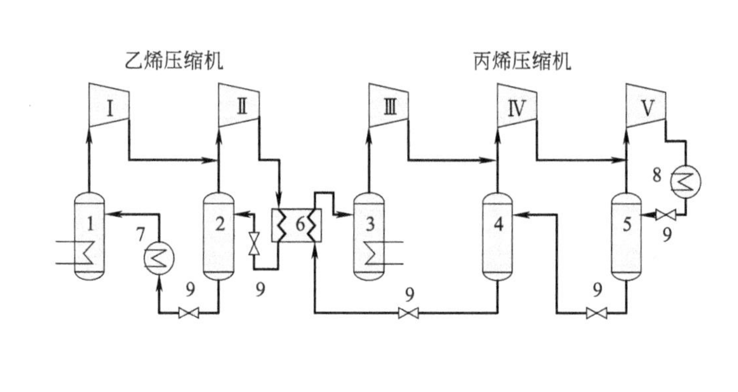

图 2-37　乙烯-丙烯复叠制冷循环流程图

1,3—吸入罐；2—乙烯一级闪蒸分离罐；4,5—丙烯一级、二级闪蒸分离罐；6～9—换热器

在乙烯-丙烯复叠制冷循环中，在换热器（Ⅰ）中丙烯将热量传给冷水而冷凝。经过节流膨胀降温的丙烯在复叠换热器中向乙烯供冷，使乙烯冷凝。节流膨胀降温的乙烯在换热器（Ⅱ）中向脱甲烷塔顶或其他冷量用户供冷。复叠换热器具有十分重要的特殊作用，它既是丙烯的蒸发器（向乙烯供冷），又是乙烯的冷凝器（向丙烯放热）。在复叠换热器中也必须要

有温差存在，即丙烯的蒸发温度一定要比乙烯的冷凝温度低，才能组成复叠制冷循环。图 2-36 表示了单段压缩的情况，图 2-37 表示了乙烯为二段压缩、丙烯为三段压缩的情况。

乙烯-丙烯复叠制冷过程

目前，工业上也有用乙烯三段压缩、丙烯三段或四段压缩的流程，其原理与图 2-37 的流程基本一样。为了充分利用能量，可在各段中引出不同温度级的工质作为制冷剂，见图 2-38 中的（10）、（11）、（12），也可引出作为制热剂，如图 2-38 中的（9）。

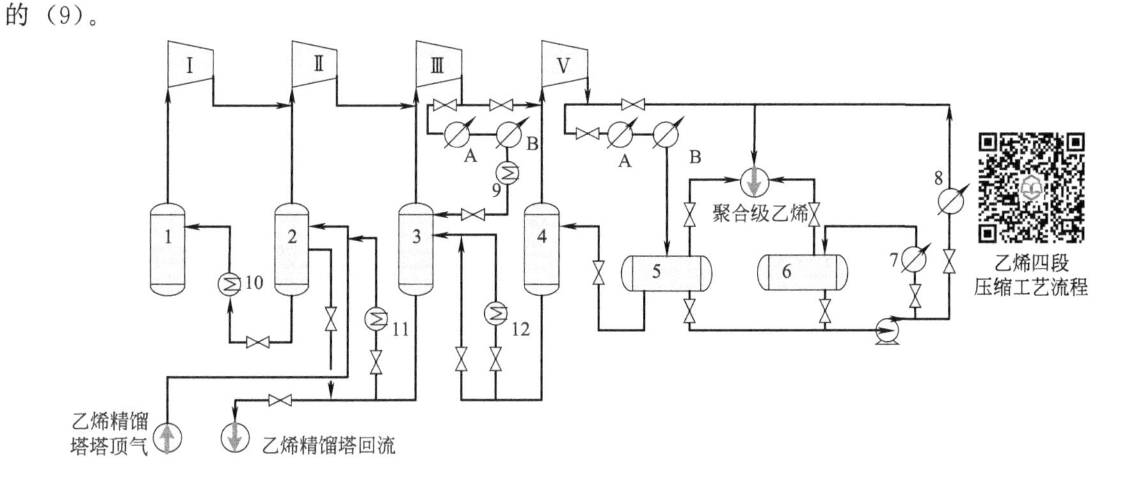

图 2-38　乙烯四段压缩工艺流程图

1—吸入罐；2～4—压缩机段间分离罐；5,6—乙烯储罐；7—控制乙烯压力汽化器；8—乙烯汽化器；9—乙烯塔再沸器；10～12—段间冷凝器；A,B—乙烯-丙烯复叠换热器

在低压深冷分离流程中，需要提供－140℃左右的冷量，此时多采用丙烯-乙烯-甲烷复叠制冷循环。除丙烯和乙烯制冷系统提供－100℃以上各温度级的冷量外，乙烯制冷系统可向甲烷制冷系统提供甲烷冷凝所需要的冷量，甲烷制冷系统则提供－140℃温度级的冷量，制冷系统如图 2-39 所示。

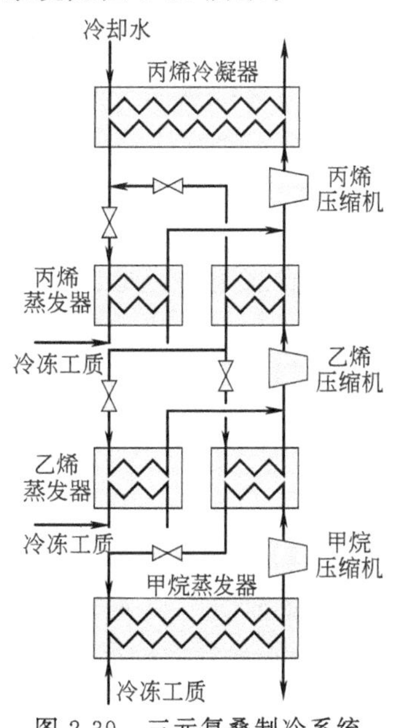

图 2-39　三元复叠制冷系统

开式甲烷
制冷系统和三元
复叠制冷系统

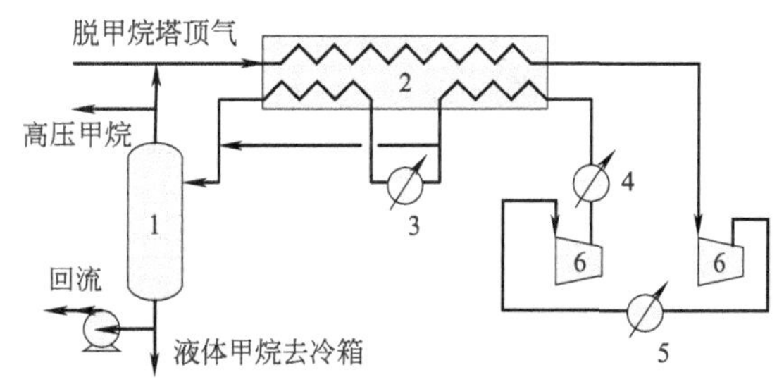

图 2-40　开式甲烷制冷循环系统

1—脱甲烷塔回流罐；2～5—换热器；6—甲烷压缩机；7—回流泵

由于乙烯、丙烯、甲烷都是本装置的产品或副产品，作为制冷剂是非常合适的。在保证系统正常操作的条件下，丙烯制冷剂的最低制冷温度可达－45℃，乙烯制冷剂可达－102℃，甲烷制冷剂可达－160℃。

在该制冷系统中，甲烷制冷系统多为两段压缩机（段间冷却），可采用开式循环系统，也可采用闭式循环系统。开式甲烷制冷循环系统如图 2-40 所示。脱甲烷塔顶气体经换热后进入甲烷压缩机，升压后的甲烷经脱甲烷塔顶冷气体和乙烯制冷剂冷却后，将液态甲烷送入脱甲烷塔回流罐（1）。回流时气相甲烷返回冷箱回收冷量后，作为高压甲烷产品采出。液态甲烷作为脱甲烷塔的回流，其中一部分返回冷箱回收冷量后作为中压甲烷或低压甲烷产品采出。

五、节流膨胀制冷

节流膨胀是气体由较高的压力通过一个节流阀，迅速地膨胀到较低的压力。当由高压膨胀到低压时，过程进行得很快，来不及与外界发生热量交换，所以可以近似地看作是绝热过程。膨胀所需能量由自身供给，从而引起温度降低。这种因节流膨胀而产生的温度变化，称为节流效应。

常见气体与甲烷、乙烯等在常温或低温和中等压力下节流，均可降温。节流前温度愈低或压力愈高，节流降温效果愈好。液体在节流膨胀中，只有在发生汽化现象时才能产生制冷效应。氢气、甲烷、乙烯在－100℃左右时，都能产生节流制冷效应。在深冷分离中常用甲烷或氢气在－99℃、3.1MPa 下节流膨胀至 627kPa，可产生－110℃的低温。

节流膨胀设备简单，只需膨胀阀（节流阀），无运动部件，所以在乙烯生产中应用较多。如果在膨胀机中进行节流膨胀，则气体在膨胀时由于推动膨胀机做了功，内能下降会更多，所以使用膨胀机的制冷能力较大，效果更好。

六、冷箱在深冷分离中的应用

冷箱是几个板翅式换热器的组合体。在乙烯深冷分离装置中，均采用多台板翅式换热器的组合体。冷箱换热是通过隔板和翅片进行的，隔板称为一次传热面，翅片称为二次传热面。冷箱的特点是结构紧凑，单位体积的传热面积要比一般列管式换热器大五倍至几十倍；传热效率高，传热系数范围为 0.035～34.9kW/(m^2·K)。由于冷箱多使用轻质材料，加上结构紧凑，质量比一般换热器轻三分之一至二分之一；成本只有列管式换热器的一半左右。翅片式换热器因翅片间距较小，容易堵塞、清洗困难、难以维修。适应冷箱的操作条件为：

① 物料较干燥，对铝合金无腐蚀；

② 物料温差较小，一般为 4～7℃；

③ 物料压力为常压到 3.9MPa；

④ 物料的温度在－170～35℃的温度范围。

深冷分离的操作温度低，最低温度为－170℃。本装置采用乙烯-丙烯复叠制冷、液体甲烷节流膨胀，以及一套开式甲烷制冷系统。冷箱系统的流程示意图如图 2-41 所示。产生这些冷量需耗大量的冷冻功率，因此从节能角度讲，在深冷分离中回收冷量十分重要。冷箱可用于气体和气体、气体和液体、液体和液体之间的热交换，并可用于冷凝和蒸发。通过各种流道的布置和组合，能适应逆流、顺流、错流和多股流等不同的换热情况。在同一个冷箱中，允许多种介质之间同时换热，冷量利用合理，从而省掉了一个庞大的列管式换热系统，

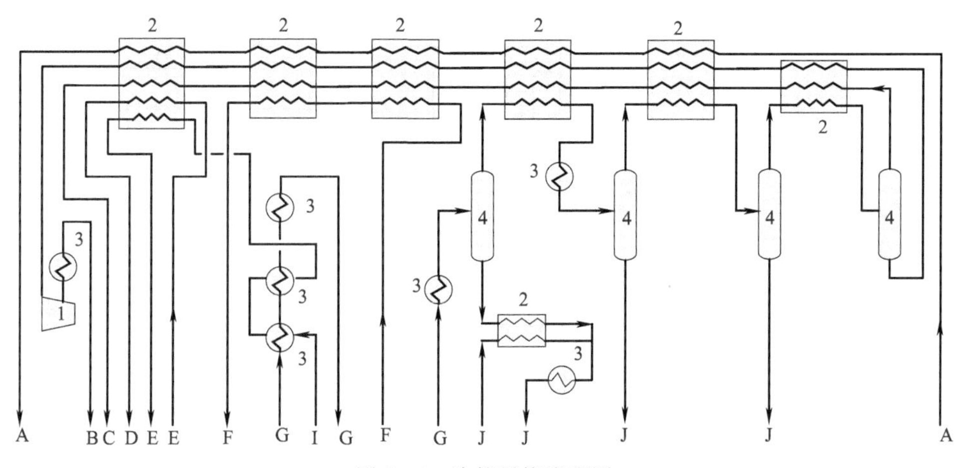

图 2-41　冷箱系统流程图

1—甲烷压缩机；2—冷箱；3—换热器；4—气液分离罐；A—高压甲烷；B—低压甲烷；C—氢气；D—乙烷；E—乙烯尾气；F—脱乙烷塔进料；G—裂解气；I—循环乙烷；J—脱甲烷塔进料

起到了节能作用。同时由于脱甲烷过程所处理的物料，基本上不带杂质、脏物，所以不易堵塞，不需清洗。例如，生产中连续使用的冷箱不必拆开清洗，故冷箱在乙烯装置中广泛使用。

冷箱系统流程图

七、热泵在深冷分离中的应用

乙烯装置的深冷分离过程主要是通过精馏操作完成的，而作为精馏分离的精馏塔操作具有以下几点共同特征。

① 塔顶温度比塔底温度低。

② 常用外来制冷剂对塔顶制冷，从塔顶移出热量；用外来制热剂加热塔底，向塔底供给热量。由于塔顶温度比塔底温度低，热量不能自动从塔顶低温处传递给塔底高温处。

热泵系统：如果将制冷循环与精馏塔结合起来，使制冷系统的工质作为制冷剂向塔顶制冷，又使工质作为制热剂向塔底供热，就可以收到塔顶热量传给塔底的效果。这种既向塔顶供冷，又向塔底供热的制冷循环称为热泵系统。

1. 热泵的种类

热泵分为开式热泵（开路循环）和闭式热泵（闭路循环）两种形式。

(1) 开式热泵　如图 2-42 (a) 所示，在热泵流程中热泵直接用塔顶低温气体物料作介质，经压缩提高温度，再送去塔底换热放出热量而冷凝成液体，一部分作回流，一部分作出料，这种热泵称为开式热泵。

(2) 闭式热泵　如图 2-42 (b) 所示，热泵中的介质与塔的物料分开。介质与塔顶物料换热，吸入热量而蒸发为气体，气体经压缩提高温度后再送去塔底换热放出热量而冷凝成液体，经节流减压后再去塔顶换热，这种热泵称为闭式热泵。

开式热泵流程在塔顶省去了换热器、储罐和回流泵，流程简单，消除了塔顶换热器的温差，节省了能量。但开式热泵的物料与制冷工质合一。当塔操作不稳定时，容易被其他物料污染。一旦污染，不但影响热泵系统，还将较长时间影响出料质量，同时热泵系统也会跟着发生波动，影响较大。尽管如此，开式热泵在乙烯生产中仍然被广泛采用。

2. 热泵的经济评价

所有精馏塔的塔顶、塔底都可以结合组成热泵系统，但不一定都是经济合理的。对某一

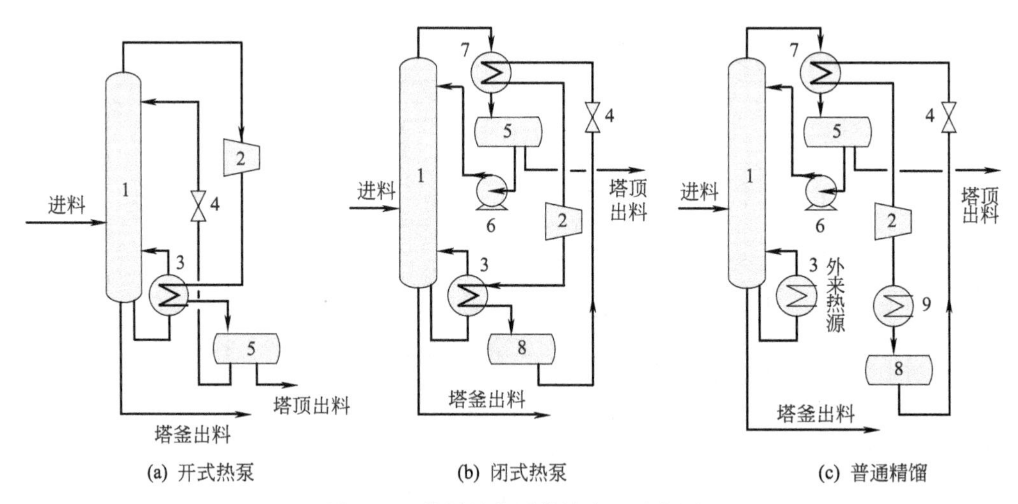

(a) 开式热泵　(b) 闭式热泵　(c) 普通精馏

图 2-42　热泵及普通精馏流程示意图

精馏塔是否需要组成热泵流程，必须根据各自的精馏情况，结合热泵的特性，加以具体分析，做出选择。

① 如果塔顶气体的温度比自然界的冷却剂（如江水、井水、空气等）高而且高很多，这时用自然界的冷却剂冷却就十分经济合算，在这种情况下仍采用热泵流程就不合理了。

② 如果塔顶气体温度低于环境，但塔底温度高于环境，此时单纯使用冷冻系统，其制冷系数（ϕ）较大，也比用热泵工艺经济合理。

$$\phi=\frac{\text{低温处温度 } T_3}{\text{高温处温度 } T_4-\text{低温处温度 } T_3}$$

③ 制冷系数与高低温差成反比，则精馏系统的塔顶塔底温度愈接近，采用热泵系统就愈经济合理。表 2-42 是丙烯精馏塔常规精馏方案与热泵精馏方案技术经济比较。

表 2-42　丙烯精馏塔两种精馏操作方案比较

条件 / 精馏方案	塔顶操作压力/kPa	回流比	塔板数/块	塔径/mm	供热量/(MJ/h)	移出热量/(MJ/h)	电力消耗/kW	投资费用相对指数
常规精馏	1.8	12	238	4200	88	88	160	1.03
热泵精馏	0.98	9.9	196	3800	0	8.4	2700	1

从表 2-42 可知，生产规模大时，用热泵精馏方案有利。热泵系统一般都是应用于低温精馏过程，塔顶、塔底温度都应低于环境温度，且塔顶、塔底温差愈小，对使用热泵愈有利。但是，热泵精馏方案操作较复杂，开式热泵方案还存在产品污染问题，因此最终是否采用热泵精馏方案还需要从工艺角度进行评价。

第五节　裂解气的深冷分离

对多组分、低沸点物料的精馏，组织合理的工艺流程，关系到投资、能耗、操作费用、运转周期、产品产量和质量、生产安全等一系列重大问题，因此受到广泛关注。

一、深冷分离的特点

对裂解气进行深冷分离，不同的工厂采用不同的流程。尽管流程组合有不同，但其基本特点是一致的。

1. 各种分离流程的共同点

① 所有流程均采用精馏方法进行分离。

② 分离次序是先将碳原子数不同的烃类分开，再分离同一碳原子数的烃类。烯烃和烷烃采用先易后难的分离顺序。

③ 两个产品塔，乙烯精馏塔和丙烯精馏塔采用并联安排，且安排在流程的最后面，作为二元组分处理。这样物料比较单一，容易保证产品纯度，两个产品塔互不干扰，有利于提高产品质量，减少乙烯、丙烯损失量。

2. 各种分离流程的不同点

① 有无加氢脱炔和前加氢与后加氢的区别，如乙烯、丙烯对炔含量要求不严格，则可以不用加氢脱炔（如用作合成乙醇、乙苯、异丙苯、丙烯腈等）。目前，国内大型乙烯生产装置均采用较稳定可靠的后加氢流程。

② 有无冷箱以及前冷与后冷的区别。冷箱设在脱甲烷塔前面称为前冷（又称前脱氢），设在脱甲烷塔后面称为后冷（又称后脱氢）。

③ 精馏塔的次序安排不同。

二、深冷分离的工艺流程

深冷分离工艺流程比较复杂，设备较多，能量消耗较大，并耗用大量耐低温、高压的钢材，故在组织工艺流程时需全面考虑。多组分精馏安排分离顺序的一般原则，见表 2-43。

表 2-43　多组分精馏分离顺序安排原则

考虑因素	节省能量	节省冷量	传热效率	操作影响	设备材料	设备大小	安全生产	产品质量
措施	高于常温液体进料按轻组分逐塔汽化	气体进料的低温塔按重组分逐塔冷凝	对不凝气体应尽量先分离	并联操作可减少相互影响	深冷操作，尽量少用耐低温钢材	进料中含量多的组分尽量先分出	对危险组分、腐蚀性馏分应先分出	易聚合变质的重馏分，加热次数要少

由于各精馏塔在深冷分离中位置变动，构成了各种各样的深冷分离工艺流程，但是其中多数并不具有经济合理性。目前，通常使用的流程主要有顺序分离流程、前脱乙烷流程、前脱丙烷流程三种。

1. 顺序分离流程

（1）顺序分离工艺流程　如图 2-43 所示。

（2）裂解气顺序分离工艺过程简介　顺序分离流程的分离界限是甲烷和乙烯，其分离顺序是先脱甲烷、氢，再脱 C_2 馏分、C_3 馏分、C_4 馏分等，即按碳原子数的多少为顺序进行分离。

裂解气在压缩机四段出口的压力为 1.86MPa，用碱液脱除酸性气体，压缩机各段段间均采用水、丙烯两级冷却分离出凝液。设低压蒸出塔（11）、高压蒸出塔（12）回收部分轻组分，低压蒸出塔（11）塔釜液主要是 C_4 以上馏分去脱丁烷塔，高压蒸出塔（12）塔釜液主要是 C_3 以上馏分去脱丙烷塔（这部分内容详见裂解气五段压缩工艺流程，图 2-23）。

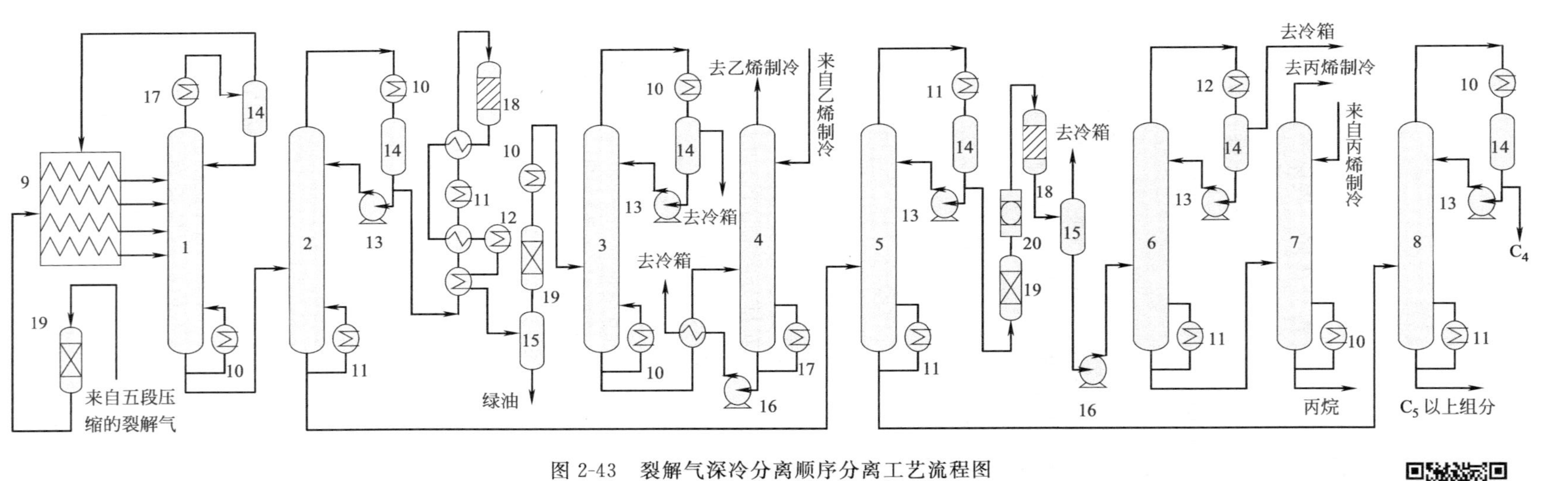

图 2-43　裂解气深冷分离顺序分离工艺流程图

1—第一脱甲烷塔；2—第一脱乙烷塔；3—第二脱甲烷塔；4—乙烯精馏塔；5—脱丙烷塔；6—第二脱乙烷塔；7—丙烯精馏塔；8—脱丁烷塔；9—冷箱；10—丙烯冷凝器；11—水冷凝器；12—水冷器；13—回流泵；14—回流罐；15—分离罐；16—输送泵；17—乙烯冷凝器；18—加氢反应器；19—干燥塔；20—过滤器

顺序分离
工艺流程

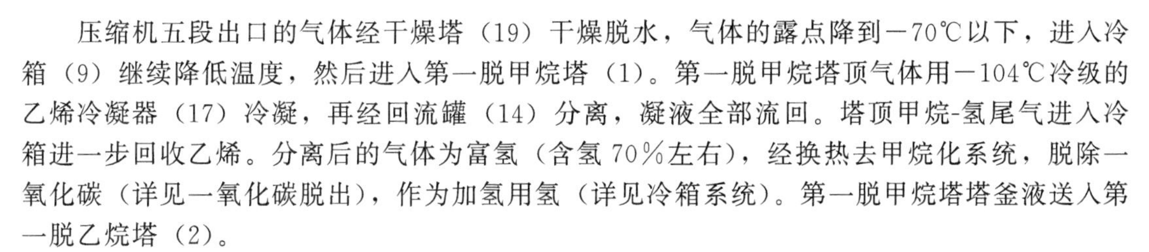

压缩机五段出口的气体经干燥塔（19）干燥脱水，气体的露点降到−70℃以下，进入冷箱（9）继续降低温度，然后进入第一脱甲烷塔（1）。第一脱甲烷塔顶气体用−104℃冷级的乙烯冷凝器（17）冷凝，再经回流罐（14）分离，凝液全部流回。塔顶甲烷-氢尾气进入冷箱进一步回收乙烯。分离后的气体为富氢（含氢70%左右），经换热去甲烷化系统，脱除一氧化碳（详见一氧化碳脱出），作为加氢用氢（详见冷箱系统）。第一脱甲烷塔塔釜液送入第一脱乙烷塔（2）。

第一脱乙烷塔在2.8MPa压力下继续分离，塔顶为C_2馏分，经丙烯冷凝器（10）冷凝后储存于回流罐（14）中，部分回流，部分经加氢后的气体经换热器和水冷凝器（11）预热后，进入加氢反应器（18）脱除乙炔，脱除乙炔后的气体与脱炔前的气体换热降温，再经水冷器（12）降温冷凝后进入分离罐（15）除去绿油后进入干燥塔（19），二次干燥后经丙烯冷凝器（10）降温后进入第二脱甲烷塔（3），脱除残余甲烷-氢等组分。第二脱甲烷塔塔釜液去乙烯精馏塔（4），塔顶组分去乙烯制冷系统（详见乙烯制冷），从乙烯制冷系统来的液态乙烯，部分作为乙烯塔的回流，部分作为聚合级乙烯产品。乙烯精馏塔塔釜液与乙烯精馏塔进料换热回收冷量，然后送冷箱系统再次回收冷量后去乙烷裂解炉。

第一脱乙烷塔塔釜液为C_3及C_3以上馏分，送脱丙烷塔（5），塔釜液为C_4及C_4以上馏分去脱丁烷塔（8）。脱丙烷塔塔顶组分为C_3馏分，经水冷凝器（11）冷凝后进入回流罐（14），部分作为该塔回流，部分经干燥塔（19）干燥，经过滤器（20）过滤后进入加氢脱炔反应器（18）脱除丙炔及丙二烯，然后经分离罐（15）后送第二脱乙烷塔（6）。分离罐（15）出来的残气（氢）送冷箱系统回收冷量。

第二脱乙烷塔塔顶组分经丙烯冷凝器（10）冷凝后去回流罐（14），回流罐中的液相作为该塔回流，气相（乙烷）送冷箱系统回收冷量。第二脱乙烷塔塔釜液送丙烯精馏塔（7），塔顶组分去丙烯制冷系统（详见丙烯制冷），从丙烯制冷系统来的液态丙烯，部分作为丙烯塔的回流，部分作为聚合级丙烯产品。丙烯精馏塔塔釜液为丙烷馏分，送丙烷裂解炉。

脱丁烷塔塔顶组分主要是C_4馏分（丁烯、丁烷、丁二烯等组分），脱丁烷塔塔釜液是C_5以上馏分。

（3）顺序分离流程的特点

① 乙烯收率可达95%～97%。

② 技术成熟，运转平稳可靠，产品质量较好，能适应各种原料的裂解气分离。

③ 流程长，塔系多，冷量消耗较大，压缩机循环量也大，消耗定额偏高。

2. 前脱乙烷工艺流程

（1）前脱乙烷工艺流程　如图2-44所示。

（2）裂解气前脱乙烷工艺过程简介　前脱乙烷分离流程的分离顺序是首先以乙烷和丙烯作为分离界限，先把裂解气分成两部分，一部分是乙烷、乙烯、甲烷、氢等（称为轻馏分），另一部分是丙烯、丙烷、丁烯、丁烷和C_5以上烃（称为重馏分），然后再将这两部分馏分各自进行分离的工艺过程。

裂解气经压缩、脱酸性气体、干燥后于3.43MPa、20℃进入第一脱乙烷塔（1）。第一脱乙烷塔塔顶为C_2以下馏分，塔釜为C_3以上馏分，送脱丙烷塔。塔顶馏分经丙烯换热器（10）冷凝后，进入回流罐（14），液相全回流，气相经干燥塔（19）干燥、进入冷箱（9）、丙烯换热器（10）、乙烯换热器（17）换热冷却到−65℃后进入第一脱甲烷塔（2）。第一脱甲烷塔操作压力为3.2MPa，塔顶组分（含有4%的乙烯）经乙烯换热器（17）冷凝后进入回流罐（14），液相全回流，尾气进入冷箱，提取富氢作为加氢氢源。第一脱甲烷塔釜液为C_2馏分，经蒸汽换热器（11）预热后进入加氢反应器（18），加氢脱除乙炔后与反应器进料

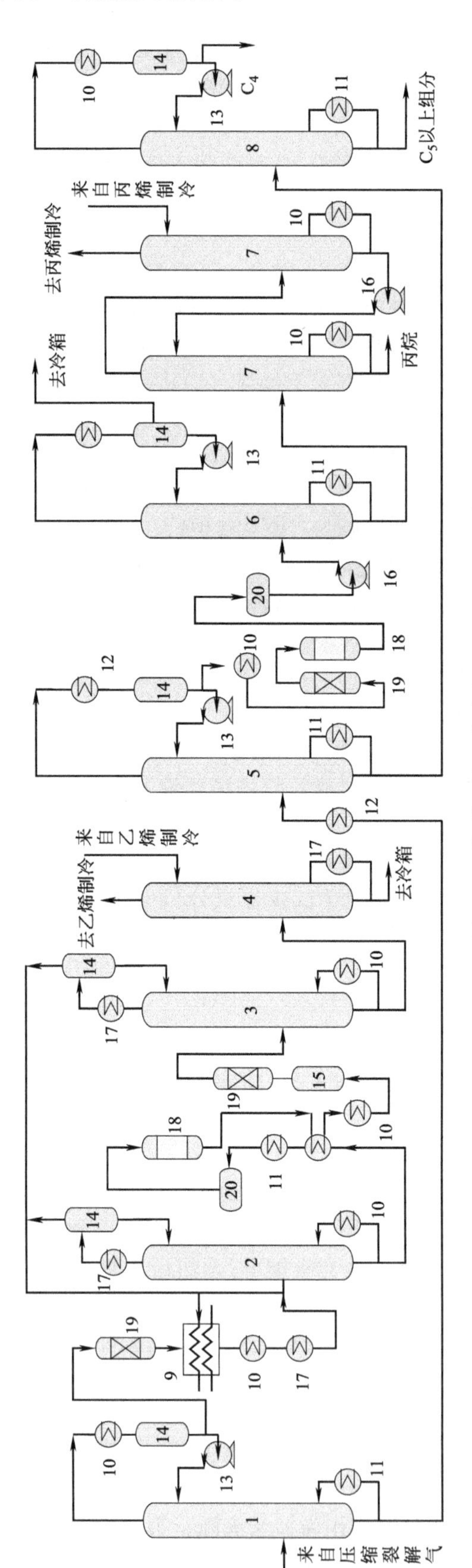

图 2-44　前脱乙烷工艺流程

1—第一脱乙烷塔；2—第一脱甲烷塔；3—第二脱甲烷塔；4—乙烯精馏塔；5—脱丙烷塔；
6—第二脱乙烷塔；7—丙烯精馏塔；8—脱丁烷塔；9—冷箱；10—丙烯换热器；11—蒸汽换热器；
12—水冷却器；13—回流泵；14—回流罐；15—分离罐；16—输送泵；17—乙烯换热器；
18—加氢反应器；19—干燥塔；20—缓冲罐

前脱乙烷工艺流程

换热器、丙烯换热器（10）降温去分离罐（15）脱除绿油，气相经干燥塔（19）干燥后送第二脱甲烷塔（3）。第二脱甲烷塔塔顶组分经乙烯换热器（17）冷凝，液相全回流，气相返回冷箱回收冷量，提取富氢。塔釜组分送乙烯精馏塔（4），生产聚合级乙烯（操作同顺序分离流程）。

来自第一脱乙烷塔的塔釜液进入脱丙烷塔（5），塔釜组分送脱丁烷塔（8）；塔顶组分送第二脱乙烷塔（6）、丙烯精馏塔（7），生产聚合级丙烯（操作同顺序分离流程）。

（3）前脱乙烷流程的特点

① 乙烯收率可达97%。

② 技术成熟，运转平稳可靠，产品质量较好，对各种原料的裂解气分离适应性较强。

③ 流程长，塔系多，冷量消耗较大，压缩机循环量也大，消耗定额偏高。

3. 基于实际工作过程的前脱丙烷流程

（1）前脱丙烷工艺流程　如图2-45所示。

（2）裂解气分离前脱丙烷工艺流程介绍　前脱丙烷分离流程的分离顺序是首先以丙烷和丁烯为分离界限，把裂解气分成两部分，一部分是丙烷及比丙烷更轻的组分，另一部分是C_4馏分及比C_4馏分更重的组分。然后，再将这两部分馏分各自进行分离的工艺过程。

裂解气经压缩机三段压缩、冷凝、冷却分去凝液、干燥后和来自反应器流出罐、乙烯缓冲罐、丙烯塔回流罐等的组分按比例一起进入高压脱丙烷塔（2）。高压脱丙烷塔塔釜液送往低压脱丙烷塔（3），经低压脱丙烷塔分离后，低压脱丙烷塔塔顶组分经塔顶冷凝器冷凝后返回高压脱丙烷塔，作为高压脱丙烷塔回流的一部分。低压脱丙烷塔塔釜液为C_4及C_4以上馏分，送往脱丁烷塔（33）（操作顺序和分离流程相同）继续分离。

高压脱丙烷塔塔顶组分经裂解气四段压缩机（1）压缩，然后经低压蒸汽换热器加热后分段进入乙炔加氢反应器（6）进行加氢脱炔，后经反应器段间冷却器冷却、绿油过滤器（7）除去脱炔反应气中的绿油后进入干燥塔（8）干燥。干燥后的裂解气经丙烯冷却器冷却后进入高压脱丙烷塔回流罐（9），回流罐出来的不凝裂解气少部分返回高压脱丙烷塔进料，大部分不凝裂解气经多级冷却器冷却后进入脱甲烷汽体塔一段进料罐（16），从脱甲烷汽体塔一段进料罐出来的不凝气体再经冷凝冷却后进入脱甲烷塔三段进料罐（17），从脱甲烷塔三段进料罐出来的不凝气体再经冷凝冷却后进入脱甲烷塔二段进料罐（18），从脱甲烷塔二段进料罐出来的不凝气体再经冷凝冷却后进入脱甲烷塔一段进料罐（19），从脱甲烷塔一段进料罐出来的不凝气体经冷箱冷却后进入粗氢储罐（20），不凝气体经冷箱回收冷量后作为粗氢送往后续工段，液相组分经冷箱回收冷量后送往甲烷压缩机吸入罐（15）；脱甲烷汽体塔一段进料罐（16）的液相组分进入脱甲烷汽提塔，其他各脱甲烷塔进料罐液相组分分别从脱甲烷塔一、二、三段进入脱甲烷塔；脱甲烷汽提塔塔顶组分作为脱甲烷塔四段进料进入脱甲烷塔，塔釜组分作为脱乙烷塔一、二段进料进入脱乙烷塔（21）；脱甲烷塔塔釜组分作为脱乙烷塔三段进料进入脱乙烷塔（21）继续分离；脱甲烷塔塔顶组分经乙烯换热器冷却后进入脱甲烷塔回流罐（12），液体作为脱甲烷塔的回流，不凝气体经甲烷压缩机（14）和冷箱回收冷量后作为尾气采出备用。

脱乙烷塔（21）第51块塔板出来的组分分别由乙烯精馏塔第72块、第84塔板送入乙烯精馏塔（22）继续分离。乙烯精馏塔塔顶组分经乙烯压缩机（23）四段压缩后，由－42℃的丙烯换热器冷凝后送入乙烯缓冲罐（26），乙烯缓冲罐出来的部分组分作为脱乙烷塔的回流。脱乙烷塔塔釜组分送往碳三加氢反应器（28）。

乙烯精馏塔（22）的塔顶组分进入乙烯压缩机二段吸入罐（25），二段吸入罐的气相组分送往乙烯压缩机二段入口，液相组分经再次冷却送往乙烯压缩机一段吸入罐（24），一段

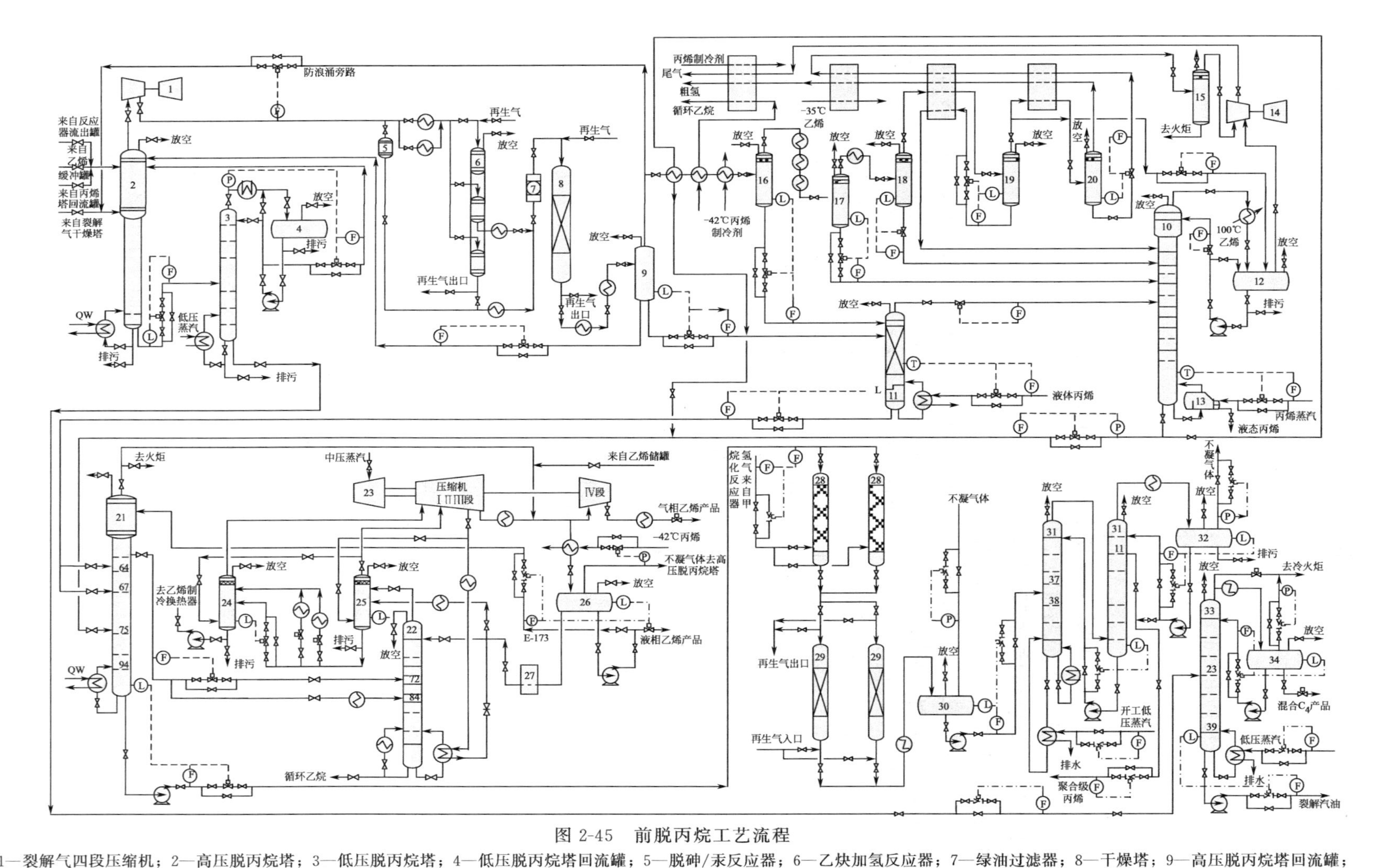

图 2-45　前脱丙烷工艺流程

1—裂解气四段压缩机；2—高压脱丙烷塔；3—低压脱丙烷塔；4—低压脱丙烷塔回流罐；5—脱砷/汞反应器；6—乙炔加氢反应器；7—绿油过滤器；8—干燥塔；9—高压脱丙烷塔回流罐；10—脱甲烷塔；11—脱甲烷汽提塔；12—脱甲烷塔回流罐；13—脱甲烷塔再沸器；14—甲烷压缩机；15—压缩机吸入罐；16—甲烷汽提塔一段进料罐；17—脱甲烷塔三段进料罐；18—脱甲烷塔二段进料罐；19—脱甲烷塔一段进料罐；20—氢气储罐；21—脱乙烷塔；22—乙烯精馏塔；23—乙烯制冷压缩机；24—乙烯压缩机一段吸入罐；25—乙烯压缩机二段吸入罐；26—乙烯缓冲罐；27—冷箱；28 碳三加氢反应器；29—干燥塔；30—碳三加氢反应器流出物储罐；31—丙烯精馏塔；32—丙烯精馏塔回流罐；33—脱丁烷塔；34—脱丁烷塔回流罐

前脱丙烷工艺流程

吸入罐的液相组分送往各级乙烯换热器作为冷剂。一段吸入罐的气相组分送入乙烯压缩机一段入口。来自乙烯压缩机一、二段的气相组分经乙烯压缩机三段压缩后分为三部分，其中第一部分作为乙烯精馏塔塔釜再沸器的热剂，自身被冷凝后再经节流膨胀阀（35）再降温，部分作为乙烯精馏塔的回流，部分返回乙烯压缩机二段吸入罐（乙烯精馏塔塔顶介质、压缩机吸入罐、乙烯压缩机、塔釜再沸器、节流膨胀阀构成热泵系统）。第二部分经冷凝冷却后送往乙烯缓冲罐，作为液态乙烯产品；第三部分经乙烯压缩机四段压缩后作为气相乙烯产品采出。乙烯精馏塔塔釜组分经冷箱等换热器回收冷量后送往乙烷储罐。

来自脱乙烷塔塔釜组分在碳三加氢反应器（28）中经液相催化加氢脱除乙炔及丙二炔后进入干燥塔（29）干燥，再经换热器冷却后送到 C_3 加氢流出物储罐（30），再由泵送到两个串联的丙烯精馏塔（31）继续分离。第二丙烯精馏塔塔顶组分经塔顶冷凝器冷凝后送到丙烯精馏塔回流罐（32），部分作为第二丙烯精馏塔的回流，部分作为粗液相丙烯产品。从第二丙烯精馏塔的第 11 块塔板处采出聚合级丙烯；第一丙烯精馏塔的塔釜液送往丙烷储罐。

三、三种深冷分离流程的比较

三种深冷分离流程，其经济合理性很大程度上取决于裂解技术、裂解气的组成情况。随着我国石油化工的迅速发展，裂解技术多元化、裂解用原料范围愈来愈广。目前，我国的许多大型乙烯装置采用不同的裂解技术，裂解原料除了石脑油外，还有炼厂气、乙烷、丙烷、轻柴油、重质油等。裂解技术不同、裂解用原料不同，裂解气组成也就不同，深冷分离工艺流程也就各异。某一深冷分离流程，往往对特定的裂解技术和分离原料（裂解气）最为经济合理，而对别的就不一定合理。三种深冷分离流程情况分析比较见表 2-44。

表 2-44　三种深冷分离流程的比较

比较项目	顺序分离流程	前脱乙烷流程	前脱丙烷流程
操作问题	脱甲烷塔在最前，釜温低，再沸器中不易发生聚合而堵塞	脱乙烷塔在最前，压力高，釜温高，如 C_4 以上烃含量多，二烯烃在再沸器聚合，影响操作且损失丁二烯	脱丙烷塔在最前，且放置在压缩机段间，低压时就除去丁二烯，再沸器中不易发生聚合而堵塞
冷量消耗	全馏分都进入了脱甲烷塔，加重了脱甲烷塔的冷冻负荷，消耗高能级位的冷量多，冷量利用不够合理	C_3、C_4 烃不在脱甲烷塔而是在脱乙烷塔冷凝，消耗低能级位的冷量少，冷量利用合理	C_4 烃在脱丙烷塔冷凝，冷量利用比较合理
分子筛干燥负荷	分子筛干燥是放在流程中压力较高、温度较低的位置，对吸附有利，容易保证裂解气的露点，负荷小	分子筛干燥是放在流程中压力较高、温度较低的位置，对吸附有利，容易保证裂解气的露点，负荷小	由于脱丙烷塔在压缩机三段出口，分子筛干燥只能放在压力较低的位置，导致吸附不利，且三段出口 C_3 以上重质烃不能很好地冷凝下来，负荷大
加氢脱炔方案	多采用后加氢	可用后加氢，但最好采用前加氢	可用后加氢，但前加氢经济效果更好
塔径大小	脱甲烷塔负荷大，塔径大，且耐低温钢材耗用多	脱甲烷塔负荷小，塔径小，而脱乙烷塔塔径大	脱丙烷塔负荷大，塔径大，脱甲烷塔塔径介于前两种流程之间
对原料的适应性	对原料适应性强，无论裂解气轻、重，均可	最适合 C_3、C_4 烃含量较多而丁二烯含量少的气体	可处理较重的裂解气，对含 C_4 烃较多的裂解气，本流程更能体现其优点
装置工艺流程	流程较长，设备多	流程较长，设备多	流程较短，设备少

第六节　裂解气分离主要工艺流程

一、脱甲烷流程

脱甲烷流程是从裂解气中把甲烷和比甲烷更轻的组分（氢）脱除的过程，脱甲烷过程的分离界限是在甲烷和乙烯之间，它包括脱甲烷、乙烯回收与富氢提取三部分。

1. 脱甲烷

脱甲烷是将裂解气中的甲烷、氢与 C_2 及其他组分分开。脱甲烷在脱甲烷塔中进行，塔顶蒸出甲烷-氢，塔底排出乙烯和比乙烯更重的组分。

无论采用哪种裂解气的分离工艺流程，脱甲烷塔都是温度最低的塔。脱甲烷塔分离效果的好坏，操作条件是否合理，直接影响整个分离流程的分离效果和能量消耗。塔顶尾气中的乙烯含量愈低，损失愈少，乙烯的收率就愈高，塔釜液中甲烷含量愈少，乙烯的纯度就愈有保证。

（1）影响脱甲烷塔的操作因素

① 原料气组成。裂解气中含比乙烯轻的组分主要是甲烷和氢。用丙烷以上的烃为原料裂解时，甲烷含量为 27%～36%，氢含量为 9%～16%，而甲烷与氢的摩尔比又直接影响脱甲烷塔尾气中乙烯含量的多少。表 2-45 是在不同工艺条件下甲烷和氢的比值。由表可知甲烷和氢的比值对尾气中乙烯损失十分明显。由于氢和其他不凝性惰性气体的存在，会降低甲烷的分压从而影响甲烷塔顶液化的条件。因此，在一定温度、压力下，必然有一部分乙烯和乙烷损失掉以满足塔顶露点要求，原料气中甲烷和氢的比值愈大，脱甲烷塔塔顶冷凝器尾气中乙烯的损失就愈少。

② 操作压力。从表 2-45 还可以看出，提高操作压力，有利于减少尾气中的乙烯损失，但是压力增大，使甲烷对乙烯的相对挥发度降低，如图 2-46 所示。这对组分的分离是不利的，要达到同样的分离要求，必须增加塔板数和回流量，从而加大了金属材料与冷量的消耗。

表 2-45　不同工艺条件下的甲烷与氢比值对脱甲烷塔的影响

条件 裂解原料	CH_4 : H_2（摩尔比）	乙烯全部分出时，脱甲烷塔塔顶冷凝器出口温度/℃		在−100℃下 CH_4 和 H_2 馏分中乙烯的平均含量/%	
		5MPa	4.5MPa	3MPa	4.5MPa
煤油	3.5 : 1	−101	−90	1	—
丙烷	1 : 1	−114	−103	4	2
乙烷	1 : 4	−134	−126	19	11

③ 操作温度。降低塔的操作温度可以减少尾气中的乙烯损失。如图 2-47 所示，在塔压为 3～3.5MPa 范围内，塔顶温度越低，乙烯损失越小。塔顶温度升到−75℃时，尾气中乙烯含量可高达 12.6%（摩尔）。塔温降低可促进甲烷对乙烯的相对挥发度增大，对分离有利。但是，塔顶温度首先受到制冷剂最低温度的限制。如用乙烯作制冷剂，最低温度只能达到−95℃左右，若要降低到更低温度，只有用甲烷或氢作制冷剂。所以，用乙烯作制冷剂，脱甲烷塔塔顶温度一般为−95～−90℃，这时必然有一定量的乙烯损失。

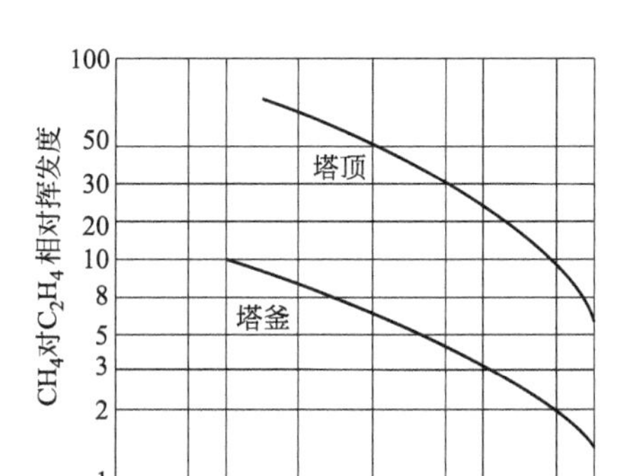

图 2-46　CH_4 对 C_2H_4 相对挥发度与压力的关系

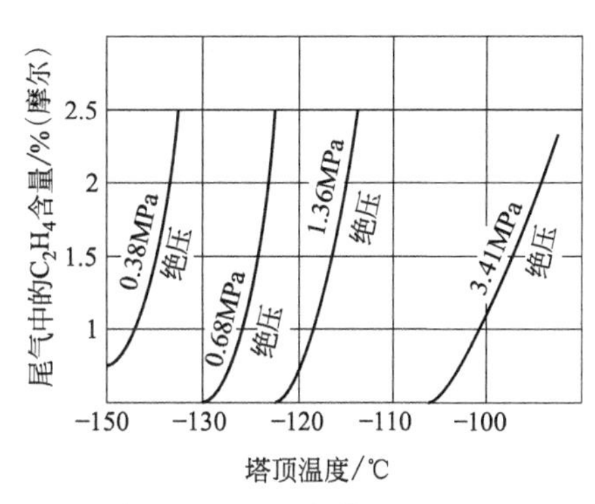

图 2-47　尾气 C_2H_4 含量与塔顶温度及压力的关系

综上所述，影响乙烯损失的因素有三个，即原料中甲烷与氢的比例大小、塔的操作压力与温度。这三者相互影响的规律是：甲烷与氢的摩尔比增大，相对挥发度则下降，尾气中乙烯含量也降低；温度如降低，即使相对挥发度增大，尾气中乙烯的含量也降低；压力如增大，可使尾气中乙烯含量降低，但造成甲烷对乙烯的相对挥发度减小。就温度和压力的相互关系而言，当甲烷与氢摩尔比一定、尾气中乙烯含量一定时，若不用高的压力，温度就要更低，若不用太低的温度，压力就要高一些。显然，采用低温对操作是有利的，但需用甲烷-乙烯-丙烯三元复叠制冷系统，需用大量耐低温合金钢材。如温度为－230℃，压力为 170～245kPa，工业上称为低温法。提高压力和降低温度都需要消耗能量，但工程上造成更低的温度与选取更高的压力需消耗更多的能量，所以采用稍高的压力（2.94～3.92MPa），不用极低的温度在经济上是合算的。当用－100℃左右的低温时，用乙烯-丙烯复叠制冷系统就可满足，可节省大量高级合金钢材。若采用过高压力，首先是相对挥发度下降，特别是塔釜相对挥发度接近于 1，甲烷和乙烯就很难分离。塔釜出料中将会带出大量甲烷，直接影响乙烯纯度。

(2) 高压法脱甲烷工艺流程　如图 2-48 所示。

裂解气经丙烯、乙烯换热器降温后，进入脱甲烷塔（1）。脱甲烷塔操作压力为 3.3MPa（表），塔顶馏分用－101℃制冷剂级别的乙烯换热器冷凝。换热器出口温度为－96℃，进入回流罐（2），自回流罐引出大部分气液混合物（含甲烷、氢）去冷箱提取富氢，部分作为脱甲烷塔回流。脱甲烷塔塔釜温度为 3℃左右，用 20℃级别的丙烯换热器作为再沸器蒸发加热，塔釜液体（C_2 及 C_2 以上馏分）去后续分离工序。

(3) 低压法脱甲烷工艺流程　如图 2-49 所示。

由冷箱来的四股温度高低不同的裂解气分别进入脱甲烷塔（1）的不同塔板，脱甲烷塔在 0.56MPa（表）压力下操作，塔顶温度为－135℃，塔底温度为－52.7℃。塔顶气体的冷凝由一套开式循环甲烷制冷系统供给制冷剂，塔底及中间再沸器均由裂解气供热，塔釜液由泵输出，脱甲烷塔塔顶气体，一部分去甲烷制冷系统，以提供液体甲烷，作为脱甲烷塔的塔顶回流；另一部分与节流的液体甲烷一起在冷箱（3）中回收冷量后，用于各干燥器的再生，然后这部分气体送往燃料系统。脱甲烷塔四股进料温度分别为－75.8℃、－98.5℃、－116.5℃和－135.6℃。低压脱甲烷工艺流程的特点如下：

① 在低压下，甲烷对乙烯的相对挥发度大，可降低回流比（高压法回流比 R＝0.8，低压回流比 R＝0.18）。

② 脱甲烷塔塔釜再沸器和中间再沸器均采用裂解气进行加热。

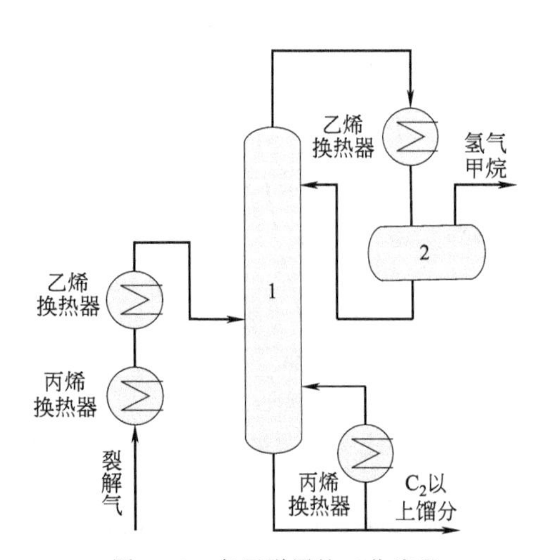

图 2-48　高压脱甲烷工艺流程

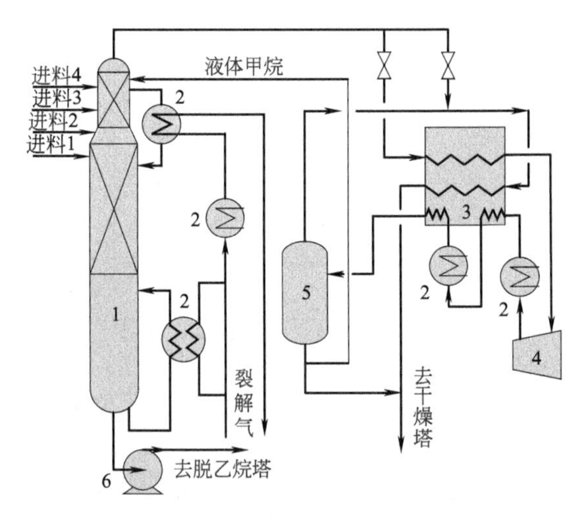

图 2-49　低压脱甲烷工艺流程

1—脱甲烷塔；2—换热器；3—连续操作；4—压缩机；5—分离罐

低压脱甲烷塔
工艺流程

③ 低压脱甲烷用分股加热进料，把脱甲烷塔温度最高、流量最大的那股进料，分成两股组成相同而焓值不同的物料，分别进到脱甲烷塔的适当位置，从而大大地降低最小回流比。

④ 脱甲烷塔塔顶采用了开式循环甲烷制冷系统。采用低压脱甲烷塔流程可节省较多能量，一套年产 30 万吨乙烯装置，低压脱甲烷系统比高压脱甲烷塔，可节省 2400kW·h 以上的功耗。高压脱甲烷由于工艺较成熟，故也被许多乙烯生产装置所采用。

2. 乙烯回收和富氢提取

为了减少乙烯损失，降低乙烯成本，保证乙烯产量，对损失掉的乙烯要尽量回收。当压力为 3.3MPa、温度为－100℃时，尾气中乙烯含量接近 1.5%（摩尔），这个损失量是很可观的，一定要尽量给予回收。回收的办法是将低温高压尾气在冷箱中降温，节流再降温，将其中的乙烯冷凝下来。如再进一步降温，不但可回收更多的乙烯，而且还可将一部分甲烷也冷凝下来，这样尾气中氢的浓度提高了，即可得到富氢。富氢既可作为后加氢脱炔反应的配氢用，也可作为裂解轻油加氢反应之配氢用。

富氢的提取是在冷箱中进行的。冷箱在深冷分离流程中的位置不是固定不变的。当冷箱放在脱甲烷塔之后时，称为后脱氢（又称后冷）；当冷箱放在脱甲烷塔之前时，称为前脱氢（又称前冷）。与之相应组成的工艺流程，称为后脱氢工艺流程与前脱氢工艺流程。

(1) 后脱氢（后冷）工艺　后脱氢生产工艺主要包括尾气中乙烯回收和富氢提取两部分。工艺流程如图 2-50 所示。后脱氢工艺流程由脱甲烷塔（主要是脱除甲烷和氢）、一级冷箱（主要是回收乙烯）与二级冷箱（主要是提取富氢）三个设备组成。

原料气经丙烯换热器 (2)、乙烯换热器 (3)冷却后进入脱甲烷塔 (1)，经精馏分离后的 C_2 及比 C_2 重的馏分从塔底引出。塔顶甲烷、氢尾气经乙烯换热器 (3)冷凝后流入回流罐 (6)（其中含有 3%～4%的乙烯），部分作为该塔回流，部分进入一级冷箱 (4)，降温后进入一级冷箱分离罐 (8)分离乙烯。一级冷箱分离罐 (8)中的凝液经节流膨胀阀 (9)膨胀，与尾气换热后富含乙烯的气体作为循环气送乙烯压缩机；此时一级冷箱分离罐 (8)中的气体中主要是甲烷、氢气，去二级冷箱 (5)冷凝，然后进入二级冷箱分离罐 (8)，分离罐 (8)中的凝液主要是乙烯和甲烷，经节流膨胀阀(9)膨胀与原料尾气换热后送燃料系统（此时的残气主要是甲烷）。二级冷箱分离罐（8）中排出的气体即富氢。

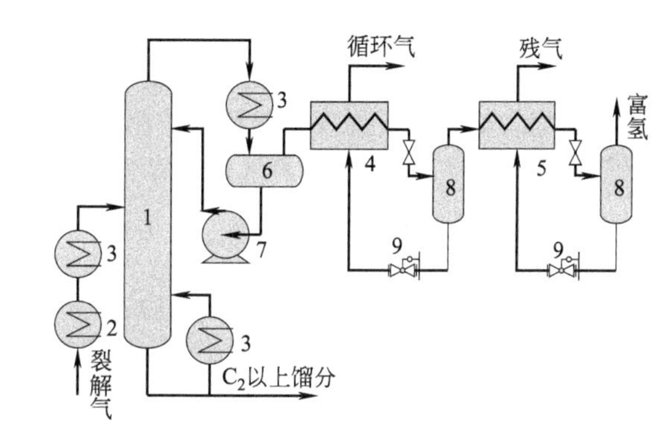

图 2-50 后脱氢工艺流程图

1—脱甲烷塔；2—丙烯换热器；3—乙烯换热器；4—一级冷箱；5—二级冷箱；6—回流罐；7—回流泵；8—分离罐；9—节流膨胀阀

后脱氢流程的一级冷箱主要是回收乙烯，二级冷箱主要是提取富氢。

（2）前脱氢（前冷）工艺 前脱氢工艺流程也是由乙烯回收与富氢提取两部分组成的，工艺流程如图 2-51 所示。裂解气在冷箱中经逐级分凝，把重组分先冷凝下来，然后在低温下冷凝乙烯、乙烷，最后在更低温度下，将部分甲烷也冷凝下来，再分多股进入脱甲烷塔（1）。大部分氢留在气体中作为富氢回收。由于进料中脱除了大部分氢，使进料中氢含量下降，即提高了 CH_4/H_2 摩尔比值，尾气中乙烯含量下降。这样前脱氢工艺实际上起到了回收乙烯与提取富氢两个作用。

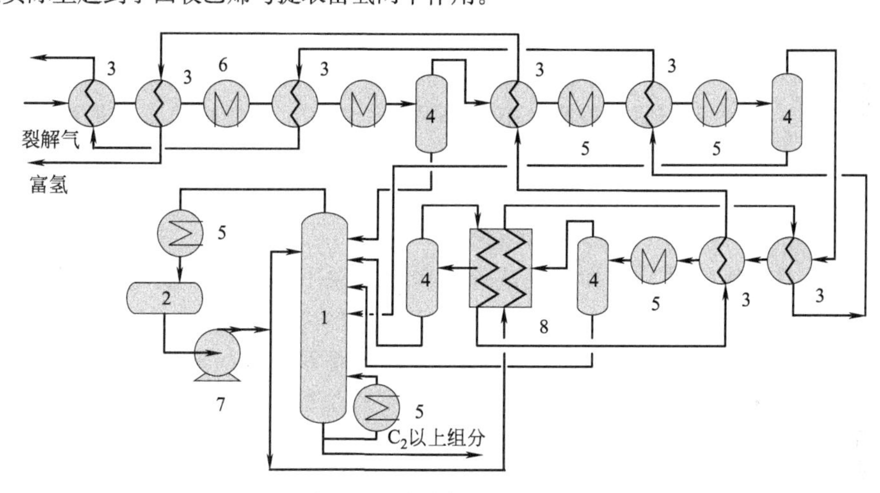

图 2-51 前脱氢工艺流程图

1—脱甲烷塔；2—回流罐；3—换热器；4—分离罐；5—乙烯换热器；6—丙烯换热器；7—回流泵；8—冷箱

裂解气经换热器(3)、丙烯换热器(6) 冷却后进入分离罐(4) 分离，其液体进入脱甲烷塔(1)，气体经换热器(3)、乙烯换热器(5) 冷却后进入分离罐(4) 分离，分离罐(4) 液体进入脱甲烷塔(1)，气体经换热后去富氢提纯工序。

前脱氢工艺流程

由于前脱氢进料中的重组分逐级被冷凝，比将气体全部送入脱甲烷塔节省了冷量，多股进料对脱甲烷塔的操作比单股进料好，重组分进塔的下部，轻组分进塔的上部，这等于进料前已作了预分离，减轻了脱甲烷塔的分离负担。此外，由于温度可降至−170℃左右，所以富氢的浓度可高达 90%～95%，这些优点都优于后脱氢工艺流程，不过它的操作控制难度较大。

（3）富氢提纯 从冷箱出来的富氢馏分中主要含有氢（后冷含氢 70%左右，前冷 90%左右），另一部分是甲烷和少量一氧化碳（约 0.55%）、有机硫等杂质。这些杂质的存在，不但影响乙烯产品质量，也会使脱炔催化剂中毒，影响脱炔反应。为此，必须将富氢馏分提纯后才能作为加氢脱炔的氢气用。在富氢馏分中有机硫含量很少，可用氧化锌除去，一般是把固体氧化锌做成球状颗粒，填充在脱硫反应器中，将富氢气体预热到150℃左右通过反应器，这样有机硫可降到1μL/L以下；将脱硫后富氢加热至200～220℃，经甲烷化反应，除去一氧化碳。反应是可逆反应，故对反应温度必须严格控制（详见酸性气体脱除和一氧化碳脱除）。

经过脱硫和甲烷化后的富氢气体，杂质已基本脱除，可供加氢脱炔用。

二、乙烯精馏流程

裂解气经脱甲烷塔脱除甲烷和氢，脱乙烷塔分出 C_3 以上烃类之后，获得 C_2 馏分。C_2 馏分主要含乙烯、乙烷及少量未除尽的甲烷。因此，要获得聚合级乙烯，需进一步分离。乙烯精馏过程包括三部分，即脱甲烷、乙烯精馏和液体乙烯储存。

1. 第二脱甲烷塔

第二脱甲烷塔的工艺流程如图2-52所示。

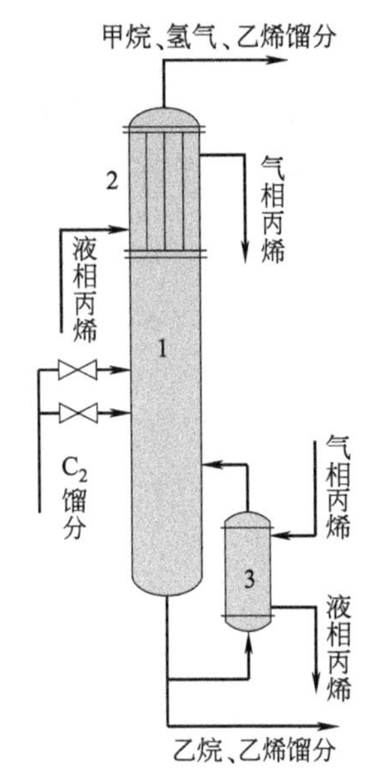

图2-52　第二脱甲烷塔工艺流程图

1—甲烷塔；2—回流冷凝器；3—再沸器

加氢后的 C_2 馏分，经分子筛干燥后，进入第二脱甲烷塔，塔顶得到的甲烷-乙烯馏分（简称粗乙烯），返回裂解气压缩机，回收乙烯，塔釜乙烯-乙烷馏分去乙烯精馏塔进一步分离，塔釜再沸器采用丙烯蒸气作制热剂。

第二脱甲烷塔的主要操作条件是塔压为2.25MPa，塔顶温度为−14℃（甲烷-氢气-乙烯馏分出料温度−27℃），塔釜温度为−9℃，塔底乙烯-乙烷馏分中不带甲烷、氢气。为了保证第二脱甲烷塔底乙烯-乙烷馏分中不含甲烷、氢气，进料板位置一般选择适当较高，同时根据进料量的变化和塔内各点温度的变化情况，需经常调节蒸发量和回流量。

2. 乙烯精馏塔

C_2 馏分经过脱炔和第二脱甲烷塔脱甲烷之后，其中氢气和甲烷的残余含量极微，丙烯-丙烷的含量也很少，主要是乙烯和乙烷（占总含量99.5%以上）。因而可以近似地看作二元混合物，即乙烯-乙烷的二元精馏。乙烯-乙烷馏分在乙烯精馏塔中分离，塔顶得聚合级乙烯，塔釜为乙烷，返回乙烷裂解炉裂解。乙烯精馏塔是产品塔，而且消耗的冷量占整个深冷分离过程总冷量的三分之一左右，它的操作好坏直接影响到乙烯产品的质量、产量和成本，是深冷分离装置中的一个关键部位。

当乙烯-乙烷的二元混合物处于气液两相共存时，其温度与达到平衡时的组成之间的关系如表2-46所示。从表可看出，乙烯比乙烷容易挥发，在同一温度下达到平衡时乙烯的气相浓度总是比液相浓度大，利用乙烯比乙烷易挥发的性质可将乙烯-乙烷馏分用精馏的方法进行分离。

表2-46　在压力为0.68～0.76MPa时乙烯-乙烷二元混合物温度与气液相组成的关系

组成 / 温度	乙烯浓度(摩尔分数)		乙烷浓度(摩尔分数)	
	气相乙烯	液相乙烯	气相乙烷	液相乙烷
−62.7	1.0	0	0	0
−60	0.904	0.82	0.096	0.18
−55	0.686	0.52	0.314	0.48
−50	0.414	0.257	0.586	0.743
−45	0.1287	0.063	0.8713	0.937

(1) 影响乙烯精馏的主要因素

① 压力。图2-53表示压力大小对被分离物质相对挥发度的影响，压力增大，相对挥发度降低，塔板数和回流比增大，对乙烯和乙烷的分离不利。从这一点看，压力低好。

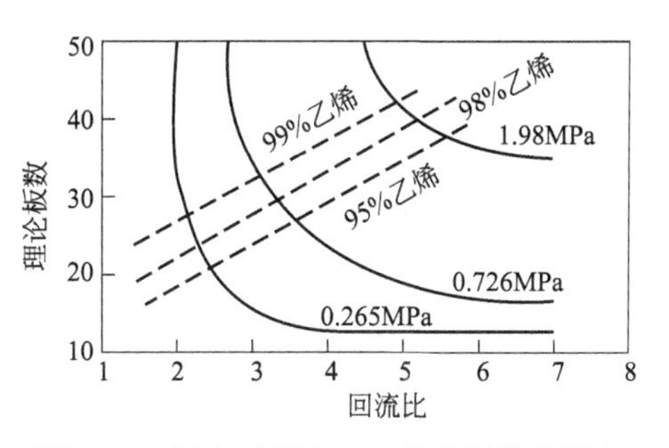

图2-53　压力对回流比、理论板数的影响

压力影响混合物的沸点。压力降低，塔顶蒸气的露点温度下降，塔顶冷凝器的温度也下降，从而提高了冷量能级，这就需用较低温度级的制冷剂，对钢材要求高。压力降低，塔内上升蒸气体积增大，塔径相应增大，从这一点看，压力低不利。

压力高低还影响到乙烯塔能否构成热泵系统。压力增加，釜温提高，若釜温高于制冷剂的冷凝温度，则乙烯就不能作为该塔再沸器的制热剂，只能用一般制冷工艺流程，不能组成热泵系统。乙烯精馏塔的压力对操作参数、生产费用的影响也是很大的。因此，压力的选择要综合考虑制冷的能量消耗、设备投资、产品乙烯的压力和工厂的具体条件等因素。

② 温度。图2-54表示温度对操作的影响，压力一定时，塔顶温度将决定塔顶出料的组成，操作温度太高，塔顶蒸气中重组分含量增加，出料纯度下降；塔底温度控制太低，塔釜液中轻组分含量增加，乙烯产量降低。塔底温度太高，则会影响塔顶操作，同时引起塔底重组分结焦。

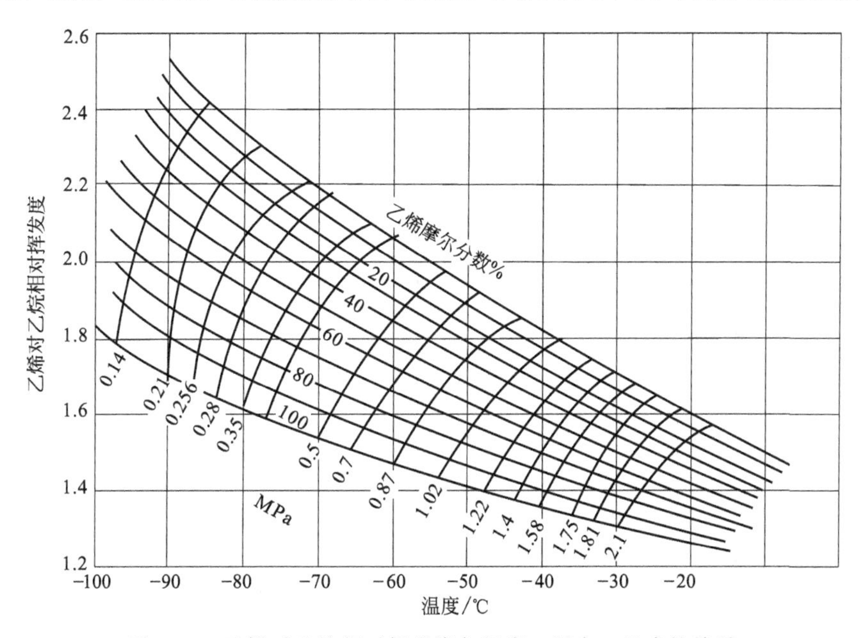

图2-54　乙烯对乙烷相对挥发度与温度、压力、组成的关系

③ 进料组成。在分离过程中采用较高压力时，系统偏离理想溶液较大，组成对相对挥发度将产生比较显著的影响。如图2-54所示，馏分中乙烯含量越高，相对挥发度就越小，分离就越困难。

总之，压力增加，相对挥发度下降，温度下降，相对挥发度增加；馏分中乙烯的摩尔分数愈高，相对挥发度也就愈小。所以，对乙烯-乙烷的分离，一般来说，压力低、温度低是比较有利的。在低温、低压下，乙烯对乙烷的相对挥发度仍然比较小，分离比较困难，尤其是提取高浓度的精乙烯，必须有相当多的塔板数或较大的回流比才能达到分离的目的。根据选用塔压、进料组成等具体条件的不同，各厂操作数据也略有不同。

（2）乙烯精馏工艺流程 乙烯精馏工艺流程如图 2-55 所示。

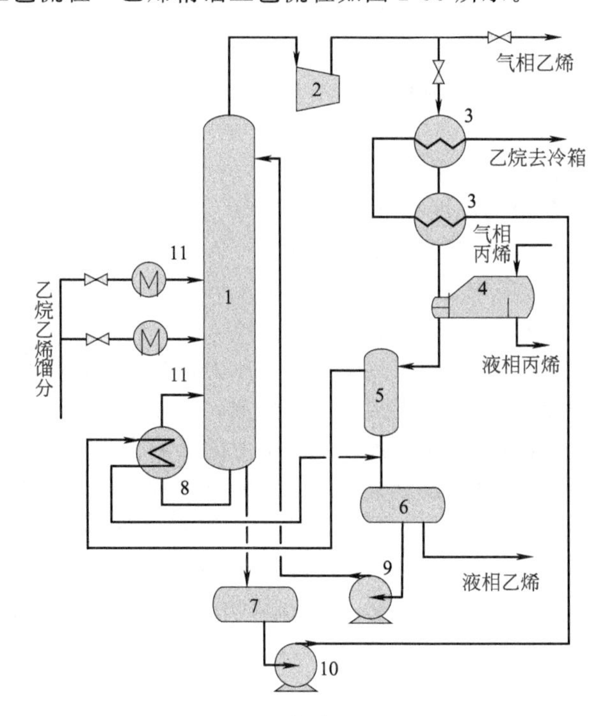

图 2-55 乙烯精馏工艺流程

1—乙烯精馏塔；2—压缩机；3—乙烯、乙烷换热器；4—丙烯换热器；5—分离罐；6—液相乙烯储罐；7—乙烷储罐；8—再沸器；9—回流泵；10—乙烷泵；11—进料换热器

乙烯精馏工艺流程

来自第二脱甲烷塔塔釜的乙烯-乙烷馏分进入乙烯精馏塔（1），塔顶为精乙烯，送压缩机（2）加压。压缩后的乙烯一部分作为产品，另一部分经乙烯、乙烷换热器（3）、丙烯换热器（4）冷却后，进入分离罐（5），液态乙烯进入乙烯储罐（6）。气液分离罐（5）出来的饱和乙烯气体送入塔釜再沸器（8）作加热介质，冷凝下来的乙烯送入乙烯储罐。乙烯塔塔釜乙烷送裂解炉作为裂解原料。

本流程的特点是塔顶乙烯产品与制冷系统的制冷剂乙烯是同一种介质，塔釜再沸器也用乙烯作加热剂，制冷系统与精馏系统有机结合在一起，形成热泵系统。

3. 两塔合一流程

两塔合一指的是第二脱甲烷塔和乙烯塔合为一个塔，即在乙烯塔塔顶部设脱甲烷段。在塔的侧线抽出乙烯产品，使一个塔起到两个塔的作用。其流程如图 2-56 所示。

由乙烯干燥塔来的 C_2 馏分，从第 79 块塔板进入乙烯精馏塔，由第 9 块塔板侧线抽出液态乙烯产品进入乙烯产品储罐。塔顶气体经冷凝后进入回流罐，液体用泵打回乙烯塔作回流。未冷凝的气体经尾气冷凝器冷凝。凝液返回回流罐，未冷凝气体再经气体加热器预热后与裂解气压缩机三段出口裂解气汇合进入加热器。乙烯塔设有中间再沸器，用裂解气回收冷量。塔釜乙烷在塔釜再沸器和换热器中用丙烯回收冷量，再进一步用急冷水加热后，进乙烷裂解炉。

乙烯精馏塔的顶部有一个氢气甲烷脱除段，以除掉进料中的氢和甲烷。氢气甲烷脱除段是指塔顶的八块板，进入该段的轻组分被浓缩后，作为气体产品通过尾气冷凝器冷却，以减少尾气中乙烯含量。

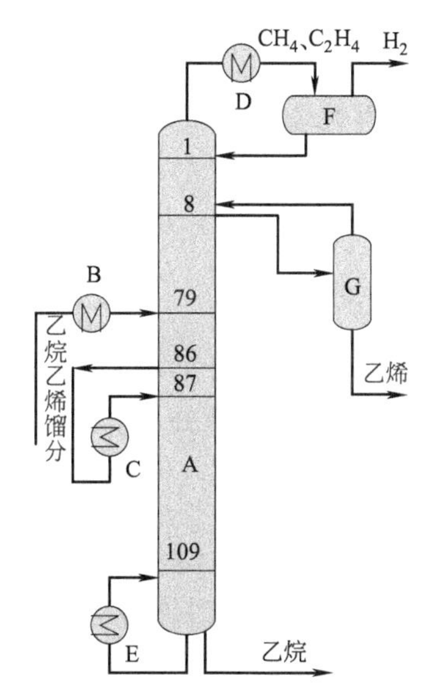

图 2-56　两塔合一流程

A—第二甲烷、乙烯精馏塔；B—进料换热器；C—塔中再沸器；D—塔顶冷凝器；E—塔釜再沸器；F—回流罐；G—分离罐

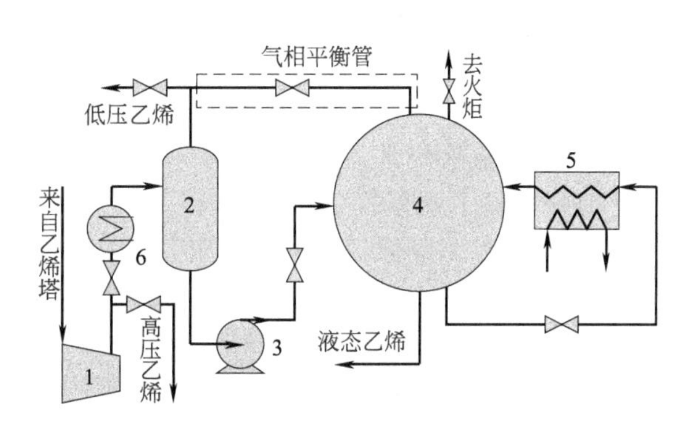

图 2-57　液态乙烯储存流程

1—乙烯压缩机；2—分离罐；3—输送泵；4—液态乙烯储罐；5—制冷系统；6—冷凝器

两塔合一流程的特点是减少了第二脱甲烷塔，简化了流程，节省了冷量。塔顶出口气体经－40℃的制冷剂冷凝以后，尾气仍然含有 9.2％的乙烯，故再用－62℃的乙烯冷却，可回收乙烯量 90％，从而减小了裂解气压缩机的负荷。该温度不能太低，以免冷凝下来的物料中含有较多的甲烷。这部分物料将随回流流入塔内。如甲烷过多，乙烯塔顶温度将变得太低，从而影响侧线乙烯产品的质量。

塔釜乙烷作为裂解炉的进料，因不设中间储槽，故塔釜实际起了乙烷缓冲储存的作用。为了满足乙烷裂解炉操作的需要，乙烷塔底不设液面控制器，而在乙烷蒸发器上设乙烷压力调节器，当压力过高时将乙烷送至燃烧系统。

4. 液态乙烯储存

乙烯是本装置的主要产品，又是主要的制冷剂。为了有利于及时开车，缩短开车周期，节省开车费用，停车时储存液态乙烯是非常必要的。由于乙烯的物理性质不同于一般烃类，故液态乙烯的储存有其特殊的要求。

当气体的温度高于临界温度时，不管对气体施加多大压力，也是不可能使其液化的。乙烯的临界温度为 9.2℃，所以在常温下，单用增大压力是不能使气体乙烯液化的。在临界温度以下，可以采用加压或降温的方法，或加压降温并用的方法，使气体液化。

液态乙烯储存工艺流程如图 2-57 所示。将液态乙烯储罐与本装置的乙烯压缩机系统连通（开启液态乙烯储罐与乙烯压缩机系统的气相平衡阀门），此时液态乙烯储罐压力就稳定在乙烯压缩机系统的操作压力范围内（一般为 1.47～1.96MPa）。

如果乙烯系统需要检修，则必须将液态乙烯罐隔绝（即切断液态乙烯储罐与乙烯压缩机系统的气相平衡阀门），同时启用乙烯冷凝器（开启液态乙烯储罐与乙烯冷凝器的气液相阀门，以连续提供冷量）。此时如采用液氨在－30℃左右条件下蒸发制冷，则液态乙烯储罐压力约为 1.96MPa 左右，运转可靠、稳定。

三、丙烯精馏流程

裂解气经脱乙烷塔脱去 C_2 和比 C_2 轻的组分，以及经脱丙烷塔分去 C_4 和比 C_4 重的组分之后，获得 C_3 馏分。C_3 馏分主要含丙烯和丙烷，也含有少量没有除尽的乙烷及丙炔、丙二烯等杂质。为了生产高纯度聚合级丙烯，必须在脱除丙炔和丙二烯后，进行第二次脱乙烷，然后进行丙烯和丙烷的分离。

1. 第二脱乙烷塔

C_3 馏分的一个来源是加氢后的 C_3 馏分，此时的丙炔与丙二烯含量已下降至几十微升每升。由于在加氢除炔时，采用了含有甲烷的富氢，而且在加氢后尚有一部分氢被溶解，所以在 C_3 馏分中除了原有的 C_3 杂质外，又引入了一些更轻的甲烷、氢杂质。由于氢是聚合反应的一种分子量调节剂，对聚合反应有不良影响，因此必须严格控制。C_3 馏分的另一来源是未经加氢除炔的 C_3 馏分，其中丙炔、丙二烯含量较高，这时可用丙烯精馏法除去。以上两种 C_3 馏分含有1%左右的未除尽的 C_2 杂质。它们的存在影响获得99.5%的精丙烯，因此在丙烯精馏之前要对比丙烯更轻的组分，如甲烷、乙烷在第二脱乙烷塔中进行脱除，以保证丙烯产品的纯度。第二脱乙烷塔的工艺流程如图 2-58 所示。液相加氢或未经加氢的 C_3 馏分，经干燥用泵增压至操作压力，经预热选择一个合适的进料口进入第二脱乙烷塔。其塔顶为乙烷和比乙烷轻的组分，并含有一定浓度的丙烯，返回裂解气压缩机回收丙烯。塔底为 C_3 馏分，去丙烯精馏塔。

第二脱乙烷塔的操作条件与进料组成、操作压力有关。例如进料中轻组分为1%，丙烯为50%，C_4 为0.5%的混合物，则操作压力为2.45MPa，塔顶冷凝器温度为52℃，塔顶气相为55℃，进料预热为58℃，塔釜再沸器为62℃，理论板数为13～15，回流比为7～10，塔顶丙烯浓度为50%，塔釜乙烷等轻组分小于100μL/L。

第二脱乙烷塔的操作压力有两种，一种是0.98MPa（又叫低压操作）；一种是2.45MPa（又叫高压操作）。当采用同样的塔板数（理论塔板数为15块）和塔顶丙烯浓度为50%时，需要的回流比非常接近（R=7～8），但塔顶冷凝器的出口温度却相差悬殊，分别为15℃与50℃，而塔釜温度仍未超过65℃，不致引起聚合结焦现象。由于塔顶冷凝器温度不同，所以，选用的制冷剂也就不同。低压操作必须采用丙烯或其他制冷剂，高压操作就可以采用一般水冷，而两种操作压力所需之运转费用差别很大。用冷水高压操作虽然要消耗一定动力以提高进料压力，但液相增加压力所需功率远较丙烯或其他制冷剂汽化、压缩、冷凝等一套制冷、换热系统便宜得多。故第二脱乙烷塔一般均采用高压操作。

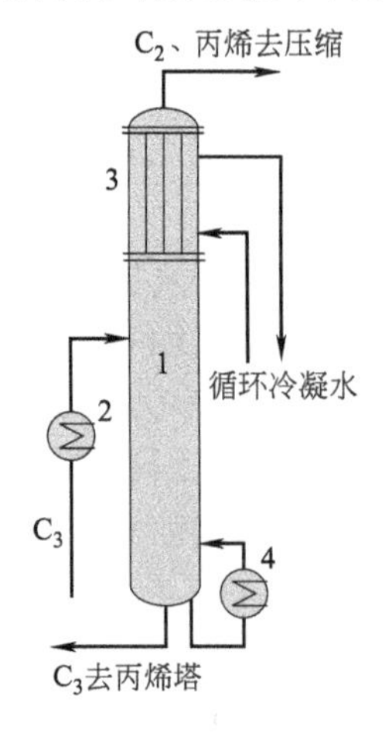

图 2-58　第二脱乙烷塔

1—第二脱乙烷塔；2—进料预热器；3—塔顶回流冷凝器；4—低压蒸汽再沸器

2. 丙烯精馏塔

在 C_3 馏分中，丙烯对丙烷的相对挥发度比乙烯对乙烷的相对挥发度小，特别是在丙烯浓度较高时，其相对挥发度几乎趋近于1，分离相当困难。所以，丙烯精馏塔采用大回流比、多塔板数。

（1）压力与进料组成对操作的影响　丙烯对丙烷的相对挥发度小，且随压力升高变得越来越小。所以，丙烯精馏的运转费用和投资费用在分离装置中占了较大的比重，为此选择一个较为合理的操作条件十分重要。

进料中丙烯的含量是考虑丙烯精馏塔操作压力的主要因素。图 2-59 为进料组成和压力与丙烯对丙烷相对挥发度的关系。图 2-59 表明了丙烯对丙烷的相对挥发度受操作压力和丙烯在液相中浓度的影响。在相同分离难度下，压力升高，相对挥发度下降。压力与进料中丙烯浓度大小对理论板数影响也很大，如图 2-60 所示。进料中丙烯浓度较低，塔压选择较低，如 0.68～0.98MPa，这样可以少用一些塔板数并降低回流比，实际塔板数在 100～140 块之间。

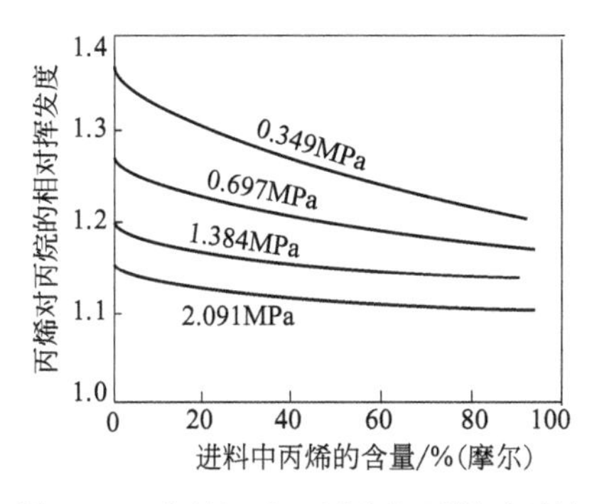

图 2-59　进料组成、压力与丙烯对丙烷相对挥发度的关系

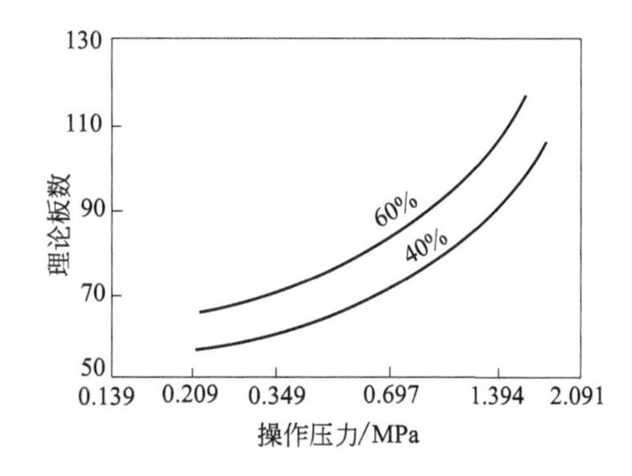

图 2-60　丙烯/丙烷分离时的理论板数与操作压力的关系（40%、60%为进料中丙烯摩尔分数）

工业上丙烯精馏塔的操作压力有高压法和低压法两种。

① 高压法。压力在 1.67MPa 左右，塔顶蒸气冷凝温度较高，用冷却水就可冷凝，塔釜用低压蒸汽加热。设备简单，易于操作，但回流比大，塔板数较多。

② 低压法。压力在 0.68～1.27MPa，相对挥发度能提高一些，塔板数和回流比可相对减少，但这时塔顶温度已低于冷却水的温度，低压法常采用热泵系统。

（2）丙烯精馏的工艺流程　由于丙烯分离需要的塔板数较多，所以丙烯精馏塔采用双塔串联分离工艺，如图 2-61 所示。

双塔丙烯精馏工艺流程

来自第二脱乙烷塔的塔釜液 C_3 馏分，经节流膨胀阀（2）膨胀后，以气液混合状态进入第一丙烯精馏塔（1）。塔顶组分由输送泵（3）送到第二丙烯精馏塔；塔釜液丙烷送裂解工段。第二丙烯精馏塔塔顶组分经压缩机（5）压缩后，一部分作为塔釜再沸器（6）的热源而自身被冷凝后送到丙烯储罐（7），一部分作为该塔回流，一部分再经储罐送往合成车间；第二丙烯精馏塔的塔釜液一部分经再沸器（6）加热后作为该塔内循环，另一部分经回流泵（4）送到第一丙烯精馏塔作回流。

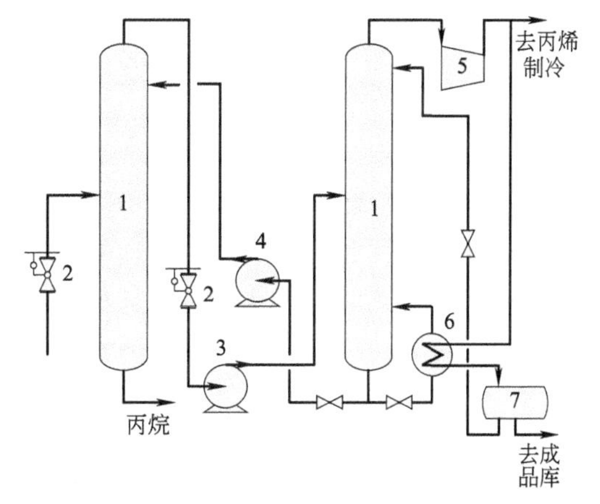

图 2-61　双塔丙烯精馏工艺流程

1—丙烯精馏塔；2—节流膨胀阀；3—输送泵；4—回流泵；5—压缩机；6—换热器（再沸器）；7—丙烯储罐

（3）丙烯精馏塔的特点

① 丙烯精馏塔的操作应力求稳定。由于相对挥发度小，每个塔板之间的气液相组成差别小，操作较难，因此要稳定回流量和蒸发量，稳定两塔之间接力泵的流量。

② 丙烯精馏一般采用较大回流比，特别是因进料组成改变而采取增大回流操作时，常可能按接近淹塔操作。塔板上液

面波动较大，塔内储液量大幅度变化，将造成塔顶回流罐和塔釜液面极度不稳，且塔釜产品质量波动。

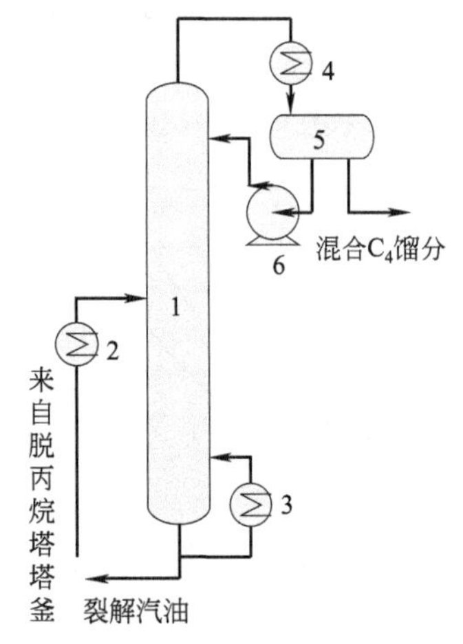

图 2-62　脱丁烷塔工艺流程

1—脱丁烷塔；2—进料预热器；3—再沸器；4—塔顶冷凝器；5—回流罐；6—回流泵

四、脱丁烷及副产品回收

裂解气经过脱甲烷-氢，分离乙烷、乙烯、丙烷、丙烯后，剩下的 C_4 及 C_4 以上组分，组成仍是比较复杂的，包括烷烃、烯烃、二烯烃、环烷烃与芳烃，并可进一步利用，所以应加以分离、提纯。这里只介绍丁烷的脱除，C_4 以及其他组分的分离在以后章节中介绍。

① 脱丁烷。脱丁烷塔的工艺流程如图 2-62 所示。

来自脱丙烷塔的塔釜液经预热器(2)预热后进到脱丁烷塔(1)，塔顶馏出液经塔顶冷凝器(4)冷凝后进入回流罐(5)，用回流泵(6)抽出一部分作为回流，一部分作为混合 C_4 产品送出界区。塔釜再沸器(3)用低压蒸汽加热，塔釜产品为裂解汽油，作裂解汽油加氢用。

② 副产回收利用。乙烯裂解装置副产有甲烷、富氢、混合 C_4 及裂解汽油等。冷箱部分已对甲烷、富氢做了回收和利用，在混合 C_4 中，有的组分如丁二烯是十分有用的，有必要进行分离提纯，混合 C_4 馏分的组成见表 2-47。

表 2-47　混合 C_4 馏分的组成　　　　单位：%

组分	C_3 组分	正丁烷	丁二烯	异丁烯	异丁烷
组成	1～2	2～5	45～52	5～10	35～40

从表 2-47 可看出混合 C_4 馏分中，主要成分是异丁烷和丁二烯。本装置送出的混合 C_4 是去丁二烯抽提装置（详见丁二烯生产），所得丁二烯作为合成橡胶的原料。

脱丁烷塔釜液和汽油汽提塔釜液混合为裂解汽油，除含有烷烃、烯烃外，还含有大量芳香烃混合物，将用于生产芳烃（详见芳烃生产）、石油树脂等。

第七节　深冷分离中的节能措施

在乙烯生产中，能耗相当大，几乎占生产费用的一半。深冷分离是在高压、低温状态下进行的，能耗多。因此，采取各种措施来降低能耗是十分重要的。它不仅能节省开支，降低成本，提高生产装置的经济效益，而且是节约能量、保护能源的有力途径。

一、采用逐级、多凝、多股进料方式

深冷分离中脱甲烷塔是温度最低的精馏塔，进入脱甲烷塔的原料一般需要降温到－76℃以下。相同冷量不同冷级的能量消耗差异很大，所以工艺上采取先用高温制冷剂将易冷凝的重组分先冷凝下来，然后逐渐用低温级制冷剂将余下不易冷凝的较轻组分一次冷凝下来，这样可以节省低温制冷剂，降低能量消耗。

在脱甲烷前冷流程中，经四级压缩的裂解气，先后经水冷、0℃级丙烯制冷剂、－20℃

级丙烯制冷剂、－43℃级的乙烯制冷剂冷却至－37℃进行分凝。不凝气体又经过－75℃、－101℃级乙烯制冷剂冷却，然后又用甲烷节流膨胀阀制冷，最后分成－75.8℃、－98.5℃、－115.6℃、－135.6℃四股物料进入脱甲烷塔。进入脱甲烷塔物料采用逐级分凝工艺措施，不仅减少了低温制冷剂量，降低了能量消耗，而且由于每股物料的温度依次降低与脱甲烷塔板自下而上逐渐降低相适应。多股进料组分，也与脱甲烷塔自下而上轻组分含量逐渐增多相适应。这样就等于在塔外对裂解气进行了初步预分离，因此减轻了脱甲烷塔的分离负荷。

二、采用中间冷凝器和中间再沸器

图 2-63（a）为常规精馏过程。塔底用再沸器加热，塔顶用冷凝器冷却，塔底温度高，塔顶温度低。在塔的两端温差较大的情况下，设置中间冷凝器，如图 2-63（b）所示。用温度比塔顶回流冷凝器稍高的制冷剂作冷源，代替一部分塔顶原来用低温级制冷剂提供的冷量，减少了能耗。在提馏段设置中间再沸器，用温度比塔底再沸器稍低的热源。对于脱甲烷塔等低温塔，塔底温度仍低于常温，在提馏段设置中间再沸器就可回收温度比塔底更低的冷量。这种在低温精馏塔中设置中间冷凝器或中间再沸器是深冷分离中节约能量的有效措施之一。

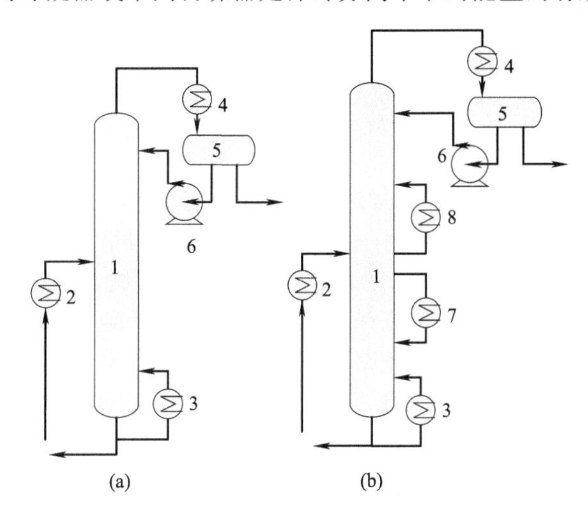

图 2-63　普通精馏与设置中间再沸器、中间冷凝器流程比较

1—精馏塔；2—进料预热器；3—再沸器；4—塔顶冷凝器；5—回流罐；6—回流泵；7—中间再沸器；8—中间冷凝器

乙烯精馏塔中设置中间再沸器，在 1.96MPa 压力下，塔顶温度为－29℃左右，塔釜温度约为－5℃。假设中间再沸器中物料蒸发温度为－23℃，把这部分冷量引出用于其他物料的冷却和冷凝，可代替一部分－23℃的丙烯制冷剂。中间再沸器的热负荷一般为提馏段总热负荷的 30%左右，这些措施所节约的能耗相当于该塔消耗能量的六分之一左右。

三、采用热泵

运用热泵也是深冷分离中常采用的节约能量的措施。如图 2-64 所示，图中（d）为精馏塔一般制冷流程，塔顶由循环的制冷剂供给冷量，塔底由外来加热剂提供热量。在冷冻循环讨论中知道，工质经压缩后，要在制冷剂换热器（9）中放热而发生冷凝，若把制冷剂换热器（9）与塔底再沸器（3）结合起来即为图 2-64（c）所示的闭式热泵流程。精馏塔底再沸器用压缩后的工质进行加热，塔顶由节流后工质供冷，这样塔底再沸器和塔顶冷凝器变成了冷冻循环的冷凝器和蒸发器，使冷冻循环工质所放出的热量和冷量都能充分利用。

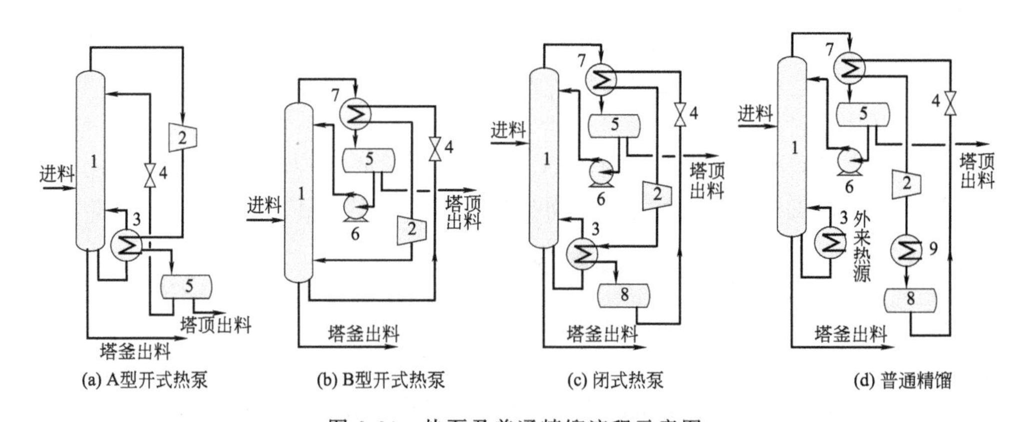

图 2-64 热泵及普通精馏流程示意图

1—精馏塔；2—压缩机；3—塔底再沸器；4—节流膨胀阀；5—回流罐；6—回流泵；7—塔顶冷凝器；8—制冷剂储罐；9—制冷剂换热器

热泵及普通精馏流程

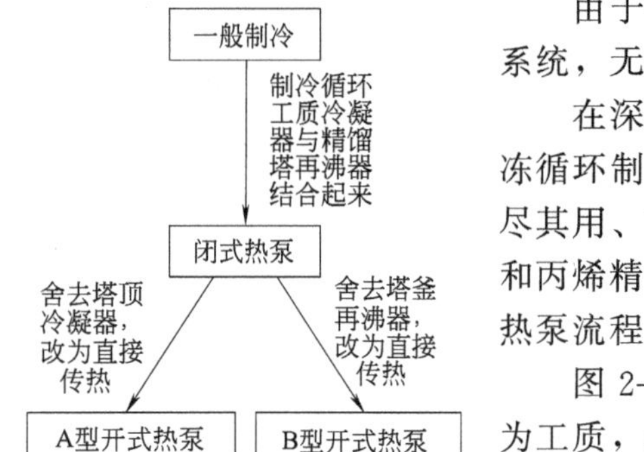

图 2-65 精馏塔四种制冷流程过程

由于冷冻循环的工质与塔内物料是隔开的，两者自成系统，无物料上的接触与沟通，故称为闭式热泵流程。

在深冷分离中，产品是纯度较高的乙烯、丙烯，而冷冻循环制冷所用工质也是乙烯、丙烯。为了就地取材、物尽其用、节约设备，更好地利用能量，故在乙烯精馏系统和丙烯精馏系统中，常采用图 2-64（a）、（b）所示的开式热泵流程。

图 2-64（a）为开式热泵流程，直接以塔顶低温物料作为工质，经压缩后提高温度，送到塔底再沸器换热。工质放出热量后冷凝成液体，一部分节流膨胀降温后作为塔顶回流，一部分作为产品。此开式热泵流程与闭式热泵流程相比，省去了精馏塔塔顶冷凝器。图 2-64（b）也是开式热泵流程，塔底物料经节流膨胀降温后，作为塔顶冷凝器制冷剂，吸取热量后汽化，经压缩后直接回到塔底。此流程与图 2-64（c）闭式热泵流程相比，省去了塔底再沸器。两种开式热泵分别称为 A 型和 B 型，这两类三种热泵与精馏塔一般制冷过程的关系如图 2-65 所示。

在深冷分离中，A 型开式热泵常被用于深冷分离工艺中，与 B 型开式热泵相比 A 型开式热泵相比不仅降低了冷量的消耗，而且省去了昂贵的耐低温换热器、回流罐、回流泵等设备。但是，由于产品乙烯、丙烯成了冷冻循环的工质，操作中要严格控制，防止污染。

以上讨论了精馏塔与单个冷冻循环构成的热泵流程。乙烯-丙烯复叠制冷与乙烯精馏、丙烯精馏热泵系统，以及脱甲烷塔制冷系统组成的综合系统，如图 2-66 所示。

此流程具有如下特点：

（1）乙烯既是产品和乙烯精馏塔的回流液，又是乙烯精馏塔再沸器的加热剂和脱甲烷塔

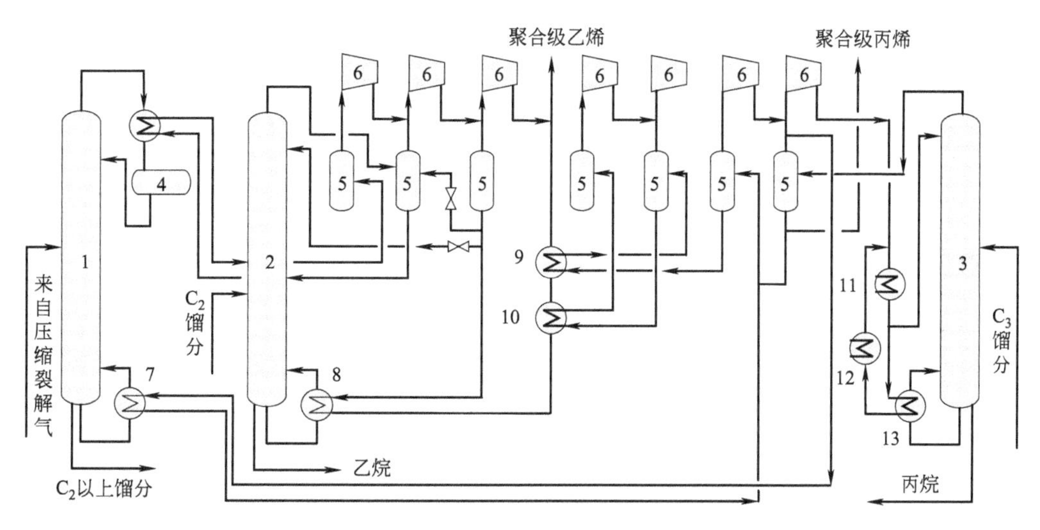

图 2-66 综合制冷系统流程示意图

1—脱甲烷塔；2—乙烯精馏塔；3—丙烯精馏塔；4—回流罐；5—分离罐（压缩机吸入罐）；6—压缩机；7—脱甲烷塔再沸器；8—乙烯精馏塔再沸器；9,10—乙烯-丙烯复叠换热器；11,12—水冷器；13—丙烯塔再沸器

塔顶冷凝器的制冷剂。

(2) 丙烯既是产品和丙烯精馏塔的回流液，又是丙烯精馏塔再沸器的加热剂、脱甲烷塔再沸器的加热剂以及乙烯冷冻循环中使乙烯冷凝的制冷剂。

综合制冷系统

(3) 精馏塔构成开式热泵，可直接向塔顶传热，向塔釜供热。水冷却丙烯［在（11）、（12）水冷器］、丙烯冷却乙烯［在（9）、（10）换热器］、乙烯冷却甲烷与氢气（在脱甲烷塔塔顶换热器）的逐级冷冻，能量利用很合理，充分发挥了乙烯与丙烯作加热剂和制冷剂的作用，提高了能量利用效果。

(4) 从热泵使用方法中可以看出，在精馏过程中采用热泵也是有一定条件的，热泵一般只适用于塔顶温度低于环境温度的低温塔，塔顶与塔底温差越小效果越好，同时塔顶温度必须高于工质蒸发温度，塔底温度必须低于工质冷凝温度。

(5) 精馏塔的操作温度与压力关系十分密切。乙烯精馏塔塔压在 883kPa 以下时，就能构成热泵，丙烯精馏塔要构成热泵，塔釜温度就必须低于丙烯冷凝温度。

四、乙烯精馏塔侧线出料

当乙烯精馏进料中甲烷含量不多时，可不设置第二脱甲烷塔，而采用侧线出料的办法，即从乙烯塔第 3、4 块理论版（从塔顶向下数）处引出高纯度乙烯，塔顶引出甲烷和少量氢（还有一定量的乙烯）回压缩系统。

侧线出料的优点是甲烷和氢气由塔顶分出，侧线出料得高纯度的乙烯产品；一个塔同时起到第二脱甲烷塔和乙烯精馏塔的作用。由于拔顶段（侧线出料口至塔顶）借用了乙烯塔的大量液体作回流，与第二脱甲烷塔相比，既简化了流程和设备，又节省了能量消耗。

由于侧线出料把两个塔的任务放在一个塔中进行，故操作控制要求较高。例如，当进料中甲烷含量有波动、两塔操作稳定时，仅影响第二脱甲烷塔，有足够缓冲时间调整操作使该塔趋于稳定，不致严重影响乙烯塔的操作稳定性。但是，当一塔操作时，对甲烷-乙烯分离只有精馏段而无提馏段，如不及时调整操作条件就会影响到侧线出料的乙烯纯度，所以对操作的自动化控制程度要求较高。

第八节　裂解气分离岗位操作指南

素质阅读

脂肪烃生产技师——张恒珍

严细实恒、勤奋刻苦，时刻以党员的标准严格要求自己，张恒珍由一个只有中专学历的普通女技工成长为关键时候能“一锤定音”，解决生产技术难题的操作大师。她是中国石油化工股份有限公司茂名分公司化工分部裂解公司脂肪烃生产首席技师，为茂名石化乙烯创造多项国内纪录、达到国际先进水平立下了汗马功劳。

她负责的分离系统被喻为裂解装置的“肠胃”和“消化系统”，其操作好坏直接影响到乙烯收率和产量。她常年扎根一线，不断完善裂解装置分离系统“操作指南”，针对高压脱丙烷塔和低压脱丙烷塔两塔聚合物堵塞问题，创造性地提出“反向冲洗法”，成功解决了两塔堵塞问题。

一、裂解气压缩脱丙烷、丁烷及乙炔加氢岗位操作指南

1. 碱洗塔塔顶 H_2S 含量的控制

控制范围：$H_2S<1\times10^{-6}$；控制目标：$H_2S<1\times10^{-6}$

相关参数：水和碱洗液喷淋流量、碱洗塔各段循环量、水和碱的配比、废碱液排放量。

控制方式：水和碱洗液流量、各段循环量控制；废碱液排放量控制。

（1）正常调节　将水和碱液流量、各段循环量控制在工艺参数规定范围。废碱液排放温度控制在45℃，一段（靠近塔底）循环贫碱液温度控制在35℃（通过换热器）。

（2）异常处理　异常现象、原因及处理方法见表2-48。

表 2-48　碱洗塔塔顶 H_2S 含量控制时的异常现象、原因及处理方法

现象	原因	处理
H_2S 分析含量高	碱浓度太低	调整水和碱液进料流量至碱液浓度达到正常值
	循环量小或泵出现故障	增大循环量或检修机泵
	裂解气量过大，碱循环量未跟上	提高碱循环量
	黄油排放不佳	加强黄油的排放

2. 脱丁烷塔塔顶压力控制

控制范围：(0.340 ± 0.05)MPa；控制目标：(0.340 ± 0.05)MPa。

相关参数：塔顶产品送出流量、回流量、与塔顶相连的压缩机一段吸入罐的液位；放火炬开关大小，都会影响塔顶压力。

控制方式：采用溢流罐设计来控制塔的压力和产品流量。塔顶压力通过变化塔顶产品流量而保持在0.340 MPa。

（1）正常调节　关闭放火炬阀、压缩机一段吸入罐放液阀；控制塔顶流量，使塔压维持

在 0.340 MPa；控制回流量在工艺参数规定范围内。

（2）异常处理　异常现象、原因及处理方法见表 2-49。

表 2-49　脱丁烷塔塔顶压力控制时的异常现象、原因及处理方法

现象	原因	处理
塔压升高	加大采出量而无法降低塔压，说明系统中含有不凝气	使不凝气返回压缩机一段吸入罐后，继续用塔顶产品流量来控制塔压
塔顶产品不合格	回流量不足	可加大回流量

3. 高压脱丙烷塔塔顶压力控制

控制范围：(1.279±0.05)MPa；控制目标：(1.279±0.05)MPa。

相关参数：塔顶温度、灵敏板温度、四段压缩机转速；塔顶回流量、进料温度、脱丙烷塔回流量、四段压缩后返回量。

控制方式：将液相丙烯换热器的进料温度控制在－12℃，稳定四段压缩机的操作，将四段压缩机的入口压力稳定在 1.279MPa。

（1）正常调节　控制进料温度，控制四段压缩机吸入压力；关闭四段压缩后返回管路阀门；控制回流量，使塔压维持在 0.886MPa。

（2）异常处理　异常现象、原因及处理方法见表 2-50。

表 2-50　高压脱丙烷塔塔顶压力控制时的异常现象、原因及处理方法

现象	原因	处理
塔压偏高	灵敏板温度高	可加大塔顶回流量；降低灵敏板温度
	塔顶温度高	可加大回流量；可适当提高四段压缩机的转速来保证塔压

4. 高压脱丙烷塔灵敏板温度控制

控制范围：(40±1)℃；控制目标：(40±1)℃。

相关参数：低压蒸汽流量（塔釜再沸器）、塔釜送出量、进料温度、回流量、塔釜液面、塔压等，都会影响灵敏板温度。

控制方式：采用调节低压蒸汽流量来控制灵敏板温度，使其保持在 40℃。

（1）正常调节　控制进料温度、回流量、塔釜液位、塔压基本稳定；灵敏板温度高，关小低压蒸汽流量；灵敏板温度低，开大低压蒸汽流量；根据塔釜液面控制塔釜送出量。

（2）异常处理　异常现象、原因及处理方法见表 2-51。

表 2-51　高压脱丙烷塔灵敏板温度控制时的异常现象、原因及处理方法

现象	原因	处理
塔顶或塔釜产品不合格	灵敏板温度高，会使塔顶产品不合格	调整进料量和回流量，使灵敏板温度达到正常值
	灵敏板温度低，会使塔釜送出 C_2H_6 超标	调整进料量和塔釜液位，使灵敏板温度达到正常值。当塔釜送出 C_2H_6 超标产品不合格，可适当提高灵敏板温度

5. 低压脱丙烷塔塔顶压力控制

控制范围：(0.886±0.05)MPa；控制目标：(0.886±0.05)MPa。

相关参数：塔顶温度；灵敏板温度；塔顶回流量；进料量；高压脱丙烷塔返回量；塔顶产品返二段压缩机吸入罐液位等，都会影响塔顶压力。

控制方式：利用不凝气管线将系统内的不凝气返回压缩机二段吸入罐中。没有不凝气后，控制液相丙烯换热器冷剂的液位为 50%，利用高压脱丙烷塔返回量将塔压力控制在 0.886MPa。

（1）正常调节　关闭不凝气管线返回压缩机二段吸入罐阀门；通过调节高压脱丙烷塔返回量的大小来控制塔压保持在 0.886 MPa，返回量大，塔压就低；返回量小，塔压就高；将回流量控制在工艺参数范围内，灵敏板温度控制在 43℃。

（2）异常处理　异常现象、原因及处理方法见表 2-52。

表 2-52　低压脱丙烷塔塔顶压力控制时的异常现象、原因及处理方法

现象	原因	处理
塔压偏高	若加大高压脱丙烷塔的返回量而无法降低塔压，说明系统中含有不凝气	可加大压缩机二段吸入罐返回量来调整；可通过控制不凝气体管线阀门将不凝气返回压缩机二段吸入罐后，继续用塔顶流量来控制塔压；当塔压偏高、塔顶温度高时，可加大塔顶回流量；降低灵敏板温度

6. 乙炔加氢反应器入口温度的控制

控制范围：工艺参数规定值；控制目标：工艺参数规定值。

相关参数：反应加热器（乙炔反应器进料加热器）入口温度、低压蒸汽的量；反应物料进入冷却器的温度、进料量等都会影响到反应器的入口温度的控制。

控制方式：控制乙炔反应器进口温度，冷却和加热两设备反向操作，分程控制。

（1）正常调节　根据控制参数，调节相关阀门、流量来控制反应器入口温度。

（2）异常处理　异常现象、原因及处理方法见表 2-53。

表 2-53　乙炔加氢反应器入口温度控制时的异常现象、原因及处理方法

现象	原因	处理
温度控制不住	进乙炔脱氢反应器加热器的温度自动控制失灵	如果是自动控制失灵，可手动控制；如果通过温度自动控制控制不住温度，可走旁路

二、脱甲烷塔及甲烷化反应岗位操作指南

1. 脱甲烷塔塔压控制

如图 2-67 所示。

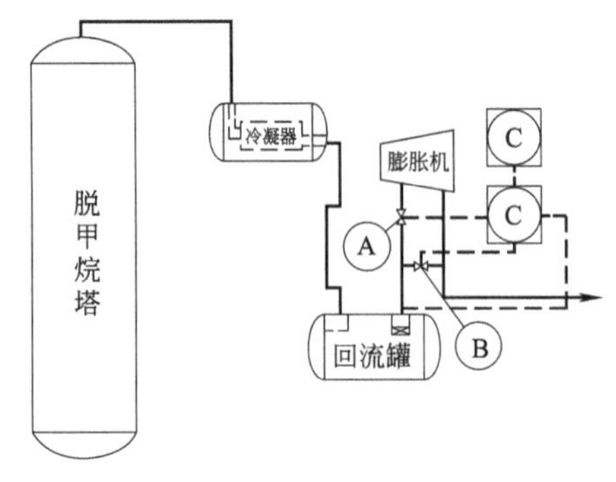

图 2-67　脱甲烷塔塔顶压力控制示意图

控制范围：工艺参数规定值。

控制目标：工艺参数规定值。

相关参数：脱甲烷塔塔顶温度、脱甲烷塔回流量。

控制方式：根据工艺参数进行自动和分程控制。

（1）正常调节　控制器（C）设为工艺参数规定值，并投自动，阀门（A）和（B）设为工艺参数规定值，并进行分程控制。

（2）异常处理　异常现象、原因及处理方法见表 2-54。

表 2-54　脱甲烷塔塔压控制的异常现象、原因及处理方法

现象	原因	处理
压力波动	压缩机操作不稳	调整压缩机操作，使其正常运转
	四股进料组成波动	如果塔进料温度控制不住，可走旁路
	釜温调节过猛	细心操作，重新调整
	甲烷波动	检查阀 C 是否处于正常状态

2. 甲烷化反应器床温控制

如图 2-68 所示。

控制范围：工艺参数规定值。

控制目标：工艺参数规定值。

相关参数：反应器入口温度、反应器入口 CO 含量。

控制方式：反应器入口温度（C）设定为工艺参数规定值，并投自动，阀门（A）和（B）设定为工艺参数规定值，并进行分程控制。

（1）正常调节　控制甲烷化反应器入口温度在操作范围；控制甲烷化反应器进料 CO 含量在正常值。

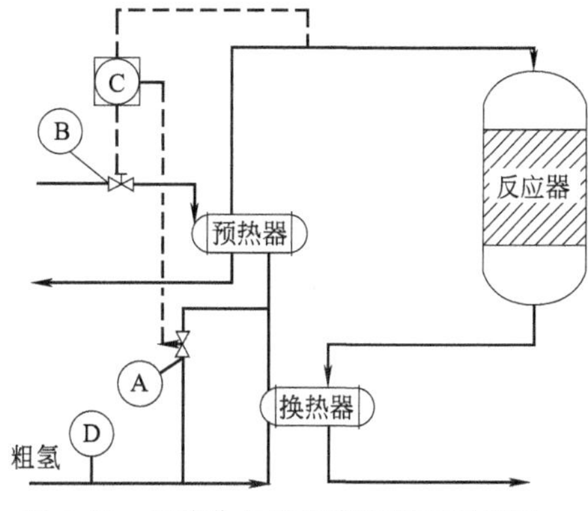

图 2-68　甲烷化反应器床温控制示意图

（2）异常处理　异常现象、原因及处理方法见表 2-55。

表 2-55　甲烷化反应器床温控制时的异常现象、原因及处理方法

现象	原因	处理
反应器床温度高或某一点温度高	冷箱系统的温度偏高造成 C_2 进入氢气系统	调整冷箱温度到正常值
	进料中 CO 含量较高	调节阀门(A)和(B)控制进料量，若温度上升很快，要及时停车，防止飞温
	进料温度高	调节(C)和(B)使反应器入口温度到正常值

三、乙烯及丙烯精馏岗位操作指南

1. 乙烯精馏塔塔顶产品纯度控制

控制范围：≥99.95％；控制目标：≥99.95％。

相关参数：塔顶回流量、塔釜再沸器加热量、中间再沸器加热量。

控制方式：通过调整塔顶回流量或塔釜再沸器加热量调节产品纯度。

（1）正常调节　用回流量来控制塔顶产物中的乙烷含量，若塔顶产物中的乙烷含量高，则提高回流量。

（2）异常处理　异常现象、原因及处理方法见表 2-56。

表 2-56　乙烯精馏塔塔顶产品纯度控制时的异常现象、原因及处理方法

现象	原因	处理
塔顶乙烯不合格	补充回流量不够	加大补充回流量
	再沸器负荷过大	调整再沸器的加热量

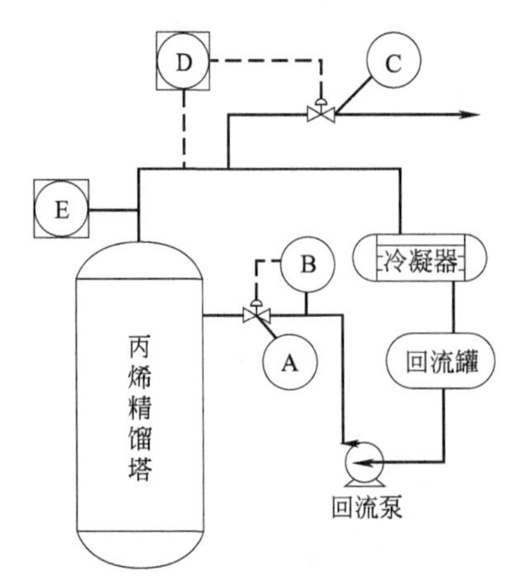

图 2-69 丙烯精馏塔压力控制示意图

2. 丙烯精馏塔压力控制

如图 2-69 所示。

控制范围：工艺参数规定值。

控制目标：工艺参数规定值。

相关参数：丙烯精馏塔塔顶温度、丙烯精馏塔回流量。

控制方式：塔顶压力自动控制阀（D）设为工艺参数规定值，并投自动；回流量自动控制阀（B）设为工艺参数规定值，并投自动。

（1）正常调节 控制丙烯精馏塔回流量为工艺参数规定值；控制丙烯精馏塔灵敏板温度为工艺参数规定值。

（2）异常处理 异常现象、原因及处理方法见表 2-57。

表 2-57 丙烯精馏塔压力控制时的异常现象、原因及处理方法

现象	原因	处理
丙烯产品不合格	补充回流量不够	调整回流量至正常值
	塔釜加热量大	减少塔釜加热,降低釜温

复习思考题

一、填空题

1. 裂解气分离的主要任务就除去其中的________，并对有用的多组分裂解混合物进行分离，得到高纯度的________、________等产品。

2. 油烃裂解气的组成取决于________、________、________等。

3. 目前，工业上常采用的裂解气分离方法有________、________和________三种分离方法。

4. 深冷分离工艺流程包括裂解气的________、________和________等。

5. 裂解气在分离之前都要进行预处理，包括________、________、________、________和________等。

6. 解气中的 CO_2，一部分来自________作用，另一部分来自________反应，还有一些是________的反应，以及________带入的。

7. 裂解气中的硫化物（如 H_2S），一部分是由________带入，另一部分是在高温裂解过程中，裂解原料中________与________发生反应而生成的。

8. 裂解气干燥过程分两步，即先________，再________。

9. 工业生产中脱除炔烃的方法主要有两种，一种是________法，另一种是________法。

10. 在烯烃深度冷冻分离中常采用的制冷方法有________、________以及________等。

11. 制冷系统包括________、________、________和________四个过程。

12. 节流膨胀是气体由较高的压力通过一个________，迅速地膨胀到较低的压力。

13. 热泵分为________和________两种形式。

14. 目前，裂解气分离通常使用的流程主要有________、________、________三种。

15. 脱甲烷是将裂解气中的________、________与________及其他组分分开。脱甲烷在________中进行，塔顶蒸出________和________，塔底排出________和比乙烯更重的组分。

16. 影响乙烯损失的因素有三个，即原料中________与________的比例大小，脱甲烷塔的操作________与________。

17. 后脱氢生产工艺主要包括________和________两部分。

18. 影响乙烯精馏的主要因素有________、________、________。

二、判断题

1. 要得到聚合级的乙烯，只能采用浅冷分离法。（　　）

2. 深冷分离是指在0℃左右的低温下进行的分离操作。（　　）

3. 裂解气压缩的目的是降低裂解气中各组分的沸点。（　　）

4. 裂解气经压缩后，会使压力升高，气体温度下降。（　　）

5. 前加氢是在裂解气进入脱甲烷塔之后进行加氢脱除炔烃。（　　）

6. 甲烷化反应是吸热、体积增大的反应，减压、高温对反应有利。（　　）

7. 制冷的任务就是提供低温冷却剂，并对分离装置各部位供给同一温度级位的冷却剂，使能量得到有效利用。（　　）

8. 节流膨胀制冷时，膨胀所需能量由外界供给，从而引起温度降低。（　　）

9. 无论采用哪种裂解气的分离工艺流程，脱甲烷塔都是温度最低的塔。（　　）

10. 富氢的提取是在脱甲烷塔中进行的。（　　）

11. 工业上炔烃的脱除普遍采用选择性催化加氢法。（　　）

三、选择题

1. 裂解气在干燥塔中进行干燥操作时，主要控制裂解气出塔（　　）。

A. 沸点　　B. 露点　　C. 燃点　　D. 闪点

2. 后加氢法是在（　　）之后进行加氢除炔。

A. 脱甲烷塔　　B. 脱乙烷塔　　C. 脱丙烷塔　　D. 丙烯精馏塔

3. 乙烯生产中常用（　　）的方法来脱除CO。

A. 干燥　　B. 压缩　　C. 甲烷化　　D. 精馏

4. 乙烯制冷系统是用（　　）作为制冷工质。

A. 氟利昂　　B. 丙烯　　C. 乙烷　　D. 乙烯

5. 乙烯制冷系统是用（　　）作为制冷工质。

A. 氟利昂　　B. 丙烯　　C. 乙烷　　D. 乙烯

6. 在乙烯-丙烯复叠制冷系统中，用（　　）作为制冷工质。

A. 甲烷和乙烷　　B. 丙烯和乙烯　　C. 乙烷和氨　　D. 丙烯和氨

7. 顺序分离流程的分离界限是（　　）。

A. 甲烷和乙烷　　B. 甲烷和乙烯　　C. 乙烷和丙烯　　D. 丙烷和丁烯

8. 前脱乙烷分离流程的分离顺序是首先以（　　）和（　　）作为分离界限，先把裂解气分成两部分，然后再将这两部分馏分各自进行分离的工艺过程。

A. 甲烷和乙烷　　B. 甲烷和乙烯　　C. 乙烷和丙烯　　D. 丙烷和丁烯

9. 前脱丙烷分离流程的分离顺序是首先以（　　）和（　　）作为分离界限，先把裂解气分成两部分，然后再将这两部分馏分各自进行分离的工艺过程。

A. 甲烷和乙烷　　B. 甲烷和乙烯　　C. 乙烷和丙烯　　D. 丙烷和丁烯

10. 乙烯精馏塔的作用是（　　）。

A. 脱甲烷　　B. 分离丙烯和丙烷，获得高纯度丙烯

C. 分离乙烯和乙烷，获得高纯度乙烯　　D. 抽提丁二烯

11. 丙烯精馏塔的作用是（　　）。

A. 脱甲烷　　B. 分离丙烯和丙烷，获得高纯度丙烯

C. 分离乙烯和乙烷，获得高纯度乙烯　　D. 抽提丁二烯

四、简答题

1. 裂解气是由哪些主要物质组成的，分离有什么要求？

2. 试述深冷分离法的特点，它包括哪些主要工艺操作过程？

3. 裂解气为什么要首先进行压缩，确定压力的依据是什么？为何要采取分段压缩？为什么要选用离心式压缩机？

4. 裂解气为何进行净化处理？净化处理包括哪些内容？

5. 酸性气体是什么物质，酸性气体的存在对裂解气分离有什么危害？

6. 试述乙醇胺法与碱洗法脱硫的原理和影响因素，各有什么优点？

7. 裂解气为什么要进行深度干燥，烃类水合物的生成条件是什么，防止水合物生成的根本办法有哪些？

8. 何谓分子筛？分子筛干燥的基本原理是什么，其吸附有什么特点和规律。试述分子筛干燥的工艺过程和操作条件。

9. 为什么要脱除裂解气中的炔烃，脱炔的工业方法有几种？怎样才能做到既脱炔烃又能增加乙烯收率？

10. 什么叫前加氢、后加氢，两者有何区别？各有何优缺点？

11. 液相加氢脱除丙炔有什么优点，其特点和工艺过程如何？精馏法脱除丙炔的特点和工艺过程如何？

12. 裂解气中的一氧化碳是如何带入的，工业上用什么方法脱除，工艺过程如何？

13. 叙述制冷任务和基本原理，制冷剂必须具备哪些条件？工业上常采用的制冷剂有哪些？并简述乙烯制冷过程。

14. 叙述复叠制冷的基本原理，它与一般制冷过程有什么区别？节流膨胀制冷有什么特点，基本过程如何？

15. 何谓热泵系统？试述开式热泵与闭式热泵循环的区别和优缺点。

16. 脱甲烷过程包括哪些内容，影响脱甲烷塔的操作因素有哪些？试述高压法脱甲烷的工艺过程与操作方法。

17. 为什么要提纯富氢，工业上采用什么方法？

18. 什么叫冷箱，它有什么特点？

19. 试述乙烯精馏过程、任务、特点以及操作的影响因素。

20. 气体乙烯的液化条件是什么，为什么要贮存液态乙烯？

21. 为什么要进行第二次脱甲烷？简述其工艺过程。

22. 为什么要进行第二次脱乙烷，第二脱乙烷塔为什么采用高压法？

23. 试述丙烯精馏工艺过程、任务、特点，以及操作的影响因素。

24. 深冷分离的节能措施有哪些？

25. 试绘制综合制冷工艺流程图，并简述其工艺过程。

第三单元

典型石油化工产品生产技术

第一章 二甲醚的生产

学习目标

1. 了解二甲醚的性质、用途及生产方法。
2. 掌握二甲醚生产原理及生产条件。
3. 掌握二甲醚的生产工艺流程，了解生产二甲醚所用反应器的结构形式。

课程导入

二甲醚具有无毒、无味、不易自氧化、具有良好水溶性等特性，被广泛用于化工、制药、农药、制冷和民用燃料等领域，那么如何生产二甲醚，影响生产过程的因素有哪些、生产工艺过程如何？

第一节 二甲醚生产概述

一、二甲醚的性质及用途

二甲醚，又称木醚、甲醚，简称 DME。是最简单的脂肪醚，分子式为 CH_3OCH_3，在常温常压下是无色有醚类香味的可燃性气体，沸点 -24.5℃，着火点 -27℃，液体密度 0.66g/mL。二甲醚在水中的溶解度较大，且二甲醚易溶于汽油、四氯化碳、丙酮、氯苯和乙酸甲酯等多种有机溶剂。由于自身含氧，二甲醚燃烧充分、完全，不析炭、无残留，火焰略带亮光。常温下活性较低，但长期储存或受日光直接照射，可形成不稳定过氧化物，这种过氧化物能自发地爆炸或受热后爆炸。二甲醚是乙醚的同系物，但与用作麻醉剂的乙醚不一样，毒性极低，能溶解多种化学物质。由于加压时容易液化，因而用作喷雾剂、制冷剂及特殊燃料。

二甲醚是一种无毒、无味、不易自氧化、具有良好水溶性的低沸点脂肪族醚类，广泛应用于化工、日化、制药、农药和制冷等各个领域。主要用途：

（1）气雾剂　二甲醚作为气雾剂有其独特的优点，对金属无腐蚀，易液化及良好的溶解能力，特别是水溶性和醇溶性，使其在配制气雾剂产品中具有推进剂和溶剂双功能。它既可作为气雾剂在化妆品工业中单独使用，又可作为主要成分用于日用化学品、喷塑、胶黏剂等的生产。

（2）制冷剂和发泡剂　二甲醚的沸点低，汽化热大，汽化效果好，其冷凝和蒸发特性接近氟利昂，因此二甲醚作为制冷剂非常有前途，可用在冰箱、空调、食品保鲜等方面以替代氟利昂，减少对环境的污染。

（3）民用燃料和作为石油类的替代燃料　目前二甲醚倍受注目，是具有与醚物理性质相类似的化学品，在燃烧时不会产生破坏环境的气体。与甲烷一样，被期望成为能源之一。二甲醚用作汽车燃料，可由天然气加工合成而得，它是一种类似于液化石油气的物质，在25℃、5atm（1atm＝101325Pa）的条件下呈液体，使用中汽车不存在启动制冷的问题。在常温下是一种气体，其物理性质与丙烷、丁烷等近似，为汽车燃料，是柴油发动机的理想燃料。二甲醚的生产成本高于柴油，但低于液态丙烷和压缩天然气等低污染替代燃料，且使用二甲醚作燃料仅需对原柴油机的输油系统稍做改进，无须任何废气循环系统和处理装置，因此开发二甲醚作为汽车燃料有很大的发展前景。

（4）二甲醚是一种重要的化工原料。它可以制备硫酸二甲酯、乙酸甲酯、脱水制乙烯及低碳烯烃，此外二甲醚还是一种优良的有机溶剂。

二、二甲醚的生产方法

通过多年的研究，合成二甲醚的方法主要有三种：

1. 甲醇脱水制二甲醚

两分子甲醇在硫酸、氧化铝或结晶硅酸铝等催化剂的催化作用下脱去一分子水生成二甲醚，其反应方程式如下：

$$2CH_3OH \longrightarrow CH_3OCH_3 + H_2O$$

由于催化剂与反应条件不同，甲醇脱水法生产二甲醚又分为气相法、液相法和反应精馏法。

2. CO_2 加氢直接合成二甲醚

CO_2 是地球上最丰富的碳资源，由其引起的温室效应已给人类生态平衡带来了巨大的损失。因此，以 CO_2 为原料合成各种化学品来实现 CO_2 的循环利用已引起各国研究者的兴趣。由于 CO_2 加氢制甲醇是可逆反应，受热力学平衡的限制，转化率难以达到较高值，各国研究者又开始考虑 CO_2 加氢直接合成二甲醚，它不仅使转化率得以提高，而且还解决了环境污染和再开发问题。目前，国内外已有学者开发研究这一课题，并取得一定成绩。

3. 合成气合成二甲醚

由合成气、一氧化碳和一定比例的氢气制二甲醚有两条途径，其一为两步法，其二为一步法。

两步法采用的是两个独立的步骤，即先由合成气合成甲醇，然后甲醇在固体催化剂作用下脱水制取二甲醚。工艺流程图见图 3-1。

两步法脱水反应副产物少，易获得高纯二甲醚产品，但甲醇合成过程中存在热力学平衡限制致使操作压力高、单程转化率低，而且两个反应过程间的冷却、分离、输送和再加热等操作步骤的消耗也大，经济成本较高。

一步法以合成气为原料采用双功能催化剂，直接反应生成二甲醚。该法不需要专门的甲醇合成装置。与两步法相比，工艺流程简单、设备少、投资少、操作费用低，可以实现经济效益最大化，因此成为国内外开发的热点，是未来发展的主要方向。工艺流程图见图 3-2。

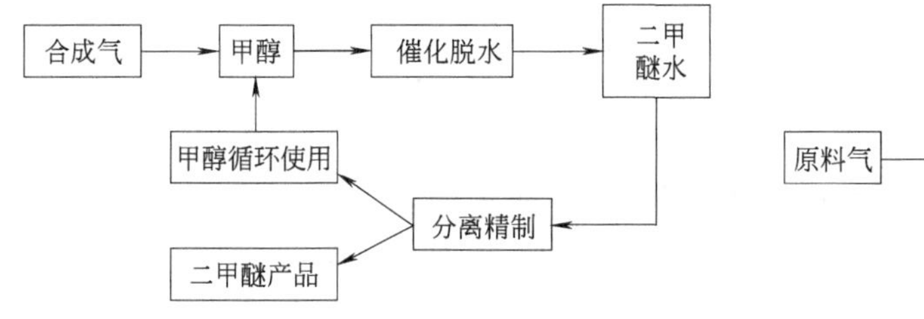

图 3-1　合成气两步法制二甲醚工艺流程

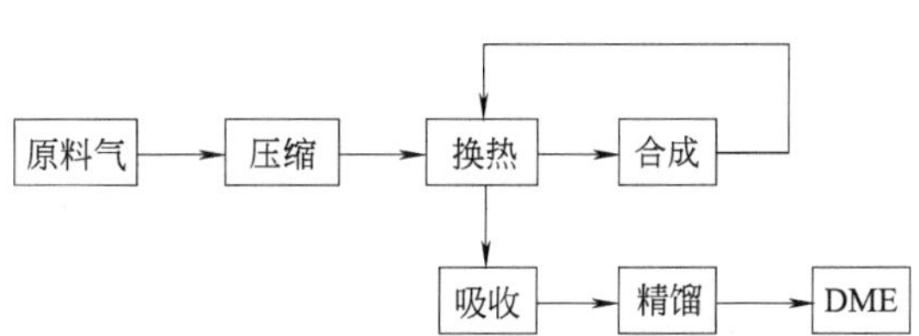

图 3-2　合成气一步法生产二甲醚工艺流程

第二节　二甲醚的反应原理及工艺条件

一、二甲醚的反应原理

1. 反应原理

甲醇脱水生成二甲醚的化学反应式为

$$2CH_3OH \rightleftharpoons CH_3OCH_3 + H_2O \quad \Delta H_R^{\ominus} = -23.4kJ/mol$$

此反应为可逆、放热、等体积的反应。

在反应条件下，还会伴随发生一系列副反应，主要反应为

$$CH_3OH \rightleftharpoons CO + 2H_2$$
$$2CH_3OH \rightleftharpoons C_2H_4 + 2H_2O$$
$$2CH_3OH \rightleftharpoons CH_4 + 2H_2O + C$$
$$2HOCH_3 \rightleftharpoons CH_4 + 2H_2 + CO_2$$
$$CO + H_2O \rightleftharpoons CO_2 + H_2$$

这些反应的发生，会导致甲醇的转化率及选择性降低，反应后的产物中出现不凝性气体。

2. 催化剂

甲醇脱水制二甲醚使用的催化剂，实质上都是酸性催化剂，气相法脱水使用固体酸，而液相法脱水使用液体酸。

① 固体酸指能使碱性指示剂改变颜色的固体，或者是能化学吸附碱性物质的固体。严格地讲，固体酸是指能给出质子（Brϕnsted 酸，简称 B 酸或质子酸）或能够接受孤对电子（Lewis 酸，简称 L 酸）的固体。固体酸的种类繁多，通常可分成表 3-1 中的几类。

表 3-1　固体酸的种类

类　别	主要物质
天然矿物	高岭土、膨润土、山软木土、蒙脱土、沸石等
负载酸	硫酸、磷酸、丙二酸等负载于氧化硅、石英砂、氧化铝或硅藻土上
阳离子树脂	苯乙烯-二乙烯苯共聚物、Nafion-H
氧化物及其混合物	锌、镉、铝、钛、铬、锡、铝、砷、铈、镧、钍、锑、矾、钼、钨等的氧化物及其混合物
盐类	钙、镁、锶、钡、铜、锌、钾、铝、铁、钴、镍等的硫酸盐；锌、铈、铋、铁等的磷酸盐；银、铜、铝、钛等的盐酸盐

② 甲醇气相脱水固体酸催化剂的主要研究成果。甲醇气相脱水制二甲醚大多采用活性氧化铝、结晶硅酸铝、分子筛等固体酸作为催化剂。从理论上讲，催化剂的酸性越强，其活性就越高，但酸性太强易使催化剂积炭和产生副产物，并且迅速失活。如果酸性太弱，就可能导致催化活性低、反应温度与压力高，所以要调配适宜的催化剂酸性才能保证催化剂有高的活性和选择性。

素质阅读

分子筛催化甲醇合成二甲醚新技术

随着近年来分子筛催化剂在石油化工、精细化工及医药合成中的广泛应用，分子筛备受关注。分子筛类催化剂孔道均一，尤其是酸性强且易调变，低温活性高，水热稳定性良好等特性，在甲醇合成二甲醚反应中表现出高活性，因此成为二甲醚反应中最重要的催化剂。甲醇脱水制取二甲醚的催化剂在常压、反应温度 170～210℃、液体空速为 1 时，甲醇单程转化率达 85%～90%、二甲醚选择性大于 98%。经 300h 连续运转后其活性与选择性基本不变。

二、二甲醚的生产条件

实际研究发现：由于目前催化剂的选择性可达 99.9%以上，甲醇的转化率即可认为是二甲醚的收率；甲醇的转化率在大多数情况下不受化学平衡的影响，而受催化剂活性的影响。虽然不同的催化剂活性不同，在相同的条件下得到的甲醇的转化率不同，但所具有的规律却基本一致，下面对这些规律予以介绍。

1. 质量空速与甲醇转化率的关系

表 3-2 为在反应温度为 280℃、压力为 0.8MPa 的条件下，在某催化剂上测定的甲醇转化率与质量空速的关系。由表可见，甲醇的转化率随质量空速的增加而降低。出现此现象的主要原因是空速高时，甲醇与催化剂的接触时间变短，影响了二甲醚的生产量。

表 3-2　不同质量空速下的甲醇转化率

质量空速/h^{-1}	1.60	2.11	2.62	3.08
甲醇转化率/%	85.14	79.84	78.96	63.08

2. 反应温度与甲醇转化率的关系

在常压、质量空速为 1.00～1.12h^{-1} 条件下，反应温度对甲醇脱水生成二甲醚转化率的影响见图 3-3。由图可见，随着反应温度的升高，甲醇转化率增大，300℃以后的甲醇转化率变化不大，且接近平衡转化率。

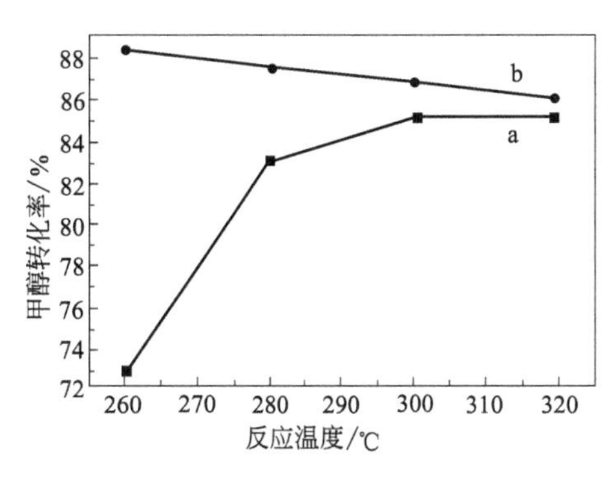

图 3-3　甲醇转化率和反应温度的关系

a—实验值；b—理论值

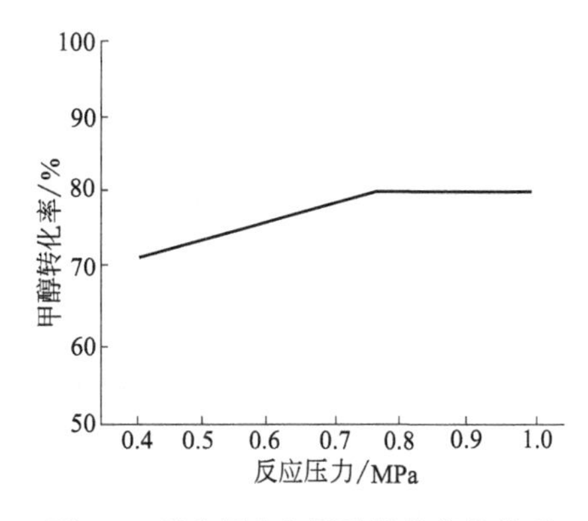

图 3-4　反应压力与甲醇转化率的关系

在反应压力为0.8MPa、质量空速为2.11h^{-1}条件下，反应温度对甲醇转化率的影响见表3-3。由表可见，随着反应温度升高，甲醇转化率增大，在280℃以后甲醇转化率变化不大，在320℃接近平衡转化率85.68%。

表3-3　反应温度与甲醇转化率的关系

反应温度/℃	260	280	300	320
甲醇转化率/%	67.9	79.65	81.1	83.5

3. 反应压力与甲醇转化率的关系

图3-4是反应温度为280℃、质量空速为2.0h^{-1}条件下，测得的反应压力与甲醇转化率的关系。从图可看出，增大反应压力，甲醇转化率提高，在0.4～0.8MPa内变化较大，而在0.8～1.0MPa内变化较小。

由以上的研究可看出，在甲醇气相脱水反应时，甲醇的转化率主要取决于反应速率的快慢或催化剂活性的高低，随着反应温度的提高、压力的增大、空速的减小，催化剂的活性增加、反应速率加快、反应时间变长，甲醇的转化率高，产物中的二甲醚量增加。

第三节　二甲醚的生产工艺流程及设备

一、二甲醚的生产工艺流程

甲醇气相脱水制二甲醚生产工艺可分为反应、精馏和汽提三个工段。反应工段主要完成甲醇的预热、汽化、甲醇脱水反应及粗二甲醚的收集；精馏工段主要实现了反应工段制得的粗二甲醚的分离，得到产品二甲醚；汽提工段主要实现了未反应的甲醇的回收。

下面以某厂二甲醚生产的工艺为例，详细说明其生产的过程。其流程图见图3-5。

原料甲醇来自甲醇合成工序粗甲醇中间罐区，经甲醇进料泵（2）加压至0.8MPa，经甲醇预热器（3）预热至120℃后，进入甲醇汽化塔（4）进行汽化。从甲醇汽化塔（4）顶部出来的汽化甲醇，经换热器（5）换热后，分两股进入反应器（6）。第一股经过热后，在260℃温度下，从顶部进入反应器；第二股稍过热的甲醇，温度为150℃，作为冷激气经计量，从第二段催化剂床层的上部进入反应器（6）。

从反应器（6）出来的反应气体，温度约为360℃，经换热器（5）、精馏塔第一再沸器（7）、甲醇预热器（3）、粗二甲醚预热器（8）和粗二甲醚冷凝器（9）降温至40～60℃冷凝后，进入粗二甲醚储罐（10）进行气液分离。液相为二甲醚、甲醇和水的混合物；气相为H_2、CO、CH_4、CO_2等不凝性气体和饱和的甲醇、二甲醚蒸气。

装置开工时，甲醇蒸气经开工加热器（25）加热后，送入反应器加热催化剂床层。反应器出口的冷凝甲醇液，送界外粗甲醇储罐。

开工加热器（25）采用3.8MPa过热中压蒸汽加热，汽化塔再沸器（26）、精馏塔第二再沸器（27）采用2.5MPa中压蒸汽加热，汽提塔第二再沸器（28）采用0.5MPa低压蒸汽加热。粗二甲醚冷凝器（9）、精馏塔冷凝器（16）、气体冷却器（11）、废水冷却器（24）、汽提塔冷凝器（22）和洗涤液冷却器（20）均用冷却水冷凝、冷却。

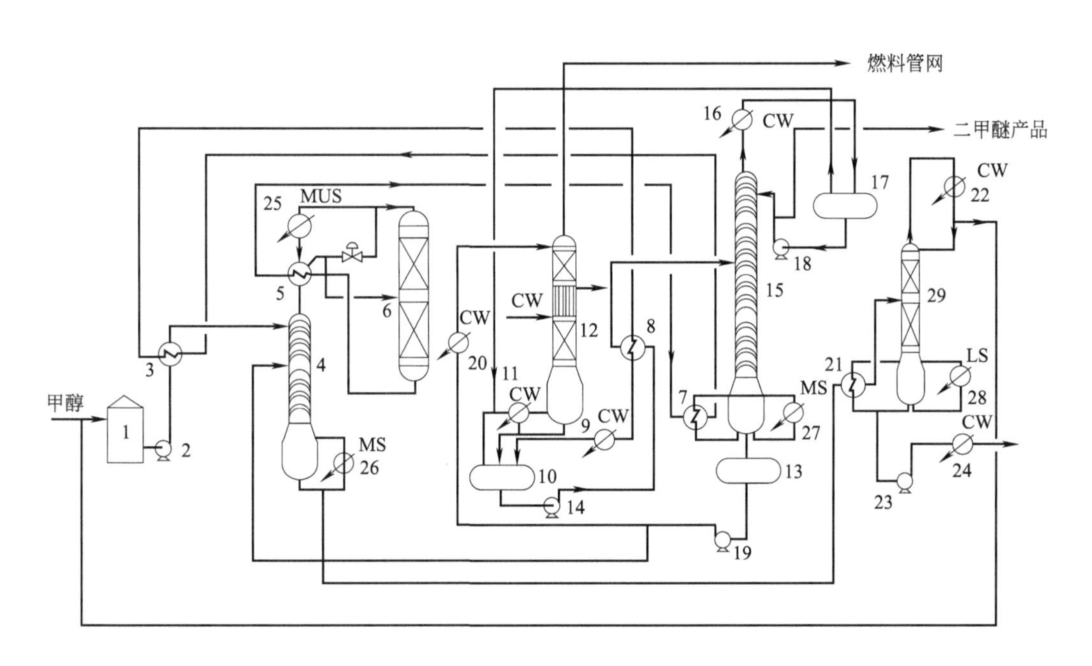

图 3-5　两步法二甲醚生产工艺流程

1—原料储槽；2—甲醇进料泵；3—甲醇预热器；4—甲醇汽化塔；5—换热器；6—反应器；
7—精馏塔第一再沸器；8—粗二甲醚预热器；9—粗二甲醚冷凝器；10—粗二甲醚储罐；11—气体冷却器；
12—洗涤塔；13—精馏塔釜液储罐；14—精馏塔进料泵；15—精馏塔；16—精馏塔冷凝器；17—二甲醚回流储罐；
18—二甲醚回流泵；19—釜液输送泵；20—洗涤液冷却器；21—汽提塔第一再沸器；22—汽提塔冷凝器；
23—废水输送泵；24—废水冷却器；25—开工加热器；26—汽化塔再沸器；27—精馏塔第二再沸器；
28—汽提塔第二再沸器；29—汽提塔；CW—冷却水；LS—低压蒸汽；MS—中压蒸汽；MUS—中压过热蒸汽

二、反应器

两步法二甲醚生产工艺流程

甲醇脱水制 DME 是放热反应，降低催化剂床层温升、保持催化剂下层较低温度，可提高甲醇脱水平衡转化率和反应器出口 DME 浓度，并有利于延长催化剂使用寿命。催化剂使用温度过高，不仅甲醇转化率低、催化剂时空产率低，而且还使副反应增加、原料甲醇消耗高，并加速催化剂结焦失活。因此，甲醇气相脱水反应器的设计必须考虑反应热的移出和床层的降温。目前，气相脱水制 DME 反应器主要有多段冷激式和管壳式两种。

1. 多段冷激反应器

多段冷激式反应器，将催化剂分成不同的床层段，段内反应绝热进行，在段间用低温甲醇蒸气实现降温。此形式结构简单，催化剂的装填量大，反应器的空间利用率高，易于实现大规模生产，但存在反应后的物料和未反应物料的混合现象，降低了催化剂的使用效率，同等生产能力下催化剂用量大。

此类反应器进口温度 260～270℃，有些厂催化剂底层初期温度就达 370℃以上，温度调节范围小，催化剂层极易超温，催化剂使用寿命短。

2. 管壳式反应器

管壳式反应器结构类似于管壳式换热器，管内装催化剂，管外用导热油强制循环移出反应热，实现了近似等温操作，提高了催化剂的利用率。但存在催化剂装填量小、装卸困难、结构复杂等问题。

复习思考题

一、选择题

1. 二甲醚是最简单的脂肪醚，分子式为 CH_3OCH_3，又称木醚、甲醚，简称（　　）。

A. DMM　　B. DME　　C. DMB　　D. DMP

2. 二甲醚易溶于汽油、四氯化碳、丙酮、氯苯和乙酸甲酪等多种有机溶剂，在水中的溶解度（　　）。

A. 较小　　B. 较少　　C. 较差　　D. 较大

3. 先由合成气转化为甲醇，再由甲醇脱水制取二甲醚称为（　　）。

A. 一步法　　B. 两步法　　C. 三步法　　D. 四步法

二、判断题

1. 二甲醚可作为气雾剂在化妆品工业中单独使用。（　　）

2. 二甲醚可作为冰箱制冷剂以替代氟里昂，减少对环境的污染。（　　）

3. 甲醇脱水制二甲醚使用的催化剂，实质上都是酸性催化剂，气相法脱水使用液体酸。（　　）

4. 甲醇气相脱水制二甲醚生产工艺可分为反应、精馏和汽提三个工段。（　　）

三、简答题

1. 简述二甲醚在化工、日化、制药、农药和制冷领域的主要用途。
2. 简述合成二甲醚的三种主要方法并比较各方法指出其优缺点。
3. 简述合成气制甲醚的一步法、两步法工艺的优缺点。
4. 合成气一步法制甲醚采用什么催化剂？该催化剂的组成成分是什么？
5. 简述合成气制甲醚二步法工艺流程。
6. 简述一步法合成气制二甲醚的反应原理。
7. 绘制合成气二步法制二甲醚工艺框图。
8. 简述甲醇转化率与压力、温度、空速以及催化剂之间的关系。
9. 简述合成气两步法制二甲醚的反应原理。
10. 气相脱水制二甲醚的反应器主要有哪几类？

第二章　氯乙烯的生产

学习目标

1. 了解氯乙烯的性质、用途及生产方法。
2. 掌握氯乙烯生产原理及生产条件。
3. 掌握氯乙烯的生产工艺过程。
4. 了解生产氯乙烯所用流化床反应器的结构特点。

课程导入

氯乙烯作为生产聚氯乙烯树脂的原料，已占到氯乙烯产量的96%以上，而聚氯乙烯树脂在工业生产和民用领域有广泛的用途。那么如何生产氯乙烯，生产条件如何控制、生产工艺过程如何？

第一节　氯乙烯生产概述

一、氯乙烯的性质及用途

氯乙烯在常温常压下是一种无色的有乙醚香味的气体，沸点－13.9℃，临界温度142℃，临界压力为5.12MPa，对其稍加压力，就可得到液体的氯乙烯。氯乙烯易燃，闪点小于－17.8℃，与空气容易形成爆炸混合物，其爆炸范围为4%～21.7%（体积）。氯乙烯易溶于丙酮、乙醇、二氯乙烷等有机溶剂，微溶于水，在水中的溶解度是0.001g/L。

氯乙烯具有麻醉作用，在20%～40%的浓度下，会使人立即致死，在10%的浓度下，1小时内呼吸由急促而逐渐缓慢，最后微弱以致停止呼吸。慢性中毒会使人有晕眩感觉，同时对肺部有刺激，因此，氯乙烯在空气中的允许浓度为500μL/L。

氯乙烯分子内包含氯原子的不饱和化合物。由于双键的存在，氯乙烯能发生一系列化学反应，工业应用中最重要的化学反应是其均聚与共聚反应。此外，氯乙烯还可进行碳氯键的取代反应、氧化反应、加成反应、裂解反应。

氯乙烯是聚氯乙烯（PVC）的单体，在引发剂的作用下，易聚合成聚氯乙烯树脂，用于制造聚氯乙烯的氯乙烯占其产量的96%。氯乙烯也可以和其他不饱和化合物共聚生成高聚物，这些高聚物在工业上和日用品生产上具有广泛的用途，如聚氯乙烯异型材、聚氯乙烯管材、聚氯乙烯膜、PVC一般软质品、聚氯乙烯包装材料、聚氯乙烯护墙板和地板、聚氯乙烯日用消费品、PVC泡沫制品等。因此，氯乙烯的生产在有机化工生产中占有重要的地位。

素质阅读

氯乙烯工业发展概况

1835年，法国化学家Regnault用氢氧化钾的乙醇溶液将二氯乙烷脱氯化氢制得氯乙烯，并于1838年观察到了它的聚合体，这次的发现被认为是氯乙烯工业的开端。

1902年，Biltz将1,2-二氯乙烷进行热分解也制得氯乙烯。

从1940年起，氯乙烯的生产原料乙炔开始被乙烯部分取代，首先将乙烯直接氯化成1,2-二氯乙烷（EDC），再加以热裂解制得氯乙烯，裂解产生的氯化氢仍被用在乙炔-氯化氢法中。

1955—1958年，美国的化学公司研究的大规模乙烯氧氯化法制备1,2-二氯乙烷取得成功。自此以后，乙烯全部取代乙炔成为制备氯乙烯的原料。

我国从20世纪50年代开始研究和生产聚氯乙烯，1953年由沈阳化工研究院和北京化工研究院开始小试，1956年小试成功，并在锦西建立了第一个生产厂家。

二、氯乙烯的生产方法

目前世界范围内，生产聚氯乙烯的原料仍然是氯乙烯，而氯乙烯的生产方法是乙烯法和乙炔法。全球4500万t产能中基本各占50%。乙烯主要来源于石油烃类裂解，也有从甲醇或二甲醚裂解（MTO）法得到。乙炔基本来源于煤，可以首先制成兰炭，兰炭与石灰石生成电石，从电石水解中得到乙炔；也可以通过煤等离子体制得乙炔；乙炔还可通过天然气裂解得到。

（一）乙炔法生产氯乙烯

1. 以甲烷为原料生产乙炔，以乙炔为原料生产氯乙烯。甲烷制乙炔的方法很多，大致分为部分氧化法、电弧法、等离子法、激光法等。

2. 超声速甲烷转化为乙炔，将甲烷引入超声速反应器进行裂解反应使少部分甲烷转化为乙炔，再将乙炔加氢得到的乙烯与氯反应生成二氯乙烷。然后加热二氯乙烷使之裂解为氯乙烯和氯化氢。

3. 电石法生产乙炔。该法有两种生产方式，一种是20世纪30年代推出的以乙炔为原料的气相固定床催化反应生产氯乙烯；另一种是2010年比利时Solvay公司研发的以乙炔为原料在板式塔反应器或溢流填充塔反应器中进行的液相催化反应生产氯乙烯。

（二）乙烯法生产氯乙烯

随着石油化学工业的发展和乙烯生产规模的不断扩大。在20世纪50年代初期，乙烯成为生产氯乙烯更经济、更合理的原料。实现了由乙烯和氯气生产氯乙烯的工业生产路线。该工艺包括乙烯直接氯化生产二氯乙烷及二氯乙烷裂解生产氯乙烯。

随后，人们注意到二氯乙烷裂解过程，除生成氯乙烯外还生成氯化氢。由此，人们想到由氯化氢可以连同乙炔生产工艺一起生产氯乙烯。

$$CH_2=CH_2+Cl_2 \longrightarrow CH_2Cl-CH_2Cl$$
$$CH_2Cl-CH_2Cl \longrightarrow CH_2=CHCl+HCl$$
$$CH\equiv CH+HCl \longrightarrow CH_2=CHCl$$

20 世纪 50 年代后期，开发出乙烯氧氯化工艺以适应不断增长的对氯乙烯的需求。

在这个过程中，乙烯、氧气和氯化氢反应生成二氯乙烷，和直接氯化过程结合在一起，两者所生成的二氯乙烷一并进行裂解得到氯乙烯，这种生产方法称为平衡氧氯化法。平衡氧氯化法生产工艺已是工业化的、生产氯乙烯单体最先进的技术，在世界范围内，93%的聚氯乙烯树脂都采用由平衡氧氯化法生产的氯乙烯单体聚合而成。该法具有反应器能力大、生产效率高、生产成本低、单体杂质含量少和可连续操作等特点。

第二节　氯乙烯的生产原理及条件

一、氯乙烯的生产原理

乙烯氧氯化法生产氯乙烯，包括三步反应：

（1）直接氯化反应　$CH_2=CH_2+Cl_2 \longrightarrow CH_2ClCH_2Cl$

（2）氧氯化反应　$CH_2=CH_2+2HCl+\frac{1}{2}O_2 \longrightarrow CH_2ClCH_2Cl+H_2O$

（3）裂解反应　$2CH_2ClCH_2Cl \longrightarrow 2CH_2=CHCl+2HCl$

总反应式　$2CH_2=CH_2+Cl_2+\frac{1}{2}O_2 \longrightarrow 2CH_2=CHCl+H_2O$

平衡氧氯化法生产氯乙烯主要包括直接氯化单元、氧氯化单元、二氯乙烷分离和精制单元、二氯乙烷裂解单元和氯乙烯精制单元。不同技术中的二氯乙烷精制和氯乙烯精制单元的工艺流程基本相同，直接氯化和氧氯化两个单元采用技术不同则流程不同。乙烯平衡氧氯化法生产氯乙烯的工艺流程示意图如图 3-6 所示。

平衡氧氯化法生产氯乙烯工艺流程

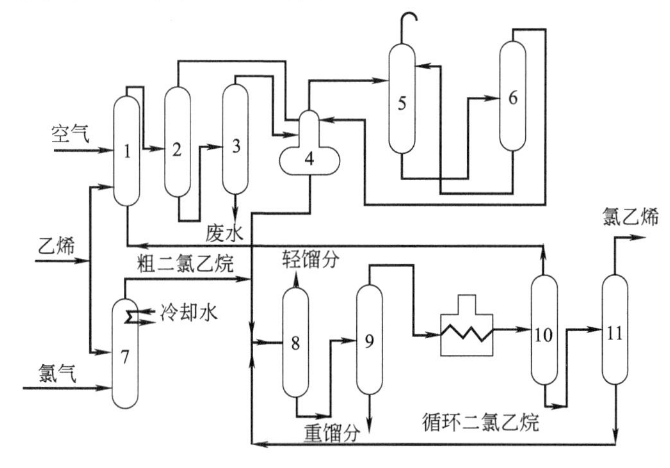

图 3-6　乙烯平衡氧氯化法生产氯乙烯工艺流程

1—氧氯化反应器；2—骤冷塔；3—汽提塔；4—分离器；5—吸收塔；6—解吸塔；7—直接氯化反应器；8—稳定塔；9—精馏塔；10—HCl 塔；11—氯乙烯塔

1. 乙烯直接氯化部分

（1）主反应：$CH_2=CH_2+Cl_2 \longrightarrow CH_2ClCH_2Cl \quad \Delta H=-171.7kJ/mol$

该反应可以在气相中进行，也可以在溶剂中进行。气相反应由于放热多，散热困难而不易控制，因此工业上采用在极性溶剂存在下的液相中反应，溶剂为二氯乙烷。

（2）副反应：

$$CH_2ClCH_2Cl+Cl_2 \longrightarrow CH_2ClCHCl_2+HCl$$
$$CH_2ClCHCl_2+Cl_2 \longrightarrow CHCl_2CHCl_2+HCl$$
$$CH_2=CH_2+HCl \longrightarrow CH_3CH_2Cl$$
$$CH_2=CHCl+Cl_2 \longrightarrow CH_2=CCl_2+HCl$$

除目的产物二氯乙烷外，产物中一般还包含氯乙烷、氯乙烯、四氯乙烯、四氯乙烷等，只是随反应条件不同这些副产物的含量不同。

2. 乙烯氧氯化生产部分

（1）主反应：$CH_2=CH_2+2HCl+\frac{1}{2}O_2 \longrightarrow CH_2ClCH_2Cl+H_2O \quad \Delta H=-251kJ/mol$

这是一个强放热反应。

（2）副反应：

$$CH_2=CH_2+2O_2 \longrightarrow 2CO+2H_2O$$
$$CH_2=CH_2+3O_2 \longrightarrow 2CO_2+2H_2O$$
$$CH_2=CHCl+HCl \longrightarrow CH_3CHCl_2$$
$$CH_2ClCH_2Cl \xrightarrow{-HCl} CH_2=CHCl \xrightarrow{HCl+O_2} CH_2ClCHCl_2$$

还有生成其他氯衍生物的副反应发生。这些副产物总量仅为二氯乙烷生成量的1%以下。

（3）催化剂　乙烯液相氯化反应的催化剂常用$FeCl_3$。加入$FeCl_3$的主要作用是抑制取代反应，促进乙烯和氯气的加成反应，减少副反应，增加氯乙烯的收率。

乙烯氧氯化制二氯乙烷需在催化剂存在下进行。工业常用催化剂是以γ-Al_2O_3为载体的$CuCl_2$催化剂。根据氯化铜催化剂的组成不同，可分为单组分催化剂、双组分催化剂、多组分催化剂。近年来，发展了非铜催化剂。

3. 二氯乙烷裂解部分

（1）主反应：$CH_2ClCH_2Cl \xrightleftharpoons{\triangle} CH_2=CHCl+HCl \quad \Delta H=79.5kJ/mol$

此反应是吸热可逆反应。

（2）副反应：

$$CH_2=CHCl \longrightarrow CH\equiv CH+HCl$$
$$CH_2=CHCl+HCl \longrightarrow CH_3CHCl_2$$
$$CH_2ClCH_2Cl \longrightarrow H_2+2HCl+2C$$
$$nCH_2=CHCl \xrightarrow{\text{聚合}} \text{聚氯乙烯}$$

二氯乙烷裂解反应是在高温下进行的，不需要催化剂。

二、氯乙烯的生产条件

1. 乙烯直接氯化部分

（1）原料配比　乙烯直接氯化反应是气液反应，反应物乙烯和氯气需由气相扩散进入液相，然后在液相中反应。乙烯直接氯化是快速反应，因此反应速率和选择性取决于乙烯和氯气的扩散溶解特性，液相中乙烯浓度大于氯气浓度有利于提高反应的选择性。由于相同条件下，乙烯较氯气难溶于二氯乙烷，因此生产过程中乙烯的加入量应过量，这样有助于减少多氯化物的生成，且过量乙烯容易处理。为抑制取代反应，实际生产过程中乙烯一般过量3%～25%。

（2）反应温度　不论在气相还是在液相，温度越高越有利于取代反应，而乙烯液相氯化是取代反应也是放热反应，反应温度过高，会使甲烷氯化等反应加剧，对主反应不利；反应温度降低，反应速率相应变慢，也不利于反应。一般反应温度控制在53℃左右。

（3）反应压力　从乙烯氯化反应式可看出，加压对反应是有利的。但在生产实际中，若采用加压氯化，必须用液化氯气的办法，由于原料氯加压困难，故反应一般在常压下进行。

2. 二氯乙烷裂解部分

（1）原料纯度　裂解原料二氯乙烷中若含有抑制剂，则会减慢裂解反应速率并促进生焦。在二氯乙烷中能起强抑制作用的杂质是1,2-二氯丙烷，其含量为0.1%～0.2%时，二氯乙烷的转化率就会下降4%～10%。如果提高裂解温度以弥补转化率的下降，则副反应和生焦量会更多，而且1,2-二氯丙烷的裂解产物氯丙烯具有更强的抑制裂解作用。杂质1,1-二氯乙烷对裂解反应也有较弱的抑制作用。其他杂质如二氯甲烷、三氯甲烷等，对反应基本无影响。铁离子会加速深度裂解副反应，故原料中含铁量要求不大于10^{-4}。水对反应虽无抑制作用，但为了防止对炉管的腐蚀，水分含量控制在5×10^{-6}以下。

（2）反应温度　二氯乙烷裂解是吸热反应，提高反应温度对反应有利。温度在450℃时，裂解反应速率很慢，转化率很低，当温度升高到500℃左右，裂解反应速率显著加快。

但反应温度过高，二氯乙烷深度裂解和氯乙烯分解、聚合等副反应也相应加速。当温度高于600℃，副反应速率将显著大于主反应速率。因此，反应温度的选择应从二氯乙烷转化率和氯乙烯收率两方面综合考虑，一般为500～550℃。

（3）反应压力　二氯乙烷裂解是体积增大的反应，提高压力对反应平衡不利。但在实际生产中常采用加压操作，其原因是为了保证反应物料畅通，维持适当空速，使温度分布均匀，避免局部过热；加压有利于抑制分解生炭的副反应，提高氯乙烯收率；加压还有利于降低产品分离温度，节省冷量，提高设备的生产能力。目前，工业生产采用的有低压法（<0.6MPa）、中压法（1MPa）和高压法（>1.5MPa）等。

（4）停留时间　停留时间长，转化率升高，但同时氯乙烯聚合、生焦等副反应增多，使氯乙烯收率降低，且炉管的运转周期缩短。工业生产采用较短的停留时间，以获得高收率并减少副反应。通常停留时间为10s左右，二氯乙烷转化率为50%～60%。

3. 乙烯氧氯化部分

（1）反应温度　乙烯氧氯化反应是强放热反应，反应热可达251kJ/mol，因此反应温度的控制十分重要。升高温度对反应有利，但温度过高，乙烯完全氧化反应加速，CO_2和CO的生成量增多，副产物三氯乙烷的生成量也增加，反应的选择性下降。温度升高，催化剂的活性组分$CuCl_2$挥发流失快，催化剂的活性下降快，寿命短。一般在保证HCl的转化率接近全部转化的前提下，反应温度以低些为好。但当低于物料的露点时，HCl气体就会与体系中生成的水形成盐酸，对设备造成严重的腐蚀。因此，反应温度一般控制在220～300℃。

（2）反应压力　常压或加压反应皆可，一般在0.1～1MPa。压力的高低要根据反应器的类型而定，流化床宜于低压操作，固定床为克服流体阻力，操作压力宜高些。当用空气进行氧氯化时，反应气体中含有大量的惰性气体，为了使反应气体保持相当的分压，常用加压操作。

(3) 原料配比 按乙烯氧氯化反应方程式的计量关系，C_2H_4 : HCl : O_2 =1 : 2 : 0.5 (摩尔)。在正常操作情况下，C_2H_4 稍有过量，O_2 过量 50%左右，以使 HCl 转化完全。实际原料配比为 C_2H_4 : HCl : O_2 =1.05 : 2 : (0.75～0.85) (摩尔)。若 HCl 过量，则过量的 HCl 会吸附在催化剂表面，使催化剂颗粒胀大，密度减小；如果采用流化床反应器，床层会急剧升高，甚至发生节涌现象，以致不能正常操作。C_2H_4 稍过量，可保证 HCl 完全转化，但过量太多，尾气中 CO 和 CO_2 的含量增加，使选择性下降。氧的用量若过多，也会发生上述现象。

(4) 原料气纯度 原料乙烯纯度越高，氧氯化产品中杂质就越少，这对二氯乙烷的提纯十分有利。原料气中的乙炔、丙烯和 C_4 烯烃含量必须严格控制。因为它们都能发生氧氯化反应，而生成四氯乙烯、三氯乙烯、1,2-二氯丙烷等多氯化物，使产品的纯度降低而影响后加工。原料气 HCl 主要由二氯乙烷裂解得到，一般要进行除炔处理。

(5) 停留时间 要使 HCl 接近全部转化，必须有较长的停留时间，但停留时间过长会出现转化率下降的现象。这可能是由于在较长的停留时间里，发生了连串副反应，二氯乙烷裂解产生 HCl 和氯乙烯。在低空速下操作时，适宜的停留时间一般为 5～10s。

第三节 氯乙烯的生产工艺流程及设备

一、氯乙烯生产工艺流程

1. 乙烯直接氯化生产二氯乙烷的工艺流程

乙烯液相氯化生产二氯乙烷，催化剂为 $FeCl_3$。早期开发的乙烯直接氯化流程，大多采用低温工艺，反应温度控制在 53℃左右。乙烯液相氯化生产二氯乙烷的工艺流程如图 3-7 所示。

乙烯液相氯化是在氯化塔 (1) 中进行，氯化塔内部安装有套筒内件，内充以铁环和作为氯化液的二氯乙烷液体，乙烯和氯气从塔底进入套筒内，溶解在氯化液中而发生加成反应生成二氯乙烷。为了保证气液相的良好接触和移除反应释放出的热量，在氯化塔外连通两台循环冷却器 (2)。反应器中氯化液由内套筒溢流至反应器本体与套筒间环形空隙，再用循环泵将氯化液从氯化塔下部引出，经过滤器 (4) 过滤后，把反应生成的二氯乙烷送至洗涤分层器 (5)，其余的经循环冷却器 (2) 用水冷却除去反应热后，循环回氯化塔。在反应过程中损失的 $FeCl_3$ 的补充是通过将 $FeCl_3$ 溶解在循环液内，从氯化塔的上部加入，氯化液中 $FeCl_3$ 的浓度维持在 2.5×10^4 左右。

随着反应的进行，产物二氯乙烷不断地在反应器内积聚，通过反应器侧壁溢流口将产生的氯化液移去，从而保证了反应器内的液面恒定。反应产物经过滤器 (4) 过滤后，送入洗涤分层器 (5)、(6)，在两级串联的洗涤分层器内经过两次洗涤，除去其中包含的少量 $FeCl_3$ 和 HCl，所得粗二氯乙烷送去精馏。氯化塔顶部逸出的反应尾气经过冷却冷凝回收夹带的二氯乙烷后，送焚烧炉处理。

低温氯化法反应所释放出的大量热量没有得到充分利用，而且反应产物夹带出的催化剂需经水洗处理，洗涤水需经汽提，故能耗较大；反应过程中需不断补加催化剂，过

程的污水还需专门处理。为此，近年来开发出高温工艺，使反应在接近二氯乙烷沸点的条件下进行。二氯乙烷的沸点为83.5℃，当反应压力为0.2～0.3MPa时，操作温度可控制在120℃左右。

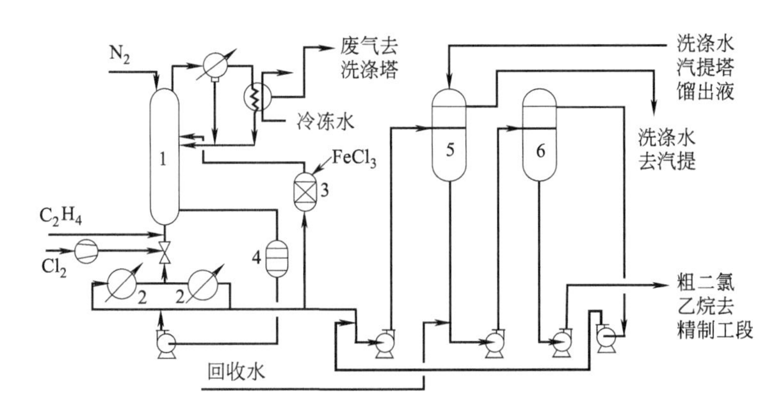

图3-7　乙烯液相氯化生产二氯乙烷工艺流程图

1—氯化塔；2—循环冷却器；3—催化剂溶解槽；4—过滤器；5,6—洗涤分层器

反应热借助二氯乙烷的蒸出带出反应器外，每生成1mol二氯乙烷，大约可产生6.5mol二氯乙烷蒸气。由于在液相沸腾条件下反应，未反应的乙烯和氯会被二氯乙烷蒸气带走，而使二氯乙烷的收率下降。为解决此问题，高温氯化反应器设计成一个U形循环管和一个分离器的组合体。高温氯化法生产二氯乙烷工艺流程如图3-8所示。

乙烯和氯通过喷散器在U形管上升段底部进入反应器（1），溶解于氯化液中立即进行反应生成二氯乙烷，由于该处有足够的静压，可以防止反应液沸腾。至上升段的三分之二处，反应已基本完成，然后液体继续上升并开始沸腾，所形成的气液混合物进入分离器（B）。离开分离器的二氯乙烷蒸气进入精馏塔（2），塔顶引出包括少量未转化乙烯的轻组分，经塔顶冷凝器冷凝后，送入气液分离器。汽相送尾气处理系统，液相作为回流返回精馏塔塔顶。塔顶侧线获得产品二氯乙烷；塔釜重组分中含有大量的二氯乙烷，大部分返回反应器，少部分送二氯乙烷-重组分分离系统，分离出三氯乙烷、四氯乙烷后，二氯乙烷仍返回反应器。

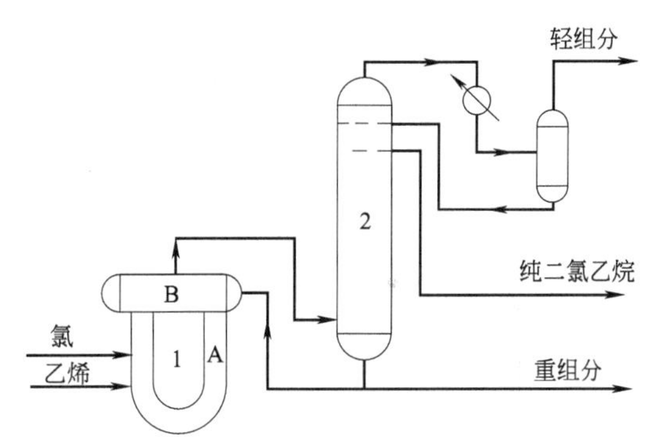

图3-8　高温氯化法制取二氯乙烷的工艺流程

A—U形循环管；B—分离器；1—反应器；2—精馏塔

高温氯化法的优点是二氯乙烷收率高，反应热得到利用；由于二氯乙烷是汽相出料，不会将催化剂带出，所以不需要洗涤脱除催化剂，也不需补充催化剂；过程中没有污水排放。尽管如此，这种型式的反应器要求严格控制循环速度，循环速度太低会导致反应物分散不均匀和局部浓度过高，太高则可能使反应进行得不完全，导致原料转化率下降。

与低温氯化法相比，高温氯化法可使能耗大大降低，原料利用率接近99%，二氯乙烷纯度可超过99.99%。

2. 二氯乙烷裂解制氯乙烯工艺流程

由乙烯液相氯化和氧氯化获得的二氯乙烷，在管式炉中进行裂解得产物氯乙烯。管式炉的对流段设置有原料二氯乙烷的预热管，反应管设置在辐射段。二氯乙烷裂解制氯乙烯的工艺流程如图 3-9 所示。

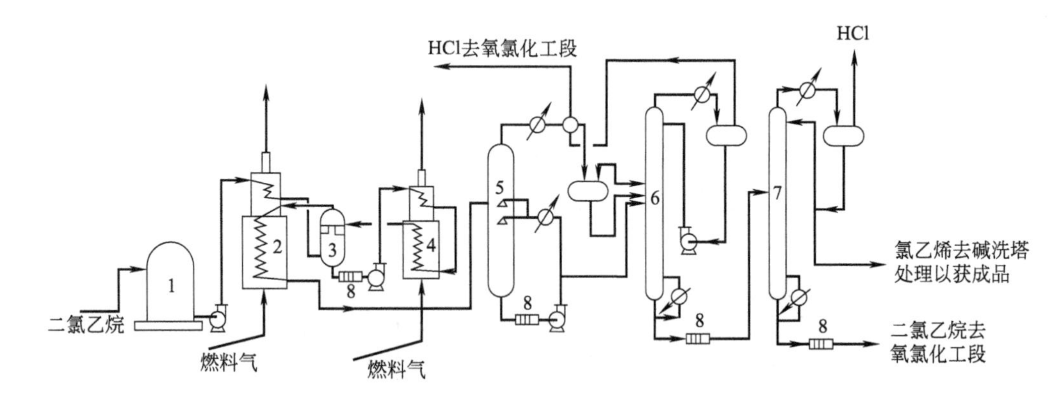

图 3-9　二氯乙烷裂解制取氯乙烯的工艺流程

1—二氯乙烷储槽；2—裂解反应炉；3—气液分离器；4—二氯乙烷蒸发器；
5—骤冷塔；6—氯化氢塔；7—氯乙烯塔；8—过滤器

用定量泵将精二氯乙烷从储槽（1）送入裂解反应炉（2）的预热段，借助裂解炉烟气将二氯乙烷物料加热并达到一定温度，此时有一小部分物料未汽化。将所形成的气液混合物送入分离器（3），未汽化的二氯乙烷经过滤器（8）过滤后，送至蒸发器（4）的预热段，然后进该炉的汽化段汽化。汽化后的二氯乙烷经分离器（3）顶部进入裂解反应炉（2）辐射段。在 0.558MPa 和 500～550℃条件下，进行裂解获得氯乙烯和氯化氢。裂解气出炉后，在骤冷塔（5）中迅速降温并除炭。为了防止盐酸对设备的腐蚀，急冷剂不用水而用二氯乙烷，在此未反应的二氯乙烷会部分冷凝。出塔气体再经冷却冷凝，然后气液混合物一并进入氯化氢塔（6），塔顶采出主要为氯化氢，经制冷剂冷冻冷凝后送入储罐，部分作为本塔塔顶回流，其余送至氧氯化部分作为乙烯氧氯化的原料。骤冷塔塔底液相主要含二氯乙烷，还含有少量的冷凝氯乙烯和溶解氯化氢。这股物料经冷却后，部分送入氯化氢塔进行分离，其余返回骤冷塔作为喷淋液。

氯化氢塔的塔釜出料，主要组成为氯乙烯和二氯乙烷，其中含有微量氯化氢，该混合液送入氯乙烯塔（7），塔顶馏出的氯乙烯用固碱脱除微量氯化氢后，即得纯度为 99.9%的成品氯乙烯。塔釜流出的二氯乙烷经冷却后送至氧氯化工段，一并进行精制后，再返回裂解装置。

3. 以空气作氧化剂的乙烯流化床氧氯化制二氯乙烷的工艺流程

乙烯氧氯化反应部分的工艺流程如图 3-10 所示。

来自二氯乙烷裂解装置的氯化氢预热至 170℃左右，与 H_2 一起进入加氢反应器（1），在载有氧化铝的钯催化剂存在下，进行加氢精制，使其中所含有害杂质乙炔选择加氢为乙烯。原料乙烯也加热到一定温度，然后与氯化氢混合后一起进入反应器（3）。氧化剂空气则由空气压缩机（5）送入反应器，三者在分布器中混合后进入催化床层发生氧氯化反应。放出的热量借冷却管中热水的汽化而移走。反应温度则由调节汽水分离器的压力进行控制。在反应过程中需不断向反应器内补加催化剂，以抵偿催化剂的损失。

二氯乙烷的分离和精制部分的工艺流程如图 3-11 所示。自氧氯化反应器顶部出来的反应气含有反应生成的二氯乙烷，副产物 CO_2、CO 和其他少量的氯代衍生物，以及未转化的乙烯、氧、氯化氢及惰性气体，还有主、副反应生成的水。此反应混合气进入骤冷塔（1）用水喷淋骤冷至 90℃并吸收气体中氯化氢，洗去夹带出来的催化剂粉末。产物二氯乙

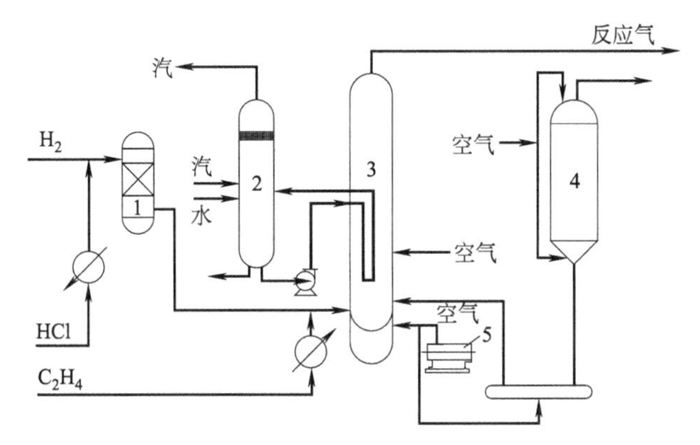

图 3-10　乙烯流化床氧氯化制二氯乙烷反应部分工艺流程图

1—加氢反应器；2—汽水分离器；3—流化床反应器；4—催化剂储槽；5—空气压缩机

烷以及其他氯代衍生物仍留在气相，从骤冷塔顶逸出，在冷却冷凝器中冷凝后流入分层器(4)，与水分层分离后即得粗二氯乙烷。分出的水循环回骤冷塔。

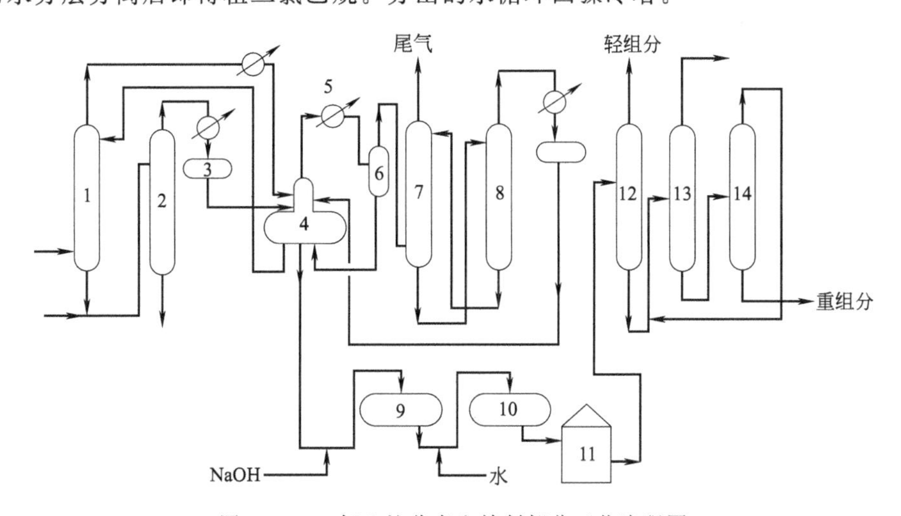

图 3-11　二氯乙烷分离和精制部分工艺流程图

1—骤冷塔；2—废水汽提塔；3—受槽；4—分层器；5—低温冷凝器；6—汽液分离器；7—吸收塔；8—解吸塔；9—碱洗罐；10—水洗罐；11—粗二氯乙烷储槽；12—脱轻组分塔；13—二氯乙烷塔；14—脱重组分塔

从分层器出来的气体再经低温冷凝器（5）冷凝，回收二氯乙烷及其他氯代衍生物，不凝气体进入吸收塔（7），用溶剂吸收其中尚存的二氯乙烷等，将含乙烯 1%左右的尾气排出系统。溶有二氯乙烷等组分的吸收液在解吸塔（8）中进行解吸。在低温冷凝器和解吸塔回收的二氯乙烷，一并送至分层器。

自分层器（4）出来的粗二氯乙烷经碱洗罐（9）碱洗、水洗罐（10）水洗后进入储槽(11)，然后在 3 个精馏塔中实现分离精制。第一塔为脱轻组分塔（12），以分离出轻组分；第二塔为二氯乙烷塔（13），主要得成品二氯乙烷；第三塔是脱重组分塔（14），在减压下操作，对高沸物进行减压蒸馏，从中回收部分二氯乙烷。精制的二氯乙烷，送去作裂解制氯乙烯的原料。

骤冷塔塔底排出的水吸收液中含有盐酸和少量二氯乙烷等氯代衍生物，经碱中和后进入汽提塔进行水蒸气汽提，回收其中的二氯乙烷等氯代衍生物，冷凝后进入分层器。

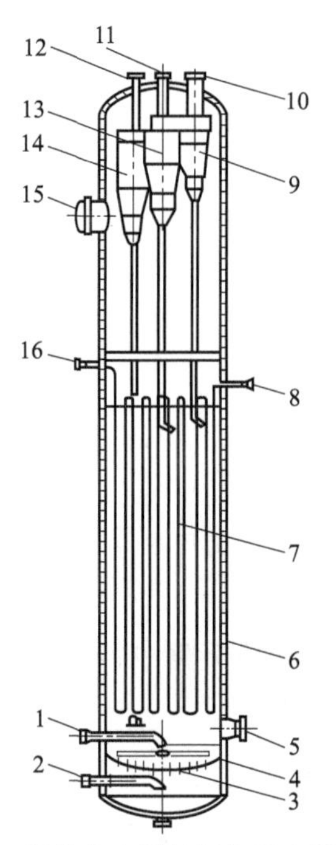

图 3-12　流化床乙烯氧氯化反应器结构图

1—C_2H_4 的 HCl 出口；2—空气入口；3—板式分布器；4—管式分布器；5—催化剂入口；6—反应器外壳；7—冷却管组；8—加压热水入口；9—第三级旋风分离器；10—反应气出口；11,12—净化空气入口；13—第二级旋风分离器；14—第一级旋风分离器；15—人孔；16—高压水蒸气出口

空气氧化法排放的气体中尚含有1%左右的乙烯，不再循环使用，故乙烯消耗定额较高，且有大量排放废气污染空气，需经处理。

二、典型设备——流化床反应器

催化剂在流化床反应器内处于沸腾状态，床层内又装有换热器，可以有效地引出反应热，因此反应易于控制，床层温度分布均匀。这种反应器适用于大规模的生产，但缺点是催化剂损耗量大，单程转化率低。流化床反应器是钢制圆柱形容器，高度约为直径的十倍左右，其结构如图 3-12 所示。在反应器底部水平插入空气进料管，进料管上方设置具有多个喷嘴的板式分布器，用于均匀分布进入的空气。在反应段设置了一定数量的直立冷却管组，管内通入加压热水，使其汽化以移出反应热，并产生相当压力的水蒸气。在反应器上部设置三组三级旋风分离器，用以分离回收反应气体所夹带的催化剂。在生产中催化剂的磨损量每天约有 0.1%，故需补加催化剂。催化剂自气体分布器上方用压缩空气送入反应器内。

由于氧氯化反应过程有水产生，若反应器的某些部位保温不好，温度会下降，当温度达到露点时，水就凝结，将使设备遭到严重的腐蚀。因此，反应器各部位的温度必须保持在露点以上。

复习思考题

一、填空题

1. 氯乙烯的工业生产方法主要有________、________、________。

2. 乙烯、氧气和氯化氢反应生成二氯乙烷，和直接氯化过程结合在一起，两者所生成的二氯乙烷一并进行裂解得到氯乙烯，这种生产方法称为________。

3. 乙烯液相氯化反应的催化剂常用________。

4. 乙烯液相氯化生产二氯乙烷的方法有________、________。

二、判断题

1. 氯乙烯易溶于丙酮、乙醇、二氯乙烷等有机溶剂，微溶于水。（　　）

2. 氯乙烯工业应用最重要的化学反应是其均聚与共聚反应。（　　）

3. 二氯乙烷裂解是吸热反应，降低反应温度对反应有利。（　　）

4. 二氯乙烷裂解是体积增大的反应，降低压力对反应平衡不利。（　　）

三、思考题

1. 工业生产过程中氯乙烯的生产方法有哪些？

2. 简述平衡氯化法工艺过程。

3. 平衡氧氯化法生产氯乙烯工艺主要包括哪些单元？

4. 平衡氧氯化法生产氯乙烯由几步构成？写出各步反应方程式。

5. 平衡氧氯化法生产氯乙烯过程中用到的催化剂有哪些？

6. 乙烯氧氯化法生产氯乙烯各步所用反应器分别是什么？

7. 简述二氯乙烷分离和精制部分工艺过程。

8. 简述流化床乙烯氧氯化制二氯乙烷工艺过程。

9. 简述高温氯化法制取二氯乙烷的工艺过程。

第三章 乙二醇的生产

学习目标

1. 了解环氧乙烷、乙二醇的性质、用途及生产方法。
2. 掌握环氧乙烷的生产原理、生产条件及生产工艺流程。
3. 掌握乙二醇的生产原理、生产条件及生产工艺流程。

课程导入

环氧乙烷和乙二醇是生产合成纤维、合成树脂和精细化学品等的重要原料，在工业生产和民用领域有广泛的用途。那么如何生产环氧乙烷和乙二醇，生产条件如何控制、生产工艺过程如何？

乙二醇（EG）是一种重要的基础有机化工原料，其下游产品用途广泛，主要用于生产聚酯纤维（PET）和防冻剂，也可用于生产其他中间体及溶剂。

乙二醇的生产原料可以是石油、煤或天然气。从世界范围来看，工业上生产乙二醇的成熟工艺方法有石油乙烯环氧乙烷路线、乙烷乙烯环氧乙烷路线、煤基 MTO 环氧乙烷路线、煤基草酸二甲酯加氢路线。石油乙烯环氧乙烷路线工业化应用最广。该路线采用石脑油裂解生产乙烯，乙烯氧化生产环氧乙烷，环氧乙烷再经水合生产乙二醇。该法工艺流程长，水耗高，乙烯氧化制环氧乙烷的选择性较低，环氧乙烷水合副产物多，分离精制工艺复杂，能耗大。该工艺路线完全依赖于石油资源，其成本竞争性随原油价格涨跌而波动。乙烷乙烯环氧乙烷路线采用乙烷裂解先生产乙烯，然后通过环氧乙烷水合生产乙二醇，这是北美及中东地区生产乙二醇的主要方法。依赖廉价的原料乙烷，该路线具有较强的成本竞争力，主要向中国等亚洲市场出口。

第一节 乙二醇生产概述

一、环氧乙烷的性质及用途

环氧乙烷（EO）又叫氧化乙烯。它是无色易挥发的具有醚类香味的液体，能与水、醇、醚及其他有机溶剂以任意比例互溶。沸点 10.5℃，熔点－111.3℃，燃点 429℃。环氧乙烷能与空气形成爆炸性混合物，其爆炸范围为3.6%～80%（体积）。

环氧乙烷有毒，如停留于环氧乙烷蒸气的环境中10min，会引起剧烈的头痛、眩晕、呼吸困难、心脏活动障碍等，接触液体EO会被灼伤，尤其是40%～80%的EO水溶液，较其他浓度的EO水溶液能更快地引起严重的灼伤。工作环境的空气中EO的允许浓度，美国职业防护与保健局（OSHA）1984年规定：8h的平均允许浓度为1μL/L，废除了以前工作环境中最大允许浓度为50μL/L的规定。

环氧乙烷是一种重要的有机合成原料，用于制造乙二醇作为涤纶纤维的原料，食品添加剂牛磺酸的原料，用来合成洗涤剂、非离子型活性剂，也用来作为消毒剂、杀虫剂、谷物熏蒸剂、乳化剂、缩乙二醇类产品，也还用于生产增塑剂、润滑剂、橡胶和塑料等。环氧乙烷还可用作火箭等喷气式推进器的燃料，用作军事武器制造炸弹（相当于小型核爆）。

二、乙二醇的性质及用途

乙二醇，又名甘醇。化学式 $HOCH_2—CH_2OH$，一种简单的二元醇。熔点－13.2℃，沸点197.5℃，闪点110℃，无色、无臭、有甜味、黏稠液体。能与水以任意比例混合，可混溶于乙醇、醚等。乙二醇对动物有毒性，人类致死剂量估计为1.6g/kg，不过成人服食30mL已有可能导致死亡。乙二醇主要用于制造树脂、增塑剂、合成纤维、化妆品，并用作溶剂、配制发动机的抗冻剂。

 素质阅读

防冻液

防冻液其实就是一种冷却液，主要为发动机系统有效散热，跟水的作用类似。基本上主要成分都是乙二醇、丙二醇、二甘醇等。这些物质加水稀释后，就是我们常见的防冻液了。

目前，市场上主要石油生产企业生产的防冻液绝大多数是乙二醇防冻液。乙二醇是一种无色、稍黏的液体，沸点197.4℃，冰点-11.5℃，可与水按任何比例混合。混合后，由于冷却蒸汽压力的变化，凝固点明显降低。在一定范围内，随着乙二醇含量的增加，还原度降低。当乙二醇含量为68%时，凝固点可降至－68℃，超过此限度时，凝固点反而升高。乙二醇防冻剂在使用中易产生酸性物质，对金属有腐蚀作用。

三、环氧乙烷的生产方法

工业上生产环氧乙烷的方法有氯醇法和乙烯直接氧化法两种。

1. 氯醇法

氯醇法是生产环氧乙烷的最老方法，分两步完成，首先氯气与水反应生成次氯酸，再与乙烯反应生成氯乙醇；然后氯乙醇用石灰乳皂化生成环氧乙烷。

第一步

主反应：

$$H_2O+Cl_2 \longrightarrow HOCl+HCl$$

$$HOCl+CH_2CH_2 \longrightarrow CH_2ClCH_2OH$$

主要副反应：

$$CH_2=CH_2+Cl_2 \longrightarrow CH_2ClCH_2Cl$$

$$CH_2ClCH_2OH+CH_2=CH_2+Cl_2 \longrightarrow CH_2ClCH_2—O—CH_2CH_2Cl+HCl$$

反应温度 40～60℃、压力无影响。

第二步：

$$2CH_2ClCH_2OH + Ca(OH)_2 \longrightarrow 2CH_2CH_2O + CaCl_2 + 2H_2O$$

主要副反应：

$$2CH_2ClCH_2OH + Ca(OH)_2 \longrightarrow 2CH_2OHCH_2OH + CaCl_2$$
$$2CH_2ClCH_2OH + Ca(OH)_2 \longrightarrow 2CH_3CHO + CaCl_2 + 2H_2O$$
$$2CH_3CHO + 2H_2O \longrightarrow 2CH_2OHCH_2OH$$

皂化也用 NaOH，反应温度 102～105℃，压力 0.12MPa。

这种方法存在的严重缺点，第一是消耗大量碱和氯，排放大量污水；第二是乙烯次氯酸化生产氯乙醇时，同时生成二氧化碳等副产物，在氯乙醇皂化时产生的环氧乙烷可异构化成乙醛，造成环氧乙烷的损失，乙烯单耗高；第三是氯醇法生产环氧乙烷，副产物醛的质量分数很高。

2. 乙烯直接氧化法

乙烯直接氧化法分为空气氧化法和氧气氧化法两种。

空气直接氧化法用空气作氧化剂，因此生产中必须有空气净化装置，以防止空气中的有害杂质带入反应器而影响催化剂的活性。空气法需要空气净化系统、二次反应器、吸收塔、尾气催化转化器与热量回收系统，整体工艺流程长，设备较多，建厂投资大。

氧气直接氧化法采用纯氧作为氧化剂，系统中引入的惰性气体量大大减少，未反应的乙烯基本上可完全循环使用。环氧乙烷的收率较高，乙烯单耗低，催化剂使用量少、使用寿命长。工艺流程较短，设备投资少。目前世界上的环氧乙烷生产装置多采用氧气氧化法生产。

第二节　乙烯氧化生产环氧乙烷

一、环氧乙烷的生产原理

1. 主反应与副反应

乙烯、氧（空气或纯氧）在银催化剂上催化合成环氧乙烷，发生的反应如下：

主反应：

$$2CH_2{=}CH_2 + O_2 \longrightarrow 2H_2C\overset{O}{—}CH_2 \quad (1)$$

$$\Delta H^{\ominus}_{298K} = -103.4kJ/mol$$
$$\Delta H^{\ominus}_{523K} = -107.2kJ/mol$$

主反应是放热反应，在 150℃ 时每生成 1mol 环氧乙烷要放出 105.39kJ 热量。

副反应：

$$CH_2{=}CH_2 + 3O_2 \longrightarrow 2CO_2 + 2H_2O \quad (2)$$
$$\Delta H^{\ominus}_{298K} = -1324.6kJ/mol$$
$$\Delta H^{\ominus}_{523K} = -1324.6kJ/mol$$

$$H_2C\overset{O}{—}CH_2 + \frac{5}{2}O_2 \longrightarrow 2CO_2 + 2H_2O \quad (3)$$

$$CH_2=CH_2+\frac{1}{2}O_2 \longrightarrow CH_3CHO \tag{4}$$

$$CH_2=CH_2+O_2 \longrightarrow 2HCHO \tag{5}$$

$$\underset{\text{O}}{H_2C\text{—}CH_2} \longrightarrow CH_3CHO \tag{6}$$

在工业生产中，二氧化碳和水主要由乙烯直接氧化生成，所以反应主要产物是二氧化碳、水、环氧乙烷，而甲醛、乙醛的量很少。反应（2）是主要副反应，它是一个强放热反应。如果反应温度过高或其他条件影响便会发生（3）式的反应，这也是一个强放热反应。可以看出，副反应的反应热是主反应的十几倍，因此，必须制造合适的催化剂和严格控制工艺条件，以防止副反应（完全氧化）的增加。不然，副反应加剧，势必引起操作条件恶化，造成恶性循环，甚至发生催化剂床层"飞温"（由于催化剂床层热量大量积聚，造成催化剂床层温度突然飞速上升的现象），而使正常生产遭到破坏。

2. 催化剂

乙烯直接氧化生产环氧乙烷的工业催化剂为银催化剂，它是由活性组分银、载体和助催化剂所组成的。

（1）活性组分　大多数金属和金属氧化物催化剂，对乙烯的环氧化反应的选择性均很差，氧化结果主要生成二氧化碳和水。只有金属银是例外，在银催化剂上乙烯能选择性地被氧化为环氧乙烷。

（2）助催化剂　所用助催化剂包括碱土金属、稀土金属和贵金属等。用得最广泛的是 Ca 和 Ba。在催化剂中添加少量的钙、钡等碱土金属作为助催化剂，能分散银微粒，防止银微晶的熔结，有利于提高催化剂的稳定性，延长其使用寿命。此外也能加速环氧化速度。但含量不宜过多，含量过多，催化剂活性反而下降。

在碱金属中以 KCl 为助催化剂，效果较明显，添加适量的 KCl，可提高催化剂的选择性。

（3）载体　载体的主要功能是分散活性组分银和防止银微晶的半熔和结块，使其活性保持稳定。常用的载体有碳化硅、α-Al_2O_3 和含有少量 SiO_2 的 α-Al_2O_3 等。一般比表面积小于 $1m^2/g$，孔隙率为 30%～50%，平均孔径为 10μm 左右。

（4）抑制剂　在银催化剂中加入少量的硒、碲、氯、溴等，可抑制二氧化碳的生成，对提高银催化剂的选择性有较好的效果，但催化剂活性却降低了。这类物质称为抑制剂，也称为调节剂。如加氯化物，其用量一般为（1～3）$\times 10^{-6}$。用量过多，催化剂活性会显著下降。但这种失活不是永久性的，停止通入氯化物后，活性又会逐渐恢复。

二、环氧乙烷的生产条件

1. 反应温度

乙烯氧化过程中存在着平行的氧化副反应，反应温度是影响选择性的主要因素。温度较低时有利于提高环氧乙烷的选择性，但转化率低；在反应系统中，随温度升高，虽然转化率提高，但选择性却下降。当温度超过 300℃时，几乎全部生成二氧化碳和水。所以工业生产中，应权衡转化率和选择性来确定适宜的操作温度，以达到较高的氧化收率。对于氧气氧化法，通常操作温度为 220～280℃。

乙烯直接氧化过程的主副反应都是强烈的放热反应，且副反应（深度氧化）放热量是主反应的十几倍。由此可知，当反应温度稍高，反应热量就会不成比例地骤然增加，而且引起恶性循环，致使反应过程失控。所以在工业生产中，对于氧化操作一般均设有自动保护装置。

由于催化剂活性不可避免地要随着使用时间的增加而下降，为使整个生产过程中生产效能基本保持稳定，在催化剂使用初期，宜采用较低的反应温度，然后逐渐提高操作温度，只能在催化剂使用的末期升高到允许的最高温度值。

2. 反应压力

乙烯直接氧化反应的过程，因主、副反应基本上都是不可逆反应，因此压力对主、副反应的平衡和选择性没有多大影响。但采用高压可提高乙烯和氧的分压，加快反应速率，提高反应器的生产能力，且有利于从反应气体产物中回收环氧乙烷。目前工业生产中多数采用加压操作，但压力太高将可能产生环氧乙烷聚合及催化剂表面结炭，影响催化剂使用寿命。目前工业生产中，氧气氧化法的操作压力为 2.0MPa 左右。

3. 空速

空速是影响反应转化率和选择性的另一重要因素。空速增大，反应器中气体流动速度增大，气膜厚度减小，有利于传热。空速降低，转化率提高，选择性下降，但影响不如温度显著。空速的确定取决于许多因素，如催化剂类型、反应器管径、温度、压力、反应物浓度等，这些因素是相互关联的，当其他条件确定以后，空速的大小主要取决于催化剂性能，催化剂活性高，可采用高空速。工业装置上的操作范围一般为 $4000\sim8000h^{-1}$。

4. 原料配比及致稳剂

原料气中乙烯与氧的配比对氧化反应过程的影响是很大的。其配比值主要决定于原料混合气的爆炸范围。乙烯与空气混合物的爆炸范围为 2.75%～28.6%（体积），与氧气的爆炸范围为 2.7%～80%，实际生产中因循环气带入 CO_2 等，爆炸极限也有所改变。为了提高乙烯和氧气的浓度，用加入第三种气体的方法来改变乙烯的爆炸极限，这种气体称为致稳剂。工业上曾广泛采用惰性气体氮气作为致稳剂，近年来采用甲烷作为致稳剂，甲烷的比热容相对较大，相对于氮气而言更能缩小乙烯与氧气的爆炸范围，可使入口氧气浓度提高，还可使反应选择性相应提高 1%，延长催化剂的使用寿命。

5. 原料纯度

在乙烯直接氧化过程中，许多杂质对催化剂性能及反应过程带来不良影响，所以对原料的纯度要求较高，乙烯和空气必须进行十分仔细的净化过程处理。为防止催化剂中毒而失去活性，乙烯和空气中不得含有硫化物、卤化物及硝化物等酸性气体；乙炔是有毒的杂质，乙炔于反应过程中发生燃烧反应，产生大量的热量，使反应温度难以控制在反应条件下，乙炔还可能发生聚合而黏附在银催化剂表面、发生积炭而影响催化剂活性。另外乙炔能与银生成有爆炸危险的乙炔银；一氧化碳和氢气的存在，不仅对反应器的热过程和催化剂活性有影响，而且氢气的存在，显然增加原料气的爆炸危险性；丙烯和其他高级烯烃存在，均发生燃烧反应，放出大量热量（如 1mol 丙烯燃烧放出 2062.7kJ 的热量，约为乙烯燃烧热的 1.5 倍），将使反应过程恶化，操作控制困难，另外，这些烯烃也易在催化剂表面积炭而影响活性；含氧烃类的存在也能使催化剂表面积炭而使催化剂失活；甲烷基本上是惰性的，因为它有较大的热容，有利于反应器稳定操作。在原料气中含有甲烷和乙烷可提高氧的爆炸极限浓度。所以在工业生产中，对原料乙烯纯度控制指标通常为：炔烃≤10μL/L（体积），硫≤5μL/L，C_3 以上烯烃≤0.1%（体积），氢、甲烷、乙烷均小于 0.5%。

6. 抑制剂

乙烯直接氧化过程中，如何抑制深度氧化的产生，以提高环氧化物的选择性，是一个关键问题。生产中除采用优良催化剂，控制适宜的转化率以及有效移走反应热外，在反应系统中还使用适量的副反应抑制剂。

工业上采用1,2-二氯乙烷为抑制剂，在原料气中其浓度通常为0.001～1μL/L（体积）。它随着原料气的组成和操作条件不同而有所差异。如在催化剂预处理阶段，抑制剂用量要稍高；而在加压循环反应中，由于反应系统氧浓度降低，乙烯氧化速率降低，抑制剂用量则要稍低。

三、环氧乙烷的生产工艺流程

环氧乙烷生产工艺流程

乙烯直接氧化法生产环氧乙烷，工艺流程包括反应部分和环氧乙烷回收、精制两大部分，下面介绍乙烯氧化法生产环氧乙烷的工艺流程，如图3-13所示。

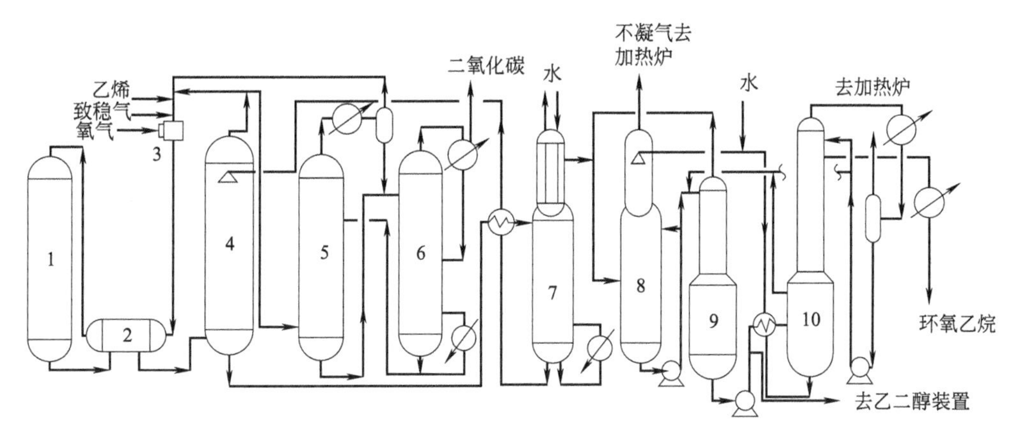

图3-13　乙烯氧化法生产环氧乙烷工艺流程

1—固定床反应器；2—洗涤塔；3—解吸塔；4—再吸收塔；5—乙二醇进料解吸塔；6—环氧乙烷精制塔；7—接触塔；8—再生塔；9—循环压缩机；10—精馏塔

1. 氧化反应部分

新鲜原料乙烯和致稳气在循环压缩机的出口与循环气混合，然后与氧气在混合器中快速混合。以免因混合不好造成局部氧浓度过高超过爆炸极限浓度，进入热交换器时引起爆炸。工业上采用多孔喷射器高速喷射氧气，以使气体迅速均匀混合，并防止乙烯循环气返回含氧气体的配管中。反应工序需安装自动分析监测系统、氧气自动切断系统和安全报警装置。混合后的气体通过热交换器与反应产物换热后，进入反应器。

由于细粒径银催化剂易结块，磨损严重，难以使用流化床反应器，工业上均采用列管式固定床反应器。随着技术的进步，目前已设计使用直径大于25mm的反应管，单管年生产环氧乙烷的能力可达10t以上。列管式反应器管内填充催化剂，管间走冷却介质。冷却介质可以是有机载热体或加压热水，用于移出大量的反应热。由于有机载热体闪点较低，如有泄漏，危险性大，同时传热系数比水小，因此，近年来多采用加压热水移热，还可副产蒸汽。在反应器出口端。如果催化剂粉末随气流带出，会促使生成的环氧乙烷进一步深度氧化和异构化为乙醛，这样既增加了环氧乙烷的分离提纯难度。又降低了环氧乙烷的选择性，而且反应放出的热量会使出口气体温度迅速升高，带来安全上的问题，这就是所谓的“尾烧”现象。目前工业上采用加冷却器或改进反应器下封头的方法来加以解决。

反应器流出的反应气中环氧乙烷摩尔分数含量通常小于3%，经换热器冷却后进入环氧乙烷水吸收塔。环氧乙烷可与水以任意比例互溶。采用水作为吸收剂，可将环氧乙烷完全吸收。从环氧乙烷吸收塔排出的气体，含有未转化的乙烯、氧气、二氧化碳和惰性气体，应循环使用。为了维持循环气中 CO_2 的含量不过高。其中 90%左右的气体作循环气，剩下的 10%送往二氧化碳吸收装置，用热的酸钾溶液吸收 CO_2 生成 $KHCO_3$ 溶液，该溶液送至二氧化碳解吸塔，经加热减压解吸 CO_2，再生后的碳酸钾溶液循环使用。自二氧化碳吸收塔排出的气体经冷却分离出夹带的液体后，返回至循环气系统。

2. 环氧乙烷回收精制部分

回收和精制包括两部分，第一部分将环氧乙烷自水溶液中解吸出来；第二部分将解吸得到的粗环氧乙烷进一步精制。自环氧乙烷吸收塔塔底排出的环氧乙烷吸收液含少量甲醛、乙醛等副产物和二氧化碳，需进一步精制。根据环氧乙烷用途的不同，提浓和精制的方法也不同。

环氧乙烷吸收塔塔底排出的富环氧乙烷吸收液经热交换、减压闪蒸后进入解吸塔顶部，在此环氧乙烷和其他气体组分被解吸。被解吸出来的环氧乙烷和水蒸气经过塔顶冷凝器，大部分水和重组分被冷凝出来，解吸出来的环氧乙烷进入再吸收塔用水吸收，塔底可得到质量分数为 10%的环氧乙烷水溶液，塔顶排放解吸的二氧化碳和其他不凝气如甲烷、氧气、氮气等，送至蒸气加热炉作燃料。所得环氧乙烷水溶液经脱气塔脱除二氧化碳后，一部分可直接送往乙二醇装置，另一部分进入精馏塔，脱除甲醛、乙醛等杂质，制得高纯度环氧乙烷。精馏塔上部侧线液相采出环氧乙烷，纯度大于 99.99%，塔顶蒸出的甲醛（含环氧乙烷）和塔下部采出的含乙醛的环氧乙烷，均返回脱气塔。

在环氧乙烷回收和精制过程中，解吸塔和精馏塔塔釜排出的水，经热交换后，作为环氧乙烷吸收塔的吸收剂，闭路循环使用，以减少污水排放量。

以空气作氧化剂的工艺流程与氧气法不同之处有两点：一是空气中的 N_2 就是致稳气；二是不用碳酸钾溶液来脱除 CO_2，因而没有 CO_2 吸收塔和再生塔。控制循环气中 CO_2 含量的方法是排放一部分循环气到系统外，故排放量比氧气法大得多，乙烯的损失亦大得多。

第三节　环氧乙烷水解生产乙二醇

一、乙二醇的生产原理

环氧乙烷水解生产乙二醇是目前工业规模生产乙二醇最主要的方法，亦称环氧乙烷加压水合法。

反应的主要方程式如下：

主反应：

$$\underset{\diagdown O \diagup}{H_2C—CH_2} + H_2O \longrightarrow \underset{OH\quad OH}{H_2C—CH_2} + 81.6kJ/mol$$

副反应：

$$\underset{\diagdown O \diagup}{H_2C—CH_2} + \underset{OH\quad OH}{H_2C—CH_2} \longrightarrow \underset{OH}{H_2C}—CH_2—O—CH_2—\underset{OH}{CH_2}$$

乙二醇的生产过程中会有一系列副反应，环氧乙烷和乙二醇缩合成二甘醇，二甘醇和环氧乙烷可以缩合成三甘醇，一直往下缩合。除了生成乙二醇缩合物外，反应过程中还生成少量乙醛、巴豆醛、乙酸酯及聚合物等。这些乙二醇的多缩产物用途较少，因此应寻求适宜的操作条件，尽可能减少多缩副产物的生成。

二、乙二醇的生产条件

对于加压水合过程，影响水合产物组成的主要因素有环氧乙烷和水的比例、反应温度、反应压力、原料的转化率及反应器的类型等。

1. 环氧乙烷和水的比例

环氧乙烷和水的比例是乙二醇生产中的一个重要控制因素，两者的比例除了会影响产物组成外，对水合反应器的体积、乙二醇提浓精制的能耗也有重大影响。原料混合物中环氧乙烷浓度越低，乙二醇收率越高，乙二醇浓缩物收率越低。生产过程中当乙二醇的收率为80%时，环氧乙烷与水的摩尔比约为1∶10。原料含水量大，乙二醇收率高，但产物中乙二醇的浓度低，浓缩乙二醇能耗大，所需设备体积庞大，设备投资大。目前工业生产过程中按照实际需求进行原料配比。

2. 反应温度

温度的变化对乙二醇收率的影响与原料配比相比较而言较小。研究表明，乙二醇生产过程中的主反应的活化能与各类副反应全都大致相同。对于此类反应，反应温度的选择应着重考虑反应速率以及由此决定的反应器型式、体积以及反应器的结构和材质。

对于液相反应而言，反应温度与反应压力有关，压力变化会影响物料的泡点，不能同时任意规定温度和压力。一般情况下，反应温度越高，反应压力越高。目前，当水合时间为30～40min时，为达到环氧乙烷较高的转化率，反应温度为150～200℃。

3. 反应压力

环氧乙烷水合过程的反应压力与反应温度、反应速率、转化率、反应器体积有关，当反应温度决定后，反应速率随之确定。一般情况而言，反应温度较高时，反应压力高，停留时间短，设备材质要求高，设备结构较复杂；反应温度较低时，反应压力相应降低。根据反应压力以及环氧乙烷与水的比例，反应压力一般为0.84～2.0MPa。

4. 水合时间

环氧乙烷的水合是不可逆的放热反应，在一般工业生产的条件下，环氧乙烷可以完全转化，当水合温度和压力、原料配比确定后，为使环氧乙烷完全转化应保证足够的反应时间。工业生产中，当水合温度为150～220℃，水合压力为1.0～2.5MPa时，相应的水合时间为36～20min。

三、乙二醇的生产工艺流程

环氧乙烷直接水合制乙二醇工艺的流程简图如图3-14所示。环氧乙烷与水首先按摩尔比为1∶10的比例混合，然后进入换热器内（E）与水解反应器的反应混合物进行换热，换热后的原料送入水解反应器（R）进行水解反应，反应器内的压力约为2.23MPa，反应温度190～200℃，反应时间约为30min。此反应为放热反应，与进料换热后离开水解反应器的混合物中含有主产物乙二醇和副产物二乙二醇（DEG）、三乙二醇（TEG）及高分子量的聚乙二醇，该混合物经降温、降压后进入四效蒸发系统（T1、T2、T3、T4）和干燥塔（T5）进行脱水干燥，之后再进入乙二醇精馏系统（T6），在塔顶得到纯乙二醇产品。塔底混合物进入乙二醇再生塔（T7）回收其中的乙二醇，塔釜液进入DEG分离塔（T8），塔侧线采出高纯度的DEG产品，塔底混合物进入TEG塔（T9），侧线出高纯度的TEG产品。该法环氧乙烷的转化率可达到100%，乙二醇的选择性为90%左右。

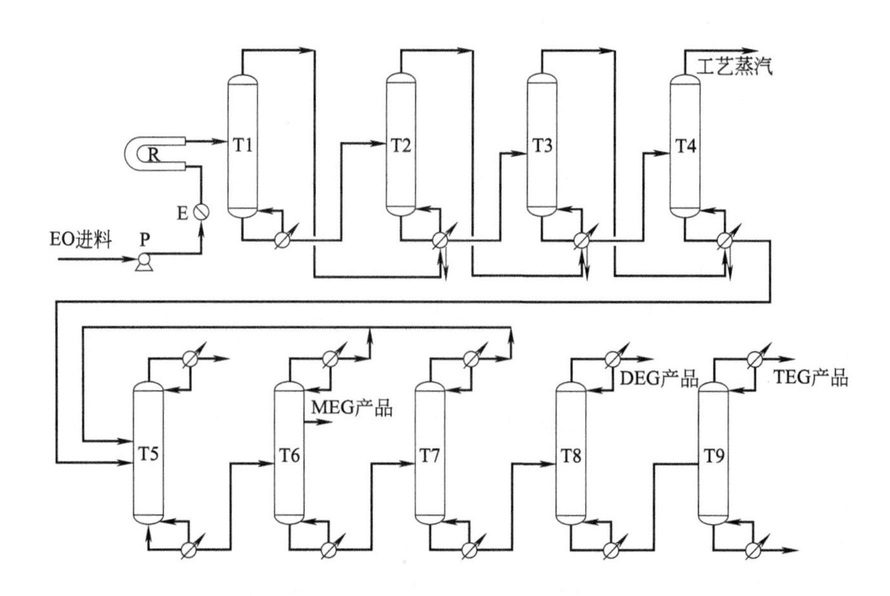

图 3-14　环氧乙烷直接水合法制乙二醇工艺流程简图

T1，T2，T3，T4—蒸发塔；T5—干燥塔；T6—乙二醇精馏；

T7—乙二醇再生塔；T8—二乙二醇分离塔；T9—三乙二醇分离塔

复习思考题

一、填空题

1. 工业上生产环氧乙烷的方法有氯醇法和__________两种。

2. 乙烯直接氧化法分为空气氧化法和__________两种。

3. 乙烯直接氧化生产环氧乙烷的工业催化剂为________，它是由________和________组成的。

4. 乙烯直接氧化法生产环氧乙烷，工艺流程包括__________和环氧乙烷回收、精制两大部分。

5. 由于催化剂床层热量大量积聚，造成催化剂床层温度突然飞速上升的现象叫________。

二、判断题

1. 乙二醇主要用于制造树脂、合成纤维、化妆品，并可用作溶剂、配制发动机的抗冻剂。（　）

2. 氯醇法生产环氧乙烷的缺点之一是消耗大量碱和氯并排放大量污水。（　）

3. 在催化剂使用初期，宜采用较低的反应温度，然后逐渐提高操作温度，只能在催化剂使用的末期才升高到允许的最高温度。（　）

4. 因主、副反应基本上都是不可逆反应，因此压力对主、副反应的平衡和选择性没有影响。（　）

5. 空间速度对反应转化率和选择性没有影响。（　）

三、简答题

1. 简述氯醇法生产环氧乙烷的缺点。

2. 简述环氧乙烷加压水合法生产乙二醇的反应原理。

3. 乙二醇的生产过程中，影响水合产物组成的主要因素有哪些？

4. 简述乙烯氧化法生产环氧乙烷的工艺流程。

5. 乙烯生产环氧乙烷中原料有哪些要求?

6. 环氧乙烷生产过程中选用何种物质作为致稳剂，为什么?

7. 简述乙烯直接氧化法生产环氧乙烷的工艺过程。

8. 简述环氧乙烷直接水合法制乙二醇工艺过程。

9. 简述乙烯直接氧化生产环氧乙烷的反应原理。

第四章 乙酸乙烯酯的生产

学习目标

1. 了解乙酸乙烯酯的性质、用途及生产方法。
2. 掌握乙酸乙烯酯的生产原理、生产条件及生产工艺过程。
3. 了解乙酸蒸发器的结构及工作原理。
4. 掌握乙酸乙烯酯的实验室生产工艺过程。

课程导入

乙酸乙烯酯是生产醋酸纤维、合成树脂等的重要原料，在工业生产和民用领域有广泛的用途。那么如何生产乙酸乙烯酯，生产条件如何控制、生产工艺过程如何？

近年来，世界乙酸乙烯酯的生产能力稳步增长。截止到2016年11月底，全世界乙酸乙烯酯的总生产能力达到811.8万吨，其中亚洲地区的生产能力约占世界总生产能力的66.6%，西欧地区的生产能力约占6.2%，北美地区的生产能力约占21.0%。世界乙酸乙烯酯的生产工艺中，采用乙烯法的生产能力约占总生产能力的68.5%，采用乙炔法工艺的生产能力约占31.5%。其中北美全部采用固定气相床乙烯/乙酸工艺，而中国大陆则主要采用乙炔/乙酸法生产工艺。

中国是世界上最大的乙酸乙烯酯生产国家，大陆生产能力为318.8吨/年，约占世界总生产能力的39.3%，台湾省生产能力为80.0万吨/年，约占总生产能力的9.9%；其次是美国，生产能力为170.5万吨/年，约占总生产能力的21.0%。塞拉尼斯公司是目前世界上最大的乙酸乙烯酯生产厂家，生产能力为142.5万吨/年，约占世界总生产能力的17.6%；其次是中国石油化工集团公司，生产能力为124.8万吨/年，约占总生产能力的15.4%。

第一节 乙酸乙烯酯生产概述

一、乙酸乙烯酯的性质及用途

乙酸乙烯酯是一种无色透明的可燃性液体，具有醚的特殊气味，沸点72.5℃，不溶于脂肪烃，微溶于水，易与醇、醚、乙醛、乙酸等互溶。在空气中的爆炸极限为2.65%～38%（体积），可与水、甲醇、异丙醇、环己烷等形成共沸物。

乙酸乙烯酯是饱和酸和不饱和醇的简单酯，其化学结构的特点是含有不饱和双键，因而具有加成反应和聚合反应的能力。

乙酸乙烯酯的主要用途是作为聚合物单体，主要用于生产聚乙酸乙烯酯、聚乙烯醇、乙酸乙烯酯-乙烯共聚乳液或共聚树脂、乙酸乙烯酯-氯乙烯共聚物、聚丙烯腈共聚单体以及缩醛树脂等衍生物，在涂料、浆料、黏合剂、维纶、薄膜、皮革加工、合成纤维、土壤改良等方面具有广泛的应用。

 素质阅读

EVA材料

乙烯-醋酸乙烯酯（EVA）又称聚（乙烯-醋酸乙烯酯，PEVA），是乙烯与醋酸乙烯酯的共聚物。醋酸乙烯酯的质量分数通常在10%到40%之间。EVA共聚物分为三种不同类型，它们的醋酸乙烯（VA）含量和材料使用方式不同。EVA最近已成为聚氯乙烯的流行替代品，因为它不含氯，对人类健康没有已知的不利影响。

二、乙酸乙烯酯的生产方法

乙酸乙烯酯于1912年被发现，在由乙炔和乙酸制备亚乙基二乙酸酯时，乙酸乙烯酯成为主要副产物。它于20世纪20年代开始生产。乙酸乙烯酯通常不能由醇与酸的酯化反应生成，因为乙烯醇是不稳定结构。20世纪60年代以前，工业上采用乙炔与乙酸反应的方法生产乙酸乙烯酯。此法具有操作方便、收率高等优点，但由于乙炔原料容易爆炸，而且成本较高，限制了该法的发展。随着石油化学工业的迅速发展，尤其是乙烯工业的兴旺发达，20世纪60年代开始研究由乙烯制乙酸乙烯酯并获得了成功，1968年实现工业化生产，现在，乙酸乙烯酯的生产已逐渐由乙烯法取代了乙炔法。目前，世界上80%左右的乙酸乙烯酯是由乙烯法合成的。

以乙烯和乙酸为原料生产乙酸乙烯酯的方法，最初采用液相氧化法。以氯化钯与氯化铜的复合物作催化剂，并加入碱金属盐或碱土金属盐如乙酸钠、乙酸锂、乙酸钙等作促进剂，在100～130℃和3～4MPa压力条件下，乙烯鼓泡通入溶有氯化钯-氯化铜-乙酸钠-乙酸锂的乙酸溶液中进行反应。乙酸中添加乙酸盐有助于氯化钯的还原，反应式为

$$CH_2{=}CH_2 + PdCl_2 + 2CH_3COONa \longrightarrow CH_2{=}CH{-}O{-}\overset{\overset{\displaystyle O}{\|}}{C}{-}CH_3 + NaCl + CH_3COOH + Pd\downarrow$$

乙烯液相氧化制乙酸乙烯酯的副产物有二乙酸乙烯、乙醛、氯衍生物、草酸、少量乙酸丁烯酯和乙酸甲酯以及少量甲酸，一小部分乙烯（约3%～7%）被氧化为二氧化碳。可见该法生成的副产物多，分离困难。而且采用氯化钯催化剂，原料中还有乙酸，对设备和管道的腐蚀相当严重，需要使用大量的金属钛等耐腐蚀材料。因此，随着乙烯气相法的出现，液相法逐渐被代替。

乙烯气相法的产品质量高、副反应少、成本低、对设备和管道的腐蚀性小，目前已成为生产乙酸乙烯酯最经济合理的先进工艺。

第二节　生产原理及工艺条件

一、乙酸乙烯酯的生产原理

1. 化学反应

乙烯气相法生产乙酸乙烯酯是采用贵金属钯、金和碱金属盐作催化剂，乙烯、乙酸和氧呈气相在催化剂表面接触反应，其反应方程式为

$$CH_2=CH_2+CH_3COOH+\frac{1}{2}O_2 \longrightarrow CH_3COOCH=CH_2+H_2O$$

$$\Delta H_{298}^{\ominus}=-146.5kJ/mol$$

主要副反应是乙烯完全氧化生成 CO_2：

$$CH_2=CH_2+3O_2 \longrightarrow 2CO_2+2H_2O$$

$$\Delta H_{298}^{\ominus}=-1340kJ/mol$$

此外还有少量的乙醛、乙酸乙酯及其他副产物生成：

$$CH_3COOCH=CH_2+H_2O \longrightarrow CH_3COOH+CH_3CHO$$

$$2CH_3COOH+2CH_2=CH_2+O_2 \longrightarrow 2CH_3COOC_2H_5$$

$$2CH_3COOH+2CH_2=CH_2+3O_2 \longrightarrow 2CH_3COOCH_3+2H_2O+2CO_2$$

$$2CH_3COOH+2CH_2=CH_2+3O_2 \longrightarrow 2CH_2=CHCHO+4H_2O+2CO_2$$

$$4CH_3COOH+2CH_2=CH_2+O_2 \longrightarrow 2(CH_3COOCH_2)_2+2H_2O$$

经计算，主反应的 $K_{P,423K}=1.334\times10^{19}$，$K_{P,473K}=4.219\times10^{11}$，所以主反应可作为不可逆反应处理。

以上副产物的量很少，在反应过程中，少量 CO_2 的存在有利于反应热的排除，确保安全生产和抑制乙烯转化为 CO_2 的反应。此反应由于受爆炸极限的影响，乙烯的配料比很大，因而乙烯的单程转化率不高，大量的原料气需要多次循环反应。这样循环气中 CO_2 含量可能高达 30%以上，所以必须连续抽出一部分循环气，经脱除 CO_2 处理后再返回反应器，以防止 CO_2 的积累。

在工业生产中，常用热碳酸钾溶液来脱除循环气中的 CO_2。其过程是使热碳酸钾溶液在加压下吸收 CO_2，此时碳酸钾就转变成碳酸氢钾，当把溶液减压并加热时，碳酸氢钾立即分解放出 CO_2，生成碳酸钾，重新循环使用。

$$K_2CO_3+CO_2+H_2O \underset{\text{减压并加热}}{\overset{\text{加热}}{\rightleftharpoons}} 2KHCO_3$$

碳酸氢钾在水中的溶解度很大，当溶液降压后，只需少量水蒸气供热，就可分解出 CO_2，热量消耗不大。

2. 催化剂

乙烯气相催化氧化合成乙酸乙烯酯所用的铂-金催化剂为固体，而原料乙烯、氧气和乙酸均是气体，所以属于气-固相非均相催化反应。

催化剂活性组分钯的含量，及其在载体表面上的分散程度对催化活性有很大影响。在相同情况下，钯的含量越高，催化剂的活性越高。但是，钯是金属，并考虑到高活性条件下反应热的除去问题，一般控制钯含量为 3.0kg/m^3 左右。此外，钯在载体表面应呈适宜的分散状态，因而金对提高催化剂的活性起了重要作用。金的含量一般为 1.4kg/m^3 左右。

助催化剂乙酸钾（又称缓和剂），不仅可以提高催化剂的活性，而且能抑制生成二氧化碳的深度氧化从而提高反应的选择性，并可延长贵金属催化剂的寿命，其用量通常为钯的十倍。在反应过程中，乙酸钾易随物料逐渐流失，造成反应活性和选择性明显降低，为此必须连续补加乙酸钾。

载体是影响催化剂活性的另一主要因素。在反应条件下，要求载体能耐乙酸腐蚀，并保持其物理性能和力学性能基本不变。一般广泛采用硅胶为载体。

钯-金-乙酸钾-硅胶催化剂具有性能优良的活性和选择性，寿命也较长，空时收率很高，这也是乙烯法生产乙酸乙烯的优越性之一。

二、乙酸乙烯酯的生产工艺条件

1. 反应温度

温度是影响反应的主要因素。反应温度对空时收率和选择性的影响见图 3-15。温度升高，可增加反应速率，但由于乙烯深度氧化的副反应速率也同时大大加快，使反应选择性显著下降；过高的温度使空时收率反而降低。温度过低，反应速率下降，虽然选择性较高，但空时收率和转化率都较低。当使用钯-金-乙酸钾-硅胶催化剂时，反应温度一般控制在 165～180℃。

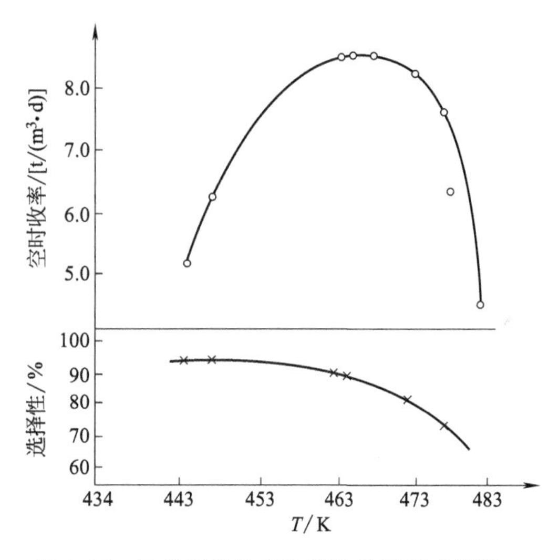

图 3-15　乙烯氧化生产乙酸乙烯酯反应温度对空时收率和选择性的影响

2. 反应压力

由于反应是物质的量减少的气相反应，故加压有利于反应的进行，并可提高设备的生产能力。从图 3-16 可以看出，随着压力的增加，空时收率和选择性均增加。但压力过大，设备投资费用也要增加。综合考虑经济和安全因素，工业上操作压力为 0.8MPa 左右。

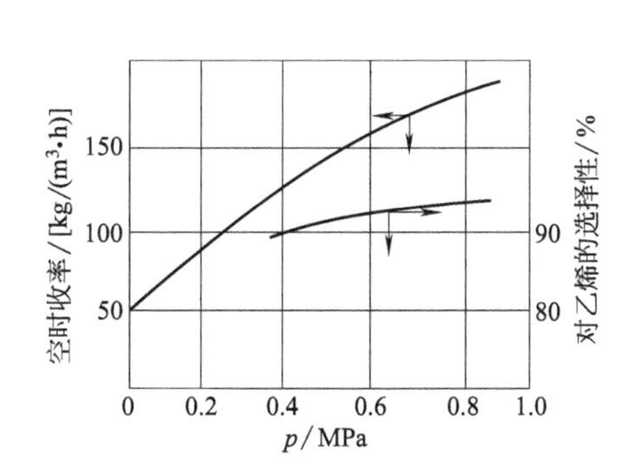

图 3-16　操作压力对空时收率和选择性的影响

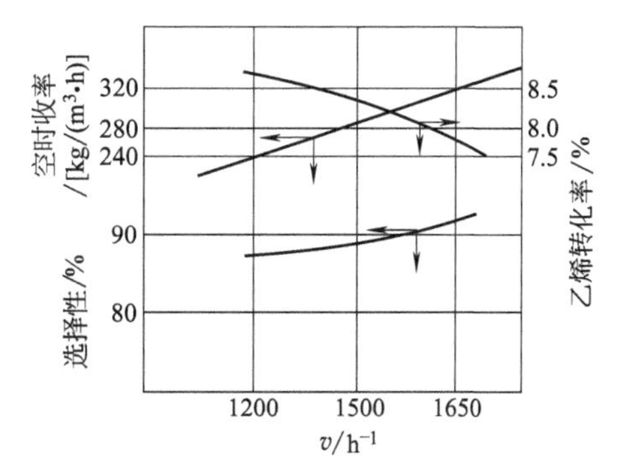

图 3-17　空速对空时收率、选择性及乙烯转化率的影响

3. 空速

如图 3-17 所示，乙烯转化率随空速减小而提高，选择性随空速减小而下降。从生产角度考虑，空速低，空时收率低，即产量小。空速增大，乙烯转化率虽下降，但选择性和空时

收率提高，并有利于反应热的移出。然而空速过大，原料不能充分反应，转化率大大降低，循环量大幅度增加。所以，必须综合考虑各方面因素，选择适宜的空速。工业上一般控制在1200～1800h^{-1}。

4. 原料气配比

原料气的配比受乙烯和氧气的爆炸极限制约，同时也对反应结果产生很大影响。

(1) 乙烯和氧气的配比　按照化学计量方程式，乙烯和氧气的摩尔比应为2∶1，但由于受反应条件下爆炸极限浓度所限，实际生产中乙烯是大大过量的。一般采用乙烯与氧气的摩尔比为(9～15)∶1。研究表明：乙烯分压高，不仅可以加快乙酸乙烯酯的生成速率，并且可抑制完全氧化副反应；氧气分压高(小于爆炸极限浓度)，虽也可加快乙酸乙烯酯的生成速率，但也加快了完全氧化副反应的速率，使反应选择性下降，并导致催化剂寿命的缩短，故氧气分压不宜过高。乙烯与氧的配比选择还与系统操作压力有关，当反应压力为0.8MPa时，乙烯与氧气的摩尔比为(12～15)∶1，所以，在反应过程中有大量未反应的原料气需循环使用。

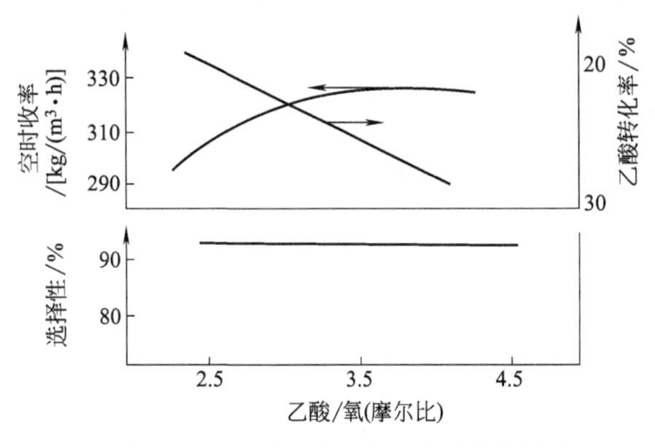

图3-18　乙酸与氧气配比对反应的影响

(2) 乙酸和氧气的配比　乙酸与氧气配比对反应的影响如图3-18所示。从图中可以看出：在一定范围内，当乙酸与氧气的摩尔比增加时，乙酸乙烯酯的空时收率增加，但乙酸转化率却明显下降，而乙酸转化率的降低会导致乙酸分离回收负荷增加。因此，需综合考虑各方面因素确定一适宜值。工业生产中，在0.8MPa反应压力下，乙烯、氧和乙酸的配比范围是(12～15)∶1∶(3～4)(摩尔)。

(3) 水和二氧化碳　原料中适量水的存在，可提高催化剂的活性，并可减少乙酸对设备的腐蚀，因此，生产中采用含水乙酸。一般控制反应气中含水量约6%(摩尔)。二氧化碳是反应的副产物，存在于循环气中。适量二氧化碳的存在既有利于反应热的移除，又可抑制乙烯的深度氧化反应，且使氧的爆炸极限提高。

必须指出，为防止催化剂中毒，生产中要严格控制乙烯原料中卤素、硫、一氧化碳、炔烃、胺、芳香烃及腈等化合物的含量。为防止对有关设备的腐蚀，乙酸中的甲酸量也要加以控制。

第三节　生产工艺流程

一、乙酸乙烯酯合成工艺流程

乙烯气相氧化法生产乙酸乙烯酯的工艺流程如图3-19所示。

主要含乙烯的循环气用压缩机升压至稍高于反应压力，和新鲜乙烯充分混合后一同进入乙酸蒸发器(1)的下部，与蒸发器上部流下的乙酸逆流接触。已被乙酸蒸气饱和的气体从蒸发器的顶部出来，用过热蒸汽加热到稍高于反应温度后进入氧气混合器(2)，与氧气急速

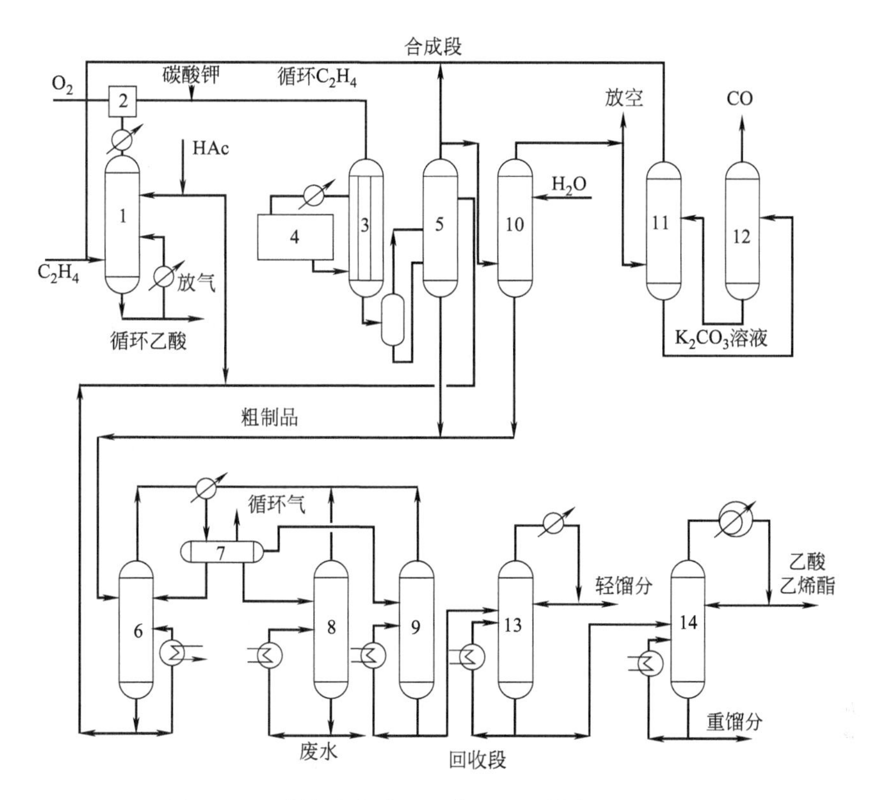

图 3-19　乙烯气相氧化法生产乙酸乙烯酯的工艺流程

1—乙酸蒸发器；2—氧气混合器；3—反应器；4—冷却系统；5—吸收塔；6—初馏塔；7—脱气槽；8—汽提塔；9—脱水塔；10—水洗塔；11—CO_2 吸收塔；12—解吸塔；13—脱轻馏分塔；14—脱重馏分塔

均匀地混合，达到规定的含氧浓度，并严格防止局部氧气过量，以防爆炸。从氧气混合器导出的原料气，在配管中途添加喷雾状的碳酸钾溶液后，进入列管式固定床反应器（3）。列管中装填钯-金催化剂，管间走中压热水，原料气在给定的温度、压力条件下与催化剂接触反应，放出的反应热被管间的热水所吸收，并汽化而产生中压蒸汽。反应产物含乙酸乙烯酯、CO_2、水和其他副产物，以及未反应的乙烯、乙酸、氧气和惰性气体，从反应器底部导出。

乙烯气相氧化法生产乙酸乙烯酯的工艺流程

反应产物分步冷却到 40℃左右，进入吸收塔（5），塔顶喷淋冷乙酸，把反应气体中的乙酸乙烯酯加以捕集，从塔顶出来的未反应原料气，大部分经压缩机增压后，重新参加反应，小部分去循环气精制部分，脱除 CO_2 进行净化。

二、乙酸乙烯酯精制工艺流程

反应生成的乙酸乙烯酯、水和未反应的乙酸一起作为反应液送至初馏塔（6），分出乙酸循环使用；塔顶出来的蒸气经冷凝后送脱气槽（7）进行降压，并脱除溶解在反应液中的乙烯等气体。此气体也循环使用，脱气的反应液经汽提、脱水等处理后送去精馏提纯。

来自吸收塔的小部分循环气，含 CO_2 达 15%～30%，先进入水洗塔（10），在塔中部再用乙酸洗涤一次，除去其中少量的乙酸乙烯酯，塔顶喷淋少量的水，洗去气体夹带的乙酸，以免在 CO_2 吸收塔中消耗过多的碳酸钾。水洗后的循环气一部分放空，以防止惰性气体的积累，其余部分进入 CO_2 吸收塔，在 0.6～0.8MPa、100～120℃条件下与 30%的碳酸

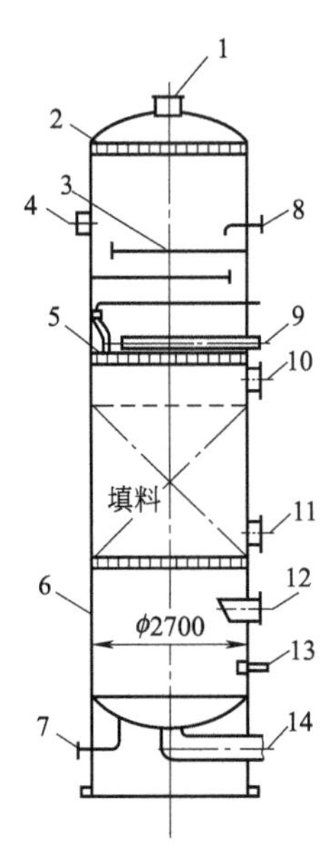

图 3-20　乙酸蒸发器简图

1—气体出口；2—捕集器；3—塔板；4,10,11—人孔；5—分配器；6—壳体；7—液位计；8—乙酸进口；9—循环乙酸进口；12—气体进口；13,14—乙酸出口

钾溶液逆流接触，以脱除气体中的CO_2。经过吸收处理后的气体，CO_2含量降至4%左右，经冷凝干燥除去水分后，再回循环压缩机循环使用。

反应液在脱气槽中分为两层，下层主要是水，送汽提塔（8）回收少量的乙酸乙烯酯，釜液作为废水排出。上层液为含水的粗乙酸乙烯酯，送脱水塔（9）进行脱水，然后进脱轻馏分塔（13）除去低沸物后，再进脱重馏分塔（14），塔顶蒸气经冷凝后即得质量达聚合级要求的乙酸乙烯酯精品。

纯乙酸乙烯酯的聚合能力很强，在常温下就能缓慢聚合，形成的聚合物易堵塞管道，影响正常操作。因此，在纯乙酸乙烯酯存放或受热的情况下，必须加入阻聚剂，如对苯二酚、二苯胺、乙酸铵等。

三、典型设备——乙酸蒸发器

乙酸蒸发器不同于一般蒸发器，其特点是在本体外设物料加热器，在加热器内乙酸不产生相变；在蒸发器的上部安装三块多孔板，板下填装拉西环，如图 3-20 所示。

醋酸与乙炔合成醋酸乙烯酯

新加入和循环乙酸分别在塔板上及填料上喷淋，与从蒸发器底部送入的混合气逆流接触。在蒸发器内使乙酸在混合气中达到饱和，从而满足工艺条件要求的混合气中乙酸含量。蒸发器在约 0.9MPa 压力、顶温为 122℃的条件下操作。

复习思考题

一、选择题

1. 乙烯气相法生产醋酸乙烯采用贵金属（　　）、金和碱金属盐作催化剂。

A. 银　　B. 铜　　C. 铂　　D. 钯

2. 以乙烯和乙酸为原料生产醋酸乙烯的方法有液相氧化法和（　　）。

A. 高压法　　B. 低压法　　C. 气相氧化法　　D. 固相氧化法

3. 乙烯法生产醋酸乙烯的反应是气相摩尔数减少的反应，因此（　　）有利于反应的进行。

A. 加压　　B. 降压　　C. 高温　　D. 低温

4. 醋酸乙烯的生产工艺过程包括合成工艺过程和（　　）工艺过程。

A. 萃取　　B. 精制　　C. 蒸发　　D. 氧化

二、判断题

1. 乙烯氧化生产醋酸乙烯的实际生产中乙烯是大大过量的。（　　）

2. 醋酸乙烯的工艺条件中，反应温度是影响反应的主要因素。（　　）

3. 合成醋酸乙烯所用的催化剂中助催化剂醋酸钾仅可以提高催化剂的活性。（　　）

4. 合成醋酸乙烯所用的钯-金-醋酸钾-硅胶催化剂具有性能优良的活性和选择性。（　　）

5. 在工业生产中，常用热碳酸钾溶液来脱除循环气中的 CO_2。（　　）

三、简答题

1. 醋酸乙烯的工业生产方法有哪些？
2. 醋酸乙烯的主要用途有哪些？
3. 简述乙烯气相法生产醋酸乙烯的反应原理。
4. 简述乙烯气相氧化法的生产醋酸乙烯的特点。
5. 乙烯生产醋酸乙烯的催化剂由哪几部分组成？各部分的作用是什么？
6. 乙烯生产醋酸乙烯的原料配比采用乙烯过量的原因是什么？
7. 简述乙烯气相氧化法生产醋酸乙烯的工艺流程。

第五章 丙烯酸的生产

学习目标

1. 了解丙烯酸的性质、用途及生产方法。
2. 掌握丙烯酸的生产原理、生产条件及生产工艺流程。

课程导入

丙烯酸是重要的有机合成原料及合成树脂单体，是聚合速度非常快的丙烯类单体，在工业生产和民用领域有广泛的用途。那么如何生产丙烯酸，生产条件如何控制、生产工艺过程如何？

丙烯酸（acrylic acid，简写为AA），是一种重要的化工原料，广泛应用于各种化学品和树脂的生产。丙烯酸及酯工业是当今世界石油化工生产领域的重要组成部分。

世界丙烯酸及酯的工业化生产已有五十多年的历史，在此期间，丙烯酸及酯聚合物的生产与聚合技术、应用技术取得了巨大进展，产品品种不断增加，应用领域不断扩大。2015年世界丙烯酸总产能约为860万吨，生产厂家主要集中在美国、西欧和日本，主要生产商包括巴斯夫（BASF）公司、罗门哈斯（Rohm and Haas）、阿托菲纳（ATOFINA）、道化学（Dow Chemical）、日本触媒化学公司（NSKK）、日本三菱化学公司（MCC）等。

我国丙烯酸及酯的工业化生产起步于20世纪50年代，近年来，随着国民经济高速发展，丙烯酸生产能力快速增加，多套丙烯酸生产装置建成投产，主要包括扬子-BASF（丙烯酸产能达16万吨/年，丙烯酸酯产能达23.3万吨/年）、沈阳蜡化（丙烯酸产能达8万吨/年，丙烯酸酯产能达12万吨/年）、宁波台塑（丙烯酸产能达16万吨/年，丙烯酸酯产能达20万吨/年）、烟台万华（丙烯酸及酯类产能达30万吨/年）等装置。2014年，我国丙烯酸生产能力已达201.6万吨/年。

第一节 丙烯酸生产概述

一、丙烯酸的性质及用途

丙烯酸是重要的有机合成原料及合成树脂单体，是聚合速度非常快的乙烯类单体。纯的丙烯酸是无色澄清液体，带有特殊的刺激性气味。它可与水、醇、醚和氯仿互溶，熔点为

14℃，燃点141℃、爆炸极限2.4%～8%、闪点54℃。易燃，其蒸气与空气可形成爆炸性混合物，遇明火、高热能引起燃烧爆炸。与氧化剂能发生强烈反应。若遇高热，可发生聚合反应，放出大量热量而引起容器破裂和爆炸事故。遇热、光、水分、过氧化物及铁质易自聚而引起爆炸。对皮肤、眼睛和呼吸道有强烈刺激作用。

丙烯酸属于重要的化工原料，其应用范围极其广泛。

丙烯酸主要的用途是生产丙烯酸酯，包括通用丙烯酸酯和特种丙烯酸酯。丙烯酸甲酯、丙烯酸乙酯、丙烯酸丁酯和丙烯酸2-乙基已酯四种酯一般称为通用丙烯酸酯，都有大规模的工业化生产装置。

丙烯酸的其他酯类产品称为特种丙烯酸酯，产量相对较低，生产规模较小，但品种很多，主要品种有丙烯酸羟烷基酯、多官能丙烯酸酯和丙烯酸烷氨基烷基酯，此外还有如丙烯酸异丁酯等丙烯酸烷基酯。丙烯酸酯一般用于树脂类聚合物的生产，其共聚物乳液成本低、环保、制备工艺简单、性能优良，广泛用于涂料、黏合剂等的生产。广义上，以丙烯酸酯或甲基丙烯酸酯为主要单体合成的树脂统称丙烯酸树脂。除用于生产丙烯酸酯外，丙烯酸主要用于生产丙烯酸高吸水聚合物（SAP)(也称高吸水性树脂)，还应用于卫生用品材料、农林业、医药、建筑、食品包装、电气等诸多领域。

此外，丙烯酸还应用于助洗剂、分散剂、防垢剂、絮凝剂、增稠剂等助剂的生产。

二、丙烯酸的生产方法

自从1843年Joseph Redtenbach在氧化银存在下氧化丙烯醛从而得到丙烯酸后，对于丙烯酸合成及生产工艺方面的研究已经过了一百多年，其合成方法众多，但在工业中有所应用的主要有以下几种。

（1）氯乙醇法　该方法以氯乙醇和氰化钠为原料，在碱性催化剂存在下生成氰乙醇，氰乙醇在硫酸存在下脱水生产丙烯腈，再水解（或醇解）从而得到丙烯酸（酯）。

（2）氰乙醇法　此法由氯乙醇法发展而来，氰乙醇由环氧乙烷和氢氰酸合成。

（3）乙烯酮法　该法采用乙烯酮与无水甲醛反应生产β-丙内酯，β-丙内酯与热磷酸接触异构化生成丙烯酸，与醇和硫酸处理后生成丙烯酸酯。

（4）甲醛-乙酸法　20世纪70年代因石油价格高涨，工业上开始寻求以非石油原料路线生产丙烯酸的方法，甲醛-乙酸法随之出现。甲醛和乙酸皆可由甲醇生产，甲醇则来自合成气。

（5）丙烯腈水解法　20世纪60年代，丙烯氨氧化生产丙烯腈得到发展，丙烯腈来源丰富，因此，出现了以丙烯腈合成丙烯酸的工艺。丙烯腈在一定温度下（200～300℃）下，可水解生成丙烯酸。

（6）乙烯法　该法用乙烯为原料，以钯为催化剂合成丙烯酸。

（7）丙烯直接氧化法　丙烯直接氧化法分为一步法和两步法两种，两步法是目前生产丙烯酸的主流工艺方法。

（8）丙烷氧化法　该方法目前在工艺上尚不成熟，处于研究开发阶段。

（9）环氧乙烷法　该方法由壳牌公司研究开发，是近来出现的合成方法，在工艺上同样不成熟，也没有相应的大型生产装置。

素质阅读

丙烯酸生产绿色新工艺

由西南化工研究设计院有限公司和塞拉尼斯公司提供工艺技术的全球首套1000t/a醋酸甲醛法制丙烯酸中试装置在山东兖矿鲁南化工有限公司开车成功，标志着一条全新的煤基路线生产丙烯酸工艺向工业化迈出了坚实的一步。近年来受到持续关注的一步醋酸甲醛法制丙烯酸技术是非石油路线合成丙烯酸工艺，该工艺路线将极大地丰富以煤基甲醛和醋酸为原料的下游产业链，并且绿色经济，如果成功应用，将带来很大益处。

以上几种丙烯酸生产方法中，氯乙醇法、氰乙醇法和乙烯酮法由于效率低、消耗大、成本高，已逐步被淘汰。乙烯法、丙烷法和环氧乙烷法的工艺尚不成熟，没有大规模的生产装置，丙烯氧化法成为当今世界丙烯酸大型生产装置采用的唯一方法。

第二节　丙烯酸生产原理及条件

一、丙烯酸的生产原理

丙烯两步氧化法是目前生产丙烯酸的主流工艺方法，世界上几乎所有的工业化大型丙烯酸生产装置全部采用丙烯两步氧化法。该方法以丙烯和空气中的氧气为原料，在水蒸气存在和 250～400℃反应温度条件下通过催化剂床层进行反应。反应分两段（步）进行，在第一段（步），丙烯首先被氧化成丙烯醛，反应式为：

$$CH_2=CHCH_3+O_2(\text{空气})\longrightarrow CH_2=CHCHO+H_2O$$

在第二段（步），丙烯醛被进一步氧化生成丙烯酸，反应式为：

$$CH_2=CHCHO+1/2O_2\longrightarrow CH_2=CHCOOH\xrightarrow{ROH}CH_2=CHCOOR$$

伴随主反应的进行，还发生若干副反应，并生成乙酸、丙酸、乙醛、糠醛、丙酮、甲酸、马来酸（顺丁烯二酸）等多种副产物。

二、丙烯酸的生产条件

1. 原料组成

反应器入口气体主要由原料丙烯、空气中的氧、空气中带入的氮以及水蒸气组成。丙烯浓度因使用催化剂不同而有所不同，但一般在 7.0%～10.0%。丙烯浓度较高时，相应需要提供的氧气浓度也较高，氧气和丙烯的摩尔比称为氧烯比。由于丙烯和氧气的混合物存在爆炸区域，所以从安全和追求理想反应结果的角度考虑，要采取分段补充氧气的方法，即在一段反应器入口和二段反应器入口分别加入空气来满足全部反应所需的氧气。不同催化剂的理论氧烯比差异不大，一般在 1.6∶1 左右，但在实际使用中发现，富氧条件对反应结果有正面作用，一般将反应器入口组成的氧烯比控制在(1.8∶1)～(2.0∶1)，氧烯比过高或过低会抑制反应进行或加剧深度氧化，影响丙烯转化率和反应选择性，还可能造成催化剂损害，并产生安全隐患。水蒸气在反应中起到的作用一是作为稀释气体，二是由于水蒸气具有较大热容，有利于床层的热稳定，三是对反应转化率产生影响，并影响反应产物的分布。实际生产中还发现水蒸气加入量与催化剂的劣化、结炭等现象有关。目前各种催化剂运行时采用的水蒸气浓度差异较大，低至 5%，高至 10%。如果不考虑其他因素，较低的水蒸气浓度对于吸收时得到浓度较高的丙烯酸溶液有利。

2. 反应温度

工业上丙烯氧化反应采用的是恒温反应器，各厂家提供的催化剂使用温度有所差别，一段反应一般在 300～400℃，二段反应一般在 250～320℃。一般来说，使用初期，反应温度相对略低，随着使用时间变化，为保证反应转化率和产物收率，会逐步提高反应温度。要注意的是温度过高可能会使反应（特别是深度氧化反应）过于剧烈，大量反应热会导致催化剂床层温度（首先是热点温度）急剧升高，一方面可能导致温度失控（“飞温”）对装置及人身安全造成威胁，另一方面，也会对催化剂造成损伤。

3. 催化剂使用寿命

随着催化剂使用时间变长，为使反应状态维持在较理想的状态，需要不断提高反应温度，此时催化剂床层的阻力也在不断升高。在现有装置下对反应条件的调整已不能使催化剂反应性能达到特定要求或床层阻力增加至不可接受的程度，就需要更换催化剂。应注意，如果在使用过程中因使用不当使催化剂结构受到破坏、活性组分过度流失、焦炭严重遮覆催化剂表面等，会使催化剂劣化过程加快。

第三节　丙烯酸的生产工艺流程

一、丙烯酸的氧化工艺流程

丙烯酸的生产工艺流程图见图 3-21。

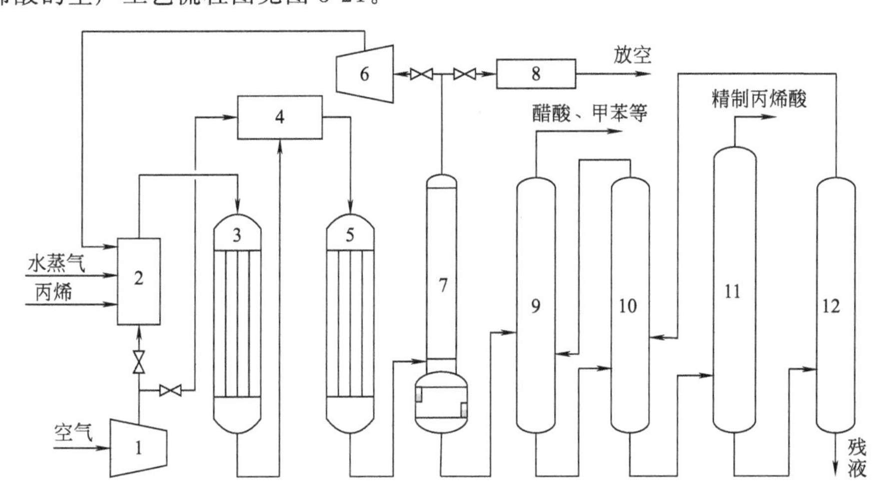

图 3-21　丙烯酸生产工艺流程图

1—空气压缩机；2—混合器；3—第一反应器；4—第二混合器；5—第二反应器；6—循环压缩机；7—急冷塔；8—催化焚烧单元；9—轻组分分馏塔；10—脱乙酸塔；11—丙烯酸精制塔；12—废液汽提塔

新鲜空气经空气过滤器除尘、预热后进入空气压缩机，由空气压缩机压缩后的空气分为两路，一路经预混合器后送入第一反应器，另一路通过第二混合器进入第二反应器。同时，由蒸汽管网送来的蒸汽进入预混合器。

从急冷塔塔顶出来的没有被吸收的气体，一部分作为循环气经循环气压缩机压缩后进入预混合器；另一部分送往废气催化焚烧单元处理。压缩空气、蒸汽和循环气在预混合器中混合后进入第一氧化反应器进料混合器。

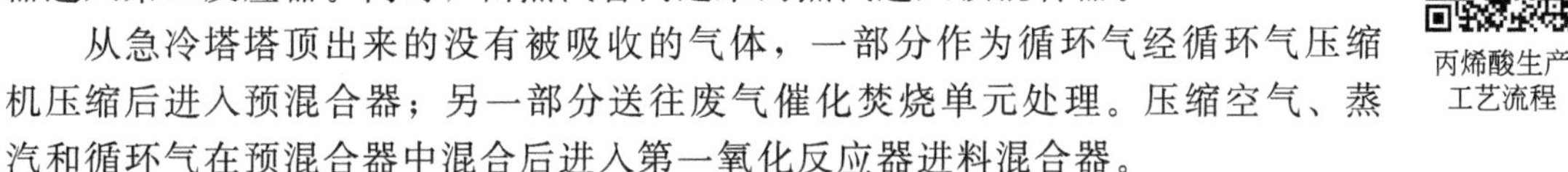
丙烯酸生产工艺流程

自界区外来的液态丙烯进入丙烯缓冲罐经丙烯蒸发器减压而汽化，汽化的丙烯进入丙烯过热器，用蒸汽进行过热，使丙烯温度达到一定。过热后的丙烯进入进料混合器与来自预混合器的气体混合后进入第一氧化反应器。原料气体在催化作用下发生氧化反应，反应温度控制在 330～370℃，生成丙烯醛及部分丙烯酸等产物，反应器下部通过熔盐的强制循环使反应物温度降低。

第一氧化反应器急冷段出口的气体水、氮气、丙烯醛与新鲜空气充分混合后进入第二反应器，在第二反应器中丙烯醛进一步氧化生成丙烯酸，反应温度控制在 240～270℃，反应热通过壳程的熔盐移出。反应产物在急冷塔下段与循环喷淋液逆向接触，反应产物中大部分丙烯酸被吸收，未被吸收的气体在上段被塔顶进入的急冷水冷却吸收，在塔釜形成粗丙烯酸水溶液。塔釜液通过塔底部泵送入轻组分分馏塔或粗丙烯酸罐。为防止聚合，向塔顶吸收水中加入阻聚剂。

二、丙烯酸的精制工艺流程

从急冷塔塔釜送出的丙烯酸浓度≥50%的粗丙烯酸水溶液送至轻组分分馏塔。在轻组分分馏塔内，通过共沸蒸馏的方法把水和乙酸从丙烯酸中分离出去。水、乙酸和甲苯经减压蒸馏作为共沸物从塔顶蒸出，蒸出物经塔顶冷凝器被部分冷凝，冷凝液流入回流罐，不凝气体进入放空冷凝器被进一步冷凝。轻组分分馏塔塔釜液一部分用再沸器泵强制循环；另一部分由塔釜泵送往乙酸塔脱乙酸和甲苯，塔釜温度一般控制在 78～93℃。为防止聚合，向塔釜循环液中加入阻聚空气。

乙酸、甲苯和部分丙烯酸一起从乙酸塔塔顶蒸出，蒸出物经冷凝器冷凝流入回流罐，不凝气体进入尾气冷凝器被进一步冷凝回收少量的丙烯酸。塔釜液一部分通过再沸器泵强制循环；另一部分由塔釜泵送往丙烯酸提纯塔，塔釜温度一般控制在 75～92℃。为防止丙烯酸聚合，向塔釜循环液中加入阻聚空气。从乙酸塔送出的粗丙烯酸进入丙烯酸精馏塔，丙烯酸经减压蒸馏从塔顶蒸出，蒸出物经冷凝器被冷凝。

丙烯酸精馏塔塔釜液含有丙烯酸的重组分，一部分通过第一再沸器泵强制循环；另一部分由塔釜泵送往第二再沸器进行真空蒸发，以回收重组分中的丙烯酸。

复习思考题

一、填空题

1. 丙烯直接氧化法分为一步法和__________两种。

2. 丙烯氧化法生产丙烯酸工艺分两段进行，在第一段丙烯首先被氧化成__________。

3. 丙烯氧化法生产丙烯酸工艺分两段进行，一段反应的温度比二段反应温度________。

二、判断题

1. 纯的丙烯酸是无色澄清液体，带有特殊的刺激性气味。（　　）

2. 丙烯直接氧化法生产丙烯酸工艺中不需要催化剂。（　　）

3. 丙烯直接氧化法生产丙烯酸反应中不会有副反应发生。（　　）

4. 丙烯酸蒸气与空气可形成爆炸性混合物，遇明火、高热能引起燃烧爆炸。（　　）

5. 丙烯氧化法生产丙烯酸中氧烯比过高或过低会抑制反应进行或加剧深度氧化，影响丙烯转化率和反应选择性。（　　）

三、简答题

1. 丙烯酸的合成方法众多，简述工业中所应用的主要几种方法。

2. 简述丙烯酸两步氧化法生产丙烯酸反应原理。

3. 工业上丙烯氧化反应采用的是恒温反应器，反应温度分别是多少？

4. 简述丙烯酸氧化工艺过程。

5. 简述丙烯酸精制工艺过程。

第六章　丙烯腈的生产

学习目标

1. 了解丙烯腈的性质、用途及生产方法。
2. 掌握氨氧化法生产丙烯腈的原理及工艺条件。
3. 掌握氨氧化法生产丙烯腈工艺流程。
4. 了解丙烯氨氧化法生产丙烯腈所用流化床反应器的结构。

课程导入

丙烯腈是合成纤维、合成塑料、合成橡胶的重要化工原料之一，在丙烯系列产品中，它的产量仅次于聚丙烯，居第二位。在工业生产和民用领域有广泛的用途。那么如何生产丙烯腈，生产条件如何控制、生产工艺过程如何？

丙烯腈是丙烯系列的重要产品。就世界范围而言，丙烯腈行业发展较快，产能增加迅速。

2020 年，全球丙烯腈产能为 788.4 万吨，新增产能包括浙江石油化工有限公司 26 万吨的新建装置，同时英力士公司关闭了其在英国英格兰东北部提赛德的 SealSands 的丙烯腈装置，该装置的产能为 28 万吨。日本旭化成公司的丙烯腈产能为 114 万吨，是全球最大丙烯腈生产商。

国内丙烯腈生产装置主要集中在中石化和中石油所属企业。其中，中石化（含合资企业）的生产能力合计为 86 万吨，约占总生产能力的 34.8%；中石油的生产能力为 70 万吨，约占总生产能力的 28.3%；民营企业江苏斯尔邦石化、山东海江化工有限公司和浙江石油化工有限公司，丙烯腈生产能力分别为 52 万吨、13 万吨和 26 万吨，合计约占总生产能力的 36.8%。上海赛科石化公司和江苏斯尔邦石化有限公司的丙烯腈总产能都为 52 万吨，国内排名并列第一。

随着科学技术的不断发展，丙烯腈工业呈现几大发展趋势：一是以丙烷为原料的丙烯腈生产路线在逐步推广；二是新型催化剂依旧是国内外学者的研究课题；三是装置规模大型化；四是节能减排、工艺优化日益重要；五是废水处理成为重要的研究内容。

催化剂是生产丙烯腈的关键，许多公司都着重于高性能催化剂的开发，包括中国石油东北炼化工程有限公司吉林设计院、中国石化上海石油化工研究院等。研究重点是低温型、较高压力型以及高丙烯负荷型催化剂的研究和开发。

随着环保意识的加强，丙烯腈生产对环境的污染问题越来越得到重视。这给一些早年建设的丙烯腈装置带来一些影响，这些装置需要投入资金对装置进行部分改造、新建废气废水处理设施，以满足国家环保要求。另外，开发低污染或者无污染的丙烯腈生产工艺已成为必然趋势。

第一节　丙烯腈生产概述

一、丙烯腈的性质及用途

1. 丙烯腈的物理性质

丙烯腈在常温下是无色透明液体，剧毒，味甜，微臭，可溶于有机溶剂如丙酮、苯、四氯化碳、乙醚和乙醇，与水互溶，溶解度见表 3-4。丙烯腈在室内允许浓度为 0.002mg/L，在空气中的爆炸极限为 3.05%～17.5%（体积）。因此，在生产、储存和运输中，应采取严格的安全防护措施。丙烯腈的主要物理性质见表 3-5。丙烯腈和水、苯、四氯化碳、甲醇、异丙醇等会形成二元共沸混合物，和水的共沸点为 71℃，共沸物中丙烯腈的含量为 88%（质量）。在有苯乙烯存在下，还能形成丙烯腈-苯乙烯-水三元共沸混合物。

表 3-4　丙烯腈与水的相互溶解度

温度/℃	水在丙烯腈中的溶解度/%(质量)	丙烯腈在水中的溶解度/%(质量)
0	2.10	7.15
10	2.55	7.17
20	3.08	7.30
30	3.82	7.51
40	4.85	7.90
50	6.15	8.41
60	7.65	9.10
70	9.21	9.90
80	10.95	11.10

表 3-5　丙烯腈的主要物理性质

性质	指标	性质	指标	性质		指标
沸点(101.3kPa)	78.5℃	燃点	481℃	蒸气压/kPa	8.7℃	6.67
熔点	−82.0℃	比热容	(20.92±0.03)J/(kg·K)		45.5℃	33.33
相对密度,d_4^{25}	0.0806	蒸发潜热(0～77℃)	32.6kJ/mol		77.3℃	101.32
黏度(25℃)	0.34	生成热(25℃)	151kJ/mol	临界温度		246℃
折射率 n_D^{25}	1.3888	燃烧热(液)	1761kJ/mol	临界压力		3.42MPa
闪点	0℃	聚合热(25℃)	72kJ/mol			

2. 丙烯腈的化学性质

丙烯腈分子中含有氰基和碳碳不饱和双键，因此化学性质极为活泼，能发生聚合、加成、氰基和氰乙基化等反应。

聚合反应发生在丙烯腈的碳碳双键上，纯丙烯腈在光的作用下就能自行聚合，所以在成品丙烯腈中，通常要加入少量阻聚剂，如对苯二酚甲基醚（阻聚剂 MEHQ）、对苯二酚、氯化亚铜和胺类化合物等。除自聚外，丙烯腈还能与苯乙烯、丁二烯、乙酸乙烯酯、氯乙烯、丙烯酰胺等中的一种或几种发生共聚反应，由此可制得各种合成纤维、合成橡胶、塑料、涂料和黏合剂等。

加成反应也发生在丙烯腈碳碳双键上，可以是还原反应、卤化反应等。例如由丙烯腈经电解加氢偶联反应制取己二腈：

$$2CH_2=CHCN+H_2 \longrightarrow NC(CH_2)_4CN$$

氰基反应包括水合反应、水解反应、醇解反应以及与烯烃或甲醛的反应等。例如，由丙烯腈和水在铜催化剂存在下，在 85～125℃、0.29～0.39MPa 压力下直接水合制取丙烯酰胺：

$$CH_2=CHCN+H_2O \xrightarrow{Cu} CH_2=CH\underset{\underset{O}{\|}}{C}-NH_2$$

氰乙基化反应是丙烯腈与醇、硫醇、胺、氨、酰胺、醛、酮的反应。例如丙烯腈和醇制取烷氧基丙胺的反应：

$$CH_2=CHCN+ROH \longrightarrow RO(CH_2)_2CN \xrightarrow{H_2} RO(CH_2)_2NH_2$$

烷氧基丙胺可用作液体分散染料的分散剂、抗静电剂、纤维处理剂、表面活性剂、医药等的原料。例如，由丙烯腈和氨反应，可制取 1,3-丙二胺：

$$CH_2=CHCN+NH_3 \longrightarrow NH_2CH_2CH_2CN \xrightarrow{H_2} H_2N(CH_2)_3NH_2$$

1,3-丙二胺用作纺织溶剂、聚氨酯溶剂和催化剂，也可用于有机合成。

由上述反应可见，丙烯腈除用作高聚物的单体外，还可用来制造有机化工产品和精细化工产品。

3. 丙烯腈的用途

丙烯腈是合成纤维、合成塑料、合成橡胶的重要化工原料之一。以丙烯腈为基本原料生产的纤维商品名为“腈纶”，俗称人造羊毛。丙烯腈与丁二烯、苯乙烯三者共聚可生产 ABS 树脂。丙烯腈与丁二烯反应可生产丁腈橡胶。丙烯腈还可用于生产药物、染料、抗氧化剂、表面活性剂等中间体。其主要用途如图 3-22 所示。

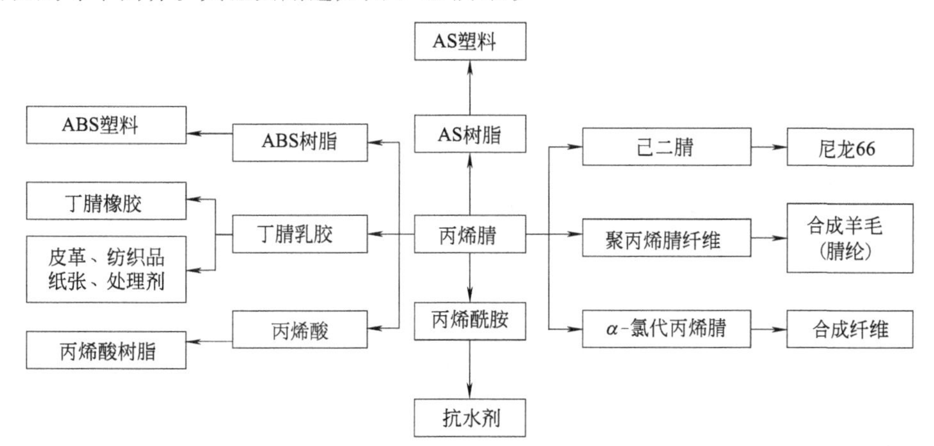

图 3-22　丙烯腈的主要用途

二、丙烯腈的生产方法

丙烯腈于1893年由法国人Moureu首先合成，但一直未被重视，到1935年上述方法才实现工业化，而且产量甚小。第二次世界大战初期由于生产耐油橡胶的需要，开始大规模生产丙烯腈。1948年美国Du Pornt公司制成聚丙烯腈纤维，定名为奥纶（orlon），它迅速成为畅销的合成纤维品种，市场需求激增，有力地促进了丙烯腈的工业生产，装置的生产能力也愈来愈大。1940年后丙烯腈工业化生产的主要方法有以下几种。

（1）环氧乙烷法　环氧乙烷法反应如下：

$$\underset{\underset{O}{\diagdown\ \diagup}}{H_2C\text{—}CH_2} + HCN \xrightarrow[50\sim60℃]{\text{碱催化剂}} \underset{\begin{array}{cc}| & |\\ OH & CN\end{array}}{H_2C\text{—}CH_2} \xrightarrow[200\sim280℃]{\text{脱水催化剂}} CH_2=CHCN + H_2O$$

（2）乙炔氢氰酸法　环氧乙烷法由于原料昂贵，氢氰酸毒性大，操作过程复杂、成本高，20世纪50年代初即被乙炔氢氰酸法所代替。乙炔氢氰酸法具有生产工艺过程简单、成本比环氧乙烷法低等优点。但是，其反应过程中副反应多，粗产品组成复杂，分离精制困难，毒性大，并需要用大量的电石，故生产发展受到限制。乙炔氢氰酸法反应如下：

$$HC\equiv CH + HCN \xrightarrow[80\sim90℃(\text{液相})]{CuCl\text{-}KCl\text{-}NaCl\cdot H_2O} CH_2=CHCN$$

（3）丙烯氨氧化法　该法由美国Sahio公司首先开发成功，并于1960年建成了第一套工业化生产装置。此时，丙烯已能由石油烃热裂解大量制得，反应又可一步合成，设备投资少，因此生产成本低。现在大部分都采用本法来生产丙烯腈。表3-6中比较了丙烯腈各生产方法的相对投资和相对成本。丙烯氨氧化法反应如下：

$$CH_3CH=CH_2 + NH_3 + 3/2O_2 \xrightarrow[470℃]{P\text{-}Mo\text{-}Bi\text{-}O} CH_2=CHCN + 3H_2O$$

表3-6　丙烯腈生产方法的经济比较

指标	环氧乙烷法	乙炔氢氰酸法	丙烯氨氧化法
相对投资	100	80	50
相对成本	100	90	45

第二节　丙烯氨氧化法生产丙烯腈的反应原理及工艺条件

一、丙烯氨氧化法生产丙烯腈的反应原理

1. 反应式

丙烯氨氧化生产丙烯腈的主副反应如下（反应温度为460℃）。

主反应：

$$CH_3CH=CH_2+NH_3+3/2O_2 \longrightarrow CH_2=CHCN+3H_2O+518.8kJ/mol$$

副反应：

$$CH_3CH=CH_2+3/2NH_3+3/2O_2 \longrightarrow 3/2\ CH_3CN+3H_2O+552.3kJ/mol$$

$$CH_3CH=CH_2+3NH_3+3O_2 \longrightarrow 3HCN+6H_2O+941.4kJ/mol$$

$$CH_3CH=CH_2+O_2 \longrightarrow CH_2=CHCHO+H_2O+351.5kJ/mol$$

$$CH_3CH=CH_2+3/4O_2 \longrightarrow 3/2CH_3CHO+267.8kJ/mol$$

$$CH_3CH=CH_2+9/2O_2 \longrightarrow 3CO_2+3H_2O+1925kJ/mol$$

$$CH_3CH=CH_2+3O_2 \longrightarrow 3CO+3H_2O+941.4kJ/mol$$

$$CH_3CH=CH_2+3NH_3+3O_2 \longrightarrow 3HCN+6H_2O+941.4kJ/mol$$

$$NH_3+3/4O_2 \longrightarrow 1/2N_2+3/2H_2O+318.0kJ/mol$$

$$CH_3CH=CH_2+1/2O_2 \longrightarrow CH_3\underset{\underset{O}{\|}}{C}CH_3+267.8kJ/mol$$

以上副反应是在丙烯氨氧化反应达到中度和深度时所出现的典型副反应。其产物可分为三类：第一类是氰化物，主要是氢氰酸和乙腈，丙腈的生成量甚少；第二类是有机含氧化合物，主要是丙烯醛，也可能有少量的丙酮以及其他含氧化合物；第三类是深度氧化产物一氧化碳和二氧化碳。

第一类副产物中的乙腈及氢氰酸均为比较有用的副产物，应设法进行回收。第二类副产物中的丙烯醛虽然量不多，但不易除去，给精制带来不少麻烦，应该尽量减少。第三类副反应是危害性较大的副反应。由于丙烯完全氧化生成二氧化碳和水的反应热是主反应的三倍多，所以在生产中必须注意反应温度的控制。

由于所有的主、副反应都是放热的，因此在操作过程中及时移走反应热十分重要，用移走的反应热产生 3.92MPa（绝）蒸汽，用作空气压缩机和制冷机的动力，对合理利用能量、降低生产成本是很有意义的。

考察丙烯氨氧化过程发生的主、副反应，发现每个反应的平衡常数都很大，因此，不可以将它们看作不可逆反应，反应过程已不受热力学平衡的限制，主要由动力学因素所决定，关键在于催化剂。

2. 催化剂

丙烯氨氧化生产丙烯腈所用的催化剂主要是钼系和锑系两类。

钼系催化剂的结构可用 $RO_4(H_2XO_4)_n(H_2O)_n$ 表示。R 为 P、As、Si、Ti、Mn、Cr、Th、La、Ce 等；X 为 Mo、W、Y 等。其代表性的催化剂为美国 Sohio 公司的 C-41、C-49 及我国的 MB-82、MB-86。以 C-49 催化剂为例，其代表性组分为 $P_{0.5}$、Mo_{12}、Bi_1、Fe_3、$Ni_{2.5}$、$Co_{4.5}$、$K_{0.1}$。一般认为 Mo、Bi 为催化剂的活性组分，其余为助催化剂。单一的 MoO_3 及 Bi_2O_3 均能使丙烯氨氧化反应进行，但丙烯转化率低，催化剂选择性差。P_2O_5 活性更低，三组分中以 Bi_2O_3 氨氧化最强。如果 MoO_3 和 Bi_2O_3 两组分按一定比例配制后，催化剂活性明显提高，当 MoO_3 含量上升时，丙烯醛生成量增加，但丙烯腈增加不明显。当 Bi_2O_3 含量上升时，丙烯腈生成量明显增加，丙烯醛生成量却很少。所以，MoO_3 组分生成醛能力较强，Bi_2O_3 深度氧化能力强，二氧化碳含量随 Bi_2O_3 含量的增长而增加。

P_2O_5 是较典型的助催化剂，加入微量后可使催化剂的活性提高，同时能使 Bi_2O_3 组分深度氧化得到很大的抑制。催化剂中加入钾可提高催化剂活性及选择性，原因是催化剂表面酸度降低。其他组分的引入与氧化催化剂的性能相似。

锑系催化剂的活性组分为 Sb、Fe，锑、铁催化剂中的 X-Fe_2O_3 将引起烯烃的深度氧化，$FeSbO_4$ 是烯烃选择性氧化的活性结构，而在这种催化剂中 $Sb^{5+} \rightleftharpoons Sb^{3+}$ 循环是催化剂活性的关键。此种催化剂在低氧反应条件下，容易被还原而性能变差，为克服催化剂易还原劣化的缺点可向催化剂中添加 V、Mo、W 等元素。添加电负性大的元素，如 B、P、Te 等元素，可提高催化剂的选择性。为消除催化剂表面的 Sb_2O_4 不均匀的白晶粒，可添加镁、铝等元素。具有代表性的锑系催化剂其大致组分为 Sb_{25}、Fe_{10}、Te_{19}、Wo_{25}、Si_{30}、O_{127}。几种催化剂性能比较如表 3-7 所示。

表 3-7　几种催化剂性能比较

催化剂	收率/%(摩尔)						选择性/%(摩尔)
	丙烯腈	乙腈	氢氰酸	氯丙烯	一氧化碳	二氧化碳	
C-41	70.2	3.5	2.2	—	8.5	11.1	73.2
C-49	77.7	2.4	3.2	—	4.9	8.9	80.1
NS-733B	75.2	0.4	1.8	—	1.2	16.0	79.5
MB-82	78.6	1.4	0.3	0.7	2.9	13.5	80.3

丙烯氨氧化的反应速率方程式可表示为 $v=kc_A$。

式中，v 为丙烯氨氧化的反应速率；c_A 为丙烯浓度；k 为速率常数，其值为 $2\times10^5\exp[-1600/(RT)]$，当催化剂中含 0.5%的磷时为 $8\times10^5\exp[-18500/(RT)]$。

从动力学方程式可知，反应速率与丙烯的浓度有关。随丙烯浓度的提高，反应速率增快；而氨与氧的浓度对反应速率并无影响。

二、丙烯氨氧化法生产丙烯腈的工艺条件

1. 原料纯度及配比

(1) 原料纯度　原料丙烯由石油烃热裂解所得裂解气或石油催化裂化所得裂化气经分离得到，一般纯度都很高，但仍有 C_2、C_3、C_4 等杂质存在，有时还可能存在微量硫化物。在这些杂质中，丙烷和其他烷烃（乙烷、丁烷等）对氨氧化反应没有影响，只是稀释了丙烯的浓度，但因含量甚少（约 1%～2%），反应后又能及时排出系统，不会在系统中积累，因此对反应器的生产能力影响不大。乙烯没有丙烯活泼，一般情况下少量乙烯的存在对氨氧化反应无不利影响。丁烯及高碳烯烃化学性质比丙烯活泼，会对氨氧化反应带来不利影响，不仅消耗原料混合气中的氧和氨，而且生成的少量副产物混入丙烯腈中，给分离过程增加难度。例如：①丁烯能氧化生成甲基乙烯酮（沸点 79～80℃），异丁烯能氨氧化生成甲基丙烯腈（沸点 92～93℃）。这两种化合物的沸点与丙烯腈的沸点接近，给丙烯腈的精制带来困难。②使丙腈和 CO_2 等副产物增加。硫化物的存在会使催化剂活性下降。因此，应严格控制原料丙烯的质量。

(2) 丙烯和氧气的配比　除满足氨氧化反应的需要外，还应考虑：副反应要消耗一些氧；保证催化剂活性组分处于氧化态。为此，要求反应后尾气中有剩余氧气存在，

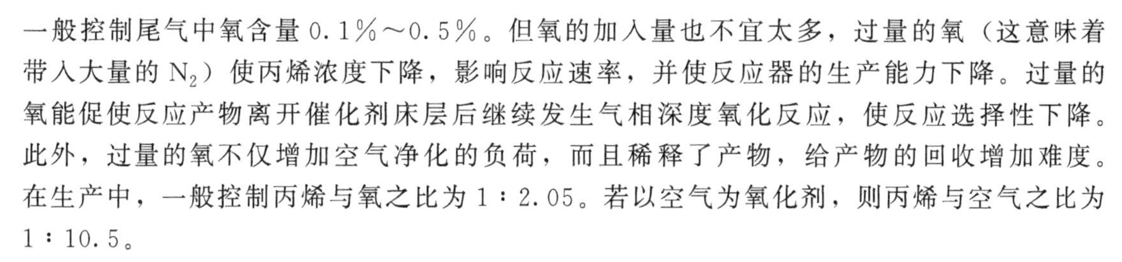

一般控制尾气中氧含量0.1%～0.5%。但氧的加入量也不宜太多，过量的氧（这意味着带入大量的N_2）使丙烯浓度下降，影响反应速率，并使反应器的生产能力下降。过量的氧能促使反应产物离开催化剂床层后继续发生气相深度氧化反应，使反应选择性下降。此外，过量的氧不仅增加空气净化的负荷，而且稀释了产物，给产物的回收增加难度。在生产中，一般控制丙烯与氧之比为1∶2.05。若以空气为氧化剂，则丙烯与空气之比为1∶10.5。

(3) 丙烯和氨的配比　除满足氨氧化反应外，还需考虑副反应（例如生成乙腈、丙腈及其他腈类等）的消耗及氨在催化剂上分解或氧化成N_2、NO和NO_2等的消耗，另外，过量氨的存在对抑制丙烯醛的生成有明显的效果。当NH_3/C_3H_6（摩尔）小于1，即氨的用量小于反应理论需要值时，生成的丙烯醛随氨量的减少而明显增加；当NH_3/C_3H_6大于1后，生成的丙烯醛量很少，而丙烯腈生成量则可达到最大值。但氨也不能过量太多，不仅会增加氨的消耗定额，而且未反应的氨要用硫酸中和，将它从反应气中除去，也增加硫酸的消耗。工业上氨的用量比理论值略高，一般为$NH_3/C_3H_6=(1.1～1.15)∶1$(摩尔)。

2. 反应温度

反应温度是丙烯氨氧化合成丙烯腈的重要指标。它对反应产物的收率、催化剂的选择性及寿命、安全生产均有影响。选择适宜的反应温度并控制其稳定性，可达到理想的反应效果，否则会降低丙烯腈收率及选择性，使副产物增加。

随着反应温度的升高，丙烯腈的收率增加，在500℃左右出现最大值，而副产物在420℃时出现极值，之后随温度的升高而下降。显然，较高的反应温度对丙烯腈的生产是有利的，但过高的温度对合成丙烯腈是不利的。随着温度的升高，一氧化碳和二氧化碳含量随之增加，造成丙烯腈裂解而生成炭黑。炭黑附着在催化剂表面，会造成催化剂活性降低。温度过高还会造成氨分解，生成N_2和H_2O，当温度达到600℃时几乎100%的分解。氨分解将消耗大量的氧，引起催化剂内活性组分Bi_2O_3还原，使催化剂失活。目前，生产中控制反应温度在410～450℃。

3. 反应压力

由动力学方程可知，反应速率与丙烯的分压成正比，故提高丙烯分压对反应是有利的，而且还可提高反应器的生产能力，但在加快反应速率的同时，反应热也在激增，过高的丙烯分压使反应温度难以控制。实验又表明，增加反应压力，催化剂的选择性会降低，从而使丙烯腈的收率下降，故丙烯氨氧化反应不宜在加压下进行。对固定床反应器，为了克服管道和催化剂阻力，反应进口处气体压力为0.078～0.088MPa（表），对于流化床反应器，为0.049～0.059MPa（表）。

4. 接触时间

丙烯氨氧化反应是气-固相催化反应，反应是在催化剂表面进行的。因此，原料气和催化剂必须有一定的接触时间，使原料气能尽量转化成目的产物。一般来说，延长接触时间，丙烯转化率增加，但主要副产物增加不大，这对生产是有利的。因此，可以适当利用增加接触时间的方法提高丙烯腈收率。但过长的接触时间会导致原料气的投入量下降，影响反应器的生产能力。另外，反应物、产物长时间处在高温下，容易发生热分解及深度氧化生成二氧化碳。因此，在保证较高丙烯腈收率及降低副产物的原则下，应尽量缩短接触时间。目前，生产装置控制接触时间在5～7s范围内。

第三节　丙烯氨氧化法生产丙烯腈工艺流程及设备

一、丙烯氨氧化法生产丙烯腈工艺流程

丙烯氨氧化法生产丙烯腈的工艺流程主要由反应、回收及精制三部分组成，如图 3-23 所示。

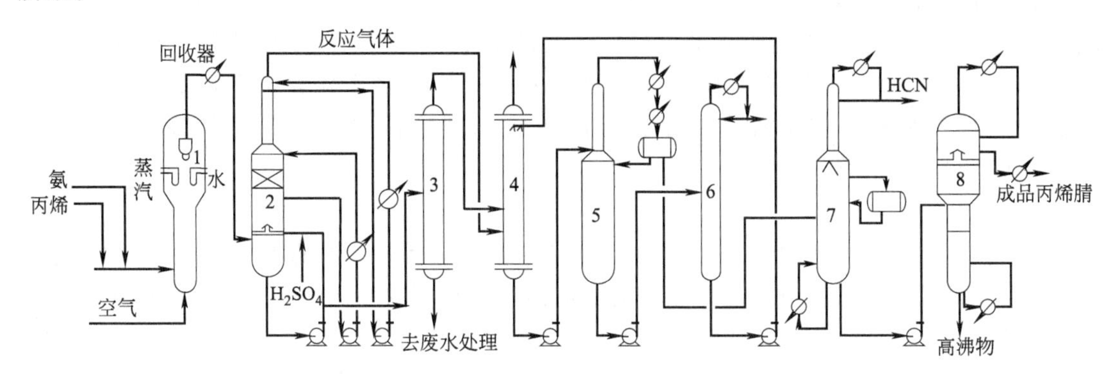

图 3-23　丙烯氨氧化生产丙烯腈工艺流程图

1—反应器；2—急冷塔；3—废水塔；4—吸收塔；5—回收塔；6—放散塔；7—脱氰塔；8—成品塔

丙烯氨氧化生产丙烯腈工艺流程

1. 反应

原料液态丙烯经蒸发和过热后成为 66℃的气态过热丙烯，与蒸发、过热到相同温度的气态氨以 1∶1.15（摩尔）混合，通过丙烯、氨分布器进入反应器（1），并与空气接触。

原料空气经压缩机升压并经过热后进入反应器的底部，经过空气分布板向上进入床层，与丙烯、氨混合气体相混合，并与催化剂接触，进行氧化反应。反应生成气进入反应器内的四组三级旋风分离器，分离出的催化剂返回床层。

反应放出的热量，由垂直安装在反应器内的 U 形冷却管内的水移出，并副产 4.36MPa 的高压过热蒸汽，用于推动蒸汽透平。

2. 回收

由反应器出来的生成气经冷却器降温后送入急冷塔（2）的下段，将反应气体骤冷至 81℃。急冷塔塔釜废水送入废催化剂沉降槽，反应气经下段通过升气管升至上段，与稀硫酸逆流接触，中和其中未反应的氨。急冷塔塔底液送至废水塔（3）回收其中的丙烯腈、乙腈和氢氰酸。急冷塔上段料液送至吸收塔（4）底部。

反应气体离开急冷塔后进入吸收塔（4）底部，在塔中用水逆流吸收，回收丙烯腈和其他有机反应产物。在吸收塔中，一氧化碳和二氧化碳、氮气及未反应的氧和炔类，由塔顶排入大气。

吸收液进入回收塔（5），水作为萃取剂，采用萃取精馏的方法将丙烯腈与乙腈分离。回收塔顶丙烯腈、氢氰酸、水蒸气进入回收塔冷凝器冷凝至 40℃，之后进入回收塔分层器中

分成有机层和水层，有机层送至精制部分，水层返回回收塔。

含有乙腈、水及少量氢氰酸的汽相由回收塔侧线抽出，送入放散塔（6）塔釜。在放散塔中，乙腈、水及氢氰酸从塔顶采出，经放散塔冷凝至 41℃。冷却后部分作为塔顶回流，其余送至乙腈精制系统。从放散塔第十块塔板放出的水加纯碱中和后，送吸收塔作为吸收水用。

分离槽出来的油层进入脱氰塔（7）进行脱水和脱氢氰酸，塔顶蒸出高浓度氢氰酸，经冷却后送至氢氰酸精馏塔。

3. 精制

由脱氰塔釜出来的丙烯腈，送至成品塔（8）精制，从塔顶蒸出丙酮等轻组分，塔釜为含有丙烯腈的高沸物。产品丙烯腈从第 35 块塔板气相出料，冷凝后去成品中间槽。

二、典型设备——流化床反应器

丙烯氨氧化的反应装置多采用流化床反应器，其结构如图 3-24 所示。流化床反应器按其外形和作用分为三个部分，即床底段、反应段和扩大段。床底段为反应器的下部，许多流化床的底部呈锥形，故又称锥形体，此部分有原料气进气管、防爆孔、催化剂放出管和气体分布板等部件。床底段主要起原料气预分配的作用，气体分布板除使气体均匀分布外，还承载催化剂的堆积。反应段是反应器中间的圆筒部分，其作用是为化学反应提供足够的反应空间，使化学反应进行完全。催化剂受气体的吹动而呈流化状主要集中在这一部分。由于反应段催化剂粒子的聚集密度最大故又称浓相段。为了排出反应放出的热量，在反应段设置一定数量的垂直 U 形管，管中通入高压软水，利用水的汽化带出反应热，产生的蒸汽可作为能源。扩大段是指反应器上部比反应段直径稍大的部分，其中安装了串联成二级或三级的旋风分离器，它的作用是回收气体离开反应段时带出的一部分催化剂。扩大段中催化剂的聚集密度较小，故也称稀相段。

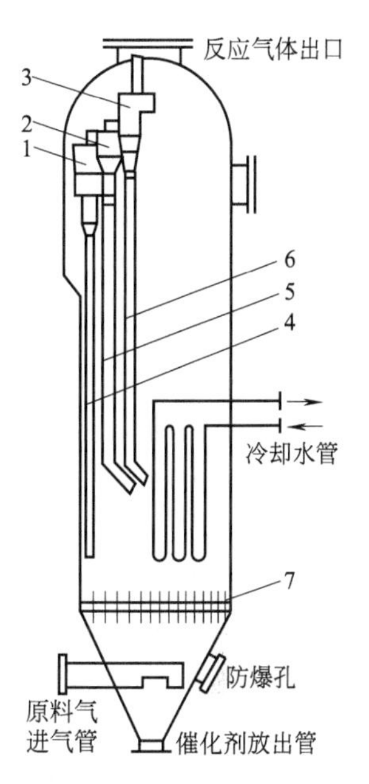

图 3-24　丙烯氨氧化流化床反应器的结构

1—第一级旋风分离器；
2—第二级旋风分离器；
3—第三级旋风分离器；
4——一级料腿；5—二级料腿；
6—三级料腿；7—气体分布板

复习思考题

一、填空题

1. 丙烯最大的消费衍生物是________，第二大衍生物是________。

2. 丙烯生产丙烯腈的原料有________、________和________，产量最大副产物是。

3. 工业上用于丙烯氨氧化反应的催化剂主要有两大类，一类是__________，另一类是__________。

4. 丙烯生产丙烯腈时，氨比小于理论值 1∶1 时，有较多的副产物__________生成，氨的用量至少应等于__________。

二、选择题

1. 丙烯氨氧化生成丙烯腈时，（　　）为最大副产物。

A. 乙腈　　B. 丙烯醛　　C. 氢腈酸　　D. 二氧化碳

2. 丙烯生产丙烯腈是体积缩小的反应，提高压力可（　　）反应的平衡转化率。

A. 增大　　B. 减小　　C. 不改变　　D. 无法判断

3. 丙烯氨氧化的反应装置多采用流化床反应器，按其外形和作用分为三个部分，即（　　）。

A. 床底段；反应段；扩大段　　B. 进气管；反应段；扩大段

C. 分布管；分离器；防爆孔　　D. 进气管；反应段；冷却管

4. 反应温度是丙烯氨氧化合成丙烯腈的重要指标，它对（　　）没有影响。

A. 产物收率　　B. 催化剂的选择性　　C. 催化剂的寿命　　D. 接触时间

三、判断题

1. 丙烯腈毒性很小，但能灼伤皮肤，低浓度时刺激黏膜。（　　）
2. 纯丙烯腈在光的作用下就能自行聚合。（　　）
3. 丙烯氨氧化生成丙烯腈时，HCN 为最大副产物。（　　）
4. 温度是影响丙烯腈生产的因素，当温度低于 350℃时几乎不生成丙烯腈。（　　）
5. 工业上用于丙烯氨氧化反应的反应器常采用固定床反应器。（　　）
6. 丙烯氨氧化反应是气固相催化反应，反应是在催化剂的表面进行的。（　　）

四、简答题

1. 比较工业上曾经采用过的生产丙烯腈的几种方法。
2. 写出丙烯氨氧化法生产丙烯腈反应过程中的主副反应方程式，并分析其特点。
3. 试分析和确定丙烯氨氧化法生产丙烯腈的原料配比。
4. 试分析如何选择丙烯氨氧化法生产丙烯腈的操作温度。
5. 丙烯氨氧化法生产丙烯腈时加入水蒸气有何优缺点？
6. 画出丙烯氨氧化法生产丙烯腈的工艺流程并叙述流程。
7. 简述流化床反应器的结构及作用。

第七章 丁二烯的生产

学习目标

1. 了解丁二烯的性质、用途及生产方法。
2. 掌握利用乙腈法、二甲基酰胺法、N-甲基吡咯烷酮法生产丁二烯的条件及工艺过程。
3. 掌握丁烯氧化脱氢法生产丁二烯的原理、工艺条件及工艺过程。

课程导入

丁二烯作为合成橡胶、合成树脂、合成纤维的重要原料以及精细化工品的基础原料。在工业生产和民用领域有广泛的用途。那么如何生产丁二烯，生产条件如何控制、生产工艺过程如何?

近年来，随着乙烯工业的不断发展和下游合成橡胶等需求的不断增长，世界丁二烯的生产能力稳步增长。2019 年国内丁二烯总产能在 405.9 万吨，较 2018 年增加 17 万吨，主要有内蒙古久泰能源 7 万吨及南京诚志 10 万吨丁二烯装置投产。

近年来，国内丁二烯表观消费量维持增加趋势，市场需求相对乐观。2019 年丁二烯需求量约为 327.5 万吨，同比增加 8.0%。随着新装置产能陆续释放，国内丁二烯产量提升至 300 万吨左右，同比增加 9.1%。同时，对于进口货源依赖度有所降低，数据显示，2019 年我国丁二烯进口量达 29.03 万吨，进口金额为 3.21 亿美元，国内丁二烯自给能力继续提升。

就进口来源国情况来看，近年来我国丁二烯进口多以亚洲周边国家和地区为主，进口量位居前三位的国家与地区为韩国、伊朗及荷兰。数据显示，2019 年我国从韩国进口丁二烯达 6.04 万吨，从伊朗进口丁二烯 5.04 万吨，从荷兰进口丁二烯 4.35 万吨。

从进口省市来看，目前我国丁二烯进口省市主要集中在华东地区，江苏、浙江是主要的丁二烯进口地区。数据显示，2019 年江苏省丁二烯进口量达 13.85 万吨，浙江省丁二烯进口量达 11.15 万吨，这两个省份的丁二烯进口量占全国比重达 86.2%。近年来，我国丁二烯进口贸易方式中，一般贸易一直占据主导地位，其次是进料加工贸易，其余贸易方式所占比例较小。数据显示，2019 年我国丁二烯一般贸易进口量达 22.59 万吨，占比达 77.82%；进料加工贸易进口量达 5.06 万吨，占比达 17.43%。

未来几年仍将有多套装置计划投产。截至 2024 年底，预计国内丁二烯产能将较 2019 年增加 206 万吨/年，对国内供应量补充明显，进口依赖度将会进一步降低。

第一节　丁二烯生产概述

一、丁二烯的性质及用途

1. 丁二烯的物理性质

丁二烯的分子量为54.09，在常温下为无色略带芳香味的气体。其异构体为1,2-丁二烯，工业上没有什么用途。通常所说的丁二烯指的是1,3-丁二烯。丁二烯在加压下，常作为液体处理，便于储存和运输。液体丁二烯无色透明，极易挥发，闪点低，属于易燃易爆物质。丁二烯微溶于水，稍溶于甲醇、乙醇，极易溶于乙腈、糠醛、二甲基甲酰胺等有机溶剂。丁二烯对人体有毒，低浓度下能刺激黏膜和呼吸道。高浓度下对中枢神经有麻醉作用，使人感到头痛嗜睡、恶心、胸闷、呼吸困难，长期与丁二烯接触使人记忆衰退。按中国卫生标准，空气中允许丁二烯的最高浓度为100mg/m^3。其主要物理性质见表3-8。

表3-8　丁二烯的主要物理性质

性质		数值	性质		数值
沸点(101.325kPa)/℃		−4.413	比热容/[J/(g·℃)]气相	0℃	1.3586
熔点(101.325kPa)/℃		−108.92		25℃	1.4717
熔化热/(J/g)		147.71		100℃	1.7798
汽化热/(J/g)	25℃	386.02	临界温度/℃		152
	沸点下	406.46	临界压力/kPa		4326.58
燃烧热/(kJ/mol)	25℃	−2245.16	临界密度/(g/cm^3)		0.245
生成热/(kJ/mol)	25℃,气体	112.4	密度/(g/cm^3)	20℃	0.6211
	液体	88.80		25℃	0.6149
生成自由能/(kJ/mol)	25℃,气体	150.77		50℃	0.5818
折射率 n_d(−26℃)		1.4293	空气中爆炸极限/%	上限	2.0
闪点/℃		<−6		下限	11.5

2. 丁二烯的化学性质

丁二烯分子结构中具有共轭双键，化学性质非常活泼，除了具有碳碳双键的一般性质外，在化学性质上，也与单烯烃和孤立的双键二烯烃有所不同。它与烯烃相似，也可以与卤素、卤化氢进行亲电加成反应，而且比烯烃容易进行，不仅可以进行1,2-加成反应，也可以进行1,4-加成反应。1,4-加成聚合时，既可以顺式聚合，也可以反式聚合。反应如下：

$$CH_2{=}CH{-}CH{=}CH_2 + HBr \xrightarrow{1,2\text{-加成}} H_3C{-}\underset{\displaystyle Br}{\underset{|}{CH}}{-}CH{=}CH_2$$

$$CH_2{=}CH{-}CH{=}CH_2 + HBr \xrightarrow{1,4\text{-加成}} H_3C{-}CH{=}CH{-}\underset{\displaystyle Br}{\underset{|}{CH_2}}$$

丁二烯显著的化学性质是容易进行聚合反应，生成高分子化合物。既可以自身聚合，也可以与其他化合物发生共聚。工业上利用这一性质生产合成橡胶、合成树脂和合成纤维等。

丁二烯长时期储存时能生成二聚体（乙烯基环己烯）及聚合体，故必须在低温下保存；它与空气接触时易生成爆炸性的过氧化物和端聚物，故要在生产过程中加入$(30\sim60)\times10^{-6}$的阻聚剂，例如TBC。

3. 丁二烯的用途

丁二烯的最主要用途是用来生产合成橡胶。它占丁二烯总量的90%以上。

（1）丁苯橡胶　丁二烯与苯乙烯乳液聚合可生产丁苯橡胶和胶乳，它是目前合成橡胶中能代替天然橡胶的一种产量最多的通用橡胶，可以用来制造所有的橡胶制品，主要用作制造汽车轮胎。

（2）丁腈橡胶　丙烯腈与丁二烯乳液聚合可生产品种不同的丁腈橡胶（NBR）。丁腈橡胶具有优良的耐油性和耐老化性能，可以制造各种耐油性的工业品（如油箱、耐油胶管、垫圈等）。此外，丁腈橡胶加入聚氯乙烯及ABS树脂中，可以对它们进行改性，以适应不同用户的要求。

（3）顺丁橡胶　由顺式1,4-聚丁二烯构成的顺丁橡胶是由溶液聚合法生产的。聚丁二烯橡胶具有弹性大、耐磨性优良、发热量小和耐老化性强等优点，广泛用于制造汽车轮胎。

（4）氯丁橡胶　由2-氯-1,3-丁二烯乳液聚合而成的氯丁橡胶。其原料可用丁二烯进行氯化反应而得到。另外，随着塑料工业的发展，利用丁二烯、苯乙烯和丙烯腈三元共聚制得ABS树脂，具有耐冲击、耐热、耐油、耐化学药品性、易于加工等优点，因此得到广泛应用。为了改性，用甲基丙烯酸甲酯代替丙烯腈，则生成MBS树脂。

二、丁二烯的生产方法

1. 概述

工业C_4烃主要来自以下四个方面：

（1）来自炼厂的蒸馏、热裂化、催化裂化、加氢裂化、催化重整、焦化装置等。其中以催化裂化所得液态烃中的C_4烃为主，约占液态烃的60%。这部分C_4烃馏分组成的特点是丁烷（尤其异丁烷）含量高，不含丁二烯（或者含量甚微），2-丁烯的含量高于1-丁烯。C_4烃的组成和产率随原料来源、装置生产方案、操作条件、催化剂等的变化而不同。

（2）油品裂解制乙烯联产C_4烃　由于石油工业的迅猛发展，以石油为原料的高温裂解原料变重，裂解温度相应提高，在制取乙烯的同时联产C_4馏分也随之增加。而且C_4馏分中丁二烯含量也由过去的40%增加到60%。石油烃裂解生产乙烯时副产的C_4馏分，约占乙烯产量的1.46%～13.15%。一个以轻柴油为裂解原料的年产30万吨的乙烯装置，可得到C_4馏分10万吨左右。

裂解制乙烯的联产物C_4烃的特点：烯烃（丁二烯、异丁烯、正丁烯）尤其是丁二烯含量高；烷烃含量很低；1-丁烯含量大于2-丁烯。以石脑油为裂解原料时，C_4烃的产量约为乙烯产量的40%左右。不同裂解原料C_4馏分的产率和组成如表3-9、表3-10所示。裂解联产的C_4馏分组成极为复杂，其中含有二十种以上的$C_3\sim C_5$烃，以及少量的有害物质，如丙二烯、炔烃（丙炔、乙烯基乙炔、丁炔），其含量一般为2500～5000μL/L，有时可高达1%～2%。这些馏分不仅沸点及相对挥发度非常接近，如表3-11所示，而且正丁烷与丁二烯、炔烃与2-丁烯能形成共沸混合物，如表3-9所示。

表 3-9　不同裂解原料（乙烷不循环）馏分产率　　单位：%（质量）

馏分	原料					
	乙烷	丙烷	正丁烷	石脑油(中度裂解)	轻柴油	重柴油
乙烯	77.5	32	30	27	23	19
丙烯	2.8	20	17.5	16	15	14
C_4 馏分	2.7	4.5	12.3	11.5	8.6	7.9
丁二烯	1.9	1.9	3.5	5.0	3.9	3.6
正丁烯	0.8	1.1	1.8	2.9	3.1	2.8
异丁烯	0.8	1.4	2.0	3.2	1.5	1.4
正丁烷		0.1	5.0	0.4	0.1	0.1

乙烯裂解装置联产 C_4 烃，原料、裂解深度及裂解技术不同，所得到的 C_4 烃的组成有较大差别。表 3-10 列出了以石脑油为原料时不同裂解深度所得 C_4 馏分的组成。

表 3-10　裂解 C_4 馏分的典型组成　　单位：%（质量）

裂解深度	轻度	中度	深度	超深度
C_4 烃	0.3	0.3	0.3	0.16
正丁烷	4.2	5.2	2.8	0.54
异丁烷	2.1	1.3	0.6	0.53
1-丁烯	20.0	16.0	13.6	9.18
顺-2-丁烯	7.3	5.3	4.8	1.61
反-2-丁烯	6.6	6.5	5.8	3.63
异丁烯	32.4	27.2	22.1	10.13
1,3-丁二烯	26.1	37.0	47.4	70.1
1,2-丁二烯	0.12	0.15	0.2	0.4
甲基乙炔	0.06	0.07	0.03	0.10
乙烯基乙炔	0.15	0.3	1.6	2.99
乙基乙炔	0.04	0.1	0.2	0.53
C_5 烃	0.5	0.5	0.5	0.1

表 3-11　主要 C_4 烃的沸点及相对挥发度

组分	沸点/℃	相对挥发度(51.7℃、6.86×10^5Pa)	组分	沸点/℃	相对挥发度(51.7℃、6.86×10^5Pa)
异丁烷	−11.73	1.18	正丁烷	−0.5	0.888
异丁烯	−6.9	1.03	反-2-丁烯	−0.88	0.845
1-丁烯	−6.26	1.015	顺-2-丁烯	3.72	0.805
1,3-丁二烯	−4.4	1.00			

（3）油田气中的 C_4 烃，组成基本为饱和烃，其中 C_4 烷烃占 1%～7%。

（4）其他来源　如乙烯齐聚制 α-烯烃时可得到 1-丁烯，产量约占 α-烯烃产量的 6%～20%。

目前，C_4 烃的利用主要是制取丁二烯，其他烯烃利用率则较低。C_4 烃主要衍生产品是烷基化汽油、丁基叔丁基醚、丁基橡胶、聚丁烯、二异丁烯、烷基酚、仲丁醇、甲酮、环丁砜、顺酐等。

2. 分离方法

早期从 C_4 馏分中分离丁二烯的方法是化学吸收法和糠醛萃取精馏法。化学吸收法的根本缺点在于必须预先将原料中的炔烃清除到残余含量不大于 0.03%，因此经济上不合理。萃取精馏法虽然不需要预先清除原料中的炔烃，但由于采用一级萃取工艺流程，分离后大部分炔烃仍留在已分离的 C_4 各组分中。要获取高品位的 C_4 组分必须进一步采用大回流比的普通精馏，或采用加氢的办法来除去炔烃，能耗大增。

目前工业上广泛采用萃取精馏和普通精馏相结合分离的方法，此法最大优点是能有效地分离出 C_4 中的炔烃，生产高纯度的丁二烯来满足各种合成橡胶工业的要求。

萃取精馏是在精馏塔中，加入某种高沸点溶剂，在溶剂的作用下，使难分离混合物的组分间的相对挥发度差值增大，从而实现其分离的一种特殊精馏。这时，所谓的“轻”组分从塔顶蒸出；“重”组分从塔釜排出。这种精馏过程就叫作“萃取精馏”。其溶剂也叫萃取剂（S）。

萃取精馏又以萃取剂的不同分为乙腈法（ACN）、二甲基甲酰胺法（DMF）、*N*-甲基吡咯烷酮法（NMP）、二甲基乙酰胺法（DMF）、糠醛法和二甲基亚砜法。目前世界上 C_4 馏分的分离以萃取精馏占统治地位。萃取剂又以前三种为主，因此本章仅对前三种（ACN、DMF、NMP）方法做详细论述，这三种萃取剂的一般性质见表 3-12。

表 3-12　分离丁二烯用萃取剂的一般性质

指标			乙腈	二甲基甲酰胺	*N*-甲基吡咯烷酮
分子量			41.0	73.1	99.1
沸点/℃	无水萃取剂		81.6	152.7	202.4
	含水萃取剂	含 5%水	78.0	130.7	142.1
		含 10%水	76.7	—	—
熔点/℃			−46	−61	—
20℃时的密度/(g/cm^3)			0.7830	0.9439	1.0270
25℃的黏度/mPa·s			21℃为 0.35	0.80	1.65
空气中的最高允许浓度/(mg/m^3)			10	10	100

第二节　C_4 馏分抽提生产丁二烯

萃取精馏的实质是在 C_4 馏分中加入某种极性高的溶剂（又称萃取剂），使其 C_4 馏分中各组分之间的相对挥发度差值增大，以便实现精馏分离的目的。C_4 馏分在极性溶剂作用下，各组分之间的相对挥发度和溶解度变得很有规律，其相对挥发度顺序为：丁烷＞丁烯＞丁二烯＞炔烃（表 3-13）。C_4 馏分在溶剂中的溶解度，则与此相反。根据这一基本规律以及各个工艺不同的要求，可以用萃取精馏的方法将来源不同的 C_4 馏分中丁烷与丁烯、丁烯与丁二烯、丁二烯与炔烃分别进行分离。

表 3-13　50℃时 C_4 馏分在各溶剂中相对挥发度

烃类	溶剂浓度:70%			溶剂浓度:100%(无水)		
	ACN(含水)	DMF	NMP(含水)	ACN	DMF	NMP
1-正丁烷	2.63	2.44	2.29	3.18	3.43	3.68
1-丁烯	1.78	1.82	1.80	1.92	2.17	2.38
反-2-丁烯	1.49	1.48	1.42	1.59	1.76	1.90
顺-2-丁烯	1.30	1.30	1.30	1.45	1.56	1.63
丙炔	1.12	0.970	1.13	1.00	0.70	0.806
1,3-丁二烯	1.00	1.00	1.00	1.00	1.00	1.00
1,2-丁二烯	0.728	0.700	0.712	0.731	0.720	0.737
1-丁炔	0.468	0.475	0.489	0.481	0.424	0.418
乙烯基乙炔	0.403	0.335	0.325	0.389	0.229	0.208

根据这一特点，在进行萃取精馏操作时，应注意以下几点。

(1) 必须严格控制好溶剂比（即溶剂量与加料量之比）　溶剂比过大则会使能耗显著增加，而且影响处理能力；过小则会破坏正常操作，使其产品不合格。这是萃取精馏操作和工艺设计最关键的影响因素。

(2) 萃取剂的进塔温度和含水量对操作都有很大影响　萃取剂的进塔温度一定要适宜，必须严格控制，一般比塔顶温度高 3～5℃。因为萃取剂用量大，其温度的微小变化都会影响到每层塔板上的各组分的浓度分布及气-液相平衡。若萃取剂温度低，会使塔内回流量增加，反而会使“恒定浓度”降低，不利于分离正常进行；温度过高则容易导致塔顶产品不合格。一般极性溶剂（ACN、NMP）含水的目的，一是为了增加其选择性，二是为了降低操作温度，减少聚合。但含水量不宜过多，因为过多会降低 C_4 溶解度。乙腈还会加剧其分解，对设备腐蚀加剧（表 3-14）。乙腈含水量一般以 5%～10%为宜。

表 3-14　在 50℃下 C_4 烃在乙腈中的相对挥发度

烃类	无水的乙腈			含 5%水的乙腈			含 10%水的乙腈		
	100%	80%	70%	100%	80%	70%	100%	80%	70%
正丁烷	3.01	2.63	2.42	3.46	2.94	2.66	3.64	3.11	2.75
异丁烷	4.19	3.66	3.37	4.95	4.11	3.72	5.40	4.35	3.82
异丁烯	1.92	1.79	1.72	2.01	1.84	1.75	2.09	1.89	1.78
1-丁烯	1.92	1.79	1.72	2.01	1.84	1.75	2.09	1.89	1.78
反-2-丁烯	1.59	1.48	1.42	1.59	1.54	1.46	1.78	1.58	1.49
丙二烯	2.09	2.14	2.17	1.97	2.04	2.08	1.88	1.97	2.02
顺-2-丁烯	1.45	1.35	1.30	1.48	1.36	1.30	1.51	1.37	1.30
1,3-丁二烯	1.00	1.00	1.00	1.00	1.00	1.00	1.00	1.00	1.00
1,2-丁二烯	0.731	0.720	0.712	0.75	0.733	0.722	0.755	0.738	0.728
丙炔	1.00	1.09	1.16	0.947	1.06	1.13	0.897	1.05	1.12
1-丁炔	0.481	0.499	0.508	0.456	0.478	0.490	0.435	0.462	0.476
2-丁炔	0.296	0.303	0.308	0.278	0.288	0.293	0.267	0.279	0.287
乙烯基乙炔	0.389	0.413	0.430	0.364	0.400	0.414	0.344	0.379	0.403

（3）维持适合的回流比　这一点不同于普通精馏，萃取精馏塔的回流比一般非常接近最小回流比，操作过程一定要仔细的控制，精心调节。回流比过大不仅不会提高产品质量，反而会降低产品质量。因为增加回流量直接降低了每层塔板上溶剂的浓度，不利于萃取精馏操作，使分离变得困难。

（4）被分离组分的进料状态和组分含量的变化　在萃取精馏操作过程中，物料一般以饱和蒸气状态加入塔内，使操作较易平稳。也有的生产厂家采用液相进料，但相对能耗增加，对分离效果并无明显影响。原料中组分含量变化时，应随之改变操作条件。如 C_4 馏分中丁二烯含量由 44％改变到 50％时，则萃取剂用量要随之增加，塔釜温度也要降低。

总之，萃取精馏在中国石油化工方面应用广泛，在 C_4 馏分的分离上大都采用这一技术，在国内已有二十余年的操作经验，并且又经过不断改进，如 C_4 馏分的加料板位置的改变，溶剂比、溶剂温度都经过多次优化，在生产装置上都获得较好的效果，有力地促进了中国乙烯工业的发展。

一、乙腈法生产丁二烯

乙腈法 C_4 抽提丁二烯工艺流程见图 3-25。由裂解气分离工序送来的 C_4 馏分首先送进脱 C_3 塔（1）、脱 C_5 塔（2），将 C_3、C_5 脱除，减少高聚物的生成，以保证丁二烯萃取精馏塔（3）平稳操作。丁二烯萃取精馏塔分为两段，共 120 块塔板，塔顶压力为 0.45MPa，塔顶温度为 46℃，塔釜温度 114℃。C_4 馏分由塔中部进入，乙腈由塔顶加入。经萃取精馏分离后，塔顶蒸出的丁烷、丁烯馏分进入丁烷、丁烯水洗塔（7），水洗塔釜排出的含丁二烯及少量炔烃的乙腈溶液，进入丁二烯蒸出塔（4）。在该塔中丁二烯、炔烃从乙腈中蒸出，并送进炔烃萃取精馏塔（5）。其塔釜排出的乙腈经冷却后供丁二烯萃取精馏塔循环使用，塔顶为乙烯基乙炔（含量在 300μL/L 以下）。

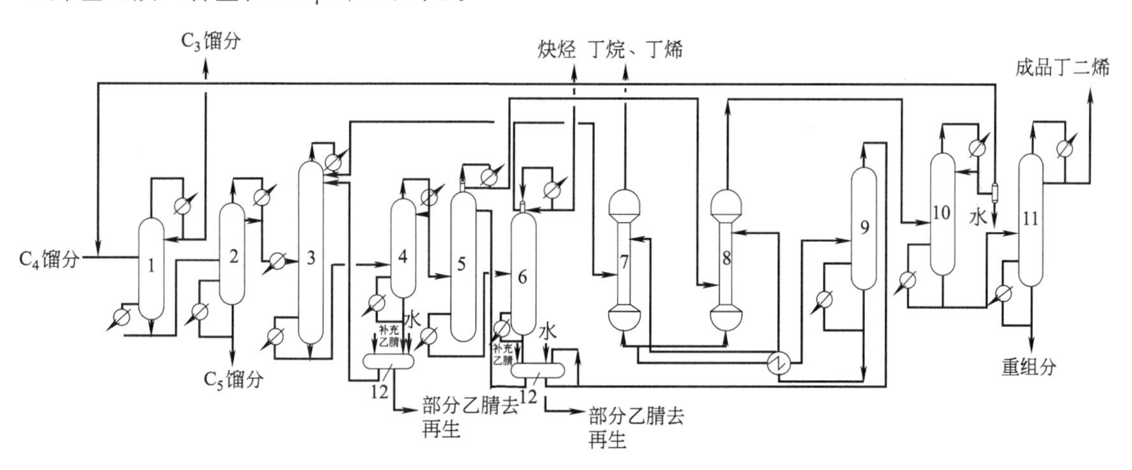

图 3-25　乙腈法 C_4 抽提丁二烯工艺流程图

1—脱 C_3 塔；2—脱 C_5 塔；3—丁二烯萃取精馏塔；4—丁二烯蒸出塔；5—炔烃萃取精馏塔；6—炔烃蒸出塔；7—丁烷、丁烯水洗塔；8—丁二烯水洗塔；9—乙腈回收塔；10—脱轻组分塔；11—脱重组分塔；12—乙腈中间储槽

炔烃萃取精馏塔的腈烃比为 3～4，回流比为 2～4，由于丁二烯、炔烃、丁烯在液相时几乎全溶于乙腈，且相对挥发度大，所以塔板数较少。经萃取精馏后，塔顶丁二烯送丁二烯水洗塔（8），脱除丁二烯中微量的乙腈，塔釜排出的乙腈与炔烃一起送入炔烃蒸出塔（6）。为防止乙烯基乙炔爆炸，炔烃蒸出塔塔顶的炔烃馏分必须间断地或连续地用丁烷、丁烯馏分进行稀释，使乙烯基乙炔的含量低于 30％（摩尔）。炔烃蒸出塔塔釜排出的乙腈返回炔烃蒸

出塔循环使用，塔顶排放的炔烃送出用作燃料。

经水洗后的丁二烯送脱轻组分塔（10），脱除丙炔和少量水分，塔釜丁二烯中的丙炔小于5μL/L，水分小于10μL/L。为保证丙炔含量不超标，塔顶产品丙炔允许伴随60%左右的丁二烯。丙炔挥发性大，不易冷凝。当塔顶气体冷却至一定温度后，含丙炔的未凝气体以气相排出。对脱轻组分塔来说，当釜压为0.45MPa、温度为50℃左右时，回流量为进料量的1.5倍，塔板为60块左右，即可保证塔釜产品质量。

脱除轻组分的丁二烯送脱重组分塔（11），脱除顺-2-丁烯、1,2-丁二烯、2-丁炔、二聚物乙腈及C_5等重组分。其塔釜丁二烯含量不超过5%（质量），塔顶蒸汽经过冷凝后即为成品丁二烯。成品丁二烯纯度为99.6%（体积）以上，乙腈小于10μL/L，总炔烃小于50μL/L。为了保证丁二烯质量要求，脱重组分塔采用85块塔板，回流比为4.5，塔顶压力为0.4MPa左右。

乙腈回收塔（9）塔釜排出的水经冷却后，送水洗塔循环使用；塔顶的乙腈与水共沸物，返回萃取精馏塔系统。另外，部分乙腈送去净化再生，以除去其中所积累的杂质，如盐、二聚物和多聚物等。

二、二甲基甲酰胺法（DMF法）生产丁二烯

二甲基甲酰胺法采用二甲基甲酰胺为萃取剂抽提丁二烯。该工艺采用二级萃取精馏和二级普通精馏相结合的流程，包括丁二烯萃取精馏、烃萃取精馏、普遍精馏和溶剂净化四部分。其工艺流程如图3-26所示。

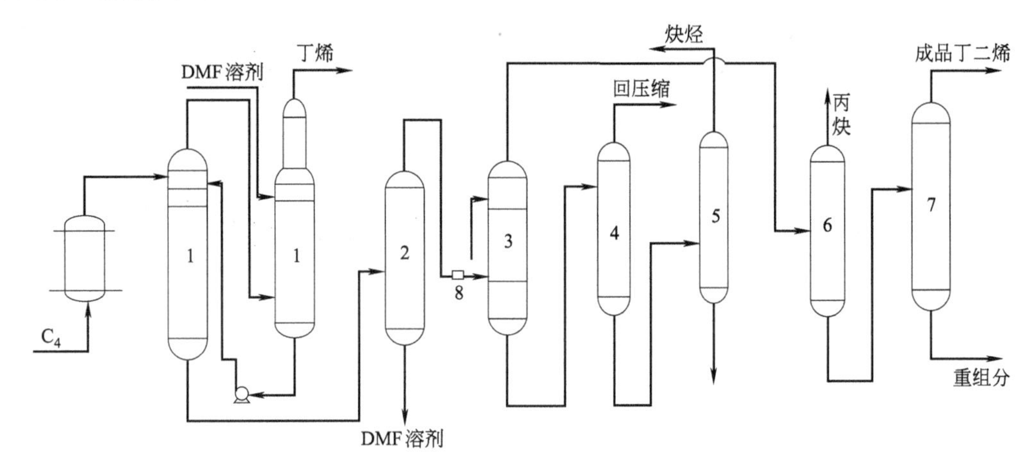

图3-26　二甲基甲酰胺法抽提丁二烯工艺流程图

1—第一萃取精馏塔；2—第一解吸塔；3—第二萃取精馏塔；4—丁二烯回收塔；5—第二解吸塔；6—脱轻组分塔；7—脱重组分塔；8—丁二烯压缩机

原料C_4馏分汽化后进入第一萃取精馏塔（1）的中部，二甲基甲酰胺则由塔顶部第七或第八板加入，其加入量约为C_4进料量的七倍。第一萃取精馏塔塔顶丁烯馏分直接送出装置，塔釜含丁二烯、炔烃的二甲基甲酰胺进入第一解吸塔（2）。解吸塔塔釜的二甲基甲酰胺溶剂，经废热利用后循环使用。丁二烯、炔烃由塔顶解吸出来，经丁二烯压缩机（8）加压后，大部分进入第二萃取精馏塔（3）。由第二萃取精馏塔塔顶获得丁二烯馏分，塔釜含乙烯基乙炔、丁炔的二甲基甲酰胺进入丁二烯回收塔（4）。为了减少丁二烯损失，由丁二烯回收塔塔顶采出含丁二烯多的炔烃馏分，以气相返回丁二烯压缩机，塔底含炔烃较多的二甲基甲酰胺溶液进入第二解吸塔（5），炔烃由第二解吸塔塔顶采出，可直接送出装置，塔釜二甲基

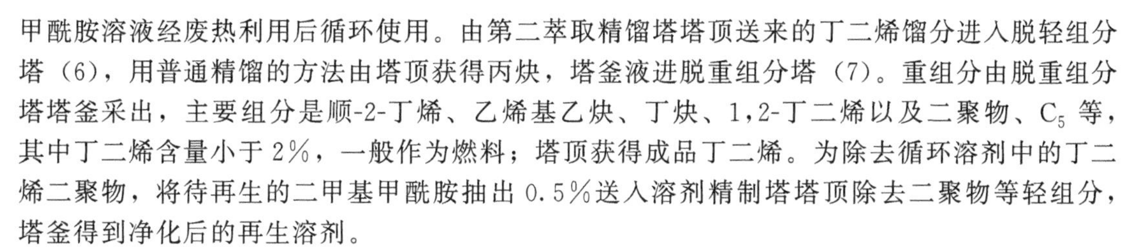
甲酰胺溶液经废热利用后循环使用。由第二萃取精馏塔塔顶送来的丁二烯馏分进入脱轻组分塔（6），用普通精馏的方法由塔顶获得丙炔，塔釜液进脱重组分塔（7）。重组分由脱重组分塔塔釜采出，主要组分是顺-2-丁烯、乙烯基乙炔、丁炔、1,2-丁二烯以及二聚物、C_5 等，其中丁二烯含量小于 2%，一般作为燃料；塔顶获得成品丁二烯。为除去循环溶剂中的丁二烯二聚物，将待再生的二甲基甲酰胺抽出 0.5%送入溶剂精制塔塔顶除去二聚物等轻组分，塔釜得到净化后的再生溶剂。

DMF 法的工艺特点是：虽然操作温度较高，但因阻聚剂效果好，操作周期可连续运转一年左右；溶剂无水，无设备腐蚀；该溶剂对炔烃选择性好，产品丁二烯质量高。DMF 法适用于从裂解 C_4 馏分、丁二烯氧化脱氢 C_4 馏分和丁烷脱氢 C_4 馏分中抽提丁二烯。

二甲基甲酰胺有一定毒性，对人有特异性损害，对胃、肾脏以及血液循环系统也有一定损害。空气中最大允许浓度为 $10mg/m^3$。

三、N-甲基吡咯烷酮（NMP）法生产丁二烯

N-甲基吡咯烷酮法（NMP 法）C_4 抽提丁二烯工艺流程见图 3-27。原料 C_4 馏分经塔（1）脱 C_5 后，进行加热汽化，进入第一萃取精馏塔（3），由塔上部加入含水 NMP 溶剂进行萃取精馏，丁烷丁烯由塔顶采出，直接送出装置。塔釜丁烯、丁二烯、炔烃、溶剂进入丁烯解吸塔（4）。在塔（4）中塔顶解吸后的气相（主要含有丁烯、丁二烯）返入塔（3），中部侧线气相采出丁二烯、炔烃馏分送入第二萃取精馏塔（5），塔釜为含炔烃、丁二烯的溶剂，送入脱气塔（6）。塔（5）上部加入溶剂进行萃取精馏，粗丁二烯由塔顶部采出，进入丁二烯精馏塔（8）。塔釜的炔烃、丁二烯溶剂进入塔（4）。脱气塔（6）顶部采出的丁二烯经压缩机（9）压缩后返回塔（4），中部的侧线采出经水洗塔（7）回收溶剂后，送到火炬系统，塔釜回收的溶剂再返回塔（3）和塔（5）循环使用。在丁二烯精馏塔（8）中，塔顶分出丙炔，塔釜采出重组分，产品丁二烯由塔下部侧线采出。

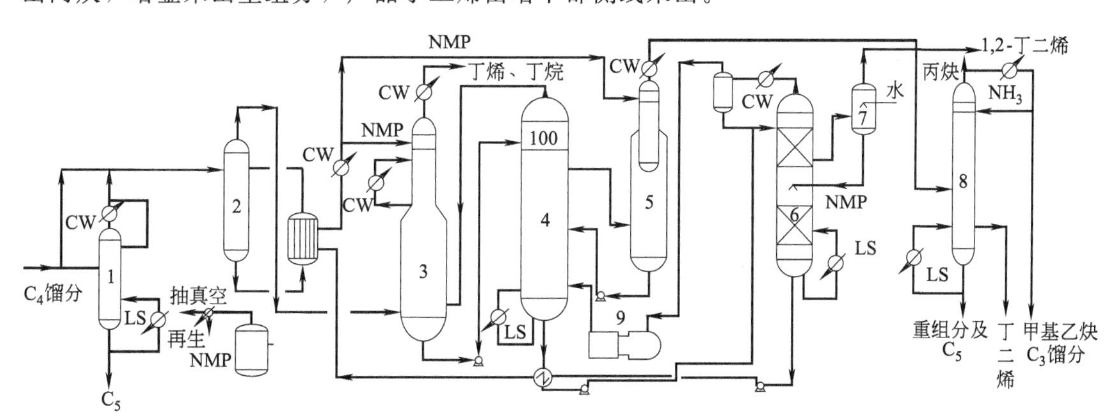

图 3-27　NMP 法抽提丁二烯工艺流程图

1—脱 C_5 塔；2—汽化塔；3—第一萃取精馏塔；4—解吸塔；5—第二萃取精馏塔；
6—脱气塔；7—水洗塔；8—丁二烯精馏塔；9—压缩机

这三种生产方法都得到了广泛的工业应用，DMF 法和 NMP 法均采用压缩机，耗电量大，流程较复杂，一次性投资较大。三种方法的投资额由高到低为 NMP 法、DMF 法、ACN 法。其中 ACN 法、DMF 法溶剂毒性较大，因而在国外发展已受到限制；而 NMP 法因其溶剂为低毒性，有益于环境保护和人身健康，近年来发展较快。

NMP法抽提
丁二烯工艺流程

国内 C_4 中抽提丁二烯的生产方法主要为 ACN 法和 DMF 法，NMP 法已引进技术装置并正在建设中。DMF、NMP 法均属国外专利技术。DMF 法为日本瑞翁公司技术，国内采用此项技术已建成五套装置；NMP 法为德国巴斯夫公司技术。ACN 法为中国自行开发的生产技术，已经工业生产二十多年，技术成熟并积累了大量的生产经验。近几年，经过技术改进，产品质量及能耗水平等主要经济指标已接近或达到引进装置水平。

第三节 丁烯氧化脱氢生产丁二烯

在不同来源 C_4 馏分中，除含有 4%（质量）左右的丁二烯外，还含有 20%（质量）左右的正丁烯、20%（质量）的顺丁烯及反丁烯。为了扩大丁二烯的来源，相继开发了催化脱氢和氧化脱氢等技术。前者是在高温下使丁烯通过催化剂脱氢生成丁二烯。这种方法的缺点是单程收率低，导致丁烯催化脱氢转化率低。收率低的原因是催化脱氢为可逆过程，单程转化率受化学平衡的限制。为了使平衡向有利于生成丁二烯的方向进行，最好的办法是使生成的氢及时移出或除去。在氧化脱氢中，加入的氧化剂可迅速将生成的氢氧化为水，使反应朝一个方向进行，从而大幅度提高丁烯转化率及丁二烯的收率。

一、丁二烯的生产原理

1. 主副反应

主反应

$$C_4H_8+1/2O_2 \longrightarrow C_4H_6+H_2O+126kJ/mol$$

主要副反应

$$C_4H_8+6O_2 \longrightarrow 4CO_2+4H_2O+2531kJ/mol$$

$$C_4H_8+4O_2 \longrightarrow 4CO+4H_2O+1268kJ/mol$$

$$C_4H_8+3/2O_2 \longrightarrow \text{(HC=CH–CH=CH–O 呋喃环)}+2H_2O+251.0kJ/mol$$

$$C_4H_8+O_2 \longrightarrow 2CH_3CHO+333.0kJ/mol$$

$$C_4H_8+2/3O_2 \longrightarrow 4/3C_3H_6O+290.1kJ/mol$$

除以上反应外，还有丁烯的三种异构体以很快的速度进行异构化反应，即

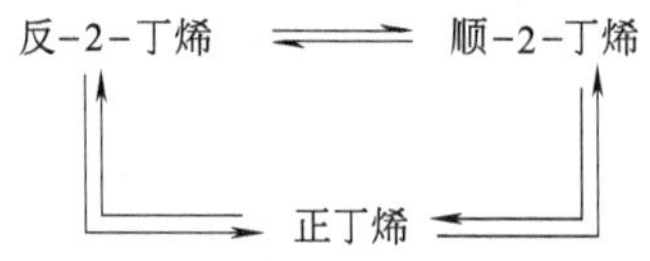

丁烯氧化脱氢生成丁二烯，一般是由反-2-丁烯和顺-2-丁烯先异构化为正丁烯，然后正丁烯再氧化脱氢生成丁二烯。直接由顺、反-2-丁烯氧化脱氢生成丁二烯所占比例甚少。丁烯生成丁二烯的平衡常数在任何条件下都很大，反应为不可逆反应。另外，主副反应均是较强的放热反应，而且是在一定量水蒸气存在下进行的。为了使反应在适宜的温度下进行，必须有效地将反应热移出。

2. 催化剂

丁烯氧化脱氢催化剂主要有三类，即钼酸铋系催化剂、混合氧化物系催化剂、尖晶石型

铁系催化剂。各类催化剂性能见表 3-15。从表 3-15 中数据可以看出，铁系催化剂比铝系催化剂的收率高 7～10 个百分点，选择性高 11～12 个百分点，含氧化合物不到铝系催化剂的 10%，大大减轻了后处理系统的负担。由于具有可观的经济效益，所以目前多用铁系催化剂。

表 3-15　丁烯氧化脱氢生成丁二烯反应的催化剂及性能举例

类型	催化剂	温度/℃	转化率/%	选择性/%	收率/%	含氧化合物
钼酸铋系	Bi-Mo-P	480	63～68	77～78	53	8.4
尖晶石型铁	H-198	360	68～70	90	61～63	
	B-02	330～550	67.5～70.3	90～92	62～68	0.65～0.80
	F-84-13	370～380	76～78	91.2～92.8	69～72	0.83

二、丁二烯的生产工艺条件

影响丁二烯生产的因素主要有氧烯比、水烯比、反应温度、丁烯空速及反应压力等。

1. 氧烯比

氧烯比增大，丁二烯收率上升，$CO+CO_2$ 的收率也明显增加，丁二烯选择性下降。氧烯比小，即氧量不足，将促使催化剂中晶格氧下降，使催化剂的活性降低，从而降低转化率和选择性，同时缺氧还会使催化剂表面积炭加快，寿命缩短。氧烯比过高，会导致深度氧化副反应加剧，并使生成气中未反应的氧量增加，在加压条件下易生成过氧化物而引起爆炸。综合考虑，氧烯比在流化床中控制在 0.65～0.75，在固定床中控制在 0.70～0.72 较为适宜。

2. 水烯比

水蒸气作为稀释剂和热载体，具有调节反应物及产物分压、带出反应热、避免催化剂过热的功效，水蒸气还可以参与水煤气反应，消除催化剂表面积炭以延长其使用寿命。水蒸气对反应的影响见表 3-16。由表可知水烯比在 9～13，丁烯转化率、丁二烯收率及选择性均有提高，而含氧化合物含量下降。在生产中，水烯比在流化床反应器控制在 9～13，固定床反应器控制在 12～13。

表 3-16　水烯摩尔比对丁烯氧化脱氢的影响①

水烯摩尔比	丁二烯收率/%	丁烯转化率/%	丁二烯选择性/%	$CO+CO_2$ 生成率/%
9	66.02	70.98	93.01	4.96
10	67.82	72.74	93.24	4.92
11	70.02	74.90	93.48	4.88
12	70.80	75.32	94.00	4.52
13	71.29	75.66	94.22	4.38

① 反应温度为 370℃，反应压力为 0.5MPa，丁烯空速为 $300h^{-1}$，氧烯摩尔比为 0.72。

3. 反应温度

表 3-17 表示了采用 H-198 铁系尖晶石型催化剂在流化床反应器中，反应温度对丁烯氧化脱氢反应的影响。表 3-17 表明，在一定温度范围内，丁烯转化率与丁二烯收率逐渐提高，而一氧化碳与二氧化碳收率之和略有增加，丁二烯选择性无明显变化。过高的反应温度会导致丁烯深度氧化反应加剧，深度氧化产物明显增多，不利于产物丁二烯的生成。温度低，丁

二烯的收率随之下降，反应速率减慢。因此，选择适宜的反应温度，才能得到理想的结果。选择反应温度主要考虑催化剂的性能、反应器的结构型式等因素。H-198催化剂常使用流化床反应器，反应温度一般控制在360～380℃，而B-02催化剂常使用固定床二段绝热反应器，反应温度一般为320～380℃，出口温度为510～580℃，二段入口温度335～370℃，出口温度为550～570℃。

表3-17　反应温度对丁烯氧化脱氢的影响

温度/℃	压力/MPa	丁烯空速/h^{-1}	水烯摩尔比	氧烯摩尔比	丁二烯收率/%(摩尔)	丁烯转化率	丁二烯选择性	$CO+CO_2$收率/%(摩尔)
380	0.5	300	11	0.72	65.71	69.81	94.13	4.09
365	0.5	300	11	0.72	69.37	73.85	93.93	4.48
370	0.5	300	11	0.72	70.83	75.38	93.96	4.54
375	0.5	300	11	0.72	72.33	76.77	94.22	4.43
380	0.5	300	11	0.72	71.71	76.12	94.21	4.40

4. 反应压力

采用铁系催化剂动力学方程式如下：

$$v=kp_{a}^{0.9}p_{O_2}^{0.1}$$

式中，v为生成丁二烯的反应速率；p_a为丁烯的分压；p_{O_2}为氧气的分压。

由此式可知，丁烯氧化脱氢反应生成丁二烯的反应速率与丁烯分压的0.9次方成正比，与氧气分压的0.1次方成正比，与水蒸气的分压无关。

压力增加，反应速率增大，丁烯转化率增加。从化学反应方程式知，生成一氧化碳及二氧化碳的反应为摩尔数增加的反应，增大压力有利于提高深度氧化反应的平衡转化率，最终会导致反应选择性下降，丁烯消耗增加。同时，压力增大，反应温度升高，加剧了副反应的进行，造成恶性循环。

5. 丁烯空速

丁烯空速增加，丁烯转化率、丁二烯收率及$CO+CO_2$收率均呈下降趋势。而丁二烯的选择性只稍有上升。因此，适当提高空速，反应效果良好，过大的空速则使转化率、收率有所下降。

采用流化床反应器，空速与反应器的流化质量有直接关系，空速增加，导致催化剂带出量上升。空速低，流化不均匀，造成局部过热，催化剂失活，选择性下降，副反应增多。流化床反应器空速通常选择200～270h^{-1}，固定床反应器空速为210～250h^{-1}较为适宜。

三、丁二烯的生产工艺流程

1. 流化床反应器进行丁烯氧化脱氢工艺流程

目前，国内流化床反应器进行丁烯氧化脱氢生产丁二烯，均采用H-198铁系尖晶石催化剂。流化床反应器进行丁烯氧化脱氢工艺流程如图3-28所示。

原料丁烯经丁烯预热器后与蒸汽按一定比例混合，再经过管道混合的静态混合器与空气按一定比例混合，然后进入反应器进行丁烯氧化脱氢反应。反应温度为320～490℃，进料温度为140℃。反应生成气经过旋风分离后进入废热器锅炉回收部分热量，再进入水冷却塔进一步降温并洗去夹带的催化剂粉尘，经过滤后进入生成气压缩机。经压缩后的生成气再依

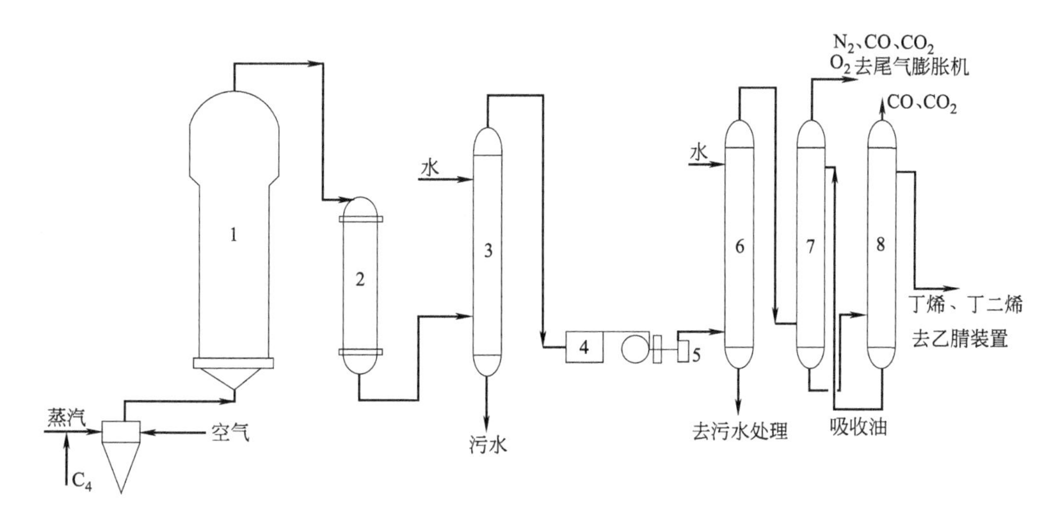

图 3-28 流化床反应器进行丁烯氧化脱氢工艺流程图

1—反应器；2—废热锅炉；3—水洗塔；4—过滤器；5—生成气压缩机；
6—洗醛塔；7—油吸收塔；8—解吸塔

次经过洗醛塔、油吸收塔和解吸塔，再由解吸塔侧线采出丁烯-丁二烯馏分，再送至去乙腈装置，采用萃取精馏方法分离出高纯度的丁二烯。

2. 固定床反应器进行丁烯氧化脱氢工艺流程

绝热固定床反应器用 B-02 铁系催化剂，其工艺流程如图 3-29 所示。从管网来的蒸汽按比例分为两路。一路沿前换热器与二段轴向反应器出来的生成气换热，使蒸汽温度由 180℃上升到 460℃左右；另一路蒸汽作为旁路，用来调节轴向反应器的入口温度。两路蒸汽合并后在管路中与丁烯馏分混合，并进入一段进料混合器（3）与定量空气混合。然后，进入装有 B-02 催化剂的一段轴向反应器（4），入口温度为 330～360℃。由于该反应为放热反应，因此反应后生成气温度可达 510～560℃。

由一段轴向反应器出来的生成气先后进入两级二段混合器，在二段一级混合器（5）内

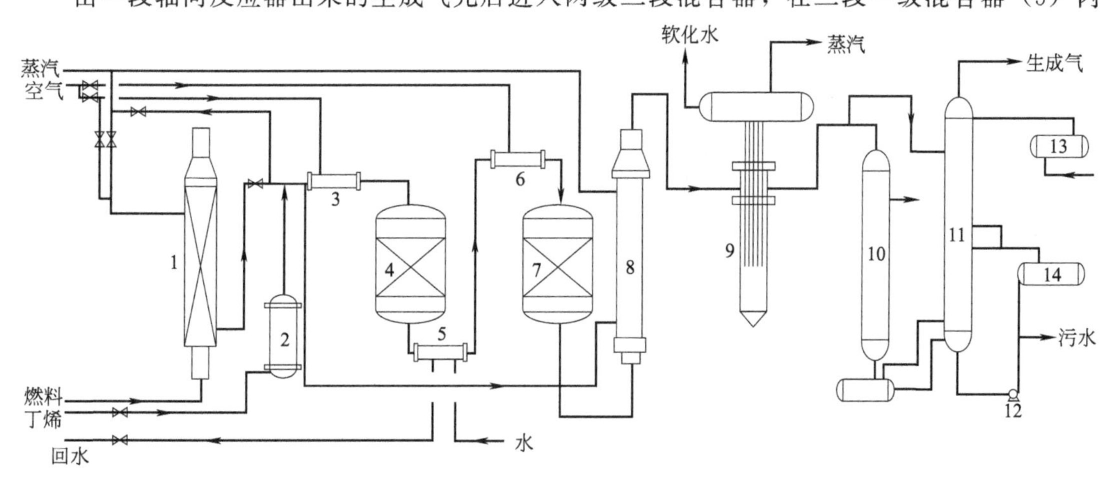

图 3-29 固定床反应器进行丁烯氧化脱氢工艺流程图

1—开工加热炉；2—丁烯蒸发器；3—一段进料混合器；4—一段轴向反应器；5—二段一级混合器；
6—二段二级混合器；7—二段轴向反应器；8—前换热器；9—废热锅炉；10—后换热器；
11—洗酸塔；12—循环水泵；13—盐水冷却器；14—循环水冷却器

喷入脱氧水，并按二段配料比加入液态丁烯馏分及空气。利用喷水量将二段轴向反应器（7）的入口温度控制在300℃左右，混合好的气体进入二段轴向反应器后继续反应。550～570℃的二段轴向反应生成气经前换热器（8）与配料蒸汽换热后，温度降到300℃左右进入废热锅炉，产生600kPa的蒸汽（表），然后并入蒸汽管网。从废热锅炉来的生成气温度降至200℃，为充分利用配料蒸汽相变热，在管道上向废热锅炉出口喷入定量的水冷洗酸塔（11）凝液，使其增湿饱和后进入后换热器（10）。用循环软水回收其冷凝热后，部分冷凝后的气液两相经分离后，液相去循环水泵，气相进入水冷洗酸塔。水冷洗酸塔顶加入10℃的冷却水，除去大量水分并洗去酸、酮和醛类，生成气送后处理系统。60℃的塔凝液与分离罐的冷凝液一起由循环水泵（12）加压后，大部分经冷却后循环使用，少量送去增湿，多余部分送往污水处理系统。

复习思考题

一、填空题

1.丁二烯长期贮存易自聚，所以需低温贮存并加入________。

2.从碳四馏分中抽提分离丁二烯，根据溶剂的不同，常用的生产方法可分为__________和______________。

3.国内外丁二烯的来源主要有两种，一种是______________________________抽提得到，另一种是__________________得到。

4.要分离高纯度的丁二烯，一般须采用特殊的分离方法，目前工业上广泛采用________和______________相结合的方法。

二、选择题

1. 丁二烯的最主要的用途是生产（　　）。

A. 塑料　　B. 纤维　　C. 橡胶　　D. 酸酐

2. 溶剂量与加料量的比值称为（　　）。

A. 氨比　　B. 溶剂比　　C. 水比　　D. 量比

3. 以下不属于一般极性溶剂含水的目的是（　　）。

A. 增加选择性　　B. 降低温度　　C. 提高选择性　　D. 增加溶解度

4. 丁二烯与（　　）和丙烯腈三元共聚可生成ABS树脂。

A. 乙苯　　B. 苯乙烯　　C. 甲苯　　D. 异丙苯

5. 丁烯氧化脱氢生产丁二烯的反应加入水蒸气作用不包括（　　）。

A. 稀释剂　　B. 参与水煤反应　　C. 热载体　　D. 反应原料

三、简答题

1.裂解制乙烯的联产物碳四烃的特点是什么？

2.试述碳四馏分的分离方法。

3.简述萃取精馏的基本原理。

4.影响萃取精馏操作的因素有哪些？

5.萃取精馏在回流比选择上有什么特点？

6.为什么萃取精馏分离丁二烯流程采用两级萃取？

7.简述乙腈法抽提丁二烯的工艺流程，并与二甲基甲酰胺抽提丁二烯作比较。

8.画出NMP生产丁二烯的工艺流程并叙述流程。

9.试述丁烯氧化脱氢生产丁二烯的反应原理。

10.丁烯氧化脱氢催化剂有哪些？

11. 氧气和丁烯比对产品收率有何影响？
12. 丁烯氧化脱氢生产丁二烯过程中加入水蒸气的作用是什么？
13. 丁烯氧化脱氢生产丁二烯过程中反应温度对收率会有怎样的影响？
14. 简述丁烯氧化脱氢生产丁二烯过程中反应压力对收率的影响。
15. 叙述丁烯氧化脱氢制丁二烯过程中空速对收率的作用。
16. 简述丁烯氧化脱氢生产丁二烯的工艺流程。

第八章　异戊二烯的生产

学习目标

1. 了解异戊二烯的性质、用途及生产方法。
2. 掌握异丁烯和甲醛生产异戊二烯的原理及工艺流程。
3. 掌握异戊烷和异戊烯催化脱氢生产异戊二烯的工艺流程。
4. 掌握利用 C_5 馏分抽提异戊二烯的条件及工艺流程。

课程导入

异戊二烯在合成橡胶、涂料、香料、医药和农药等工业和民用领域有广泛的用途。那么如何生产异戊二烯，生产条件如何控制、生产工艺过程如何？

工业上异戊二烯主要来源于裂解制乙烯过程的裂解 C_5（简称 C_5 馏分）。随着乙烯工业的快速发展，裂解 C_5 馏分的利用越来越重要。在 C_5 馏分的综合利用中，最具有利用价值的是异戊二烯、间戊二烯和（双）环戊二烯三种双烯烃。异戊二烯在 C_5 馏分中占 15%～25%，在合成橡胶、医药农药中间体以及合成润滑油添加剂、橡胶硫化剂的生产方面具有广泛的用途，开发利用前景十分广阔。

目前，我国异戊二烯的生产厂家主要有：上海石化（C_5 分离装置产能 20 万吨/年）、山东玉皇化工有限公司（C_5 分离装置产能 20 万吨/年）、齐鲁淄博乙烯鲁华公司（C_5 分离装置产能 13 万吨/年）、濮阳市新豫石油化工公司（C_5 分离装置产能 5 万吨/年）、宁波金海德旗公司（15 万吨/年 C_5 分离装置）、大庆华科股份公司（15 万吨/年 C_5 分离装置）等。此外，南京金浦石化计划建设 15 万吨/年 C_5 分离装置，武汉石化筹备建设 15 万吨/年的 C_5 分离装置，中国石油计划在东北地区建设 26 万吨/年的 C_5 分离装置，燕山石化拟建设 20 万吨/年的分离装置及兰州石化筹建 26 万吨/年 C_5 分离装置。

随着多套 C_5 利用装置的建成投产，我国 C_5 装置的总生产能力不断扩大，其中异戊二烯的生产能力也将不断增加，将逐渐满足异戊二烯下游行业对异戊二烯的需求。

各国不断进行异戊二烯制备与精馏方法研发，并将新型合成与精馏技术投入应用，如日本持续研发并完善通过细胞制备异戊二烯的方法，预计异戊二烯生产效率将不断提升。日本企业已通过构筑人工途径制作高活性酶，并创造具备生成异戊二烯优异能力的细胞，这种方式相对于现在的生产方式来说绿色、环保，未来这种绿色环保的趋势仍将延续。

第一节　异戊二烯生产概述

一、异戊二烯的性质及用途

1. 异戊二烯的物理性质

异戊二烯，化学名 2-甲基-1,3-丁二烯，是一种易挥发的无色油状液体，有特殊气味。几乎不溶于水，易溶于醇、醚和大多数烃类化合物，能和许多有机物形成二元及三元共沸物。其主要物理性质列于表 3-18。

表 3-18　异戊二烯的主要物理性质

性质	数值	性质	数值
分子量	68.114	燃烧热(25℃液相)/(kJ/mol)	−3159.67
外观(常温)	无色液体	汽化热/(kJ/g)	26.78
气味	有刺激性	临界压力/MPa	3.847
沸点(101.3kPa)/℃	34.059	临界温度/℃	211
熔点(101.3kPa)/℃	−145.95	临界体积/(cm^3/mol)	276
闪点/℃	−48	爆炸限(总压 13kPa、25℃空气)/%(体积)	上限 7%～9.7%
密度(20℃)/(g/cm^3)	0.68095		下限 1%～1.5%
黏度(20℃)/mPa·s	0.216	溶解性	几乎不溶于水，溶于大部分烃，易溶于醇和醚
折射率 n_D^{20}	1.42194		

2. 异戊二烯的化学性质

（1）加成反应　异戊二烯可与氢、烃类、卤素及含卤、含氮、含硫等的化合物发生加成反应，其中有应用价值的较重要的反应是异戊二烯和氯化氢加成生成氯化异戊烯，进一步和丙酮反应生成甲基庚烯酮，后者是合成维生素 A 和维生素 E，以及合成香料和医药的重要中间体。

（2）双烯加成反应　在光和热的作用下，异戊二烯与含双键的化合物进行双烯加成反应，生成环状化合物。

（3）聚合反应　异戊二烯最重要的化学性质是能在 1,4 或 1,2 位置上进行聚合。随反应条件及引发剂体系不同，产品聚异戊烯橡胶结构亦不同，其中以顺-1,4-聚异戊二烯为主要产品。

（4）共聚反应　异戊二烯可与其他不饱和烃进行共聚反应，如与异丁烯共聚生成丁基橡胶；与苯乙烯嵌段共聚生成异戊二烯-苯乙烯-异戊二烯热塑性弹性体。

3. 异戊二烯的用途

异戊二烯的主要下游应用在橡胶弹性体、固化剂、医药、香料和农药等。从全球市场分析，下游个性化及高端化的需求将推动弹性体领域（SIS、SEPS、SIBR、IIR 等）成为高纯异戊二烯产品高增速子市场。由异戊二烯制备的弹性体将应用于汽车、包装、医疗和一次性卫生用品等领域。

二、异戊二烯的生产方法

异戊二烯生产方法基本可归为三类，即异戊烷、异戊烯脱氢法，化学合成法（包括异丁烯-甲醛法、乙炔丙酮法、丙烯二聚法）和裂解 C_5 馏分萃取蒸馏法。对异戊二烯的生产，各国都根据自己的资源情况和技术条件来选择合适的工艺路线。本章重点介绍烯醛法，异戊烷、异戊烯脱氢法及从 C_5 馏分中抽提三种方法。

素质阅读

异戊二烯单体的合成新路线

中国科学院长春应用化学所首创的以石油化工中的廉价、丰富的碳四资源中的异丁烯（或甲基叔丁基醚 MTBE）和甲醛合成天然橡胶最关键的反应原料——异戊二烯单体的绿色合成工艺及新型化工全套产业化技术，具有流程短、成本低、纯度高、机动灵活等特点，成功突破了多相负载催化剂开发、双提升并列流化床放大、物料分离回收及再利用等系列关键技术，解决了催化剂单程转化率及选择性低，双提升并列流化床、再生床技术放大等技术难题，设计并建成了国际首条烯醛气相一步法全流程百吨级异戊二烯单体合成中试装置，实现稳定运行，得到稳定合格产品，纯度达到≥99.5%（碳五分离指标 99%），满足聚合级要求，异戊二烯回收率≥98.5%，吨产品催化剂消耗≤2.0kg，同时作为原料聚合得到的橡胶质量达到进口天然橡胶 1 号烟片胶水平，更主要的是稀土催化剂成本降低 10%，总体产品成本明显低于传统碳五分离技术，具有极大的市场竞争力。

第二节　异丁烯和甲醛生产异戊二烯

一、反应原理

采用异丁烯和甲醛为原料合成异戊二烯，又称为烯醛合成法。依制取步骤不同，可分为一步法和两步法，一步法尚在开发中。两步法 1964 年由苏联开发，于 1972 年在日本东丽公司实现工业化。

1. 一步法

主要步骤：

$$(H_3C)_2C{=}CH_2 + HCHO \longrightarrow H_2C{=}C(CH_3){-}CH{=}CH_2 + H_2O$$

由异丁烯和甲醛在 150～300℃在催化剂条件下一步合成异戊二烯，该法分液相和气相合成法，均处于开发研究阶段。目前尚未工业化的主要原因是单程转化率及选择性较低。

（1）液相合成法　用抽提丁二烯后的含异丁烯 C_4 馏分经水合生成的叔丁醇为原料，以固体酸或溶液酸为催化剂，在反应温度 150～160℃、停留时间 30～50min 条件下，过量叔丁醇（或异丁烯）和甲醛进行液相反应生成异戊二烯。

（2）气相合成法　采用磷酸盐催化剂或者氧化硅和氧化锑为催化剂，在常压、200～300℃条件下，甲醛和纯异丁烯气体进行反应生成异戊二烯。

2. 两步法

第一步，异丁烯和甲醛在稀硫酸催化剂存在下反应生成4,4-二甲基-1,3-二氧杂环己烷（DMD）；

$$(H_3C)_2C{=}CH_2 + 2HCHO \longrightarrow (H_3C)_2\overset{}{C}\begin{matrix} H_2C{-}CH_2 \\ O{-}CH_2{-}O \end{matrix}\ \text{（环状）}$$

（DMD）

第一步的副反应有：

$$(H_3C)_2C{=}CH_2 + HCHO + H_2O \longrightarrow H_3C{-}C(CH_3)(OH){-}CH_2{-}CH_2OH$$

$$(H_3C)_2C{=}CH_2 + H_2O \longrightarrow H_3C{-}C(CH_3)_2{-}OH$$

$$H_3C{-}C(CH_3)_2{-}OH + CH_3OH \longrightarrow H_3C{-}O{-}C(CH_3)_2{-}CH_3 + H_2O$$

$$H_3C{-}C(CH_3){=}CH_2 + HCHO \longrightarrow H_2C{=}C(CH_3){-}CH_2{-}CH_2OH$$

第二步，DMD裂解生成异戊二烯、甲醛和水。缩合生成的DMD经蒸馏脱除剩余C_4及较重的副产品，得到较纯的DMD。DMD经水蒸气稀释后，以经磷酸活化的固体磷酸钙为催化剂，在250～280℃或更高温度、反应压力不大于0.3MPa下气相裂解生成异戊二烯。DMD转化率80%～90%，异戊二烯选择性48%～89%。DMD裂解生成的甲醛返回缩合反应器。由于裂解生成的副产物与异戊二烯不形成共沸物，因此采用一般蒸馏方法即可得到99.6%以上的聚合级异戊二烯产品。即：

$$\text{DMD} \longrightarrow H_2C{=}C(CH_3){-}CH{=}CH_2 + HCHO + H_2O$$

第二步的副反应有：

$$H_3C{-}H_2C{-}HC{=}CH_2 + 2HCHO \longrightarrow C_2H_5{-}HC{-}H_2C{-}CH_2\ (\text{HC 与 }CH_2\text{ 经 }O{-}CH_2{-}O\text{ 成环})$$

$$C_2H_5{-}HC{-}H_2C{-}CH_2\ (O{-}CH_2{-}O\text{ 成环}) \longrightarrow H_3C{-}HC{=}CH{-}HC{=}CH_2$$

$$H_3C—HC=HC—CH_3 + 2HCHO \longrightarrow H_3C—\underset{\displaystyle O—CH_2—O}{HC—\overset{\displaystyle CH_3}{HC}—CH_2} \longrightarrow C_2H_5—\overset{\displaystyle O}{\overset{\|}{C}}—CH_3$$

$$H_3C—HC=HC—CH_3 + 2HCHO \longrightarrow CH_2=HC—\underset{\displaystyle O—CH_2—O}{HC—H_2C—CH_2} \longrightarrow \text{(五元环)}$$

$$H_2C=\overset{\displaystyle CH_3}{C}—CH=CH_2 + HCHO \longrightarrow \text{(4-甲基-5,6-二氢-2H-吡喃环)}$$

$$H_3C—\underset{\displaystyle O—CH_2—O}{\overset{\displaystyle CH_3}{C}—H_2C—CH_2} \longrightarrow (H_3C)_2C=CH_2+2HCHO$$

除此之外，还有许多副产物生成，产物虽为一复杂体系，但主要副反应是甲基二氧六环分解成为原始产物。

二、异丁烯和甲醛制异戊二烯的工艺流程

异丁烯和甲醛制取异戊二烯的过程通常由四部分组成，即二甲基二氧六环的合成和油相加工、水相加工、二甲基二氧六环分解、异戊二烯的提取和精制。

1. 二甲基二氧六环的合成和油相加工

二甲基二氧六环的合成和油相加工的工艺流程见图 3-30。异丁烯与甲醛缩合通常在两台串联的反应器中进行，异丁烯馏分由反应器（2）下部加入，含 35%（质量）以上的甲醛水溶液与 1%～2%（质量）的稀硫酸混合预热后由反应器（2）的上部加入。C_4 馏分先经萃取塔（1），从水相中将 C_4 烃及二甲基二氧六环萃取出来。之后与油相中提取的叔丁醇混合，以抑制反应进一步生成叔丁醇，保证异丁烯有较高的选择性。反应产物靠压力差送入反

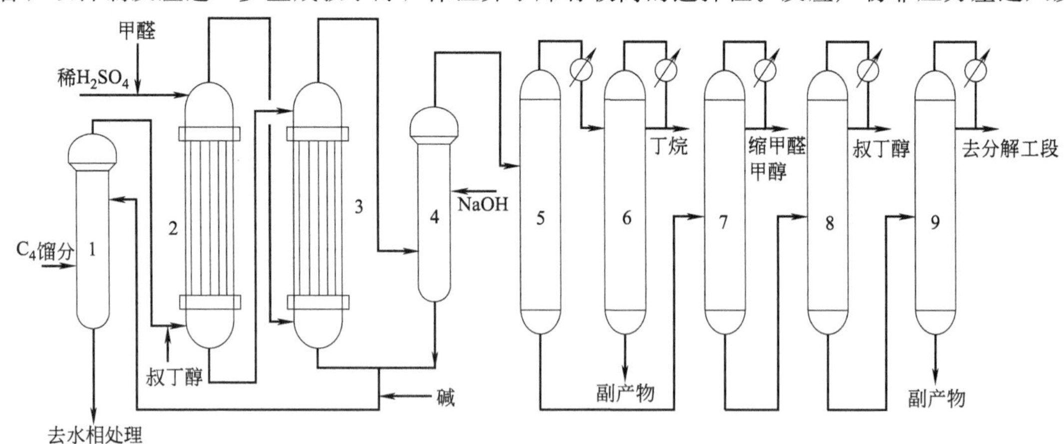

图 3-30　制取二甲基二氧六环和油相加工的工艺流程

1—萃取塔；2，3—反应器；4—洗涤塔；5—C_4 分离塔；6—C_4 精馏塔；7—缩甲醛、甲醇分离塔；8—叔丁醇塔；9—分馏塔

应器（3）顶部与反应器（2）顶送入的气体逆流接触，使反应物反应完全。反应热由管间的饱和水移出。由反应器（3）顶部出来的油相，经冷却后送入洗涤塔（4），脱除其中未反应的甲醛、硫酸及反应生成的有机酸。油相由洗涤塔顶送入 C_4 分离塔（5），塔顶 C_4 送入 C_4 精馏塔（6），分出异丁烷、异丁烯馏分以及丁烷、丁烯馏分。C_4 分离塔塔釜液送缩甲醛、甲醇分离塔（7），塔顶为缩甲醛、甲醇馏分，塔釜液送入叔丁醇塔（8）。叔丁醇塔塔顶蒸出的叔丁醇蒸气经冷凝后，部分回流，其余送入反应器（2）。叔丁醇塔塔釜液送入二甲基二氧六环分馏塔（9），在负压下蒸出的二甲基二氧六环从塔顶采出冷凝后部分回流，其余送分解工序。其釜液送到副产物加工工序。

在上述过程中，异丁烯转化率为 88%～92%（质量），甲醛转化率为 92%～96%（质量），二甲基二氧六环的收率按甲醛计为 80%～83%（质量），按异丁烯计为 68%～88%（质量），二甲基二氧六环的浓度为 98%。

2. 水相加工

水相加工工艺流程如图 3-31 所示。用 15%～20%的碱液中和的水相，在萃取精馏塔中将部分可溶解的有机产物提取出来。水相进入两个并联的低沸点精馏塔（1）和（2），分离出的低沸点馏分经冷凝器（11）、（12）冷凝后送去脱除甲醛。其釜液送蒸醛塔（3），蒸出甲醛并浓缩高沸点产物和溶解的盐类。精馏塔塔顶蒸出的甲醛和水蒸气经冷凝后为 8%～12%的甲醛水溶液，送甲醛提浓塔（4），塔釜排出的浓缩物用碱中和送去加工处理高沸点副产物。

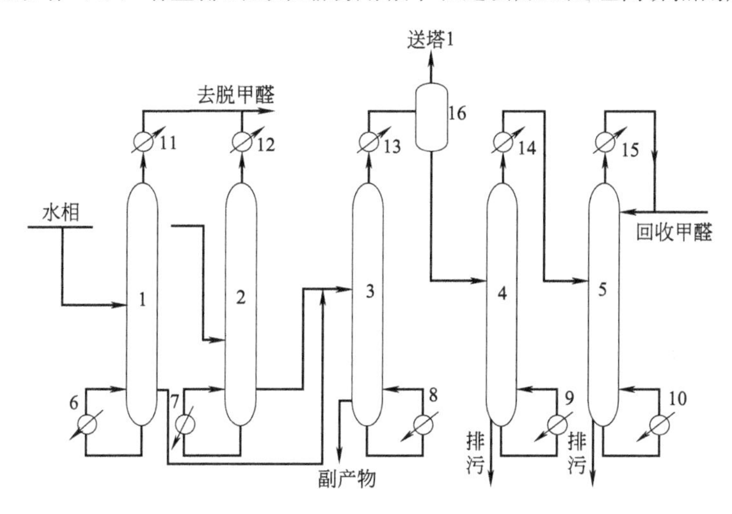

图 3-31 水相加工工艺流程

1,2—低沸物精馏塔；3—蒸醛塔；4—提浓塔；5—成品塔；6～10—再沸器；11～15—冷凝器；16—气液分离器

蒸醛塔塔顶的甲醛水溶液通过提浓塔进一步增浓，从而可得到稀甲醛水溶液。塔釜液经碱液中和排污。提浓塔塔顶的稀甲醛溶液送入成品塔（5），可得 35%（质量）的甲醛水溶液（福尔马林），釜液经水稀释后排污。

3. 二甲基二氧六环分解

二甲基二氧六环的分解反应为吸热反应，反应热效应约为 146.5kJ/mol。反应过程所需吸收的热量由 700℃的过热水蒸气供给。反应在磷酸钙盐催化剂作用下进行，在反应过程中，磷酸钙与磷酸盐不断生成酸式磷酸盐。其反应方程式如下。

$$Ca_3(PO_4)_2 + H_3PO_4 \longrightarrow 3CaHPO_4$$

二甲基二氧六环分解反应的工艺流程如图 3-32 所示。二甲基二氧六环与水蒸气混合后送入蒸发器（1）和蒸汽过热器（2），过热后再进入烟道气过热器（3），最后送入反应器（4）。为维持反应温度，向每个区段通入温度不超过750℃的过热水蒸气。在反应过程中，二甲基二氧六环转化率为80%～90%，选择性为80%～85%，反应温度为370～390℃，反应压力不大于0.3MPa。

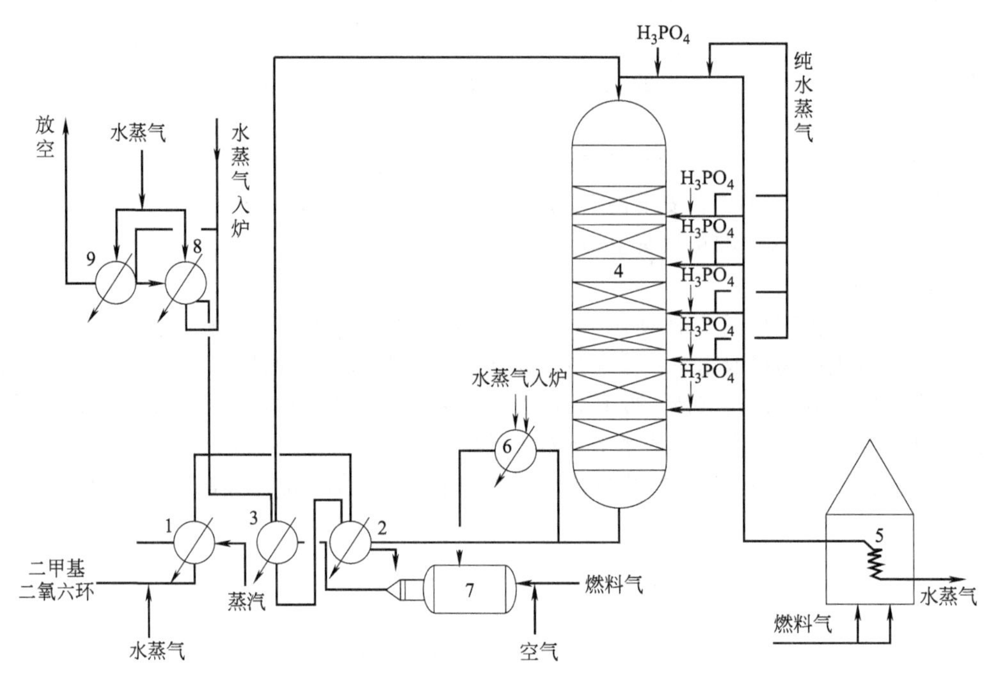

图 3-32　在立式反应器内二甲基二氧六环分解反应工艺流程

1—蒸发器；2,3,6,8,9—过热器；4—反应器；5—管式炉；7—燃烧器

随着反应的进行，在催化剂表面会有炭生成，当达到一定程度后需对催化剂进行再生。再生的办法是向床层中通入400℃的蒸汽和空气混合物，控制燃烧，从而达到除炭的目的。

4. 异戊二烯的提取和精制

由分解反应得到的分解产物组成如表3-19所示。

表 3-19　二甲基二氧六环分解产物组成　　单位：%

组分	异戊二烯	异丁烯	戊烯烃	1,3-戊二烯	己二烯
组成	82.5	10.0	0.2	0.5	2.0
组分	异戊烯醇	低沸点物	H_2,C_1～C_4	甲基二氢吡喃	焦炭
组成	1.6	0.5	0.1	1.6	1.0

异戊二烯精制的工艺过程通常由接触气的冷凝、回收异丁烯和粗异戊二烯的提取、异戊二烯精馏、羰基化合物洗除、精异戊二烯共沸干燥组成。接触气冷凝和回收异丁烯工艺流程如图3-33所示，异戊二烯分离和精制工艺流程见图3-34。

接触气经冷凝后进入沉降槽（11），将冷凝液分为油相和水相。水相送水相加工部分，油相送异戊二烯、异丁烯馏分塔（1）。在该塔中异戊二烯、异丁烯馏分由塔顶蒸出，为防止三聚甲醛堵塞回流冷凝器（2）和洗出甲醛，故在进入冷凝器（2）之前加入脱盐水。冷凝后的凝液进入储槽（4）分为水相和油相，水相送入料前的沉降槽（11），油相送入异丁烯蒸出

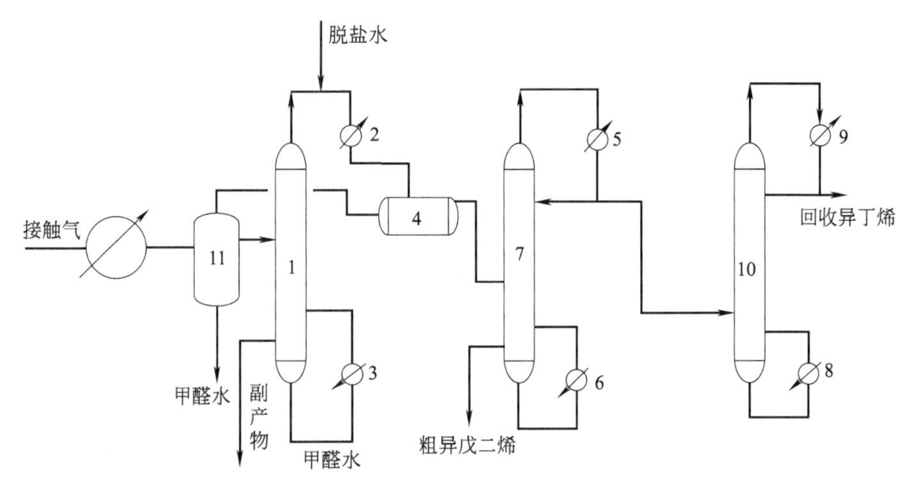

图 3-33　接触气冷凝和回收异丁烯流程

1—异戊二烯、异丁烯馏分塔；2,5,9—冷凝器；4—储槽；3,6,8—再沸器；7—异丁烯蒸出塔；10—异丁烯回收塔；11—沉降槽

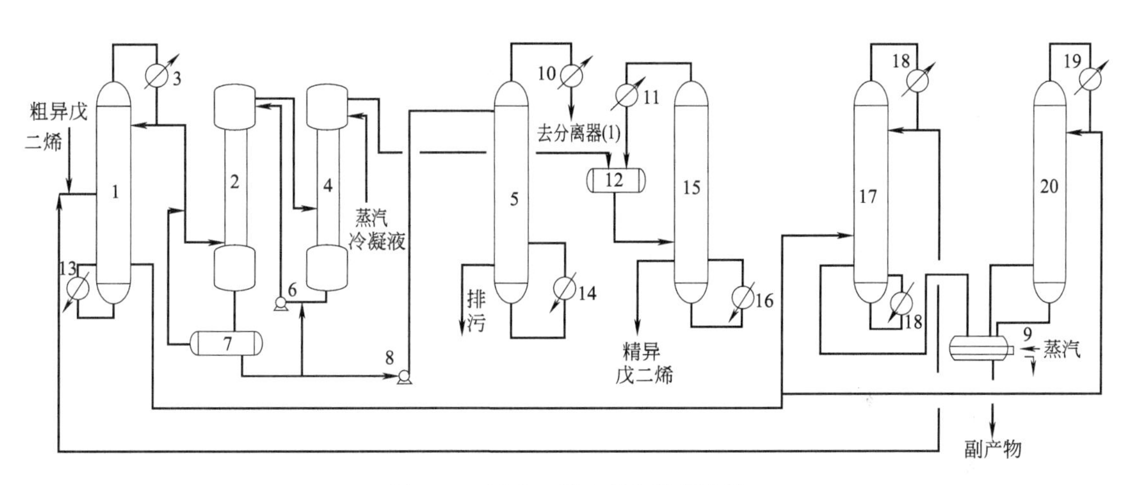

图 3-34　异戊二烯分离和精制流程

1—异戊二烯精制塔；2,4—羰基化合物洗涤塔；5—烃类蒸出塔；3,10,11,18,19—回流冷凝器；6,8—加料泵；7—分离器；9—再沸器；12—储槽；13,14,16—再沸器；15—共沸干燥塔；17,20—异戊二烯萃取塔

塔（7）。异戊二烯、异丁烯馏分塔塔釜液含二甲基二氧六环、不饱和醇、甲基二氢吡喃及其他高沸点组分，经洗去甲醛后送副产物处理部分。异丁烯蒸出塔顶的异丁烯冷凝后送异丁烯回收塔（10），塔釜的粗异戊二烯送异戊二烯分离精制工序。回收塔塔顶异丁烯送合成工序，塔釜为异丁烯和异戊二烯混合物，返回异丁烯蒸出塔。

从图 3-34 可知，粗异戊二烯送异戊二烯精制塔（1），塔顶的精异戊二烯送羰基化合物洗涤塔（2）、洗涤水流入分离器（7）。分离器的油相送回羰基化合物洗涤塔（4），水相送烃类蒸出塔（5），蒸出溶于水中的烃。

洗涤后的粗异戊二烯送入共沸干燥塔（15），脱除其中的水分，塔顶为异戊二烯和水的混合物，塔釜为干燥的精异戊二烯。为防止异戊二烯聚合，需向粗异戊二烯蒸出塔和精异戊二烯提取塔内，加入叔丁基邻苯二酚或烷基胺芳香族化合物。制得的异戊二烯纯度为 99％～99.5％，其余为环戊二烯、烯烃及羰基化合物等微量杂质。

第三节 异戊烷和异戊烯生产异戊二烯

一、异戊烷两步催化脱氢法

该法由苏联开发成功、于1968年在苏联首先工业化，原料异戊烷来自催化裂化或直馏汽油，工艺过程分为两步，首先将异戊烷脱氢为异戊烯，再将异戊烯催化脱氢得异戊二烯，然后用二甲基甲酰胺或乙腈萃取蒸馏制得高纯度异戊二烯产品。

异戊烷脱氢是可逆吸热过程，可生成三种异构体：2-甲基丁烯、2-甲基-2-丁烯、3-甲基丁烯，脱氢工艺过程见图3-35。

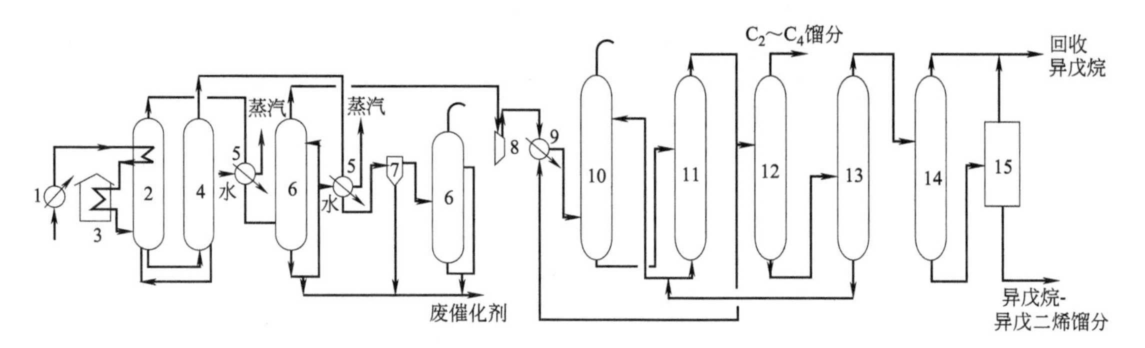

图3-35　苏联异戊烷脱氢制异戊烯工艺流程图

1—蒸发器；2—急冷蛇管；3—蒸汽过热炉；4—反应器；5—废热锅炉；6—洗涤塔；7—电除尘器；8—透平压缩机；9—冷凝器；10—吸收塔；11—解吸塔；12—稳定塔；13—C_6馏分分离塔；14—异戊烷预蒸馏塔；15—萃取蒸馏装置

脱氢采用类似催化裂化的流化床反应器装置，催化剂为微球状氧化铬-氧化铝，其中铬含量为5%～15%。原料异戊烷在蒸发器（1）加热到500～550℃后进入反应器（4），控制原料空速100～300h^{-1}、温度540～610℃、反应器上部压力≤65kPa，催化剂在反应器及再生器之间连续循环。由于磨损及夹带，催化剂有明显损失，需不断补加新鲜催化剂，补加量是加入原料量的0.8%～1.0%。由反应器出来的气体经洗涤、压缩、冷却、蒸馏、无水二甲基甲酰胺或乙腈萃取蒸馏得到含异戊烯80%、异戊二烯8%～12%的混合馏分，作为进一步脱氢的原料。异戊烯和异戊二烯的总收率为28%～33%，选择性为66%～73%。

异戊烯脱氢制异戊二烯。其工艺过程见图3-36所示。采用片状钙-镍-磷酸型催化剂，两台绝热式固定床反应器，反应和再生切换使用。每一操作周期为30min，于550～650℃下脱氢成异戊二烯，收率为33%～38%，选择性82%～87%。

脱氢产物经两个萃取蒸馏塔，用无水二甲基甲酰胺萃取蒸馏得粗异戊二烯，再经环己酮和丁醇在苛性碱液存在下进行处理，除去环戊二烯，再经加氢反应除炔烃，所用催化剂为镍-硅藻土，产品异戊二烯纯度>99%，其规格见表3-20。苏联两步法特点是原料价廉易得，但工艺流程较复杂。

二、异戊烯催化脱氢

1961年美国Shell公司首先采用异戊烯催化脱氢法建成了1.8万吨/年的异戊二烯生产

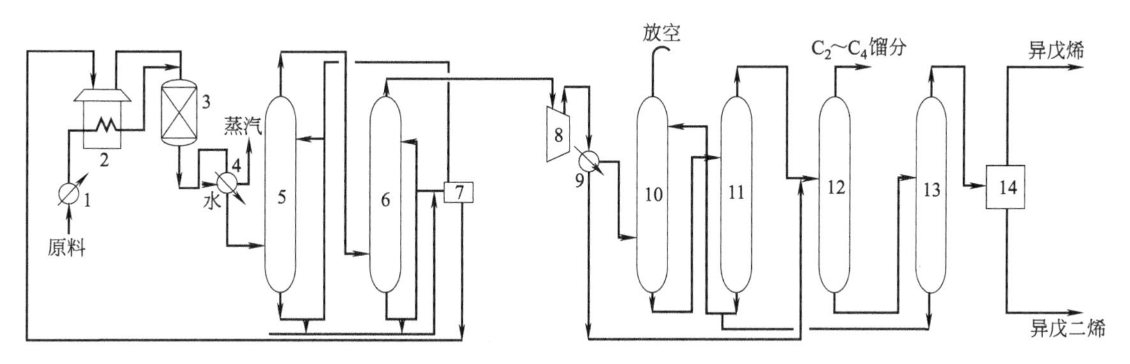

图 3-36　苏联异戊烯脱氢法制异戊二烯工艺流程图

1—蒸发器；2—蒸汽过热炉；3—反应器；4—废热锅炉；5,6—洗涤塔；7—沉降器；8—压缩机；9—冷凝器；10—吸收塔；11—解吸塔；12—稳定塔；13—C_6 馏分分离塔；14—萃取蒸馏装置

表 3-20　苏联异戊烷两步脱氢法异戊二烯产品规格

项目	指标	项目	指标	项目	指标
异戊二烯/%	>99	环戊二烯/(mg/kg)	5	硫化物/(mg/kg)	5
C_4 馏分/%	1.0	二甲胺/(mg/kg)	5	二甲基甲酰胺/(mg/kg)	5
炔烃/(mg/kg)	4	羰基化合物/(mg/kg)	9	水/(mg/kg)	10

装置。至 20 世纪 70 年代，此法生产能力曾达 19 万吨/年。

该法工艺流程见图 3-37，过程分三步：从炼厂 C_5 馏分中抽提分离异戊烯；异戊烯催化脱氢；脱氢产物分离精制得纯异戊二烯产品。

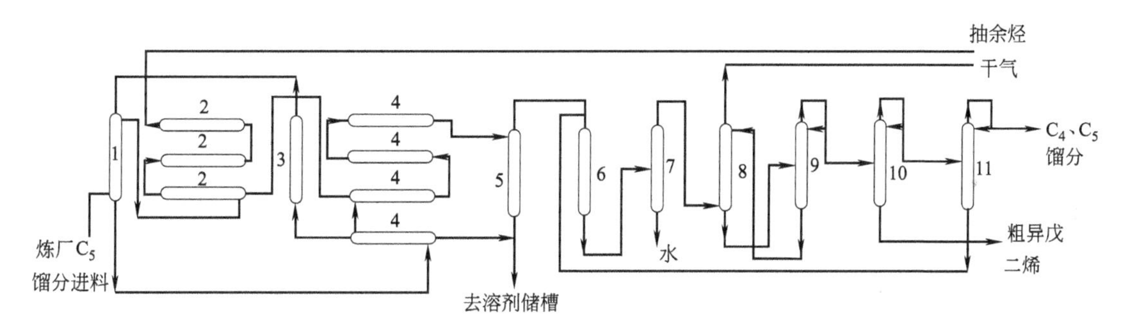

图 3-37　美国 Shell 公司的异戊烯脱氢工艺流程图

1—吸收塔；2—水洗、碱洗；3—贫气收集；4—水洗、碱洗；5—溶剂汽提塔；6—脱氢反应塔；7—分离塔；8—吸收塔；9—富油汽提塔；10—脱氢组分塔；11—脱丁烷塔

第四节　C_5 馏分抽提异戊二烯

裂解 C_5 馏分中含有多种有用组分，不经分离可直接利用，但经济效益较差。为了有效利用其中主要组分，需选择合适的分离方法制取一定纯度的单体。目前裂解 C_5 的分离仍主要集中在回收化工利用价值高的异戊二烯、环戊二烯和 1,3-戊二烯。

由于裂解 C_5 馏分组分多，各组分间沸点接近，相互间还能产生共沸，采用普通蒸馏方法分离较困难，工业上一般采用先加热二聚的方法分出环戊二烯，然后采用溶剂萃取蒸馏分离异戊二烯和间戊二烯。

异戊二烯是裂解 C_5 馏分中最重要的组成之一，现工业上实际应用的分离方法仍是溶剂萃取蒸馏法。

一、基本原理

溶剂萃取的基本原理是利用溶剂对不同组分溶解度不同，加入选择性溶剂改变裂解 C_5 各组分间的相对挥发度，进而通过蒸馏达到分离异戊二烯的目的，不同溶剂存在下 C_5 的相对挥发度列于表 3-21。不管选用何种溶剂，分离过程均包括四步：环戊二烯分离、溶剂萃取、异戊二烯精制和溶剂回收。工业上选用的溶剂有乙腈、二甲基甲酰胺。另外，*N*-甲基吡咯烷酮曾在中试装置中应用。本节重点介绍二甲基甲酰胺抽提 C_5 馏分中的异戊二烯。

表 3-21　不同溶剂存在下 C_5 的相对挥发度

组成	沸点/℃	无溶剂	二甲基甲酰胺	乙腈	*N*-甲基吡咯烷酮
异戊烷	27.85	1.200	3.113	2.92	3.00
3-甲基-1-丁烯	20.06	1.533	2.680	2.58	2.65
正戊烷	36.07	0.935	2.494	2.37	2.40
2-甲基-1-丁烯	31.16	1.100	1.746	1.71	1.75
1-戊烯	29.97	1.135	1.936	1.89	1.86
反-2-戊烯	36.35	0.930	1.605	1.56	1.56
顺-2-戊烯	36.94	0.913	1.565	1.49	1.53
1,4-戊二烯	25.97	1.295	1.465	—	—
2-甲基-2-丁烯	18.57	0.867	1.396	1.38	1.40
环戊烷	49.26	0.619	1.166	—	—
异戊二烯	34.07	1.000	1.000	1.000	1.000
3-甲基-1,2-丁二烯	40,00	0.833	0.952		—
2-丁炔	26.99	1.290	0.892	0.960	0.997
3-甲基-1-丁炔	26.35	1.310	0.860	1.040	0.95
环戊烯	44.24	0.719	0.914	—	—
1,2-戊二烯	44.86	0.708	0.805		—
反-1,3-戊二烯	42.03	0.775	0.763	0.77	0.78
3,3-二甲基-1-丁炔	37.72		0.762	—	
顺-1,3-戊二烯	44.07	0.725	0.706	0.70	0.71
环戊二烯	42.50	0.811	0.623	0.62	0.62
1-戊炔	40.18	0.839	0.523	0.58	0.54
3-甲基-3-炔-1-丁烯	32.50	1.050	0.474	0.62	0.48
2-戊炔	56.07	0.481	0.439	0.42	0.67

注：1. 无溶剂存在的数据是 40℃的纯物质的饱和蒸气压和同一温度下异戊二烯的饱和蒸气压之比。

2. 溶剂存在下的数据是 50℃、75%（质量）溶剂组成下测定的数据。

二、 C_5 抽提分离工艺流程

C_5 抽提分离工艺过程由原料预处理、萃取蒸馏、间戊二烯和双环戊二烯精制等工序组成。

1. 原料预处理

原料预处理的任务是脱除 C_5 馏分中的大部分炔烃，并使大部分的环戊二烯二聚成双环戊二烯，然后将双环戊二烯从 C_5 馏分中分离出来。原料预处理工艺流程如图 3-38 所示。

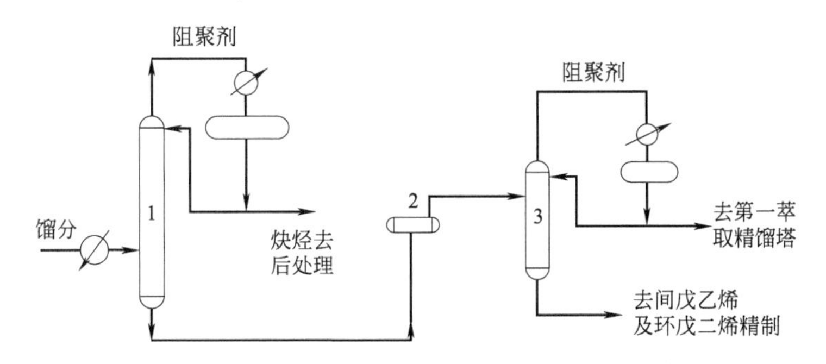

图 3-38　原料预处理工艺流程

1—预脱轻塔；2—二聚反应器；3—预脱重塔

C_5 馏分预热到 65℃进入预脱轻塔（1），C_5 馏分中的大部分炔烃（2-丁炔、异戊烯炔、C_4 组分、3-甲基-1-丁烯等）从塔顶蒸出，经冷凝加阻聚剂（甲苯溶液），一部分作回流，一部分送储槽。

预脱轻塔顶温为 49℃、压力为 0.2MPa，釜温为 79℃、压力为 0.25MPa，塔釜为已脱除大部分轻烃的 C_5 馏分，送入二聚反应器（2）。环戊二烯在二聚反应器中（88℃、1.2MPa）二聚为双环戊二烯，二聚反应达到终点后经冷却进入预脱重塔（3）。二聚反应为强放热反应，反应器上设有导向控制阀维持冷热物料的正常换热。

预脱重塔顶温为 49℃、压力为 60kPa，塔顶蒸出物经冷凝一部分回流，其余送萃取塔，塔釜液经过滤冷却后送间戊二烯及双环戊二烯精制工序。

2. 萃取蒸馏

萃取蒸馏的任务是脱除物料中的烷烃及单烯烃组分，得到纯度为 98%以上的化学级异戊二烯。萃取蒸馏工艺流程如图 3-39 所示。

经预处理后的原料进入第一萃取蒸馏塔下段（1），塔顶蒸气进入第一萃取蒸馏塔上段（2），其塔顶馏出物经冷凝后部分回流，其余进入抽余油储槽送出界外。循环溶剂从第七块塔板进入第一萃取蒸馏塔。第一萃取蒸馏塔下段釜液换热后进入第一汽提塔（3），塔顶物料

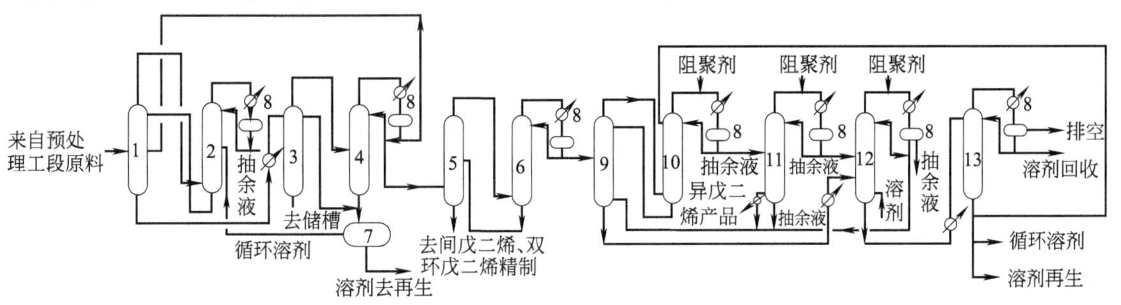

图 3-39　萃取蒸馏工艺流程图

1—第一萃取蒸馏塔下段；2—第一萃取蒸馏塔上段；3,4,12,13—第一、二、三、四汽提塔；5—脱重塔下段；6—脱重塔上段；7—粗溶剂储槽；8—冷凝器；9—第二萃取蒸馏塔下段；10—第二萃取蒸馏塔上段；11—脱轻塔

（主要是 C_5 烃和部分溶剂、双环戊二烯、水）直接进入第二汽提塔（4）。第二汽提塔釜液经过滤除去机械杂质、换热，进入粗溶剂储槽（7），一部分去溶剂再生釜脱除焦质，一部分定量送回第一萃取蒸馏塔上段。为了抑制萃取蒸馏系统中二烯烃聚合，需要定期加入一定量的阻聚剂和消泡剂。第二汽提塔的作用是再次进行汽提，分离 C_5 烃和溶剂。塔顶 C_5 烃蒸汽经冷凝分离水分后，用泵分三路送出，一路去第一萃取蒸馏塔下段，以降低该塔釜温，一路去脱重塔下段（5），另一路作回流。

脱重塔下段塔顶蒸气送入脱重塔上段（6），塔釜液经换热冷却至 40℃进入储槽。物料中的环戊二烯在停留一定时间后聚合成双环戊二烯，然后去间戊二烯及双环戊二烯精制工序。脱重塔上段塔顶蒸气冷凝后一部分去第二萃取蒸馏塔下段进一步精制，一部分作回流，塔釜液作脱重塔下段的回流。

第二萃取蒸馏塔下段的塔顶蒸气直接送入第二萃取蒸馏塔上段（10），塔釜液换热后去第三汽提塔上部（12）。第二萃取蒸馏塔上段塔顶蒸气冷凝后，为减轻系统内异戊二烯的聚合程度，要加阻聚剂，冷凝液一部分定量去脱轻塔（11），一部分回流。第二萃取蒸馏塔上段还要加入定量循环溶剂。

脱轻塔（11）塔顶蒸气（主要是 2-丁炔及部分异戊二烯），经冷凝除去水分，一部分作回流，其余送入抽余液槽。脱轻塔釜液经换热送抽余液槽，从脱轻塔第 72 块塔板导出的异戊二烯蒸气经冷凝后进入成品槽。

第三汽提塔（12）出来的异戊烯炔及部分异戊二烯蒸气经冷凝后分出水分，一部分送往第二萃取蒸馏塔下段塔底作降温用，少量凝液送抽余液槽，其余部分作回流。其塔底液经过滤换热后，送第四汽提塔（13）塔顶。第四汽提塔为减压塔，塔顶蒸气经冷凝后进入缓冲槽，部分凝液送至溶剂回收及精制工序的粗溶剂槽，以脱除其中的水、双环戊二烯与微量杂质，其余部分作回流，不凝气放空。其釜液（主要是溶剂）经过滤除去机械杂质。冷却后，部分定量送循环溶剂槽，另一部分送溶剂再生釜，其余部分则根据第四汽提塔釜液位，调节送至第二萃取塔上段。

3. 间戊二烯和双环戊二烯精制

本工序的作用是将预脱重塔和脱重塔的釜液经过精馏处理，而得到聚合级间戊二烯和粗双环戊二烯。间戊二烯和双环戊二烯精制工艺流程如图 3-40 所示。

预脱重塔与脱重塔釜液进入 C_5 蒸出塔（1），塔顶蒸气 C_5 烃冷凝后一部分回流，一部分送间戊二烯塔（2），塔釜液经过滤除去杂质后，送入双环戊二烯塔（3）。间戊二烯塔顶蒸气主要为异戊二烯等 C_5 烃，经冷凝后一部分作回流，一部分送抽余液槽。塔釜液经换热冷却后，即为间戊二烯产品。双环戊二烯塔顶蒸出液经冷凝后，一部分作回流，一部分到抽余液槽，不凝气体排空。塔釜液换热后，过滤除去机械杂质，即为双环戊二烯产品。

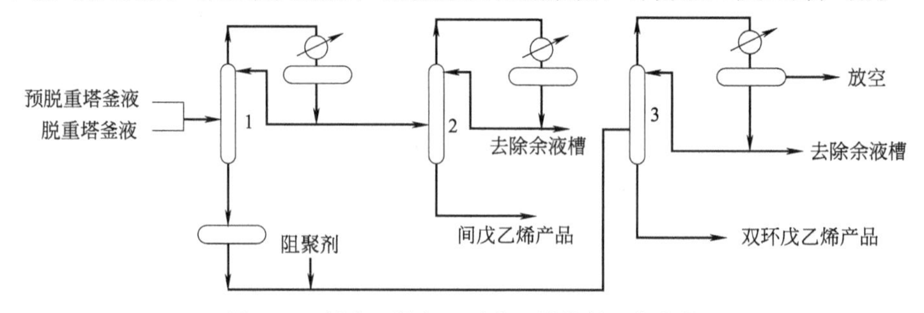

图 3-40　间戊二烯与双环戊二烯精制工艺流程

1—C_5 蒸出塔；2—间戊二烯塔；3—双环戊二烯塔

三、流程特点

采用二甲基甲酰胺萃取剂从 C_5 中分离出异戊二烯、间戊二烯和双环戊二烯流程具有如下特点。

（1）由于二甲基甲酰胺对 C_5 烃类的溶解度较大，操作过程中不会发生分层现象，还能改善 C_5 的相对挥发度。因此，循环溶剂量少，回流比小，成本及单耗也低。此外，二甲基甲酰胺蒸气压低，与 C_5 不发生共沸，故与 C_5 烃容易分离。

（2）选用的阻聚剂能使 C_5 馏分物料中的烯烃主要聚合成二聚物，可尽量避免生成多聚物，再结合萃取剂的作用，副产物焦油呈液状，不黏稠，容易排放，便于处理。

（3）由于有预脱轻塔，对 C_5 馏分原料的规格要求弹性增大，并在进入第一萃取蒸馏中的 C_5 物料炔烃含量大大降低，保证了异戊二烯产品质量，使分离操作更安全。

（4）本流程能同时得到化学级、聚合级的异戊二烯，以及聚合级的间戊二烯和双环戊二烯产品。

（5）对操作要求高，必须采用较高的自控技术。

复习思考题

一、填空题

1. 采用异丁烯和甲醛为原料合成异戊二烯，又称为烯醛合成法。依制取步骤不同，可分为____________和____________。

2. 异戊二烯的主要用途是____________。

3. 二甲基二氧六环的分解反应为________反应，反应热效应约为146.5kJ/mol。

4. 目前裂解________的分离仍主要集中在回收化工利用价值高的异戊二烯、环戊三烯和间戊二烯。

二、选择题

1. 异戊二烯几乎不溶于（　　）。
   A. 醇　　B. 醚　　C. 烃类化合物　　D. 水

2. 二甲基二氧六环的分解反应，随着反应的进行，在催化剂表面会有炭生成，当达到一定程度后需对催化剂进行再生。再生的办法是向床层中通入（　　），控制燃烧，从而达到除炭的目的。
   A. 蒸汽和空气混合物　　B. 蒸汽
   C. 空气　　D. 水

3. 由于裂解碳五馏分组分多，各组分沸点接近，相互间还能产生共沸，故采用（　　）方法分离。
   A. 普通精馏　　B. 蒸馏　　C. 溶剂萃取　　D. 吸附

4. 碳五抽提分离工艺过程中原料预处理的任务是（　　）。
   A. 脱除碳五中的大部分炔烃　　B. 脱除部分烷烃
   C. 脱除部分单烯烃组分　　D. 分离双环戊二烯

三、判断题

1. 异戊二烯生产方法基本可归为三类，即异戊烷、异戊烯脱氢法、化学合成法和裂解碳五馏分萃取蒸馏法。（　　）

2. 异丁烯和甲醛制取异戊二烯两步法的过程通常由四部分组成，即二甲基二氧六环的合成和油相加工、水相加工、二甲基二氧六环分解、异戊二烯的提取和精制。（　　）

3.异戊烷两步催化脱氢法首先将异戊烷脱氢为异戊烯，再将异戊烯催化脱氢得异戊二烯。（　）

4.异戊烯催化脱氢的原料来自直馏汽油。（　）

四、简答题

1.异戊二烯在工业上主要来源是什么？

2.异戊二烯的生产有何意义？

3.生产异戊二烯有几种方法？

4.由异丁烯和甲醛两步法合成异戊二烯的反应原理是什么？

5.简述异丁烯和甲醛两步法合成异戊二烯流程由几部分组成，作用分别是什么？

6.简述异丁烯和甲醛两步法合成异戊二烯的各部分工艺流程。

7.简述异戊烷两步催化脱氢生产异戊二烯的工艺流程。

8.简述异戊烯催化脱氢生产异戊二烯的工艺流程。

9.裂解碳五馏分的特点是什么？

10.叙述碳五馏分抽提异戊二烯的原理。

11.碳五馏分抽提异戊二烯工艺流程分几部分，其作用是什么？

12.画出碳五馏分抽提异戊二烯的工艺流程并叙述流程。

第九章　顺丁烯二酸酐的生产

学习目标

1. 了解顺丁烯二酸酐的性质、用途及生产方法。
2. 掌握苯氧化法生产顺丁烯二酸酐的原理、工艺条件及工艺流程。
3. 掌握正丁烷氧化法生产顺丁烯二酸酐的原理、工艺条件及工艺流程。

课程导入

顺丁烯二酸酐在合成树脂、涂料、医药、农药和造纸等行业和民用领域有广泛的用途。那么如何生产顺丁烯二酸酐，生产条件如何控制、生产工艺过程如何?

顺丁烯二酸酐（简称顺酐）生产已经有很多年的历史，早在1817年曾由苹果酸脱水蒸馏制得。1933年美国国民苯胺和化学品公司实现了苯气相氧化制顺酐的工业生产。1960年，美国石油-得克萨斯化学公司建立了由丁烯氧化生产顺酐的工业装置。随后世界顺酐的生产发展十分迅速。目前，世界顺酐生产能力最大的几家生产厂家分别是：马来西亚BASF Petrona公司、江苏常州亚邦化学有限公司、比利时BASF公司、美国亨斯迈公司、德国Sasol-Huntsman公司、山西太原市桥友化工有限公司、天津中河化工厂和沙特阿拉伯海湾化学工业公司。

我国顺酐工业生产始于20世纪50年代，但由于我国反应器设计和制造水平有限以及催化剂性能较差、消耗高、污染严重、生产装置规模小等原因，发展十分缓慢。我国在20世纪90年代以前顺酐均为千吨级苯法固定床生产装置，自从20世纪80年代我国引进多套万吨级顺酐生产装置以后，我国的顺酐工业生产才步入正常发展的轨道。

近几年我国顺酐的产能和产量增长速度都很快，每年都有新增装置建成投产，前几年原有装置基本都是满负荷生产，顺酐的开工率均在80%以上。中国顺酐的产量和产能迅速攀升，其增长速度，远远超过了世界其他任何国家和地区。从产能来看，新装置投产和停车装置重启将使2019年顺酐产能增至250万吨以上。2018年国内顺酐产能约230万吨。其中，苯法顺酐产能约147万吨，占比64%；正丁烷法顺酐产能约83万吨，占比36%。正丁烷法产能虽少，但增长迅速，2019年包括盘锦联成、江山化工以及河南盛源等装置投产，临邑永顺达和新疆金源化工的停车装置也已重启。除此之外，2020年还有山东海右、盘锦联成、安徽中普以及江山化工等装置计划投产。

第一节　顺丁烯二酸酐生产概述

一、顺丁烯二酸酐的性质及用途

顺丁烯二酸酐，简称顺酐（MA），又名失水苹果酸酐、马来酸酐。分子式：$C_4H_2O_3$；分子量：98.058；结构式：

```
          O
         //
HC—C
‖       \
‖        O
‖       /
HC—C
         \\
          O
```

1. 物化性质

顺酐为白色或微黄色块状或片状结晶体，有辛辣味，易升华。溶于乙醇、乙醚和丙酮，难溶于石油醚和四氯化碳，溶于水生成马来酸。顺酐的粉尘和蒸气会使皮肤、眼睛、鼻子、咽喉和呼吸道发炎，又可引起视力障碍。如果固体顺酐与潮湿的皮肤接触，可造成皮肤表面灼伤。职业接触限值：阈限值 0.25μL/L、1mg/m^3。主要物理性质列于表 3-22。

顺酐有一个碳碳双键和两个羰基，因而它的化学性质非常活泼，能进行聚合反应、异构化、加成、酯化、自由基反应、狄尔斯-阿尔德反应等，与热水作用会水解成顺丁烯二酸。

表 3-22　顺酐的主要物理性质

性质	数值	性质	数值
固体相对密度(20℃)	1.48	液体黏度(60℃)/cP	16.1
液体相对密度(60℃)	1.314	闪点(闭杯)/℃	103
定压热容(25℃)/[J/(mol·℃)]	72.565	蒸气自燃温度/℃	477
		爆炸极限/%(体积)	7.1～1.4
沸点(760mmHg)/℃	202	蒸发热/(kJ/mol)	55.02
凝固点/℃	52.8	腐蚀性	对金属无腐蚀,有水存在情况下例外
在水中溶解性	水解缓慢,在马来酸中溶解		

2. 用途

主要用于生产不饱和聚酯树脂、醇酸树脂，另外还用于农药、医药、涂料、油墨、润滑油添加剂、造纸化学品、纺织品整理剂、食品添加剂以及表面活性剂等领域。以顺酐为原料可以生产 1,4-丁二醇(BOD)、γ-丁内酯（GBL)、四氢呋喃（THF)、马来酸、富马酸和四氢酸酐等一系列重要的有机化学品和精细化学品，开发利用前景十分广阔。

素质阅读

食品添加剂-山梨酸钾

防腐剂大家都不陌生，它们广泛存在于各类食品中，能够防止食品腐败变质，延长食品储存期。提到防腐剂，首先想到的就是山梨酸钾，因为它实在是太常见了。在超市中，随手翻看一件食品的配料表或食品添加剂成分表，大概率能看到山梨酸钾。

山梨酸钾具有很强的抑菌作用，且容易获得、价格低廉，毒性远小于其他防腐剂，广泛用于蔬菜水果、火腿香肠、水产品、酱油酱菜、面包糕点、饮料罐头、糖果蜜饯等各类食品的防腐。其使用方法极其灵活，可以直接向食品中添加，也可以喷洒或者浸泡，是很多企业的首选食品防腐剂。联合国粮农组织及世界卫生组织所属的食品添加剂专家委员会规定：依据人体体重，每日允许摄入山梨酸钾为 25mg/kg，一旦超过这个数值，就会对身体造成一系列损害。

二、顺丁烯二酸酐的生产方法

目前，工业上顺酐的生产工艺路线按原料可分为苯氧化法、正丁烷氧化法、C_4 烯烃法和苯酐副产法 4 种。其中苯氧化法应用最为广泛，但由于苯资源有限，以 C_4 烯烃和正丁烷为原料生产顺酐的技术应运而生，尤其是富产天然气和油田伴生气的国家，拥有大量的正丁烷资源。

1960 年以前，苯氧化法是顺酐工业生产的唯一方法。苯氧化生产历史悠久（始于 1928 年），工艺技术成熟，产物收率高，因此到现在仍有 30%～40%的顺酐是采用此法生产的。

C_4 馏分氧化法是以 C_4 馏分为原料、空气为氧化剂，在 V-P-O 系催化剂作用下生产顺酐的方法。该法具有原料价廉易得，催化剂寿命长，产品成本较低等优点。但反应物组成复杂，目的产物、收率和选择性较低，其推广应用受到限制。

苯酐副产法可以副产得到一定数量的顺酐产品，其产量约为苯酐产量的 5%。在苯酐生产中，反应尾气经洗涤塔除去有机物后排放到大气中，洗涤液为顺酐和少量的苯甲酸、苯二甲酸等杂质，洗涤液经浓缩精制和加热脱水后得到顺酐产品。

正丁烷氧化法是以正丁烷为原料，经催化氧化生产顺丁烯二酸酐的方法，于 1924 年实现工业化，该法具有原料廉价易得，环境污染少，经济效益好等优点，随着新型催化剂的不断出现，醚转化率及顺酐选择性不断得到提高，正丁烷氧化法得到迅速发展，大有逐步取代苯法生产顺丁烯二酸酐的趋势，正丁烷路线生产顺酐将达 90%以上的份额。

第二节　苯氧化法生产顺丁烯二酸酐

一、反应原理

苯与空气在催化剂作用下氧化生产顺丁烯二酸酐，主反应为：

$$C_6H_6 + 9/2\,O_2 \longrightarrow C_4H_2O_3 + 2H_2O + 2CO_2 + 1850.2\text{kJ/mol}$$

主要副反应：

$$C_6H_6 + 15/2O_2 \longrightarrow 3H_2O + 6CO_2 + 3274.2kJ/mol$$

$$C_4H_2O_3 + 2O_2 \longrightarrow 2CO + H_2O + 2CO_2 + 833kJ/mol$$

$$C_6H_6 + 3/2O_2 \longrightarrow H_2O + C_6H_4O_2 + 531.7kJ/mol$$

由以上反应方程可知，主副反应均为强放热反应，因此，在反应过程中及时移出反应热是一个十分突出的问题。如果工艺条件控制不当，反应最终都会生成一氧化碳。为抑制副反应及防止顺酐的深度氧化，必须使用性能良好的催化剂。实践证明，苯氧化法的最好催化剂是氧化钒和氧化钼的混合物。单纯的 V_2O_5 或 MoO_3 体系催化剂由于其相互作用形成钒钼固溶体和新相，增大了活性和选择性。适当加入助催化剂有助于提高催化剂的性能。

二、工艺条件

1. 反应温度

苯是最稳定的烃类之一，因此苯氧化法除了需要活性较高的催化剂外，还需要比较高的温度。工业生产上一般控制在 623～723K，由于反应放热，因此温度控制非常重要。通常是在列管式固定床反应器间填充熔盐作媒介，利用熔盐强制循环，以及时移出反应所放出的热量，熔盐温度可达 643～663K。

2. 进料配比

进反应器原料气配比中苯和空气的质量比为 1∶(25～30)，空气比理论量过量。这主要是为了防止形成爆炸性混合物，保证安全生产。因为苯蒸气与空气混合能形成爆炸性混合物，爆炸极限（体积分数）为 1.5%～8.0%。但空气不宜过量太多，否则将导致生产能力下降；且由于大量空气会使进料中苯浓度下降，致使产物浓度下降，增加分离困难，造成损失增加，产率下降。

3. 空速

由于在反应过程中不仅原料苯可直接氧化成大量一氧化碳和二氧化碳，而且产物顺酐也能进一步氧化生成一氧化碳和二氧化碳，因此，空速的合理控制显得尤为重要。一般情况下，空速增加即接触时间偏短，可减少深度氧化副反应发生，提高反应选择性；同时，由于单位时间通过床层的气量增加，在一定范围内可使顺酐生产能力增加；并有利于反应热的移出和床层温度控制。但是，过高的空速将导致接触时间过短，最终使得收率下降。适宜空速的选择需要综合考虑多方面因素，通过技术经济分析来确定。工业生产上一般控制在 $2000～4000h^{-1}$。

三、工艺流程

苯气相氧化法生产顺丁烯二酸酐的工艺流程如图 3-41 所示。

高纯度苯经蒸发器蒸发后与空气混合，进入热交换器。预热后的原料进入列管式固定床反应器（1），在催化剂作用下发生氧化反应，生成顺丁烯二酸酐。控制反应温度为 623～723K，空速为 $2000～4000h^{-1}$，接触时间 0.1～0.2s。借助反应器管间循环熔盐导出反应热，并利用废热锅炉回收余热，副产高压蒸气。自反应器出来的反应气体经三级冷却。第一级为废热锅炉产生蒸气；第二级为热交换器预热原料气；第三级为反应产物在冷却器中用温

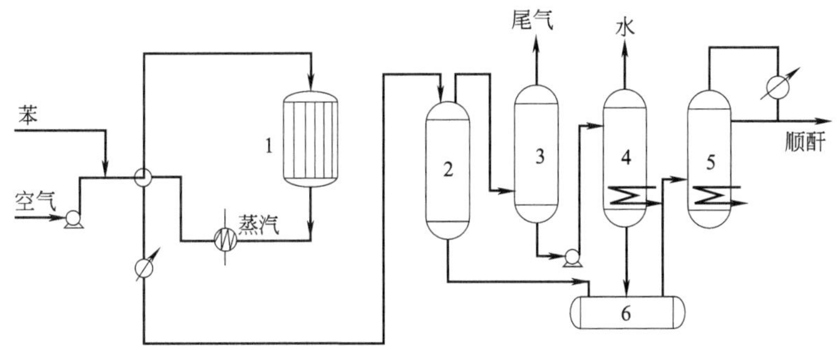

图 3-41　苯气相氧化法生产顺酐的工艺流程图

1—列管式固定床反应器；2—分离器；3—水洗塔；4—脱水塔；5—蒸馏塔；6—粗顺酐储罐

水冷却冷凝，以防止顺酐冷凝成固体堵塞冷却器。被冷凝的顺酐（约占总量的 60%）在分离器（2）分出后进入粗顺酐储槽（6），气体送入水洗塔（3），用水或顺丁烯二酸酐水溶液吸收未冷凝顺酐，水吸收后尾气送去燃烧，吸收液送入脱水塔（4），经脱水后的粗酐入粗顺酐储槽（6）。

脱水顺酐和冷凝顺酐由粗顺酐储槽送入蒸馏塔（5）进行精制，即可得到熔融态顺丁烯二酸酐产品。

第三节　正丁烷氧化法生产顺丁烯二酸酐

一、反应原理

主反应：

$$C_4H_{10} + 7/2\,O_2 \longrightarrow \begin{array}{l} \diagup C{=}O \\ \| \qquad O \\ \diagdown C{=}O \end{array} + 4H_2O + 1262kJ/mol$$

副反应：

$$C_4H_{10} + 11/2\,O_2 \longrightarrow 2CO + 5H_2O + 2CO_2 + 2092kJ/mol$$

$$\begin{array}{l} \diagup C{=}O \\ \| \qquad O \\ \diagdown C{=}O \end{array} + 2O_2 \longrightarrow 2CO + H_2O + 2CO_2 + 833kJ/mol$$

从上述反应方程可见，与苯氧化法类似，正丁烷氧化法的主、副反应也都是强放热反应，因此，在反应过程中及时移出反应热也是一个十分关键的问题。但正丁烷氧化法比苯法的放热少，这样就可以减少移出热量所消耗的动力。

正丁烷氧化制顺酐的催化剂是以 V-P-O 为主要组分，并添加各种助催化剂。一般的助催化剂组分有 Fe、Co、Ni、W、Cd、Zn、Bi、Li、Cu、Zr、Mn、Mo、B、Si、Sn、Ba 及稀土元素，Ce、Sm、Th、Pr、Nd 等氧化物，加入助催化剂的作用，主要在于增加催化剂的活性、选择性或调节催化剂表面酸碱度及 V-P 配位络合状态。

二、工艺条件

1. 反应温度

在一定空速和进料浓度条件下，反应温度对正丁烷氧化制顺酐的影响如图 3-42 所示。由图可见，转化率随温度的升高而增加。反应选择性随温度的升高而下降，这是因为随着温度的上升，容易发生深度氧化反应生成一氧化碳和二氧化碳。所以选择操作温度时，应权衡转化率和选择性两方面来考虑，一般选择在 400℃左右。

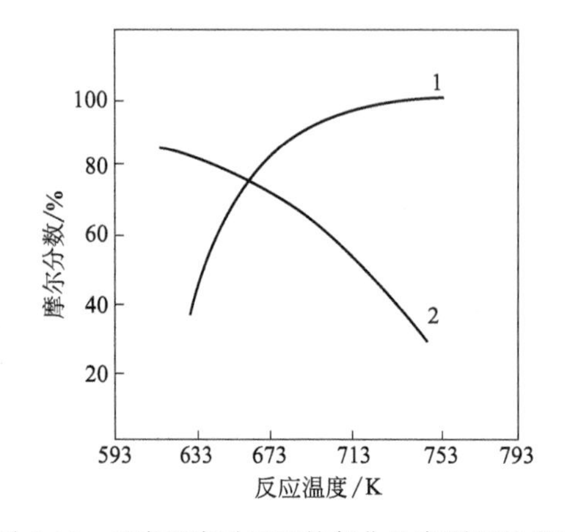

图 3-42 反应温度对正丁烷氧化生产顺酐的影响

1—正丁烷的转化率；2—反应选择性

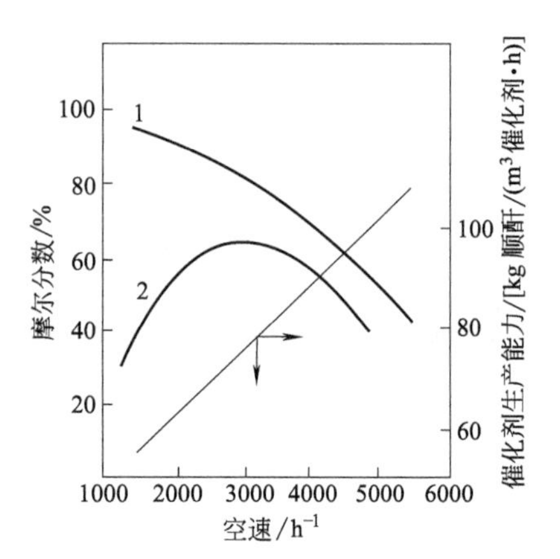

图 3-43 空速对正丁烷氧化生产顺酐的影响

1—正丁烷的转化率；2—反应选择性

2. 空速

空速对正丁烷氧化生产顺酐的影响如图 3-43 所示。由图可见，空速太低时，即反应接触时间较长，转化率很高，但顺酐收率很低，这是因为副反应较多。随着空速的增加，即反应接触时间缩短，转化率下降，收率提高，但收率提高一定程度反而会下降，即有一个最大值。这是因为随着空速的增加，副反应减少，所以顺酐收率提高，但空速太高，即接触时间太短，主反应都没有进行，所以顺酐收率也会下降。所以空速选择不能太低，但也不能太高。同时还要考虑催化剂生产能力、设备投资和原料消耗等多种因素。

3. 原料气中正丁烷的浓度

采用固定床工艺时，正丁烷浓度在 1.2%～2.2%（体积）范围内，随着原料气中正丁烷浓度的增加，正丁烷的转化率和顺酐的收率都有所下降，但选择性变化不大。当正丁烷浓度为 2.6%时，生成的一氧化碳和二氧化碳量在较大升高，即选择性有较大降低。但随正丁烷浓度的增加，催化剂的生产能力升高，所以采用固定床工艺时，生产中多选择正丁烷浓度为 1.5%～1.7%。采用流化床反应器时正丁烷的浓度可以比固定床反应器时高。

三、工艺流程

目前正丁烷氧化生产顺酐的生产技术有两大类，一种是采用固定床工艺，另一种是采用流化床工艺。在固定床工艺中，由于正丁烷氧化选择性和反应速率均比苯法低，正丁烷-空气混合物中正丁烷浓度可高达 1.6%～1.8%（摩尔分数），顺酐收率按正丁烷计约为 50%，故对于同样规模的生产装置需要较大的反应器和压缩机；采用流化床反应器可使正丁烷在空气中的浓度提高到 3%～4%（摩尔分数）。流化床反应器传热效果好，且投资较少，但流化床用的催化剂磨损较多，对大型顺酐生产装置（2 万吨/年以上），如能获得价廉且供应有保障的正丁烷原料，宜选用流化床反应器。正丁烷氧化生产顺酐的流化床工艺流程如图 3-44 所示。

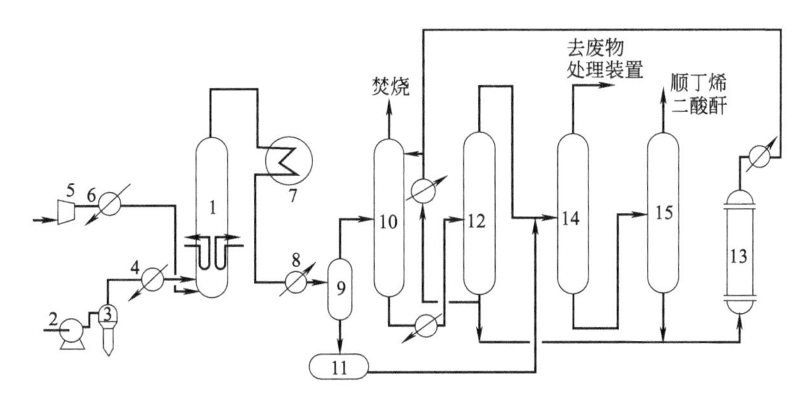

图 3-44　正丁烷氧化生产顺酐的流化床工艺流程图

1—流化床反应器；2—丁烷加料泵；3—丁烷蒸发器；4—丁烷过热器；5—空气压缩机；6—空气过热器；7—废热锅炉；8—生成气冷凝器；9—气液分离器；10—吸收塔；11—粗顺酐储槽；12—解吸塔；13—薄膜蒸发器；14—脱轻组分塔；15—顺酐精馏塔

正丁烷氧化生产顺酐的流化床工艺流程

液态丁烷（含正丁烷 96%）由泵（2）送入蒸发器（3）蒸发后，再经过热器（4）过热后，送入流化床反应器（1）的下部；空气经压缩机（5）压缩后，再经过热器（6）加热后，也送入流化床反应器下部。流化床反应器内装有 V-P-O 催化剂，反应温度控制在 400℃左右。反应放出的热主要由反应器内的冷却盘管取走，反应生成气也可带走少部分热量。正丁烷与空气在反应器中进行氧化反应，生成的气体由反应器顶部出来，送入废热锅炉（7）和冷凝器（8）降温到 80℃后，进入气液分离器（9）。气液分离器中的气体送入吸收塔（10），在吸收塔中用六氢酞酸二丁酯作溶剂，从塔上部加入，逆流吸收气体中少量的顺酐，塔顶排出的废气送焚烧炉焚烧，塔釜排出的吸收液主要成分是溶剂和顺酐，经换热后送入解吸塔（12），塔顶解吸出顺酐，塔釜溶剂大部分返回吸收塔循环使用，小部分送薄膜蒸发器（13），在此除去高沸点杂质后，返回溶剂循环系统。

气液分离器(9)分出的液体含有 35%的顺酐，进入粗顺酐储槽(11)，这部分顺酐与解吸塔(12)塔顶来的顺酐共同进入脱轻组分塔(14)，在塔顶蒸出轻组分，送废物处理装置。塔釜液体进入顺酐精馏塔(15)，在塔顶得到产品顺酐，塔釜物料送入薄膜蒸发器(13)回收溶剂。

复习思考题

一、填空题

1. 写出顺丁烯二酸酐的结构式____________。

2. 工业上顺酐的生产工艺路线按原料可分为苯氧化法、____________、____________和____________ 4 种。

3. 目前正丁烷氧化生产顺酐的生产技术有两大类，一是采用____________工艺，另一种是采用____________工艺。

4. 苯与空气氧化生产顺丁烯二酸酐是____________反应，因此，在反应过程中应及时移出反应热。

二、选择题

1. 苯氧化法进入反应器原料气中苯和空气的质量比（　　），这主要是为了防止形成爆炸性混合物，保证安全生产。

A. 苯过量　　B. 空气稍过量　　C. 等于理论比值　　D. 空气严重过量

2. 正丁烷氧化生产顺酐过程中，在一定空速和进料浓度条件下，反应温度对正丁烷氧化制顺酐的选择性的影响如何？（　　）

A. 影响不大　　B. 温度升高选择性下降

C. 温度升高选择性提高　　D. 温度升高选择性先升高后下降

3. 苯氧化法生产顺酐是反应放热，通常是列管式固定床反应器间填充（　　）作媒介，及时移出反应所放出的热量。

A. 水　　B. 超高压蒸汽　　C. 熔盐　　D. 高压蒸汽

三、判断题

1. 顺酐主要用于生产不饱和聚酯树脂、醇酸树脂，还用于农药、医药、涂料、油墨、润滑油添加剂、造纸化学品、表面活性剂等领域。（　　）

2. 苯是最稳定的碳氢化合物之一，因此苯氧化法除了需要活性较高的催化剂外，还需要比较高的温度。（　　）

3. 正丁烷氧化制顺酐的催化剂是以 V-P-S 为主要组分，并添加各种助催化剂。（　　）

4. 正丁烷氧化法制顺酐的主、副反应也都是吸热反应。（　　）

四、简答题

1. 顺丁烯二酸酐的生产有何意义？

2. 试比较工业上生产顺丁烯二酸酐几种方法的优缺点。

3. 在苯氧化法生产顺丁烯二酸酐的过程中，有哪些化学反应发生？

4. 工业上苯氧化法生产顺丁烯二酸酐使用的催化剂是什么？

5. 在苯氧化法生产顺丁烯二酸酐过程中，反应温度对产品收率有什么影响？

6. 在苯氧化法生产顺丁烯二酸酐过程中，苯与空气的配比为什么选择 1∶(25～30)？

7. 在苯氧化法生产顺丁烯二酸酐过程中，空速对产品的收率有什么影响？

8. 在丁烷氧化法生产顺丁烯二酸酐的过程中，有哪些化学反应发生？

9. 丁烷氧化法生产顺丁烯二酸酐使用的催化剂是什么？

10. 丁烷氧化法生产顺丁烯二酸酐过程中，空速对产品收率有什么影响？

11. 在丁烷氧化法生产顺丁烯二酸酐过程中，原料气中正丁烷的浓度对产品的收率有什么影响？

12. 简述丁烷氧化生产顺丁烯二酸酐的工艺流程。

第十章　甲基叔丁基醚的生产

学习目标

1. 了解甲基叔丁醚的性质、用途及生产方法。
2. 掌握甲基叔丁醚的生产原理、工艺条件及工艺流程。

课程导入

甲基叔丁醚可用作优良的高辛烷值的添加剂、重要的有机化工原料、溶剂等。最新被用于医疗行业作为溶解人类胆结石的药品来治疗胆结石。那么如何生产甲基叔丁醚，生产条件如何控制、生产工艺过程如何？

世界上很多国家和地区将甲基叔丁基醚作为重要的基础化工原料，制备高纯异丁烯，用于生产甲基丙烯酸甲酯、丁基橡胶等化工产品，产能主要集中于北美、欧洲、俄罗斯、日本等国家和地区。我国从 20 世纪 70 年代末和 80 年代初开始研究甲基叔丁基醚合成技术，1983 年中国石化齐鲁石化公司橡胶厂建成我国第一套甲基叔丁基醚工业试验装置。近年来，随着汽油标号的不断升级及新技术的不断发展，我国甲基叔丁基醚产能又开始大幅增长。

国内甲基叔丁基醚产能来源可分为主营企业（中石油、中石化、中海油）和 LPG 深加工企业。国内甲基叔丁基醚产能主要来自 LPG 深加工企业，主营企业产能占比较小。2018 年，我国主营企业甲基叔丁基醚装置总产能为 502 万吨/年，占我国甲基叔丁基醚装置总产能的 24%左右；LPG 深加工企业甲基叔丁基醚装置总产能为 1621 万吨/年，占我国甲基叔丁基醚装置总产能的 76%左右。

国内甲基叔丁基醚需求的增长主要来自高标号汽油品质升级的推动，虽然欧美采用禁止或限制甲基叔丁基醚使用的政策，但我国并未禁用甲基叔丁基醚，且我国甲基叔丁基醚产业对进出口市场不存在依赖。随着我国汽油品质的不断升级，甲基叔丁基醚作为优质的成品汽油生产原料，其国内市场需求量将持续增长。

由于国内环保压力影响，越来越多的油性涂料企业开始转向生产水性涂料，水性涂料的扩能增速或将持续，这将进一步加大国内市场甲基丙烯酸甲酯的需求。综合来看，未来几年国内甲基丙烯酸甲酯需求将持续增加。作为甲基叔丁基醚下游产品市场，甲基丙烯酸甲酯需求量的提高一定程度上将促进甲基叔丁基醚市场的发展。

素质阅读

乙醇汽油

乙醇俗称酒精，而乙醇汽油是一种使用由粮食及各种植物纤维反应产物加工成的燃料，是将乙醇和普通汽油按照一定比例进行混合的替代能源。按照中国的国家标准，乙醇汽油用90%的普通汽油和10%的燃料乙醇调配而成，属于一种可再生资源。

第一节　甲基叔丁基醚生产概述

一、甲基叔丁基醚的性质及用途

1. 甲基叔丁基醚的物理化学性质

MTBE的许多物理、化学特性与其特有的分子结构有关。例如，在MTBE的分子结构中氧原子不与氢原子直接相连，而与碳原子相连。其分子间不能和氢键缔合，因此，MTBE的沸点和密度低于相应的醇类。众所周知，C—O键的键能大于C—C键的键能，而且MTBE分子中又存在着叔碳原子上的空间效应，难以使分子断键形成自由基。因而，作为汽油添加剂它具有十分良好的抗爆炸性能和较好的化学稳定性，在空气中不易生成过氧化物，这是一般的醚类所不具有的特点。由于MTBE不是线型分子结构，具有一定极性，在水中的溶解度及其对水的溶解性比烃类要大，但又远低于极性分子的醇类。

（1）主要理化数据　见表3-23。

表3-23　MTBE的主要理化数据

性质	数据	性质	数据
分子式	$CH_3OC_4H_9$	MTBE在水中的溶解度(20℃)/(g/100g)	1.3
分子量	88.119	水在MTBE中的溶解度(20℃)/(g/100g)	1.5
沸点/℃	55.2	比热容/[J/(g·K)]	2.135
熔点/℃	−108.5	蒸发热/(kJ/mol)	30.10

（2）化学安定性　由于MTBE特殊的化学结构，使其具有良好的化学安定性。有资料报道，经过4年的储存，MTBE过氧化物的生成仍为0。实验证明，MTBE的掺入有利于汽油储存安定的改善。

MTBE的掺入，使汽油中水的溶解性有所增加，但为非线性增加，一般不会出现分层，MTBE的水浸失量较小。

（3）MTBE对汽油抗爆性的影响　MTBE具有良好的抗爆性，马达法（MON）辛烷值为101，研究法（RON）辛烷值为117。它的掺入对烷基化汽油有十分显著的正调和效应。在催化裂化和催化重整汽油中，MTBE的调和抗爆指数分别为112和113，高于MTBE的净抗爆指数109。

（4）对汽油感铅性没有干扰　MTBE的使用对汽油感铅性没有干扰，MTBE无铅汽油的经济指标与同标号的含铅汽油相当。

（5）降低污染　含MTBE的汽油有助于降低汽车排放废气中污染物含量。一般CO排放量减少29%～33%，烃排放量减少16.7%～18.2%。故能改善汽车排放所造成的环境污染。

（6）发热量　由于MTBE分子中有一个氧原子，所以发热量较烃类燃料低，加入汽车中热值变化呈直线关系。但是由于MTBE的加入使燃料的理论空燃比减少，在同样燃烧

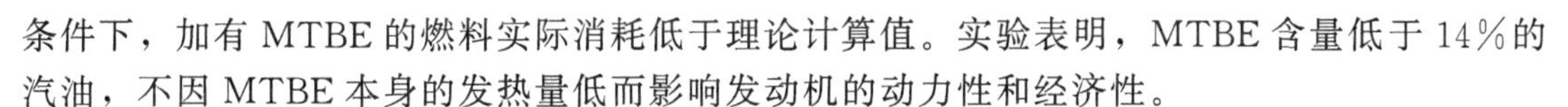

条件下，加有 MTBE 的燃料实际消耗低于理论计算值。实验表明，MTBE 含量低于 14%的汽油，不因 MTBE 本身的发热量低而影响发动机的动力性和经济性。

（7）毒害性小　含 MTBE 的汽油与普通烃类燃料一样，属于低毒物质，对皮肤无明显的刺激作用，无致癌活性。

2. MTBE 的用途

（1）作为汽油添加剂　MTBE 作为优良的高辛烷值的添加剂，对汽油的物理化学性质和抗爆性质等方面均有改善。MTBE 调和汽油的规格，根据 MTBE 的性质和调和辛烷值。将 MTBE 与各种具有抗爆性能的无铅汽油混合，其最大用量不超过 20%。

（2）制取异丁烯　异丁烯是重要的有机化工原料。由于化工产品的种类不同，对原料异丁烯的纯度要求也不同。例如，生产丁烯橡胶、聚异丁烯、叔丁基苯、叔丁胺等所需的异丁烯原料，要求异丁烯纯度大于 99%。若从 C_4 中得到高纯度异丁烯，需通过繁杂的分离流程才能实现。而近几年来中国国内开发了利用 MTBE 作原料催化裂解得到高纯度异丁烯的方法。

（3）作为反应溶剂和试剂　MTBE 化学稳定，难以氧化，作为反应溶剂、萃取剂和色谱液等方面也具有多种用途。

二、生产方法

采用 C_4 和甲醇反应制得 MTBE 的技术兴起于 20 世纪 70 年代，迄今为止，在国际上已形成比较成熟的技术，各国有诸多公司拥有自己的技术。中国有齐鲁石化公司化工研究院、洛阳石化工程公司等开发的技术，过程也基本相同，主要分炼油和化工两种类型。前者仅利用 C_4 的异丁烯，下游产品不再加以化工利用，它采用低的醇烯比（一般为 0.9），异丁烯的转化率较低（一般为 90%）；而后者则要求从下游产品中生产高纯度的 1-丁烯，要求异丁烯的转化率高达 99.5%以上，工艺上采用高醇烯比和两段反应来达到异丁烯高转化率。

第二节　甲基叔丁基醚的生产原理及生产工艺条件

一、生产原理

MTBE 是以甲醇和混合 C_4 馏分中异丁烯为原料，在催化剂大孔强酸性阳离子交换树脂作用下反应生成的。该反应是一个放热可逆反应，同时还伴随有副反应发生。

主反应：

$$CH_3OH + H_3C\text{—}\underset{\displaystyle CH_3}{\underset{|}{C}}\text{=}CH_2 \longrightarrow CH_3O\text{—}\overset{\displaystyle CH_3}{\overset{|}{\underset{\displaystyle CH_3}{\underset{|}{C}}}}\text{—}CH_3 \ +37kJ/mol$$

副反应：

$$(H_3C)_2C\text{=}CH_2 + (H_3C)_2C\text{=}CH_2 \longrightarrow H_3C\text{—}\overset{\displaystyle CH_3}{\overset{|}{\underset{\displaystyle CH_3}{\underset{|}{C}}}}\text{—}CH_2\text{—}\overset{\displaystyle CH_3}{\overset{|}{C}}\text{=}CH_2$$

$$\mathrm{(CH_3)_2C{=}CH_2 + H_2O \longrightarrow H_3C{-}C(CH_3)_2{-}OH}$$

$$\mathrm{CH_3OH + CH_3OH \longrightarrow CH_3OCH_3 + H_2O}$$

即：(1) 异丁烯聚合生成二聚或多聚物；

(2) 异丁烯与原料中的水反应生成叔丁醇；

(3) 甲醇脱水缩合生成二甲醚（DME）。

副反应数量不多，只要控制合适的反应条件可减少这些副反应的发生。

此反应一般在液相条件下进行，而且是很容易进行的可逆平衡放热反应，一般10℃即可发生上述反应。反应温度越高，速率越快，平衡常数越低，转化率也越低，MTBE合成反应的平衡常数如表3-24所示。

表3-24　MTBE合成反应平衡常数

反应温度/℃	25	40	50	60	70	80	90
平衡常数/K	739	326	200	126	83	55	38

二、工艺条件

为使这一反应过程达到最优化，应当选择在适宜的工艺条件下进行，工艺条件包括反应温度、反应压力、醇烯比、空速以及原料浓度等。这些工艺条件对反应过程的影响结果，通常以反应的转化率、选择性和收率来衡量。

(1) 反应温度　在一定的异丁烯浓度和醇烯比下。反应温度的高低不仅影响异丁烯的转化率，而且也影响生成MTBE的选择性、催化剂的寿命和反应速率。在低温度时反应速率慢，反应转化率由动力学控制，随着反应温度增加，平衡转化率下降，反应速率增加，达到平衡所需时间缩短，因此在高温时，反应转化率受热力学控制。为增加平衡转化率，延长催化剂的寿命，减少副反应，提高选择性，应当采用较低的反应温度，适宜温度在50～80℃。提高反应温度，虽可以提高反应速率，但二甲醚的生成量也随之增加。而且反应温度超过140℃时，催化剂将被烧坏。

根据放热反应的特点，反应温度低时异丁烯转化率较高。因此当装置设有两台反应器时，常使一台在较高温度下操作以提高反应速率，另一台在较低温度下操作保证达到所要求的高转化率。

(2) 反应压力　反应压力必须保持物料在液相反应，一般为0.8～1.4MPa。

(3) 醇烯比　增加醇烯比可减少异丁烯二聚物与三聚物生成，但将增加产品分离部分设备的负荷与操作费用。当要求异丁烯转化率为90%～92%时，醇烯比为(0.8～1.5)∶1(摩尔比)；异丁烯转化率>98%时，醇烯比为(1.1～1.2)∶1。

(4) 空速　反应空速与催化剂性能、原料中异丁烯浓度、要求达到的异丁烯的转化率、反应温度因素有关，质量空速一般取1～$2h^{-1}$。

(5) 原料　强酸阳离子交换树脂催化剂中的H^+会被金属离子所置换而使催化剂失活，因此要求进入反应器的原料中金属阳离子的含量小于1mg/kg，如原料中含有胺等碱性物质，也会中和催化剂的磺酸根而使催化剂失活，这类杂质也必须从原料中脱除。

C_4馏分中水含量必须限制。一般含饱和水为300～500mg/kg，对叔丁醇的生成量影响不大。但必须脱除所含的游离水，因为水会与异丁烯反应生成叔丁醇，增加副反应，从而影响 MTBE 的纯度。

原料 C_4 馏分中异丁烯含量的多少因来源的不同而差别较大。催化裂化（FCC）的 C_4 馏分中异丁烯含量较低（18%～23%），适宜作炼油型的，转化率要求不高（90%），下游产品可作烷基化原料；而裂解 C_4 馏分经过抽提丁二烯之后的萃取剩余 C_4 馏分，异丁烯含量高达 40%～46%，要求转化率高达 99.5%以上，方能满足下游生产 1-丁烯的需要，称为化工型的。

（6）其他因素　除了上述五个参数的影响外，尚有诸多其他影响因素。其中比较重要的是催化剂活性、选择性、耐高温性、强度等，这些因素直接影响到转化率以至整个装置的经济效益好坏，因此对催化剂质量应严格要求。另外比较重要的影响因素还有原料的预热温度，原料预热温度的高低可影响到异丁烯的转化率和反应床层温度分布。此外，还有床层温度的控制。当用载热体移走反应热时，载热体的流量、温度等工艺参数都会影响到反应的正常进行。

第三节　甲基叔丁基醚的生产工艺流程

一、采用一段反应器的生产工艺流程

甲基叔丁基醚生产工艺流程如图 3-45 所示。甲醇和含异丁烯的 C_4 馏分经预热器预热后送到醚化反应器（1）。反应器采用固定床列管式反应器，管外采用水作冷却剂。反应温度为 50～60℃，反应产物中有甲基叔丁基醚，未反应的异丁烯、甲醇，不起反应的正丁烯及丁烷，极少量副产物二异丁烯、叔丁醇。反应物进入提纯系统前与提纯塔（2）塔釜产物进行热交换。提纯塔为简单蒸馏塔，塔操作压力约为 0.6MPa。塔顶蒸出剩余 C_4 烃，并携带共沸组分甲醇，塔釜为甲基叔丁基醚成品，经与进料换热后送入储罐。塔顶剩余 C_4 烃送入水洗塔（3）回收甲醇。水洗塔塔釜甲醇水溶液进入甲醇回收塔（4），回收塔塔顶蒸出的甲醇循环回反应器。回收塔塔釜的水返回至水洗塔顶部作洗涤水，水作闭路循环。水洗后的 C_4 尾气中甲醇含量可降至 10μL/L 以下。

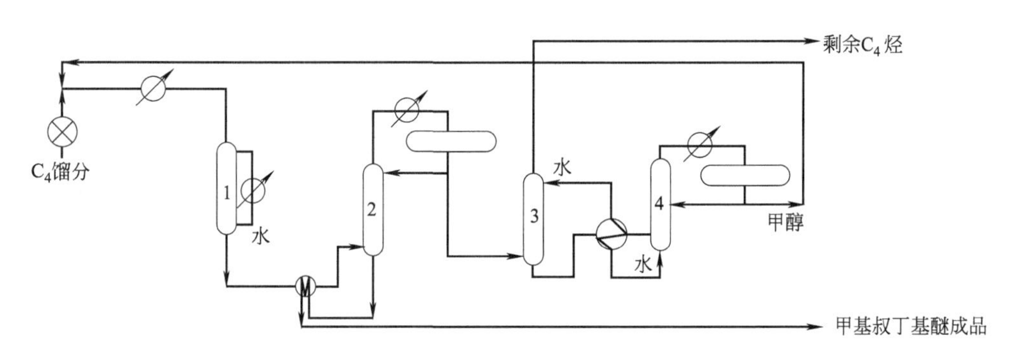

图 3-45　甲基叔丁基醚工艺流程

1—醚化反应器；2—MTBE 提纯塔；3—水洗塔；4—甲醇回收塔

该流程使用单台反应器，以含 50%异丁烯的 C_4 馏分为原料，异丁烯转化率约为 94%～98%，反应后 C_4 馏分含异丁烯小于 6%，成品甲基叔丁基醚纯度大于 99%（质量）。

二、采用两段反应器的生产工艺流程

若要获取高纯度 C_4 馏分，则需两段反应器，即两段反应、两段分离的工艺过程，从而提高异丁烯的转化率。两段反应的典型流程如图 3-46 所示。异丁烯与甲醇以摩尔比为 1∶(0.85～0.95)进入第一反应器（1），反应产物进入第一分馏塔（2），塔顶蒸出 C_4 烃与甲醇，塔釜是基本不含甲醇的甲基叔丁基醚产品。第一分馏塔塔顶馏出物与补充的甲醇进入第二反应器（3），进料中甲醇与异丁烯之比为(4～5)∶1。反应产物进入第二分馏塔（4），塔顶为 C_4 与甲醇共沸物，塔釜为过量甲醇与甲基叔丁基醚。经这种流程加工的 C_4 馏分，异丁烯转化率可达 99%以上。

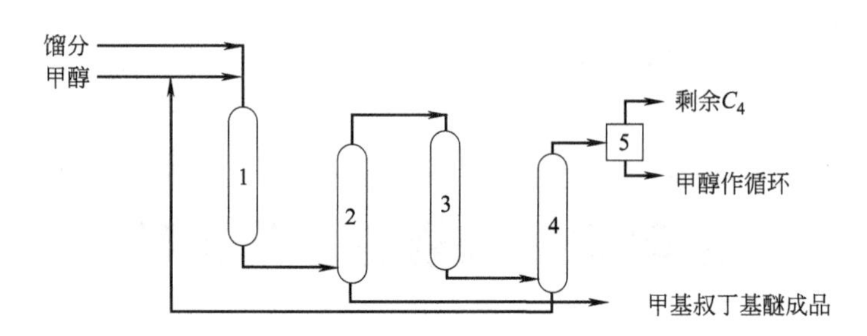

图 3-46　两段反应工艺流程

1—第一反应器；2—第一分馏塔；3—第二反应器；4—第二分馏塔；5—水洗系统

复习思考题

一、填空题

1. 写出甲基叔丁基醚的结构式__________。

2. 采用 C_4 和甲醇反应制得 MTBE 的技术分__________和__________两种类型。

3. MTBE 是以甲醇和混合 C_4 馏分中异丁烯为原料，在________________作用下反应生成的。

4. 以甲醇和混合 C_4 馏分中异丁烯反应生产 MTBE，该反应是一个__________反应，同时还伴随有副反应发生。

二、选择题

1. 下面不属于甲基叔丁基醚用途的是（　　）。

A. 汽油添加剂　　B. 制取异丁烯　　C. 反应溶剂和试剂　　D. 合成橡胶

2. 强酸阳离子交换树脂催化剂中的（　　）会被金属离子所置换而使催化剂失活，因此要求进入反应器的原料中金属阳离子的含量小于 1mg/kg。

A. H^+　　B. OH^-　　C. Na^+　　D. Cl^-

3. 增加醇烯比可减少（　　）生成，但将增加产品分离部分设备的负荷与操作费用。

A. 甲基叔丁基醚　　B. 异丁烯二聚物与三聚物

C. 叔丁醇　　D. 二甲醚

4. 甲基叔丁基醚生产过程中，一定的异丁烯浓度和醇烯比下，反应温度的高低影响不包括（　　）。

A. 异丁烯的转化率　　B. MTBE 的选择性

C. 催化剂的寿命和反应速率　　D. 空速

三、判断题

1. 甲基叔丁基醚作为汽油添加剂具有十分良好的抗爆炸性能和较好的化学稳定性。 （ ）

2. MTBE中C—O键的键能大于C—C键的键能，而且MTBE分子中又存在着叔碳原子上的空间效应，难以使分子断键形成自由基，在空气中不易氧化。 （ ）

3. MTBE的掺入，使汽油中水的溶解性有所增加，但为非线性增加。一般不会出现分层。MTBE的水浸失量较小。 （ ）

4. 含MTBE的汽油与普通烃类燃料一样，属于低毒物质，对皮肤无明显的刺激作用，无致癌活性。 （ ）

四、简答题

1. 甲基叔丁基醚的生产有何意义？

2. 试述工业上甲基叔丁基醚的生产方法。

3. 在甲基叔丁基醚的生产过程中，有哪些化学反应发生？

4. 在甲基叔丁基醚的生产过程中，所用的催化剂是什么？

5. 在甲基叔丁基醚生产过程中，反应温度对产品收率有什么影响？

6. 甲基叔丁基醚生产过程中，反应压力如何选择？

7. 甲醇与异丁烯之比对产品的收率有什么影响？

8. 在甲基叔丁基醚生产过程中，空速对产品收率有什么影响？

9. 甲基叔丁基醚生产过程中，原料中氢离子对催化剂有何影响？

10. 原料中水的含量对甲基叔丁基醚纯度有何影响？

11. 试述原料C_4馏分中异丁烯含量及来源，说出其对产品收率的影响。

12. 简述其他因素对甲基叔丁基醚产品生产的影响。

13. 画出一段反应器生产甲基叔丁基醚的工艺过程并叙述流程；画出二段反应器生产甲基叔丁基醚的工艺过程并叙述流程。

第十一章　甲乙酮的生产

学习目标

1. 了解甲乙酮的性质、用途及生产方法。
2. 掌握甲乙酮的生产原理、工艺条件及工艺流程。

课程导入

甲乙酮作为优良的化工溶剂和生产精细化学品的原料，在工业和民用领域有重要的地位。那么如何生产甲基叔丁醚，生产条件如何控制、生产工艺过程如何？

甲乙酮是涂料与粘合剂的重要原料，在润滑油脱蜡、磁带、油墨、合成革等化工产品生产方面也有重要的应用。2018年甲乙酮的国际贸易总额6.5亿美元，总贸易量52.6万吨。从价格看，全球甲乙酮平均出口价格1236.2美元/吨，同比下降24.0%。世界甲乙酮进口主要国家和地区是美国、韩国及比利时，以上三地合计进口量占进口总量的47.5%。世界甲乙酮出口主要来自中国、日本及荷兰等国家，以上三个国家或地区合计出口量占全球贸易总量的58.8%。

2019年底中国甲乙酮无新增产能投产。部分小装置长期停工，甲乙酮装置产能利用率仅维持在53.7%。近年来，中国的甲乙酮正通过出口寻求市场，2019年甲乙酮进口量再度缩减，总体已不足500t，甲乙酮已然成为出口为主的产品，长期低迷的行情使得国外货源难以进入中国，进口缩量趋势不改。2019年中国甲乙酮的表观消费量同比下降2.9%。自给率为164%，进口依存度为0.2%。

2019年中国甲乙酮出口目的地主要集中在亚洲地区。出口到韩国的甲乙酮数量最大，占总出口量的33.7%。排名第二位的出口目的地为印度尼西亚，出口总量占全国总出口量的16.2%。

未来几年中国甲乙酮新增产能较为有限。如果有也将是老装置的少量扩能。值得注意的是，目前世界上大多数甲乙酮生产企业仍采用硫酸法，由于发达国家环保法规的日益严格，此方法将逐步被淘汰，世界甲乙酮市场供应面临逐步萎缩的趋势，这将给国内甲乙酮产品的出口市场带来一定的发展空间。

素质阅读

炼化一体化

炼化一体化，顾名思义是炼油厂和化工厂一体化规划、运营或转型。炼化一体化能够有效利用原油资源，实现企业整体经济效益的最大化，是国内外炼化行业长期以来坚持的发展策略。其显著优势是优化配置和综合利用各种资源，提升产品附加值。此外，炼化一体化还可共享公用工程及辅助设施，降低生产成本及建设投资。分析数据表明，与同等规模的炼油企业相比，采取炼油、乙烯、芳烃一体化，原油加工产品附加值可提高25%，节省建设投资10%以上，降低能耗15%左右。

第一节　甲乙酮生产概述

一、甲乙酮的性质

甲乙酮全称甲基乙基酮（MEK），亦称2-丁酮。分子式 C_4H_8O，分子量72.11。

1. 物理性质

甲乙酮是低黏度、无色易燃液体，具有酮类气味，能与醇、醚、苯等许多有机溶剂互溶，能和水、苯、环己烷等形成共沸化合物（如表3-25所示）。500℃以下对热稳定，主要物理性质列于表3-26。

表3-25　甲乙酮的二元共沸物及其共沸点

第二组分	甲乙酮/%(质量)	共沸点/℃	第二组分	甲乙酮/%(质量)	共沸点/℃
水	88.0	73.4	四氯化碳	29.0	73.8
苯	37.5	78.1	二硫化碳	15.3	45.9
环己烷	40.0	72.0	乙酸乙酯	22.0	76.7
正己烷	29.5	64.2	丙酸甲酯	52.0	79.3
甲醇	30.0	63.5	叔丁醇	69.0	78.5
乙醇	66.0	74.8	三乙胺	75.0	79.0
氯丁烷	38.0	77.0	1,3-环己二烯	40	73.0

表3-26　甲乙酮的主要物理性质

性质		数值	性质		数值
沸点(101.325kPa)/℃		79.6	燃烧热(25℃)/(kJ/mol)		2435
凝固点/℃		−85.9	生成焓(25℃)/(kJ/mol)		279.5
熔解热/(kJ/g)		8.4	偶极矩/D		3.18
蒸发热/(kJ/mol)		32.8	表面张力(20℃)/(10^{-3}N/m)		24.6
黏度/mPa·s	0℃	0.51	临界温度/℃		260
	20℃	0.41	临界压力/MPa		4.4
	40℃	0.34	临界密度/(g/cm^3)		0.27
溶解度(20℃)/%(质量)	在水中	26.8	密度/(g/cm^3)	10℃	0.8153
	水在甲乙酮中	11.8		20℃	0.8049
	介电常数(20℃)	15.45		30℃	0.7947
比热容/[J/(kg·K)]	蒸气(137℃)	1732	空气中爆炸极限/%	上限(体积)	1.8
	液体(20℃)	2084		下限(体积)	10.1
折射率 N_d(−26℃)		1.4293			

2. 甲乙酮的化学性质

甲乙酮具有酮类的典型的化学性质，由于具有羰基及与羰基相邻的活性氢原子，因此容易发生如下反应：

（1）缩合反应 甲乙酮与脂肪族或芳香族醛发生缩合，生成环状化合物、缩酮以及树脂等，例如：它与甲醛在氢氧化钠存在下缩合，先生成4-羟基-3-甲基-2-丁酮，接着脱水生成甲基异丙烯基酮。甲乙酮与盐酸或氢氧化钠一起加热发生分子间缩合，生成3,4-二甲基-3-己烯-2-酮或3-庚烯-5-酮。

（2）加成反应 甲乙酮与氨和胺类进行成胺反应，生成胺类，如在镍催化剂作用下，与氨反应生成仲丁胺；在碱性催化剂存在，与乙炔加成生成炔醇。

（3）氧化反应 以氧化酮为催化剂，甲乙酮氧化生成2,3-丁二酮，甲乙酮氧化亦可生成甲乙酮的过氧化物，这是一种重要的聚酯生产的引发剂，这种过氧化物的分子式是：

$$HO-\underset{CH_3}{\overset{CH_3}{\underset{|}{\overset{|}{C}}}}-O-O-\underset{CH_3}{\overset{CH_3}{\underset{|}{\overset{|}{C}}}}-OH$$

（4）活性氢反应 甲乙酮的α氢原子容易被卤素取代生成各种卤代酮，例如与氯作用生成3-氯-2-丁酮，甲乙酮还可以与2,4-二硝基苯肼作用生成黄色的2,4-二硝基苯腙。

3. 甲乙酮的用途

甲乙酮是一种重要的工业溶剂，沸点适中，溶解性能好，挥发速率快，无毒，在工业上有广泛的用途。

甲乙酮主要用作涂料溶剂，其溶解度参数接近许多树脂，可用作硝基纤维素、乙烯基树脂、丙烯酸树脂、醇酸树脂、酚醛树脂、环氧树脂、聚氨酯树脂及其他合成树脂的溶剂。又可用于黏合剂，如以聚氨基甲酸酯、丁腈橡胶、氯丁橡胶等为基料的工业黏合剂。还可用于洗涤剂、润滑油脱蜡剂、硫化促进剂和反应中间体等。另外，也应用于印刷油墨、调味剂、香料、乙基正戊酮和甲乙酮环氧物的制备和油脂清洗、植物油萃取、炼厂共沸分离等方面。还应用于多种有机合成和制药工业。

二、甲乙酮的生产方法

目前，甲乙酮的生产方法有：以正丁烯为原料的两步法和一步法；丁烷液相氧化法；异丁苯法和异丁醛异构法等。但甲乙酮的主要工业生产方法为前两种。

工业上生产甲乙酮主要的方法是正丁烯水合制仲丁醇及仲丁醇催化脱氢的两步法，其中正丁烯水合又有间接水合法和直接水合法两种。采用硫酸为介质的间接水合法工业装置始建于20世纪30年代。正丁烯先与硫酸反应生成硫酸仲丁酯，再经水解生成仲丁醇。该法工艺技术成熟，但存在硫酸对设备的腐蚀及废酸处理、回收等问题。1984年出现了以非硫酸为催化剂的正丁烯直接水合法，德国采用强酸性阳离子交换树脂为催化剂，日本采用杂多酸为催化剂，分别建立了直接水合的工业装置。树脂直接水合法生产仲丁醇的成本比硫酸法低30%，还有不污染环境的优点，是当前工业生产甲乙酮的先进方法。

仲丁醇的催化脱氢传统上采用气相法，这也是目前绝大部分工业装置所用的方法（美国约70%的甲乙酮生产采用此法）。20世纪60年代以来，已有几个工业装置采用仲丁醇液相催化脱氢的新工艺。

一步法即正丁烯直接氧化生成甲乙酮，它是以含少量氯化钯的氯化铜溶液为催化剂。其流程较简单，转化率较高，但生产过程产生的氯离子有强腐蚀性，设备需用耐蚀的钛钢材料，加之甲乙酮选择性也不高（86%），因而限制了其发展。

异丁苯法和异丁醛异构化法或因操作条件严格、工艺复杂，或因收率低、产物难以分离，从而限制了它们的工业化。

第二节　甲乙酮的生产原理及工艺条件

一、仲丁醇气相脱氢生产甲乙酮的生产原理

（1）主反应　仲丁醇经催化剂作用，在反应温度为250～300℃，接近大气压力的操作条件下脱氢生成甲乙酮，并联产副产品氢气。这种脱氢过程为吸热反应，反应热为51kJ/mol。

$$H_3C-H_2C-\underset{OH}{\underset{|}{C}H}-CH_3 \longrightarrow H_3C-H_2C-\overset{O}{\overset{\|}{C}}-CH_3 + H_2$$

气相脱氢催化剂有铜系、铜-锌合金及氧化锌等。

（2）副反应　仲丁醇气相脱氢反应，除生成主要产品甲乙酮外，同时还产生各种副产物，主要的副产物有：

① 氢气。氢气由仲丁醇脱氢生成，经低温冷却，从物料中分离出来。

② 丁烯和水。由仲丁醇分解产生。

③ 重质酮。由两个以上仲丁醇分子经脱氢和缩合反应而生成，常伴有氢和水产生。

如：

$$2C_4H_9OH \longrightarrow C_8H_{16}O + H_2 + H_2O$$

约80%的重质酮为乙基戊基酮（沸点167℃）及其异构体3,4-二甲基-2-己酮（沸点158℃），由于二者沸点相近，分离纯组分十分困难。

二、催化剂及其再生

通常，仲丁醇气相脱氢的催化剂有铜-锌合金（黄铜）催化剂、氧化锌催化剂和铜基催化剂等。铜-锌合金催化剂的缺点是需要温度高，达370～400℃，且寿命短。氧化锌催化剂既有脱氢作用又有脱水作用，因此需要添加助剂，才能减少醇脱水生成烯烃的反应。助剂有Na_2CO_3、氧化铋以及锆、铯或钍的氧化物。铜基催化剂以硅藻土为载体，使用温度较低，为250～300℃，催化活性及选择性较高。

催化剂的使用周期，一般来说，铜-锌合金催化剂的催化活性每周下降1.2%；氧化锌-氧化铋催化剂每周下降0.3%；氧化锌-氧化锆催化剂可连续使用3～6个月不需要再生。铜基催化剂的使用周期约6周，寿命4～5年。

由于催化剂体系不同，催化剂再生的条件和过程也不尽相同，这里着重说明铜基催化剂的再生过程。

催化剂在运转过程中，随着结炭沉积，催化活性会降低。为了获得满意的反应速率，需逐渐提高反应温度，由于受加热温度的限制，反应区内最高反应温度只能达到270℃。如果装置运转6周左右，反应温度已达270℃，而反应转化率仍明显降低（低于75%）时，说明催化剂必须再生。

再生是用空气烧去催化剂的沉积炭，再生气为空气与氮气的混合气，随再生温度的提高和再生过程的进行，逐渐增加混合气中空气的含量。再生温度300～320℃，在此条件下恒

温十几小时。催化剂经再生后，通入氢气在250℃进行还原。

三、仲丁醇气相脱氢生产甲乙酮的工艺条件

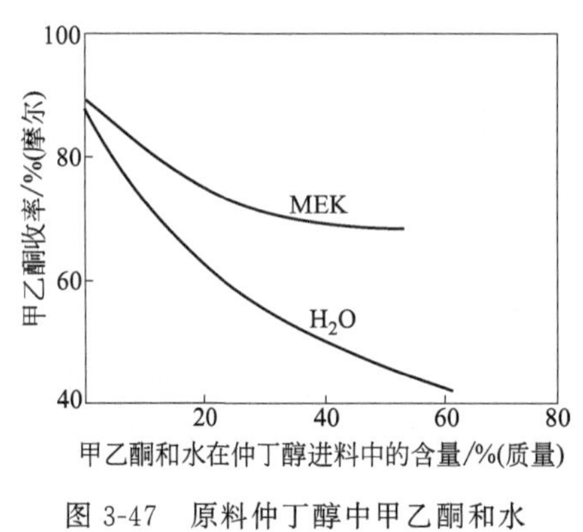

图3-47　原料仲丁醇中甲乙酮和水对甲乙酮收率的影响

1. 原料要求

如果仲丁醇原料中含有水和甲乙酮则对脱氢反应不利，水含量大于0.5%（质量）将减少催化剂的使用寿命。原料中甲乙酮和水对甲乙酮收率的影响见图3-47。由图可见，水对甲乙酮收率的影响更大。同时，原料中不应含有叔丁醇，它会影响MEK的精制。

2. 反应温度

采用催化剂系统的不同，气相脱氢的反应温度有较大差别。铜基催化剂的反应温度为250～300℃，在250～270℃就可获得理想的转化率和选择性。铜-锌合金和氧化锌催化剂系统的反应温度为370～480℃，低于340℃时仲丁醉的转化率较低，高于480℃时甲乙酮的选择性低。400℃可获得最高的甲乙酮收率。

3. 反应压力

反应压力随采用催化剂的不同也略有不同。一般来说，压力低有利于仲丁醇的转化，通常为0.1～0.5MPa。

4. 液体空速

仲丁醇的液体空速取决于所用催化剂的活性和反应温度等，通常为2～5h^{-1}。

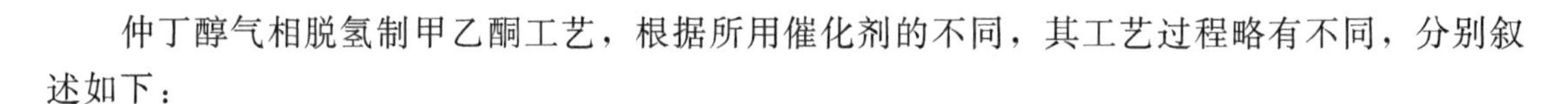

第三节　仲丁醇气相脱氢生产甲乙酮的工艺流程

仲丁醇气相脱氢制甲乙酮工艺，根据所用催化剂的不同，其工艺过程略有不同，分别叙述如下：

一、铜系催化剂的工艺流程

德国德士古公司和中国江苏泰州石化总厂等采用铜系催化剂。该工艺包括仲丁醇合成和精馏两个工段，工艺流程如图3-48所示。

来自正丁烯直接水合工段的高纯度仲丁醇经储罐打到SBA（仲丁醇）缓冲罐，然后再送进闪蒸槽进行部分汽化，在产品/进料交换器里，SBA被蒸发、过热，再由脱氢反应器顶部进入反应器。

气相脱氢反应器为列管式，管内装填催化剂，壳程用循环热油加热。因该反应是吸热反应，用反应器出口温度控制热油流量。

反应产物甲乙酮、高级酮、氢气和未反应的仲丁醇从反应器底部排出，再送往产品/进料换热器与进料进行热交换，再经水冷却器冷却，其中大部分甲乙酮和仲丁醇被冷凝下来。

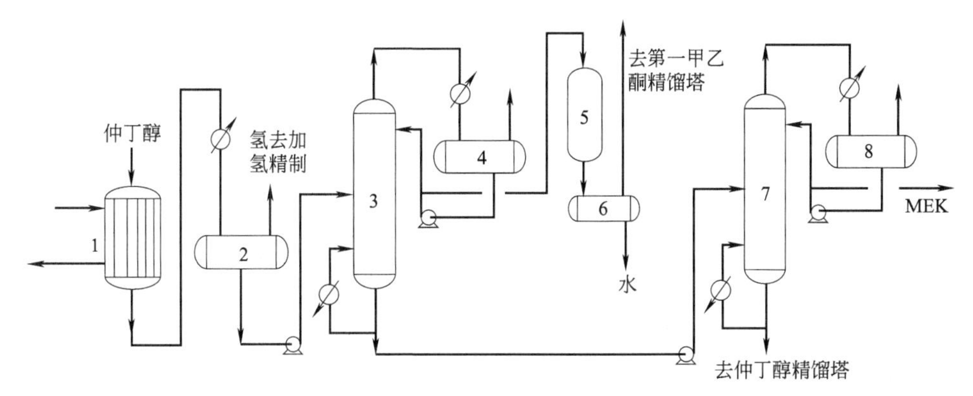

图 3-48　铜系催化剂体系仲丁醇气相脱氢生产甲乙酮流程

1—反应器；2,4,6,8—分离罐；3—第一甲乙酮精馏塔；5—脱水槽；7—第二甲乙酮精馏塔

混合物再进入分离器进行气-液分离，液相即粗甲乙酮送往蒸馏系统；气相为未冷凝的被甲乙酮所饱和的氢气。气相先经冷却后进入冷冻装置冷至－45℃，几乎所有的溶剂都冷凝下来，使甲乙酮有较高的回收率。分出的氢气纯度也很高，含量约 99%，可用于催化剂再生活化。

铜系催化剂体系仲丁醇气相脱氢生产甲乙酮流程

铜系催化剂活性高，仲丁醇单程转化率达 80%，甲乙酮选择性达 95%以上。催化剂的运转周期约 6 周，催化活性明显降低（转化率低于 75%）后可再生。

甲乙酮精馏工段是从未反应的仲丁醇和高级酮中分离出高纯度的甲乙酮。来自合成工段的粗甲乙酮，含有尚未反应的过量仲丁醇和副产的高级酮，用泵打入第一甲乙酮精馏塔，水及轻组分由塔顶采出。在塔顶闭路循环中用己烷作夹带剂，水在共沸蒸馏过程中分出轻组分，水、己烷和少量甲乙酮由塔顶蒸出，经冷凝后分成两相：上层为己烷和甲乙酮，用于回流；下层是富水相，间歇排出。未被冷凝的轻组分由分离罐排放。

第一甲乙酮精馏塔塔釜产物经泵打入第二甲乙酮精馏塔中段，第二塔顶采出高纯度的甲乙酮产品，塔釜产物含有未反应的仲丁醇和副产的重质酮等重组分，送入仲丁醇精馏系统以回收仲丁醇。

二、铜-锌催化剂的工艺流程

美国 Arco 公司及日本丸善石油公司等工业装置采用铜-锌催化剂，典型的工艺流程如图 3-49 所示。

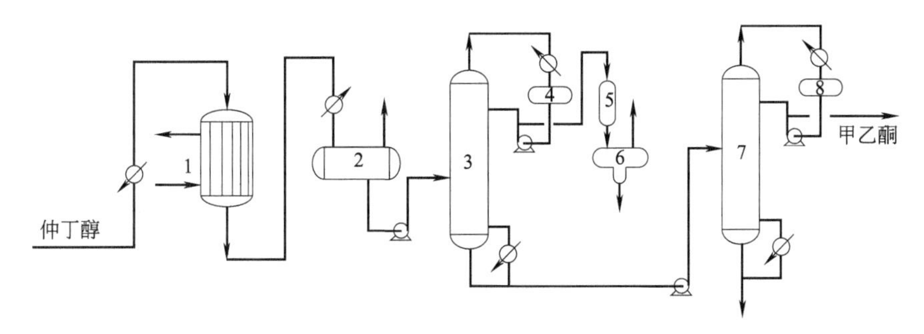

图 3-49　铜-锌催化剂体系仲丁醇脱氢制甲乙酮工艺流程图

1—脱氢反应器；2,6—分离器；3—第一精馏塔；4,8—回流罐；5—脱水塔；7—第二精馏塔

来自仲丁醇产品精馏塔的气相高纯度仲丁醇［纯度大于99%（质量），水分小于0.5%（质量）］经预热后进入反应器，反应器为列管式，管内装填铜-锌合金催化剂（锌含量为30%～60%）。反应压力0.5MPa，反应温度370～400℃。仲丁醇单程转化率为80%～85%，甲乙酮选择性为99%，反应器用熔盐供热。

反应生成物除甲乙酮及氢外，还有少量水、丁烯及C_8酮等，经冷却分离掉氢气后粗产品进入第一精馏塔，塔顶蒸出甲乙酮与水的共沸物。共沸物冷凝后进入脱水塔，塔内装有岩盐。出脱水塔的混合物分成两层：下层为水层，间歇排出；上层为少量水的甲乙酮，返回第一精馏塔。塔釜采出不含水的甲乙酮与未反应的仲丁醇的混合液，用泵打入第二精馏塔中部。第二精馏塔塔顶得到纯度大于99.5%的甲乙酮产品，塔釜为仲丁醇及C_8酮等重组分，送往仲丁醇精制工段，脱除高沸物后的仲丁醇循环作脱氢原料。

生成的氢气可作为加氢精制及催化剂再生还原等操作所需的氢气源。

三、氧化锌催化剂的工艺过程

仲丁醇脱氢制甲乙酮的工艺过程包括两部分：脱氢和精制。工艺流程如图3-50所示。来自仲丁醇工段的原料仲丁醇首先由顶部进入甲乙酮吸收塔，以吸收反应生成的氢气中的甲乙酮。为了提高吸收效果，吸收塔应低温操作。然后，仲丁醇经预热、汽化和过热，温度达到400℃，由顶部进入脱氢反应器。待催化剂活性降低后，即在反应器中进行催化剂的再生。再生条件为温度500℃，通入含O_2 2%和N_2 98%的气体。脱氢反应为高吸热反应，反应器由加热的熔盐供给热量。反应器出口产物冷却至43℃后进入相分离器，气相送入甲乙酮吸收塔，由吸收塔顶部可得到纯度大于98%（摩尔）的氢气。

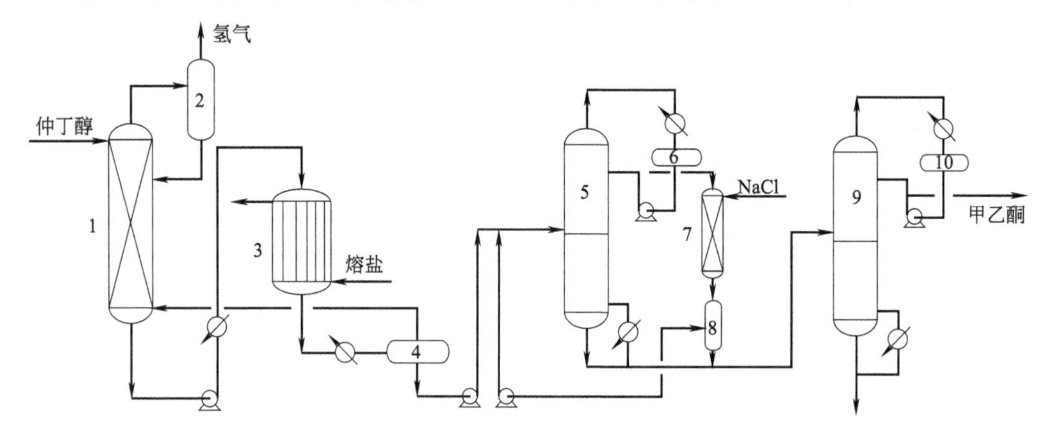

图3-50　氧化锌催化剂体系仲丁醇气相脱氢制甲乙酮工艺流程图

1—甲乙酮吸收塔；2,4,6,8,10—分离器；3—反应器；5—脱水塔；7—脱水罐；9—产品塔

在反应温度为400℃，反应压力为0.3MPa，SBA液体空速1.5h^{-1}，催化剂组成ZnO 8%、Zr 0.5%、沸石91.5%条件下，仲丁醇转化率为93.5%，甲乙酮选择性为95.2%，甲乙酮单程收率为89.0%（摩尔），副产物有丁烯、水和C_8酮等。

来自相分离器的粗产品进入脱水塔，塔顶蒸出水和甲乙酮的共沸物，冷凝后进入脱水罐，罐中装有盐（NaCl）。共沸混合物在盐的作用下，分成两层，上层为甲乙酮，回到脱水塔作进料，下层水排掉。

甲乙酮生产与分离

由脱水塔塔釜采出的物料进入甲乙酮产品塔，由塔顶采出甲乙酮产品。沸点高于甲乙酮的组分包括仲丁醇和甲基庚酮等，由塔釜采出送至仲丁醇工段回收仲丁醇。

复习思考题

一、填空题

1.写出甲乙酮的结构式__________。

2.仲丁醇脱氢制甲乙酮，采用氧化锌催化剂的工艺过程包括两部分：__________和__________。

3.仲丁醇经催化剂作用，在一定的反应温度和压力条件下脱氢生成__________，并联产副产品__________。

4.仲丁醇脱氢制甲乙酮的反应过程是__________，反应热为51kJ/mol。

二、选择题

1. 仲丁醇气相脱氢反应，除生成主要产品甲乙酮外，同时还产生各种副产物，主要的副产物不包括（　　）

A. 氢气　　B. 丁烯和水　　C. 重质酮　　D. 丁烯

2. （　　）是用空气烧去催化剂的沉积炭，再生气为空气与氮气的混合气，随再生温度的提高和再生过程的进行，逐渐增加混合气中空气的含量。

A. 催化剂的中毒　　B. 催化剂的再生　　C. 烧焦　　D. 催化剂的失活

三、判断题

1.甲乙酮主要用作涂料溶剂，其溶解度参数接近许多树脂，可用作硝基纤维素、乙烯基树脂、丙烯酸树脂，醇酸树脂等合成树脂的溶剂。（　　）

2.仲丁醇原料中含有水和甲乙酮则对脱氢反应不利，水含量高将减少催化剂的使用寿命。（　　）

3.仲丁醇气相脱氢制甲乙酮工艺，所用催化剂不同，工艺过程没有区别。（　　）

4.仲丁醇气相脱氢制甲乙酮原料中不应含有叔丁醇，它会影响MEK的精制。（　　）

四、简答题

1.简述甲基乙基酮的生产意义。

2.试比较工业上生产甲乙酮几种方法的优缺点。

3.写出仲丁醇气相脱氢生产甲基酮时所发生的化学反应。

4.仲丁醇气相脱氢生产甲基酮时所用的催化剂有哪些？

5.简述催化剂的再生过程。

6.原料中水、叔丁醇和甲乙酮对产品收率有什么影响？

7.在仲丁醇气相脱氢生产甲基酮时，反应温度对产品收率有何影响？

8.甲乙酮生产过程中，反应压力如何选择？

9.在生产甲乙酮时，液体空速对产品收率有什么影响？

10.画出铜系催化剂生产甲乙酮的工艺流程并简述流程。

11.画出铜-锌系催化剂生产甲乙酮的工艺流程并简述流程。

12.画出氧化锌系催化剂生产甲乙酮的工艺流程并简述流程。

第四单元

石油芳烃及其衍生物生产技术

第一章　石油芳烃的生产

学习目标

1. 了解芳烃的用途及生产方法。

2. 掌握裂解汽油加氢的目的及生产工艺过程。

3. 掌握原料油重整反应的目的及生产工艺过程。

4. 掌握甲苯歧化和甲苯与 C_9 烷基转移反应生产苯和二甲苯的技术及混合芳烃分离技术。

课程导入

芳烃作为重要的石油化学工业基础原料，在有机溶剂、农药、医药、染料、香料、涂料、化妆品、添加剂、有机合成中间体等方面的应用非常广泛。但无论是石油烃裂解副产物所得芳烃，还是原油分离所得芳烃，其组成都比较复杂，且各组分的比例与实际需求相差甚远。那么如何获得与实际应用所匹配的芳烃呢？

第一节　芳烃生产概述

一、芳烃在国民经济中的地位和作用

芳烃是石油化工工业的重要基础原料，在总数约 800 万种的已知有机化合物中，芳烃化合物占了约 30%，其中 BTX 芳烃（苯、甲苯、二甲苯）被称为一级基本有机原料。

人类生产和利用芳烃产品已有 100 余年的历史，它是从煤焦油芳烃的利用开始的，而 BTX 芳烃在石油化学工业中大量生产和应用是第二次世界大战以后的事。科学技术的飞速进步以及人们对物质和文化的需求日益提高，促进了以芳烃为基础原料的化学纤维、塑料、橡胶等合成材料以及品种繁多的有机溶剂、农药、医药、染料、香料、涂料、化妆品、添加剂、有机合成中间体等生产的迅猛发展。

苯的最大用途是生产苯乙烯、环已烷和苯酚，三者占苯消费总量的 80%～90%，其次是硝基苯、顺酐、氯苯、直链烷基苯等。甲苯大部分用作汽油组分，其次是用作脱烷基制苯和歧化制苯及二甲苯的原料；甲苯也是优良溶剂，它在化工方面主要是生产硝基甲苯、苯甲

酸、异氰酸酯等。二甲苯中用量最大的是对二甲苯，是生产聚酯纤维和薄膜的主要原料；邻二甲苯是制造增塑剂、醇酸树脂、不饱和聚酯树脂的原料；大部分间二甲苯异构化制对二甲苯，也可氧化为间苯二甲酸，也可用于农药、染料、医药的二甲基苯胺的生产。

二、国内外芳烃的主要生产技术

1. 现有芳烃生产技术

芳烃多以石脑油为原料，采用芳烃联合装置进行生产，产品主要为苯、甲苯和二甲苯。芳烃产品来自于催化重整生成油、蒸汽裂解副产的加氢裂解汽油和焦化粗苯中的 C_6～C_8 芳烃。为解决石脑油供应不足，拓展芳烃生产的原料来源并充分利用炼化一体化资源，可利用液化气（LPG）、轻烯烃、重整抽余油等原料通过轻烃芳构化技术来增产芳烃；还可利用较重质资源如重质裂解汽油、催化裂化轻循环油中的重芳烃通过轻质化、加氢裂化等反应增产芳烃。同时，结合我国“贫油富煤”的能源储备特点，通过煤经甲醇制芳烃技术来替代部分石油资源，也已成为我国增产芳烃的重要方式。当前国内外典型的芳烃生产技术有：催化重整、裂解汽油加氢、轻烃芳构化、甲苯/苯歧化与烷基转移、二甲苯异构化、煤（甲醇）制芳烃等。

（1）催化重整　催化重整是生产芳烃的龙头装置，也是现代炼油化工工业的主要装置之一，生产的芳烃约占全球芳烃总产量的30%。经过多年的发展，催化重整技术已非常成熟。目前典型的催化重整技术有：①美国UOP公司开发的连续重整（CCR）Platforming工艺。该工艺可在较低的压力和氢烃比（摩尔比）条件下操作，生产高辛烷值汽油调和组分和高纯度的 C_6～C_{10} 芳烃。作为目前应用最广的CCR技术，已在全球370多套催化重整装置中得到应用。②法国Axens公司开发的CCR工艺，该工艺包括生产芳烃的Aromizin工艺和生产高辛烷值汽油调和组分的Octanizing工艺。目前全球有50套超过催化重整装置采用Aromizing工艺，75套装置采用Octanizing工艺。迄今为止，Octanizing工艺与UOP公司的CCRPlatforming工艺仍是世界上最具竞争力的两种连续重整工艺。③中国石化开发的超低压CCR工艺（SLCR）。该工艺采用新型结构的重整反应器。通过不断的优化改进，各项工艺参数已达国际先进水平，现已在10余家炼化企业推广应用，每年可生产高标号汽油650万吨，新增经济效益约42亿元。与引进技术相比，累计节省近3000万美元。④中国石化开发的逆流移动床CCR工艺（SCCCR）。与其他CCR技术相比，该工艺主要改变了催化剂在反应区的移动次序，将再生后的催化剂先用于芳构化反应，使催化剂的活性与反应难易程度更为匹配。该工艺于2013年在中国石化济南分公司60万吨/年重整装置首次投产，具有设备国产化率高、投资低、运行平稳、催化剂磨损少、能耗低等特点。

（2）裂解汽油加氢　裂解汽油作为芳烃抽提原料生产高纯度芳烃产品时，必须先进行选择性加氢和加氢精制处理，除去双烯烃、烯芳烃、烯烃以及硫、氮、氧等杂质。目前，工业上普遍采用二段加氢工艺：一段加氢主要脱除双烯烃和烯芳烃，以低温液相选择性加氢技术为主；二段加氢主要脱除单烯烃及硫、氮、氧等杂质，通常采用高温、气相加氢精制技术，工艺条件相对苛刻。

裂解汽油生产芳烃主要技术有：①中国石油开发的裂解汽油加氢工艺。自20世纪60年代起开展了裂解汽油一、二段加氢催化剂及工艺技术的研发，已开发3种类型13个牌号催化剂，应用于50余套裂解汽油加氢装置。目前，裂解汽油一、二段加氢催化剂国内市场占有率分别超过40%、70%，基本替代同类进口催化剂。②韩国SK公司开发的APUSM工艺。以 $C_{\geqslant 9}$ 重芳烃为原料，经脱烷基反应后转化为苯、甲苯、二甲苯，该工艺无需进行溶剂抽提，产物只需经过精馏分离即可得到高纯度的轻质芳烃，其产物 C_8 馏分中乙苯含量较低，可作为生产 PX 的优质原料。③中国石化开发的裂解汽油加氢工艺。自 2005 年开始重质裂解汽油增产芳烃工艺技术研究，采用固定床反应器，以 $C_{\geqslant 9}$ 馏分裂解汽油为原料，经脱烷基反应后生成芳烃，产物经精馏分离得到高纯度的苯和甲苯，该工艺具有原料适应性强和增产芳烃效率高的特点。随后，于 2008 年开发出裂解汽油加氢成套技术，以 C_6～C_8 馏分为原料，经加氢抽提后得到芳烃。目前，该成套技术已全面实现国产化，并应用于茂名石化、镇海炼化、福建联合石化等企业。

（3）轻烃芳构化技术　LPG、轻烯烃、重整抽余油等轻烃原料经芳构化均可转化成芳烃，芳烃技术按反应器形式分为固定床工艺和移动床工艺。而按照所用催化剂类型又可分为两条工艺路线：一条是采用金属改性的 ZSM-5 分子筛酸性催化剂技术，加工原料以 C_2～C_5 轻烃组分为主，具有工艺流程简单、原料适用性广且无需严格精制、建设费用低等优点，芳烃收率可达 60%以上；另一条则是采用 Pt/KL 的碱性分子筛催化剂技术，主要加工 C_6～C_7 烷烃，芳烃收率比传统重整工艺高，但对原料精制要求苛刻，尤其对原料脱硫要求很高，因此未得到广泛应用。

轻烃芳构化技术主要包括：①中国石油开发的 C_4 临氢芳构化生产高辛烷值汽油组分技术（LAG）。该技术采用固定床 C_4 芳构化工艺，使 C_4 通过烯烃芳构化反应转化为富含芳烃的生产原料，或用作高辛烷值汽油调和组分，实现 C_4 资源的有效利用。②日本旭化成（Asahi）与三洋（Sanyo）公司联合开发的 Alpha 工艺。以热裂化和催化裂化的 C_4～C_5 馏分（烯烃质量分数为 30%～80%）为原料，选用改性的 ZSM-5 分子筛催化剂，在高于 480℃的操作条件下经固定床反应器生产芳烃。③美国 UOP 公司与英国 BP 公司合作开发的 Cyclar 工艺。该工艺是世界上最早实现工业化生产的芳构化技术，采用 Zn 改性的 ZSM-5 分子筛催化剂移动床连续再生技术，以丙烷、丁烷或液化石油气为原料，经低聚-环化-脱氢反应后生成芳烃，同时副产大量氢气。

（4）甲苯/苯歧化与烷基转移　甲苯歧化与烷基转移技术是芳烃联合装置中增产二甲苯的主要工艺单元，在整个芳烃联合装置中起到物流转化枢纽和有效调整芳烃原料与产品结构的重要作用。该技术是以甲苯/苯及 $C_{\geqslant 9}$ 芳烃为原料，以分子筛固体酸为催化剂活性主体，临氢条件下在固定床反应器中通过烷基转移反应将其转化为二甲苯的技术。根据原料不同可分为两类：一类是甲苯歧化与烷基转移技术，主要以甲苯和 $C_{\geqslant 9}$ 芳烃为原料，生产二甲苯和少量苯；另一类是苯和 $C_{\geqslant 9}$ 芳烃烷基转移技术，以苯和 $C_{\geqslant 9}$ 芳烃为原料，生产二甲苯和甲苯。

甲苯/苯歧化与烷基转移技术主要包括：①美国 UOP 公司与日本 TORAY 公司合作开发的 Tatoray 工艺。采用临氢固定床工艺，反应后分离出的甲苯、$C_{\geqslant 9}$ 以及部分 $C_{>10}$ 芳烃继续循环，苯作为产品采出，C_8 芳烃进入 PX 分离装置分离出高纯度的 PX，该工艺已在全球超过 50 余套装置中得到应用。②美国 ExxonMobil 公司开发的 TransPlus 工艺。以 $C_{\geqslant 9}$ 重芳烃（C_9 原料中 C_{10} 质量分数可高达 25%）和甲苯为原料，生成高纯度的苯和混合二甲苯，近年来该公司又推出第三代烷基转移技术 TransPlus5 工艺。新工艺具有 $C_{\geqslant 9}$ 芳烃单程转化率高、二甲苯收率高、装置体积小、成本低等特点。③ExxonMobil 公司开发的 MT-DP-3 工艺。该工艺是在开发 TransPlus 工艺过程中，为提高 $C_{\geqslant 9}$ 重芳烃中部分 C_{10} 原料的处理能力而开发的工艺技术，其处理 $C_{\geqslant 9}$ 重芳烃以及 C_{10} 原料的质量分数分别可大于 40%，25%。④中国石化开发的 S-TDT 歧化工艺。该技术以 HAT 系列催化剂为核心，可处理含 25%～30%（质量分数）的 C_{10} 重芳烃原料，随着未来催化剂性能的不断改进，允许原料中 $C_{\geqslant 10}$ 重芳烃质量分数大于 30%。该技术现已在国内 11 套装置上得到应用，在大幅提高苯和二甲苯产量的同时，还显著提升了装置的整体经济效益。

（5）二甲苯异构化　二甲苯异构化技术的核心是异构化催化剂。目前全球绝大部分工业化的二甲苯临氢异构化技术中异构化单元的工艺流程（包括反应及分离系统）基本相似。该技术是通过对（间/邻）-二甲苯的相互异构，将乙苯异构转化成二甲苯或脱乙基生成苯，可分为乙苯转化型和乙苯脱乙基型两种工艺路线。其中，乙苯转化型的优点在于能够利用有限的 C_8 芳烃资源最大量地生产 PX，但乙苯单程转化率较低；脱乙基型的优点是反应空速高、乙苯转化率高，但 C_8 芳烃资源的利用率相对较低。目前，两种异构化工艺均得到广泛应用，其市场份额各占50%左右，但新建装置多采用脱乙基型技术。

二甲苯异构化技术主要包括：①UOP 公司开发的 Isomar 工艺。该工艺以 C_8 混合芳烃为原料生产 PX，是迄今为止应用最多的 C_8 芳烃异构化工艺，现已在全球 90 余套装置上得到应用，成为最有代表性的乙苯转化型二甲苯异构化工艺。②ExxonMobil 公司开发的 XyMax 工艺。选用双床层催化剂体系经轴向反应器，在上、下床层中分别进行乙苯脱烷基和二甲苯异构化反应，是应用最广的乙苯脱乙基型工艺。其新一代 XyMax-2 工艺不仅减少了催化剂的用量，还有效提升了乙苯的单程转化率。③ExxonMobil 公司开发的 LPI 工艺。该工艺是新一代液相二甲苯异构化技术，因其乙苯单程转换率低，需要与气相异构化工艺结合运行，进而在气相异构化反应中脱除乙苯。④中国石化开发的二甲苯异构化工艺。采用两种类型的分离系统流程设计，选用新型乙苯转化型异构化催化剂 RIC-200。于 2010 年 9 月，该催化剂首次在天津石化工业应用，随后又在扬子石化、上海石化以及海南炼化等企业应用。

（6）PX 分离技术　吸附分离是从混合 C_8 芳烃四种异构体（邻二甲苯、间二甲苯、对二甲苯及乙基苯）中，利用吸附剂对四种异构体具有不同的选择性，优先吸附对二甲苯，然后再用解吸剂将吸附在吸附剂上的对二甲苯解吸下来，经过精馏得到高纯度的对二甲苯产品。该工艺的核心吸附塔采用模拟移动床分离技术，目前世界范围内 PX 吸附分离技术几乎被美国 UOP 的 Parex 和法国 IFP 的 Eluxyl 工艺所垄断，中石化已掌握了芳烃吸附分离成套技术，该技术于 2013 年 12 月在海南炼化 60 万吨/年芳烃装置成功应用，标定期间负荷达到设计值的 110%，PX 产品纯度 99.8%，收率 98.3%，D/F（解吸剂/进料比）为 1.07。与 UOP 和 Axens 专利技术有所区别的是其采用了程控阀组技术，使用 RAX-3000 吸附剂，性能达到国际先进水平，目前中石化多套大型装置正在设计中，最大规模达到 100 万吨/年。混合型 Eluxyl 工艺将吸附技术和结晶技术结合，吸附工艺可降低一半的投资，总投资与单独采用吸附分离工艺相当，但可达到更高的对二甲苯回收率。近年来出现了两种组合分离工艺：吸附-结晶耦合工艺和吸附-结晶联合工艺。

（7）煤制芳烃　煤制芳烃技术是新兴的芳烃生产技术，在拓宽芳烃生产原料来源的同时，还能最大化实现资源综合利用。该技术先以煤为原料生产出甲醇，再以甲醇为原料，采用双功能活性催化剂，通过脱氢、环化反应生产芳烃的工艺过程。目前，我国已工业化应用的煤制芳烃技术主要为中国科学院山西煤炭化学研究所开发的固定床甲醇制芳烃技术（MTA）和清华大学开发的循环流化床甲醇制芳烃技术（FMTA）。苯与甲醇烷基化生产芳烃技术已完成工业试验，将逐步在市场上推广应用。甲苯甲醇烷基化制 PX 技术作为一条增产 PX 的新工艺路线，国内外各大公司也持续对该技术进行研究并已取得一定进展。

2. 芳烃生产技术最新进展

（1）合成气制芳烃

① CO_2 转化成合成气重整技术。丹麦托普索公司推出将 CO_2 转化为合成气的重整新工

艺，该技术主要基于二段反应系统，一段采用传统蒸汽甲烷重整（SMR）或自热重整（ATR）技术；二段通过加入 CO_2 连续生产合成气。该工艺可在高温下运行的同时保持总蒸汽碳比低于1.5。此外，与传统重整技术相比，可将重整反应器尺寸缩小约30%，并能显著降低 CO_2 排放。

② 合成气直接制芳烃。国内对合成气直接制芳烃技术开展研究的有南京大学、中国科学院山西煤炭化学所、大连化物所等单位，但目前该技术仍处于实验室研究阶段。其反应历程是合成气在催化剂作用下，先转化成中间物甲醇或烯烃，而后甲醇/乙烯进一步在分子筛催化下完成烯烃环化、脱氢、氢转移等后续化学反应，最终生成芳烃。该技术理论上是煤制芳烃技术的最佳工艺路线，虽然目前该路线实现工业化难度较大，但对未来煤化工的发展具有重要意义。

③ Co_2C/HZSM-5 合成气串联催化直接制芳烃。中国科学院上海高等研究院研发了一种将 Co_2C 基费托合成制低碳烯烃（FTO）反应与改性 HZSM-5 分子筛催化剂进行耦合的串联催化反应。合成气经 Co_2C 催化后能高选择性地转化为烯烃，而具有一定酸性的 HZSM-5 分子筛可将流经第2反应器的烯烃进一步芳构化。采用该串联反应器，合成气制芳烃反应中的CO转化率为34.9%时，芳烃选择性达到55.5%，且甲烷选择性仅为2.7%，该技术提供了一种通过衍生自非石油原料的合成气直接制芳烃的方法。

（2）CO_2 制芳烃

① CO_2 制 PX。日本基础化学生产公司高化学株式会社、日本千代田工程公司、新日铁工程公司以及三菱商事株式会社将与日本富山大学合作开发以 CO_2 取代石脑油为原料生产 PX 的技术，同时开展新型催化剂及配套反应器等研究工作。此项研究将于2024年3月完成，截至目前，该研究已从日本国家新能源和工业技术发展组织获得了1860万美元研发资金。

② 甲烷芳构化制芳烃。俄罗斯石油公司联合研发中心开发出一种新型甲烷芳构化技术，该技术可从天然气和伴生石油气（APG）中获得氢气和芳烃。据预测，当利用该技术进行工业化生产时，10亿 m^3 的天然气或 APG 可产生10亿 m^3 的氢气和50万吨芳烃，其优势在于可减少 CO_2 排放、降低生产成本，同时提高产品产量和经济效益。

③ CO_2 加氢制芳烃。大连化物所基于此前 CO_2 在 ZnZrO 固溶体上加氢制备甲醇以及 CO_2 在 ZnZrO/SAPO 串联体系上加氢制备低碳烯烃的研究结果，开发了 ZnZrO/ZSM-5 串联催化剂体系。该催化剂可将 CO_2 高选择性地转化为芳烃，在 CO_2 单程转化率仅为14%的条件下，芳烃的选择性可达73%～78%，CO选择性降至44%，并且该催化剂反应100h后未出现明显的失活现象，该技术的突破将为非石油基制芳烃提供新思路。

3. 芳烃的分离

芳烃分离技术包括溶剂抽提、精馏和抽提蒸馏、吸附分离、结晶分离、络合分离、膜分离等工艺。

（1）溶剂抽提　由于催化重整油和裂解汽油等所含芳烃的沸点与相应的烷烃等相近并形成共沸物，不易用分馏方法得到芳烃，因此通常采用溶剂抽提方法取得混合芳烃，然后再用其他分离方法取得单体芳烃。

芳烃抽提由于采用不同溶剂而形成了各种溶剂抽提过程。

① 使用甘醇类溶剂的 Udex 过程，由 Dow 化学公司开发，后又被 UOP 公司发展。甘醇类溶剂有二甘醇（DEG）、三甘醇（TEG）、四甘醇（TTEG）多种。近年来美国多数 Udex 装置改用 TTEG 溶剂，此外使用甘醇类溶剂的还有 Union Carbide 公司开发的 Tetra 过程和 Carom 过程，可进一步降低能耗，提高处理能力。

② 使用环丁砜为溶剂的 Sulfolane 过程，是由 Royal Dutch/shell 公司开发、UOP 公司继续开发的。此外使用环丁砜溶剂的还有美国 HR1 和 Arco 公司联合开发的 Arco 过程。

③ 使用 *N*-甲基吡咯酮为溶剂的 Arosolvan 过程，是由德国 Lurgi 公司开发的。使用特殊设计的 Mehner 萃取器，其效率高，但结构复杂，能耗大。

④ 使用二甲基亚砜为溶剂的 Distapex 过程，是法国 IFP 公司开发的。由于该溶剂遇水分解，有轻微腐蚀性，需采用 C_4 烷烃等作为反萃取溶剂，流程复杂，能耗大，部分设备用不锈钢制造。

（2）精馏和抽提蒸馏　用溶剂抽提技术取得的混合芳烃，可以通过一般的精馏方法分馏成为苯、甲苯、间二甲苯、对二甲苯、邻二甲苯、乙苯和重芳烃等几个馏分。但是进一步分离间、对二甲苯，或把芳烃和某些烷烃、环烷烃等分开是困难的，这是由于它们沸点很相近，有的还存在共沸物。

为了解决上述分离问题，开发了抽提蒸馏技术。某些极性溶剂（如 *N*-甲酰吗啉）与烃类混合后，在降低烃类蒸气压的同时，拉大了各种烃类的沸点差。这样就能使原来不能用蒸馏方法分离的芳烃可用抽提蒸馏分开，

① Morphylane 过程是德国 Krupp Koppers 公司开发的抽提蒸馏过程。采用 *N*-甲酰吗啉溶剂，可回收单一芳烃，苯回收率达 99.7%，苯纯度可达 99.95%，已有 10 余套工业化装置。

② Morphylex 过程是上述过程的发展，该过程先进行液-液抽提，分离掉沸点较高的非芳烃（因为它溶解度小），然后再用抽提蒸馏原理有效地除去沸点较低的非芳烃，是抽提与蒸馏相结合的过程。意大利 Snam Progetti 公司也开发了类似技术，称为 Formex 过程。

③ Octener 过程是 Morphylane 过程的进一步发展。与溶剂抽提相比能耗少 30%，投资费用少 50%～60%。据报道，抽提蒸馏溶剂也有用苯酚的。

（3）结晶分离　邻、间、对二甲苯沸点差别较小（分别为 144.42℃、139.10℃和 138.35℃），而凝固点差别较大（分别为－25.18℃、－47.87℃和 13.26℃），可以利用深冷结晶法分离。在分子筛吸附方法出现之前，结晶分离法是工业上唯一实用的分离对二甲苯的方法。各种结晶分离的专利技术之间的主要差别是制冷剂、制冷方式和分离设备的不同。

Chevron 公司结晶分离法在世界上采用较广泛，以 CO_2 直接制冷，分离机两段分别为筛筒式与推进式。

Krupp 公司结晶分离法，冷冻用刮刀式槽，分离用转鼓过滤器，有 8 套装置生产，总生产能力 1.4×10^5 t/a。

Amoco 公司结晶分离法，第一段用乙烯间接制冷，重结晶后第二段丙烷制冷。该工艺占美国的一半以上。

丸善公司结晶分离法，用乙烯直接制冷，离心机分离。已建 2 套装置，总能力 1.0×10^5 t/a。

ARCO 结晶分离法，一段乙烯制冷，离心分离，二段丙烷间接制冷，离心分离。后改为一段结晶法，共有 6 套装置，总能力 3.75×10^5 t/a。

BEFS PROKEM 公司推出了 PROABD MSC 过程利用 PROABD 静态结晶器分离二甲苯异构体，对二甲苯可提纯至 99%纯度。比动态和常规结晶法节省投资 10%～35%，已有 60 套结晶装置被采用。

还有 IFP 公司和 Phillips 公司结晶分离法等，但未见工业报道。

（4）模拟移动床吸附分离　吸附分离技术中目前工业应用最多的是美国UOP公司开发的Parex过程，自1972年该技术被开发以来，已成为世界上生产对二甲苯的领先技术，20世纪80年代以来建设的对二甲苯分离装置90%以上采用此工艺，1998年已有Parex装置69套。Parex过程是UOP公司Sorbex“家族”工艺之一，采用模拟移动床技术，用24通道旋转阀集中控制物料进出。吸附剂为X型或Y型沸石，含有ⅠA或ⅡA族金属离子，解吸剂为二乙基甲苯，或四氢化萘，或间位、邻位二氟化苯。对二甲苯产品纯度达99.9%，对二甲苯回收率为90%～95%（而结晶分离法为40%～70%），设备投资比结晶分离法低15%～20%，操作费用也低4%～8%。

Eluxyl过程是法国IFP公司技术，也采用立式模拟移动床，特点是采用单独的进出阀，用微处理器控制物料进出。用拉曼光谱监控塔内物料组成分布。塔内物件易于装卸，物料分布合理，无死角，效率高。IFP与Chevron化学公司共同建立了一个示范厂，已于1994年运行，近年建设了多套工业装置。

Aromax过程是日本东丽（Toray）公司技术，已建厂的生产规模达2.0×10^5t/a。与Parex法相似，不同之处是吸附塔为卧式，比Parex的立式塔维修方便，但床层中流体分布不如立式塔。

（5）其他分离技术　其他芳烃分离技术还有络合分离及膜分离等。

MGCC过程是日本三菱（Mitsubishi）瓦斯化学公司开发的络合分离方法。据称是有效分离间二甲苯的唯一有效方法。当C_8芳烃用$HF\text{-}BF_3$处理时，形成两相。间二甲苯选择性地溶于$HF\text{-}BF_3$相，生成了二甲苯-BHF_4(1∶1)的络合物，其中间二甲苯络合物最稳定。升温到100℃会发生异构化反应，达到二甲苯平衡值，然后回收溶剂。在日本、美国、西班牙等地采用该工艺建立的生产装置，总生产能力16.4万吨/年。由于HF腐蚀等原因，未得到更大发展。

利用膜分离芳烃与非芳烃技术已形成许多专利，美国Exxon公司技术在国际上处于领先地位，具有能耗低、芳烃纯度高等优点，但尚未见工业化报道。

三、国内外芳烃主要产品概况

1. 世界芳烃主要产品的供需状况

随着全球产能的不断增加，以苯、甲苯、二甲苯为代表的芳烃主要产品的总体供需状况基本保持平稳，详见图4-1、表4-1以及表4-2。

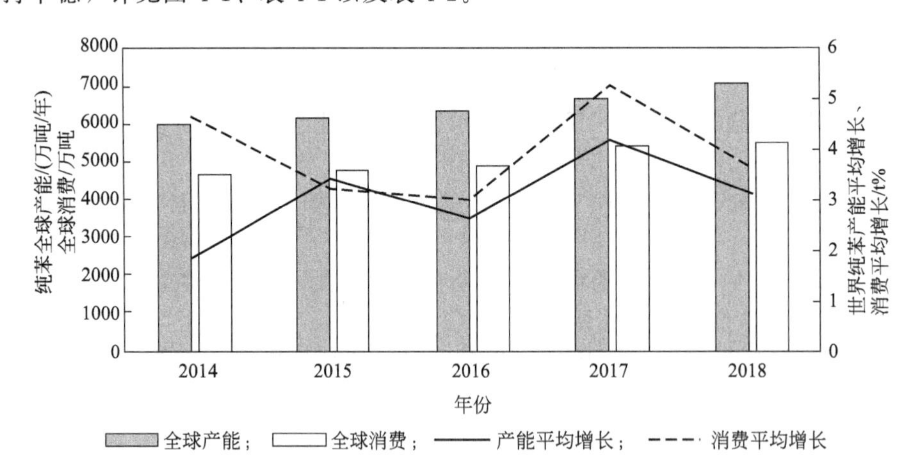

图4-1　2014—2018年世界纯苯生产与消费趋势

表 4-1　2018 年世界各地区甲苯供需现状

地区	产能/(10^4t/a)	产量/(10^4t)	消费量/(10^4t)
非洲	16.3	7.6	12.1
中欧	55.2	43.0	42.5
独联体	146.7	71.2	74.8
印巴	234.6	117.4	157.9
中东	396.2	250.6	247.7
北美	699.6	595.2	618.5
东北亚	2012.5	1158.9	1171.4
南美	100.8	74.5	66.3
东南亚	282.8	210.7	164.8
西欧	264.7	197.8	170.8
全球	4209.4	2726.9	2726.8

表 4-2　2020 年全球对二甲苯供需状况

地区	产能/(10^4t/a)	产量/(10^4t)	消费量/(10^4t)
非洲	0.0	0.0	0.0
中欧	40.0	39.4	39.4
独联体	99.1	47.7	26.2
印巴	556.5	440.0	360.2
中东	518.0	354.9	87.6
北美	364.3	227.4	289.6
东北亚	3950.7	3137.0	3592.5
南美	20.5	15.2	36.2
东南亚	703.0	540.8	266.7
西欧	195.5	110.2	140.0
全球	6447.6	4912.6	4838.4

2. 国内芳烃主要产品的供需状况

2020 年，由于纯苯均为重整装置、乙烯裂解等大型装置生产，涉及产品及物料平衡等因素，负荷下调有限，全年维持在 70%以上的开工负荷。从纯苯装置投产来看，全年新增产能 230 万吨/年，纯苯新装置产量贡献大约在 145 万～150 万吨。2020 年国内纯苯产能为 1638.5 万吨/年，产量为 1271.7 万吨。2020 年国内主要纯苯企业生产能力情况详见表 4-3。

2016—2018 年，新增产能主要来自地炼企业与原有装置扩能，主要是上游炼化装置进行产业链延伸，新建重整装置产出纯苯，特别是 2017—2018 年，受油头化尾、减油增化的政策性引导，山东地炼集中投产，新投装置多为催化重整工艺。2019—2020 年，随着恒力石化、浙石化等芳烃联合装置的陆续投产，我国纯苯扩能进入一个高峰期。2021 年，纯苯产能增量 278 万吨/年，同比增长 17.0%。投产的大型装置有浙江石化二期、古雷石化、盛虹炼化，其中浙石化二期、盛虹炼化产能均在 100 万吨/年以上的超大型装置。2021 年国内新增纯苯装置情况详见表 4-4。

表 4-3　2020 年国内主要纯苯企业生产能力情况　　　单位：万吨/年

企业名称	生产能力	企业名称	生产能力	企业名称	生产能力
中石化上海石化	55.0	中石油吉林石化	31.0	辽通化工	14.0
中石化扬子石化	49.0	中石油大连石化	29.0	盘锦石化	8.0
中石化天津石化	48.2	中石油抚顺石化	28.0	辽宁宝来	8.0
中石化镇海炼化	40.0	中石油大庆石化	24.0	大连西太	7.0
中石化齐鲁石化	36.3	中石油兰州石化	21.0	延长石油	6.8
中石化金陵石化	29.5	中石油云南石化	13.0	山东齐旺达	6.0
中石化茂名石化	25.0	中石油钦州石化	12.0	新启元能源有限公司	6.0
中石化燕山石化	29.0	中石油华北石化	6.0	辽宁宝来石化	6.0
中石化上海赛科	21.5	中石油华北石化	6.0	山东亚通石化	6.0
中石化海南炼化	20.0	中石油长庆石化	6.0	盘锦浩业石化	6.0
中石化广西青州石化	20.0	中石油玉门炼厂	5.0	山东正和石化	5.0
中石化武汉石化	18.0	中海油-壳牌石化	24.0	山东华星石化	5.0
中石化九江石化	17.0	中海油宁波大榭	7.5	山东昌邑石化有限公司	5.0
中石化洛阳石化	15.6	中海油气石化	7.0	山东东明石化	5.0
中石化上海高桥石化	15.0	中化弘润石油化工	25.0	浙江舟山和邦化学有限公司	5.0
中石化中科炼化	15.0	恒力石化股份有限公司	96.0	石家庄炼厂	5.0
中石化广州石化	10.0	浙江石化	127.0	山东广饶正和石化	5.0
中石化青岛石化	8.0	中化泉州石化	51.0	珠海长炼石化	5.0
中石化安庆石化	6.0	宁波中金	48.0	山东利津石化	5.0
中石化湛江石化	5.5	福建联合	40.0	山东华星石化	5.0
中石化湛江东兴石化	5.5	青岛丽东	39.0	山东正和石化	5.0
中石化中原石化	5.2	大连福佳	35.0	河北鑫海石化	5.0
中石化荆门石化	5.0	山东京博石油化工	23.5	洛阳宏兴	5.0
中石油乌石化	36.0	富海威联一期	30.0	其他	46.9
中石油辽阳石化	50.0	厦门腾龙	23.0	合计	1638.5
中石油四川乙烯	40.0	山西三维	20.0		
中石油独山子石化	32.0	扬巴公司	18.5		

表 4-4　2021 年国内新增纯苯装置情况　　　单位：万吨/年

生产企业	生产能力	投产时间
浙江石化二期	127.0	2021 年第 2 季度
古雷石化	14.0	2021 年 7 月
盛虹石化	137.0	2021 年底或 2022 年

2020 年国内新增 6 套甲苯装置，部分新增装置均为世界级规模，新增产能 285 万吨/年。至 2020 年底，国内甲苯产能达 1704.7 万吨/年，较 2016 年增长 67.84%。其中，在浙江石油化工有限公司、东营威联化学有限公司新增的炼化一体化装置中，甲苯作为中间产物直接歧化生产纯苯和二甲苯，对甲苯市场影响有限；中科（广东）炼化有限公司、中国石化

燕山石化公司以及中国石油大庆石化公司的新增装置大部分自用调油，仅少量外销；而中化泉州石化有限公司 90 万 t/a 甲苯装置产量全部用于外销，是市场过剩的最大威胁。2020 年国内石油甲苯企业生产能力详见表 4-5。

表 4-5 2020 年国内石油甲苯企业生产能力 单位：万吨/年

企业名称	生产能力	企业名称	生产能力	企业名称	生产能力
中石油大连石化	48.6	中石化广州石化	15.0	山东齐润	15.0
中石油钦州石化	48.0	中石化上海赛科	14.5	辽通化工	15.0
中石油辽阳石化	41.0	中石化武汉石化	12.5	山东华星	14.0
中石油四川石化	28.0	中石化洛阳石化	12.0	山东正和	12.4
中石油云南石化	25.0	中石化上海高桥	12.0	河北盛腾	12.0
中石油乌石化	25.0	中石化长岭石化	11.0	安邦石化	12.0
中石油兰州石化	25.0	中石化湛江东兴	10.0	青岛炼化	12.0
中石油抚顺石化	22.0	中化泉州石化	112.0	中海油中捷石化	10.8
中石油独山子石化	22.0	中海油惠州石化	53.0	山东昌邑石化有限公司	10.0
中石油华北石化	13.0	福建炼厂	45.0	山东东明石化	10.0
中石油大庆石化	12.0	大连西太	40.0	新启元能源有限公司	10.0
中石油吉林石化	10.7	厦门腾龙	35.0	中海油-壳牌公司	10.0
中石化金陵石化	78.3	中海油宁波大榭	34.0	河北盛腾石化	10.0
中石化扬子石化	58.0	福建联合	29.0	扬巴公司	10.0
中石化上海石化	48.0	青岛丽东化工有限公司	29.0	山东利津石化	9.0
中石化茂名石化	44.0	大连福佳	25.0	江苏新海石化有限公司	8.0
中石化镇海炼化	41.0	山东京博石油化工	22.0	山东齐旺达	7.0
中石化天津石化	40.5	中海油气	20.0	上海华辰	6.0
中石化海南炼化	30.0	山东胜星化工有限公司	20.0	其他	182.4
中石化齐鲁石化	28.2	金诚石化	16.8	合计	1704.7
中石化燕山石化	22.6	舟山和邦	15.4		
中石化九江石化	20.0	石家庄炼厂	15.0		

预计 2021 年以后，国内甲苯产能还将持续以年均 20%左右的速率递增，2021—2025 年国内甲苯的新增产能达 777.3 万吨/年，但仅有 162.3 万吨/年的装置中的甲苯部分外销量，而剩余 615 万吨/年装置则全部用于配套下游对二甲苯生产，因而产能高速扩张的同时，实际上市场商品量的增幅相对有限，这也符合当前调油市场需求增速缓慢的预期，预计 2021—2025 年国内新增甲苯装置情况详见表 4-6。

表 4-6 2021—2025 年国内新增甲苯装置情况 单位：万吨/年

企业名称	新增产能	新增产能投产时间	备注
浙江石化二期	100	2021 年	配套 PX,自用
锦州石化	20	2021 年	自用调油为主,部分外销
锦西石化	20	2021 年	自用调油为主,部分外销
古雷石化	10	2021 年	外销

续表

企业名称	新增产能	新增产能投产时间	备注
盛虹石化	100	2021 年	部分外销
广东石化	50	2022 年	配套 PX，自用
宁波中金	50	2022 年	配套 PX，自用
镇海炼化	8.3	2022 年	外销
旭阳石化	60	2023 年	配套 PX，自用
揭阳大炼油	4	2023 年	外销
新华联合	100	2023 年	配套 PX，自用
河北玖瑞	40	2023 年	配套 PX，自用
新华联合	100	2023 年	配套 PX，自用
洛阳石化	15	2024 年	配套 PX，自用
裕龙岛	60	2025 年	配套 PX，自用
东明石化	40	2025 年	配套 PX，自用
总计	777.3		

2020 年国内对二甲苯（PX）生产能力为 2554 万吨/年，同比增长 13.3%。2019 年 PX 进入投产高峰，2019—2020 年 PX 共计新增 1133 万吨/年产能，较 2018 年增加 79.65%。2020 年国内 PX 产量 2450.5 万吨，同比增长 39.15%。国内产能大幅增加，产量迅速提升。2020 年国内对二甲苯生产装置情况详见表 4-7。

表 4-7 2020 年国内对二甲苯生产装置情况 单位：万吨/年

企业所属集团	企业	生产能力	地区	企业所属集团	企业	生产能力	地区
中石化	天津石化	39	天津	中石油	乌鲁木齐石化	100	新疆
	扬子石化	89	江苏	中海油	惠州炼化	95	惠州
	上海石化	85	上海	民营企业	恒力石化	450	辽宁
	金陵石化	60	江苏		浙江石化	400	浙江
	镇海炼化	65	浙江		大连福佳大化	140	辽宁
	海南炼化	160	海南		青岛丽东	100	山东
	洛阳石化	21.5	河南		福海创	160	福建
	齐鲁石化	9.5	山东		中金石化	160	浙江
	福建联合	85	福建		东营威联化学	100	山东
中石油	辽阳石化	100	辽宁		中化弘润	60	山东
	彭州石化	75	四川	合计		2554	

2020 年国内 PX 装置开工率 80.44%，创五年来新高。2019 年投产的 PX 装置已实现量产，2020 年 PX 装置开工率同比增长 15.23%。自 2019 年开始，民营大炼化集中进军 PX 市场，民营企业 PX 产能占比不断提升，2020 年民营 PX 产能占比达到 61.47%，同比增长 5.13%。预计 2025 年国内 PX 产能有望达到 5263 万吨/年，较 2020 年增长 106.07%。未来几年国内新增对二甲苯装置情况详见表 4-8。

表 4-8 国内新增对二甲苯装置情况 单位：万吨/年

序号	公司名称	新增产能	投产/预计投产时间
1	中委广东石化	260	2022 年
2	九江石化	89	2022 年
3	盛虹炼化	280	2022 年
4	惠州炼化 2 期	150	2022 年
5	东营威联化学 2 期	100	2022 年及之后
6	中国兵器/阿美	130	2024 年
7	大榭石化/利万	160	2024 年
8	广西桐昆石化	280	2023 年
9	恒力石化 2 期	600	前期工作

四、我国芳烃产业发展趋势及建议

1. 我国芳烃产业发展趋势

（1）产能进入扩张高峰期，民营占比显著提升　民营企业大举进入芳烃行业，如浙江石化、恒力石化、盛虹炼化、裕龙石化等一批民营企业将成为新一轮大规模发展的主力军。

（2）行业迈向全产业链发展，协同竞争优势明显　新建大型芳烃联合装置，同时配套大炼油项目。以恒力集团、荣盛集团等为代表的全产业链配套企业，因其装置规模大、工艺先进且临海交通便利、具备明显的竞争优势，下游产业链配套又为其芳烃产品市场销售节约了大量的费用和销售成本，在产业链一体化以及产业集群化配置方面具有明显后发优势，市场竞争由过去的产品竞争向产业链竞争转变。

（3）预计未来我国芳烃四大下游产能过剩将加剧，纯苯供应趋于宽松　未来几年，国内纯苯下游包括苯乙烯、环己酮（己内酰胺、己二酸）、苯酚、苯胺等均有新装置计划投产。纯苯下游衍生物产能将全面进入过剩阶段，实际开工率将有所下降，对纯苯需求的增速将明显放缓。

2. 我国芳烃产业发展建议

（1）适度推进煤制芳烃，拓宽原料供给来源　芳烃生产过程中原料成本占比高达 80％以上，面临着原料成本高、来源有限以及副产品未能有效利用等难题。煤（甲醇）制芳烃技术作为石油制芳烃的重要补充，是满足国内聚酯行业快速发展需求的重要途径。例如，国内已开展了甲苯甲醇烷基化技术的研究，许多项目也已进入中试阶段，但也面临着工艺过程复杂，副反应多且选择性低、经济性不佳、含酸废水排放量大、催化剂寿命短等瓶颈问题。未来是否开发高选择性和稳定性的催化剂、降低甲醇消耗及副产物量，是决定该技术能否大规模应用的关键因素。此外，苯与甲醇烷基化、甲苯甲醇甲基化、煤基合成气直接制芳烃等技术也都有所突破，应持续关注这些技术的研究进展并加快工业转化进程。当前国内煤（甲醇）制芳烃技术正处于产业化初期，在碳中和背景下，发展现代煤化工技术势必面临严峻挑战。应快速响应国家清洁“双碳”目标和低碳发展战略，通过构建先进的煤基清洁能源化工体系，尽早制定减排措施以及限定排放指标等，以实现煤（甲醇）制芳烃技术的绿色可持续发展。

（2）优化现有资源配置，提升芳烃生产效能　芳烃产业的发展应立足现有成熟工艺技术，通过优化生产运行过程来降低生产成本，需加强对原料的优化配置，挖掘现有装置潜能、扩展原料来源并拓宽原料适应性，充分利用炼化一体化优势，最大限度地优化资源配置，实现“油、化、煤”一体化协同发展。随着国内新建芳烃装置的快速发展，芳烃产品终将供大于求，市场优胜劣汰不可避免，因此亟须提升现有装置的生产效能，通过提高芳烃产品的选择性和收率，以及不断降低能耗、物耗、运行成本等手段，才能在行业中保持一定的竞争力。同时，还需加快芳烃产品差异化开发，近年来国内新上芳烃装置的目标产品均为PX，随着市场供需逐渐趋于平衡，产业结构单一、应用领域受限等矛盾将开始凸显，产品的附加值和利润率也将会进一步降低，因此加快调整芳烃的产品结构及优化资源配置至关重要。

(3) 加强数字技术攻关，助力芳烃智慧生产　与全球发达国家石化企业相比，我国芳烃产业虽已在技术层面上有较大突破，但在当前能源革命和能源转型加快推进的新趋势下，应当抓住数字化、智能化的发展浪潮，加强数字化技术攻关，有效利用云计算、物联网、5G、大数据、人工智能等为代表的数字技术，实现产业的转型升级和价值增长。同时，炼化企业还应遵循数字经济发展规律，积极抓好数字化转型顶层设计，全面打造“支撑当前、引领未来”的新型数字化能力。通过科研平台集成共享专业软件、仪器设备、专利文献等要素，提高多专业跨单位协同研发效率，利用人工智能、大数据分析等新的数字化工具，助力新产品开发、提升科研效率。

第二节　裂解汽油加氢

一、裂解汽油的组成

裂解汽油含有 C_6～C_9 芳烃，因而它是石油芳烃的重要来源之一。裂解汽油的产量、组成以及芳烃的含量，随裂解原料和裂解条件的不同而异。例如，以石脑油为裂解原料生产乙烯时能得到大约20%（质量，下同）的裂解汽油，其中芳烃含量为40%～80%；用煤柴油为裂解原料时，裂解汽油产率约为24%，其中芳烃含量达45%左右。

裂解汽油除富含芳烃外，还含有相当数量的二烯烃、单烯烃、少量直链烷烃和环烷烃以及微量的硫、氧、氮、氯及重金属等组分。

裂解汽油中的芳烃与重整生成油中的芳烃在组成上有较大差别。首先，裂解汽油中所含的苯约占 C_6～C_8 芳烃的50%，比重整产物中的苯高出5%～8%。其次，裂解汽油中含有苯乙烯，含量为裂解汽油的3%～5%。此外裂解汽油中不饱和烃的含量远比重整生成油高。

二、裂解汽油加氢精制过程

由于裂解汽油中含有大量的二烯烃、单烯烃。因此裂解汽油的稳定性极差，在受热和光的作用下很容易氧化并聚合生成称为胶质的胶黏状物质，在加热条件下，二烯烃更易聚合。这些胶质在生产芳烃的后加工过程中极易结焦和析炭，既影响过程的操作，又影响最终所得芳烃的质量。硫、氮、氧、重金属等化合物对后续生产芳烃工序的催化剂、吸附剂均构成毒物。所以，裂解汽油在芳烃抽提前必须进行预处理，为后加工过程提供合格的原料。目前普遍采用催化加氢精制法。

1. 反应原理

裂解汽油与氢气在一定条件下，通过加氢反应器催化剂层时，主要发生两类反应。首先是二烯烃、烯烃不饱和烃加氢生成饱和烃，苯乙烯加氢生成乙苯。其次是含硫、氮、氧有机化合物的加氢分解（又称氢解反应），C—S、C—N、C—O 键分别发生断裂，生成气态的 H_2S、NH_3、H_2O 以及饱和烃。例如：

$$\text{(噻吩)} + 4H_2 \longrightarrow C_4H_{10} + H_2S$$

$$\text{(吡啶)} + 5H_2 \longrightarrow C_5H_{12} + NH_3$$

$$C_6H_5OH + H_2 \longrightarrow C_6H_6 + H_2O$$

金属化合物也能发生氢解或被催化剂吸附而除去。加氢精制是一种催化选择加氢，在340℃反应温度以下，芳烃加氢生成环烷烃甚微。条件控制不当，不仅会发生芳烃的加氢造成芳烃损失，还能发生不饱和烃的聚合、烃的加氢裂解以及结焦等副反应。

2. 操作条件

（1）反应温度　反应温度是加氢反应的主要控制指标。加氢是放热反应，降低温度对反应有利，但是反应速率太慢，对工业生产是不利的。提高温度，可提高反应速率，缩短平衡时间。但是温度过高，既会使芳烃加氢又易产生裂解与结焦，从而降低催化剂的使用周期。所以，在确保催化剂活性和选择加氢前提下，尽可能把反应温度控制到最低温度为宜。由于一段加氢采用了高活性催化剂，二烯烃的脱除在中等温度下即可顺利进行，所以反应温度一般为 60～110℃。二段加氢主要是脱除单烯烃以及氧、硫、氮等杂质，一般反应在 320℃下进行最快。当采用钴-钼催化剂时，反应温度一般为 320～360℃。

（2）反应压力　加氢反应是体积缩小的反应，提高压力有利于反应的进行。高的氢分压能有效地抑制脱氢和裂解等副反应的发生，从而减少焦炭的生成，延长催化剂的寿命，同时还可加快反应速率，将部分反应热随过剩氢气移出。但是压力过高，不仅会使芳烃加氢，而且对设备要求高、能耗也增大。

（3）氢油比　加氢反应是在氢存在下进行的。提高氢油比，从平衡观点看，反应可进行得更完全，并对抑制烯烃聚合结焦和控制反应温升过快都有一定效果。然而，提高氢油比会增加氢的循环量，能耗大大增加。

（4）空速　空速越小，所需催化剂的装填量越大，物料在反应器内停留时间较长，相应给加氢反应带来不少麻烦，如结焦、析炭、需增大设备等。但空速过大，转化率降低。

3. 工艺流程

以生产芳烃原料为目的的裂解汽油加氢工艺普遍采用两段加氢法，其工艺流程如图 4-2 所示。

第一段加氢目的是将易于聚合的二烯烃转化为单烯烃，包括烯基芳烃转化为芳烃。催化剂多采用贵重金属钯为主要活性组分，并以氧化铝为载体。其特点是加氢活性高、寿命长，在较低反应温度（60℃）下即可进行液相选择加氢，避免了二烯烃在高温条件下的聚合和结焦。

第二段加氢目的是使单烯烃进一步饱和，氧、硫、氮等杂质被破坏而除去，从而得到高质量的芳烃原料。催化剂普遍采用非贵重金属钴-钼系列，具有加氢和脱硫性能，并以氧化铝为载体。该段加氢是在 300℃以上的气相条件下进行的。两个加氢反应器一般都采用固定床反应器。

裂解汽油首先进行预分馏，先进入脱 C_5 塔（1）将其中的 C_5 及 C_5 以下馏分从塔顶分出，然后进入脱 C_9 塔（2）将 C_9 及 C_9 以上馏分从塔釜除去。分离所得的 C_6～C_8 中心馏分

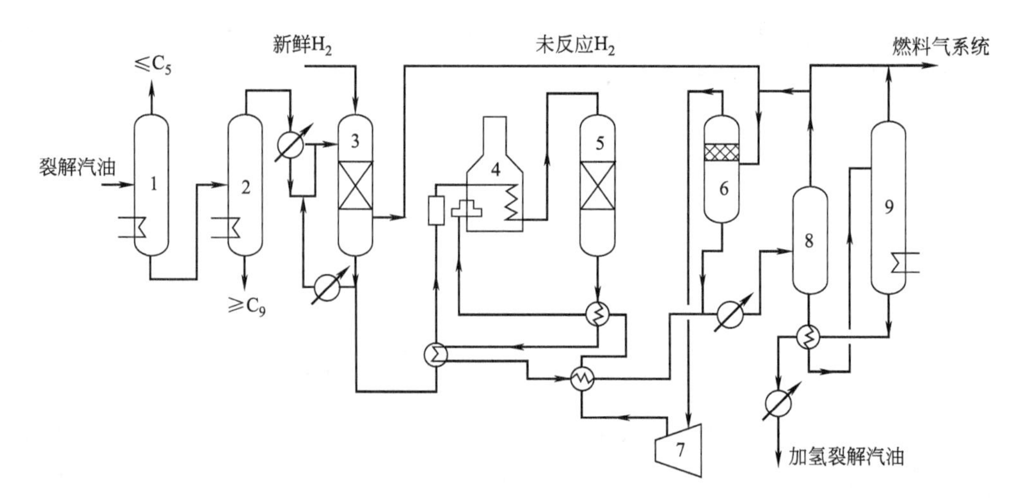

图 4-2　两段加氢法的典型流程示意图

1—脱 C_5 塔；2—脱 C_9 塔；3——一段加氢反应器；4—加热炉；5—二段加氢反应器；6—回流罐；7—压缩机；8—闪蒸罐；9—汽提塔

裂解汽油加氢工艺流程

送入一段加氢反应器（3），同时通入加压氢气进行液相加氢反应。反应条件是温度 60～110℃、反应压力 2.60MPa，加氢后的双烯烃接近零，其聚合物可抑制在允许限度内。反应放热引起的温升是用反应器底部液体产品冷却循环来控制的。

由一段加氢反应器来的液相产品，经泵加压在预热器内与二段加氢反应器流出的液相物料换热到控制温度后，送入二段加氢反应器混合喷嘴，在此与热的氢气均匀混合。已汽化的进料、补充氢与循环气在二段加氢反应器附设的加热炉（4）内，加热后进入二段加氢反应器（5），在此进行烯烃与硫、氧、氮等杂质的脱除，反应温度为 329～358℃，反应压力为 2.97MPa。反应器的温度用循环气以及两段不同位置的炉管温度予以控制。

二段加氢反应器的流出物经过一系列换热后，在高压闪蒸罐（8）中分离。该罐分离出的大部分气体同补充氢气一起经循环压缩机回流罐（6）进入循环压缩机（7），返回加热炉，剩余的气体循环回乙烯装置或送至燃料气系统。从高压闪蒸罐分出的液体，换热后进入硫化氢汽提塔（9），含有微量硫化氢的溶解性气体从塔顶除去，返回乙烯装置或送至燃料气系统。汽提塔塔釜产品则为加氢裂解汽油，可直接送芳烃抽提装置。经芳烃抽提和芳烃精馏后，得到符合要求的芳烃产品。

第三节　催化重整

一、催化重整概述

（一）催化重整的由来和发展

1. 催化重整的起源

催化重整过程的诞生，还得追溯其化学反应的发现过程。在 1901 年法国科学家萨巴切和桑德林首先发现，在镍、钴催化剂存在下，于约 300℃环己烷失去六个氢原子转化成苯。

1911 年俄国科学家发现对于环烷烃脱氢反应，铂、钯催化剂较镍催化剂具有更高的活性，在这些催化剂的作用下，环己烷及其同系物定量转化为芳烃。1935 年苏联科学家在氧化铬催化剂上，当温度在 400℃以上时发现了烷烃环化生成同碳原子芳烃的反应，此后不久，科学家发现在铂碳催化剂上，于 300～310℃时，发生烷烃催化环化反应，取名为“脱氢环化反应”。

1936～1940 年苏联科学家在研究热重整汽油加氢稳定反应过程中，采用钼催化剂，在氢压 4.0～6.0MPa 和 400～450℃条件下，发现依靠脱氢和环化反应生成芳烃的同时焦炭沉积很少。这一发现被用于随后的工业芳构化过程——临氢重整。

1939 年美孚石油公司、凯洛格公司和印第安纳美孚石油公司宣布固定床临氢重整工艺方法，并于 1940 年在美国得克萨斯城泛美炼油集团炼油厂首次建成第一套工业装置。工艺方法为固定床循环再生型。装置设有四个固定床反应器，每两个反应器串联成一组，四个反应器分成 A、B 两组交替切换操作。当 A 组反应器催化剂进行反应时，B 组反应器催化剂进行烧焦再生，使用约含 9% MoO_3/Al_2O_3 颗粒状催化剂。这种临氢重整在第二次世界大战前建成了三套工业装置，在第二次世界大战期间又建设了五套以上工业装置，它用于生产 TNT 炸药原料——甲苯和航空汽油。战后，这些临氢重整装置开始用于生产车用汽油组分。固定床临氢重整的典型工艺条件为：

反应压力：1.0～2.0MPa；循环氢气 1000～1500m^3(标)/(m^3 油・h)；

反应温度：500～560℃；反应时间：6～12h；

液时空速：0.35～1.0h^{-1}。

2. 重整催化剂的发展

重整催化剂是催化重整工艺的关键要素，各国十分重视催化剂的研究开发工作。自 20 世纪 30 年代末第一个 MoO_3/Al_2O_3 临氢重整催化剂问世以来，至今重整催化剂经历了以下发展阶段。

第一阶段从 1939 年到 1949 年，此期间，工业装置上主要应用以铬、钼、钴等金属氧化物为活性组分的催化剂，如 MoO_3/Al_2O_3、Cr_2O_3/Al_2O_3 和 CoO_3-MoO_3/Al_2O_3 等。此类型催化剂的活性和芳构化选择性较低，稳定性差，操作周期短。

第二阶段从 1949 年到 1967 年。1949 年美国 UOP 公司宣布研究开发成功 Pt/Al_2O_3 重整催化剂，并于 1949 年年末建成投产了第一套工业装置，命名为“铂重整（platforming）”。从此催化重整技术发生了划时代的变革。这期间，各国相继开发了多种牌号的含铂重整催化剂。Pt/Al_2O_3 重整催化剂的活性高，选择性好，液体产品收率高，稳定性好，连续运转周期长，很快取代了上述金属氧化物类型催化剂。这是一种双功能催化剂，除含有加氢/脱氢活性组分铂以外，还含有异构化性能的酸性组元卤素。最初使用氟作为酸性组成，也有用 η-Al_2O_3 作载体的。后研究实践证明，氟比氯具有更高的酸性和酸强度，虽使用过程中流失缓慢、初活性较高，但不易调节控制，后均改用氯作为酸性组元助剂。另外载体 η-Al_2O_3 虽比表面积大（400m^2/g 以上），但热稳定性较差，孔径较小，孔分布较弥散，所以随后都改用 γ-Al_2O_3 作为重整催化剂载体，并在制备技术上进行了大量的改进工作，近代重整催化剂的 γ-Al_2O_3 载体具有杂质含量低、纯度高、孔分布较集中、水热稳定性好等特点。

1967 年美国雪港隆研究公司（Chevron Research Corp.）宣布研究成功铂-铼/氧化铝双金属重整催化剂，并投入了工业应用，命名为“铼重整（rheniforming）”，自此重整催化剂开始步入第三个发展阶段。这类双金属重整催化剂不仅活性和芳构化选择性有改进，最重要的是其活性、稳定性较单铂催化剂有着成倍的提高，从而可使工业重整装置能在较低反应压力（1.4～2.0MPa）下长期运转，烃类芳构化选择性显著改善，重整液体产品和氢气产率明显增加。铂-铼双金属重整催化剂的问世，为催化重整技术的发展树立了一个新的里程碑。多年来，各国相继研究开发成功了铂-铼、铂-锡、铂-铱等系列的多种双（多）金属重整催化剂，反应性能不断改进，较快地取代了单铂重整催化剂。

重整催化剂技术的研发重点是铂基多金属催化剂配方的优化、浸渍方法的改进、催化剂载体性能的进一步提高和新助剂的研究，催化剂呈现系列化发展。

国外重整催化剂的研究主要是以铂为主的双（多）金属催化剂，如铂-铼、铂-锡、铂-铱等双金属催化剂的研发。此外，助剂的筛选、铂含量的降低，非 Sn、Re 助剂的引入和含贵金属的分子筛重整催化剂，以及具有特殊孔道结构载体的改进以及含氯化物或促进剂的重整催化剂制备方法也是研究的热点，其核心问题是提高重整催化剂的选择性、活性、稳定性。

国内催化剂的研发主要是以铂基双（多）金属催化剂的配方优化和浸渍方法改进为重点。此外，对于催化剂载体制备技术以及新助剂的研发也在不断进行，重整催化剂制备技术的进步同时也带动了石脑油重整工艺的不断发展。

3. 催化重整工艺的发展

催化重整工艺过程的发展与重整催化剂的发展和市场需求紧密相联。自 1940 年第一套“临氢重整（hydroformmg）”工业装置建成投产以来，各国结合重整催化剂的开发，先后研究开发了多种催化重整工艺技术，表 4-9 列出了各种催化重整工艺方法。从表中可见，早期使用金属氧化物催化剂的“临氢重整”工艺又可分为固定床循环再生（fixed-bed hydroforming）、流化床连续再生（fluid-hydrodorming）和移动床连续再生（hyperfortning）三种类型。1949 年使用 Pt/Al_2O_3 催化剂的“铂重整”工艺的出现，上述各种“临氢重整”

表 4-9　催化重整工艺方法

方法名称	专利单位	公布日期	首次工业化日期	床形及再生方式	催化剂
固定床临氢重整	印第安纳美孚石油公司	1939	1940.3	固定床、循环再生	MoO_3/Al_2O_3
铂重整	美国 UOP 公司	1949.3	1949.10	固定床、半再生	Pt/Al_2O_3
卡特重整	大西洋炼油公司	1951.2	1952.8	固定床、半再生	Pt/SiO_2-Al_2O_3
流化床临氢重整	美孚石油公司	1951.5	1952.12	流化床、连续再生	MoO_3/Al_2O_3
胡德利重整	胡德利加工公司	1951.5	1953.9	固定床、半再生	
塞莫重整	Socony-Vacuum 石油公司	1951.5	1955.3	移动床、连续再生	Cr_2O_3/Al_2O_3
超重整	印第安纳美孚石油公司	1953.11	1954.5	固定床、循环再生	CoO_3-MoO_3-Al_2O_3
正流式重整	凯洛格公司	1953.7	1955.4	流化床、连续再生	MoO_3/Al_2O_3
索伐重整	Socony-Vacuum 石油公司	1954.1	1954.11	固定床、半再生	Pt/Al_2O_3
超重整	加利福尼亚联合油公司	1952.2	1955.2	移动床、连续再生	CoO_3-MoO_3-Al_2O_3
强化重整	埃索研究工程公司	1956.3	1956	固定床、循环再生	Pt/Al_2O_3
IFP 催化重整	法国石油研究院	1960	1961	固定床、半再生	
麦格纳重整	恩格哈特公司	1965	1967.5	固定床、半再生	Pt/Al_2O_3
铼重整	雪弗隆研究公司	1967	1970.1	固定床、半再生	Pt-Re/Al_2O_3
连续催化剂再生铂重整	美国 UOP 公司	1971	1971.1	移动床、连续再生	Pt-Re/Al_2O_3

续表

方法名称	专利单位	公布日期	首次工业化日期	床形及再生方式	催化剂
IFP 连续重整	法国石油研究院		1973	移动床、连续再生	多金属催化剂
	UOP		20 世纪 80 年代	固定床+移动床	$Pt-Re/Al_2O_3+Pt-Sn/Al_2O_3$
	IFP		20 世纪 80 年代	固定床+移动床	$Pt-Re/Al_2O_3+Pt-Sn/Al_2O_3$
	SINOPEC		2002	低压组合床重整	
	SINOPEC		2009	超低压连续重整	
	SINOPEC		2013	逆流连续再生重整	

工艺逐步被淘汰。近代重整工艺按其催化剂再生方法的不同，可分为固定床半再生式、固定床循环再生式和移动床连续再生式三种类型。随着新型高活性稳定性双（多）金属重整催化剂的研制成功和工业重整装置规模的扩大，固定床半再生和循环再生工艺的比例有所降低，移动床连续再生重整加工能力增长较快，但目前半再生式重整仍占主导地位。

（二）催化重整在炼油和石化工业中的地位和作用

催化重整工艺是以辛烷值较低（研究法辛烷值 RON 为 30～60）的石脑油为原料生产高辛烷值（RON 为 93～102）汽油组分和芳烃，并副产富氢气体和液化石油气。在近代工业生产中，催化重整主要用以生产高辛烷值车用汽油调和组分和基本有机原料——苯、甲苯和二甲苯（BTX）。它已成为近代炼油和石化企业的主要加工工艺之一。

催化重整汽油的硫和烯烃含量很少，芳烃含量高，辛烷值高，是无铅车用汽油的主要调和组分，随着近年来我国车用汽油关键指标升级，预计今后催化重整汽油的比例将会较快增长。

芳烃（BTX）主要来源于煤加工和石油加工工业。随着石油炼制和石油化工的发展，石油芳烃已占主导地位。石油芳烃生产主要来自催化重整和高温裂解汽油。催化重整汽油中甲苯和芳烃较多，苯较少，高温裂解汽油中苯、甲苯较多，C_8 芳烃较少。

此外，一般催化重整副产氢气产率（对进料）为 2%～4%（质量），它是现代炼油和石油化工生产企业中临氢加工装置所需氢气的主要来源，通常约占其总氢源的 50%以上。催化重整的另外副产品——C_3、C_4 液化石油气，其中硫和烯烃含量很少，是一种优质的清洁燃料。

二、重整原料油

1. 原料油来源

催化重整原料油与重整工艺技术、催化剂性质和产品要求有关。第二次世界大战期间，德国第一套高压临氧脱氢工业装置（DHD），曾以汽油/煤油馏分为原料，用以生产航空汽油组分。如前所述，催化重整过程中，环烷烃脱氢和异构脱氢生成相应的芳烃，以及烷烃脱氢环化生成芳烃的反应是人们期望的反应，而烃的加氢裂化副反应则是不希望的。且重整生成油是终馏点升高的反应，因为芳烃的沸点高于烷烃和环烷烃，所以催化重整采用石脑油为原料。起初采用直馏石脑油为原料，因为直馏石脑油的辛烷值较低，一般为 RON30～55，不能满足车用汽油辛烷值的要求。后来随着汽车工业的发展和汽油无铅化的要求，对车用汽油辛烷值提出了更高的要求。同时由于石油化学工业的发展，市场对芳烃（苯、甲苯、二甲苯）的需求迅速增长。人们为扩大重整原料来源，将加氢裂化、热裂化、延迟焦化的重石脑油馏分以及溶剂抽提芳烃的抽余油用作重整原料，20 世纪 80 年代中有人提出可将催化裂化石脑油中的辛烷值较低的馏分用作重整原料。

2. 重整原料馏分的选择

重整原料馏分的选择主要是从馏程、烃类组成和杂质含量三方面考虑。

（1）馏程　重整进料的馏程选取取决于对重整目的产品的要求。催化重整芳构化反应主要是在一定条件下，相同碳原子烃类重新排列生成相同碳原子的芳烃，因此，当目的产品要求生产轻质芳烃（苯、甲苯、芳烃）时，通常选择窄馏分石脑油为原料，要求生产高辛烷值汽油调和组分时，则可选择较宽馏分的石脑油为原料。重整进料的典型馏分馏程见表 4-10。

表 4-10　重整进料的典型馏分馏程

目的产品	实沸点馏程/℃	GB 255—77 馏程/℃	目的产品	实沸点馏程/℃	GB 255—77 馏程/℃
苯	65～85	IBP≥80	苯、甲苯、二甲苯汽油调和组分	<65～145	IBP≥80
甲苯	85～105	IBP≥95		<65～165	
二甲苯	105～145	EBP≤150		<80～180	EBP 取决于汽油规格

任何情况下原料油初馏点（实沸点）不宜低于 65℃，否则将会导致少量 C_5 以下轻质烃进入重整原料中，这对重整反应进程有害无益，因为 C_5 以下轻质烃在重整过程中不可能芳构化生成芳烃，相反在高苛刻条件下，C_5 以下轻烃会发生少量加氢裂化反应而导致重整油液体收率和循环氢纯度下降，甚至会增加催化剂的积炭，缩短催化剂操作周期，并占用装置加工能力，增加能耗。

（2）烃类组成　重整原料油质量主要取决于其环烷烃和芳烃的含量，通常用芳构化指数 AI 表示，[$AI=N$(环烷烃)$+2A$(芳烃)]，芳构化指数高则表明原料油质量好。国内一般采用原料油芳烃潜含量衡量其质量的优劣。

$$\text{芳烃潜含量}\%(\text{质量})=\sum\left(\frac{M_{N_i}-6}{M_{A_r}}\times N_i\right)+\sum A_r$$

式中　M_{N_i}——原料油中环烷烃 i 的分子量；

M_{A_r}——对应于 M_{N_i} 的芳烃 i 分子量；

A_r——原料油中芳烃 i 的质量分数；

N_i——环烷烃的质量分数。

例如：某重整原料油中含 C_6 环烷 8%（质量）[环己烷 5%（质量），甲基环戊烷 3%（质量）]，C_7 环烷 18%（质量），C_8 环烷 14%（质量），C_9 环烷 4%（质量），苯 0.5%（质量），甲苯 1.5%（质量），二甲苯 1.6%（质量），C_9 芳烃 0.4%（质量），其芳烃潜含量为：

$$\text{芳烃潜含量}\%(\text{质量})=\left[8\times\frac{78}{84}+18\times\frac{92}{98}+14\times\frac{106}{112}+4\times\frac{120}{126}+(0.5+1.5+1.6+0.4)\right]/\%$$

$$=(7.43+16.90+13.25+3.81+4.0)\%=45.39\%(\text{质量})$$

表 4-11 为我国几种原油的直馏石脑油、延迟焦化和加氢裂化重石脑油的烃族组成。可以看出，我国胜利原油、中原原油和辽河原油的直馏石脑油的芳构化指数及芳烃潜含量都比较高，均为 45%（质量）以上，加氢裂化重石脑油的芳烃潜含量很高，在 50%（质量）以上。这些石脑油都是良好的重整原料。大庆原油和任丘原油的直馏石脑油的芳烃潜含量稍低。

（3）杂质含量　石脑油中常含有少量硫、氮、氧等有机化合物，有些原油的石脑油中还含有砷、氯、汞、铅、铜等杂质。表 4-12 列出了几种石脑油中的杂质含量，数据说明：①石脑

表 4-11　我国几种石脑油烃族组成

原油	石脑油馏程/℃	烃族组成/%(质量)			N+2A/%(质量)	芳烃潜含量/%(质量)
		烷烃 P	环烷 V	芳烃 A		
大庆油	65～160	55.6	40.6	3.8	48.2	42.1
胜利油	60～130	49.5	42.3	8.2	58.7	48.1
中原油	65～135	48.8	27.5	23.7	74.9	49.5
辽河油	65～145	37.5	51.7	10.8	73.3	59.5
任丘油	65～135	54.4	44.0	1.6	47.2	43.1
大港油	65～165	45.5	44.0	10.6	65.5	52.1
长庆油	41～176	49.2	44.9	5.9	56.7	47.8
新疆白克油	65～165	48.1	44.7	7.2	59.1	50.0
二连油	65～177	55.5	36.1	8.4	52.9	42.5
辽河焦化汽油	62～196	63.4	30.6	6.0	42.6	34.8
胜利 VGO、C、H	67～149	42.9	51.2	5.9	63.0	54.1
辽河 VGO、C、H	65～161	42.4	50.8	6.8	64.4	54.5

表 4-12　几种石脑油中的杂质含量

项目	炼厂 A		炼厂 B		炼厂 C 直馏石脑油	炼厂 D 直馏石脑油	沙特阿拉伯轻质直馏石脑油	伊朗直馏石脑油
	直馏石脑油	焦化石脑油	直馏石脑油	焦化石脑油				
密度(20℃)/(g/cm^3)	0.7050	0.7379	0.7498	0.7481	0.7382	0.7410	0.7313	0.7517
馏程/℃	51～134	42～199	88～178	92～179	87～164	70～182	55～168	47～180
硫/(mg/kg)	215	315	60	8000	59	62	400	700
氮/(mg/kg)	0.5	106.0	<0.5	110.0	<0.5	1.8	<1.0	<1.0
砷/(μg/kg)	937	320	—	—	416	—	—	
溴值/(g/100g)	3.3	72.0	0.1	80.7	—	0.6	0.4	1.1
备注	大庆	原油	胜利	原油	新疆某原油	盘锦原油	沙特阿拉伯轻质原油	伊朗原油

油中的杂质含量与原油产地密切相关。如沙特阿拉伯轻质原油和伊朗出口原油的硫含量高达400～700mg/kg；②中国大庆原油和新疆某原油直馏石脑油的砷含量很高；③焦化石脑油的硫、氮含量远高于直馏石脑油，且溴值高，即烯烃含量较多。

另外，随着原油开采技术的进展，有些油田在石油开采过程中使用氯化物化学剂，这些氯化物给炼厂加工带来了不少困扰，常造成管线、设备的严重腐蚀和氯化铵沉积物的堵塞而被迫停工。表 4-13 为中国三种原油直馏石脑油馏分中的氯含量数据。从几种原油中氯含量分布及氯化物类型分析结果看，各原油所含氯化物不尽相同。

表 4-13　几种直馏石脑油中的氯含量　　单位：mg/kg

项目	A 原油	B 原油	C 原油
原油	29	620	39
IBP～80℃	26.3	8350	20.0
81～100℃	3.9	2717	10.6
101～120℃	6.3	230	65.7
121～140℃	4.5	340	65.7
141～160℃		150	65.7
161～180℃		34	3

3. 重整催化剂对原料油杂质含量的要求

对重整原料杂质的要求与所使用重整催化剂的类别和操作参数有密切关系。早期的临氢重整工艺，使用金属氧化物为催化剂，采用固定床循环再生工艺，对原料油杂质并未提出特别的要求，只要求进料不带机械杂质和明水等。20 世纪 50～60 年代普遍推广以卤素为助剂的 Pt/Al_2O_3 双功能催化剂，由于一些杂质会对此类催化剂发生中毒。20 世纪 70 年代以来，Pt-Re、Pt-Ir 和 $Pt\text{-}Sn/Al_2O_3$ 等系列双（多）金属重整催化剂开发成功，逐步取代了上述单铂催化剂，反应压力也由早期单铂催化剂的 3.0～3.5MPa 降低到 1.4～2.0MPa，随之对重整进料杂质含量提出了更为严格的要求。表 4-14 为不同类型催化剂对重整进料杂质的要求。可以看出单铂重整催化剂与双（多）金属重整催化剂主要是对原料油中硫和水的允许含量有所差异，单铂重整催化剂允许原料油中硫和水的含量为 5～10mg/kg（含铂量大于 0.5% 的催化剂可允许硫、水含量高达 10mg/kg）。而双（多）金属重整催化剂则要求原料油硫、氮和水的含量分别为 0.5mg/kg 和 5mg/kg。

表 4-14　重整原料油中杂质含量限值

杂质 催化剂	硫/(mg/kg)	氮/(mg/kg)	氧/(mg/kg)	水/(mg/kg)	砷/(μg/kg)	铜、铅等/(μg/kg)
单铂催化剂	5～10	1	1	5～10	1	20
双(多)金属催化剂	0.5	0.5	1	5	1	20

三、反应原理及条件

（一）催化重整的反应原理

重整原料在催化重整条件下的化学反应主要有以下几种：

1. 芳构化反应

（1）六元环烷烃脱氢反应

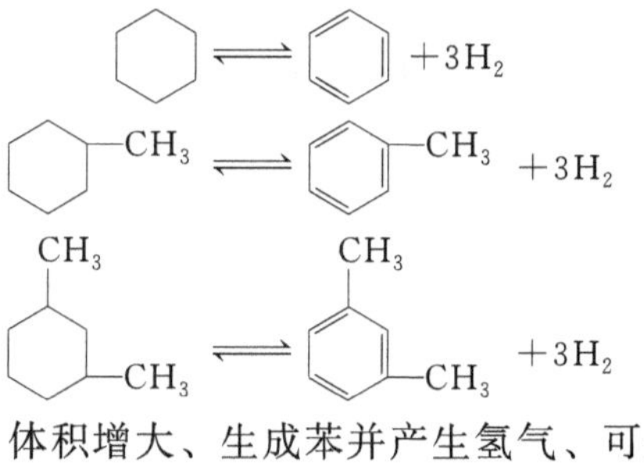

这类反应的特点是吸热、体积增大、生成苯并产生氢气、可逆，它是重整过程生成芳烃的主要反应。

（2）五元环烷烃异构脱氢反应

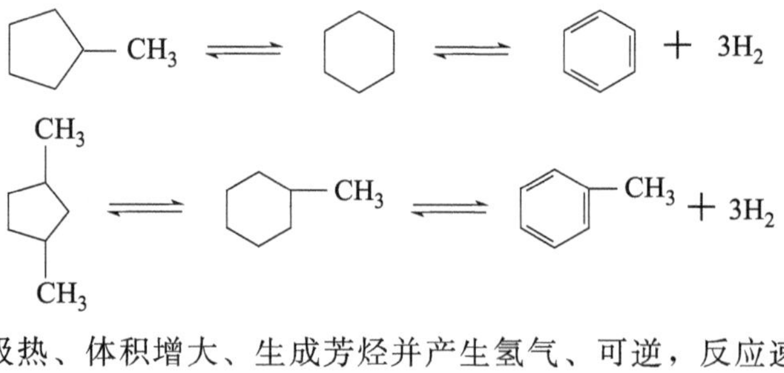

反应的特点是吸热、体积增大、生成芳烃并产生氢气、可逆，反应速率较快但稍慢于六

元环烷烃脱氢反应，但仍是生成芳烃的主要反应。

五元环烷烃在直馏重整原料的环烷烃中占有很大的比例，因此，在重整反应中，将五元环烷烃转化为芳烃是仅次于六元环烷烃转化为芳烃的重要途径。

（3）烷烃的环化脱氢反应

$$n\text{-}C_6H_{14} \xrightleftharpoons{-H_2} \text{(环己烷)} \rightleftharpoons \text{(苯)} + 3H_2$$

$$n\text{-}C_7H_{16} \xrightleftharpoons{-H_2} \text{(甲基环己烷)}-CH_3 \rightleftharpoons \text{(甲苯)}-CH_3 + 3H_2$$

$$i\text{-}C_8H_{18} \rightleftharpoons CH_3-\text{(间二甲苯)}-CH_3 + 4H_2$$

$$i\text{-}C_8H_{18} \rightleftharpoons \text{(邻二甲苯)}(CH_3)_2 + 4H_2$$

$$i\text{-}C_8H_{18} \rightleftharpoons CH_3-\text{(对二甲苯)}-CH_3 + 4H_2$$

这类反应也有吸热和体积增大等特点。在催化重整反应中，由于烷烃环化脱氢可生成芳烃，所以它是增加芳烃收率的最显著的反应。但其反应速率较慢，故要求有较高的反应温度和较低的空速等苛刻条件。

2. 异构化反应

各种烃类在重整催化剂的活性表面上都能发生异构化反应。例如：

$$n\text{-}C_7H_{16} \rightleftharpoons i\text{-}C_7H_{16}$$

$$\text{(甲基环戊烷)}-CH_3 \rightleftharpoons \text{(环己烷)}$$

$$CH_3-\text{(对二甲苯)}-CH_3 \rightleftharpoons \text{(邻二甲苯)}(CH_3)_2$$

正构烷烃的异构化反应有反应速率较快、轻度热量放出的特点，它不能直接生成芳烃和氢气，但正构烷烃反应后生成的异构烷烃易于环化脱氢生成芳烃，所以只要控制相应的反应条件，此反应也是十分重要的。

五元环烷烃异构为六元环烷烃后更易于脱氢生成芳烃，有利于提高芳烃的收率。

3. 加氢裂化反应

在催化重整条件下，各种烃类都能发生加氢裂化反应，并可以认为是加氢、裂化和异构化三者并发的反应。例如：

$$n\text{-}C_7H_{16} + H_2 \longrightarrow n\text{-}C_3H_8 + i\text{-}C_4H_{10}$$

$$\text{(甲基环戊烷)}-CH_3 + H_2 \longrightarrow CH_3-CH_2-CH_2-CH(CH_3)-CH_3$$

$$\text{(苯基)}-CH(CH_3)-CH_3 + H_2 \longrightarrow \text{(苯)} + C_3H_8$$

这类反应是不可逆放热反应，对生成芳烃不利，过多会使液体产率下降。

4. 缩合生焦反应

烃类还可以发生叠合和缩合等分子增大的反应，最终缩合成焦炭，覆盖在催化剂表面，使其失活。在生产中必须控制这类反应，工业上采用循环氢保护，一方面使容易缩合的烯烃饱和，另一方面抑制芳烃深度脱氢。

（二）重整催化剂

从化学反应可知，催化重整反应主要有两大类：脱氢（芳构化）反应和裂化、异构化反应。这就要求重整催化剂应兼备两种催化功能，既能促进环烷烃和烷烃脱氢芳构化反应，又能促进环烷烃和烷烃异构化反应。现代重整催化剂由三部分组成：活性组分（如铂、钯、铱、铑）、助催化剂（如铼、锡）和酸性载体（如含卤素的 γ-Al_2O_3）。其中铂构成活性中心，促进脱氢、加氢反应；而酸性载体提供酸性中心，促进裂化、异构化等反应。同时重整催化剂的两种功能必须适当配合才能得到满意的结果。如果只是脱氢活性很强，则只能加速六元环烷烃的脱氢，而对于五元环烷烃和烷烃的异构化则反应不足，不能达到提高汽油辛烷值和芳烃产率的目的。反之如果只是酸性功能很强，就会有过度的加氢裂化，使液体产物的收率下降，五元环烷烃和烷烃转化为芳烃的选择性下降，同样也不能达到预期的目的。

四、工艺流程

按照对目的产品的不同要求，工业催化重整装置分为以生产芳烃为主的化工型、以生产高辛烷值汽油为主的燃料型和包括副产氢气的利用与化工及燃料两种产品兼顾的综合型三种。

化工型常用的加工方案是预处理—催化重整—溶剂抽提—芳烃精馏的联合过程，装置的流程示意见图 4-3。

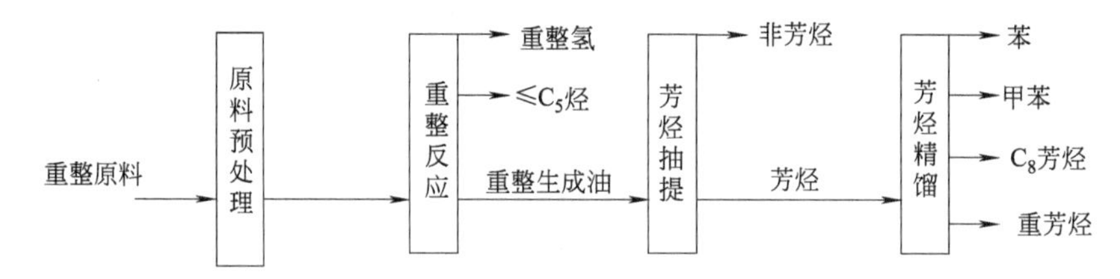

图 4-3　化工型催化重整装置流程示意图

1. 原料的来源和组成

重整原料以直馏汽油为主，但直馏汽油占原油的比重是较少的，随着重整工业的发展，单独依靠直馏汽油作重整原料在数量上已不能满足要求，为了解决这一矛盾，一些科研单位和炼油厂曾试用二次加工的焦化汽油、热裂化汽油、加氢裂化汽油和重整芳烃抽余油等作原料。

对重整原料馏分组成的要求，要根据生产目的来确定。具体情况见表 4-15。

表 4-15　生产不同产品时的原料馏程

目的产物	苯	甲苯	二甲苯	苯-甲苯-二甲苯	高辛烷值汽油	轻芳烃-汽油
适宜馏程/℃	60～85	85～110	110～145	60～145	90～180	60～180

生产芳烃主要是环烷烃脱氢反应，因此含环烷烃较多的原料是良好的重整原料。环烷烃含量高的原料不仅在重整时可以得到较高的芳烃产率和氢气产率，而且可以采用较大的空速，催化剂积炭少，运转周期较长。

重整原料中含有少量的砷、铅、铜、铁、硫、氮等杂质会使催化剂中毒失活。为了保证催化剂在长周期运转中具有较高的活性，必须严格限制重整原料中杂质含量。

2. 原料的预处理过程

重整原料的预处理由预分馏、预加氢、预脱砷和脱水等单元组成，其典型工艺流程如图4-4所示，其目的是切取符合重整要求的馏分和脱除对重整催化剂有害的杂质及水分。

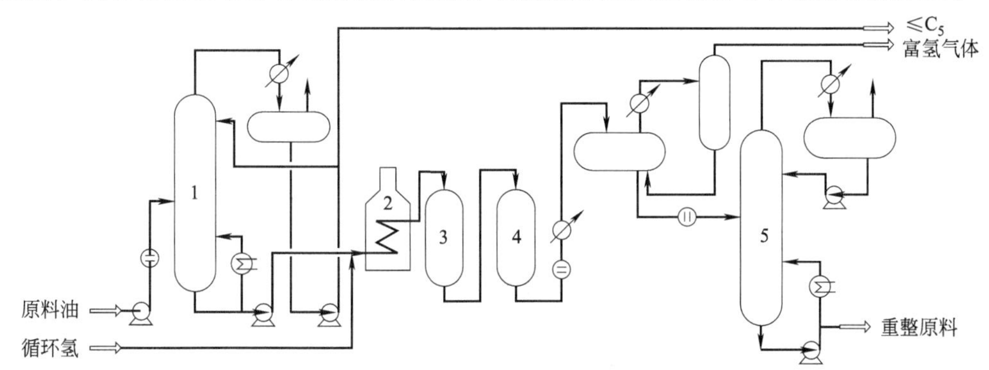

图4-4　催化重整装置原料预处理部分工艺流程图

1—预分馏塔；2—预加氢加热炉；3,4—预加氢反应器；5—脱水塔

（1）预分馏　预分馏的作用是切取适宜馏程的重整原料。在重整生产过程以产品芳烃为主时，预分馏塔切取60～130℃（或140℃）馏分为重整原料，＜60℃的轻馏分可作为汽油组分或化工原料。

（2）预加氢　预加氢的目的是脱除原料油中对催化剂有害的杂质，同时也使烯烃饱和以减少催化剂的积炭，从而延长运转周期。

在预加氢条件下，原料中微量的硫、氮、氧等杂质能进行加氢裂解反应，相应地生成H_2S、NH_3及水等而被除去，烯烃则通过加氢变成饱和烃。例如：

$$C_5H_9SH + 2H_2 \longrightarrow C_5H_{12} + H_2S$$

$$\text{(噻吩)} + 4H_2 \longrightarrow C_4H_{10} + H_2S$$

$$\text{(吡啶)} + 5H_2 \longrightarrow C_5H_{12} + NH_3$$

$$\text{(苯酚)} + H_2 \longrightarrow \text{(苯)} + H_2O$$

$$C_7H_{14} + H_2 \longrightarrow C_7H_{16}$$

（3）预脱砷　砷不仅是重整催化剂最严重的毒物，也是各种预加氢精制催化剂的毒物。因此，必须在预加氢前把砷降到较低程度。重整反应原料含砷量要求在1×10^{-9}以下。如果原料油的含砷量＜100×10^{-9}，可不经过单独脱砷，经过预加氢就可符合要求。

（4）脱水　由预加氢反应器出来的油-气混合物经冷却后在高压分离器中进行气液分离。由于相平衡的原因，分出的液体（预加氢生成油）中溶解有H_2S、NH_3和H_2O等。水和氯的含量控制不当也会造成催化剂减活或失活。为了保护重整反应催化剂，必须将其除去。

3. 重整反应过程

（1）固定床半再生式重整工艺流程　重整反应过程是催化重整装置的核心部分，其工艺流程见图4-5。

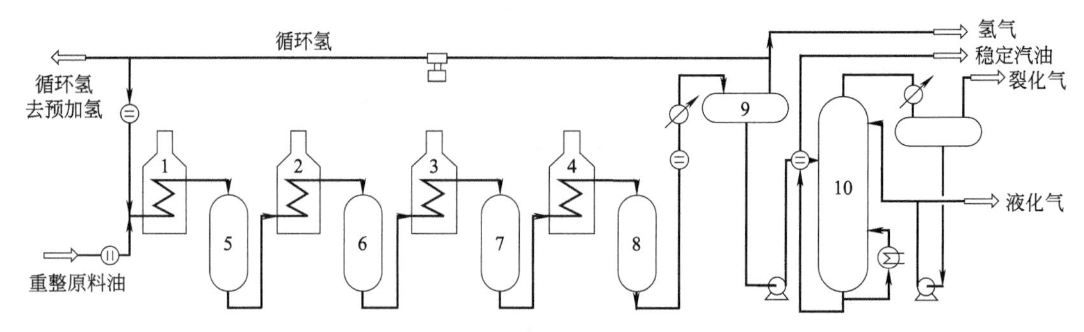

图 4-5　催化重整装置重整反应过程工艺流程图

1～4—加热炉；5～7—重整反应器；8—后加氢反应器；9—高压分离器；10—稳定塔

固化床半再生式重整工艺流程

经过预处理后的原料油与循环氢混合并经换热后依次进入三个串联的重整反应器，三个反应器中装入铂催化剂的比例一般为1∶2∶2。在使用新鲜催化剂时，第一反应器的入口温度一般为490℃左右，随催化剂活性的降低，入口温度逐步提高到515～530℃。三个反应器的各装置的入口温度控制指标略有差异，有的相等，有的依次递减2～3℃，但反应器的平均反应温度或各反应器的出口温度都是依次递减的。

后加氢反应器可使少量生成油中的烯烃饱和，以确保芳烃产品的纯度。后加氢反应产物经冷却后，进入高压分离器进行油气分离，分出的含氢气体一部分用于预加氢汽提，大部分经循环氢气压缩机升压后与重整原料混合循环使用。

重整生成油自高压分离器经换热到110℃左右进入稳定塔。在稳定塔中蒸出溶解在生成油中的少量H_2S、C_1～C_4等气体，以使重整汽油的饱和蒸气压合格。稳定塔的塔顶产物为燃料气或液化气，塔底产物为脱丁烷的重整生成油，或叫稳定汽油，可作高辛烷值汽油；对于以生产芳烃为目的产品的装置，还必须在塔中脱去戊烷，所以该塔又被称为脱戊烷塔，塔底出料称脱戊烷油，可作为抽提芳烃的原料，以进一步生产单体芳烃。

采用固定床催化重整的反应器，工业上常用的有两种，一是轴向反应器，二是径向反应器。两种结构见图4-6。

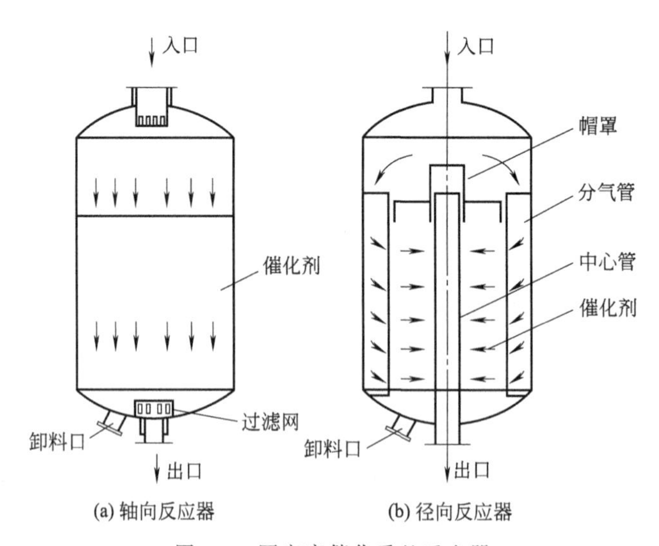

图 4-6　固定床催化重整反应器

与轴向反应器相比，径向反应器的主要特点是气流以较低的流速径向通过催化剂床层，床层压降较低，这一点对于连续重整装置尤为重要。因此连续重整装置的反应器都采用径向反应器，而且其再生器也采用径向式的。

(2) 连续再生式重整工艺流程　半再生式重整会因催化剂的积炭而停工进行再生。为了能经常保持催化剂的高活性，并且随炼油厂加氢工艺的日益增加，需要连续地供应氢气，UOP和IFP分别研究和发展了移动床反应器连续再生式重整（简称连续重整）。主要特征是设有专门的再生器，反应器和再生器都是采用移动床，催化剂在反应器和再生器之间连续不断地进行循环反应和再生。UOP和IFP连续重整反应系统的流程如图4-7、图4-8所示。

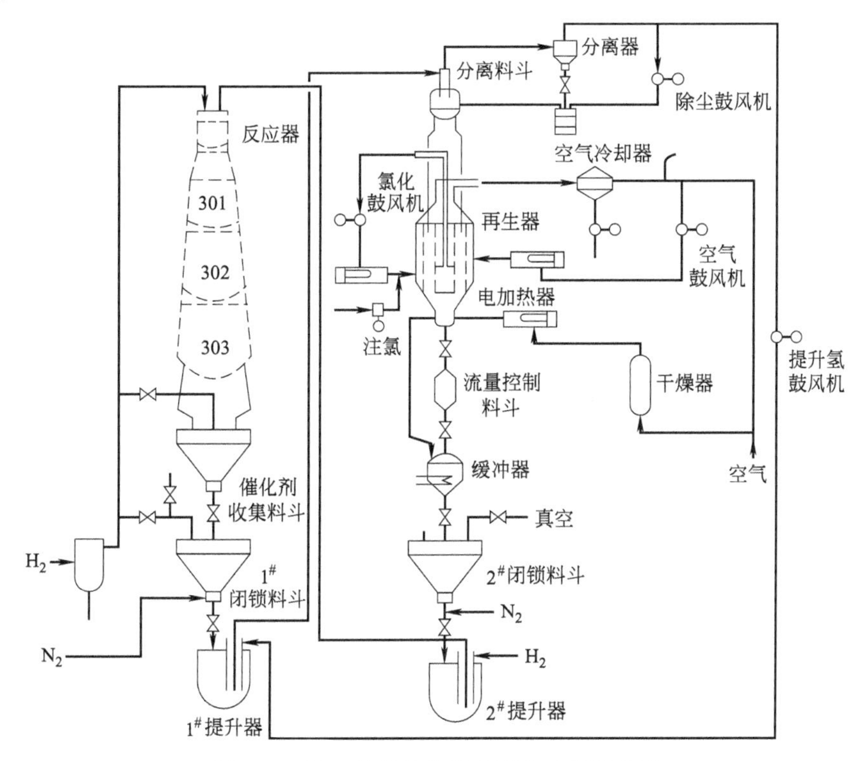

图4-7　UOP连续重整反应过程工艺流程图

4. 芳烃抽提过程

催化重整生成油和加氢裂解汽油都是芳烃与非芳烃的混合物，所以存在芳烃分离问题。重整生成油中组分复杂，很多芳烃和非芳烃的沸点相近，例如苯的沸点为80.1℃，环己烷的沸点为80.74℃，3-甲基丁烷的沸点为80.88℃，它们之间的沸点差很小，在工业上很难用精馏的方法从它们的混合物中分离出纯度很高的苯。此外，有些非芳烃组分和芳烃组分形成了共沸混合物，用一般的精馏方法就更难将它们分开，工业上广泛采用的是液相抽提的方法。

液相抽提就是利用某些有机溶剂对芳烃和非芳烃具有不同的溶解能力，即利用各组分在溶剂中溶解度的差异，经逆流连续抽提过程而使芳烃和非芳烃得以分离。在溶剂与重整生成油混合后生成的两相中，一个是溶剂和溶于溶剂的芳烃，称为提取液，另一个是在溶剂中具有极小溶解能力的非芳烃，称为提余液。将两相液层分开后，再用汽提的方法将溶剂和溶解在溶剂中的芳烃分开，以获得芳烃混合物。

抽提部分工艺流程如图4-9所示。

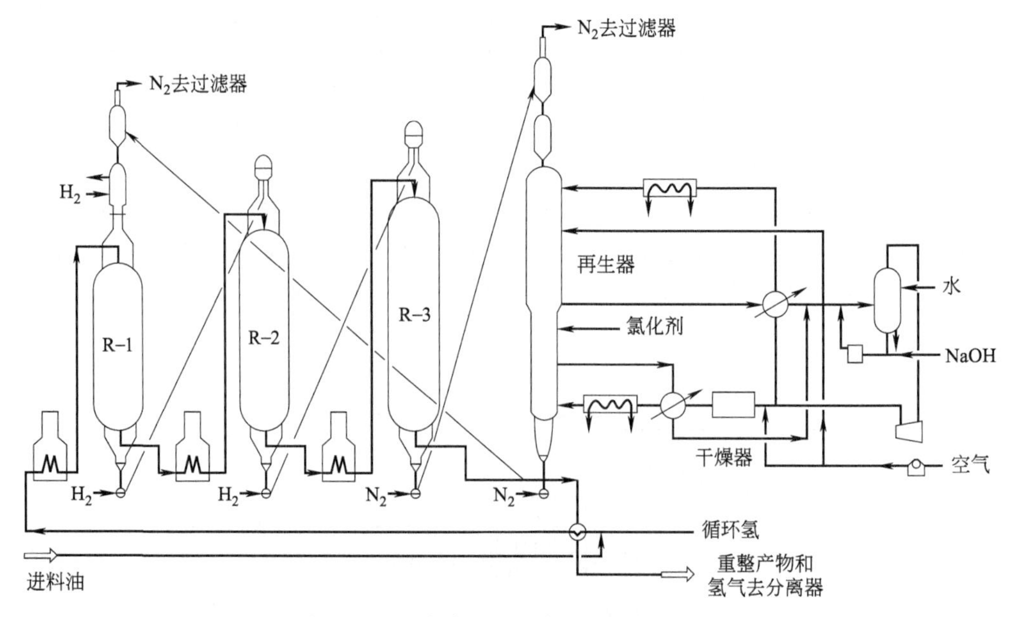

图 4-8　IFP 连续重整反应过程工艺流程图

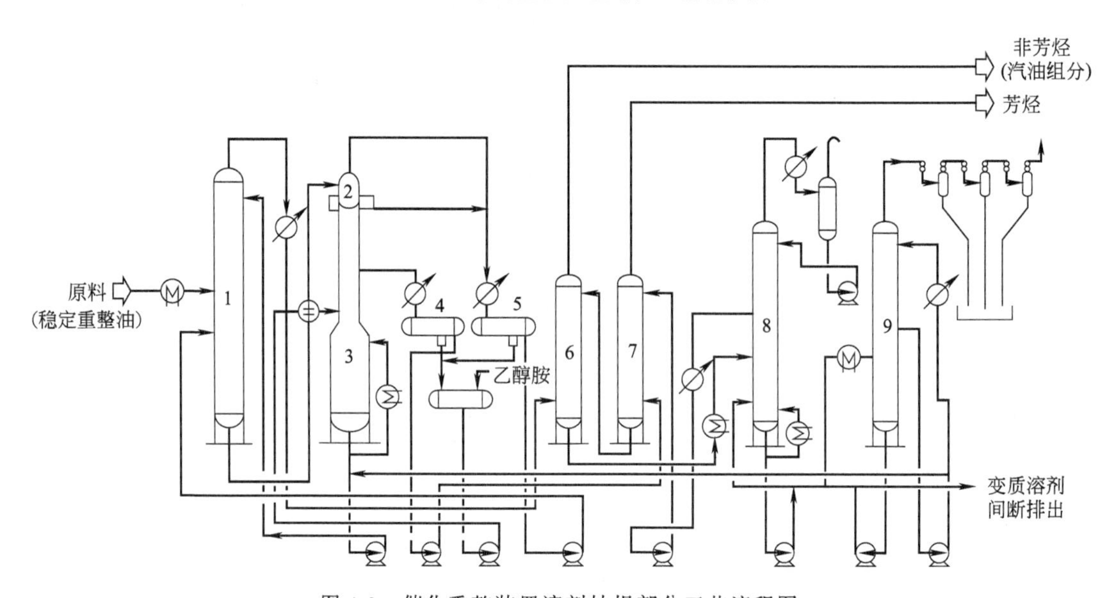

图 4-9　催化重整装置溶剂抽提部分工艺流程图

1—抽提塔；2—闪蒸罐；3—汽提塔；4—抽出芳烃罐；5—回流芳烃罐；
6—非芳烃水洗塔；7—芳烃水洗塔；8—水分馏塔；9—减压塔；10—三级抽真空

芳烃抽提流程

自重整部分来的稳定重整油（脱戊烷油）打入抽提塔（1）中部，含水5%～10%（质量）的溶剂（贫溶剂）自抽提塔塔顶部喷入，塔底打入回流芳烃（含芳烃70%～85%，其余为戊烷）。经逆相溶剂抽提后，塔顶引出提余液，塔底引出提取液。

提取液（又称富溶剂）经换热后，以120℃左右自抽提塔底借本身压力流入汽提塔（3）顶部的闪蒸罐，在其中由于压力骤降，溶于提取液中的轻质非芳烃、部分苯和水被蒸发出来，与汽提塔顶部蒸出的油气汇合，经冷凝冷却后进入回流芳烃罐（5）进行油水分离，分出的油去抽提塔底作回流芳烃。分出的水与从抽出芳烃罐分出的水一道流入循环水罐，用泵打入汽提塔作汽提用水。经闪蒸后未被蒸发的液体自闪蒸罐流入汽提塔。

混合芳烃自汽提塔侧线呈气相被抽出，因为若从塔顶引出则不可避免地混有轻质非芳烃戊烷等，而从侧线以液态引出又会带出过多溶剂，引出的芳烃经冷凝分水后送入水洗塔(7)，经水洗后回收残余的溶剂，然后送芳烃精馏部分进一步分离出单体芳烃。

5. 芳烃精馏过程

由溶剂抽提所得的混合芳烃中含有苯、甲苯、二甲苯、乙苯及少量较重的芳烃，而有机合成工业所需的原料有很高的纯度要求，为此必须将混合芳烃通过精馏的方法分离成高纯度的单体芳烃。这一过程称为芳烃精馏。芳烃精馏部分工艺流程见图4-10、图4-11。

混合芳烃依次送入苯塔、甲苯塔、二甲苯塔，分别通过精馏的方法进行切取，得到苯、甲苯、二甲苯及C_9芳烃等单一组分。此法芳烃的纯度为：苯99.9%，甲苯99.0%，二甲苯96%。二甲苯还需要进一步分离（见本章第四节）。

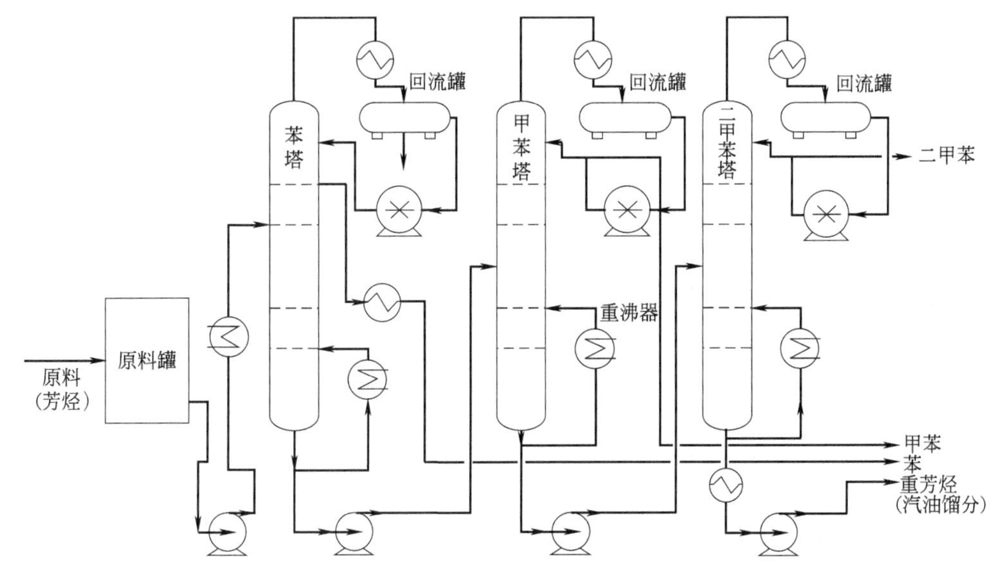

图4-10　芳烃精馏工艺流程图（三塔流程）

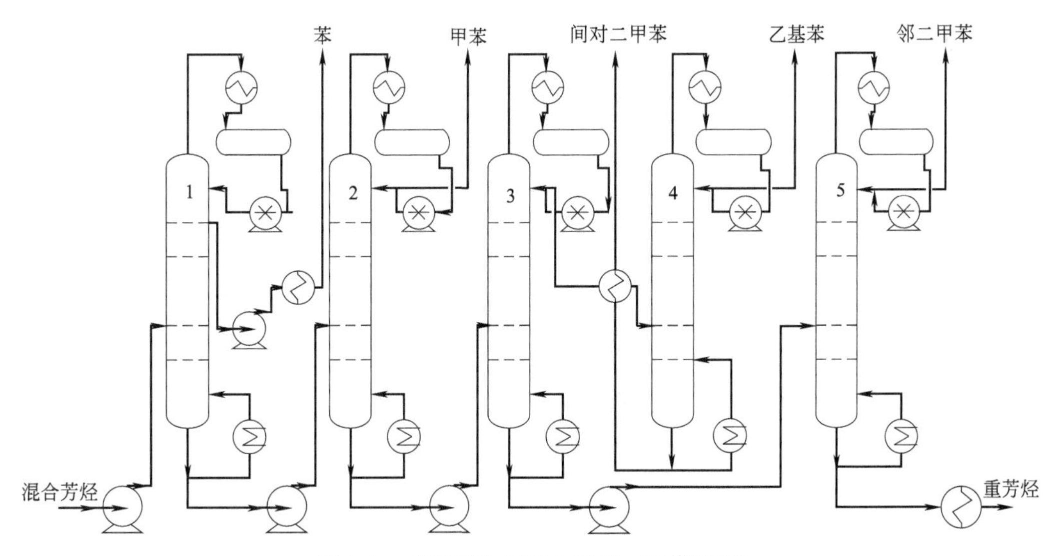

图4-11　芳烃精馏工艺流程图（五塔流程）

1—苯塔；2—甲苯塔；3—二甲苯塔；4—乙苯塔；5—邻二甲苯塔

第四节　对二甲苯的生产

一、对二甲苯生产概述

无论是催化重整还是裂解汽油加氢得到的石油芳烃，即苯、甲苯、二甲苯、乙苯等，都在品种与数量上与实际需求不一致。随着苯和对二甲苯需求量日益猛增，尚供不应求。在石油芳烃中占 40%～50%的甲苯、间二甲苯和 C_9 芳烃还未充分利用而供过于求，造成石油芳烃品种及其数量上供需不平衡。因此，开发了一系列芳烃的转化技术，旨在将芳烃的品种与数量进行调整。

图 4-12 表示以甲苯与 C_9 芳烃为原料，通过芳烃歧化和烷基转移生产苯和二甲苯的物料平衡情况。

从图 4-12 可以看出，通过芳烃歧化和烷基转移工艺可将甲苯和 C_9 芳烃有效地转化为苯和二甲苯，若再配以二甲苯异构化装置，则由 100 份甲苯和 80 份 C_9 芳烃可制得 36 份苯和 102 份对二甲苯。因此，芳烃的歧化和烷基转移是一种能最大限度生产对二甲苯的方法。

从图 4-12 还可以看出，芳烃歧化和烷基转移、混合二甲苯异构化、吸附分离等过程必须联合生产，才能最大限度地生产苯、对二甲苯等紧缺品种。

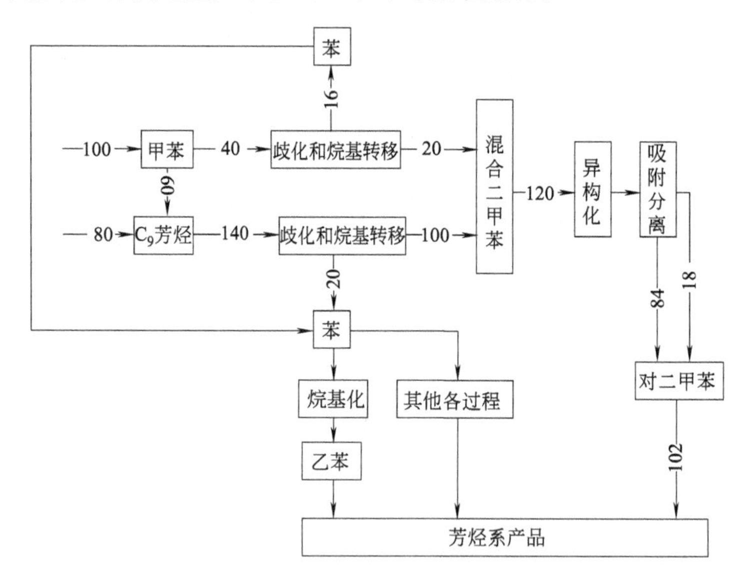

图 4-12　甲苯、C_9 芳烃生产苯和对二甲苯的物料平衡以及其他结构调整的关系（图中数字代表摩尔比）

二、歧化或烷基转移反应生产苯与二甲苯

1. 反应原理

甲苯歧化和甲苯与 C_9 芳烃的烷基转移工艺是增产苯与二甲苯的有效手段。芳烃的歧化反应一般是指两个相同芳烃分子在催化剂作用下，一个芳烃分子的侧链烷基转移到另一个芳烃分子上去的过程。而烷基转移反应是指两个不同芳烃分子间发生烷基转移的过程。

主反应：

（1）歧化

$$2\,C_6H_5CH_3 \rightleftharpoons C_6H_6 + C_6H_4(CH_3)-CH_3$$

$$2\,CH_3-C_6H_3-(CH_3)_2 \rightleftharpoons CH_3-C_6H_4-CH_3 + CH_3-C_6H_2-(CH_3)_3$$

（2）烷基转移

$$C_6H_5CH_3 + CH_3-C_6H_3-(CH_3)_2 \rightleftharpoons 2\,CH_3-C_6H_4-CH_3$$

副反应：

① 在临氢条件下发生加氢脱烷基反应，生成甲烷、乙烷、丙烷、苯、甲苯、乙苯等；

② 歧化反应：由二甲苯生成甲苯、三甲苯等，即主反应中烷基转移的逆过程；

③ 烷基转移：如苯和三甲苯生成甲苯和四甲苯等；

④ 芳烃加氢、烃类裂解、苯烃缩聚等。

2. 操作条件

（1）原料中三甲苯的浓度　投入原料 C_9 混合芳烃馏分中只有三甲苯，是生成二甲苯的有效成分，所以原料 C_9 芳烃馏分中三甲苯的浓度高低，将直接影响反应的结果。当原料中三甲苯浓度在 50%左右时，生成物中 C_8 芳烃的浓度最大。为此应采用三甲苯浓度高的 C_9 芳烃作原料。

（2）反应温度　歧化和烷基转移反应都是可逆反应。由于热效应较小，温度对化学平衡影响不大，而催化剂的活性一般随反应温度的升高而提高。温度升高，反应速率加快，转化率升高，但苯环裂解等副反应增加，目的产物收率降低。温度低，虽然副反应少、原料损失少，但转化率低，造成循环量大、运转费用高。在生产中主要选择能确保转化率的温度，当温度为 400～500℃时，相应的转化率为 40%～45%。

（3）反应压力　此反应无体积变化，所以压力对平衡组成影响不明显。但是，压力增加既可使反应速率加快，又可提高氢分压，有利于抑制积炭，从而提高催化剂的稳定性。一般选取压力为 2.6～3.5MPa。

（4）氢油比　主反应虽然不需要氢气，但氢气的存在可抑制催化剂的积炭倾向，可避免催化剂频繁再生，延长运转周期，同时氢气还可起到热载体的作用。但是，氢量过大，反应速率减慢，循环费用增加。此外，氢油比与进料组成有关，当进料中 C_9 芳烃较多时，由于 C_9 芳烃比甲苯易产生裂解反应，所以需提高氢油比。当 C_9 芳烃中甲乙苯和丙苯含量高时，更应该提高氢油比，一般氢油比（摩尔）为 10∶1，氢气纯度＞80%。

（5）空速　反应转化率随空速降低而升高，但当转化率达 40%～45%时，其增加的速率显著降低。此时，如空速继续降低，转化率增加甚微，相反导致设备利用率下降。

3. 工艺流程

以甲苯和 C_9 芳烃为原料的歧化和烷基转移生产苯和二甲苯的工业生产方法主要有两种，一种是加压临氢气相法，另一种是常压不临氢气相法。

以下介绍应用最广泛的加压临氢气相法，其工艺流程如图 4-13 所示。原料甲苯、C_9 芳烃及循环甲苯、循环 C_9 芳烃和氢气混合后，经换热预热、加热炉（1）加热到反应温度（390～500℃），以 3.4MPa 压力和 1.14h^{-1} 空速（体）进入反应器（2）。加热炉的对流段设有废热锅炉。

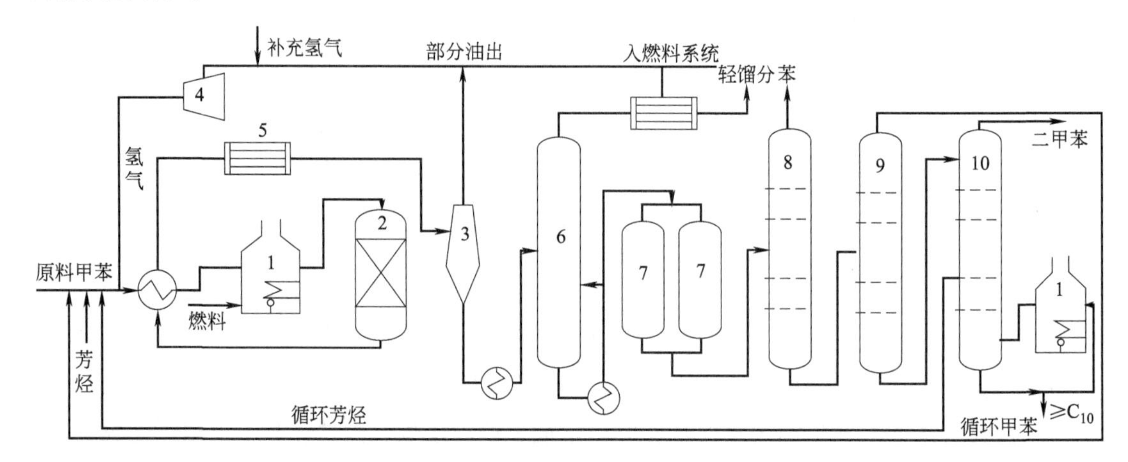

图 4-13　甲苯歧化和甲苯与 C_9 芳烃烷基转移工艺流程

1—加热炉；2—反应器；3—产品分离器；4—氢气压缩机；5—冷凝器；
6—汽提塔；7—白土塔；8—苯塔；9—甲苯塔；10—二甲苯塔

歧化或烷基转移生产二甲苯工艺流程

反应原料在绝热式固定床反应器（2）中进行歧化和烷基转移反应，产物经换热冷却后进入产品分离器（3）进行气液分离。产品分离器分出的大部分氢气，经循环氢气压缩机（4）压缩返回反应系统，小部分循环气为保持氢气纯度而排放至燃料气系统或异构化装置，并补充新鲜氢气。产品分离器流出的液体去汽提塔（6）脱除轻馏分，塔底物料一部分进入再沸加热炉，以气液混合物返回塔中，另一部分物料经换热后进入白土塔（7）。物料通过白土吸附，在白土塔中除去烯烃后依次进入苯塔（8）、甲苯塔（9）和二甲苯塔（10）。从苯塔和二甲苯塔塔顶分别馏出目的产品（含量＞99.8%）苯和二甲苯。从甲苯塔塔顶和二甲苯塔侧线分别得到的甲苯和 C_9 芳烃循环回反应系统，二甲苯塔塔底为 C_{10} 及 C_{10} 以上重芳烃。

三、C_8 混合芳烃异构化

1. 反应原理

由各种方法制得的 C_8 芳烃，都是对二甲苯、邻二甲苯、间二甲苯和乙苯的混合物（称为 C_8 混合芳烃），其组成视芳烃来源而异。不论何种来源的 C_8 芳烃，其中以间二甲苯含量最多，通常是对二甲苯和邻二甲苯的总和，而有机合成迫切需要的对二甲苯含量却不多。为了增加对二甲苯的产量，最有效的方法是通过异构化反应，将间二甲苯及其他 C_8 芳烃转化为对二甲苯。

异构化的实质是把对二甲苯含量低于平衡组成的 C_8 芳烃，通过异构后使其接近反应温度及反应压力下的热力学平衡组成。平衡组成与温度有关，不论在哪个温度下，其中对二甲苯含量并不高。因此，在生产中，C_8 芳烃异构化工艺必须与二甲苯分离工艺联合生产，才能最大限度地生产对二甲苯。也就是说，先分离出对二甲苯（或间二甲苯和邻二甲苯），然后将余下的 C_8 芳烃非平衡物料，通过异构化方法转化为对、间、邻二甲苯平衡混合物，再进行分离和异构。如此循环，直至 C_8 芳烃全部转化为对二甲苯。

主反应：

（1）混合二甲苯可发生以下反应。

$$o\text{-}C_6H_4(CH_3)_2 \rightleftharpoons p\text{-}C_6H_4(CH_3)_2$$

$$m\text{-}C_6H_4(CH_3)_2 \rightleftharpoons p\text{-}C_6H_4(CH_3)_2$$

（2）乙苯也能转化为二甲苯，反应历程为

$$C_6H_5C_2H_5 \underset{-H_2}{\overset{+H_2}{\rightleftharpoons}} C_6H_{11}C_2H_5 \overset{\text{异构}}{\rightleftharpoons} C_6H_{10}(CH_3)CH_3 \underset{+H_2}{\overset{-H_2}{\rightleftharpoons}} C_6H_4(CH_3)CH_3$$

副反应：

（1）二甲苯、乙苯加氢烷基化，生成甲烷、乙烷、苯、甲苯等；

（2）二甲苯加氢开环裂解，最终生成低级烷烃；

（3）二甲苯、乙苯发生歧化，生成苯、甲苯、三甲苯、二乙苯等。

可见，异构化产物是对位、间位、邻位三种二甲苯异构体混合物，还有少量的苯、甲苯及 C_9 以上芳烃、C_8 非芳烃、C_1～C_4 烷烃等。

2. 操作条件

（1）原料组成　水、甲醇、CO_2 等氧化物及碱性有机氮化物是催化剂酸性活性中心的毒物，砷、铅和其他重金属则是金属活性中心的毒物。由于原料来自重整、抽提、加氢裂解汽油等装置，若无二次污染，这些杂质的含量是可以达到要求的。

（2）温度　温度降低，对二甲苯平衡浓度高，但此时反应速率较慢，特别对于双功能的贵重金属催化剂来说，当温度低于某值，产品则以加氢产物为主，二甲苯收率降低。因此，温度选择要权衡各方面，如催化剂性能等的影响。一般选取反应器的进口温度为400～450℃。

（3）压力　压力对乙苯异构化有明显影响。乙苯是经过加氢过程异构化为二甲苯的，而加氢反应是放热反应。所以，提高压力可提高氢分压，降低温度有利于乙苯异构为二甲苯。氢分压太低，易使催化剂表面积炭、失活，一般反应压力为1.37～2.30MPa。

（4）空速　若催化剂活性高，则允许空速高；催化剂活性低，空速必须降低。随着空速提高，反应产物中的对二甲苯浓度和乙苯转化率将下降。一般空速为 $3.1h^{-1}$。

（5）氢油比　氢气不仅参加加氢反应，还可防止催化剂表面积炭。氢油比一般为6∶1（摩尔比），氢气浓度必须保持在80%以上，在生产过程中还应不断补加新鲜氢气。

3. 工艺流程

C_8 芳烃异构化装置大多采用具有裂化异构化和加氢脱氢双功能的催化剂，并在氢压下进行异构化反应。其工艺流程如图4-14所示。

来自二甲苯分离装置的 C_8 芳烃（已脱去大部分对二甲苯）与由重整装置或歧化装置来的补充氢气、循环氢混合，经换热后全部汽化，然后进入进料加热炉（1）。物料加热到反应

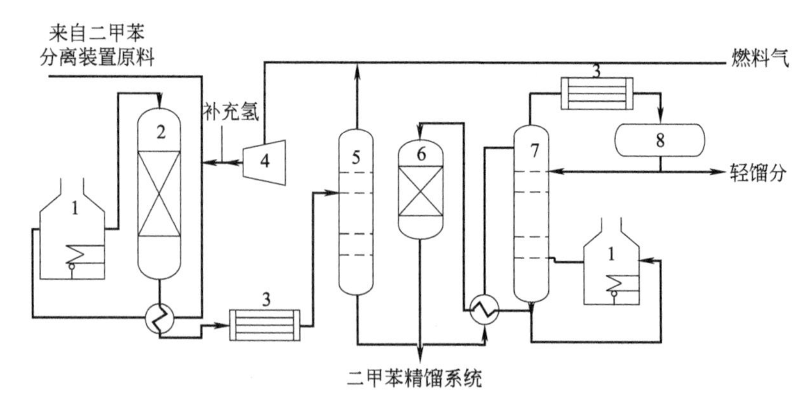

图 4-14　C_8 芳烃异构化工艺流程

1—进料加热炉；2—反应器；3—冷凝器；4—循环压缩机；
5—产品分离器；6—白土塔；7—脱庚烷塔；8—分离器

C_8芳烃异构化工艺流程

温度后进入异构化反应器（2），反应器为绝热式固定床。原料在催化剂作用下发生异构化，反应产物从反应器底部流出，与进料换热后进入冷凝器（3）冷却到 40℃，再进入产品分离器（5）进行气液分离。气相部分为富氢，从产品分离器顶部流出，大部分经循环压缩机（4）返回反应器，少部分适当处理后作为燃料。产品分离器底部的液相物料经换热后进入脱庚烷塔（7）。

脱庚烷塔主要作用是脱除 C_7 以下轻组分，轻组分从塔顶蒸出后一部分作回流，另一部分进入重整装置脱戊烷塔，不凝性气体则作为燃料。脱庚烷塔底物料是除去轻组分后的 C_8 芳烃。为防止反应生成的微量烯烃带入分离装置，C_8 芳烃进入白土塔（6）除去烯烃。最后，用精馏方法除去 C_9 以上芳烃，将所得混合二甲苯送二甲苯分离装置分离。

四、混合芳烃的分离

1. 生产原理

C_8 芳烃中各组分的主要物理性质如表 4-11 所示。其中对二甲苯与间二甲苯之间的沸点差仅为 0.753℃，用一般精馏法难以分离。用于分离二甲苯的方法主要有深冷分步结晶分离法和模拟移动床吸附分离法。

由表 4-16 可见，虽然各种 C_8 芳烃的沸点相近，但它们的熔点相差较大，其中以对二甲苯的熔点为最高。因此，将 C_8 芳烃逐步冷凝，首先对二甲苯被结晶出来，然后滤除液态的邻二甲苯、间二甲苯和乙苯，则得晶体对二甲苯。

表 4-16　C_8 芳烃中各组分的沸点与熔点

项目	乙苯	对二甲苯	间二甲苯	邻二甲苯
沸点/℃	136.186	138.351	139.104	144.411
熔点/℃	−94.975	13.263	−47.872	−25.173

所谓吸附分离法就是利用某种固体吸附剂，有选择地吸附混合物中某一组分，随后使之从吸附剂上解吸出来，从而达到分离的目的，其工艺流程图见图 4-15。吸附分离 C_8 混合芳烃采用液相操作。其原理是选择分子筛作为吸附剂，它对于对二甲苯吸附能力较强，而对其他二甲苯异构体吸附能力较弱，从而使对二甲苯可以从混合二甲苯中被分子筛吸附；然后用一种液体脱附剂冲洗，使对二甲苯从分子筛吸附剂上脱附；最后用精馏的方法分离对二甲苯和脱附剂，从而达到分离对二甲苯与其他异构体的目的。

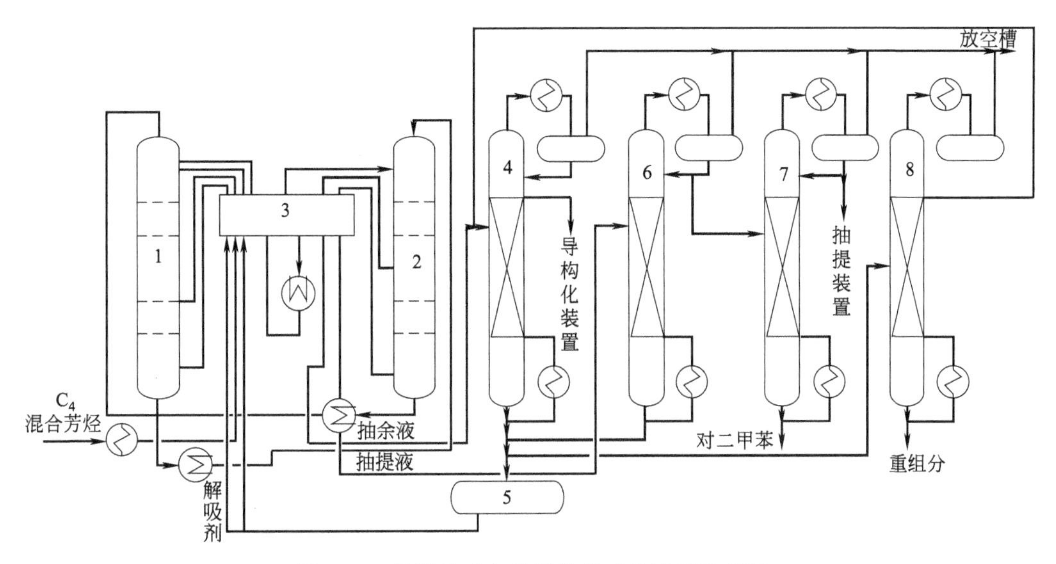

图 4-15　模拟移动床吸附分离工艺流程示意图

1—吸附塔 A；2—吸附塔 B；3—旋转阀；4—抽余液塔；5—解吸剂槽，6—抽提塔；7—成品塔；8—解吸剂再精馏塔

2. 吸附分离法工艺流程

模拟移动床吸附分离工艺流程

原料 C_8 混合芳烃加热到 177℃，经旋转阀（3）进入吸附塔（2）吸附分离后，抽提液从吸附塔流出经旋转阀送到抽提塔（6）。抽提塔塔顶馏分为粗对二甲苯，送至成品塔（7），塔底采出液为解吸剂。抽余液从吸附塔流出经旋转阀送至抽余液塔（4），塔底分出的解吸剂与抽提塔塔底解吸液汇合，大部分进入解吸剂槽（5）后经旋转阀再进入吸附塔，少部分（约 1%）则送解吸剂再精馏塔（8）。从解吸剂再精馏塔塔顶出来的纯解吸剂，经抽余液塔去解吸剂槽，塔底为解吸剂中的高沸点重组分物质。从抽余液塔侧线采出的含对二甲苯很少的混合二甲苯，送至异构化装置作为异构化原料。成品塔塔顶馏出物为主要含甲苯的轻馏分，送芳烃抽提装置回收利用，塔底产品是精制的对二甲苯。

素质阅读

雾霾

雾霾，顾名思义是雾和霾。但是雾和霾的区别很大。空气中的灰尘、硫酸、硝酸等颗粒物组成的、造成视觉障碍的气溶胶系统叫霾。

霾影响最大的就是人的呼吸系统，造成的疾病主要为呼吸道疾病、脑血管疾病、鼻腔炎症等。

我国通过控煤、控车、控油、治污、植树造林、提高环境保护意识等方式，开展对雾霾的治理。工业上，利用重力沉降、离心分离等方法处理工厂排放的废气、废液等污染物，能够避免或减少环境污染，如沉降室可分离大于 50μm 的粗颗粒，旋风分离器能分离 5～10μm 的颗粒，严重危害人类健康的 $PM_{2.5}$ 等颗粒则需要通过袋滤器、电除尘器、膜分离等方法进行捕集。

复习思考题

一、填空题

1. 石油芳烃的来源主要有两种生产技术，一是______________，二是______________。

2. 催化重整中芳构化反应主要有________、________和________三种类型。

3. 催化重整过程对原料主要有________、________和________三方面要求。

4. 现代重整催化剂由三部分组成，分别是________、________和________。

5. 芳烃的______和______是一种能最大限度生产对二甲苯的方法，且这两种反应都是______逆反应。

6. C_8 芳烃异构化装置大多采用具有______和____双功能催化剂，并在一定的氢压下进行。

7. 裂解汽油除富含芳烃以外，还含有相当数量的_____、_____、_____和_____，以及微量的_____、_____、_____、_____及_____等组分。

二、判断题

1. 催化重整是炼油和石油化工的重要生产工艺之一。 (　　)

2. 芳构化反应中烷烃异构化及环化脱氢反应都是吸热和体积增大的反应。 (　　)

3. 加氢裂化反应是不可逆的吸热反应，对生成芳烃不利，会使液体产率下降。 (　　)

4. 生产芳烃主要是环烷烃脱氢反应，因此含环烷烃较多的原料是良好的重整原料。 (　　)

5. 与轴向反应器相比，径向反应的主要特点是气流以较高的流速径向通过催化剂床层，床层压降升高，这一点对于连续重整装置尤为重要。 (　　)

6. 连续重整装置的反应器都采用径向反应器，但再生器却采用轴向式的。 (　　)

7. 裂解汽油中含有 C_6 至 C_9 芳烃，因而它是石油芳烃重要来源之一。 (　　)

8. 要生产对二甲苯，必须把芳烃歧化、烷基转移、混合二甲苯异构化和吸附分离等过程联合起来。 (　　)

三、简答题

1. 石油芳烃的生产方法主要有哪些?

2. 催化重整生成油与裂解汽油的组成有什么区别?

3. 何谓催化重整? 重整中发生了哪些化学反应?

4. 催化重整生产芳烃的全流程包括哪几部分? 作用分别是什么?

5. 在裂解汽油加氢工艺过程中，为何采用两段加氢?

6. 在芳烃分离中为何采用溶剂萃取?

7. 制取对二甲苯的经济意义是什么?

8. 由甲苯制取对二甲苯的反应原理是什么?

9. 如何由 C_8 混合芳烃制取对二甲苯?

10. C_8 混合芳烃的分离方法有哪些? 其原理分别是什么?

第二章　苯乙烯的生产

学习目标

1. 了解乙苯和苯乙烯的性质、用途及生产方法。
2. 掌握苯烷基化生产乙苯的原理、条件及生产工艺流程。
3. 掌握乙苯脱氢生产苯乙烯的原理、条件及生产工艺流程。

课程导入

苯乙烯是合成树脂、合成橡胶、涂料、农药、医药工业的重要原料。但自然界中并没有矿物质的苯乙烯存在，那么如何利用已有或者已经合成的物质生产苯乙烯呢？

第一节　苯乙烯生产概述

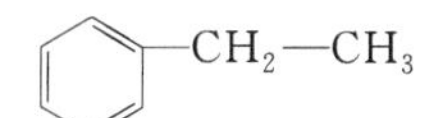

一、乙苯与苯乙烯的性质及用途

1. 乙苯的性质和用途

乙苯的化学结构式如下：

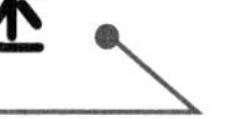

乙苯是无色透明液体，具有芳香气味，沸点 136.2℃，凝固点 －94.5℃。可溶于乙醇、苯、四氯化碳和乙醚等，而几乎不溶于水。乙苯易燃，其蒸气与空气能形成爆炸性混合物，其爆炸范围 2.3％～7.4％。乙苯有毒，其蒸气会刺激眼睛、呼吸器官和黏膜，并能使中枢神经系统先兴奋而后呈麻醉状态。工作场所最高允许浓度为 $100mL/m^3$。

乙苯侧链容易氧化，其氧化产物随氧化剂的强弱及反应条件的不同而不同。例如，用强氧化剂（高锰酸钾等）氧化或在催化剂作用下用空气或氧气进行氧化，生产苯甲酸；若用缓和的氧化剂或在缓和的反应条件下进行氧化，则生成苯乙酮。乙苯分子的侧链在一定条件下，可从相邻的两个碳原子上脱去一个氢原子而形成 C＝C 双键，生成苯乙烯。

乙苯是一个重要的有机化工中间体，是芳烃系列产品中最重要的一个产品，也是苯的最主要产品。它主要用于脱氢生产苯乙烯；其次是用作溶剂、稀释剂以及用于生产二乙基苯、苯乙酮、乙基蒽醌等；乙苯还是医药工业的重要原料。

2. 苯乙烯的性质和用途

苯乙烯的化学结构式如下：

$$C_6H_5-CH=CH_2$$

苯乙烯又名乙烯基苯，系无色至黄色的油状液体，具有高折射性和特殊芳香气味，沸点为 145 ℃，凝固点 −30.4℃，难溶于水，能溶于甲醇、乙酸及乙醚等溶剂。

苯乙烯在高温下容易裂解和燃烧，生成苯、甲苯、甲烷、乙烷、炭、一氧化碳、二氧化碳和氢气等。苯乙烯蒸气与空气能形成爆炸性混合物，其爆炸范围为 1.1%～6.01%。

苯乙烯具有乙烯基烯烃的性质，反应性能极强，如氧化、还原、氯化等反应均可进行，并能与卤化氢发生加成反应。苯乙烯暴露于空气中，易被氧化成醛、酮类。苯乙烯易自聚生成聚苯乙烯（PS）树脂，也易与其他含双键的不饱和化合物共聚。

苯乙烯最大用途是生产聚苯乙烯，另外苯乙烯与丁二烯、丙烯腈共聚，其共聚物可用以生产 ABS 工程塑料；与丙烯腈共聚可得 AS 树脂；与丁二烯共聚可生成丁苯乳胶或合成丁苯橡胶。此外，苯乙烯还被广泛用于制药、涂料、纺织等工业。

二、乙苯与苯乙烯的生产方法

1. 乙苯的生产方法

目前，世界上 90%以上的乙苯是由苯和乙烯烷基化生产制得，其余是由芳烃生产过程的 C_8 芳烃分离得到。

苯和乙烯烷基化是在酸性催化剂存在下进行的，其生产工艺多种多样。若以所用催化剂分类，可分为三氯化铝（$AlCl_3$）法、BF_3-Al_2O_3 法和固体酸法等；若以反应状态分类，可分为液相法和气相法两种。液相三氯化铝法又可分为传统的两相烷基化工艺和单相高温烷基工艺。这里主要介绍液相三氯化铝法。

2. 苯乙烯的生产方法

工业生产苯乙烯的方法除传统乙苯脱氢的方法外，出现了乙苯和丙烯共氧化联产苯乙烯和环氧丙烷工艺、乙苯气相脱氢工艺等新的工业生产路线，同时积极探索以甲苯和裂解汽油等新的原料路线。迄今工业上乙苯直接脱氢法生产的苯乙烯占世界总生产能力的 90%，仍然是目前生产苯乙烯的主要方法，其次为乙苯和丙烯的共氧化法。本节主要介绍乙苯脱氢法生产苯乙烯。

三、国内外供需现状

1. 世界

2020 年全球苯乙烯总生产能力约为 3709.9 万吨/年，新增产能主要来自中国。生产主要集中在北美、西欧和亚太地区，其中亚洲地区生产能力为 2117.1 万吨/年，约占世界苯乙烯总生产能力的 57.07%；北美为 587.2 万吨/年，约占世界苯乙烯总生产能力的 15.83%；西欧为 519.0 万吨/年，约占世界苯乙烯总生产能力的 13.99%；中东为 314.0 万吨/年，约占世界苯乙烯总生产能力的 8.46%；中南美地区约为 69.6 万吨/年，约占世界苯乙烯总生产能力的 1.88%；中东欧为 103.0 万吨/年，约占世界苯乙烯总生产能力的 2.78%。

基于目前中国和其他国家已确认和一些假设的产能增加值，未来几年全球苯乙烯将维持供应过剩的状态。由于需求量的增速严重不及供应量的增速，苯乙烯工厂的开工率预计将有较大回落。2020 年的开工率大致在 78%的水平，到 2023 年预计开工率只有 63%。

卢克石油公司计划在俄罗斯下诺夫哥罗德地区的克斯托沃炼油厂建设一套以炼油厂副产品为原料的 30 万吨/年苯乙烯装置；另外，英力士苯领公司计划在美国得克萨斯州的 La Porte 建设一套苯乙烯装置，项目在 2021 年第 1 季度开始，2023 年第 4 季度开始运转，但没有报道拟建装置的规模。

2. 国内

2020 年国内共有四套苯乙烯装置建成投产，包括浙江石油化工有限公司 120 万吨/年装置、恒力石化股份有限公司 72 万吨/年装置、辽宁宝来石油化工集团 35 万吨/年装置和唐山旭阳化工有限公司 30 万吨/年装置。2020 年是我国苯乙烯产能自 2009 年以来增长最快的年份，增长 262 万吨/年，年增幅 27.82%。截至 2020 年底我国苯乙烯产能增至 1208.6 万吨/年。

浙江石油化工有限公司和恒力石化股份有限公司两个巨头企业正式进驻国内苯乙烯市场，标志着苯乙烯一体化装置的产能正在逐渐扩大。2020 年苯乙烯产能的大幅提升，使苯乙烯供应压力倍增，国内企业间、国产和进口等的竞争进一步加剧。

第二节 苯烷基化反应合成乙苯

一、反应原理及条件

1. 苯烷基化反应原理

（1）主、副反应

① 主反应：

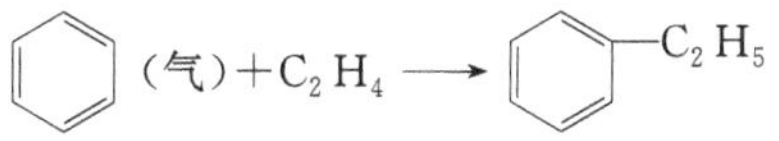

$$C_6H_6\text{（气）}+C_2H_4 \longrightarrow C_6H_5-C_2H_5$$

② 副反应：

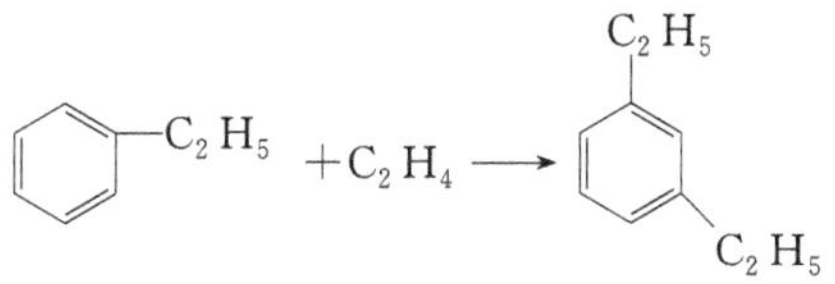

$$C_6H_5-C_2H_5+C_2H_4 \longrightarrow C_6H_4(C_2H_5)_2$$

烷基转移反应：

$$C_6H_4(C_2H_5)_2+C_6H_6 \longrightarrow 2\,C_6H_5-C_2H_5$$

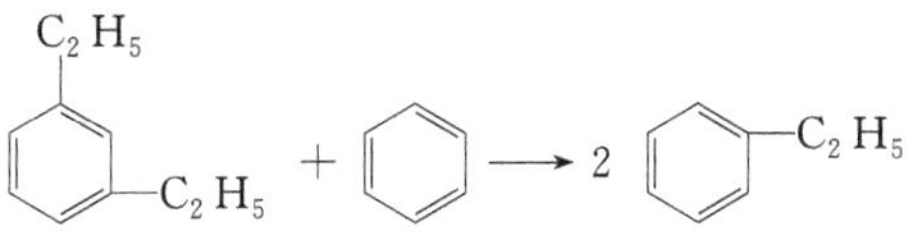

（2）反应机理　苯乙基化的反应机理如下：

① 在氯化氢存在下，乙烯与三氯化铝加成生成二元络合物：

$$2AlCl_3+HCl+C_2H_4 \longrightarrow Al_2Cl_6RCl \quad \text{（其中 R 代表 }C_2H_5\text{，下同）}$$

② 二元络合物再与苯作用生成三元络合物：

$$Al_2Cl_6RCl+C_6H_6 \longrightarrow Al_2Cl_6\cdot C_6H_5R\cdot HCl \quad \text{（一乙基络合物）}$$

③ 在三元络合物作用下，烷基化反应按下式进行：

$$Al_2Cl_6 \cdot C_6H_5R \cdot HCl + CH_2 = CH_2 \longrightarrow Al_2Cl_6 \cdot C_6H_4R_2 \cdot HCl \quad \text{（二乙基络合物）}$$

$$Al_2Cl_6 \cdot C_6H_4R_2 \cdot HCl + CH_2 = CH_2 \longrightarrow Al_2Cl_6 \cdot C_6H_3R_3 \cdot HCl \quad \text{（三乙基络合物）}$$

以上乙基络合物又与原料苯或产物（如二乙基苯）起复分解反应，产生烷基转移反应。

$$Al_2Cl_6 \cdot C_6H_4R_2 \cdot HCl + C_6H_6 \longrightarrow Al_2Cl_6 \cdot C_6H_5R \cdot HCl + C_6H_5R \text{（乙苯）}$$

$$Al_2Cl_6 \cdot C_6H_3R_3 \cdot HCl + C_6H_6 \longrightarrow Al_2Cl_6 \cdot C_6H_5R \cdot HCl + C_6H_4R_2 \text{（二乙基苯）}$$

$$Al_2Cl_6 \cdot C_6H_5R \cdot HCl + C_6H_4R_2 \longrightarrow Al_2Cl_6 \cdot C_6H_4R_2 \cdot HCl + C_6H_5R \text{（乙苯）}$$

由上可见，络合物都处于动态平衡中，即乙基不断地由一种络合物转为另一种络合物。影响平衡的因素较多，如原料组成配比、三氯化铝的纯度与用量、氯化氢的用量等。

由于对乙基化反应真正起催化作用的是由苯、乙烯、三氯化铝以及氯化氢生成的油状红棕色的三元络合物（俗称红油），所以采用三氯化铝催化剂时，必须在助催化剂氯化氢存在下起作用。在生产中，可在微量水存在下或加入氯乙烷而制得氯化氢。

$$AlCl_3 + 3H_2O \longrightarrow 3HCl + Al(OH)_3$$

$$C_6H_6 + C_2H_5Cl \longrightarrow HCl + C_6H_5C_2H_5$$

（3）烷基化催化剂　芳烃烷基化可使用的催化剂种类较多，但它们均属于酸性催化剂，可以将其大体分为以下三类：

① 酸性卤化物类。主要有 $AlBr_3$、$AlCl_3$、$FeCl_3$、BF_3、$ZnCl_2$ 等。目前普遍采用的是氯化铝催化剂，并加少量氯化氢以促进反应。氯化铝催化剂活性很高，可在较低温度（90～100℃）、较低压力下进行反应，在烷基化反应的同时可使副产的多烷基苯进行脱烷基反应。氯化铝催化剂的主要缺点是对设备有较强腐蚀性，催化剂的消耗量较大，原料中水分要求严格。但是，因其价廉易得，催化活性高，仍被广泛使用。

② 质子酸类。主要有 H_2SO_4、H_3PO_4、HF 等。最常采用的是磷酸-硅藻土固体催化剂，具有选择性高、腐蚀性小及“三废”排放量小的优点。其缺点是反应温度和压力较高，多烷基苯不能在烷基化条件下进行脱烷基反应。

③ 分子筛类。以分子筛为催化剂的烷基化反应，具有活性高、反应选择性高、烯烃转化率高、反应可在较低压力下进行、过程“三废”排放量极少、对设备无腐蚀等特点，是一种颇有前途的烷基化催化剂。该催化剂的缺陷是反应副产聚合物分子易在分子筛的微孔孔道聚集，造成堵塞，使催化剂失活，故分子筛催化剂寿命短、需频繁再生。

2. 苯烃化反应工艺条件

影响苯与乙烯烷基化反应的因素很多，其中主要有温度、原料组成与配比、催化剂等。工业上最佳操作点应当是使乙苯收率尽可能大、苯的循环量和多乙苯的生成量尽可能少。

（1）反应温度　烷基化反应为放热反应，温度较低时反应就可以达到理想的转化率，但反应速率极慢。提高反应温度，虽可以加快乙基化的反应速率，但不利于烯烃的吸收（本质结果就是转化率低）。温度过高，甚至会破坏已形成的催化络合物。例如，温度超过 120℃ 时络合物就会树脂化，从而失去催化作用。所以反应温度必须控制在合适的范围内，一般为 95～100℃。

（2）原料纯度　原料乙烯中硫化氢、乙炔、一氧化碳及含氧化合物（如乙醛、乙醚）等能破坏催化络合物或使其钝化，引起催化剂的中毒与失活。乙烯中含有的丙烯、丁烯以及高级烯烃与苯的烷基化反应速率较快（和乙烯与苯的反应速率相比），使烷基化产物与分离过程复杂化，且增加了苯的消耗量。

原料苯中的硫化物同样是乙基化反应的催化毒物，直接影响生产正常进行。苯中若含有甲苯，在三氯化铝催化剂作用下易生成甲乙苯，给乙苯分离带来困难，增加了乙烯原料的耗量。苯中若含有过量水，则会将三氯化铝催化剂水解，产生的氯化氢对设备有腐蚀作用，产生的氢氧化铝可沉淀，导致管道与设备堵塞。所以，对于生成氯化氢所需的水量必须精确计算并严格计量，绝对不能过量。

（3）原料配比　乙烯与苯的比例对烷基化产品的组成影响很大，因为在络合物周围介质中如果乙烯浓度越大，三氯化铝络合物中含烷基就越多，生成的烷基苯也就越多。图 4-16 是乙烯与苯的分子比对产品的影响。由图 4-16 可知，乙苯产率随乙烯与苯比例的增加而增加，多乙苯的产率也相应随之提高。当两者比例超过 0.6 时，乙苯产率的增加显著减小，而多乙苯产率的增加却显著加大。所以乙烯与苯的摩尔比以 0.5～0.6 为宜。

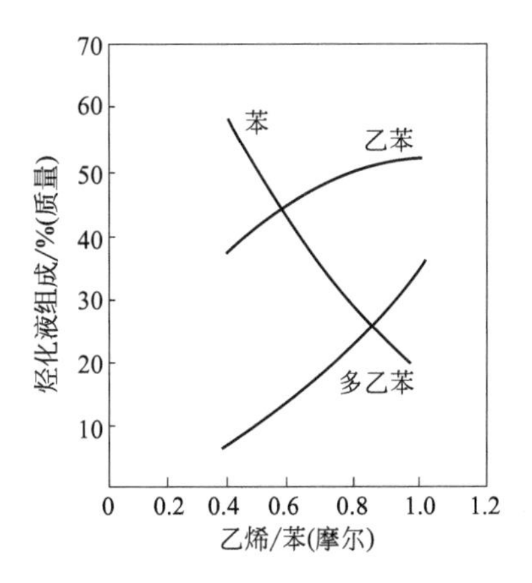

图 4-16　乙烯与苯的分子比对乙苯和多乙苯产率的影响

（4）催化剂用量　乙基化反应对 $AlCl_3$ 催化剂的纯度要求在 97.5%～98.5%，而且必须无水。

二、工艺流程

苯烷基化反应生产乙苯的工艺流程由两部分组成，一是苯乙基化反应部分，二是烃化液的精制部分。

1. 苯乙基化反应部分

苯乙基化反应的工艺流程如图 4-17 所示。

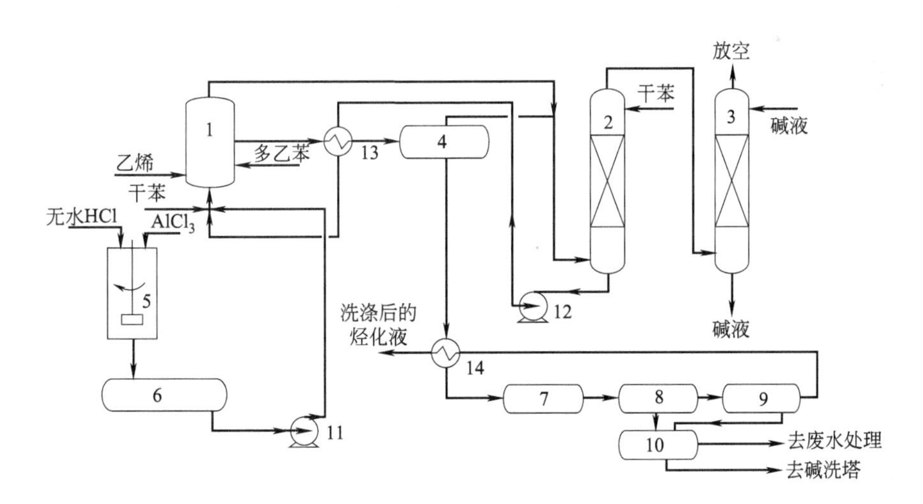

图 4-17　苯乙基化反应工艺流程

1—烷基化反应器；2—苯洗涤塔；3—碱洗涤塔；4—闪蒸罐；5—$AlCl_3$ 溶解槽；6—催化络合物缓冲罐；7—烃化液与 $AlCl_3$ 分离器；8—烃化液与碱液分离器；9—烃化液与水分离器；10—稀碱罐；11—催化剂输送泵；12—苯循环泵；13，14—换热器

在该流程中，烷基化反应和烷基转移反应是在同一个反应器中进行的，反应器分为烷基化和烷基转移两个区域。其中，在内圆柱形区域里发生乙基化反应（也有少量烷基转移反应）；烷基转移区是在内圆柱形与反应器壁之间由两个同心的环形空间构成的区域。从苯洗涤塔来的干苯与乙烯被加到反应器（1）的烷基化区域内，三氯化铝催化络合物是在三氯化铝溶解槽（5）内批量配制的。$AlCl_3$ 在溶解槽中与盐酸及过量的苯和多乙苯相混合，送到络合物缓冲罐（6），再用泵送入反应器（1）的烷基化区域内，在此发生烷基化反应生成乙苯。烷基化区域的液体溢流出内部挡板进到烷基转移区内，加入的多乙苯在此区内进行烷基转移反应生成乙苯，此反应可接近于化学平衡。反应器顶部的尾气，送入苯洗涤塔（2），它主要由乙烯进料中的惰性组分及其夹带的氯化氢和芳烃所组成。在苯洗涤塔（2）中用干苯进行洗涤，以回收氯化氢和芳烃，洗涤后的气体进入碱洗塔（3），以除去尾气中微量的氯化氢。烷基化区域的液体在一台外部废热锅炉中进行循环，移走烷基化反应所产生的热量，并维持烷基化区域所需要的温度，废热锅炉能够产出 0.32MPa 的蒸汽。

从烷基化反应器出来的烃化液经换热器（13）换热，送入闪蒸罐（4），蒸出绝大部分氯化氢及少量苯，闪蒸出的气体进入苯洗涤塔（2），在苯洗涤塔内被加入的苯完全吸收。闪蒸罐的液相物料经过换热器（14）、烃化液与三氯化铝分离器（7）、烃化液与碱液分离器（8）、烃化液与水分离器（9）后，其烃化液去精馏塔提纯。

2. 烃化液的精制部分

烃化液精制是通过三个串联的精馏塔完成的。它们可将洗涤后的烃化液分离为湿循环苯、产品乙苯、循环多乙苯及副产品残油。精制工艺流程如图 4-18 所示。

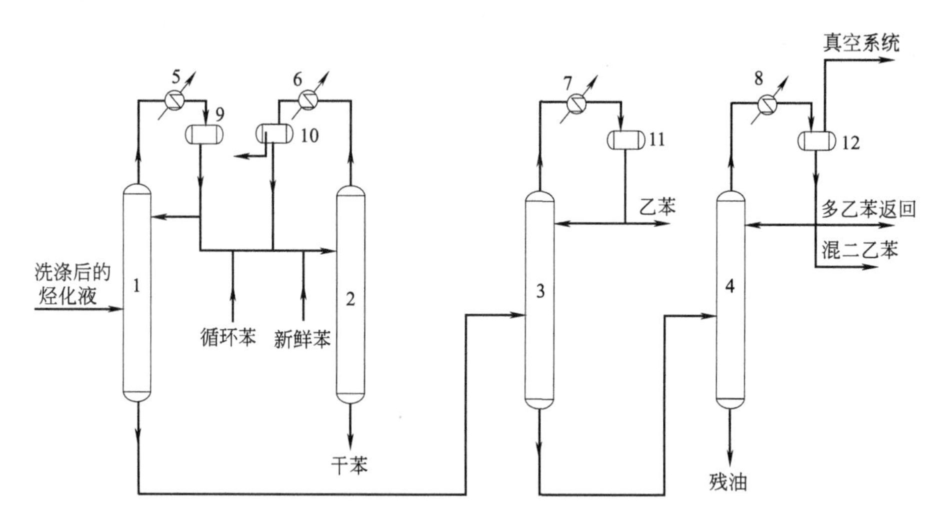

图 4-18　烃化液精制工艺流程

1—苯塔；2—苯干燥塔；3—乙苯塔；4—多乙苯塔

烃化液首先进入苯塔（1），塔顶馏出液经冷凝后一部分作回流，一部分去苯干燥塔（2），塔底液去乙苯塔（3）。从乙苯塔塔顶得到产品乙苯，乙苯塔塔底物经白土处理除去重组分后去多乙苯塔（4）。多乙苯塔塔顶回收多乙苯，塔底排出高沸点残油。

湿苯（新鲜苯及循环苯）在苯干燥塔（2）中进行干燥，塔顶蒸气（含水和苯）经冷凝分层，苯返回苯干燥塔；塔底干苯重新作为烷基化原料。

本工艺流程主要特点是通过控制烷基化反应条件，使催化剂反应系统由两相变为单相（均相），从而提高了乙苯收率、减少了三氯化铝催化剂用量、简化了流程、节省了生产费用；由于提高了烷基化反应温度（180℃），使反应热得到回收和利用；加强回收尾气中的部分氯化氢，既减少了污染，又提高了经济效益。

第三节 乙苯脱氢生产苯乙烯

一、生产原理及条件

1. 主副反应

主反应：

$$C_6H_5-C_2H_5 \xrightarrow{\text{催化剂}} C_6H_5-CH{=}CH_2 + H_2 \quad \Delta_{298}^{\ominus} = 117.6\text{kJ/mol}$$

在主反应发生的同时，还伴随发生一些副反应，如裂解反应和加氢裂解反应：

$$C_6H_5-C_2H_5 + H_2 \longrightarrow C_6H_5-CH_3 + CH_4$$

$$C_6H_5-C_2H_5 \longrightarrow C_6H_6 + C_2H_4$$

$$C_6H_5-C_2H_5 + H_2 \longrightarrow C_6H_6 + C_2H_6$$

在水蒸气存在下，还可发生水蒸气的转化反应：

$$C_6H_5-C_2H_5 + 2H_2O \longrightarrow C_6H_5-CH_3 + CO_2 + 3H_2$$

高温下生碳反应：

$$C_6H_5-C_2H_5 \longrightarrow 8C + 5H_2$$

此外，产物苯乙烯还可能发生聚合，生成聚苯乙烯和二苯乙烯衍生物等。

2. 催化剂

乙苯脱氢反应是吸热反应，在常温常压下其反应速率是小的，只有在高温下才具有一定的反应速率，且裂解反应比脱氢反应更为有利，于是得到的产物主要是裂解产物。在高温下，若要使脱氢反应占主要优势，就必须选择性能良好的催化剂。

乙苯脱氢制苯乙烯曾使用氧化铁系和氧化锌系催化剂，但后者已在 20 世纪 60 年代被淘汰。

氧化铁系催化剂以氧化铁为主要活性组分，氧化钾为主要助催化剂。此外，这类催化剂还含有 Cr、Ce、Mo、V、Zn、Ca、Mg、Cu、W 等组分，视催化剂的牌号不同而异。目前，总部设在德国慕尼黑的由德国 SC、日本 NGC 和美国 UCI 组成的跨国集团 SC Group，在乙苯脱氢催化剂市场上占有最大的份额（55%～58%），是 Girdler 牌号（有 G-64 和 G-84 两大系列）及 Styromax 牌号催化剂的供应者。

我国乙苯脱氢催化剂的开发始于20世纪60年代，已开发成功的催化剂有兰州化学工业公司315型催化剂；1976年，厦门大学与上海高桥石油化工公司化工厂合作开发了XH-11催化剂，随后又开发了不含铬的XH-210和XH-02催化剂。20世纪80年代中期以后，催化剂开发工作变得较为活跃，出现了一系列性能优良的催化剂，例如：上海石油化工研究院的GS-01和GS-05，厦门大学的XH-03、XH-04、兰州化学工业公司的335型和345型及中国科学院大连化物所的DC型催化剂等。

从国内外专利数据库看，近年来相关研究机构有许多乙苯脱氢制苯乙烯催化剂的专利公开，如中国石油天然气股份有限公司2004年1月公开的中国专利CN1470325，报道了一种乙苯脱氢制苯乙烯催化剂，以质量份数计其活性组成为：45～75份铁氧化物，7～15份钾氧化物，2～8份铈氧化物，1～8份钼氧化物，2～10份镁氧化物，0.02～2份钒氧化物，0.01～2份钴氧化物，0.05～3份锰氧化物，0.002～1份钛氧化物。

北卡罗来纳州立大学研究团队发明了一种新型氧化还原催化剂，由铁酸钾表面外壳包裹着钙锰氧化物核构成。传统乙苯制备苯乙烯工艺收率约为54%，通常需要向发生转化的反应器提供高温蒸汽，蒸汽提供热量并将反应平衡推向苯乙烯方向。该新型催化剂苯乙烯收率能达到91%，转化过程同样在高温下进行，但不需要蒸汽。因此，与传统工艺相比，采用新型催化剂将节省82%的能源，同时减少79%的二氧化碳排放量。

3. 操作条件

影响乙苯脱氢反应的因素主要有温度、压力、水蒸气用量、原料纯度等。

（1）反应温度　乙苯脱氢是强吸热反应，升温对脱氢反应有利。但是，由于烃类物质在高温下不稳定，容易发生许多副反应，甚至分解成炭和氢，所以脱氢适宜在较低温度下进行。然而，低温时不仅反应速率很慢，而且平衡产率也很低。所以脱氢反应温度的确定不仅要考虑获取最大的产率，还要考虑提高反应速率与减少副反应。在高温下，要使乙苯脱氢反应占优势，除应选择具有良好选择性的催化剂，同时还必须注意反应温度下催化剂的活性。例如，采用以氧化铁为主的催化剂，其适宜的反应温度为600～660℃。

（2）反应压力　乙苯脱氢反应是体积增大的反应，降低压力对反应有利，其平衡转化率随反应压力的降低而升高。反应温度、压力对乙苯脱氢平衡转化率的影响如表4-17所示。

表4-17　反应温度和压力对乙苯脱氢平衡转化率的影响

0.1MPa温度/℃	0.01MPa温度/℃	转化率/%	0.1MPa温度/℃	0.01MPa温度/℃	转化率/%
565	450	30	645	530	60
585	475	40	675	560	70
620	500	50			

由表可看出，达到同样的转化率，如果压力降低，温度也可以采用较低的温度操作，或者说，在同样温度下，采用较低的压力，则转化率有较大的提高。所以生产中采用降低压力操作。

为了保证乙苯脱氢反应在高温减压下安全操作，在工业生产中常采用加入水蒸气稀释剂的方法降低反应产物的分压，从而达到减压操作的目的。

（3）水蒸气用量　水蒸气作为稀释剂，还能供给脱氢反应所需部分热量，也可使反应产物尤其是氢气的流速加快，迅速脱离催化剂表面，有利于反应向生成物方向进行。水蒸气可抑制并消除催化剂表面上的积焦，保证催化剂的活性。水蒸气用量对乙苯脱氢转化率影响如表4-18所示。

表 4-18　水蒸气用量对乙苯脱氢转化率的影响

反应温度/K	转化率/%		
	水蒸气：乙苯(摩尔比)		
	0	16	18
853	0.35	0.76	0.77
873	0.41	0.82	0.83
893	0.48	0.86	0.87
913	0.55	0.90	0.90

由表 4-19 可知，乙苯转化率随水蒸气用量加大而提高。当水蒸气用量增加到一定程度时，如乙苯与水蒸气之比等于 16 时，再增加水蒸气用量，乙苯转化率提高不显著。在工业生产中，乙苯与水蒸气之比一般为 1：(1.2～2.6)（质量比）。

(4) 原料纯度　为了减少副反应发生，保证生产正常进行，要求原料乙苯中二乙苯的含量<0.04%。因为二乙苯脱氢后生成的二乙烯基苯容易在分离与精制过程中生成聚合物，堵塞设备和管道，影响生产。另外，要求原料中乙炔$<10\times10^{-6}$（体）、硫（以 H_2S 计）$<2\times10^{-6}$（体）、氯（以 HCl 计）$\leqslant2\times10^{-6}$（质）、水$\leqslant10\times10^{-6}$（体），以免对催化剂的活性和寿命产生不利的影响。某厂苯乙烯装置对原料纯度要求如表 4-14 所示。

表 4-19　某厂苯乙烯装置对原料纯度要求

序号	项目		指标		试验方法
			优等品	一等品	
1	外观		无色透明均匀液体,无机械杂质和游离水		目测①
2	密度(20℃)/(kg/m^3)		866～870		GB/T 4472
3	水浸出物酸碱性(pH 值)		6.0～8.0		SH/T 1146
4	纯度/%(质量)	≥	99.70	99.50	SH/T 1148
5	二甲苯/%(质量)	≤	0.10	0.15	SH/T 1148
6	异丙苯/%(质量)	≤	0.03	0.05	SH/T 1148
7	二乙苯/%(质量)	≤	0.001	0.001	SH/T 1148
8	硫/%(质量)	≤	0.0003	不测定	SH/T 1147

① 将试样注入 50mL 比色管中，液面与刻度齐平，在由足够自然光线或有白色背景的灯光下径向目测，发生争议时，按 GB/T 605 仲裁，铂-钴标度应不大于 5 号。

二、工艺流程

苯乙烯生产工艺流程可采用两种不同供热方式的反应器。一种是外加热列管式等温反应器；另一种是绝热式反应器。国内两种反应器都有应用，目前大型新建生产装置均采用绝热式反应器。乙苯脱氢采用绝热式反应器的工艺流程由乙苯脱氢与苯乙烯的分离和精制两部分组成。

1. 乙苯脱氢

乙苯脱氢反应工艺流程如图 4-19 所示。

乙苯在水蒸气存在下催化脱氢生成苯乙烯，是在段间带有蒸汽再热器的两个串联的绝热径向反应器内进行，反应所需热量由来自蒸汽过热炉的过热蒸汽提供。

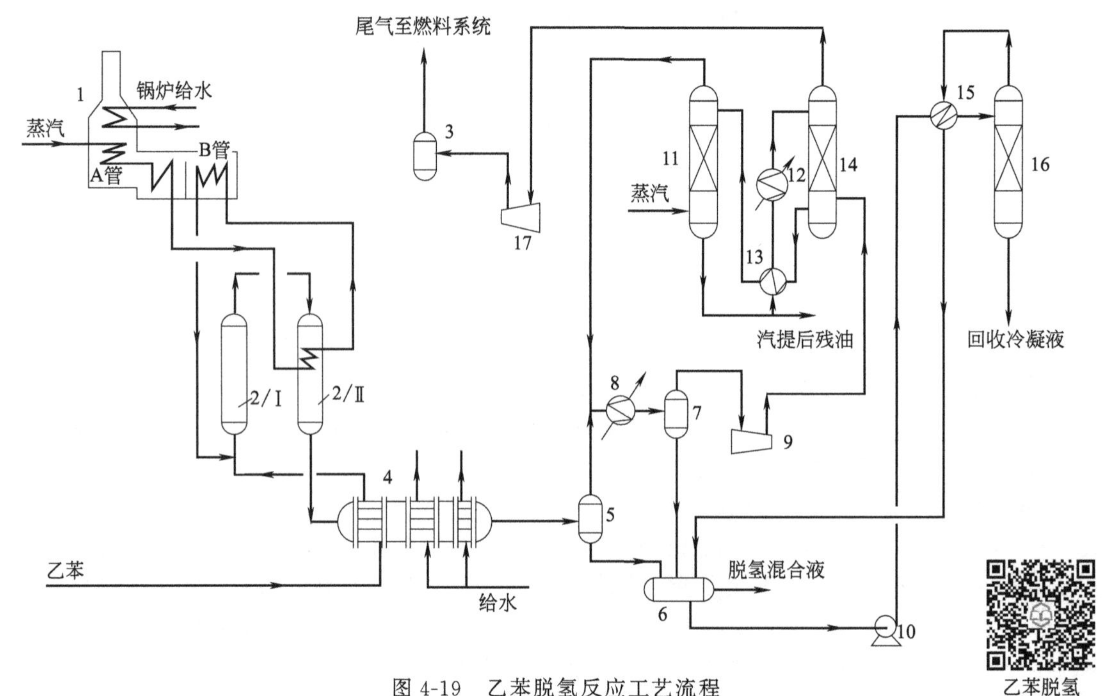

图 4-19　乙苯脱氢反应工艺流程

1—蒸汽过热炉；2（Ⅰ、Ⅱ）—脱氢绝热径向反应器；3,5,7—分离器；4—废热锅炉；
6—液相分离器；8,12,13,15—冷凝器；9,17—压缩机；10—泵；
11—残油汽提塔；14—残油洗涤塔；16—工艺冷凝汽提塔

乙苯脱氢生产苯乙烯流程

在蒸汽过热炉（1）中，水蒸气在对流段内预热，然后在辐射段的A组管内过热到880℃。此过热蒸汽首先与反应混合物换热，将反应混合物加热到反应温度。然后再去蒸汽过热炉辐射段的B管，被加热到815℃后进入一段脱氢绝热径向反应器（2）。过热的水蒸气与被加热的乙苯在一段反应器的入口处混合，由中心管沿径向进入催化剂床层。混合物经反应器段间再热器被加热到631℃，然后进入二段脱氢绝热径向反应器。反应器流出物经废热锅炉（4）换热被冷却回收热量，同时分别产生3.14MPa和0.039MPa蒸汽。

反应产物经冷凝冷却降温后，送入分离器（5）和（7），不凝气体（主要是氢气和二氧化碳）经压缩去残油洗涤塔（14）用残油进行洗涤，并在残油汽提塔（11）中用蒸汽汽提，进一步回收苯乙烯等产物。洗涤后的尾气经变压吸附提取氢气，可作为氢源或燃料。

反应器流出物的冷凝液进入液相分离器（6），分为烃相和水相。烃相即脱氢混合液（粗苯乙烯）送至分离精馏部分，水相送工艺冷凝汽提塔（16），将微量有机物除去，分离出的水循环使用。

2. 苯乙烯的分离与精制

苯乙烯的分离与精制部分由四台精馏塔和一台薄膜蒸发器组成。其目的是将脱氢混合液分馏成乙苯和苯，然后循环回脱氢反应系统，并得到高纯度的苯乙烯产品以及甲苯和苯乙烯焦油副产品。本部分的工艺流程如图4-20所示。

脱氢混合液送入乙苯-苯乙烯分馏塔（1），经精馏后塔顶得到未反应的乙苯和更轻的组分，作为乙苯回收塔（2）的加料。乙苯-苯乙烯分馏塔为填料塔，系减压操作，同时加入一定量的高效无硫阻聚剂，使苯乙烯自聚物的生成量减少到最低，分馏塔塔底物料主要为苯乙烯及少量焦油，送到苯乙烯塔（4）。苯乙烯塔也是填料塔，它在减压下操作，塔顶为产品精苯乙烯，塔底产物经薄膜蒸发器蒸发，回收焦油中的苯乙烯，而残油和焦油作为燃料。乙

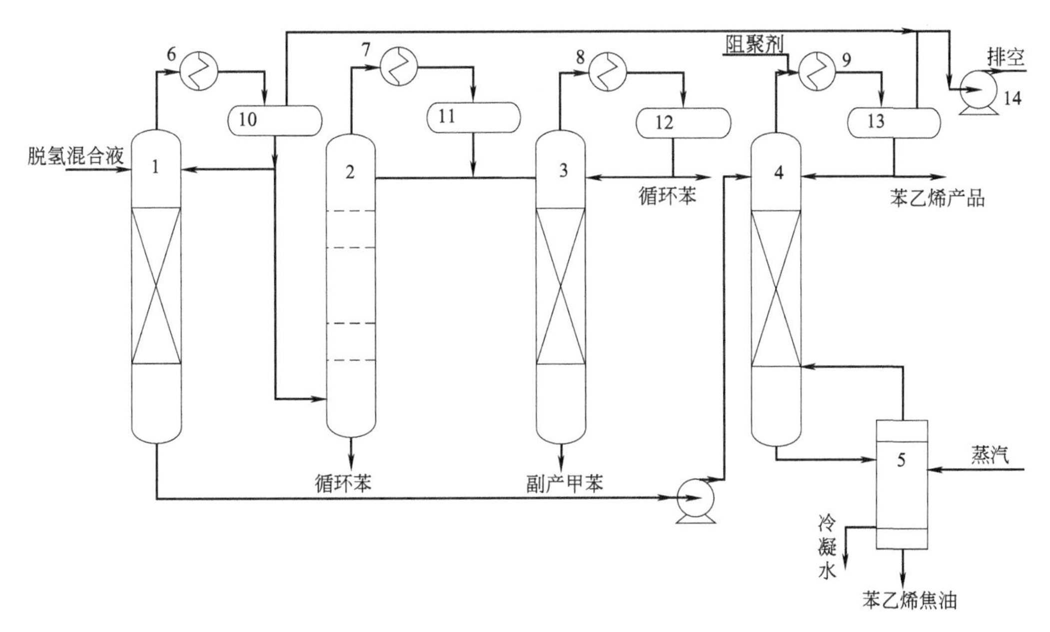

图 4-20　苯乙烯的分离和精制工艺流程

1—乙苯-苯乙烯分馏塔；2—乙苯回收塔；3—苯-甲苯分离塔；4—苯乙烯塔；
5—薄膜蒸发器；6～9—冷凝器；10～13—分离罐；14—排放泵

苯-苯乙烯塔与苯乙烯塔共用一台水循环真空泵维持两塔的减压操作。

在乙苯回收塔（2）中，塔底得到循环脱氢用的乙苯，塔顶为苯-甲苯，经热量回收后，进入苯-甲苯分离塔（3）将两者分离。

本流程的特点主要是采用了带有蒸汽再热器的两段径向流动绝热反应器，在减压下操作，单程转化率和选择性都很高；流程设有尾气处理系统，用残油洗涤尾气以回收芳烃，可保证尾气中不含芳烃；残油和焦油的处理采用了薄膜蒸发器，使苯乙烯回收率大大提高。在节能方面采取了一些有效措施，例如进入反应器的原料（乙苯和水蒸气的混合物）先与乙苯-苯乙烯分馏塔塔顶冷凝液换热，这样既回收了塔顶物料的冷凝潜热，又节省了冷却水用量。

乙苯脱氢及分离装置操作

复习思考题

一、填空题

1. 苯烷基化生产乙苯的反应方程式为＿＿＿＿＿＿＿＿，催化剂为＿＿＿＿。

2. 乙苯脱氢是＿＿＿＿＿＿反应，所以升温对反应＿＿＿＿＿＿；乙苯脱氢反应是体积＿＿＿＿＿＿的反应，＿＿＿＿＿＿对反应有利。

3. 乙苯脱氢生产苯乙烯的液体产物中主要有＿＿＿＿＿＿、＿＿＿＿＿＿、＿＿＿＿＿＿、＿＿＿＿＿＿和＿＿＿＿＿＿。

4. 乙苯生产中加入氯乙烷的作用是为反应提供＿＿＿＿＿＿＿＿，其反应方程式为＿＿＿＿＿＿＿＿＿＿＿＿。

二、简答题

1. 乙苯生产对原料有何要求？为什么？

2. 简述乙苯生产的工艺流程。

3. 试述乙苯脱氢生产苯乙烯法中温度和压力对工艺过程的影响。

4.画出乙苯脱氢生产苯乙烯反应部分的工艺流程图。总结归纳本流程的特点。

5.苯烷基化反应的催化剂都有哪些？各自有什么特点？

6.乙苯脱氢生产苯乙烯工艺过程中加入水蒸气的作用是什么？

7.写出乙苯脱氢生产苯乙烯的主、副反应方程式。

8.为什么说乙苯生产中，真正起催化作用的是红油，写出反应机理来说明。

第三章 苯酚的生产

学习目标

1. 了解苯酚的性质、用途及生产方法。
2. 掌握过氧化氢异丙苯的生产原理、条件及生产工艺流程。
3. 掌握苯酚的生产原理、条件及生产工艺流程。

课程导入

苯酚是生产染料、医药、炸药、塑料的重要原料。但自然界中并不存在矿物质的苯酚，那么如何利用已有物质生产苯酚呢？生产条件如何控制、生产工艺流程如何实现？

第一节 苯酚生产概述

一、苯酚的性质和用途

苯酚俗名石炭酸，为无色针状或白色块状有芳香味的晶体。当接触光或暴露在空气中时，有逐步转为红色的趋势，如有碱性物质存在时，可加速这一转化过程。苯酚溶解于乙醇、乙醚、氯仿、甘油、二硫化碳中，在室温下稍溶于水，几乎不溶于石油醚，65.5℃时，苯酚和水可以任意比例互溶。苯酚的毒性程度为极度危害介质类，对各种细胞有直接损害，对皮肤和黏膜有强烈腐蚀作用，工作场所苯酚最高允许浓度为 5×10^{-6}。

苯酚是生产染料、医药、炸药、塑料等的重要原料。

二、苯酚的生产方法

用丙烯或含80%～90%的粗丙烯，对苯进行烷基化反应，可得产品异丙苯，反应可在磷酸-硅藻土催化下于气相进行，也可在三氯化铝络合物催化剂作用下于气-液相中进行。目前气相法在工业生产中被广泛采用。主反应方程式为：

$$C_6H_6 + CH_3CH{=}CH_2 \longrightarrow C_6H_5CH(CH_3)_2 \qquad \Delta H = -113\text{kJ/mol}$$

由丙烯和苯合成异丙苯，异丙苯由空气氧化得过氧化氢异丙苯，过氧化氢异丙苯在酸性条件下分解成苯酚，此法是当前工业上生产苯酚的主要方法。

三、生产技术及进展

1. 生产技术

异丙苯法是苯酚工业生产的主流工艺。全球近97%的苯酚通过异丙苯法生产，且目前新建及扩建装置几乎都采用异丙苯工艺。异丙苯法生产苯酚首先是将苯和丙烯进行烷基化反应得到异丙苯，异丙苯经氧气或空气氧化生成过氧化氢异丙苯（CHP），CHP再分解得到苯酚和丙酮。采用该工艺，生产1t苯酚的同时能够副产0.62t丙酮，主要原料苯和丙烯的单耗分别为0.92t/t，0.51t/t。

苯和丙烯烷基化制异丙苯过程经历了3个发展阶段：从三氯化铝催化的液相鼓泡床工艺，发展到固体磷酸催化的固定床工艺，又发展到先进的沸石催化固定床工艺。无论从经济角度还是从环保角度，沸石催化制异丙苯工艺明显优于三氯化铝工艺，后者已基本淘汰。

目前，苯酚的主要技术专利商有KBR、UOP、英力士（Ineos）等。各公司在转让技术参数上存在差异，但工艺流程基本一致，总体水平也非常接近。

（1）KBR工艺　KBR苯酚技术的烷基化反应采用脱铝丝光沸石催化剂，在多段催化床层的固定床反应器中进行，反应温度为170℃，反应热以热交换器回收。反应生成的少量二异丙苯经回收循环与苯混合进入另外一个反应器进行烷基转移反应生成异丙苯循环使用。在异丙苯氧化生产苯酚工艺中，异丙苯经空气氧化成CHP的效率可达95%以上。CHP在提浓单元被浓缩，在酸催化剂存在下以大于99%的产率分解为苯酚和丙酮。该工艺采用离子交换树脂去除金属阳离子（主要是Na^{+}）和成盐离子（主要是SO_4^{2-}），减少精制过程中生成的副产物，从而使精制单元产能增加5%～10%。此外，该工艺还可回收副产物α-甲基苯乙烯（AMS）和苯乙酮（AP），也可将AMS经过催化加氢转化为异丙苯，达到回收和循环利用的目的。对于AMS加氢，KBR采用两种金属催化剂的双床层加氢反应器，不仅减少了贵金属催化剂的用量，而且提高了反应器的效率。

KBR苯酚工艺具有先进的分解技术，且高度整合回收和除酚系统，使得产品产量接近理论产量的极限，具有低能耗、低单耗、低排放、低运行成本和装置安全等特点。

（2）UOP工艺　UOP公司Q-MaxTM烷基化工艺采用固定床反应器，催化剂分4层装填，苯从反应器入口加入，丙烯分别由4段催化剂床层间进料，反应在多层绝热床中以液相进行，产生的热量通过产物移走，异丙苯质量分数可达99.7%，收率约99.7%。

UOP在异丙苯氧化分解过程中，在氧化单元上采用典型的低压氧化、双反应器流程，有利于提高装置产能和降低运行成本；提浓单元采用预闪蒸罐和膜式蒸发器，可有效防止CHP的分解；使用高效活性炭吸附回收异丙苯技术，减少了原料单耗；使用紧急水喷淋，可取消氧化防爆膜；分解单元采用两步分解工艺，第一反应器为全返混反应器，CHP转化率达98%左右，剩余的CHP在第二个反应器中分解；AMS加氢单元采用双塔加氢工艺，异丙苯的选择性高。

（3）Inoes工艺　英力士公司苯酚工艺的专利技术主要集中在CHP分解反应部分。浓CHP首先进入混合器，与加有均相催化剂的一级分解反应器分解产物按一定比例混合，混合器按不同混合比例送出两端CHP浓度不等的物料，分别进入一、二级分解器，进入一级分解反应器进行低温分解，进入二级分解反应器的进行高温分解。同时，进入二级分解反应器混合物料CHP质量分数控制在6.4%，因此，在第二分解反应时，可达到最高的反应温度115℃，而无需添加额外的CHP浓缩物。此外，该公司在苯酚脱除羟基丙酮（HA）、分解反应热回收等方面也有其独特技术。

2. 技术进展

围绕异丙苯法苯酚生产工艺的研究重点主要集中在完善分解工序和提纯工序，持续降低生产运行成本，提高企业效益。此外，开发新的绿色合成路线也成为未来发展方向之一。研发主要集中在UOP、SABIC、ExxonMobil、TopsΦe、厦门大学等公司和高校。

（1）传统苯酚合成工艺的改进　现有苯烷基化制异丙苯工艺采用丙烯作为烷基化剂，通常需分离出丙烯中残留的乙烯组分，以免生成苯乙烯等副反应。SABIC优化了苯烷基化制异丙苯工艺，即采用高选择性烷基化催化剂，使其生产异丙苯时不需从丙烯中分离乙烯。该催化剂是具有12元环状结构和三维笼状结构的沸石，在温度为100～250℃、压力为5MPa和反应空速（WHSV）大于$10h^{-1}$的条件下，对异丙苯的选择性很高，同时对乙苯的选择性很低（小于0.2%）。以Y沸石催化剂为例，原料气体中乙烯与丙烯分压分别为570、130kPa，在反应温度为200℃、WHSV为$10h^{-1}$的条件下与苯发生烷基化反应，丙烯转化率达到100%，乙烯转化率低于0.2%，产物中异丙苯选择性接近90%。

传统的丙酮和苯酚分离需设置粗丙酮塔与异丙苯-AMS塔，用于分离丙酮、异丙苯和AMS，分离过程复杂，设备和运行成本高，且苯酚和丙酮分离回收效率低。2017年11月，UOP开发了一种苯酚分离设备，将两个塔器优化集成为一个间壁精馏塔，通过在集成塔内设置适当的物流进口，化学品处理器以及内部液相分离器，达到高效分离丙酮和苯酚的目的，同时还可降低设备及运行成本。含有丙酮和苯酚的混合物流经过集成间壁精馏塔处理后，丙酮馏分从塔顶分出，丙酮含量超过95%，苯酚馏分从塔釜分出，经简单纯化处理后可循环至反应单元重复利用。

为了有效去除苯酚中含有的羟基丙酮杂质，LG公司改进了苯酚提纯工艺，首先将含有苯酚、丙酮、羟基丙酮和水的混合物进行预处理，达到一定温度后送入蒸馏塔，获得含有丙酮的塔顶组分和含有苯酚的塔底组分，并分别回收。该方法通过控制进料温度，提升对羟基丙酮的分离效果，简单有效地提高了苯酚分离效率。

（2）环己基苯法工艺　为了抑制丙酮副产物，近年来苯经环己基苯（CHB）制苯酚联产环己酮工艺得到了开发，但目前尚未实现商业化。

ExxonMobil公司开发了环己基苯法生产苯酚工艺，环己基苯可通过苯直接加氢烷基化生产，也可通过苯与环己烯烷基化制得，或将苯进行原位选择脱氢生成环己烯，再与苯烷基化或还原烷基化制得。CHB与含氧化合物（如空气）反应，生成过氧化氢环己基苯，然后分解为苯酚和环己酮。H_2O_2作为氧化剂符合环保理念，成为目前的研究热点，催化剂开发是重点。采用$Fe/\gamma\text{-}Al_2O_3$催化剂，以乙腈为溶剂，H_2O_2为氧化剂，苯转化率为27%，苯酚选择性高达100%。该公司还采用新型催化剂N-羟基邻苯二甲酰亚胺（NHPI）用于环己基苯氧化工艺。首先将其与液相烷基苯混合，使环己基苯氧化为相应的1-环己基-1-苯基氢过氧化物，然后再进一步生产苯酚。该催化剂可在温和条件下进行，不易发生H_2O_2环乙基苯热分解副反应，获得较高的选择性，同时提高其生成速率。

厦门大学公开了一种苯加氢制环己基苯的催化剂及其制备方法。该催化剂为负载两种金属的分子筛催化剂，通过氨配位还原法、置换还原法先后将一种贵金属（Ru、Rh、Pt或Pd）和一种非贵金属（Fe、Co、Ni或Cu）负载至分子筛（H-MCM-22、Hβ、HY或13X），利用两种金属的协同催化作用，提高苯加氢烷基化制环己基苯的催化效率。在连续流动固定床中，在苯液WHSV为0.4～$1.6h^{-1}$，氢气/苯物质的量比为（0.5～1.6）：1，温度为130～225℃，反应压力为1～3MPa的条件下，以Pd-Ni/Hβ作为催化剂，苯转化率最高为38.3%，环己基苯选择性最高为95.6%。

成都科特瑞兴科技有限公司对苯加氢烷基化制环己基苯生产系统及其设备进行了优化。

在加氢反应单元增设了增压泵，提升加氢效率，同时在反应釜增设冷却槽和换热部件，达到快速撤热的目的，保证加氢烷基化过程的连续进行，分离提纯单元设置了多级分离装置，保证未反应的苯可循环利用，从而提升苯加氢烷基化生产效率。

(3) 苯直接氧化法工艺　苯直接氧化法具有反应步骤少、装置投资低等优点，且是原子经济性为100%的绿色反应，引起了众多关注。但由于苯环C-H键键能较高，很难直接活化，直接将羟基引入苯环是极具挑战的合成路线，关键在于开发有效的苯羟基化反应催化剂，提高苯的转化率和苯酚选择性。

SABIC公开了苯直接氧化制苯酚催化剂。该催化剂为含有过渡金属（Cu）及其络合物的MFI沸石负载型催化剂，与气相苯、二氧化碳和氧气混合反应物接触催化反应制苯酚。该工艺过程中引入氧气、二氧化碳的混合物，可抑制结焦，同时提升氧气反应活性，与采用纯氧相比，可有效提升催化苯转化效率和苯酚选择性（苯酚选择性可提高2～4倍），从而提高生产效率。以Cu/H-ZSM-5为催化剂，在反应温度为500℃、WHSV为0.2～0.8h^{-1}的条件下，苯转化率超过80%，苯酚选择性超过40%。

中诺新材料采用磁控溅射的方法制备了一种具有多孔骨架空间结构的MOF-SO_3@Cu-Cu_2O纳米催化剂用于苯直接氧化制苯酚反应。该制备方法无需掺杂任何其他金属元素，催化剂活性中心具有更多的界面面积和缺陷浓度，通过调节制备工艺可控制缺陷浓度，从而提高催化活性、延长催化剂使用寿命，苯酚选择性最高可达94.3%。

(4) 生物法　近年来，基于可持续发展战略，利用可再生的生物质资源制备大宗化学品引起了人们的关注。SABIC公开了一种生物质制苯酚工艺及催化剂。该工艺以来自生物质的木质素（硫酸盐木质素）作为原料，将大孔道尺寸的沸石催化剂与木质素混合，在反应温度为550～850℃的条件下发生热裂解反应获得混合产品，产物中苯酚比例高于50%。在实施中，以经HCl处理的硫酸盐木质素为原料，催化剂为硅铝比为15的八面沸石，木质素原料与催化剂比例为1∶1，在反应温度为650℃、升温速度20K/ms的条件下停留20s后，可得到苯酚质量分数为53%的液相反应产物。

丹麦Haldor TopsΦe也公开了生物质转化制芳烃及苯酚的工艺。利用低温等离子体，使生物质中的木质素分子中的交联化学键断裂，分解为大量含有芳香结构的小分子物质，将其分离后，获得苯、苯酚、甲苯和苯乙烯产品。该过程在低温等离子体反应器中进行，放电过程在40～75℃的水相中进行，木质素的分解过程为连续过程，产物分离可根据需求采用连续或间歇过程。

第二节　过氧化氢异丙苯的生成

一、生产原理及生产条件

1. 生产原理

主反应：

$$C_6H_5-\underset{CH_3}{\overset{CH_3}{\underset{|}{\overset{|}{CH}}}} + O_2 \longrightarrow C_6H_5-\underset{CH_3}{\overset{CH_3}{\underset{|}{\overset{|}{C}}}}-OOH + 117kJ/mol$$

由于过氧化氢异丙苯的热稳定性较差，受热后能自行分解，所以在氧化条件下，还有许多副反应发生。

副反应：

$$C_6H_5C(CH_3)_2OOH \longrightarrow C_6H_5C(CH_3)_2OH + 1/2O_2$$

$$C_6H_5C(CH_3)_2OOH \longrightarrow C_6H_5C(CH_3){=}CH_2 + H_2O + 1/2O_2$$

$$C_6H_5C(CH_3)_2OOH \longrightarrow C_6H_5COCH_3 + CH_3OH$$

$$C_6H_5C(CH_3)_2OOH \longrightarrow C_6H_5OH + CH_3COCH_3$$

$$CH_3OH + 1/2O_2 \longrightarrow HCHO + H_2O$$

$$HCHO + 1/2O_2 \longrightarrow HCOOH$$

这些副反应的发生不仅使氧化液的组成复杂，而且某些副产物还对氧化反应起抑制作用。例如，微量的酚会严重抑制氧化反应的进行，生成的含羧基、羟基的物质不仅阻滞氧化反应，还能促使过氧化氢异丙苯的分解。

2. 催化剂

异丙苯的液相氧化与一般烃类的液相氧化相似，是按自由基连锁反应历程进行，包括链的引发、增长和终止三个过程。由于反应生成的过氧化氢异丙苯在氧化条件下能部分分解成自由基从而加速链的引发以促进反应进行，因而异丙苯的氧化反应是一种非催化自动氧化反应。

3. 生产条件

（1）反应温度　温度与转化率的关系见图 4-21。由图可见，温度越高，转化率越大。其原因是该反应具有较大的活化能，温度越高，反应速率常数越大，反应速率越快。当反应温度由 110℃升到 120℃时，反应速率常数增加两倍。在主反应速率提高的同时，副反应速率也相应增加。据研究，对副反应而言，温度由 110℃升到 120℃，反应速率提高 2～3 倍，使反应的选择性大大降低。因此，控制反应温度对提高反应速率和过氧化氢异丙苯的收率至关重要。通常反应温度控制在 105～120℃。树脂催化分解过氧化氢异丙苯的反应平衡常数与温度关系见图 4-22。

（2）原料异丙苯中杂质　原料中的杂质可以分为两类，一类是本身对反应速率影响很小，但由于杂质本身在反应条件下也发生反应，生成其他产物，而使产品过氧化氢异丙苯纯度下降。这类杂质主要有苯、甲苯、乙苯、丁苯及二异丙苯。另一类本身就是阻化剂，对反应速率有较大的影响。在反应开始时，由于这类杂质的存在常导致反应不能进行。常见的有硫化物、酚类及不饱和烃类等。因此，对这些杂质要严格加以限制。在工业生产中，一般要

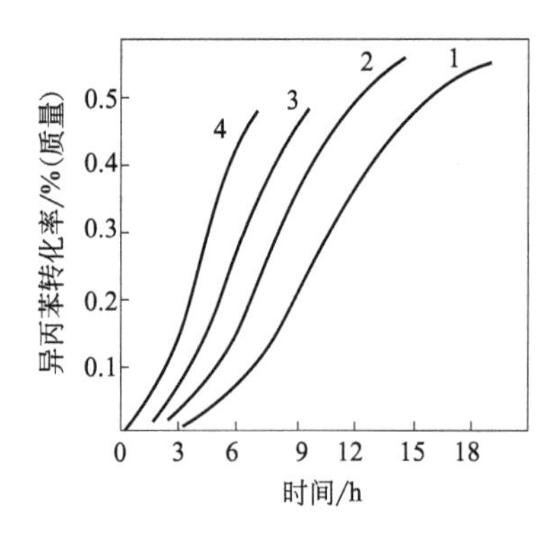

图 4-21　各种温度时异丙苯氧化的动力学曲线

1—110℃；2—115℃；3—120℃；4—125℃

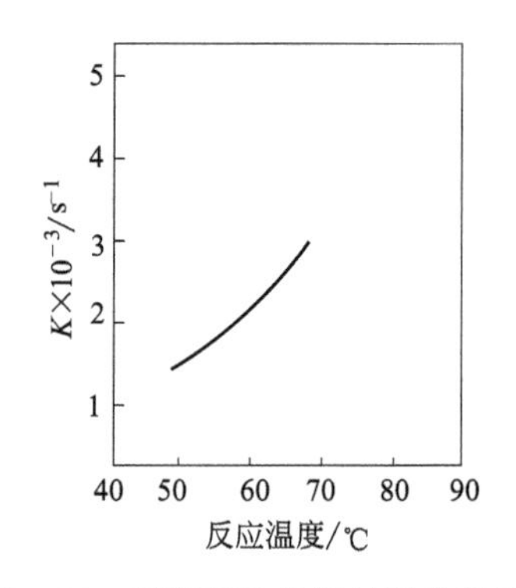

图 4-22　树脂催化分解过氧化氢异丙苯的反应平衡常数与温度的关系

求原料中，乙苯含量小于 0.03%，丁苯含量小于 0.01%，酚含量小于 3×10^{-6}，总硫含量小于 2×10^{-6}，氧含量小于 4×10^{-6}。

(3) 反应压力　压力对异丙苯氧化无特殊影响，反应一般在 0.4～0.5MPa 下进行。适当加压是为了提高氧分压，从而提高反应速率。但过高的压力也无益处，压力过高对反应速率影响不大，而设备费用和操作费用随着压力的升高而增大。

二、生产工艺流程

异丙苯氧化过程的工艺流程如图 4-23 所示。空气加压至 0.45MPa（表）并被过热后由氧化塔（1）底部送入塔内。用碱配制成 pH 值为 8.5～10.5 的精异丙苯，从储槽（4）送出加热后由氧化塔塔顶进入塔内与空气逆流接触。氧化塔为板式塔，氧化温度为 110～120℃。氧化塔顶部排出含有少量氧的气体混合物，经冷凝器（5）将异丙苯冷凝后送入气液分离器（6）。液相为异丙苯，回收使用，不凝气放空。由氧化塔底部排出的反应物料送入降膜蒸发器（7）增浓后进入第一提浓塔（2），将大部分未转化的异丙苯蒸出。塔釜得到浓度为 70%～80%的过氧化氢异丙苯，经冷凝后进入第二提浓塔（3）。其塔釜得到浓度为 88%过氧化氢异丙苯，塔顶的凝液与第一提浓塔的凝液混合后加入 8%～12%（质量）的 NaOH 中和沉降，分出的碱液循环使用，异丙苯循环回氧化系统。

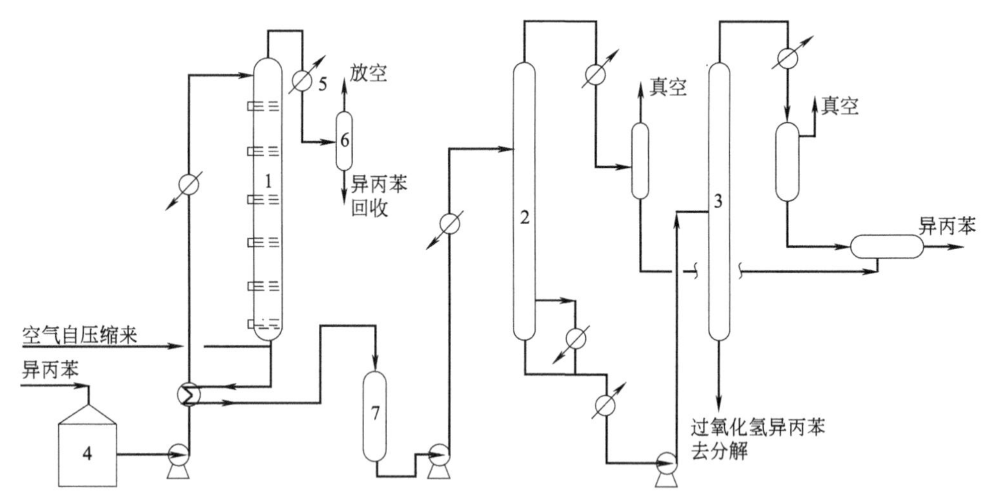

图 4-23　异丙苯氧化过程工艺流程图

1—氧化塔；2,3—第一、第二提浓塔；4—储槽；5—冷凝器；6—气液分离器；7—降膜蒸发器

第三节　过氧化氢异丙苯的分解

一、生产原理及生产条件

1. 生产原理

主反应：

$$C_6H_5C(CH_3)_2OOH \xrightarrow{H^+} C_6H_5OH + CH_3-\overset{O}{\overset{\|}{C}}-CH_3 + 252.7kJ/mol$$

在发生主反应的同时将伴有副反应发生，而生成的副产物具有相互作用的能力，从而使催化分解过程的产物非常复杂，其主要的副反应如下：

$$C_6H_5C(CH_3)_2OOH \longrightarrow C_6H_5C(CH_3){=}CH_2 + H_2O + 1/2O_2$$

$$2\,C_6H_5C(CH_3){=}CH_2 \longrightarrow C_6H_5C(CH_3)_2-CH{=}C(C_6H_5)-CH_3$$

$$2CH_3-\overset{O}{\overset{\|}{C}}-CH_3 \longrightarrow (CH_3)_2C{=}CH-\overset{O}{\overset{\|}{C}}-CH_3 + H_2O$$

这些副反应不仅降低了苯酚、丙酮的收率，而且使产品的分离变得困难。

2. 催化剂

这一反应所用的催化剂有硫酸以及磺酸型离子交换树脂等。硫酸作为催化剂，价廉易得，但酸性分解液中所生成的硫酸盐容易堵塞管道，腐蚀设备。所以目前主要采用强酸性阳离子交换树脂作为过氧化异丙苯分解反应的催化剂。

3. 生产条件

(1) 反应温度　反应温度的影响见图 4-21。由图可见，反应温度越高，反应速率越快。温度升高，相应的过氧化氢异丙苯扩散速率加快，从而加快了反应速率。但温度过高会使过氧化氢异丙苯的分解速率加快，副产物生成量增加。另外，温度升高易使离子交换树脂失效。因此，温度不宜超过 80℃。

(2) 杂质　过氧化氢异丙苯中的杂质对反应速率有影响。在氧化反应过程中，为了控制介质的 pH 值，一般在异丙苯中加有 Na_2CO_3 或 NaOH。因此，如过氧化氢异丙苯中含有 Na^+，则 Na^+ 可与活性基团中的氢发生交换，使树脂失去活性。因此，氧化反应后，应对氧化液进行水洗，除去其中的 Na^+。

另外，过氧化氢异丙苯中还含有苯乙酮、二甲基苯基甲醇、α-甲基苯乙烯等杂质。在分解反应中，这些杂质会进一步发生聚合、缩合等反应，而生成一些大分子的呈焦油状的副产物，它们将树脂表面覆盖，从而使树脂活性降低。因此，要求过氧化氢异丙苯中的杂质要尽量低一些。

（3）停留时间　过氧化氢异丙苯分解反应采用不同的停留时间对生成亚异丙基丙酮量有较大的影响。停留时间越长，亚异丙基丙酮生成量越大。反应停留时间对生成亚异丙基丙酮的影响见表 4-20。

表 4-20　反应停留时间对生成亚异丙基丙酮的影响

序号	停留时间/min	亚异丙基丙酮/%	备注
1	50	0.026	原料过氧化氢异丙苯浓度为 82.39%
2	100	0.059	
3	150	0.081	
4	200	0.105	
5	250	0.140	

二、生产工艺流程

分解精制过程工艺流程图如图 4-24 所示。

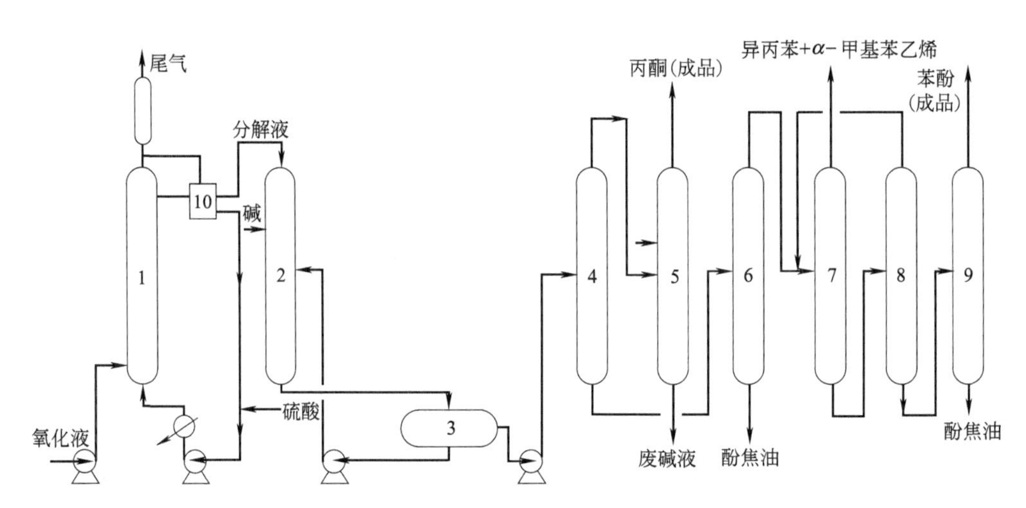

图 4-24　分解精制过程工艺流程图

1—分解塔；2—中和水洗塔；3—沉降槽；4—粗丙酮塔；5—精丙酮塔；6—割焦塔；7—第一脱烃塔；8—第二脱烃塔；9—精酚塔；10—缓冲罐

来自氧化系统的氧化液进入分解塔（1）的底部与酸性循环液混合，并在分解塔中发生分解反应。分解液由分解塔的顶部溢流进入缓冲罐（10），大部分分解液循环回分解塔，少量的分解液进入中和水洗塔（2）洗去其中的酸。在中和水洗塔的上部，分解液、碱液及循环碱液并流操作，塔釜液送沉降槽（3），分出碱液和分解液，碱液循环使用。槽上部的中性分解液送入分离系统，经粗丙酮塔（4）、精丙酮塔（5）、割焦塔（6）、第一脱烃塔（7）、第二脱烃塔（8）和精酚塔（9）后得到成品苯酚。

复习思考题

一、填空题

1. 苯酚的生产方法有________、________、________、________、________。
2. __________法是生产苯酚和丙酮最重要的方法。
3. 在苯酚的生产方法中，________是目前首选的方法。
4. 异丙苯的生产工业上广泛采用________法，该法采用________反应器。
5. 异丙苯氧化是一个________过程，属于__________反应。

二、选择题

1. 在异丙苯的生产工业上，(　　)的催化剂活性较高，但其液相呈酸性，对设备、管道的腐蚀性很强。

   A. 三氯化铝法　　B. 硫酸法　　C. 三氯化特法　　D. 磷酸-硅藻土气相法

2. 为防止过氧化氢异丙苯的分解，生产中有两种方法，一种是加入(　　)溶剂，稳定过氧化氢异丙苯，二是采用(　　)作催化剂。

   A. NaOH　　B. Na_2CO_3　　C. 碱类　　D. 盐类

3. 实际生产中，过氧化氢异丙苯分解大多采用(　　)催化剂。

   A. 硫酸　　B. 二氧化硫

   C. 强酸性磺酸阳离子交换树脂　　D. 硝酸

4. 异丙苯氧化反应器为(　　)。

   A. 固定床催化反应器　　B. 内冷却型鼓泡氧化塔

   C. 釜式反应器　　D. 外冷却型鼓泡床反应器

5. 影响过氧化氢异丙苯分解的工艺条件有(　　)。

   ①催化剂用量　　②反应温度　　③反应压力　　④原料组成

   A. ①②③　　B. ①②④　　C. ②③④　　D. ①②③④

三、简答题

1. 苯酚的生产分几步完成，其基本原理是什么？
2. 异丙苯的过氧化是怎样实现自动催化的？
3. 过氧化氢异丙苯分解的操作条件有哪些？
4. 异丙苯合成苯酚的工艺流程包括哪些主要过程？并进行简单叙述。
5. 试分析过氧化氢异丙苯的生成反应的工艺条件。
6. 写出由异丙苯生产过氧化氢异丙苯的主、副反应方程式。
7. 写出过氧化氢异丙苯分解生产苯酚和丙酮的主、副反应方程式。
8. 请绘制过氧化氢异丙苯分解精制过程的工艺流程图。

第四章 苯胺的生产

学习目标

1. 了解苯胺的性质、用途及生产方法。
2. 掌握苯胺的生产原理、条件及生产工艺流程。
3. 了解苯胺装置操作运行方案。

课程导入

苯胺是一种重要的有机化工原料和化工产品，在染料、医药、农药、炸药、香料、橡胶硫化促进剂等行业中具有广泛的应用，开发利用前景十分广阔。但就目前的生产技术而言，所用原料及产品危险性较高，生产条件相对比较苛刻，那么工业上如何生产苯胺呢？

第一节 苯胺生产概述

一、苯胺的性质和用途

苯胺的化学结构式如下：

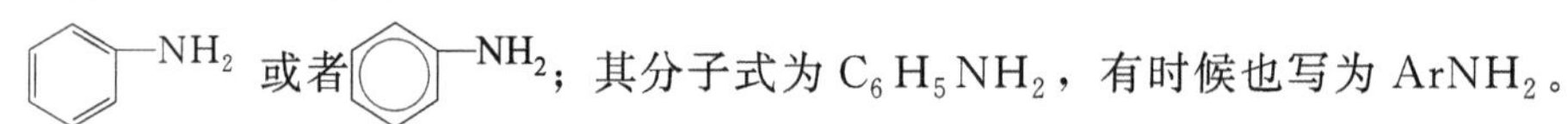

或者；其分子式为 $C_6H_5NH_2$，有时候也写为 $ArNH_2$。

苯胺俗称阿尼林油，外观为无色或浅黄色透明油状液体，具有强烈的刺激性气味，熔点为−6.3℃，沸点 184℃，相对密度 1.0217，折射率 1.5863，闪点 70℃，暴露在空气中或日光下易变成棕色。苯胺微溶于水，能与乙醇、乙醚、丙酮、四氯化碳以及苯混溶，也可溶于溶剂汽油。苯胺的化学性质比较活泼，能与盐酸（或硫酸）反应生成盐酸盐（或硫酸盐），也可发生卤化、乙酰化、重氮化和氧化还原等反应。苯胺有毒，在空气中的最大允许浓度为 5×10^{-6}。

苯胺是一种重要的有机化工原料和化工产品，由其制得的化工产品和中间体有 300 多种，在染料、医药、农药、炸药、香料、橡胶硫化促进剂等行业中具有广泛的应用，开发利用前景十分广阔。

二、生产方法

苯胺的工业生产始于 1857 年，最初采用的是硝基苯铁粉还原法，20 世纪 50 年代后逐渐被先进的硝基苯催化加氢法所取代，1962 年成功开发出苯酚氨化法，并于 1970 年实现工业化生产。目前世界上苯胺的生产以硝基苯催化加氢法为主，其生产能力约占苯胺总生产能力的 85%，苯酚氨化法约占 10%，铁粉还原法约占 5%。世界苯胺主要生产厂家情况见表 4-21。

表 4-21　世界苯胺主要生产厂家情况

生产厂家名称	生产能力/(千吨/年)	生产工艺
美国杜邦化学公司	148	硝基苯催化加氢
美国亨兹曼分公司	220	硝基苯催化加氢
美国第一化学公司	227	硝基苯催化加氢
美国巴斯夫公司	105	硝基苯催化加氢
美国阿里斯德化学公司	91	苯酚氨解法
德国拜耳公司	242	硝基苯催化加氢
德国巴斯夫公司	120	硝基苯催化加氢
英国亨兹曼-ICI 公司	400	硝基苯催化加氢
比利时巴斯夫安特卫普公司	95	硝基苯催化加氢
比利时拜耳安特卫普公司	108	硝基苯催化加氢
葡萄牙苯胺公司	90	硝基苯催化加氢
瑞士朗沙化学公司	30	硝基苯催化加氢
日本三井石油化学公司	114	硝基苯催化加氢
日本住友化学公司	80	苯酚氨解法
日本聚氨酯公司	50	硝基苯催化加氢
日本三井东压化学公司	45	硝基苯催化加氢
日本新日本理化公司	18	硝基苯催化加氢
韩国韩洋-巴斯夫聚氨酯公司	55	硝基苯催化加氢
韩国日本三井合资公司	27	硝基苯催化加氢
印度斯坦有机化学品公司	53	硝基苯催化加氢
捷克 MCHZ 公司	105	硝基苯催化加氢
罗马尼亚 Fagaras 综合公司	25	硝基苯催化加氢
保加利亚 Kombinat Dimitar 公司	15	硝基苯催化加氢
俄罗斯(4 家合计)	120	硝基苯催化加氢
巴西拜耳/Pronor 公司	22	硝基苯催化加氢
巴西 Bann Quimica 公司	10	硝基苯催化加氢
中国吉林化工股份有限公司染料厂	66	硝基苯催化加氢
中国辽宁庆阳化学工业集团公司	35	硝基苯催化加氢
中国石化集团公司南京化工厂	24	硝基苯催化加氢
中国甘肃兰州化工公司有机厂	35	硝基苯催化加氢

硝基苯铁粉还原法采用间歇式生产，将反应物料投入还原锅中，在盐酸介质和约 100℃温度下，硝基苯用铁粉还原生成苯胺和氧化铁，产品经蒸馏得粗苯胺，再经精馏得成品，所得苯胺收率为 95%～98%，铁粉质量的好坏直接影响苯胺的产率。硝基苯铁粉还原法是生产苯胺的经典方法，但因存在设备庞大、反应热难以回收、铁粉耗用量大、环境污染严重、设备腐蚀严重、操作维修费用高、难以连续化生产、反应速率慢、产品分离困难等缺点，目前正逐渐被其他方法所取代。但由于该法可以同时联产氧化铁颜料，我国有一小部分中小型企业仍采用该法进行生产。

苯酚氨化法由美国 Halcon 公司于 1962 年开发成功，日本三井石油化学公司于 1970 年首次实现工业化生产。苯酚与过量的氨（摩尔比为 1∶20）经混合、汽化、预热后，进入装有氧化铝-硅胶催化剂的固定床反应器中，在 370℃、1.7MPa 条件下，苯酚与氨进行氨化反应制得苯胺，同时联产二苯胺，苯胺的转化率和选择性均在98%左右。该法工艺简单，催化剂价格低廉，寿命长，所得产品质量好，“三废”污染少，适合于大规模连续生产并可根据需要联产二苯胺，不足之处是基建投资大，能耗和生产成本要比硝基苯催化加氢法高。目前世界上只有日本三井石油化学公司和美国阿里斯德化学公司采用该法分别建有11.4万吨/年和9.1万吨/年两套生产装置。

硝基苯催化加氢法是目前工业上生产苯胺的主要方法。它又包括固定床气相催化加氢、流化床气相催化加氢以及硝基苯液相催化加氢三种工艺。

固定床气相催化加氢工艺是在200～300℃、1～3MPa条件下，经预热的氢和硝基苯发生加氢反应生成粗苯胺，粗苯胺经脱水、精馏后得成品，苯胺的选择性大于99%。固定床气相催化加氢工艺具有技术成熟，反应温度较低，设备及操作简单，维修费用低，建设投资少，不需分离催化剂，产品质量好等优点，不足之处是反应压力较高，易发生局部过热而引起副反应和催化剂失活，必须定期更换催化剂。目前国外大多数苯胺生产厂家采用固定床气相加氢工艺进行生产，我国山东烟台万华聚氨酯集团有限公司采用该法进行生产。

流化床气相催化加氢法是原料硝基苯加热汽化后，与理论量约3倍的氢气混合，进入装有铜-硅胶催化剂的流化床反应器中，在260～280℃条件下进行加氢还原反应生成苯胺和水蒸气，再经冷凝、分离、脱水、精馏得到苯胺产品。该法较好地改善了传热状况，控制了反应温度，避免了局部过热，减少了副反应的生成，延长了催化剂的使用寿命，不足之处是操作较复杂，催化剂磨损大，装置建设费用大，操作和维修费用较高。我国除山东烟台万华聚氨酯集团有限公司外，其他苯胺生产厂家均采用流化床气相催化加氢工艺进行生产。

硝基苯液相催化加氢工艺是在150～250℃、0.15～1.0MPa压力下，采用贵金属催化剂，在无水条件下硝基苯进行加氢反应生成苯胺，再经精馏后得成品，苯胺的收率为99%。液相催化加氢工艺的优点是反应温度较低，副反应少，催化剂负荷高，寿命长，设备生产能力大，不足之处是反应物与催化剂以及溶剂必须进行分离，设备操作以及维修费用高。

第二节　硝基苯催化加氢生产苯胺

一、生产原理及生产条件

1. 主副反应

主反应：

$$C_6H_5-NO_2 + 3H_2 \longrightarrow C_6H_5-NH_2 + 2H_2O \quad \Delta H^{\ominus}_{298} = -544.28\text{kJ/mol}$$

此反应为放热反应。反应除生成苯胺外，还有副产物氨、苯和环己胺等。

2. 催化剂

硝基苯催化加氢生产苯胺的催化剂主要有两种类型，一种是铜负载在二氧化硅载体上的CuO/SiO_2催化剂，以及加入Cr、Mo等第二组分的改进型催化剂，该类催化剂优点是成本低、选择性好，缺点是抗毒性差，微量有机硫化物极易使催化剂中毒；另一种是将Pt、Pd、Rh等金属负载在氧化铝、活性炭等载体上的贵金属催化剂，该类催化剂具有催化活性高、寿命长等优点，但生产成本较高。

催化剂的活化：

$$Cu(OH)_2 + H_2 \longrightarrow Cu + 2H_2O \quad \text{（新催化剂）}$$

$$CuO + H_2 \longrightarrow Cu + H_2O \quad \text{（再生后的催化剂）}$$

催化剂的再生：

$$C + O_2 \longrightarrow CO_2$$

$$2Cu + O_2 \longrightarrow 2CuO$$

3. 操作条件

硝基苯还原生产苯胺过程中，主要的操作条件有吸收塔各部分的压力和温度，以及流化床反应器的压力与温度，表 4-22 列出了某厂苯胺装置的主要工艺条件。

表 4-22　某厂苯胺装置主要工艺条件

设备名称	操作工序	工艺条件项目	指标	
			Ⅰ	Ⅱ
吸附塔	氢气提纯	吸附压力	1.7～1.8MPa	1.65～1.75MPa
		一次均压终	0.90～1.05MPa	1.0～1.1MPa
		顺向放压终	0.10～0.75MPa	0.75～0.85MPa
		二次均压终	0.35～0.45MPa	0.35～0.45MPa
		逆向放压终	0.02～0.05MPa	0.02～0.05MPa
		冲洗压力	0.02～0.05MPa	0.05MPa
		一次冲压终	0.35～0.45MPa	0.35～0.45MPa
		二次冲压终	0.90～1.05MPa	1.0～1.1MPa
		三次冲压终	1.65～1.75MPa	1.6～1.7MPa
		氢气纯度≥	98.5%	98.5%
流化床	升温活化	升温速度	30～50℃/h	
		通氢起始温度	160～180℃	
		保温时间	6～12h	
		保温温度	≥180℃	
		最高温度	270℃	
	加氢还原	氢压机出口压力	0.06～0.12MPa	
		循环氢纯度	≥93%	
		流化床内反应压力	0.05～0.1MPa	
		预热器温度	150～170℃	
		汽化器温度	≥180℃	
		还原终点(含硝)	≤0.05%	

二、生产工艺流程

硝基苯催化加氢生产苯胺的工艺流程图如图 4-25 所示。

该反应在反应器（5）中进行，反应器外壁有冷却夹套，能及时引出反应热。

纯度 99%以上的氢气，在缓冲罐（1）中与循环氢气进行混合，通过压缩机（2）送入硝基苯汽化器（3）。原料硝基苯在汽化器中由蒸汽供热，于 190℃汽化，并与氢气混合进入流化床反应器（5）的底部，通过气体分布板，与催化剂接触，在流化状态下进行反应。生成的苯胺与未反应的氢气，以及夹带的催化剂在扩大段得到分离，气体入冷凝器（6），在此苯胺和水被冷凝为液体进入分层器（9），未反应的氢气经气液分离器（7），除去夹带的液滴后，循环入缓冲罐与新鲜氢气混合循环使用。为减少惰性气体在系统中积累过多，故需将一部分循环氢气放空。

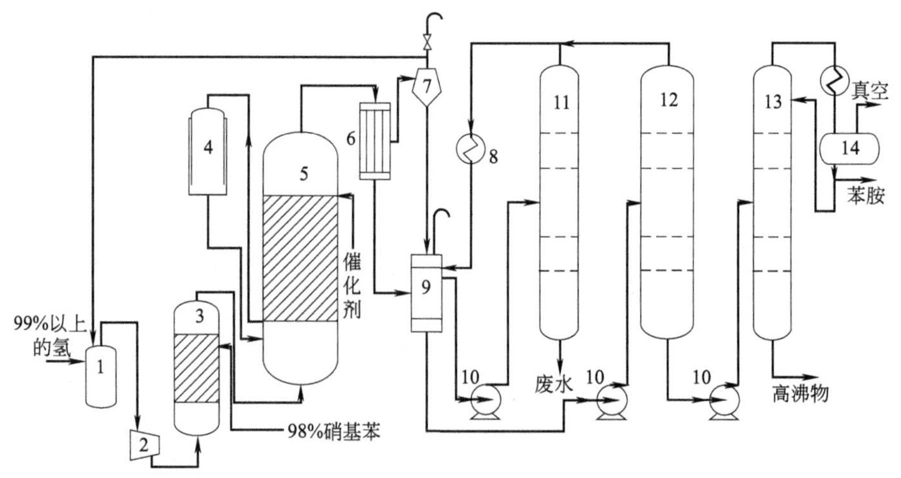

硝基苯催化加氢生产苯胺工艺流程

图 4-25　硝基苯催化加氢生产苯胺的工艺流程图

1—缓冲罐；2—压缩机；3—汽化器；4,6,8—冷凝器；5—反应器；7—气液分离器；9—分层器；10—泵；11—脱水塔；12—共沸精馏塔；13—成品精馏塔；14—回流罐

在分层器（9）中因水和苯胺的相对密度不同而分层，上层为含苯胺的水，下层为含有少量水的苯胺层。上层用泵（10）送入脱水塔（11），利用苯胺与水形成共沸物的原理，将共沸物从塔顶蒸出，经冷凝后仍回分层器。塔底是含有微量苯胺的废水，可送出处理，分层器下层粗苯胺送入共沸精馏塔（12），在负压下进行操作，塔顶蒸出物仍回分层器，塔底液入精馏塔（13），塔顶馏出物为含量为 99.7%以上的苯胺，塔釜为高沸物，可作综合利用的原料。

第三节　苯胺装置操作运行方案

一、装置开车策略

检查还原系统的设备、仪表、管路阀门无异常。接下列程序开车：对整个系统进行吹除和气密性检查－催化剂装填－系统氮气置换－接收氢气－循环水、自来水、电及蒸汽的供应－硝基苯还原－催化剂再生。

（1）用 0.10MPa（表压）的压缩空气检查流化床有无泄漏，发现泄漏要及时处理好，检查防爆膜是否完好无损。

（2）系统 N_2 置换　自氮气缓冲罐经减压阀减压后向氢气 2＃缓冲罐，对系统进行置换。待系统氮气置换合格后，对硝基苯管路、氢气 1＃缓冲罐、新氢管路进行置换分析，确保新氢管路及设备置换合格，氢压机各机也要置换。

（3）检查软水流程　打开软水储罐出口阀，启动软水泵将软水扬入一次汽包，并经调节阀加入流化床的换热管中，并使之回到一次汽包，并打开软水排液阀，使软水排入软水冷却器内，并进一步流回软水罐中，检查软水系统是否畅通无泄漏，然后停软水泵。

（4）催化剂活化　在流化床系统经氮气置换时，向流化床换热管内通蒸汽升温，注意升温时要缓慢，先通 0.4MPa 的蒸汽，逐渐将床层加热升温，待温度升至 100℃左右时，再向换热管内通 1.8MPa 的中压蒸汽，升温速度要控制在 30～50℃/h 内，蒸汽经换热后进入汽包，经软水冷却器流入软水储罐，要保持一、二次汽包压力分别达到 0.85MPa、0.4MPa 左右，待床温升至 160℃，整个系统经氮气置换合格后，关闭氢气 2＃缓冲罐的氮气进口阀，将纯氢引入系统，通氢时应缓慢，注意保持系统正压，待床温有明显上升趋势时关闭 1.8MPa 的保温蒸汽，继续缓慢调节新氢压力及新氢流量、系统放空量，控制床层升温速度 30～50℃/h，升温过程中床层温度不要突升、突降，床层不得高于 270℃，温度呈下降趋势时要注意调节新氢流量，保持床温在 180℃以上，保温 6～12h，停 1.8MPa 保温蒸汽，活化结束。

(5) 投料　催化剂活化后，当循环氢纯度＞93％、床层温度＞160℃时，开始向流化床内投硝基苯。先打开粗苯胺冷凝器、冷却器的冷却水阀门，打开预热器、汽化器的蒸汽阀门，同时打开精硝基苯储罐出口阀，并启动精硝基苯泵，调节其出口压力在 0.3MPa 左右，向流化床内进料。硝基苯经预热器预热到 70℃，在汽化器里与氢气混合，喷入流化床反应器内。进料过程中要注意，调节新氢压力及新氢流量，保持床温正常。投料速度要缓慢，床层温度上升速度不要太快，投料速度要逐渐增加到指标范围内。启动软水泵向一次汽包注水，待床温控制点温度达 220℃后，打开一次汽包向流化床换热管加软水的调节阀，控制反应温度在 250～300℃并保持平稳，保持一次汽包液位在正常范围，此时开车完毕。

(6) 调节回汽阀开度及精馏塔再沸器开度，控制一、二次汽包压力分别在 0.85MPa、0.4MPa。

(7) 硝基苯与氢气反应生成苯胺和水，其反应生成物从流化床顶经氢气换热器、粗苯胺冷凝器后，液相流入苯胺冷却器进行降温后流入苯胺水分层器内，注意调节冷却水流量，使苯胺和水的温度降至 60℃以下。气体经尾气捕集器、旋风分离器捕集液体后进入氢压机。尾气升压至 0.08MPa，进入氢气缓冲罐与新鲜氢混合。

(8) 循环氢的纯度要保持在 93％以上，一旦循环氢纯度达不到 93％，则应增加新氢补充量，同时调节系统压力，并在尾气系统中放掉一部分气体。

(9) 催化剂的再生　从粗苯胺冷却器进口取样阀处取样，分析有机相中硝基苯含量，当连续三次分析硝基苯含量大于 0.05％时，即认为催化剂失活，此时便要对催化剂进行再生。

停硝基苯进料泵，调节软水流量使床温维持在 180℃以上，用纯氢吹除流化床中残存的液体至粗苯胺冷凝器下液管中无液体流下为止。关闭 E-301、E-302 蒸汽进口阀。

关闭新氢压力调节及其截止阀，由氮气缓冲罐经减压阀向系统通氮气进行置换。系统置换合格后，再将硝基苯管路、新氢管路及设备置换合格。所有取样分析次数不得少于 2 次。在床温不低于 160℃情况下，抽去空气缓冲罐与氢气 2＃缓冲罐间的盲板，向系统中通入压缩空气，此时要关闭氮气缓冲罐出口阀，仔细调节尾气捕集器及其他放空阀以及空气进入量。保持床层升温速度在 30～50℃/h，待床温升至 380℃时应控制压缩空气投入量，保持床层温度在 380～400℃。待床层温度下降，床顶温度上升，且相交时再生完毕，继续通空气降温，待床温慢慢降到 250℃时，关闭压缩空气阀门，将空气缓冲罐与氢气 2＃缓冲罐间盲板打上。通氢气活化。

二、装置停车策略

(1) 停流化床进料，继续通 H_2。吹料到无液体流下。

(2) 停供蒸汽，停供新 H_2，通 N_2 置换。

(3) 置换合格后，停 C-301，自然降温停车。

三、突然停水、电、气的处理策略

（1）停水　停自来水，则将循环水引入自来水冷却系统。停循环水，停硝基苯进料，停氢压机，关闭所有放空阀，保持系统正压，停车。

（2）停电　关E-301、E-302加热蒸汽，关硝基苯进料阀，关闭所有放空阀，保持系统正压，停供蒸汽。

（3）停气　停硝基苯泵，加入氢气吹料，关闭所有放空阀，保持系统正压。

（4）停新H_2　停硝基苯进料，关闭尾气放空阀，维护系统正压。

复习思考题

1.比较几种生产苯胺的方法，并说明目前主要用哪一种？

2.画出由硝基苯生产苯胺的工艺流程图，并说明。

3.硝基苯催化加氢生产苯胺的催化剂是什么？

4.硝基苯催化加氢生产苯胺中催化剂活化和再生反应是什么？

5.请简述苯胺装置的开车策略。

6.请简述苯胺装置突发事故处理策略。

7.请简述苯胺装置的操作条件。

8.比较硝基苯催化加氢法的固定床气相催化加氢和流化床气相催化加氢两种工艺的优缺点。

第五章 对二甲苯氧化生产对苯二甲酸

学习目标

1. 了解对苯二甲酸的性质、用途及生产方法。
2. 掌握对苯二甲酸的生产原理、条件及生产工艺流程。

课程导入

对苯二甲酸是生产聚酯纤维、聚酯薄膜、多种塑料、医药、染料等的重要原料。那么如何生产对苯二甲酸，影响生产过程的因素有哪些、生产工艺过程如何？

第一节 对二甲苯氧化生产对苯二甲酸概述

一、对苯二甲酸的性质及用途

对苯二甲酸的化学结构式如下：

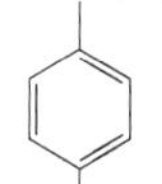

COOH

COOH

也可以简写为 HOOC—(C_6H_4)—COOH；其分子式为 $C_8H_6O_4$。

对苯二甲酸的名称简写为 PTA，分子量为 166.13 。在常温下系白色结晶或粉末状固体，受热至 300℃以上可升华，常温常压下不溶于水、乙醚、冰醋酸和氯仿，微溶于乙醇，能溶于热乙醇。在多种有机溶剂中难溶，但溶于碱溶液。低毒，易燃，自燃点 680℃。其粉尘与空气形成爆炸性混合物，爆炸极限 0.05～12.5g/L。

对苯二甲酸最重要的用途是生产聚对苯二甲酸乙二酯树脂（简称聚酯树脂，PET），进而制造聚酯纤维、聚酯薄膜及多种塑料制品等。

二、生产方法

对苯二甲酸的生产路线很多，随着石油芳烃生产的发展以及 C_8 芳烃异构分离技术的进步，对二甲苯路线已成为现代聚酯工业广泛采用的原料路线。同时，生产对苯二甲酸也是对二甲苯的最主要用途。以对二甲苯为原料，用空气（或氧气）氧化生产对苯二甲酸主要有两种方法，即高温氧化法和低温氧化法。两法虽在工业上都有应用，但目前多采用前者。

低温氧化法反应温度较低，一般不超过150℃。该法以乙酸为溶剂，以乙酸钴为催化剂，以乙醛或三聚乙醛、甲乙酮等作为氧化促进剂。该法虽有反应温度低、副反应少、反应收率高、仅用单一催化剂、不必用钛类特殊材质、原料对二甲苯消耗低等许多优点。但由于促进剂用量大、副产乙酸需专门处理、设备效率低等缺点，所以未得到较大的发展。

高温氧化法反应温度较高，一般为160～230℃。该法以乙酸为溶剂，钴、锰等重金属盐为催化剂，溴化物为助催化剂，将对二甲苯经液相空气氧化一步生成对苯二甲酸，再在高温高压下催化转化为高纯度纤维级对苯二甲酸。该法优点较多，如不用促进剂、不副产乙酸、工艺简单、反应快、收率高、原料消耗低、产品成本低、生产强度大、易大型化连续化。高纯度（或中纯度）纤维级的对苯二甲酸可与乙二醇直接缩聚生产聚酯，大大简化了聚酯的主产流程，故发展较快，已成为目前最主要生产对苯二甲酸的方法。本法的明显缺点是使用了腐蚀性较强的溴化物，所以设备与管道的材质需用昂贵的特殊材料。

三、对苯二甲酸生产中存在的问题

（1）能耗高、成本高　早期对二甲苯（PX）作为由单体对苯二甲酸生产工艺合成的聚酯的原料，以两种生产方法进行生产。分别是低温氧化和高温氧化。高温氧化是利用醋酸作为溶剂，在催化剂中钴、锰和溴化物重金属盐，需要一定的温度和压力，发生一系列化学反应。虽然在其应用中有很多优点，但缺点也值得我们关注。例如，反应温度高、溶剂消耗高，设备有腐蚀性，材料质量必须高。这些因素导致生产成本显著增加。与此同时，主要原料PX供应短缺也导致购置成本增加，造成地理分布不均匀、运输成本上升。副反应PX和乙酸在制造过程中发生，降低了产率，这些副反应的存在，使生产成本增加。因此，迫切需要改变具体的生产工艺技术。

（2）生产过程很复杂　在对二甲苯低温氧化过程中，作用机理是利用空气的低温氧化直接生成对苯二甲酸产品。对苯二酚在160℃和压力条件下必须为0.55MPa，并用乙酸洗涤，然后在100℃和大气压条件下用乙酸洗涤，然后干燥，得到产物对苯二甲酸。对二甲苯的高温氧化过程，是在所生产的对苯二甲酸产物的高温和高压条件下的氧化在水中形成，以溶解在对苯二甲酸的水溶液中。采用该种方法，工艺复杂、反应条件高，得到粗产物，经洗涤、过滤、干燥等步骤后生成较高纯度的对苯二甲酸。

（3）对环境有害　BPAmoco工艺类似于Dupont工艺，包括PX氧化和对苯二甲酸（TA）。在这些生产过程中产生有害气体，比如氮和一氧化碳，对环境有害。中间产物是产生中间TA的链接，不可避免地含有少量有害杂质。在最后一步中，必须从脱水塔加热废气，并且在高压催化燃烧之后，除去有害气体（一氧化碳）。进行回收膨胀器（废气涡轮机）中的能量，然后分离进入废气混合罐，气相进一步冷凝，生成回收淡化水。最后，废气中的氮气和一氧化碳被抽空。

四、解决对苯二甲酸生产中存在问题的措施

（1）创新技术和降低生产成本　目前各国原材料和公用事业成本逐渐降低，有效减少投资，提高工厂开工率等，其中PTA工艺、工艺参数和设备不断完善和改进，并取得了很大进展。其中代表性的合成方法是PTA技术，以过氧化氢 ScH_2O 为临界水氧化作为氧化剂，温和的反应条件下生物催化过程，易于获得生物催化酶，进行间接电氧化等。这些新技术的

路径快捷、材料更常见，并且更容易获得。此外，我们可以改善反应条件，提高母液循环利用率，减少原料和能源消耗，增强加氢反应，提高能源效率，增强氢化反应以提高产物收率。

（2）简化生产过程　早期的对苯二甲酸制造工艺是采用DMT工艺，但这种工艺技术存在较为复杂、生产工艺不易控制、成本高的许多缺点。随着技术的飞速发展，聚酯产品的使用以PTA为主要原料，PTA直接酯化，工业冷凝工艺连续生产。目前我国引入了PTA设备（BP-Amoco工艺），结合了Dupont工艺和Amoco工艺。相比之下，已经对多种方式进行了技术改进，最重要的是改进了生产过程。BP-Amoco工艺的压力过滤器采用多功能，过滤功能使用醋酸过滤和溶剂替代，更换过滤器TA浆料PX使用其中不使用溶剂。TA的含水浆液将滤饼用水制成几次制备后，直接进入漏斗即可进行加氢，然后完成输送，然后在没有干燥TA的情况下进行洗涤程序，这大大简化了工艺。

（3）保护环境的绿色生产　近年来，一些有代表性的PTA制造商一直不甘落后，不断完善各自的工艺流程，积极解决污染问题，促进环保生产。BP开发了一种环保型PTA生产工艺，通过改进固体废气处理和减少污染物排放，有效控制环境污染。BPAmoco工艺改进了最终的反应气体系统，减少了高压蒸汽的数量，降低了能耗并促进了能量回收。与现有技术相比，绿色反应途径是节能、环保和高效，促进了环境友好型社会的建设。EPTA包含三部分工艺：CTA生产、EPTA生产和催化剂回收，由Eastman开发。该过程的机理是液氧用于催化PX的氧化，乙酸用作溶剂，原料与压缩空气混合，连续进入中温泡罩塔氧化反应器和中间杂质可以通过溶剂回收生成的CTA，并有效除去系统的贫溶剂。主要杂质4-CBA，对甲基苯甲酸（p-TA）在氧化步骤后在EPTA中纯化，EPTA也从溶剂中分离并干燥。在流化床焚烧炉中分离并除去悬浮固体，并用CTA可溶性杂质处理残余物，因为滤液被除去以继续溶解的催化剂的反应用于下一次再循环。

第二节　对苯二甲酸的生产原理及生产条件

一、对苯二甲酸生产原理

1. 主副反应

主反应：

$$CH_3-C_6H_4-CH_3 + 3O_2 \longrightarrow HOOC-C_6H_4-COOH + 2H_2O$$

它是按以下反应步骤来进行的：

$$CH_3-C_6H_4-CH_3 \longrightarrow OHC-C_6H_4-CH_3 \longrightarrow HOOC-C_6H_4-CH_3 \longrightarrow HOOC-C_6H_4-CHO \longrightarrow HOOC-C_6H_4-COOH$$

对二甲苯分子上第一个甲基在一般氧化条件下是容易进行氧化的，但第二个甲基较难氧化，生成 4-羧基苯甲醛（简称 4-CBA）的反应是整个反应的控制步骤。

副反应：原料对二甲苯和溶剂乙酸都容易发生深度氧化，同时氧化不完全的中间产物或带入的一些杂质都会产生一些副反应。这些副产物虽数量不多，但品种繁多，已检出的副产物多达 30 种左右，统称为杂质。

其中，对产品质量危害最大的是 4-CBA 和芴酮类衍生物等不溶性杂质。这些杂质不仅影响聚合物的某些性能（如黏度、熔点下降），且影响纺丝，易使聚酯纤维着色变黄。所以，对苯二甲酸制得后，往往需要精制以除去这些杂质，得到“纤维级”的对苯二甲酸，即精对苯二甲酸。

2. 催化剂

对二甲苯高温氧化法是以乙酸钴和乙酸锰为催化剂、溴化物（如溴化铵、四溴乙烷）为助催化剂，于乙酸溶剂中将对二甲苯液相连续一步氧化为对苯二甲酸。

由于对二甲苯第二个甲基受分子中羧基影响较难氧化，仅依靠主催化剂乙酸钴和乙酸锰，反应产物将主要是对甲基苯甲酸。因此，要加入溴化物助催化剂，以加快第二个甲基的氧化，这是因为溴化物产生的溴自由基有强烈的吸氢作用，从而加快了自由基 $RCH_2\cdot$ 的生成。常用的溴化物有四溴乙烷、溴化钾和溴化铵等。

不论进料中 Co 或 Mn 及 Br 的浓度提高，氧化反应速率都有所加快，产物中的 4-CBA 等杂质含量降低，但乙酸与对二甲苯深度氧化反应加剧。所以，三者用量都各应有一定的要求，不能低于某一范围。此外，三元催化剂的配比要适宜，锰或钴浓度过高，都得不到色泽好和高纯度的对苯二甲酸。采用低钴高锰式的配比，既经济又可使溴浓度降低，并能减轻设备的腐蚀。三者配比一般是乙酸钴和乙酸锰用量对于对二甲苯为 0.025%（质量），其中锰钴比为 3∶1（摩尔比），溴与钴和锰之比为 1∶1（摩尔比）。

二、对苯二甲酸生产条件

影响氧化过程的操作因素有溶剂比、温度、压力、反应系统的水含量、氧分压和停留时间等。

1. 溶剂比

乙酸溶剂在反应体系中的主要作用是提高对二甲苯在溶剂中的分散性与对二甲苯的转化率。溶剂可溶解氧化中间产物，有利于自由基的生成，从而加快氧化反应速率；溶剂汽化可移出一部分反应热；对苯二甲酸产物几乎不溶解于乙酸，形成呈微小颗粒的浆粉状等。若反应不使用溶剂，氧化中间产物在对二甲苯中溶解度小，物料呈悬浮状态，从而产生固体物料的包结。物料包结后可影响氧化深度，使产品纯度下降，且物料黏度高，造成操作困难。所以，乙酸溶剂的存在，既有利于反应物的传质和传热，总体上有利于改善反应，又可提高产品纯度。一般，选择溶剂比为（3.5～40）∶1。

2. 温度

反应温度升高可加快反应，缩短反应时间，并可降低反应中间产物的含量。但温度过高可加速乙酸与对二甲苯的深度氧化及其他副反应，所以温度的选择既要加快主反应，又要抑制副反应。

3. 压力

由于对二甲苯氧化反应是在液相中进行，所以压力的选取要以对二甲苯处于液相为前提，又要与温度相对应。一般温度升高，压力相应提高；例如，当温度为 220～225℃时，相应压力为 2.5～2.7MPa。

4. 反应系统的水含量

反应系统中水的来源主要有两个，一是由氧化反应联产而得，二是由溶剂和母液循环带入。由主反应方程式可见，水对氧化反应有抑制作用，水含量过多，不利于化学平衡向正反应方向移动，且造成产物中的4-CBA含量增加。此外，水含量过多，能使催化剂中金属组分钴和锰生成水合物，导致催化剂活性显著下降。水含量过低，深度氧化产物一氧化碳或二氧化碳增加。正常生产时，反应系统中含水量宜为5%～6%。

5. 氧分压

本反应是气液相反应，所以提高氧分压有利于传质，产物中4-CBA等杂质浓度降低。但是，提高氧分压，深度氧化反应与主反应速率同时加剧，且尾气含氧量过高，有爆炸危险，给生产带来不安全因素。氧分压过低，引起反应缺氧，影响转化率，产品中4-CBA等杂质明显增加，产品质量显著下降。在实际生产中，一般根据反应尾气中含氧量和二氧化碳含量来判断氧分压是否选取适当。本法对尾气含氧量规定为1.5%～3.0%。

6. 停留时间

由于主反应是典型的连串反应，为保证氧化反应完全，达到所需转化率，反应器应采用返混型。但是停留时间还不宜太长，本反应工艺的停留时间应维持在两小时左右。停留时间可通过进料量和反应器液面控制。高温氧化法中各种工艺参数对反应的影响见表4-23。

表4-23　各种参数对于对二甲苯氧化反应的影响

工艺参数	反应速率	对苯二甲酸中4-CBA的含量	乙酸和对二甲苯的深度氧化反应
溶剂比↑	无影响	↓	↓
反应物料含水量↑	↓	↑	↓
氧分压↑	↑	↓	↑
反应温度和压力↑	↑	↓	↑
停留时间↑	↑	↓	↑

第三节　对苯二甲酸的生产工艺流程

一、氧化生产工艺流程

本工序的工艺流程如图4-26所示。

催化剂乙酸钴与乙酸锰按比例配制成乙酸水溶液，并将一定量的四溴乙烷溶于少量对二甲苯后，与溶剂乙酸及对二甲苯在进料混合槽（1）中按比例混合，经搅拌器混匀预热再进入氧化反应器（2）。氧化反应所需的工艺空气由空气透平压缩机（3）送往过滤器，经过滤后进入氧化反应器。

高温氧化反应器是对二甲苯氧化装置的核心设备，内壁和封头均有钛衬里。反应器带有搅拌器，其型式、转速及功率都是影响反应效率的主要因素。反应热是利用溶剂汽化和回流冷凝的方式循环撤除的。氧化反应器顶部的气体冷却冷凝后，部分液体回流返回反应器，部分进入乙酸回收系统。而未凝气体进入尾气吸收塔（4），用水吸收其中乙酸蒸气后进入空气透平机做功，驱动空气透平压缩机（3）以回收能量。洗涤液则进入乙酸回收系统。

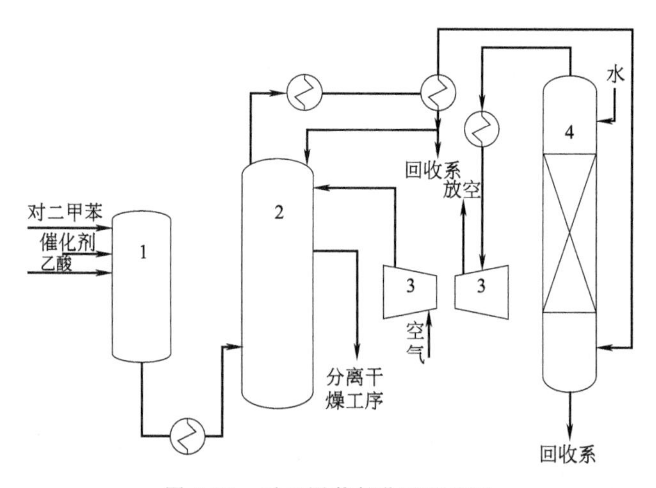

图 4-26　对二甲苯氧化工艺流程

1—混合槽；2—氧化反应器；3—空气透平压缩机；4—尾气吸收塔

二、反应混合物分离及干燥工艺流程

本工序的工艺流程如图 4-27 所示。

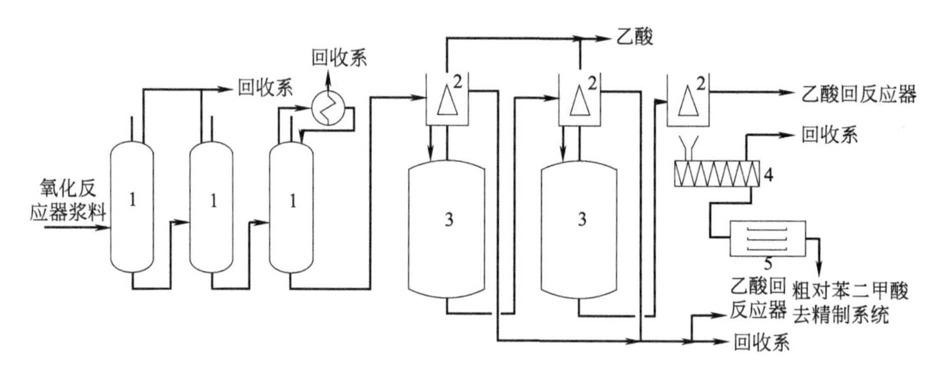

图 4-27　对苯二甲酸分离及干燥工艺流程

1—结晶器；2—离心机；3—打浆槽；4—螺旋输送机；5—干燥机

在高温氧化法的氧化过程中除生成对苯二甲酸外，还伴生一些杂质，如 4-CBA、对甲基苯甲酸（简称 PT 酸）、芴酮等。由于 PT 酸溶于溶剂，所以可用结晶法分离，经离心分离、洗涤、干燥后得对苯二甲酸。

来自氧化反应器中部排出的浆料，先后进入三个串联的逐次降温降压的结晶器（1）。在第一结晶器中，导入少量空气，使一次氧化液中未完全转化的对二甲苯及其中间氧化物进行二次氧化，继续转化为对苯二甲酸。实践表明，采用这种措施后，对苯二甲酸的产率可提高 2%～3%，催化剂用量却可节省约 15%～20%。进入第一结晶器的氧化浆料液含对苯二甲酸约 29%（质量），由于闪蒸、结晶、浓缩和冷却，自第三结晶器流出的浆料其浓度已达 39.8%（质量）。为保持对苯二甲酸在结晶器内浆料中呈悬浮状态，并促进晶体成长，三台结晶器内都设有搅拌器。

在二次氧化和结晶过程中产生的热量，仍由乙酸溶剂蒸发带出、前两台结晶器蒸发出来的蒸汽直接入溶剂回收系统，第三台结晶器蒸发的蒸汽则进入专设的冷凝器，冷凝后回流，不凝气体进入溶剂回收系统。

由第三结晶器送出的浆料进入第一离心机（2）分离，母液送乙酸回收系统。对苯二甲酸结晶送入设有搅拌器的打浆槽（3），用循环溶剂进行洗涤，使形成对苯二甲酸含量为45%（质量）左右的浆料。第一离心机分出90%母液后，为进一步洗涤除去附着于对苯二甲酸的杂质，洗涤后的浆料在第二离心机中重复以上操作，再打浆后进入第三离心机分离出对苯二甲酸与溶剂。离心机分出的全部洗涤溶剂作为反应用溶剂返回反应器，而第一台离心机分出的10%母液进入溶剂回收系统，以平衡排出有机废物。

含湿量约为10%的对苯二甲酸滤饼，经螺旋输送机（4）送入干燥机（5）用蒸汽干燥。干燥后的对苯二甲酸含湿量可达到0.1%（质量）以下，可用氮气流输送到加氢精制工序，精制成精对苯二甲酸。由湿滤饼蒸出的溶剂用逆流循环的氮气吹出。

三、乙酸回收工序

本工序的工艺流程图如图4-28所示。本工序的目的是将氧化反应器顶部的未凝气体及结晶母液中的乙酸经脱水及除去高沸点杂质后，使其可供反应系统循环使用，从而降低生产的消耗定额。

乙酸回收系统主要由汽提塔、脱水塔和薄膜蒸发器组成。待回收的乙酸进入汽提塔（2）除去高沸点杂质组分，塔顶蒸出的物料为含水乙酸，进入乙酸脱水塔（4）。乙酸脱水塔塔顶物料为水，供氧化吸收用，塔底为脱水乙酸，供氧化和打浆等循环用。汽提塔塔釜物料含有高沸点杂质与乙酸，进入薄膜蒸发器（3）分离，蒸出的轻组分回汽提塔，残渣送焚烧炉。

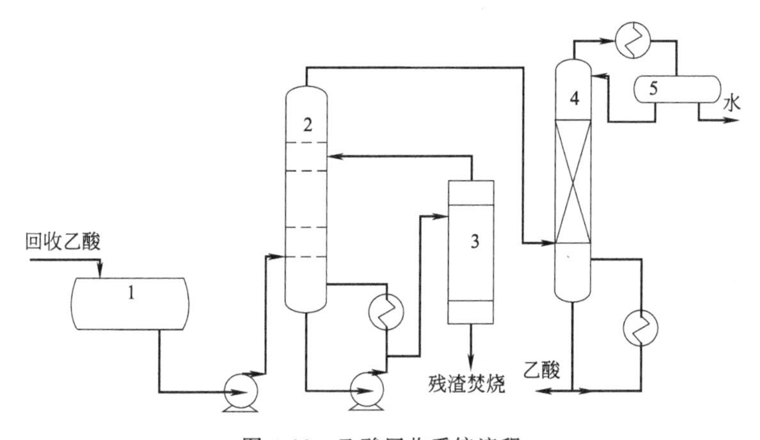

图4-28 乙酸回收系统流程

1—回收醋酸储槽；2—汽提塔；3—薄膜蒸发器；4—脱水塔；5—分离器

四、对苯二甲酸的精制

对苯二甲酸在上述结晶分离工序初步分离后，纯度一般为99.5%～99.8%，杂质含量为0.2%～0.5%。这些杂质尤其是4-CBA和一些有色体在浆液中浓度为$(2000\sim3000)\times10^{-6}$，为防止4-CBA等杂质影响以后的缩聚反应和聚酯色度，需经过精制将其除去。精制所得的精对苯二甲酸，其中4-CBA含量小于25×10^{-6}，质量提高到纤维级标准。

对苯二甲酸的精制工艺可以采用酯化法，也可采用加氢精制法，现新建装置多采用后法。本部分讨论加氢精制法。

1. 加氢精制化学原理

加氢精制的基本反应，是根据对二甲苯氧化生成4-CBA的逆反应原理进行的。在

280℃及6.6～6.8MPa压力下，使用载于活性炭上的钯催化剂进行连续加氢，使4-CBA转化为易溶于水的对甲基苯甲酸，有色体也同时分解。此外，此催化剂还有吸附作用，可除去芴酮等杂质。整个加氢过程的化学反应可用下式表示：

$$\text{(4-CBA)} + 2H_2 \longrightarrow p\text{-}CH_3C_6H_4COOH + H_2O$$

（反应式中：4-CBA 为 COOH 与 CHO 对位取代的苯环；产物为 COOH 与 CH_3 对位取代的苯环）

加氢反应后杂质大部分转化为能溶解于水的物质，故可用结晶分离、水洗等方法除去，经干燥后制成精对苯二甲酸。

2. 加氢精制工艺过程

加氢精制的工艺过程方块流程图如图4-29所示。对苯二甲酸用去离子水制成浆料，用升压泵加压，经加热、搅拌，待其完全溶解后送入加氢反应器。反应器为衬钛固定床，在精制过的纯氢和催化剂作用下对对苯二甲酸进行加氢精制。反应后的溶液经结晶器进行4～5级逐步降压结晶，使精对苯二甲酸成为合适粒度分布的沉淀。生成的水蒸气冷凝后循环使用，未凝气体经洗涤后放空。溶液经加压离心机分离，分离出的母液经闪蒸后排入下水道。从加压离心机分离出来的湿精对苯二甲酸，在打浆槽中用去离子水再洗涤一次后进入常压离心机分离。分离出的水可循环供加氢前打浆用，湿精对苯二甲酸经螺旋输送机送入回转式干燥机，干燥后即得精对苯二甲酸。

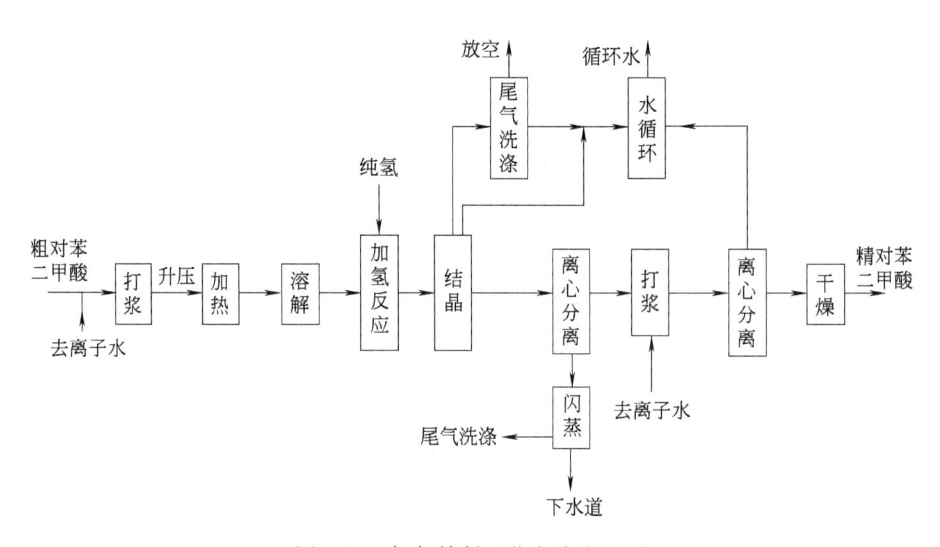

图4-29 加氢精制工艺方块流程图

由传统对二甲苯高温氧化法生产的对苯二甲酸所含4-CBA等杂质较多，需采用加氢、重结晶等工序生产精对苯二甲酸。由于精制过程长、设备多、技术难度大，钯又是贵重金属，所以操作费用和生产成本增高。目前，又开发了不经精制或稍加精制即可得到纤维级的精对苯二甲酸的生产方法。这些方法一般被称为对二甲苯一步高温氧化法。它具有过程简单、投资省、操作费用少、产品成本低等优点。与传统高温氧化法比较，其采取的主要措施有增大溶剂比、调整催化剂用量配比与种类、增大空气量、改进反应装置和进料方式等。

复习思考题

一、填空题

1. 以对二甲苯为原料，用空气（或氧气）氧化生产对苯二甲酸主要有两种方法，即____________和____________。

2. 生产对苯二甲酸的反应系统中水的来源主要有两个，一是由__________而得，二是由____________带入。

3. 生产对二甲苯的高温法反应温度较高，一般为________。该法以醋酸为溶剂，以______等重金属盐为催化剂，以______为助催化剂，将对二甲苯经液相空气氧化一步生成对苯二甲酸。

二、简答题

1. 比较对二甲苯高温氧化法和低温氧化法生产对苯二甲酸的优缺点。
2. 简述高温氧化法生产对苯二甲酸的基本原理，助催化剂和溶剂各起什么作用？
3. 生产中如何抑制 4-CBA 的生成？定性分析各种参数对反应的影响。
4. 简述加氢精制对苯二甲酸的工艺过程，并用方块流程图表示。
5. 试分析对苯二甲酸生产工艺条件。
6. 对二甲苯氧化生产对苯二甲酸时加入乙酸的作用有哪些？
7. 写出对二甲苯氧化生产对苯二甲酸的主反应，并说明反应历程。
8. 说明对二甲苯氧化生产对苯二甲酸的反应系统中水的来源，并分析含量如何选择。

附 录

附录1 烯烃生产岗位主要设备操作基础知识问答

1.按照工作原理泵可以分为哪几类？举例说明。

答：叶片式，如，单级离心泵、多级离心泵等。容积式，如，活塞泵、齿轮泵、螺杆泵、水环真空泵等。

2.什么叫泵的流量？

答：单位时间通过泵排出管道的流体量称为泵的流量。流量可分为质量流量和体积流量两种。质量流量是指单位时间内所通过的流体的质量，单位 t/h 等。体积流量是指单位时间内所通过的流体的体积，单位 m^3/h 等。

3.什么叫泵的扬程？

答：泵的扬程又称为泵的压头，是指单位质量流体经泵所获得的能量。泵的扬程大小取决于泵的结构，如叶轮直径的大小，叶片的弯曲、转速情况等。

4.简述离心泵的工作原理是什么？

答：在离心力的作用下，液体从叶轮中心被抛向外缘并获得能量以高速离开叶轮外缘。液体由于流道的逐渐扩大而减速，又将部分动能转变为静压能最后以较高的压力流入排出管道，送至需要场所。液体由叶轮中心流向外缘时，在叶轮中心形成了一定的真空，由于储槽液面上方的压力大于泵入口处的压力，液体便被连续压入叶轮中。可见，只要叶轮不断地转动，液体便会不断地被吸入和排出。

5.离心泵的基本性能参数有哪些？

答：流量、扬程、轴功率、效率、转速、必需汽蚀余量或允许吸上真空高度、比转数或汽蚀比转数等。

6.什么是离心泵的汽蚀现象？

答：离心泵工作时，在叶轮中心区域产生真空压强太低，以至于低于液体的饱和蒸气压使被吸上的液体在真空区发生大量汽化产生气泡。含气泡的液体挤入高压区后急剧凝结或破裂。因气泡的消失产生局部真空，周围的液体就以极高的速度流向气泡中心，瞬间产生了极大的局部冲击力，造成对叶轮和泵壳的冲击，使材料受到破坏。把因泵内气泡的形成和破裂而使叶轮材料受到破坏的过程，称为汽蚀现象。

7.什么是离心泵的气缚现象？

答：离心泵启动时，若泵内存有空气，由于空气密度很小，旋转后产生的离心力小，因而叶轮中心区所形成的低压不足以吸入液体，这样虽启动离心泵也不能完成输送任务，这种现象称为泵的气缚现象。

8.离心泵发生汽蚀有哪些危害性？

答：造成材料破坏；产生振动和噪声；使泵的性能下降。

9.运行中防止或消除离心泵汽蚀的措施有哪些？

答：①泵应在规定的转速下运行；②在小流量下运行时，打开再循环阀门，保证泵入口的最小流量，并限制最大流量，从而保证泵在安全工况区运行；③运行中避免用泵的入口阀门调节流量；④按首级叶轮汽蚀寿命定期更换叶轮。

10.离心泵叶轮按照结构形式可分为哪几种?

答：可以分为闭式、半开式、开式三种，其中闭式叶轮的效率较高，在离心泵中应用最多，适于输送清水、溶液等黏度较小的不含颗粒的清洁液体。

11.什么是单级双吸离心泵？主要用于哪些场合？举例说明。

答：单级双吸离心泵是单级双吸水平中开式离心泵，采用双吸式叶轮，相当于将两个单吸泵叶轮背靠背地装在同一根泵轴上并联工作，其特点是流量大，循环水系统多采用此类泵型。适用于工厂、城市、矿山、电站、农田、水利工程等领域。用来输送不含固体颗粒的清水或物理、化学性质类似于水的其他液体。

12.什么是多级离心泵？其特点是什么?

答：多级离心泵是将具有同样功能的两个以上的离心泵集合在一起，流体通道结构上，表现在第一级的介质泄压口与第二级的进口相通，第二级的介质泄压口与第三级的进口相通，如此串联的机构形成了多级离心泵。

多级离心泵的特点：①立式结构，具有占地面积小的特点，泵重心重合于泵脚中心，因而运行平稳、振动小、寿命长。②口径相同且在同一水平中心线上，无须改变管路结构，可直接安装在管道的任何部位，安装极为方便。③电机外加防雨罩可直接置于室外使用，而无须建造泵房，大大节约基建投资。④可通过改变泵级数（叶轮数量）来满足不同要求，故适用范围广。⑤轴封采用硬质合金机械密封，密封可靠，无泄漏，机械损失小。⑥高效节能，外形美观。

13.多级离心泵的轴向力是怎样平衡的?

答：主要是通过平衡盘的端面平衡轴向力的。

14.启动离心泵前应做哪些准备工作?

答：①检查泵体及出入口管线、附属管线、阀门、法兰、活接头、压力表，应无泄漏，地脚螺栓及电机接地线应无松动，联轴器已经接好。②检查泵出口压力表和封油压力表已经安装良好，量程选择合适，压力表、电流表、油箱油面已用安全红线标记。③按机泵润滑油使用规格和三级过滤要求，向轴承油箱注入合格滑油。④盘车检查应转动灵活轻松，泵体内没有不正常声音和金属撞击声。⑤开冷却水和封油，使其畅通循环，调节好冷却水流量和封油压力。⑥灌泵，全部打开泵的入口阀和出口压力表排凝阀，置换出泵体内空气。⑦联系电工送电，对新安装泵或检修后的泵，应启动一下，检查机泵旋转方向是否正常，若反转，应立即停泵联系电工对电缆头接线“换相”。⑧准备好油壶、扳手、温度计、听针等工具。⑨操作员到达现场，并已改好流程，调节阀已遥控适当打开一定开度，已联系仪表工启用一次表，打开泵出口压力表引压阀，若是新安装机泵或是检修后的机泵必须联系电工、钳工到现场。

15.如何正确启动离心泵?

答：①做好启动前的一切准备工作。②按启动电钮启动机泵，密切监视电流指示和泵出口压力指示的变化，检查密封油的情况和端面密封的泄漏情况，察听机泵的运转声音，检查机泵的振动情况和各运转点的温度上升情况。若发现电流超负荷或机泵有异常声音，应立即停泵查找原因。③若启动正常［所谓正常，即启动后，电流指针超程后很快下来，泵出口压力不低于正常操作压力，无晃量抽空现象，油箱温度、格兰（gland的音译，工程翻译为压盖）温度、电机轴承和机壳温度、电缆头和接线盒温度都低于允许范围，端面滑漏也在允许范围内］，即可缓慢均匀地打开出口阀门，同时密切监视电流指示和泵出口压力指示的变化情况，当电流指示值随着出口阀的逐渐开大而逐渐上升后，说明量（物料流量）已打出去。当泵出口阀打开到一定开度，继续开大后电流不再上升时，说明调节阀已起作用，应使用二次表遥控（即DCS系统再次调节出口调节阀的开度）进一步开大调节阀来继续提量。

16.离心泵首次开泵前为什么要灌泵?

答：离心泵泵内可能存有气体，气体不排出去，液体就无法吸入泵内，所以离心泵首次开泵前必须灌泵，使泵内充满液体，把气体赶出去。

17.为什么启动离心泵要关闭出口阀?

答：电机启动后，电机由原来的静止状态一下子升到工作转速，启动电流要比正常运转时大5～7倍，有可能导致电机跳闸。离心泵在流量为零时，功率消耗最小。为了保护电机，使电机在最低负荷下启动，所以在启动离心泵时要关闭泵的出口阀。

18.如何正确停运离心泵?

答:①先关闭泵出口阀门,后按停机电钮停机,酌情关入口阀门(如泵不检修,则不应关闭)。②停泵后停密封油,泵体温度降至常温后停冷却水(冬季可保持小量水流,以防冻坏设备)。③刚停泵后,应注意电机温度的回升(特别是较大电机或夏季),必须要时可用压缩风胶带吹风冷却。④停泵后,应定时检查和盘车。

19.如何正确切换离心泵?

答:①做好备用泵启动前的各项准备工作,按正常启动程序启动。切换前流量自动控制应改为手动,并由专人监视以使切换波动时及时稳定流量。②备用泵启动正常后,应在逐渐开大备用泵出口阀的同时,逐渐关小原运行泵出口阀,若两人配合,一开一关要互相均衡,直到新运行泵出口阀接近全开,原运行泵出口阀全关为止,然后才能停原运行泵。在切换过程中一定要随时注视电流、压力和流量的情况,避免波动,保证切换平稳。③原运行泵停车后,按停车要求处理。

20.备用泵盘不动车时为什么不能启动?

答:当备用泵盘不动车时,说明泵的轴承箱内或泵体内发生了故障,这故障可能是叶轮被什么东西卡住,也可能轴弯曲过度,还可能是泵内压力过高,在这样的情况下,如果压力指示高则可排压,不然就一定要联系钳工拆泵检查原因。否则,一启动,强大的电机力量带动泵轴强行运转,就会造成泵的部件损坏,或发生抱轴的事故,或烧毁电机。

21.对于有机械密封的泵类设备启动或停止泵运行时应注意什么?

答:因机械密封动、静环之间依靠液体润滑和冷却,所以在启动泵之前,需要打开入口阀,让液体充满空间形成良好的润滑;停泵后,要在泵停止转动后再关闭入口阀门,防止机械密封因无冷却润滑液体而磨损。

22.泵在冬天为什么要防冻?怎样防冻?防冻的主要部位是哪里?

答:因为留存在泵内的水遇到零度以下的低温就会结冰,水在结冰时体积膨胀,这种膨胀的力会使泵体断裂,所以防冻是项很重要的工作。

防冻方法有以下几种:①排净闲置泵内的存水;②保持长流水(冷却水的上下水阀都开点);③保温或用蒸汽伴热;④备用泵保持出入口流通。

防冻的主要部位是:泵体、水套、冷却水管线和阀。

23.泵在运行时应注意做好哪几方面的维护工作?

答:①定时观察并记录泵的进出口压力、电流、轴承温度。②经常用听针倾听泵内部声音。③经常检查轴承的润滑情况和温升。④检查泵填料密封处滴水情况是否正常。⑤检查泵轴承振动不超过规定值。

24.备用泵定期盘车的目的是什么?

答:①泵轴上装有叶轮等配件,在重力的长期作用下会使轴变弯。经常盘车,不断改变轴的受力方向,可以使轴的弯曲变形最小。②盘车能检查运动部件的松紧配合程度,避免运动部件长期静止而锈死,使泵能随时处于备用状态。③盘车可把润滑油带到轴承各部位,防止轴承生锈,而且由于轴承得到初步润滑,紧急状态能马上启动。

25.离心泵流量不足的原因有哪些?

答:①吸入管或泵的进口堵塞,吸入管阻力过大。②叶轮吸入口口环磨损,间隙过大。③泵的转向不对或叶轮装反。④出口阀未打开或开度太小。⑤电机的运转方向不对,电机缺相转速很慢。⑥离心泵没有灌满液体,泵腔内有空气。⑦泵出口管道阻力过大,泵选型不当或者所选泵扬程达不到。

26.离心泵压力波动、流量不稳的原因有哪些?

答:①入口过滤器脏,局部有堵塞。②液位低,泵吸入空气。③进口阀开得过小。④排出阀开得过快。⑤介质温度过高,蒸气压过大。

27.离心泵启动后,出口压力高,电流超过额定值,可能有哪些原因?

答:①出口阀未打开或单向阀发生故障顶不开。②流程上的有关阀门未打开。③泵出口管线堵塞。④介质温度过低,介质黏度大。⑤机泵轴承损坏,运动部件磨损阻力增大。

28.离心泵振动大的原因是什么?

答:①泵转子或驱动机转子动平衡不合要求。②联轴器找正不合要求。③轴承磨损间隙过大。④地脚螺栓松动。⑤基础不牢固。⑥轴弯曲。⑦支架不牢固引起管道振动。⑧泵体内部磨损。⑨转子零件松动或破损。⑩叶轮中有杂物。

29.离心泵的抽空有什么现象?

答：泵在运行时，突然出现噪声、振动大，并伴随扬程、流量、效率的降低，电机电流的减少，压力表上的指示压力逐渐下降，这就是泵刚开始发生抽空的现象。

30.抽空对离心泵有什么危害?

答：①从操作来讲，压力为零，流体打不出去，打乱了平稳操作。②从设备上来讲，泵抽空会造成叶轮及后盖板的损坏。③抽空引起的振动，还会造成轴承、密封元件的早期磨损、泄漏、抱轴、断轴等事故。因此，工作中应严防抽空的发生。

31.造成离心泵汽蚀的主要原因有哪些?

答：①进口管路阻力过大或者管路过细。②输送介质温度过高。③流量过大，也就是说出口阀门开得太大。④安装高度过高，影响泵的吸液量。⑤选型不当，包括泵的选型、泵材质的选型等。

32.简述离心泵的典型结构。

答：离心泵一般由叶轮、泵体、托架、轴封、密封环（口环、平衡装置）等组成。

33.简述磁力泵的工作原理。

答：磁力泵是一种无动密封的泵，由泵、磁力传动器、电动机三部分组成，关键部件磁力传动器由外磁转子、内磁转子及不导磁的隔离套组成，当电动机带动外磁转子旋转时，磁场能穿透空气间隙和非磁性物质，带动与叶轮相连的内磁转子作同步旋转，实现动力的无接触传递，将动密封转化为静密封。

34.磁力泵的操作有哪些特殊要求?

答：①磁力泵在正常操作条件下，不存在随时间推移而老化退磁的现象。但当泵过载在出口阀关闭的情况下，泵连续运转时间超过 2 分钟或操作温度高于磁钢许用温度时，就会发生退磁。因此磁力泵必须在正常操作条件下运行。②磁力泵禁忌空转，以避免滑动轴承和隔离套烧坏。③磁力泵输送的介质中不允许含有铁磁性杂质与硬质杂质。④磁力泵不允许在小于 30%的额定流量下工作。⑤应经常检查磁力泵的电流、温升和出口压力是否正常、是否渗漏，运行是否平稳，振动和噪声是否正常。发现异常情况要及时处理。

35.什么是隔膜泵?

答：隔膜泵是往复泵中较特殊的一种类型，它是靠隔膜片来回鼓动形成负压和正压而吸入和排出液体的泵。

36.隔膜泵是如何调节流量的?

答：隔膜泵的流量调节是靠旋转调节机构改变活柱冲程来调节的。其原理是：旋转调节机构的手轮(可以看到刻度盘上的位置变化)，通过可调轴和滑轴发生轴向变换，此运动通过滑轴上的斜槽转变为偏心轮的径向位移，经过连接杆推动柱塞，由于柱塞冲程的改变，从而达到流量调节的目的。

37.隔膜泵流量不足的原因有哪些?

答：可能的原因有：①进料阀或排料阀泄漏；②膜片损坏；③转速太慢，或转速调节失灵或损坏。

38.隔膜泵压力下降的原因有哪些?

答：可能的原因有：①补油阀补油不足；②进料不足或进料阀泄漏；③柱塞密封漏油；④隔膜泵储油箱油面太低；⑤隔膜泵泵体泄漏或膜片损坏。

39.常用的螺杆泵分为几类?

答：螺杆泵按螺杆的数量，通常分为：单螺杆泵、双螺杆泵和多螺杆泵。常用的多螺杆泵是三螺杆泵。

40.什么是单螺杆泵?主要工作部件是什么?

答：单根螺杆在泵体的内螺纹槽中啮合转动的泵，叫单螺杆泵。它的主要工作部件是偏心螺旋体的螺杆（称为转子）和内表面呈双线螺旋面的螺杆衬套（称为定子）。

41.螺杆泵有哪些优点?

答：①输送介质的种类和黏度范围广。②压力和流量范围宽阔。③机械振动及声音低。④自吸能力强。⑤流量与转速成线性关系，可以方便地通过调整转速来控制流量。⑥流量均匀、连续。

42.为什么螺杆泵不允许在断料的情况下运转?

答：因为如果螺杆泵断料，橡胶定子由于干摩擦，就会瞬间产生高温而烧坏。

43.齿轮泵的工作原理是什么？

答：齿轮泵有一对互相啮合的齿轮，一个是主动轮，一个是从动轮。主动轮安装在主动轴上，主动轴一端伸出泵壳外，由原动机驱动。从动轮安装在从动轴上，与主动轮相互啮合。齿轮旋转时，液体沿吸入管进入到吸入空间，沿上下泵壳壁被两个齿轮分别挤压到排出空间。

44.齿轮泵不打量的原因是什么？

答：齿轮泵不打量有以下几个原因：①泵自身安全阀弹簧失效，使泵出口的介质大量返回到入口。②电机转速不够或反转。③泵入口管路堵塞或大量漏气。④泵内部磨损严重。

45.齿轮泵电机超电流的原因是什么？

答：有以下两个原因：①泵内部动、静件的间隙过小或发生摩擦，会造成电机超电流，应重新调整间隙。②排出管线堵塞或不畅通，会造成电机超电流，应清理疏通排出管线。

46.机泵运行时，轴承温度的允许值是多少？

答：滑动轴承≤65℃；滚动轴承≤75℃，或者温度≤（环境温度+40℃）。

47.泵的挡油环或挡水环有什么作用？它们松动后有什么危害？

答：挡油环或挡水环位于轴承箱两端压盖的外缘，用螺栓固定在轴上，和轴一起旋转。挡油环起着防止润滑油甩出的作用，挡水环除了起到这个作用外，还起防止轴封的冷却水进入轴承箱的作用。当挡油环和挡水环松动时，不能掉以轻心，而应该加强维护，当挡油环和挡水环完全脱离轴承压盖时，应该将它上紧以后再启动。因为挡油（水）环一旦松动，便不能起到密封轴承箱的作用，箱内润滑油沿轴漏出，造成轴承箱缺油。此外，如果挡油（水）环脱落到对轮或轴封压盖时，不停地撞击会产生火花，一旦遇上外漏的易燃易爆气体时，就会引起火灾，所以挡油（水）环松动或脱落时，应及时停泵处理。

48.泵轴密封的作用是什么？

答：泵的轴密封是用来阻止泵内液体向外泄漏，同时也防止空气进入泵腔。

49.轴承温度高的原因有哪些？

答：①轴承间隙过大或过小。②轴承安装不正确。③轴承磨损或松动。④轴承缺油，或加油过多或油质不良。⑤轴承内有杂物。

50.什么叫汽轮机？

答：汽轮机是利用水蒸气的热能来做功的旋转式原动机。

51.汽轮机按工作原理分为哪几类？

答：可分为冲动式汽轮机、反动式汽轮机和混合式汽轮机三类。

52.汽轮机按其热力特性分为哪几类？

答：可分为凝汽式汽轮机、背压式汽轮机、调整抽汽式汽轮机、补汽式汽轮机、抽汽背压式汽轮机及中间再热式汽轮机。

53.什么叫反动式汽轮机？

答：蒸汽的热能一半在喷嘴中转换为动能，另一半在动叶中转换为动能，使动叶片既受冲动力又受反动力作用，这种汽轮机叫反动式汽轮机。

54.什么叫冲动式汽轮机？

答：冲动式汽轮机指蒸汽主要在喷嘴中进行膨胀，在动叶片中不再膨胀或膨胀很少，而主要改变流动方向。现代冲动式汽轮机各级均具有一定的反动度，即蒸汽在动叶片中也发生很小的一部分膨胀，从而使汽流得到一定的加速作用，但仍算作冲动式汽轮机。

55.什么叫凝汽式汽轮机？

答：进入汽轮机做功的蒸汽，除少量漏汽外全部或大部分排入凝结器凝结成水，这种汽轮机称为凝汽式汽轮机。

56.什么叫背压式汽轮机？

答：不用凝结器，而将进入汽轮机做功后的蒸汽以高于大气压的压力排出，供工业或采暖使用，这种汽轮机称为背压式汽轮机。

57.什么叫调整抽汽式汽轮机？

答：将部分做过功的蒸汽以一种或两种可调整高低压力的蒸汽，供工业或采暖用汽，其余蒸汽仍排入凝结器，这类汽轮机叫调整抽汽式汽轮机。

58.汽轮机的叶片由哪几部分组成？

答：汽轮机的叶片由叶片工作部分、叶顶部分和叶根部分组成。

59.对汽轮机的操作应注意什么问题？

答：①严格控制工艺参数，不能较长时间超过温度极限。②在汽轮机的停车和开车过程中，必须按操作规程执行，尤其是升速、升温、降速、降温都要按规定执行。③定期检查中分面是否有漏水或漏汽的现象，经常保持滑销的清洁。④汽缸保温完好，冬季要尽量避免冷风局部吹缸的一侧。⑤经常注意各处的振动和异常，若有异常现象应及时汇报。

60.汽轮机暖机时，为什么要控制表面冷凝器的合适真空度？

答：当冷凝器内的真空过高时，转子的阻力小，特别是在汽轮机单试时，表现尤为突出，当蒸汽系统有微小的波动时，转速都会有较大的波动。随着暖机转速的升高，汽轮机消耗的蒸汽相对增加，但由于排汽压力低，进汽量相对减小，达不到预期的暖机目的。真空度过低，转子冲动时阻力大，引起启动时机组振动值超标，还会使排汽温度高，造成低压缸膨胀量增大，对中偏移，甚至引起动静部件的摩擦。

61.暖机时汽轮机的排汽温度为什么会升高？

答：一种情况是正常温度升高。在暖机过程中，由于进入汽轮机蒸汽量小，速度低，蒸汽在各级的流动过程不能像正常转速下的流动，在最末级蒸汽仍然有较大的过热度。另外因为蒸汽流动速度低，末级叶片的尺寸大，蒸汽流经叶片时，在叶片的搅动下产生摩擦损失和重热现象，这些损失产生的热量反过来加热蒸汽，使排汽温度高于对应温度下的饱和值，这是汽轮机低转速下产生的必然现象，通常是转速越低，排汽压力越高，低转速停留时间越长。温度越高，这种现象一般要求不能高于对应真空度下饱和温度的10～15℃，高于20℃时就要采取措施。另一种情况是不正常的温度升高，由于计划不周或开车准备不完善，开车受阻，使机组在低转速下运行时间过长，排汽温度升高，由于蒸汽量小，使凝液量小，热井中凝液的液位低，凝液不能排到管网中，而是循环回到表面冷凝器中，使抽真空系统不能正常工作。

62.汽轮机排汽温度高如何解决？

答：一是补脱盐水，使热井液位正常，可使整个系统中冷凝水温度降低，从而达到降低排汽温度的目的。二是尽快提高机组转速，让压缩机增加负荷，调速阀开度增大，可使热井液位增高，让冷凝水送出管网并降低自身温度。

63.透平离心压缩机机组低转速运行时间长，为什么会出现真空度自行下降的现象？怎样解决？

答：机组在低转速下运行，热井中的液位低，凝液在系统内反复循环使自身温度升高，抽汽冷凝器内的蒸汽混合物得不到充分的冷却，使喷射泵的背压升高，抽汽能力降低，使真空度降低。解决措施是适当补脱盐水，建立正常的热井液位，调整液位控制阀的开度，返回阀开度尽量减小，外送阀尽量开大，以保证冷凝器的真空、尾缸的温度指标在正常范围内。

64.怎样判断汽轮机结垢？

答：可以从以下两个方面来判断：①可观察同样的负荷下调速阀的开度，如果增大，则说明汽轮机结垢。因为当压缩机负荷一定时，汽轮机产生的功率与转速成正比。正常情况下，当转速一定时，如果汽轮机结垢，蒸汽的流通面积就会减小，汽轮机的效率就会下降。为了保证工艺的要求，就要增大蒸汽的进汽量，用来补偿效率降低造成的功率损失。②如果汽轮机结垢，由于蒸汽的流通面积减小，进汽量增大，轮室的压力会升高。

65.透平压缩机组复水系统的巡检内容有哪些？

答：要检查表面冷凝器的液位、压力，热井温度，复水泵的运行情况；冷却水的进出口度、压力；喷射泵用蒸汽压力，真空系统冷凝器凝液疏水器的工作情况等。

66.按照能量转换方式不同，压缩机可以分为哪两种？

答：可以分为容积式压缩机和速度式压缩机两种。

67.离心式压缩机的工作原理是什么？

答：离心式压缩机的工作原理是通过叶轮对气体做功，在叶轮和扩压器的流道内，利用离心升压作用和降速扩压作用，将机械能转换为气体压力能。离心式压缩机用于压缩气体的主要工作部件是高速旋转的叶轮和流通面积逐渐增加的扩压器。

68.离心压缩机有哪些主要性能参数?

答：流量、出口压力或压缩比、功率、效率、转速、能量头等。

69.什么是离心压缩机的流量?

答：指单位时间内流经压缩机流道任一截面的气体量。通常以体积流量和质量流量两种方法来表示。

70.什么是离心压缩机的体积流量?

答：体积流量是指单位时间内流经压缩机流道任一截面的气体体积，单位为 m^3/s。因气体的体积随温度和压力的变化而变化，当流量以体积流量表示时，必须注明气体的温度和压力。

71.什么是离心压缩机的质量流量?

答：质量流量是指单位时间内流经压缩机流道任一截面的气体质量，单位为 kg/s。

72.什么是离心压缩机的压缩比?

答：压缩比是指压缩机的排出压力和吸入压力之比，也称压比，计算压比时，排出压力和吸入压力都要用绝对压力。

73.什么是压缩机的转速?

答：是指压缩机转子旋转的速度，单位是 r/min。

74.压缩机为什么要分成多个气缸?

答：当设计一台离心式压缩机时，有时由于所要求的压缩比较大，需用叶轮数目较多，如果都安装在同一根轴上，则会使轴的第一临界转速变得很低，结果使工作转速与第二临界转速过于接近，这是不允许的。另外，为了使机器设计得更为合理，压缩机各级需采用一种以上转速时，也需分缸，一般压缩机每缸可以有约 10 个叶轮。多缸压缩机各缸的转速可以相同，也可以不同。

75.机组停车后为什么要盘车?

答：机组停车后，压缩机转子还是热的，如果不盘车，受热力和转子重力的作用，转子会产生弯曲，所以机组停车后要盘车，使转子受热均匀，避免弯曲。

76.离心压缩机的定子由哪些元件组成?

答：定子由汽缸和隔板组成，汽缸通过猫爪与机座联成一体，使机组运行时稳固可靠。

77.离心压缩机的转子由哪些元件组成?

答：转子由主轴、叶轮、平衡盘、推力盘以及定距套等元件组成。

78.离心压缩机常用的径向轴瓦有哪几种形式?

答：有圆筒轴瓦、椭圆轴瓦、三油楔轴瓦。

79.什么是离心压缩机的“级”?

答：离心压缩机的“级”是以一个叶轮及与其相配合的固定元件所构成组件的数目（一般指叶轮的数目）。

80.什么叫离心压缩机的工况点?

答：离心压缩机与管网连接，构成一个密闭的气体介质输送系统，压缩机与管网同时工作于这个系统，并使其性能曲线汇交于一点，这个交点称为压缩机的工况点。压缩机工况点的位置不是固定不变的，它随管网性能曲线的移动而变化。离心压缩机均有一个最佳工况点，在该点压缩机的运行效率最高。压缩机在运行时，其工况点最好能落入压缩机效率最高区域，这时压缩机的运行效率最佳。

81.什么是离心压缩机的喘振?

答：当离心压缩机的进口流量小到足够的时候，会在整个扩压器流道中产生严重的旋转失速。这时，压缩机的出口压力突然下降，使管网压力比压缩机出口压力高，迫使气流倒回压缩机，直到管网压力降到压缩机出口压力时，压缩机又向管网供气，压缩机恢复正常工作。当管网压力再恢复到原来压力时，压缩机流量仍然足够小的话，压缩机又产生旋转失速，出口压力再次下降，管网中气流又倒流回压缩机。如此周而复始，使压缩机的流量和出口压力周期地大幅度波动，引起气流在管网中强烈波动，并伴有周期性沉闷的呼叫声，这种现象叫作离心压缩机的喘振。压缩机不能在喘振工况下长时间运行，一旦出现喘振，操作人员应立即采取调节措施，降低出口压力，或增加入口流量。

82.引起离心压缩机喘振的原因有哪些?

答：一是外部因素影响，比如，介质参数偏离指标；环境温度高，造成压缩机段间温度上升，汽轮机功率下降。二是操作不当，如，管网中压力超高，稳定工作点移向小流量区；机组超负荷运行，运行转速超出设计值，性能曲线变陡；防喘振阀手动控制；进口滤网堵塞；操作经验不足。三是开停车时内外协调不好，使设备出现了故障，如，段间或轴端密封间隙超标，段间互相窜气或泄漏量大，使级间气量不足；段间换热器漏，段间罐窜气，进入后部的气量小；汽轮机调节滞后，在工况变化时，负荷变化过渡时间长，流量波动大。四是设备在设计上存在问题，如：段间或级间的性能不匹配，末级的性能曲线过陡，运行稳定区域窄。

83.离心压缩机防喘振的方法是什么？

答：离心压缩机常用的防喘振方法都是回流法，就是通过设置防喘振流量控制阀，实现气体回流到压缩机的入口，即在压缩机出口流量低于正常流量而接近喘振流量时，流量控制阀打开，气体返回到压缩机的入口，使流量增加，远离喘振工况。

84.离心压缩机防喘振阀为什么要设计成快开慢关阀？

答：设计成快开式，可在喘振发生时，有利于在自控状态下的防喘振阀及时打开，消除喘振现象，同时可减少阀门动作滞后，防止喘振的加剧。在机组紧急停车时，转速迅速下降，这时防喘振阀快速打开，就能防止机组喘振的发生。在手动操作时，若调节阀动作幅度大，关闭速度快，就会造成流量减小过快，容易发生喘振，将该阀设计成快开慢关阀后，就能避免这个问题。

85.离心压缩机有哪些调节方法？

答：压缩机出口节流调节法、压缩机入口节流调节法、压缩机进口导叶调节法、改变压缩机转速调节法、扩压器叶片调节法、静叶角度调节法。

86.什么是离心压缩机的等压力调节、等流量调节、比例调节？

答：等压力调节是指保持压缩机排气压力不变，只改变气体流量的调节。等流量调节是指保持压缩机输送气体介质的流量不变，只改变排出压力的调节。比例调节是指保持压力比不变，或保持两种气体介质的容积流量百分比不变的调节。

87.离心压缩机出口节流调节的原理是什么？

答：出口节流调节是离心压缩机常用的一种调节方法，它是利用出口阀开度的改变，使管网性能曲线的形状和位置发生变化，从而改变压缩机的工况点，实现气体介质参数的变化，以满足生产工艺的需求。在出口节流调节中，有等压力调节和等流量调节两种调节方式。

88.离心压缩机进口节流调节的原理是什么？

答：离心压缩机的进口节流调节，是将节流阀装在压缩机的入口管网系统，利用节流阀开度的变化，改变压缩机性能曲线的形状和位置，移动压缩机工况点，改变压缩机工况参数，实现进口节流调节的目标，在进口节流调节中，有等压力调节和等流量调节两种调节方法。

89.离心压缩机转速调节的原理是什么？

答：离心压缩机转速调节的原理，就是利用压缩机转速的改变，移动压缩机性能曲线和工况点的位置，最终实现气体介质参数的调节，在转速调节中，有等压力调节和等流量调节两种调节方式。

90.转速变化对离心压缩机的性能参数有什么影响？

答：当压缩机的转速由高逐渐降低时，压缩机的流量与转速比成正比例下降，压缩比与转速比的平方成正比例下降，功率与转速比的立方成正比例下降。反之，成正比例上升。

91.离心压缩机进口导叶调节的原理是什么？

答：进口导叶调节是利用导叶角度的改变，使离心压缩机性能曲线发生位移，从而改变压缩机工况点，达到调节气体参数、满足生产工艺要求的目的。

92.什么叫导叶的正旋绕和负旋绕？在离心压缩机负荷调节时如何发挥作用？

答：当导叶转向与压缩机叶轮旋转方向一致时，为正旋绕，反之为负旋绕。在调节时，欲使离心压缩机的能量头或流量减少时，采用正旋绕调节，反之，采用负旋绕调节。

93.离心压缩机增加负荷时，操作上要注意哪些问题？

答：①增加负荷要在通过临界转速后，经全面检查，确认各项控制指标在正常情况下才能进行，操作时要缓慢分步进行，升压速度以每分钟0.3～0.5Pa为限。②升压与升速要交替进行，在关小放空阀的同时，要调整防喘振阀的开度，应遵循先低后高、先升速后升压的原则。③随时监视机组的振动、位移、轴承温度及回油量的变化，如有异常应停止增加负荷，并查找原因。

94.发生什么情况时，离心压缩机组应当立即采取紧急措施停车？

答：①机组转速超出危急保安器动作值而危急保安器不动作。②机组发生强烈振动，振值出现“红灯”报警，或机组轴位移过大出现“红灯”报警。③设备内发出明显异常声音。④控制油压力过低而联锁系统不动作。⑤油箱油位突然降低使油泵抽空。⑥油管、主蒸汽管线、工艺管道破裂或法兰泄漏又不能堵住。⑦真空度下降到极限值而不能恢复。⑧压缩机密封突然漏气。⑨机组调节系统、控制系统发生严重故障，机组失控而不能排除。⑩汽轮机发生水击，或主蒸汽中断，或主蒸汽温度、压力超过极限值而不能恢复。⑪压缩机吸入罐满液位，造成压缩机缸体进液。⑫压缩机发生严重喘振而不能消除。⑬仪表风突然中断。⑭系统着火，并且不能很快扑灭。⑮工艺系统发生紧急停车情况或工艺系统需要紧急停机。

95.透平驱动的离心压缩机组紧急停车操作要点是什么？

答：①立即手动操作表盘停车按钮，或手动操作危急保安器杠杆停机。②同时打开压缩机防喘振阀，压缩机气体放空或打环。压缩机迅速从工艺系统切除，避免气体倒流，造成压缩机反转。③情况如允许，启动盘车装置。④关闭蒸汽入口、出口截止阀。⑤打开机体导淋阀。⑥停机后，按正常停车规定做好停车后维护工作。

96.离心压缩机机组紧急停车有什么危害？

答：①在机组满负荷状态下，如果负荷和转速从额定值迅速下降，转子及其部件要承受很大的扭力矩和变应力，金属材料易产生疲劳，使设备的寿命缩短或损坏。②紧急停车时，作用在叶轮上的轴向力在瞬间发生很大的变化，使转子的轴向位移增大，易造成轴瓦烧坏及动静部件发生摩擦、磨损事故。③紧急停车时，如果压缩机出口单向阀有故障，就会使出口管网的物料倒回压缩机汽缸内，造成设备事故。因此，压缩机组要尽量避免紧急停车。

97.离心压缩机组正常停车时要注意什么？

答：要先对压缩机降负荷，然后将气体切出系统，在降负荷过程中，遵循先高后低、先降压后降速的原则，防止发生喘振。

98.透平离心压缩机组停车后应注意什么？

答：①转子静止后及时投入盘车装置，如果盘车器不好用，应手动盘车。每次盘车 180°，再从连续盘车过渡到间歇盘车。必须保持润滑油工作的正常，待机体温度降到常温时才可停润滑油系统。对因检修工作需要停油泵的，要盘车 6～8h 以上。②停机后不能立即停密封油系统，防止空气从轴封处漏入缸内。待系统置换合格后，才能停密封油系统。③如果机组需停下来，复水泵应运行一段时间，待尾缸温度降下来后，再停复水系统。复水停下来后，要检查泵出口单向阀及其旁通阀是否关好，防止凝液倒窜。④如果设备本身没有故障，停机时间短，需立即开车，油系统、密封系统、复水系统要维持正常，以缩短开车准备时间。

99.离心压缩机组在什么情况下停车不用盘车？

答：①停车前或停车过程中已经发现转子有故障，或轴承有故障，或盘车后发现轴振动和轴位移增大，出现这种情况均不能盲目投自动盘车。②润滑系统工作不正常，油压低或油温低于 30℃，也不能投自动盘车，否则将加快轴承的磨损。

100.为什么大型压缩机、风机转子运行几年后要定期做动平衡？

答：①压缩机、风机转子长期在受力工作情况下运行，易发生微小变形。②压缩机、风机转子局部受到磨损，进行定期动平衡校验，可确保转子使用寿命、消除振动。

101.为什么要经常检查压缩机组的润滑油温度？

答：离心压缩机的轴承一般采用滑动轴承，轴在高速旋转时，在轴和轴瓦之间形成一个具有承载能力和润滑能力的油膜，润滑油的连续供给是形成油膜的基本条件。油膜的形成及油膜的承载能力还与润滑油的温度有关，如果润滑油的温度高，则润滑油的黏度降低，油膜承载能力较差，在转子连续载荷的作用下，容易引起油膜的局部破坏，造成烧瓦事故。反之，如果润滑油温度低，则润滑油黏度增大，流动性差，油膜增厚，容易引起油膜振荡，导致发生轴瓦龟裂、气封磨损等事故。

102.机组油箱的作用是什么？巡检时要检查哪些内容？

答：油箱是机组润滑油储备、分离、沉降、供油的设备，它是润滑油供给是否安全的重要因素之一。检查油箱，主要检查油箱的液位、温度，油箱底部排水情况等。

103.机组高位油箱的作用是什么？巡检时要检查哪些内容？

答：高位油箱是机组的安全保护设施之一，机组正常运行时，润滑油由底部进入，由顶部排出流回油箱。一旦发生停电停机故障，辅助油泵不能及时启动供油，则高位油箱的润滑油，将沿着进油管路，流经机组的各个轴承后返回油箱，确保机组对润滑油的需要。在检查时，要注意高位油箱的回油视镜是否有润滑油流过，还要定期检查高位油箱顶部呼吸孔是否畅通。在机组停车后，要检查单向阀是否灵活好用。

104.油箱液位下降的原因有哪些？

答：①油冷却器管束泄漏。②管道泄漏。③油压力高或密封间隙大，使油从密封处泄漏。④低点导淋未关。

105.机组润滑油压力下降的原因有哪些？

答：机组润滑油压力下降的原因可能有：①润滑油过滤器堵，应检查过滤器压差是否在允许范围内。②润滑油泵转子间隙大，可检查润滑油泵电机电流是否超过额定电流。③压力控制阀失效，检查控制阀的开度是否比正常时大。④溢流阀失效，检查溢流阀的回油视镜，看回油量是否增大。⑤轴瓦间隙超标，造成泄油量增加。⑥油温高，黏度下降，回油量增大，检查油箱温度、油冷却器出口温度，提高冷却水量，把出口温度降到设计值。⑦压力表指示不准，更换新的压力表。

106.润滑油温度升高的原因是什么？

答：①油箱电加热器仍然在运行。②机组的负荷增加，造成润滑油回油温度升高。③润滑油冷却器换热不好。

107.工作人员巡检时，对压缩机组检查哪些内容？

答：①检查段间液位和段间压力。段间液位不能过高，过高时压缩机容易带液，造成事故；过低时，高压段的气体回低压段，增大压缩机的功耗。②检查压缩机的入口流量的变化，防喘振阀要投自动。③检查段间换热器的出入口温度，检查冷却水出口放空阀是否有气体排出，如果有烃类排出，说明换热器管束泄漏。④检查密封点是否有泄漏。⑤检查润滑系统、密封系统、控制系统的工作状态。

108.活塞压缩机的工作原理是什么？

答：活塞式压缩机的工作原理是，当活塞式压缩机的曲轴旋转时，通过连杆的传动，活塞便做往复运动，由汽缸内壁、汽缸盖和活塞顶面所构成的工作容积则会发生周期性变化，活塞式压缩机的活塞从汽缸盖处开始运动时，汽缸内的工作容积逐渐增大，这时，气体即沿着进气管，推开进气阀而进入汽缸，直到工作容积变到最大时为止，进气阀关闭。活塞式压缩机的活塞反向运动时，汽缸内工作容积缩小，气体压力升高。当汽缸内压力达到并略高于排气压力时，排气阀打开，气体排出汽缸，直到活塞运动到极限位置为止，排气阀关闭。当活塞式压缩机的活塞再次反向运动时，上述过程重复出现。活塞式压缩机的曲轴旋转一周，活塞往复一次，汽缸内相继实现进气、压缩、排气的过程，即完成整个工作循环。

109.对往复压缩机进行巡检时，应注意检查哪些内容？

答：①检查各级的压力和温度是否正常。如果进气条件未发生变化，而压力和温度升高，说明气阀或活塞环可能出现故障。②如果压缩机出现撞击声，应紧急停机，防止压缩机损坏。③如果机体的冷却水中断，不要马上通冷却水，避免因冷热不均，汽缸出现裂纹。

110.什么是迷宫活塞压缩机？

答：迷宫活塞压缩机简称迷宫压缩机，是指活塞与汽缸壁、活塞杆与填料之间采用非接触式迷宫密封技术的一种往复压缩机。迷宫压缩机由三部分组成，一是气缸压缩部分，在这里完成气体增压，为无油部分；二是曲轴箱传动部分，作用是传递压缩过程的动力，并对活塞进行精确导向定心，为有油部分；三是隔离区域部分，该部分充以惰性气体，将压缩部分（无油）与曲轴箱（有油）部分隔离开来。

111.迷宫活塞压缩机有哪些特点？

答：①非接触式密封结构（活塞与汽缸间、填料与活塞杆间）。②压缩气体绝对不含油。③无活塞环、导向环等易损件。④由于活塞与汽缸间属非接触密封，故压缩气体中无任何污染。⑤由于活塞运动过程是一个无磨损的过程，所以能保证长期可靠运行。⑥活塞杆导向定心极为严格。⑦可实现整机密封无泄漏。⑧加工制造精致。

112.螺杆压缩机工作原理是什么?

答：螺杆式压缩机属容积式压缩机，是通过工作容积的逐渐减少来达到气体压缩的目的。螺杆压缩机的工作容积是由一对相互平行放置且相互啮合的转子的齿槽，与包容这一对转子的机壳所组成。在机器运转时两个转子的齿互相插入对方齿槽，且随着转子的旋转插入对方齿槽的齿向排气端移动，使被对方齿所封闭的容积逐步缩小，压力逐渐提高，直至达到所要求的压力时，此齿槽方与排气口相通，实现了排气。

113.离心式鼓风机由哪些部件组成?

答：离心式鼓风机由机壳、转子组件（叶轮、主轴)、密封组件、轴承、润滑装置及其他辅助零部件等组成。

114.什么是罗茨鼓风机?

答：罗茨鼓风机是由机壳和两个转子所组成，依靠两个转子的不断旋转，使机壳内形成两个空间，即低压区和高压区。气体从低压区进入，从高压区排出。罗茨鼓风机的特点是风量与转速成正比，几乎不受出口压强变化的影响，是定容式鼓风机。

115.罗茨风机风量不足、风压降低的原因是什么?

答：叶片磨损间隙增大；皮带松动达不到额定转数；密封或机壳漏气；管道法兰漏气。

116.机械搅拌反应器的基本结构是什么?

答：机械搅拌反应器基本结构由两部分组成，一是反应器，包括筒体、换热元件等；二是搅拌机，包括搅拌器、搅拌轴、密封装置、传动装置等。

117.搅拌器的三种基本流型是什么?各起什么主要作用?

答：①径向流，流体流动方向垂直于搅拌轴，沿径向流动，主要起剪切作用。②轴向流，流体流动方向平行于搅拌轴，主要起混合作用。③切向流，无挡板的容器内，流体绕轴做旋转运动，这个区域内流体没有相对运动，所以混合效果差，应加以限制。

118.搅拌器对流体产生哪两种作用?

答：搅拌器对流体产生剪切作用和循环作用。剪切作用与液-液搅拌体系中液滴的细化、固-液搅拌体系中固体粒子的破碎、气-液搅拌体系中气泡的细微变化有关。循环作用与混合时间、传热、固体的悬浮等相关。

119.搅拌器对流体的剪切作用和循环作用是怎么产生的?

答：搅拌器对流体的剪切作用由剪切型叶轮输入的能量产生；搅拌器对流体的循环作用由循环型叶轮输入的能量产生。

120.搅拌器的剪切叶轮和循环叶轮有哪些型式?

答：常用的剪切叶轮有径向滑轮式、锯齿圆盘式等。常用的循环叶轮有框式、桨式、推进式等。

121.起重设备的检验周期是怎样规定的?

答：正常工作的起重设备应按以下要求进行检验，①两年进行一次全面检查和试验（包括一年定期检查和负荷试验工艺)。②一年进行一次定期检查。③每月进行经常性检查。

122.转动机械的轴、轴承、轴套各起什么作用?

答：轴是传递功率的主要零件，它的作用是传递功率，承受负荷。轴承是转动机械支承转子的部件，承受径向和轴向载荷，一般可分为滚动轴承和滑动轴承。轴套安装在轴上，保护轴不受磨损，当出现磨损故障时，只需要更换轴套，不必更换轴，这样不但检修方便，而且更经济。

123.对轮起什么作用?

答：对轮又叫联轴器，它的作用是将电机和旋转机械的主轴连接起来，把电机的机械能传送给旋转机械的主轴，使旋转机械获得能量。另外，对轮拆卸方便，利于检修。

124.什么是转动机械的共振?什么是临界转速?

答：转动机械的转子转速与转子的固有频率相等或相近时，转子系统将会发生剧烈振动的现象，称为共振。发生共振时的转速称为临界转速。

125.什么叫动密封?

答：动密封是指各种机电设备连续运动（旋转和往复）的两个偶合件之间的密封。如压缩机轴、泵轴的密封均属于动密封。用润滑脂或固体润滑剂作润滑时，仅为防止润滑脂（剂）渗漏的轴封，不算作动密封，如电动机的输出轴、端盖等。动密封点计算方法：一对连续运动（旋转或往复）的两个偶合件之间的密封计算为一个密封点。

126.机械密封是由哪几部分组成的？

答：机械密封是由以下四部分组成的，第一部分是由动环和静环组成的密封端面，也称摩擦副。第二部分是由弹性元件为主要零件组成的缓冲补偿机构，其作用是使密封端面紧密贴合。第三部分是辅助密封圈，其中有动环密封圈和静环密封圈。第四部分是使动环随轴旋转的传动机构。

127.机械密封发生泄漏主要原因有哪些？

答：机械密封发生泄漏少数是因正常磨损或已达到使用寿命，大多数是由于工况变化较大或操作、维护不当引起的。主要有，①抽空、汽蚀或较长时间憋压，导致密封破坏。②泵实际输出量偏小，大量介质在泵内循环，热量积聚，引起介质气化，导致密封失效。③回流量偏大，导致吸入管侧容器底部沉渣泛起，损坏密封。④机械密封冲洗水有问题，(冲洗）水不畅，或冲洗水温度太高，或冲洗水有腐蚀。⑤较长时间停运的泵，重新启动时没有手动盘车，摩擦副因粘连而扯坏密封面。⑥介质中腐蚀性、聚合性、结胶性物质增多。⑦环境温度急剧变化。⑧工况频繁变化或调整。⑨突然停电或故障停机等。

128.干气密封的投用原则是什么？

答：开机前，要先投用干气密封控制系统，然后再投机组润滑油系统。密封控制系统要先投用一级密封气，再投用二级密封气，最后投隔离气；停机后，要先停机组润滑油系统，约20min后先停隔离气，再停二级缓冲气，最后停维持级缓冲气。如果机壳内带压，则一级、二级缓冲气都不可以停，直至机壳内无压后才可停。

129.干气密封的操作维护要点有哪些？

答：①禁止机组反转，否则会损坏密封环。②氮气源不可以中断，否则密封会损坏。③确保一级缓冲气流量的稳定。维持级缓冲气的稳定和不间断是干气密封正常运行的基本条件。④随时监控缓冲气泄漏量的变化情况。泄漏量的变化，直接反映出干气密封的运行状态。只要泄漏量不持续上升，则认为密封运行正常。如果泄漏量出现不断上升的趋势，则预示着干气密封出现了故障。⑤过滤器压差达到报警值时应及时切换过滤器，并更换滤芯。⑥压缩机开机时暖机转速不低于1000r/min，并且在保证暖机效果的情况下，尽可能缩短暖机时间。

130.润滑的基本原理是什么？

答：润滑剂牢固地附在机件摩擦面上，形成油膜，这种油膜和机件的摩擦面结合力很强，两个摩擦面被润滑剂隔开，使机件间的摩擦变为润滑剂本身分子间的摩擦，从而起到减少摩擦和磨损的作用。

131.润滑油的主要指标有哪些？

答：黏度、闪点、酸值、机械杂质、凝固点等。

132.润滑剂分为哪几类？

答：润滑剂分为液体润滑剂（润滑油）、半固体润滑剂（润滑脂）、固体润滑剂、气体润滑剂。常用的是前两种。

133.润滑剂的主要功能是什么？

答：①控制摩擦。②减少磨损。③冷却降温。④密封隔离。⑤减轻振动。⑥洗涤作用。⑦防锈防蚀。

134.什么是润滑工作的“五定”？

答：①定点。每台设备有固定的润滑部位和润滑点。②定质。某一润滑部位所用的润滑油脂的品种、牌号及质量必须相同。③定量。各润滑部位每次加、换油脂的数量相同。④定期。某一润滑部位有固定的加、换油脂的周期。⑤定人。确定润滑油的加油人员。

135.什么叫润滑工作的“三级过滤”？

答：①从润滑油的运输油桶向白钢油筒抽油时要过滤（一级过滤）。②从白钢油筒向油壶倒油时要过滤（二级过滤）。③从油壶向设备加油时要过滤（三级过滤）。

136.润滑油变质的外观特征有哪些？

答：①润滑油颜色变深变黑。②泡沫多且已出现乳化现象。③用手指捻搓，低黏稠感，发涩或有异味。④滴在白色纸上呈深褐色，无黄色浸润区或者黑点很多。

137.化工厂常用静止设备有哪几种？

答：主要有容器、塔器、换热器和反应器等。

138.什么是压力容器？如何分级？

答：通常将最高工作压力 $p \geq 0.1$MPa（不含液体静压力）的容器称为压力容器。按照“容规”的分类，将压力容器分为低压、中压、高压和超高压四个等级。

低压容器（L）：0.1MPa$\leqslant p <$1.6MPa；

中压容器（M）：1.6MPa$\leqslant p <$10MPa；

高压容器（H）：10Pa$\leqslant p <$100MPa；

超高压容器：$p >$100MPa。

139.《压力容器安全技术监察规程》管辖范围的容器是如何分类的？

答：将其划分为两大类，即固定式容器和移动式容器。其划分容器类别主要从四个方面考虑，即压力的高低、介质的性质、容器的用途以及蓄能的多少。

140.特种设备包括哪些种类的设备？

答：目前国家规定的特种设备有电梯、起重机、厂内机动车辆、客运架空索道、游乐设施和防爆电器等。

141.压力容器操作人员有哪些职责？

答：①应经过培训考试合格，具备保证容器安全所必需的知识和技能，严格遵守安全操作规程和岗位责任制。②了解操作容器的最高许用压力和许用极限温度，避免超压、超温运行。③掌握容器的正确操作方法，包括容器的开、停操作程序和安全注意事项。④能检查判断容器的安全装置是否正常好用。⑤在容器出现异常情况时，能及时、正确地采取紧急措施。⑥做好容器的维护保养工作（包括停用期间），使容器经常保持良好的技术状态。

142.压力容器的基本组成有哪几部分？

答：由筒体、封头、密封装置、开孔与接管、支座、安全附件等组成。

143.什么是压力容器的安全附件？通常指哪几种？

答：是指为了保证压力容器安全使用和生产工艺正常运行所装设的检测控制仪表和安全装置。通常指安全阀、爆破片、压力表、液位计和测温仪表等。

144.按在生产中的作用划分，压力容器分为哪几类？

答：可分为换热容器、分离容器、反应容器和储存容器四类。①换热容器（代号为 E）是主要用于完成介质的热量交换的压力容器，如换热器、蒸发器等。②分离容器（代号为 S）是主要用于完成介质的流体压力平衡和气体净化分离等的压力容器，如分离器、过滤器等。③反应容器（代号为 R）是主要用于完成介质的物理化学反应的压力容器，如反应器、合成塔等。④储存容器（代号为 C，其中球罐代号为 B）主要用于盛装原料气体、液体和液化气体等，如ⅥBE储罐、乙烯球罐等。

145.管壳式换热器的主体结构由哪几部分组成？

答：管壳式换热器主体结构由壳体、封头、管板、管束、分程隔板、折流板、拉杆、定距管、支座、膨胀节、接管等组成。

146.操作压力容器有哪些基本要求？

答：要保证压力容器的安全运行，必须做到平稳操作和防止过载。平稳操作就是要缓慢地进行加载和卸载，在运行期间保证负荷的相对稳定。防止过载就是要防止超压。

147.压力容器如何做到平稳操作？

答：①压力容器开始加载时，升压速率不宜过快，尤其要防止压力的突然升高。因为过高的升压速率会降低材料的断裂韧性，可能使有微小缺陷的容器在压力的冲击下发生脆性断裂。②高温容器或工作壁温在 0℃以下的压力容器，加热和冷却都应缓慢进行，以减小壳体温度梯度。运行中更应避免壳体温度的突然变化，以免产生过大的温差应力。③操作压力频繁地或大幅度地波动，对容器的抗疲劳破坏是不利的，应尽可能避免，保持操作压力平稳。

148.压力容器在运行中，发生哪些情况时必须采取紧急停止运行措施？

答：①容器发生超温、超压、过冷或严重泄漏情况之一时，经采取各种措施仍无效果，并有恶化趋势时。②容器主要受压元件出现裂纹、鼓包、变形，危及安全运行时。③容器近处发生火灾或相邻设备管道发生故障，直接威胁容器安全运行时。④安全附件失效、接管断裂、紧固件损坏，难以保证安全运行时。

紧急停止运行措施，一般是切断进料和蒸汽阀门，打开排空阀，使压力和温度降下来。

149.压力容器定期检验是怎样规定的？

答：①年度检查，是指为了确保压力容器在检验周期内的安全而实施的运行过程中的在线检查，每年至少一次。②内外部检验是指在用压力容器停机时的检验，安全状况等级为1、2级的，每6年至少一次；安全状况等级为3级的，每3年至少一次。③耐压试验是指压力容器停机检验时，所进行的超过最高工作压力的液压试验或气压试验，对固定式压力容器，每两次内外部检验期间内，至少进行一次耐压试验。对移动式压力容器，每6年至少进行一次耐压试验。投用后首次内外部检验周期一般为3年，以后的内外部检验周期，由检验单位根据前次内外部检验情况与使用单位协商确定后，报当地安全监察机构备案。

150.压力容器常见的表面缺陷有哪些？

答：机械损伤、表面裂纹、腐蚀凹坑、焊缝咬边、局部变形、鼓包、局部过热，焊缝、法兰密封及开孔接管处泄漏等。

151.压力容器常用的检验方法有哪些？

答：有直观检查、工量具检查、无损探伤和耐压试验。

152.压力容器的运行检查有哪些内容？

答：①工艺条件方面，主要检查操作条件，检查操作压力、温度、液位是否在操作规程规定的范围内。检查工作介质的化学成分是否符合要求。②设备状况方面，主要检查压力容器各连接部位有无漏现象，压力容器有无明显变形，基础和支座是否松动和磨损，压力容器的表面腐蚀以及其他缺陷或可疑现象。③安全装置方面，主要检查压力容器的安全泄压装置、温度计、压力表、流量表、液面计等是否完好。

153.什么是余热锅炉？

答：余热锅炉是利用工业生产中的余热来生产蒸汽的设备，又称废热锅炉。

154.余热锅炉的作用是什么？

答：①满足工艺生产的需要。②提高热能总利用率。③消除环境污染，减少公害。

155.塔设备按内件结构可分为哪两种？

答：板式塔和填料塔两种。

156.板式塔的气液传质界面由什么部件提供？

答：塔盘是板式塔气液接触和传质的关键部件。

157.填料塔的气液传质界面由什么部件提供？

答：填料是填料塔气液接触和传质的关键部件。

158.板式的塔盘一般均由哪几部分组成？

答：主要由三部分组成。分别是气体通道、溢流堰和降液管。

159.填料塔和板式塔的区别有哪些？

答：①填料塔操作范围较小，对于液体负荷的变化特别敏感。当液体负荷较小时，填料表面不能很好地润湿，传质效果急剧下降。当液体负荷过大时，容易产生液泛。板式塔具有较大的操作范围。②填料塔不宜处理含固体悬浮物的物料，而某些类型的板式塔（如大孔径穿流板塔）可以有效地处理这种物料。另外，板式塔的清洗也比填料塔方便。③当气液接触过程中需要冷却以移除反应热或溶解热时，填料塔因涉及液体均匀分布问题而使结构复杂化，板式塔可方便地在塔板上安装冷却盘管。④填料塔直径可以很小，板式塔直径一般小于0.6m。⑤板式塔的设计比较准确可靠，安全系数较小。⑥塔径不大时，填料塔因结构简单而造价便宜。⑦填料塔适用于易起泡物料和腐蚀性物料，因填料对泡沫有限制和破碎的作用，可以采用瓷质填料。⑧对热敏性物系宜采用填料塔，因为填料塔内的滞液量比板式塔少，物料在塔内的停留时间相对短。⑨填料塔的压降比板式塔的小，因而对真空操作更为适宜。

160.什么叫精馏塔？有几种类型？几种操作方式？

答：精馏塔是进行精馏的一种塔式汽液接触装置，又称蒸馏塔。有板式塔与填料塔两种主要类型。根据操作方式又可分为连续精馏塔与间歇精馏塔。

161.精馏的原理是什么？

答：精馏是将液体混合物多次部分汽化和部分冷凝，利用其中各组分挥发度不同的特性实现分离目的的单元操作。

162.反应器按操作方式分类有哪几种类型?

答：间歇操作、连续操作、半连续操作三种类型。

163.反应器按流动状态分类有哪几种类型?

答：活塞流型和全混流型两种类型。

164.反应器按传热情况分类有哪几种类型?

答：绝热式、等温式、非等温非绝热式三种类型。

165.反应器按结构形式分类有哪几种类型?

答：搅拌釜式反应器、管式反应器、固定床反应器、流化床反应器、移动床反应器、塔式反应器、滴流床反应器等。

166.除沫器的作用是什么?

答：减少雾沫夹带，确保气体纯度。

167.阀门的基本参数有哪些

答：公称压力、公称通径和工作温度。

168.常用阀门有哪几种?

答：闸阀、截止阀、蝶阀、球阀、止回阀、安全阀等。

169.闸阀有什么特点?简述其使用范围。

答：闸阀是利用闸板来控制启闭的阀门，主要启闭件是闸板和阀座，改变闸板与阀座间的相对位置，即可改变通道的大小，使流体的流速改变或截断通道。主要用于大直径的给水管道上，也可用于压缩空气、真空管道等。闸阀的特点有结构复杂，尺寸较大；水力阻力小；开启缓慢；可调节流量。

170.截止阀有什么特点?简述其使用范围。

答：截止阀是利用阀盘控制启闭的阀门。主要启闭件是阀盘和阀座。改变阀盘与阀座间的距离，即可改变通道的大小，使流体的流速改变或截断通道。主要用于蒸汽管道，也可用于给水、压缩空气及真空等管道中。可精确地调节流量和严密地截断通道，不适合黏度较大易结焦、含悬浮物与结晶的物料。安装时应保证物料流向为低进高出。截止阀的特点与闸阀相同。

171.蝶阀有什么特点?简述其使用范围。

答：蝶阀是通过使阀板旋转90°达到启闭的目的。主要用于全开或全闭的场合。蝶阀的优点是结构简单，操作轻便，维修也方便。缺点是不能精确调节流量，遇有结晶和杂物时不易关严。

172.球阀有什么特点?简述其使用范围。

答：球阀是利用开孔球体控制启闭的阀门。主要启闭件是旋转的开孔球体和密封阀座。它的最大优点是开闭迅速，旋转90°即可开关；流动阻力小，结构比闸阀、截止阀简单，密封性能好。主要用于黏度较大的介质和要求开关迅速的场合。其主要缺点是不能精细调节流量。

173.止回阀有什么特点?简述其使用范围。

答：止回阀是根据阀前阀后介质的压力差而自动启闭的阀门。它的作用是使介质只做特定方向的流动，而阻止其逆向流动。止回阀又称单向阀，分为升降式和旋启式两种。

174.安全阀有什么特点?简述其使用范围。

答：安全阀是一种根据介质工作压力而自动启闭的阀门，即当介质的工作压力超过规定值时，能自动地将阀盘开启，并将过量的介质排出。当压力恢复正常后，阀盘又能自动关闭。安全阀分为杠杆重锤式和弹簧式两种。

175.疏水器有什么用?常用的疏水器有哪几种?

答：疏水器的功用是能自动地间歇地排除蒸汽管道和蒸汽设备系统中的冷凝水，而又能防止蒸汽泄出，故又称阻汽排水阀。疏水器目前常用的有浮子式、热动力式和脉冲式三种。

176.安全阀的作用是什么?

答：安全阀是指用在受压容器、设备或管路上，作为超压保护的装置。当设备、容器或管路内的压力超过允许值时，阀门自动打开而全放，以防设备、容器或管路的压力继续升高；当压力降低到规定值时，安全阀能自动及时关闭，以保护设备、容器或管路的安全运行。

177.减压阀安装的一般要求有哪些？

答：①减压阀的阀体应垂直安装在水平管道上，两侧应装设截断阀门，通常采用法兰连接截止阀，并有旁通管连通。②减压前的管径应与减压阀的公称通径相同，减压阀后面的管径应比减压阀公称通径大1～2档。③减压前的高压管和减压后的低压管上，两边都应装设压力表。④低压管上应装设安全阀，安全阀的排气管应接至室外安全地点。

178.为什么冬季不允许阀门、管道内流体存在死区？应该怎样解决？

答：因为冬季气温较低，管线内部流体如果不流动会冷冻膨胀体积增大，导致管线、阀门冻裂。为了防止此现象发生，则需保温或保持介质少量流动。

179.为什么要对阀门传动丝杆、设备螺栓进行润滑或防锈处理？

答：传动丝杆和设备连接螺栓长期暴露在空气中，由于空气里含有水分等，长期不使用，易发生腐蚀，所以需要进行润滑或防锈处理。

180.螺栓连接的机械防松方法有哪些？

答：开口销、止退垫圈、止动垫圈、串联钢丝等。

181.管路常用的连接方式有哪些？

答：有法兰连接、螺纹连接、焊接三种连接方式。

182.什么叫膨胀连接？

答：利用管子和管板变形达到密封和紧固的连接方式。

183.焊缝按空间位置可分为几种？

答：分为平焊、立焊、横焊、仰焊。

184.什么叫钢？

答：含碳量低于2.11%的铁碳合金叫钢。

185.什么叫高碳钢？什么叫低碳钢？

答：含碳量大于0.6%的钢叫高碳钢。含碳量介于0.10%～0.30%的钢叫低碳钢。

186.常见的型钢有哪几种？

答：有角钢、工字钢、槽钢、圆钢、方钢、H形钢、钢管、钢板等。

187.什么叫攻丝？

答：攻丝就是用丝锥在孔壁上切削出内螺纹。

188.什么叫套丝？

答：套丝就是用板牙在圆钢或管子外径切削出螺纹。

189.什么叫碳弧气刨？

答：利用碳极电弧的高温把金属的局部熔化，同时再用压缩空气的气流把这些熔化金属吹掉，达到刨削或切削金属的目的。

190.什么叫塑性？

答：塑性是一种在某种给定载荷下，材料（金属）产生永久变形而不被破坏的特性。

191.什么叫韧性？

答：表示材料在塑性变形和断裂过程中吸收能量的能力。即在材料（金属）冲击载荷作用下不被破坏的能力。

192.为什么电机检修后一定要检查其转向是否正确？

答：因为电机检修后，如果接线接反，就会造成离心泵等设备反转，使叶轮背帽产生松动，所以必须要避免电机反转。

193.电动机启动后，发生哪些情况时必须停止运行？

答：①电动机电流表针指向最大，超过返回时间而未返回。②电动机不转，并发出嗡嗡响声。③电动机达不到正常转速。④电动机或机械设备严重损坏。⑤电动机振动超过允许值。⑥电动机启动装置起火、冒烟。⑦电动机回路发生人身事故。⑧启动时，电动机内部冒烟或出现火花。

194.操作人员应主要检查电动机的哪些运行情况？

答：①检查电动机的电流是否超过允许值。②检查轴承的润滑及温度是否正常。③注意电动机的声音有无异常。④对直流电动机和绕组式转子电动机，应注意电刷是否冒火。⑤注意电动机及其周围的环境温度。⑥由外部用管道引入空气冷却的电动机，应保持管道清洁畅通。⑦对大型密闭式冷却的电动机，应检查其冷却水系统运行是否正常。

195. 电机为什么要装接地线？

答：当电机内绕组绝缘被破坏时，就会因漏电而使机壳带电，如果人接触带电的设备就会造成触电事故。安装接地线是为了将漏电引入大地，形成回路，保证人身安全。所以当发现电机接地线损坏或未接上时，应及时联系处理。

196. 什么是软启动和软启动器？

答：电压由零慢慢提升到额定电压，这样，电机在启动过程中的启动电流，就由过去的过载冲击电流不可控制变为可控制，并且可根据需要调节电流的大小。电机启动的全过程都不存在冲击转矩，而是平滑的运行，这就是软启动。

软启动器是一种集软启动、软停车、轻载节能和多种保护功能于一体的电机控制装置，主要用于调压。

197. 什么是变频器？

答：变频器是采用变频技术和微电子技术，通过改变电机工作电源的频率和幅度的方式来控制交流电动机的装置，主要用于调速。

198. 电机的防护等级、绝缘等级和温升是什么意思？

答：防护等级是指电机防固体异物、防人体接触和防水的等级。数字愈大，等级愈高。防异物、防人体接触分为 6 个等级，防水分为 9 个等级。

绝缘等级是指电机绕组所用绝缘材料的耐热等级。根据不同绝缘材料耐受高温的能力，对其规定了 7 个允许的最高温度，按照温度大小排列分别为：Y、A、E、B、F、H 和 C，它们的允许工作温度分别为：90℃、105℃、120℃、1130℃、155℃和 180℃以上，最常见的是 B 级绝缘，B 级绝缘材料常见的是由云母、石棉、玻璃丝经有机胶胶合或浸渍而成。

温升是指电动机在运行时，绕组温度高于周围环境温度的容许值。

199. DCS 是什么意思？

答：DCS 是英文 distributed control system 的缩写，意思是“分布式控制系统”，在国内自控行业又称之为“集散控制系统”。

200. ESD 是什么意思？

答：ESD 是英文 emergency shut down device 的缩写，意思是“紧急停车系统”。

201. SIS 是什么意思？

答：S1S 是英文 safety instrumented system 的缩写，意思是“安全联锁仪表系统”。

202. I/O 是什么？

答：I/O（input/output）的缩写，输入输出端口。就是输入输出地址。每个设备都会有一个专用的 I/O 地址，用来处理自己的输入输出信息。CPU 与外部设备、存储器的连接和数据交换都需要通过接口设备来实现，前者被称为 I/O 接口，而后者则被称为存储器接口。存储器通常在 CPU 的同步控制下工作，接口电路比较简单；而 I/O 设备品种繁多，其相应的接口电路也各不相同，因此，习惯上说到接口只是指 I/O 接口。

203. 什么是 PLC？

答：PLC（programmable logic controller）缩写，就是可编程逻辑控制器，是指以计算机技术为基础的新型工业控制装置。

204. 什么是系统冗余？

答：在一些对系统可靠性要求很高的应用中，DCS 的设计需要考虑热备份也就是系统冗余，这是指系统中一些关键模块或网络在设计上有一个或多个备份，当现在工作的部分出现问题时，系统可以通过特殊的软件或硬件自动切换到备份上，从而保证了系统不间断工作。通常设计的冗余方式包括：CPU 冗余、网络冗余、电源冗余。在极端情况下，一些系统会考虑全系统冗余，即还包括 I/O 冗余。

205. 操作人员在巡检时，在安全上要注意哪些问题？

答：①工作服的袖口、衣襟的纽扣要扣好。②戴手套操作时，手不要靠近转动部件。③检查密封法兰时，要侧对检查的部位，不要正对，防止突然泄漏造成伤害。④女工不要留长发，头发长的要盘在安全帽里。⑤身体不要靠在转动设备的对轮罩上，防止对轮罩固定不牢，发生人身伤害事故。

206.巡检的五字检查法是什么？

答：听、摸、闻、比、看

207.完好设备的要求是什么？

答：完好设备的要求一般说来有以下四条：①设备性能良好。②设备运转正常。③消耗原材料、燃料、油料、动能等正常。④基本无漏油、漏水、漏气（汽）、漏电现象，外表清洁整齐。⑤设备的安全防护、制动、联锁装置齐全，性能可靠。

208.装置现场的“一平、二净、三见、四无、五不漏”的内容是什么？

答：一平指地面平整，不积污水和其他液体。

二净指门窗玻璃净、墙壁地面净。

三见指沟见底、轴见光、设备见本色。

四无指无垃圾、无杂物、无废料、无闲散物资材料。

五不漏指不漏水、电、汽、油、物料。

209.为什么要对设备进行检查？

答：设备的检查是对设备的运行情况、工作性能、磨损程度进行检查和校验。设备检查是设备维护工作的一个重要环节，也可说是预防性维修制的精髓。通过检查可以全面掌握设备状态的变化和磨损情况。对检查发现的问题，要及时查明原因，予以消除。对设备进行检查，能指导设备的正确使用和维护保养，提出改进维修的措施，有效地做好修理前的准备工作，以提高修理质量、缩短修理时间和阶段修理成本。

210.操作工人应掌握的设备“四懂”“三会”的主要内容是什么？

答：四懂为懂性能、懂结构、懂原理、懂用途。

三会为会使用、会保养、会排除故障。

211.什么是设备维护保养？设备的维护保养内容是什么？

答：通过对设备的擦拭、清扫、润滑、调整等一系列方法对设备进行护理，以维持和保护设备的性能和技术状况，称为设备维护保养。

设备的维护保养内容一般包括日常维护、定期维护、定期检查和精度检查，设备润滑和冷却系统维护也是设备维护保养的一个重要内容。设备维护保养的主要内容包括清洁、整齐、润滑、安全四项。

212.操作人员定时巡回检查的重点内容是什么？

答：①检查工作介质的压力、温度、流量、液位和成分是否在工艺控制指标范围。②查看法兰连接面有无渗漏，容器外壳有无局部变形、鼓包和裂纹。③测听容器和管路内介质流动情况，判断是否正常。④检查容器和管道有无振动。

附录2 常用绘制工艺流程图设备图例

类别	代号	图 例
塔	T	填料塔　板式塔　喷洒塔

续表

类别	代号	图　例
塔内件		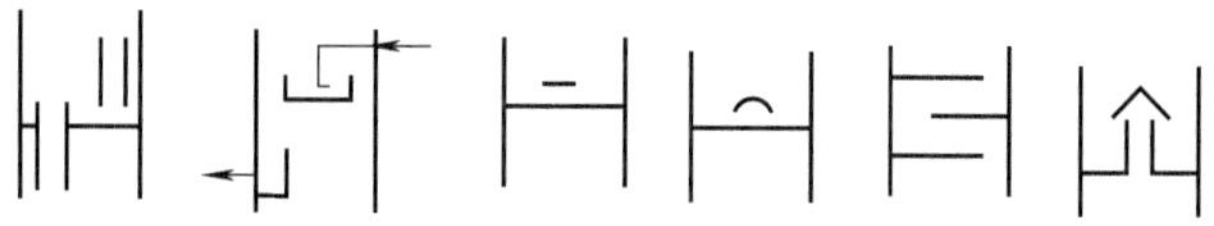 降液管　受液盘　浮阀塔塔板　泡罩塔塔板　格筛板　升气管  湍球塔　筛板塔塔板　分配(分布)器、喷淋器　(丝网)除沫层　填料除沫层
反应器	R	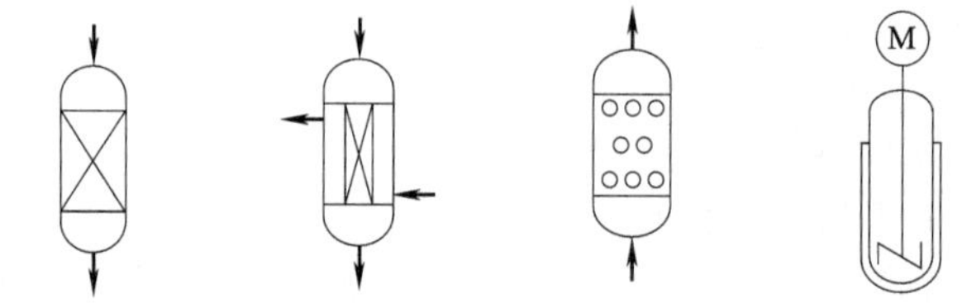 固定床反应器　列管式反应器　流化床反应器　反应釜(带搅拌、夹套)
工业炉	F	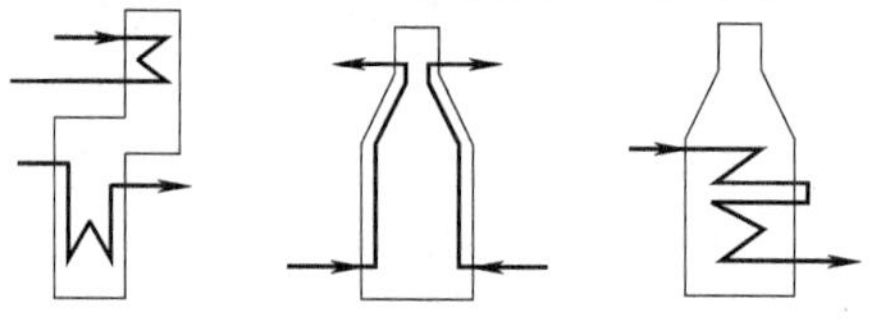 箱式炉　圆筒炉　圆筒炉
火炬烟囱	S	烟囱　火炬
换热器	E	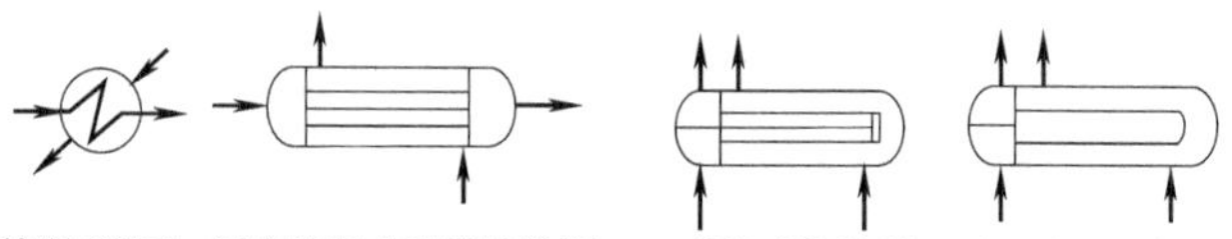 换热器(简图)　固定管板式列管换热器　U形管式换热器　浮头式列管换热器 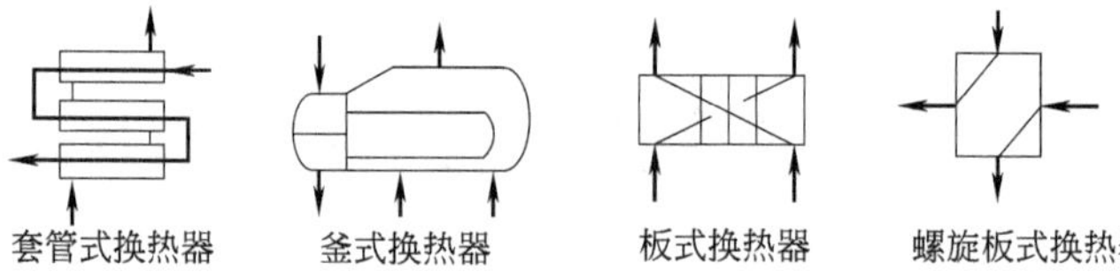 套管式换热器　釜式换热器　板式换热器　螺旋板式换热器 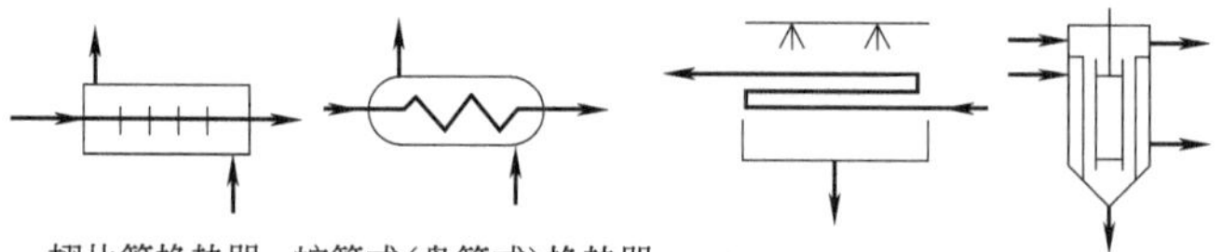 翅片管换热器　蛇管式(盘管式)换热器　喷淋式冷却器　刮板式薄膜蒸发器 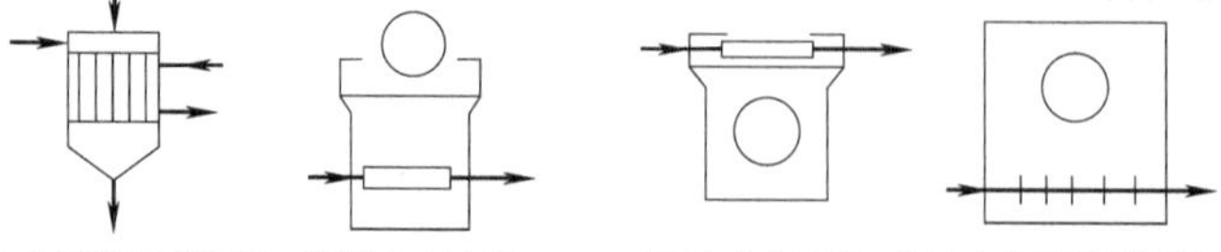 列管式(薄膜)蒸发器　抽风式空冷器　送风式空冷器　带风扇的翅片管式换热器

续表

类别	代号	图例
泵	P	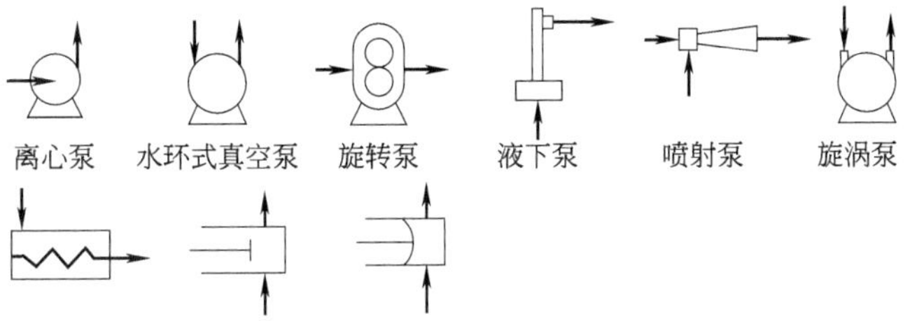 离心泵 水环式真空泵 旋转泵 液下泵 喷射泵 旋涡泵 螺杆泵 往复泵 隔膜泵
压缩机	C	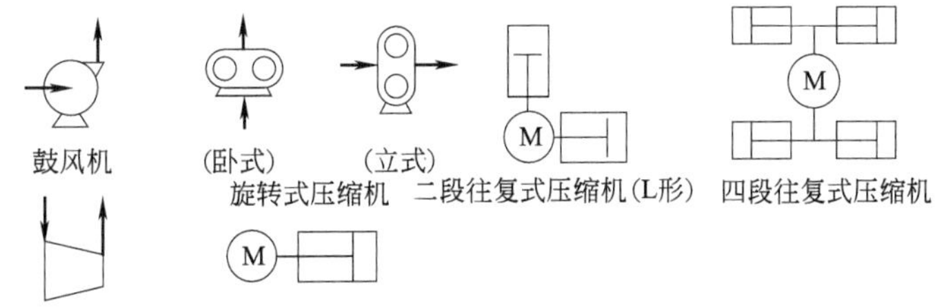 鼓风机 (卧式) (立式) 旋转式压缩机 二段往复式压缩机(L形) 四段往复式压缩机 离心式压缩机 往复式压缩机
容器	V	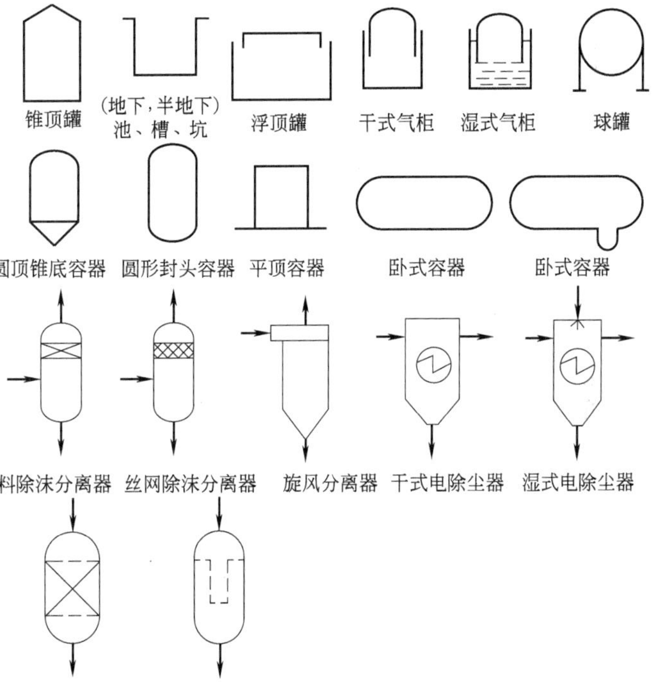 锥顶罐 (地下,半地下)池、槽、坑 浮顶罐 干式气柜 湿式气柜 球罐 圆顶锥底容器 圆形封头容器 平顶容器 卧式容器 卧式容器 填料除沫分离器 丝网除沫分离器 旋风分离器 干式电除尘器 湿式电除尘器 固定床过滤器 带滤筒的过滤器
设备内件、附件		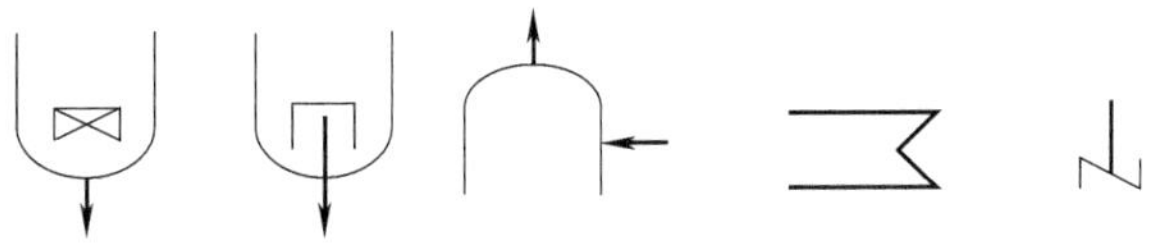 防涡流器 插入管式防涡流器 防冲板 加热或冷却部件 搅拌器

续表

类别	代号	图　例
超重运输机械	L	手拉葫芦(带小车) 单梁起重机(手动) 旋转式起重机 悬臂式起重机 吊钩桥式起重机 电动葫芦 单梁起重机(电动) 带式输送机 刮板输送机 斗式提升机 手推车
称量机械	W	带式定量给料秤 地上衡
其他机械	M	压滤机 转鼓式(转盘式)过滤机 螺杆压力机 挤压机 有孔壳体离心机 无孔壳体离心机 揉合机 混合机
动力机	MESD	M E S D 离心式膨胀机、透平机 活塞式膨胀机 电动机 内燃机、燃气机 汽轮机 其他动力机

附录3 某些二元物系的气液平衡组成

1. 乙醇-水（101.3kPa）

乙醇摩尔分数		温度/℃	乙醇摩尔分数		温度/℃
液相	气相		液相	气相	
0.00	0.00	100	0.3273	0.5826	81.5
0.0190	0.1700	95.5	0.3965	0.6122	80.7
0.0721	0.3891	89	0.5079	0.6564	79.8
0.0966	0.4375	86.7	0.5198	0.6599	79.7
0.1238	0.4704	85.3	0.5732	0.6841	79.3
0.1661	0.5089	84.1	0.6763	0.7385	78.74
0.2337	0.5445	82.7	0.7472	0.7815	78.41
0.2608	0.5580	82.3	0.8943	0.8943	78.15

2. 苯-甲苯（101.3kPa）

苯摩尔分数		温度/℃	苯摩尔分数		温度/℃
液相	气相		液相	气相	
0.00	0.00	110.6	0.592	0.789	89.4
0.088	0.212	106.1	0.700	0.853	86.8
0.200	0.370	102.2	0.803	0.914	84.4
0.300	0.500	98.6	0.903	0.957	82.3
0.397	0.618	95.2	0.950	0.979	81.2
0.489	0.710	92.1	1.00	1.00	80.2

3. 氯仿-苯（101.3kPa）

氯仿质量分数		温度/℃	氯仿质量分数		温度/℃
液相	气相		液相	气相	
0.10	0.136	79.9	0.60	0.75	74.6
0.20	0.272	79.0	0.70	0.83	72.8
0.30	0.406	78.1	0.80	0.900	70.5
0.40	0.530	77.2	0.90	0.961	67.0
0.50	0.650	76.0			

4. 水-乙酸（101. 3kPa）

水摩尔分数		温度/℃	水摩尔分数		温度/℃
液相	气相		液相	气相	
0. 00	0. 00	118. 2	0. 833	0. 886	101. 3
0. 270	0. 394	108. 2	0. 886	0. 919	100. 9
0. 455	0. 565	105. 3	0. 930	0. 950	100. 5
0. 588	0. 707	103. 8	0. 968	0. 977	100. 2
0. 690	0. 790	102. 8	1. 00	1. 00	100. 0
0. 769	0. 845	101. 9			

5. 甲醇-水（101. 3kPa）

甲醇摩尔分数		温度/℃	甲醇摩尔分数		温度/℃
液相	气相		液相	气相	
0. 0531	0. 2834	92. 9	0. 2909	0. 6801	77. 8
0. 0767	0. 4001	90. 3	0. 3333	0. 6918	76. 7
0. 0926	0. 4353	88. 9	0. 3513	0. 7347	76. 2
0. 1257	0. 4831	86. 6	0. 4620	0. 7756	73. 8
0. 1315	0. 5455	85. 0	0. 5292	0. 7971	72. 7
0. 1674	0. 5585	83. 2	0. 5937	0. 8183	71. 3
0. 1818	0. 5775	82. 3	0. 6849	0. 8492	70. 0
0. 2083	0. 6273	81. 6	0. 7701	0. 8962	68. 0
0. 2319	0. 6485	80. 2	0. 8741	0. 9194	66. 9
0. 2818	0. 6775	78. 0			

附录 4 某些三元物系的汽液平衡组成

1. 丙酮（A）-氯仿（B）-水（S）（25℃，均为质量分数）

氯仿相			水相		
A	B	S	A	B	S
0. 090	0. 900	0. 010	0. 030	0. 010	0. 960
0. 237	0. 750	0. 013	0. 083	0. 012	0. 905
0. 320	0. 664	0. 016	0. 135	0. 015	0. 850
0. 380	0. 600	0. 020	0. 174	0. 016	0. 810
0. 425	0. 550	0. 025	0. 221	0. 018	0. 761
0. 505	0. 450	0. 045	0. 319	0. 021	0. 660
0. 507	0. 350	0. 080	0. 445	0. 045	0. 510

2. 丙酮（A）-苯（B）-水（S）（30℃，均为质量分数）

苯相			水相		
A	B	S	A	B	S
0.058	0.940	0.002	0.050	0.001	0.949
0.131	0.867	0.002	0.100	0.002	0.898
0.304	0.687	0.009	0.200	0.004	0.796
0.472	0.498	0.030	0.300	0.009	0.691
0.589	0.345	0.066	0.400	0.018	0.582
0.641	0.239	0.120	0.500	0.041	0.459

附录5 部分石油化工常用物质的重要物性数据表

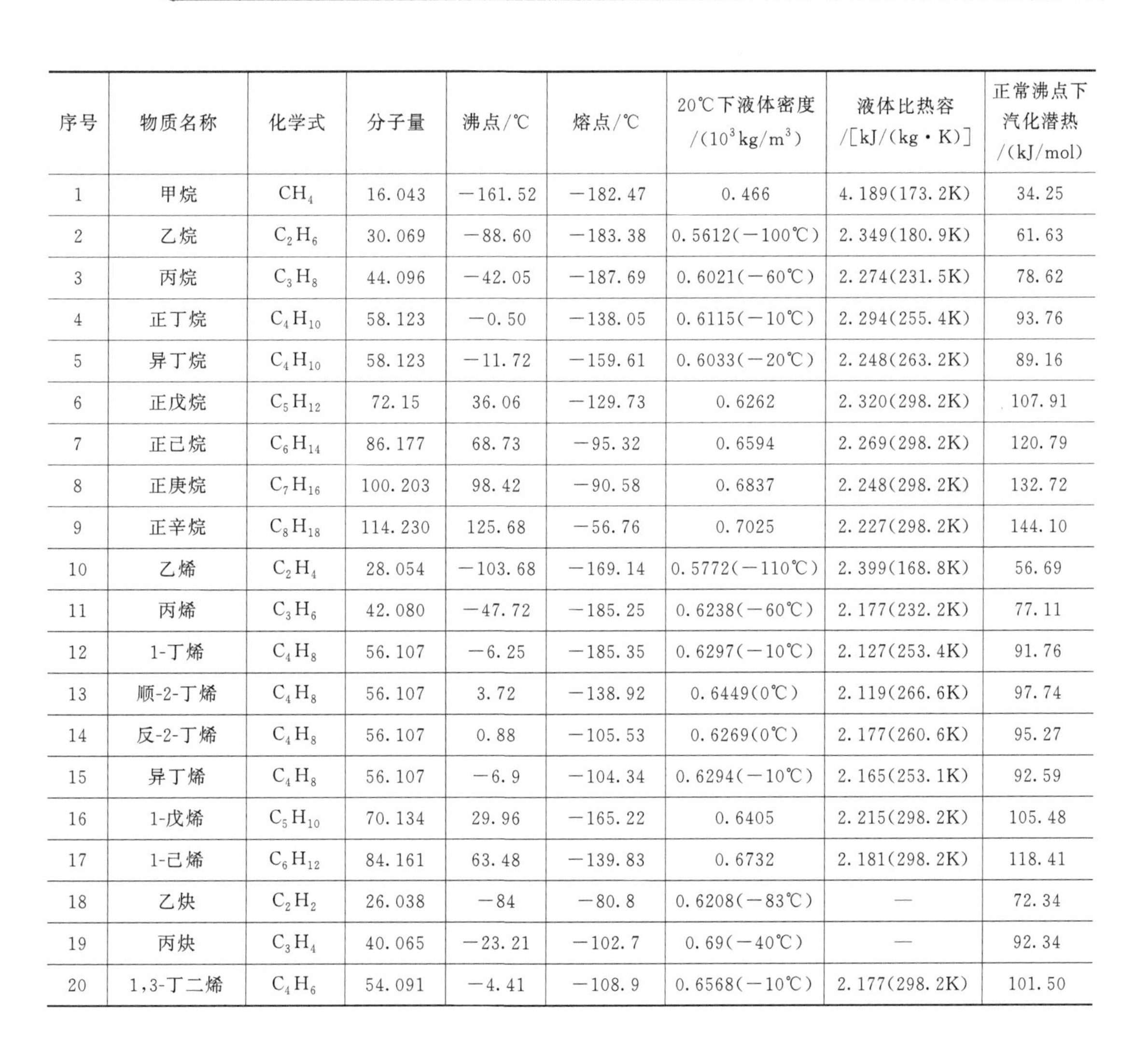

序号	物质名称	化学式	分子量	沸点/℃	熔点/℃	20℃下液体密度/(10^3kg/m^3)	液体比热容/[kJ/(kg·K)]	正常沸点下汽化潜热/(kJ/mol)
1	甲烷	CH_4	16.043	−161.52	−182.47	0.466	4.189(173.2K)	34.25
2	乙烷	C_2H_6	30.069	−88.60	−183.38	0.5612(−100℃)	2.349(180.9K)	61.63
3	丙烷	C_3H_8	44.096	−42.05	−187.69	0.6021(−60℃)	2.274(231.5K)	78.62
4	正丁烷	C_4H_{10}	58.123	−0.50	−138.05	0.6115(−10℃)	2.294(255.4K)	93.76
5	异丁烷	C_4H_{10}	58.123	−11.72	−159.61	0.6033(−20℃)	2.248(263.2K)	89.16
6	正戊烷	C_5H_{12}	72.15	36.06	−129.73	0.6262	2.320(298.2K)	107.91
7	正己烷	C_6H_{14}	86.177	68.73	−95.32	0.6594	2.269(298.2K)	120.79
8	正庚烷	C_7H_{16}	100.203	98.42	−90.58	0.6837	2.248(298.2K)	132.72
9	正辛烷	C_8H_{18}	114.230	125.68	−56.76	0.7025	2.227(298.2K)	144.10
10	乙烯	C_2H_4	28.054	−103.68	−169.14	0.5772(−110℃)	2.399(168.8K)	56.69
11	丙烯	C_3H_6	42.080	−47.72	−185.25	0.6238(−60℃)	2.177(232.2K)	77.11
12	1-丁烯	C_4H_8	56.107	−6.25	−185.35	0.6297(−10℃)	2.127(253.4K)	91.76
13	顺-2-丁烯	C_4H_8	56.107	3.72	−138.92	0.6449(0℃)	2.119(266.6K)	97.74
14	反-2-丁烯	C_4H_8	56.107	0.88	−105.53	0.6269(0℃)	2.177(260.6K)	95.27
15	异丁烯	C_4H_8	56.107	−6.9	−104.34	0.6294(−10℃)	2.165(253.1K)	92.59
16	1-戊烯	C_5H_{10}	70.134	29.96	−165.22	0.6405	2.215(298.2K)	105.48
17	1-己烯	C_6H_{12}	84.161	63.48	−139.83	0.6732	2.181(298.2K)	118.41
18	乙炔	C_2H_2	26.038	−84	−80.8	0.6208(−83℃)	—	72.34
19	丙炔	C_3H_4	40.065	−23.21	−102.7	0.69(−40℃)	—	92.34
20	1,3-丁二烯	C_4H_6	54.091	−4.41	−108.9	0.6568(−10℃)	2.177(298.2K)	101.50

续表

序号	物质名称	化学式	分子量	沸点/℃	熔点/℃	20℃下液体密度/(10^3kg/m^3)	液体比热容/[kJ/(kg·K)]	正常沸点下汽化潜热/(kJ/mol)
21	异戊二烯	C_5H_8	68.118	34.06	−145.96	0.6809	2.212(298.2K)	107.57
22	苯	C_6H_6	78.113	80.09	5.53	0.8799	1.742(298.2K)	128.78
23	甲苯	C_7H_8	92.140	110.63	−94.97	0.8670	1.708(298.2K)	138.95
24	乙苯	C_8H_{10}	106.167	136.20	−94.95	0.8670	1.754(298.2K)	148.91
25	邻二甲苯	C_8H_{10}	106.167	144.43	−25.17	0.8802	1.771(298.2K)	154.18
26	间二甲苯	C_8H_{10}	106.167	139.12	−47.84	0.8642	1.725(298.2K)	152.26
27	对二甲苯	C_8H_{10}	106.167	138.36	13.26	0.8610	1.733(298.2K)	150.67
28	异丙苯	C_9H_{12}	120.194	159.24	−96.01	0.8618	1.654(302.1K)	157.15
29	苯乙烯	C_8H_8	104.151	145.16	−30.61	0.9060	1.759(298.2K)	155.06
30	氯甲烷	CH_3Cl	50.448	−24.2	−97.73	1.005	1.591(293.2K)	90.17
31	二氯甲烷	CH_2Cl_2	84.638	40.0	−95.1	1.325(−20℃)	1.156(293.2K)	117.19
32	三氯甲烷	$CHCl_3$	119.378	61.7	−63.5	1.490	0.992(293.2K)	122.97
33	四氯化碳	CCl_4	153.823	76.54	−22.99	1.594	0.850(293.2K)	125.60
34	1,2-二氯乙烷	$C_2H_4Cl_2$	98.960	83.47	−35.36	1.253	1.260(293.2K)	134.01
35	甲醇	CH_4O	32.042	64.90	−93.9	0.7912	2.495(293.2K)	150.46
36	乙醇	C_2H_6O	46.069	78.30	−117.3	0.7893	2.395(293.2K)	161.54
37	正丁醇	$C_4H_{10}O$	74.122	117.25	−89.53	0.8096	2.345(293.2K)	180.62
38	异丁醇	$C_4H_{10}O$	74.122	108.0	−108	0.8019	2.311(293.2K)	176.06
39	正辛醇	$C_8H_{18}O$	130.230	194.45	−16.7	0.8255	2.181(286.0K)	285.22
40	乙二醇	$C_2H_6O_2$	62.068	198	−11.5	1.1131	2.357(293.2K)	238.28
41	苯酚	C_6H_6O	94.113	181.8	40.84	1.050(50℃)	—	170.46
42	甲醛	CH_2	30.026	−21	−92	0.815(−20℃)	—	—
43	乙醛	C_2H_4O	44.053	20.8	−121	0.7780	2.186(273.2K)	107.65
44	丙烯醛	C_3H_4O	56.064	52.8	−86.95	0.8410	2.140(293.2K)	120.88
45	丙酮	C_3H_6O	58.0804	56.2	−95.35	0.7906	2.156(293.2K)	121.80
46	甲酸	CH_2O_2	46.026	100.7	8.4	1.2201	2.169(293.2K)	91.71
47	乙酸	$C_2H_4O_2$	60.052	117.9	16.60	1.0493	1.997(293.2K)	99.20
48	对苯二甲酸	$C_8H_6O_4$	166.133	402(升华)	427(密封管)	—	—	—
49	顺丁烯二酸酐	$C_4H_2O_3$	98.058	202	60	1.314(60℃)	—	—
50	邻苯二甲酸酐	$C_8H_4O_3$	148.118	295.1	131.61	—	—	—
51	乙酸乙烯	$C_4H_6O_2$	86.090	72.3	−93.1	0.9317	—	143.85
52	环氧乙烷	C_2H_4O	44.053	10.7	−111	0.8824(10℃)	1.842(293.2K)	106.86
53	乙腈	C_2H_3N	41.025	81.6	−45.72	0.7823	2.175(293.2K)	127.90
54	丙烯腈	C_3H_3N	53.063	77.3	−83.6	0.8060	—	136.61
55	甲胺	CH_5N	31.057	−6.3	−93.5	0.66	3.199(293.2K)	108.07

参考文献

[1] 蔡世干，王尔菲，李锐.石油化工工艺学.北京：中国石化出版社，2007.

[2] 张旭之，等.乙烯衍生物工学.北京：化学工业出版社，2007.

[3] 赵仁殿，金章礼.芳烃工学.北京：化学工业出版社，2001.

[4] 汉考克.丙烯及其工业衍生物.王杰，译.北京：化学工业出版社，1982.

[5] 韩冬冰，等.化学工艺学.北京：中国石化出版社，2011.

[6] 唐宏青.现代煤化工新技术.2版.北京：化学工业出版社，2016.

[7] 王焕梅.有机化工生产技术.2版.北京：高等教育出版社，2013.

[8] 刘光启，马连湘，等.化学化工物性数据手册.有机卷.北京：化学工业出版社，2004.

[9] 张淑谦，童忠良.化工与新能源材料及应用.北京：化学工业出版社，2010.

[10] 吴谋成.生物柴油.北京：化学工业出版社，2008.

[11] 钱伯章.生物乙醇与生物丁醇及生物柴油技术与应用.北京：科学出版社，2010.

[12] 廖威.燃料乙醇生产技术.北京：化学工业出版社，2014.

[13] 方向晨.加氢裂化.北京：中国石化出版社，2008.

[14] 李大东.加氢处理工艺与工程.北京：中国石化出版社，2004.

[15] 方向晨.加氢精制.北京：中国石化出版社，2006.

[16] 史国强，李军，邢定峰.生物柴油生产工艺技术概述.石油规划设计，2013，24（5）：29-34.

[17] 赵永志，蒙波，陈霖新，等.氢能源的利用现状分析.化工进展，2015，34（9）：3248-3255.

[18] 李一鸣.RE-Mg-Ni合金电化学储氢性能及容量衰退机理.上海：上海大学，2016.

[19] 胡雪玲.大豆酸化油和麻疯树油制备生物柴油的过程研究.南宁：广西大学，2017.

[20] 亓荣彬，朴香兰，王玉军，等.第二代生物柴油及其制备技术研究进展.现代化工，2008，28（3）：27-30.

[21] 陈云峰.丁基生物柴油的制备及性能研究.上海：华东理工大学，2017.

[22] 卢金炼.高密度储氢材料设计与储氢机制研究.湘潭：湘潭大学，2016.

[23] 常飞琴.纳米固体碱催化制备生物柴油的研究.西安：西安石油大学，2017.

[24] 毛宗强.氢能——我国未来的清洁能源.化工学报，2004，55：296-302.

[25] 赵春升.全球化石能源的地理分布与中国能源安全保障的政策选择.兰州：兰州大学，2012.

[26] 冯文.燃料电池汽车氢能系统评价及北京案例分析.北京：清华大学，2003.

[27] 王寒.世界氢能发展现状与技术调研.当代化工，2016，45（6）：1316-1319.